Handbuch Klima und Klima-Änderungen

Julius Ferdinand von Hann (1839-1921) gilt als Begründer der modernen Meteorologie. Hann habilitierte sich an der Universität Wien und wurde zum außerordentlichen Professor für physikalische Geographie ernannt. Er war Mitglied der ältesten dauerhaft existierende naturforschende Akademie der Welt der Deutschen Akademie der Naturforscher Leopoldina und erhielt deren Cothenius-Medaille.

Über das Buch:

Die **Allgemeine Klimalehre** erforscht und lehrt die Gesetzmäßigkeiten des Klimas, also des durchschnittlichen Zustandes der Atmosphäre an einem Ort sowie der darin wirksamen Prozesse. Klimatologische Erkenntnisse ergeben sich aus der langfristigen Beobachtung und Modellierung der Einflussfaktoren. Dieses Werk besteht aus sechs verschiedenen Büchern zu dem Thema, wobei das sechste und wichtigste Klimaänderungen thematisiert.

Gerade in der aktuellen Diskussion über den Klimawandel und seine Einflussfaktoren benötigt man exaktes Wissen. Denn nur, wenn man weiß, wie das Klima überhaupt zustande kommt, kann man fundiert mitreden. Es ist ein Buch, nicht nur für Studierende der Meteorologie, sondern für alle, die fundiert mitreden wollen bei der aktuellen gesellschaftlichen Diskussion über den Klimawandel. Ein Buch, das geschrieben wurde von dem Begründer der modernen Meteorologie.

HANDBUCH

KLIMA UND

KLIMA-ÄNDERUNGEN

VON

DR. JULIUS HANN,

ordentlicher Professor an der Universität in Wien.

ALLGEMEINE KLIMALEHRE.

MIT 22 ABBILDUNGEN IM TEXT.

Dritte, wesentlich umgearbeitete und vermehrte Auflage

TOPPBOOK WISSEN BD.24

NACHDRUCK DER AUSGABE VON 1908.

Bibliografische Information der Deutschen Nationalbibliothek:
Die Deutsche Nationalbibliothek verzeichnet diese Publikation in der
Deutschen Nationalbibliografie; detaillierte bibliografische Daten
sind im Internet über dnb.dnb.de abrufbar

Herstellung und Verlag: BoD – Books on Demand, Norderstedt
ISBN: 978-3-7557-3610-3

Vorwort zur ersten Auflage.

Seit langem hatte ich mich zuweilen mit dem Gedanken beschäftigt, welch ein nützliches und schönes Unternehmen es sein würde, eine übersichtliche, zusammenfassende Darstellung der klimatischen Verhältnisse der ganzen Erde zu liefern. Doch hatte ich nie ernstlich die Absicht, mich an eine so umfassende und schwierige Arbeit zu wagen, zu welcher mir ausgebreitetere Kenntnisse und eine freiere Muße erforderlich schienen, als sie mir zu Gebote stehen. Dagegen trieb mich das lebhafte Interesse an klimatologischen Studien zur Bearbeitung klimatischer Monographieen, von denen eine große Anzahl seit zirka 15 Jahren in der „Zeitschrift der österreichischen Gesellschaft für Meteorologie" von mir veröffentlicht worden sind in der Absicht, allmählich die Grundlagen einer vergleichenden Klimatologie zu gewinnen. Manche Abhandlungen in deutscher wie in fremden Sprachen sind seither erschienen, welche mehr oder minder auf die von mir in der „Zeitschrift" gelieferten Spezialuntersuchungen sich gründeten und dies auch nicht verschwiegen haben. Mir selbst aber lag der Gedanke zu einer zusammenfassenden Darstellung ferner als je, nachdem meine Berufsgeschäfte immer mehr einer Konzentrierung auf eine größere Arbeit sich entgegenstellten.

Unter solchen Verhältnissen traf mich die Einladung, für die „Bibliothek geographischer Handbücher" die Bearbeitung des klimatologischen Bandes zu übernehmen. Format und beiläufiger Umfang der Bände dieser Sammlung war bereits festgestellt, es handelte sich demnach um eine Darstellung innerhalb eines gegebenen Rahmens. Was mir wohl unter anderen Verhältnissen Veranlassung zu einer Ablehnung gegeben hätte, wurde im Gegenteil dafür entscheidend, daß ich nach einiger Überlegung mich bereit erklärte, an dem nützlichen Unternehmen mich zu beteiligen.

Ich dachte auf 20, höchstens 25 Bogen, wie es dem Plane entsprach, eine gedrängte Darstellung der „allgemeinen" oder theoretischen Klimatologie zu geben, womit ich den Bedürfnissen der Geographen am meisten entgegenzukommen glaubte, die ja nicht in der Lage sind, die jetzt immer weitschichtiger anwachsende meteorologische Literatur selbst durchzustudieren und jene Sätze sich dabei zu abstrahieren; welche für eine wissenschaftliche Behandlung der Klimatologie unentbehrlich sind. Daß die eigentliche beschreibende Klimatologie auf diesem Raum nicht befriedigend behandelt werden könnte, verhehlte ich mir gleich anfangs nicht, aber dem Wunsche des Herrn Herausgebers und des Herrn Verlegers nachkommend, wollte ich doch den Versuch machen, wenigstens das Gerippe einer „Klimatographie" der „allgemeinen Klimatologie" anzuhängen. Dieser Versuch fiel aber schon in seinen Anfängen bei aller darauf verwendeten Mühe für mich so unbefriedigend aus und verstimmte mich derart, daß ich am liebsten von dem ganzen Unternehmen zurückgetreten wäre. Theoretische Entwicklungen lassen sich jedem Raum anpassen und vertragen jede Einschränkung, ohne ungenießbar zu werden und ihren Zweck zu verfehlen; je tiefer wir in die Erkenntnis des Kausalzusammenhanges von Naturerscheinungen bereits eingedrungen sind, in desto kürzeren und zugleich einleuchtenderen Sätzen läßt sich derselbe zur Darstellung bringen, man kann sich auf diese beschränken und alles noch Problematische, das weitläufigere Erörterungen beansprucht, weglassen. In den beschreibenden Teilen einer Naturwissenschaft dagegen wird es notwendig, dem Leser zu einer möglichst vollständigen Vorstellung der Naturerscheinungen zu verhelfen, was ohne eine gewisse Breite der Darstellung nicht gelingen kann, am wenigsten in der Klimatographie, welche vornehmlich auf Maßangaben sich stützen muß, die ohne eingehendere Erläuterungen unfruchtbar bleiben. Mit einzelnen Schlagwörtern und eingestreuten Zahlenangaben läßt sich episodisch in einem geographischen Handbuch die klimatische Skizze eines Landes geben; eine fortlaufende Aneinanderreihung solcher Skizzen würde wohl unfehlbar von dem Publikum zurückgewiesen werden. Ebensowenig konnte ich mich entschließen, bloß eine Reihe von Temperatur- und Regentabellen mit einigem erläuternden Text zu geben. Aus diesem Dilemma half mir in der zuvorkommendsten und dankenswertesten Weise der Herr Verleger, indem er aus freien Stücken die räumliche Beschränkung aufhob.

Wie weit es mir gelungen sein mag, von dieser Vergünstigung den besten Gebrauch zu machen, muß ich dem Urteile des Publikums überlassen, an welches sich dieses Buch wendet. Hoffentlich finde ich darin Zustimmung, daß ich ein größeres Gewicht gelegt habe auf die Wiedergabe naturgetreuer klimatischer Schilderungen von seiten der Reisenden und Landeskundigen überhaupt. Dieselben unterbrechen nicht allein in wohltuender Weise die Zahlenangaben und deren Diskussion, sie vermitteln auch eine viel eindringlichere und vollständigere Vorstellung von den klimatischen Verhältnissen eines Landes, als es die ersteren allein zu bieten imstande sind. Man hat in letzter Zeit der landläufigen Darstellung des Tropenklimas z. B. den Vorwurf gemacht, daß sie zu schematisch sei und deshalb vielfach zu unrichtigen Vorstellungen verleite. Allgemeine Darstellungen können aber das Schematisieren nicht lassen, da sie ja zum Zwecke haben, uns zu einer übersichtlichen und möglichst einheitlichen Vorstellung der Erscheinungen zu verhelfen. Wir können aber der Einseitigkeit derselben wirksam begegnen, indem wir auf das Detail eingehende, naturgetreue Schilderungen des Klimas einzelner Örtlichkeiten und Länder denselben beifügen, welche zu den Abstraktionen des allgemeinen Bildes ein Korrektiv liefern.

Auf einen erheblicheren Vorwurf ist der Verfasser vorbereitet und hat sich denselben selbst vorgehalten: den einer gewissen Ungleichmäßigkeit der Behandlung des Klimas der verschiedenen Länder. Dieselbe entsprang einerseits aus der Art der Entstehung des Buches, indem für die ersten klimatischen Schilderungen noch ein engerer Rahmen festgehalten wurde als für die letzteren, anderseits ist sie aber zum größeren Teil absichtlich eingetreten. Ich wollte die uns fremderen Klimagebiete und jene, für welche ich neues Material bieten konnte, etwas ausführlicher behandeln als die uns naheliegenden und bekannten, für welche größeres Detail allgemeiner und bequemer zur Hand liegt. Was für ein Schulbuch jedenfalls ein Fehler wäre, dürfte dagegen nicht unzulässig, in mancher Hinsicht sogar erwünscht erscheinen für ein Handbuch, welches sich an Fachleute wendet, jedenfalls aber Nachsicht verdienen. Eine Nachsicht glaubt der Verfasser auch für jene Mängel ansprechen zu dürfen, welche aus einer nicht hinreichend gleichmäßigen Bearbeitung des Materials und vollkommener Beherrschung des Stoffes hervorgegangen sein mögen. Die Berufspflichten gestatteten dem Verfasser keine Konzentrierung auf das vorliegende Buch, sondern erlaubten nur stückweises Arbeiten, da ihm selbst eine Ferienmuße versagt bleibt. Er wäre ja auch aus freien Stücken auf die Ausarbeitung einer Klimatographie in dem vorliegenden Umfang nie eingetreten, wenn ihn nicht die oben geschilderten Verhältnisse gleichsam wider Willen dazu geführt hätten.

Der Verfasser kann nicht unterlassen, zum Schlusse dem Herrn

Verleger für sein jedem geäußerten Wunsche stets bereites Entgegenkommen, für seine selbsttätige Teilnahme bei dem Zustandekommen dieses Werkes und für die schöne Ausstattung desselben seinen wärmsten Dank auszusprechen.

Wien, im Mai 1883.

J. **Hann.**

Vorwort zur zweiten Auflage.

Ich habe bei der Bearbeitung einer zweiten Auflage der Klimatologie mich bemüht, alle wesentlichen Fortschritte auf dem Gebiete derselben für die Darstellung des allgemeinen theoretischen wie des beschreibenden Teiles der Klimalehre zu verwerten, soweit es der Rahmen dieses Werkes gestattete. Der Umfang desselben ist dadurch bei aller Beschränkung ohnehin so wesentlich angewachsen, daß der Stoff nun auf zwei Bände verteilt werden mußte.

Den Wünschen nachkommend, welche in den Besprechungen der ersten Auflage dieses Werkes am meisten zu Tage getreten sind, finden sich in dieser neuen Auflage die Quellennachweise genau zitiert, so daß es dem Leser leicht werden dürfte, sich über Gegenstände, die der Natur der Sache nach hier nur kurz dargestellt oder bloß berührt werden konnten, eingehendere Informationen einzuholen. Um Raum zu ersparen, werden jedoch in vielen Fällen nicht die Originalarbeiten selbst mit ihrem vollen Titel zitiert, sondern es wird auf die Referate darüber in der Meteorologischen Zeitschrift verwiesen, in welcher der volle Titel der Arbeit angeführt ist. Diese Form der Zitate dürfte umso zweckmäßiger befunden werden, als gar manche dieser Abhandlungen nur sehr schwer zugänglich sind, während die Meteorologische Zeitschrift in allen größeren Bibliotheken leicht zu finden ist. Man wird aus dem eingehenderen Referate in derselben sich gerne erst darüber informieren, ob man sich um die Einsicht in die Abhandlung selbst noch weiter zu bemühen Veranlassung hat.

Einem anderen Wunsche, jenem nach einem ausführlichen alphabetischen Sachregister, ist gleichfalls entsprochen worden.

Auf die vielfach auch vom Verfasser lebhaft befürwortete Vergrößerung des Formates des Handbuches der Klimatologie, welche namentlich für Inhalt und Form der Tabellen von großem Nutzen gewesen wäre, konnte der Herr Verleger leider nicht eingehen mit Rücksicht auf die übrigen Bände der Serie der „Geographischen Handbücher", deren Format nicht mehr abzuändern ist.

Von der Beigabe von Isothermen-, Isobaren-, Wind- und Regenkarten glaubten Verfasser und Verleger auch diesmal absehen zu dürfen, einerseits um den Preis des Werkes nicht recht merklich zu erhöhen, anderseits in Hinblick auf den ohnehin schon in vielen Händen befindlichen „Atlas der Meteorologie" (Perthes, Gotha 1887) oder der klimatologischen Karten in Debes' neuem Handatlas (Klimakarten Nr. 2—7 von van Bebber und Köppen), welche auch einzeln abgegeben werden.

Wien, im Oktober 1897.

J. Hann.

Vorwort zur dritten Auflage.

Der im Vorwort zur zweiten Auflage lebhaft geäußerte Wunsch einer Vergrößerung des Formates der „Handbücher" ist nun dank dem Entgegenkommen des Herrn Verlegers in Erfüllung gegangen. Es konnte dadurch schon in diesem Bande manchen Tabellen eine übersichtlichere Form gegeben werden. Besonders wird aber bei den Tabellen in dem zweiten Bande, der die spezielle Klimatologie enthält, der Vorteil des größeren Druckraumes sich besonders günstig geltend machen. Es wurde dadurch ferner ermöglicht, daß dieser erste Band bei etwas verringerter Bogenzahl gegenüber der zweiten Auflage doch einen fast um die Hälfte reicheren Inhalt aufzuweisen vermag.

Der Verfasser hat es sich angelegen sein lassen, in allen Abschnitten dem Zuwachs an neuen Erfahrungen und Ergebnissen theoretischer Untersuchungen, wenn auch in möglichster Kürze, Rechnung zu tragen. Die Ausführungen über die meteorologischen Faktoren wurden überall reichlicher durch Beispiele belegt, da der Verfasser sich bei seinen Vorlesungen von der Nützlichkeit dieses Vorganges überzeugen konnte. Auch auf die Methode der Berechnung der klimatischen Faktoren wurde etwas spezieller eingegangen und dabei namentlich die Reduktion der Temperaturmittel und der Jahresmengen der Niederschläge auf gleiche Perioden an einzelnen Fällen erläutert.

Der Umstand, daß dieser erste Band, der die allgemeine Klimatologie behandelt, nun separat zur Ausgabe gelangen wird, demnach auch als Lehrbuch dieser Disziplin benutzt werden kann, machte es nötig, demselben eine größere Selbständigkeit und Abgeschlossenheit des Inhalts zu geben. Diesem Zwecke dient als ganz neue Zugabe das fünfte Buch, welches eine kurze übersichtliche Darstellung der großen Klimagürtel der Erde gibt, und mit den verschiedenen Einteilungen der Erdoberfläche in Klimazonen bekannt macht.

Der gesamte Inhalt der allgemeinen Klimatologie ist nun schärfer gegliedert in sechs Buchabschnitte und diese wieder in einzelne Kapitel und weitere Unterabteilungen, die durch Schrift und Zwischenräume deutlicher als früher unterschieden werden. Der Verfasser hofft damit eine größere Übersichtlichkeit des Inhaltes erzielt zu haben.

Wien, im Juni 1908.

J. Hann.

Inhalt.

Viertes Buch.
Das Höhenklima.

Modifikation der klimatischen Elemente durch die Erhebungen der Erdoberfläche über das Meeresniveau.

Fünftes Buch.

Die großen Klimagürtel der Erde.

Anhang.

Sechstes Buch.

Klimaänderungen.

Einleitung.

Begriff und Aufgabe der Klimatologie — die klimatischen Faktoren im allgemeinen.

Begriff und Aufgabe der Klimatologie. Unter Klima verstehen wir die Gesamtheit der meteorologischen Erscheinungen, die den mittleren Zustand der Atmosphäre an irgend einer Stelle der Erdoberfläche kennzeichnen. Was wir Witterung nennen, ist nur eine Phase, ein einzelner Akt aus der Aufeinanderfolge der Erscheinungen, deren voller, Jahr für Jahr mehr oder minder gleichartiger Ablauf das Klima eines Ortes bildet. Das Klima ist die Gesamtheit der „Witterungen" eines längeren oder kürzeren Zeitabschnittes, wie sie durchschnittlich zu dieser Zeit des Jahres einzutreten pflegen. Man sagt z. B.: die Witterung (aber nicht das Klima) in Mitteleuropa war sehr kalt im Dezember 1879, oder regnerisch im August 1880; hingegen: das Klima von England ist im Dezember mild und feucht, obgleich auch dort der Dezember 1879 sehr kalt war. Es ist gegen den Sprachgebrauch, zu sagen: „das Klima Deutschlands war im Sommer 1882 regnerisch"; sobald von den atmosphärischen Verhältnissen eines einzelnen Zeitabschnittes die Rede ist, wird man stets den Ausdruck Witterung dafür gebrauchen [1]).

Bonacia findet die übliche (obige) Definition des Wortes Klima zu wenig prägnant und versucht eine schärfere Definition aufzustellen, die aber zu umständlich ist, um hier darauf eingehen zu können. Zum Schlusse gibt er für den „rohen Gebrauch" folgende kurze Fassung seiner Definition: „Klima ist das System physikalischer Agenzien, welches Veranlassung gibt zu den wechselnden atmosphärischen Erscheinungen, die man mit dem Worte Wetter bezeichnet, in Beziehung sowohl zur Häufigkeit der Typen als zur Intensität der Elemente"

---

[1]) Da ein Mann wie O. Peschel vorgeschlagen hat, das Wort Klima durch Wetter, oder Klimatologie durch Wetterlehre zu ersetzen, schien es nicht unnötig, die Verschiedenheit der durch beide Worte ausgedrückten Begriffe darzulegen. Und da zudem die Sprache doch in erster Linie ein Mittel zu gegenseitiger Verständigung ist, scheint es uns nicht geraten, auf Kosten der letzteren ein Fremdwort, mit welchem schon längst ein ganz feststehender Begriff verbunden ist, aus Sprachreinigungsgründen auszumerzen und durch ein deutsches Wort zu ersetzen, dem gleichfalls schon ein feststehender, zwar ähnlicher, aber engerer Begriff zu Grunde liegt.

Hann, Klimatologie. 8. Aufl. 1

(Weather regarded as a Function of Climate. Quart. Journ. R. Met. Soc. XXXIII, S. 213).

An unsere Definition schließt sich sehr gut die folgende Bemerkung Bonacias an: Wenn die atmosphärischen Verhältnisse Tag für Tag, Woche für Woche nahezu die gleichen bleiben, so ist die Idee des „Klimas" stets klar in unserer Vorstellung und kann jene des „Wetters" selbst verdrängen. Wenn aber das eine oder andere meteorologische Element mehr oder weniger von dem normalen Zustand sich entfernt und ungewöhnliche Verhältnisse annimmt, dann tritt die Bezeichnung „Klima" zurück gegenüber jener des „Wetters".

Die Ärzte geben dem Begriff Klima eine viel größere Ausdehnung, da sie auf die Einwirkung der meteorologischen Faktoren auf den gesunden und kranken Menschen Rücksicht nehmen müssen. Vom Standpunkt des Arztes und des Biologen ist Klima die Kombination der verschiedenen Verhältnisse der Atmosphäre und der Oberfläche der Erde, welche die Geeignetheit einer Gegend für das Leben und die Gesundheit der Organismen bedingen (Sir Hermann Weber).

Rubner (Lehrbuch der Hygiene) definiert: „Unter Klima versteht man alle durch die Lage eines Ortes bedingten Einflüsse auf die Gesundheit. Zu einer erschöpfenden Darstellung gehört keineswegs bloß die Besprechung der Wärme- und Feuchtigkeitsverhältnisse, sondern einerseits die Bekanntschaft mit allen meteorologischen Faktoren, die auf die Gesundheit einwirken, anderseits die Kenntnis aller Gefährdungen der letzteren, insoweit sie durch die Anwesenheit der einer Örtlichkeit zugehörigen (endemischen) Krankheitserreger bedingt sind" (Man vergl. Dr. K. Ranke, Über den Begriff Klima. Münchner Med. Wochenschrift, Nr. 52, 1901).

Bei der Aufzählung der klimatischen Elemente werden wir in tunlicher Weise auch den Standpunkt der Biologen zu berücksichtigen bestrebt sein.

Die Klimalehre wird die Aufgabe haben, uns mit den mittleren Zuständen der Atmosphäre über den verschiedenen Teilen der Erdoberfläche bekanntzumachen, ohne darauf zu verzichten, uns auch die Abweichungen davon kennen zu lehren, welche innerhalb längerer Zeiträume an demselben Orte eintreten können. Es geschieht ja eigentlich nur der Kürze und Übersichtlichkeit wegen, daß bei Beschreibung des Klimas eines Ortes nur die am häufigsten auftretenden, die „mittleren" Witterungsvorgänge zur Charakterisierung desselben verwendet werden, da man doch nicht die ganze Witterungsgeschichte des Ortes vorführen kann. Um aber ein richtiges Bild zu geben und den Bedürfnissen einer praktischen Verwendbarkeit entgegenzukommen, wird es darum auch nötig, eine Vorstellung davon zu geben, wie weit die Abweichungen von diesen durchschnittlichen Verhältnissen in einzelnen Fällen gehen können.

Die Klimatologie ist nur ein Teil der Meteorologie, diese letztere im weiteren Sinne genommen. Eine strenge Abgrenzung des Stoffes und der Aufgabe, mit denen sich jede dieser Disziplinen zu beschäftigen hat, ist nicht möglich. Man kann sagen, daß es die Aufgabe der Meteorologie im engeren Sinne ist, die einzelnen atmosphärischen Erscheinungen auf bekannte physikalische Gesetze zurückzuführen, und den kausalen Zusammenhang in der Aufeinanderfolge der atmosphärischen Vorgänge aufzudecken. Die Meteorologie ist also ihrem Wesen nach theoretisierend, sie zergliedert den Komplex der atmosphärischen Vorgänge, um die einfacheren Teilphänomene an die Grundlehren der Physik anzuknüpfen. Die Klimatologie dagegen ist ihrer Natur nach mehr beschreibend, und ihre Aufgabe dabei ist, ein möglichst lebendiges Bild des Zusammenwirkens aller atmosphärischen Erscheinungen über einer Erdstelle zu liefern. Sie darf daher die einzelnen atmosphärischen Vorgänge nur so weit voneinander trennen und gesondert behandeln, als dies unumgänglich ist, da sie ja nur nacheinander das vorführen kann, was in Wirklichkeit zugleich stattfindet. Wir verlangen aber von einer Klimalehre auch, daß sie uns nicht bloß ein mosaikähnliches Bild aller der mannigfaltigen Klimate an den verschiedenen Örtlichkeiten vorführe, sondern durch eine systematische Darstellung, durch Zusammenfassung natürlich verwandter Klimate in größere Gruppen, unser geistiges Bedürfnis nach Ordnung und Einheit in der Darstellung der Mannigfaltigkeit befriedige und überdies die Wechselwirkung und gegenseitige Bedingtheit der Klimate nachweise. Dadurch wird die Klimalehre ja erst zu einer wissenschaftlichen Disziplin[1]).

Während die Meteorologie im obigen engeren Sinne auch klimatologischer Kenntnisse bedarf zur Aufführung ihres Lehrgebäudes, muß anderseits wieder die Klimatologie die Errungenschaften der Theorie zu Hilfe nehmen, um ihre wissenschaftliche Aufgabe lösen zu können, d. i. die Ursachen der räumlichen Anordnung der Klimagruppen, sowie die gegenseitige Beeinflussung derselben darzulegen. Die Klimatologie setzt eine Kenntnis der wichtigsten Lehren der Meteorologie voraus, wie die letztere auch einer Kenntnis der wichtigsten klimatischen Tatsachen bedarf. Soll also bloß eine dieser Disziplinen in einem separaten Werke behandelt werden, so ist es rein eine Sache des Taktes des Autors mit Bezug auf den speziellen Zweck und den wünschenswerten Umfang eines derartigen Werkes, darüber zu entscheiden, wie viel von den Lehren und Tatsachen der anderen Disziplin vorausgesetzt oder mit aufgenommen werden soll.

Begriff der klimatischen Elemente. Die einzelnen atmosphärischen Vorgänge und Zustände, durch deren Zusammenwirken das Klima eines Ortes bestimmt wird, wollen wir die klimatischen Elemente, oder auch die klimatischen Faktoren nennen. Es sind dies: Luftwärme, Luftfeuchtigkeit und Regen (oder Schnee), Stärke und Richtung der Luftbewegung u. s. w. Eine wissenschaftliche Klimatologie muß danach streben, alle klimatischen Elemente durch Zahlenwerte zum Aus

---

[1]) **Buys Ballot** hat in Pogg. Ann. Erg.-Bd, IV, 1854, S. 561 u. s. w. die Aufgaben der Meteorologie gegenüber jenen der Klimatologie abzugrenzen versucht. Von letzterer schließt er hauptsächlich die Darstellung des Fortschreitens der Witterungserscheinungen und die (jetzt) sogen. synoptische Meteorologie aus, welch letztere wohl zum ersten Male als eine Aufgabe der Meteorologie nachgewiesen wird. Die Abhandlung ist noch sehr lesenswert.

druck bringen zu können, da nur durch wirkliche Messung unmittelbar vergleichbare Ausdrücke und bestimmte Vorstellungen der meteorologischen Verhältnisse und Zustände gewonnen werden können. An die Stelle unbestimmter subjektiver Ausdrücke, wie: das Winterklima des Ortes ist strenge; der Sommer ist windig und veränderlich, müssen die gemessenen Temperaturen und Windstärken, sowie das Maß ihres Wechsels treten. Nur neben den numerischen Werten der klimatischen Elemente sind auch derartige zusammenfassende kurze Wortschilderungen am Platze. Bestimmtheit und Vergleichbarkeit sind die ersten Anforderungen an jede klimatische Darstellung, und sie werden erreicht, wenn in derselben die einzelnen klimatischen Elemente als mit gleichen Instrumenten nach gleichen Methoden gemessene Werte auftreten. Man wird ferner eine größere Übersichtlichkeit in den klimatischen Beschreibungen dadurch erzielen, daß man dabei mit einer gewissen Gleichartigkeit vorgeht, d. h. die einzelnen klimatischen Elemente in einer konstanten Reihenfolge nach ihrer Wichtigkeit abhandelt.

Sobald man versucht, die klimatischen Elemente nach der Wichtigkeit, die sie bei der Charakterisierung eines Klimas beanspruchen können, zu unterscheiden, wird man auf einen weiteren Unterschied aufmerksam, der zwischen der klimatologischen und meteorologischen Betrachtung der atmosphärischen Erscheinungen besteht. In der Meteorologie muß jenen atmosphärischen Erscheinungen die größte Bedeutung beigelegt werden, von denen eine große Anzahl anderer atmosphärischer Vorgänge abhängt, die demnach als primäre Erscheinungen betrachtet werden müssen, aus denen viele andere abgeleitet werden können. In der Klimatologie im engeren Sinne hingegen treten jene meteorologischen Erscheinungen in den Vordergrund, die auf das organische Leben auf der Erde den größten Einfluß nehmen. Die Wichtigkeit der einzelnen klimatischen Elemente wird also von einem außerhalb derselben liegenden Gebiete aus bestimmt, und die Klimatologie erweist sich dadurch als eine teilweise im Dienste anderer Wissenschaften und dem der Praxis stehende Disziplin. In der Tat wird dieser Umstand meist schon in die erste Definition des Begriffs Klima aufgenommen „als die Gesamtheit der meteorologischen Bedingungen, insoferne sie auf das tierische oder vegetabilische Leben Einfluß nehmen"[1]). Bei einer Behandlung der Klimatologie als einer Hilfswissenschaft der Geographie muß dieser Standpunkt gewahrt werden. Man kann aber wohl auch das Wort Klima in einem allgemeineren freieren Sinne nehmen, wie dies von uns im Eingange geschehen ist. Denn es scheint uns nicht unstatthaft, von einem Klima auf der Erde zu sprechen auch schon zu jener Zeit, wo das vegetabilische und animalische Leben noch gefehlt haben.

---

[1]) Humboldt gibt im Kosmos, I. Band, 340, folgende Definition: Der Ausdruck Klima bezeichnet in seinem allgemeinsten Sinne alle Veränderungen in der Atmosphäre, die unsere Organe merklich affizieren. Siehe auch oben die Definitionen vom ärztlichen Standpunkt. Meinardus möchte (in einer Zuschrift an mich) die auf Biologie und allgemeine Geographie angewandte Klimatologie ganz trennen von der Klimatologie schlechthin als der Lehre von dem mittleren Zustande der Atmosphäre und dessen regelmäßigen und extremen Schwankungen.

Indem man bei klimatischen Beschreibungen jene meteorologischen Elemente in den Vordergrund stellt, welche für das Pflanzen- und Tierleben von größter Wichtigkeit sind, wird die Anordnung derselben teilweise beeinflußt von den Fortschritten in anderen Disziplinen, welche sich mit den physikalischen Bedingungen des organischen Lebens beschäftigen. Atmosphärische Einflüsse, welche wir jetzt in klimatischer Beziehung weniger beachten und für welche kaum Messungen vorliegen, können sich noch als besonders einflußreich herausstellen: z. B. der Betrag der diffusen Strahlung oder die Intensität des allgemeinen Himmelslichtes, die Luftelektrizität (Radioaktivität der Atmosphäre) u. s. w. Es hat dieser Umstand aber nur auf die Anordnung im deskriptiven Teile der Klimatologie einen Einfluß, er ist kein Hindernis einer wissenschaftlichen Darstellung der Klimalehre, und macht sich gar nicht geltend in der Behandlung des begründenden Teiles derselben, der sich mit den Ursachen der räumlichen Verteilung der Klimate und deren wechselseitiger Beeinflussung beschäftigt. Dieser Teil der Klimatologie stützt sich nur auf die Lehren der Physik und die von der Meteorologie erforschten Gesetze des kausalen Zusammenhanges der atmosphärischen Erscheinungen.

Spezialisierung der klimatischen Elemente. Um zu einer klaren Definierung und vergleichenden Darstellung der verschiedenen klimatischen Gebiete gelangen zu können, wird es nötig, die einzelnen klimatischen Elemente festzustellen, auf welchen die Unterschiede der Klimate beruhen, und die Begriffe derselben scharf abzugrenzen. Der Mangel an Klarheit darüber, welche Elemente zu einer systematischen Beschreibung der Klimate erforderlich und wie dieselben darzustellen seien, um eine direkte Vergleichbarkeit zu erzielen, ist ein Haupthindernis des Fortschrittes einer wissenschaftlichen vergleichenden Klimalehre. Namentlich in geographischen Monographieen, wie auch in den allgemeinen Handbüchern der Geographie, welche das klimatische Element bei der Darstellung der Naturverhältnisse der Länder nicht entbehren können, wird dieser Mangel sehr fühlbar, desgleichen in hygienischen Schriften, welche sich mit klimatischen Einflüssen beschäftigen. Wir gehen deshalb zunächst daran, im folgenden ersten Kapitel die wichtigsten klimatischen Faktoren aufzuführen und zu erläutern, nach welchen Methoden dieselben aufzunehmen und zur Darstellung zu bringen sind. Zur teilweisen Erläuterung des Gesagten dient eine klimatische Tabelle für Wien, welche die wesentlichsten klimatischen Elemente in übersichtlicher Zusammenstellung enthält und als beiläufiges Muster einer „Klimatabelle" gelten mag.

Erstes Buch.

Die klimatischen Elemente (Faktoren des Klimas).

I. Kapitel.

Strahlende Wärme und Luftwärme.

I. Sonnenstrahlung und Wärmeausstrahlung. Die Sonnenstrahlung unter normalen Verhältnissen muß bei Betrachtungen über den Wärmezustand eines Ortes in erster Linie in Betracht gezogen werden, dann aber auch der Wärmeverlust durch Ausstrahlung. Diese beiden Elemente sind hier in ihren allgemeinsten Verhältnissen kurz zu behandeln, die örtlichen und zeitlichen Verschiedenheiten können erst später in Betracht kommen.

Die Wärmemenge, welche die Sonne der Erde an der Grenze der Atmosphäre bei senkrechtem Einfallen zustrahlt, wird jetzt auf drei Wärmeeinheiten pro Quadratzentimeter und Minute geschätzt[1]). Diese Wärmemenge wird für die Erdoberfläche wesentlich modifiziert durch die Atmosphäre, welche die Sonnenstrahlung teils absorbiert, teils zerstreut. Dabei kommt die Zusammensetzung der Sonnenstrahlung in Betracht, welch letztere ja aus verschiedenen Strahlengattungen, d. i. Strahlungen verschiedener Wellenlänge und Brechbarkeit, besteht. Die folgende Fig. 1 zeigt die Zusammensetzung der Sonnenstrahlung durch eine Kurve. Die Abszissen entsprechen den verschiedenen Wellenlängen, die Ordinaten der Energie (oder der Wärmewirkung) der Strahlungen verschiedener Wellenlänge.

Das sichtbare Spektrum reicht von der Wellenlänge $\lambda = 0{,}40$ (die Wellenlänge in Tausendteilen des Millimeters, Mikron, angegeben in der Figur in ganzen Zahlen, also 40 u. s. w.) violett bis $\lambda = 0{,}75$ dunkelrot. Die Strahlen über die Fraunhofer-Linie H links hinaus zeichnen sich durch chemische Wirkungen aus und werden deshalb vielfach aktinische (chemische) Strahlen genannt (violett und ultraviolett), die unsichtbaren Strahlen über A hinaus im Ultrarot nennt man oft Wärmestrahlen (dunkle Wärmestrahlung). Die kurzwelligen stark brechbaren Strahlen werden oft kurz chemische, die mittlerer

---

[1]) In kleinen (Gramm-) Kalorien. Eine kleine Kalorie ist die Wärmemenge, welche 1 ccm Wasser um 1 ° C. erwärmen kann.

Wellenlänge leuchtende Strahlen und die langwelligen Strahlen als Wärmestrahlen bezeichnet. Nach Langley ist die Verteilung der Energie im Sonnenspektrum in Zahlenwerten die folgende. Die photometrischen Werte nach Kapt. Abney sind beigegeben. λ bezeichnet die Wellenlänge in Mikron (Tausendstel des Millimeters).

λ	0,85	0,40	0,45	0,50	0,55	0,60	0,65	0,70	0,75	0,77
	violett	blau	grün	gelb		orange	rot	dunkelrot		
Wärme	1,8	5,3	11,9	17,3	20,7	21,9	22,2	21,4	20,7	20,2
Licht	—	0,8	2,8	25,0	82,0	66,5	12,3	0,5	—	—

Die Wärmewirkung nimmt gegen das violette Ende hin rasch ab, sehr langsam im roten Ende. Das Lichtmaximum und Wärmemaximum

Fig. 1.

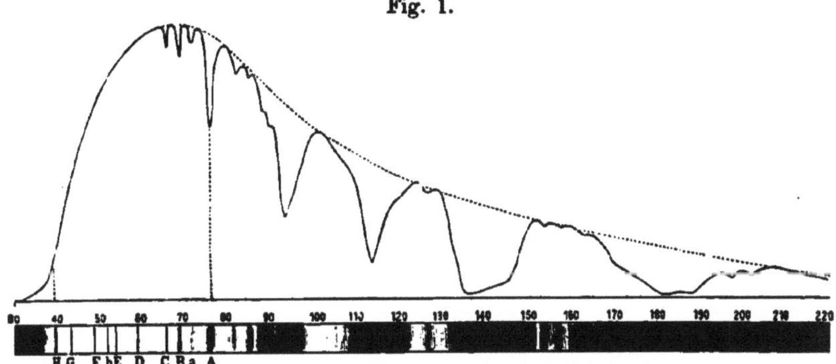

Verteilung der Energie (Wärme) im normalen Sonnenspektrum (Langley).

fallen ziemlich nahe zusammen. (S. P. Langley, Energie and Vision. Am. Journ. of Science, Vol. 36, 1888. Die Lichtempfindlichkeit des Auges für Grün $\lambda = 0{,}53$ ist rund 100000mal größer als für Dunkelrot $\lambda = 0{,}75$.)

Wenn man von chemischen und Wärmestrahlen spricht, so darf man dabei nicht vergessen, daß die verschiedenen Wirkungen nicht in einer ebenso verschiedenen Qualität der Strahlen selbst liegen, sondern daß dieselben in der Natur des Körpers begründet sind, auf welchen sie auffallen. Die verschiedenen Strahlengattungen unterscheiden sich an sich nur durch ihre Wellenlängen oder ihre verschiedene Schwingungsdauer. Physikalisch treten diese Unterschiede durch die verschiedene Brechbarkeit der Strahlen verschiedener Wellenlänge am einfachsten hervor bei der Zerstreuung derselben durch ein Prisma. Die „Lichtwellen“, das Wort Licht als strahlende Energie überhaupt genommen, welche die Sonne aussendet, sind eine Bewegung im Äther. Die verschiedenen Strahlengattungen führen zwar verschiedene Energie, sind aber sonst gleicher Natur, und ihr Effekt, ob sie eine Temperatursteigerung verursachen oder eine chemische Zersetzung bewirken, hängt allein von der Natur des Körpers ab, auf welchen sie auffallen. Sie müssen einem Hindernis begegnen, welches ihre Bewegung zerstört, bevor sie auf eine der verschiedenen Weisen in Erscheinung treten können. Die Arbeit, welche dabei von der lebendigen Kraft der Ätherwellen geleistet wird, erscheint entweder als Molekularbewegung, d. i.

Wärme, oder in Form einer Bewegung der Atome, d. i. chemische Wirkung. Es gibt keine Strahlen, welche nur Wärmewirkungen, und keine Strahlen, welche nur chemische Wirkungen leisten würden; derselbe Strahl, welcher, auf ein Thermometer oder eine empfindliche Thermosäule auffallend, uns seine Existenz durch Wärmeerzeugung verrät, wird, auf einen anderen Körper von gewisser Zusammensetzung auffallend, durch chemische Umsetzungen in Erscheinung treten. Wenn man demnach von Wärmestrahlen oder von chemischen (aktinischen) Strahlen spricht, so macht man sich dabei einer Vermengung von Ursache und Wirkung schuldig, indem man etwas schon in die Natur der Strahlung hineinlegt, was erst durch das Zusammentreffen derselben mit einem Körper bestimmter Art hervorgerufen wird. Um solche Mißverständnisse zu vermeiden, wäre es deshalb am besten, nur von „strahlender Energie" zu sprechen.

Damit ist die Tatsache nicht in Widerspruch, daß Strahlen von bestimmter Wellenlänge auf Körper von bestimmter Zusammensetzung besonders kräftige chemische Wirkungen ausüben, was eben Veranlassung gegeben hat, sie geradezu chemische Strahlen zu nennen. Auf eine empfindliche Thermosäule (oder auf ein Bolometer) auffallend erzeugen jedoch auch diese Strahlen eine Wärmewirkung. Die neueren Untersuchungen mittels des Beugungs- oder Diffraktionsspektrums, des normalen Spektrums an Stelle des prismatischen, durch Brechung erzeugten Spektrums konnten erst zeigen, daß das Maximum der Wärmewirkung oder Maximum der Energie der Sonnenstrahlung im Gelb liegt; das Maximum der Lichtstärke und das der Wärmewirkung fällt damit fast zusammen. Desgleichen haben die neueren Untersuchungen auch gezeigt, daß man jene Strahlengattung, welche auf das Wachstum und die Entwicklung der Pflanzen von größter Wirkung ist, nicht im blauen und violetten Ende des Spektrums zu suchen hat, sondern im mittleren Teile desselben, mit anderen Worten, es sind die Strahlen, die sich auch durch die größte Leuchtkraft auszeichnen, und nicht die sogen. chemischen Strahlen, wie man früher meinte [1]. Wm. Siemens in London hat im Winter (1879/80 und 1880/81) verschiedene Pflanzen zur vollen Entwicklung und Fruchtreife gebracht bei rein künstlicher elektrischer Beleuchtung (bei einer Luftwärme von ca. 15° C.). Es ergab sich dabei, daß das an den sogen. chemischen Strahlen reiche elektrische Licht vorerst durch Gläser gehen mußte, welche die blauen Strahlen zum Teil absorbierten, wenn man eine gesunde und kräftige Vegetation erzielen wollte [1].

---

[1] Die Strahlung von geringerer Brechbarkeit (Licht- und Wärmestrahlen) ist von größter Wirksamkeit auf die Vorgänge der Assimilation in den grünen Pflanzen, also auf die Produktion organischer Substanz, die Strahlung von großer Brechbarkeit (chemische Strahlung) wirkt eher wachstumhemmend, ist aber nach Sachs von großer Wichtigkeit bei der Erzeugung der zur Blütenbildung nötigen Stoffe.

C. Flammarion hat Untersuchungen angestellt über die Entwicklung der Vegetation unter dem Einflusse von Strahlen verschiedener Brechbarkeit. Die wirksamen Strahlengattungen waren nahezu monochromatisch und die Pflanzen wurden unter sonst möglichst gleichen Bedingungen gehalten. Als Beispiel mag das Wachstum (die Höhenentwicklung) von Mimosa pudica hier stehen. Die Aussaat war im Mai erfolgt.

Lichtgattung:	rot	grün	weiß	blau
Höhe der Pflanze				
6. September	0,22	0,09	0,04	0,03 m
22. Oktober	0,42	0,15	0,10	0,03 „

Das größte Höhenwachstum und die größte Üppigkeit erreichten die Pflanzen unter dem Einfluß des roten Lichtes; in Bezug auf die Kraft der Entwicklung

In der Kurve (Fig. 1), welche die Verteilung der Energie der Sonnenstrahlung im Spektrum an der Erdoberfläche darstellt, hat man zwei Erscheinungen zu unterscheiden. Erstlich die allmähliche regelmäßige Abnahme der Energie von Gelb ($\lambda = 0{,}60$) nach beiden Seiten hin, sehr rasch gegen das violette Ende, langsam im roten und ultraroten (unsichtbaren) Ende. Zweitens das Fehlen gewisser Strahlengattungen, welches durch die Einkerbungen in der Energiekurve angezeigt wird (ähnlich den dunklen Fraunhoferschen Linien im Lichtspektrum). Diese Einkerbungen sind sehr schwach im blauen und violetten Teile des Spektrums, nehmen aber große Dimensionen an im ultraroten, unsichtbaren Spektrum.

Die allmähliche Abnahme der Strahlung wird durch die Zerstreuung (Dispersion, diffuse Reflexion) derselben durch die Atmosphäre hervorgebracht, welche bei den kurzwelligen blauen Strahlen am stärksten sich geltend macht, weniger bei den langwelligen[1]). Dieser diffusen Reflexion verdanken wir die allgemeine Tageshelle, das Licht auch im Schatten. Dem diffusen Licht, der Lichtstrahlung der Atmosphäre selbst, entspricht auch eine Wärmestrahlung, das ganze Himmelsgewölbe strahlt uns Wärme zu. Und diese allgemeine Licht- und Wärmestrahlung ist wegen der großen Fläche, von der sie kommt, von erheblichem Betrage. Das diffuse Tageslicht ist seiner Entstehung nach vorzüglich reich an blauen Strahlen. Das Blau des Himmels ist von Rayleigh durch die diffuse Reflexion der Sonnenstrahlung in der Atmosphäre erklärt worden.

Je tiefer die Sonne steht, desto weniger blaue und violette Strahlen werden durchgelassen, um so reicher wird das durchgelassene Licht (relativ) an gelben und roten Strahlen (Abend- und Morgenröte, Färbung der Abendwolken etc.). Umgekehrt bei hochstehender Sonne und auf Bergen. Je dünner die atmosphärischen Schichten werden,

---

gaben die Lichtgattungen folgende Reihe: Rot, Weiß, Grün und Blau. Die roten und gelben Strahlen sind es, welche die Respiration und Transpiration der Blätter und die Assimilation der Kohlensäure am kräftigsten anregen (Compt. rend. T. 121, 957). Griffiths fand desgleichen, daß die Strahlen, welche die Aufnahme mineralischer Stoffe durch die Wurzeln am meisten befördern, dieselben sind, welche auch die Assimilation in den grünen Teilen am meisten anregen und daß dies die gelben Strahlen sind (Investigations etc., Proc. R. S. E., Vol. XIV, 125).

In einer sehr interessanten Abhandlung sucht E. Stahl (Laubfarbe und Himmelslicht, Jena 1906) folgenden Satz nachzuweisen: Es besteht ein Zusammenhang zwischen der den Pflanzen von der Sonne zugesandten, durch die Atmosphäre veränderten Strahlung und den optischen Eigenschaften der auf ihre Ausnützung angewiesenen Blattfarbstoffe. Die Ausnützung der weniger brechbaren im direkten Sonnenlicht vorherrschenden Strahlen von Rot bis Gelb vermittelt der dazu komplementäre blaugrüne Anteil des Chlorophylls, die Ausnützung der anderen (im diffusen Himmelslichte vorherrschenden) Strahlengruppe von Blau bis Violett ist dem gleichfalls zu ihr komplementären orangegelben Anteil übertragen. (S. darüber auch in Wiesners Buch: Lichtgenuß S. 243 u. s. w.)

[1]) Lord Rayleigh hat gezeigt, daß der Betrag der diffusen Reflexion von der Wellenlänge der Strahlung abhängt, und der vierten Potenz derselben umgekehrt proportional ist, deshalb sehr rasch mit abnehmender Wellenlänge zunimmt.

durch welche die Sonnenstrahlung geht, desto reicher wird die Strahlung an blauen, violetten und ultravioletten Strahlen [1]).

Die Einkerbungen in der Intensitätskurve werden durch Absorption hervorgerufen, welche besonders wirksam ist (s. Fig. 1) im Gebiete der langwelligen, der sogen. Wärmestrahlung. Ganze Strahlengruppen werden daselbst von der Atmosphäre fast vollkommen ausgelöscht, und zu deren Erwärmung verwendet. Die Absorption der Sonnenstrahlung in der Erdatmosphäre tritt also besonders im Gebiete der dunklen Strahlen auf, d. i. der Strahlung von Körpern niedrigerer Temperatur. Dies ist für die Wärmeökonomie der Erde besonders wichtig, denn die Abkühlung derselben durch Wärmeausstrahlung wird dadurch wesentlich verzögert und vermindert. Die Atmosphäre läßt die leuchtende Strahlung hoher Temperatur in reichlichem Maße herein, diese wird von der Erdoberfläche absorbiert und erwärmt selbe. Die langwelligen dunklen Strahlen der erwärmten Erdoberfläche werden aber von der Atmosphäre sehr stark absorbiert, wenig durchgelassen, und derart Wärme in deren unteren Schichten aufgespeichert. Der Wasserdampf und der Kohlensäuregehalt der Atmosphäre sind es hauptsächlich, welche die dunkle Erdstrahlung sehr stark absorbieren, und die Wiederabkühlung der erwärmten Erdoberfläche bei Nacht und im Winter wirksam verzögern und vermindern. Der Temperaturunterschied zwischen Tag und Nacht, zwischen Sommer und Winter wird dadurch wesentlich abgeschwächt. Der verschiedene Wasserdampfgehalt der Atmosphäre spielt demnach eine wichtige Rolle in den verschiedenen Klimaten, der Kohlensäuregehalt ist, wie wir sehen werden, dagegen ein sehr gleichförmiger [2]).

Nach Trabert können wir an ganz heiteren Tagen mit etwa 44 % direkt von der Sonne zugestrahlter Wärme rechnen, und mit

---

[1]) Die Strahlenmenge, welche durch die Schichtendicke 1 eines dieselbe dispergierenden Mediums hindurchgelassen wird, nennt man den Transmissionskoeffizienten (q). Nach der einfachsten Regel von Bouguer wächst die Dispersion mit der Dicke (d) der durchstrahlten Schichte nach dem Gesetz $J' = J q^d$, wenn J' die durchgelassene Strahlenmenge ist. Der Transmissionskoeffizient q ist z. B. für $\lambda = 0{,}4$ (Violett) bloß 0,48, für $\lambda = 0{,}60$ (Mitte des Gelb) 0,73 und für das rote Ende des Spektrums $\lambda = 0{,}90$ gleich 0,86 (Abbot). Bei senkrechtem Einfallen der Strahlung (d = 1) werden demnach vom Violett nur 48 % der Strahlung durchgelassen, vom äußersten Rot aber fast 90 %. Bei tiefstehender Sonne, also großen d, werden deshalb die blauen Strahlen sehr stark geschwächt. Nach Kapt. Abney gelten folgende Zahlen:

Atmosphärendicke	8	6	4	2	1
Sonnenhöhe	7,8 °	9,3 °	14,3 °	30 °	90 °
Rot λ = 0,76	66	74	81	91	95 %
Violett λ = 0,4	0	2	7	25	51 %
Sonne (Helligkeit)	21	30	50	70	84

Unterhalb 10 ° Sonnenhöhe gibt es fast keine chemische Strahlung mehr, bei 19 ° ist die chemische Intensität des Sonnenlichtes gleich der des diffusen Lichtes.

[2]) Ekholm berechnet, daß der Wasserdampfgehalt der Atmosphäre in der inneren Tropenzone etwa 70 %, in den gemäßigten Zonen 65 bis 45 %, in den Polargegenden 80 %, im Mittel 60 % der Erdstrahlung absorbiert, dazu kommen noch 18 % Kohlensäureabsorption. Met. Z. 1902.

19 ° diffuser Strahlung, in Summe also mit 63% der Sonnenstrahlung. Der Rest 37% wird in den Weltraum reflektiert und geht der Erde verloren. Die Absorption der Sonnenstrahlung durch die Atmosphäre veranschlagt Trabert nach den Langleyschen Intensitätskurven auf 18%, die Dispersion auf 38%, von denen uns die Hälfte, 19%, zukommt, während die andere Hälfte in den Weltraum geht.

Wärmeausstrahlung. Die Messungen der Wärmeausstrahlung haben ergeben, daß selbe an der Erdoberfläche in mittleren Breiten bei klarem Nachthimmel etwa 0,12 bis 0,15 Grammkalorien (cm², Minute) beträgt, auf 3000 m hohen Bergen aber auf 0,20 steigt. (Abnahme der Atmosphärendicke und des Wasserdampfgehaltes.) Die Sonnenstrahlung an der Erdoberfläche an klaren Tagen um Mittag erreicht 1,2 bis 1,6 Kalorien, in großen Höhen 2,0, ist demnach in ihrem Maximum 10mal der Ausstrahlung überlegen. Letztere ist aber in vollem Betrage Tag und Nacht wirksam, erstere Zahlen gelten aber nur für die kurze Dauer der höchsten Sonnenstände. Auf die großen Unterschiede der Wärmeausstrahlung in verschiedenen Klimaten werden wir später zurückkommen müssen. Es ist dabei namentlich der verschiedene Wassergehalt der Atmosphäre und die Abnahme der Dicke der atmosphärischen Hülle auf Hochebenen und Bergen wirksam.

II. Die diffuse Strahlung (das Tageslicht) als klimatischer Faktor. Die ersten Messungen der (chemischen) Intensität des Tageslichtes wurden von Draper in Amerika 1843 veröffentlicht. Er setzte ein Gemisch von gleichen Mengen Chlor und Wasserstoff dem Lichte aus, die Menge der sich dabei bildenden Salzsäure ist ein Maß für die photochemische Wirkung. Bunsen und Roscoe[1]) haben diese Methode verbessert und die ersten mittels selber erlangter Ergebnisse 1856 veröffentlicht. Sie verließen aber später dieses Chlor-„Knallgas"-Photometer und benützten die Schwärzung von Chlorsilberpapier durch das Licht zur Bestimmung der chemischen Intensität desselben. Um

---

[1]) Bunsen and Roscoe, Photochemical Researches Part i—III 1857, P. IV 1859, P. V 1863. — Roscoe, A Method of Met. Registr. of the Chemical Action of total Daylight 1865. Chemical Intensity of total Daylight at Kew and Para 1865—67. — Roscoe and Thorpe, Relation etc. 1870, 1871. Philosoph. Trans. of the Royal Soc. London. — Referate s. Pernter, Methoden der Messung der chemischen Intensität des Lichtes, Met. Z. 1879 (XIV), S. 274. Stellings Messungen des gesamten Tageslichtes ebenda S. 41, Resultate der bisherigen Messungen (1879), S. 401. J. Wiesner, Untersuchungen über das photochemische Klima von Wien, Kairo und Buitenzorg. Denkschriften der Wiener Akademie Bd. 64 (1896), Im arktischen Gebiete ebenda Bd. 67 (1898). Auch Sitzungsberichte Bd. 109, 1900, Juni 1893 und Juli 1895. — Zum photochemischen Klima des Yellowstonegebietes. Denkschr. 80. Bd. 1906. Zusammengefaßt und allseitig behandelt in dem Buche: Der Lichtgenuß der Pflanzen von J. Wiesner, Leipzig, Engelmann, 1907. — E. Duclaux, Atmospheric Actinometrie and the Actinic Constitution of the Atmosphere. Smith. Contributions to Knowledge Vol. 29, Wash. 1896. — Vallot, Annales du l'Obs. du Montblanc Tome III. — L. Weber, Tageslichtmessungen in Kiel 1898 bis 1904. Naturw. Verein Schleswig-Holstein Bd. XIII. Fotokemiske Studier over den Ultraviolette Del af Sollyset. Af John Sebelien, Christiania 1904. — Photochemische Messungen für klimatologische Zwecke. Chemikerzeitung 1904, Nr. 104. Von John Sebelien.

vergleichbare Resultate zu erhalten, mußte ein Normalpapier und ein Normalfarbenton hergestellt werden. Wiesner hat diese photographische Methode wesentlich verbessert und zu regelmäßigen Beobachtungen geeigneter gemacht. Er mißt die Zeit, welche erforderlich ist, damit das Chlorsilberpapier den „Normalton" annimmt, der reziproke Wert der hierzu nötigen Expositionsdauer in Sekunden gibt ein relatives Maß für die chemische Intensität des Lichtes.

Marchand in Fécamp mißt die Menge Kohlensäure, welche durch das Licht aus einem Gemisch von Eisenchlorid und Oxalsäure entwickelt wird. Ähnlich ist die Methode von Duclaux, nach welcher Vallot auf seinem Montblancobservatorium Messungen angestellt hat.

Über die Bedeutung des diffusen Tageslichtes für die Pflanzen hat Wiesner eingehende Untersuchungen angestellt unter sehr verschiedenen Breiten von Java (Buitenzorg) bis Spitzbergen.

Alle gut oder üppig gedeihenden Pflanzen sind vor allem auf diffuses Licht angewiesen, sowie auf ein in seiner Intensität abgeschwächtes Sonnenlicht. Die fixe Lichtlage der Blätter wird in der Regel bestimmt durch das stärkste diffuse Licht am Orte des Blattes.

Das diffuse Licht ist es, welches alle Teile der Pflanze gleichsam umspült und denselben zu gute kommt. Über die Intensitäten desselben im Schatten verschiedener Pflanzen und Bäume hat Wiesner gleichfalls genaue Messungen angestellt. Interessant ist der Nachweis, daß das Lichtbedürfnis der Pflanzen mit steigender Temperatur abnimmt, mit sinkender aber zunimmt. Das erweist sich sowohl für die Temperaturänderungen mit der Breite, als für jene mit der Seehöhe.

So ist z. B. für Poa annua das benötigte Lichtminimum Anfang März (3.) zu Kairo ca. 53 Kalorien (proportional), zu Wien dagegen 109, die respektiven mittleren Lufttemperaturen sind aber $15,5\,^\circ$ und $2\,^\circ$ (Mittag $3,5\,^\circ$). Für gleiche Sonnenhöhe zu Kairo und Wien ($53,3\,^\circ$ um Mittag)[1] ist das Lichtminimum zu Wien 92 Kalorien, die Lufttemperatur $10,4\,^\circ$. Auch bei gleich hohem Sonnenstand bedarf Poa annua zu ihrem Gedeihen in Wien eine größere Lichtmenge als in Kairo, da die gleichzeitige Temperatur niedriger ist.

Um zu einer vollständigen Kenntnis der wichtigsten klimatischen Elemente zu gelangen, wäre es von größter Wichtigkeit, aus den verschiedenen Klimagebieten Messungen der Lichtstärke (photometrische Messungen) und Messungen über die Wärmewirkung der direkten Sonnenstrahlung zu besitzen, welche durch Messungen über die chemische Wirksamkeit der Strahlung zu ergänzen wären.

III. Die klimatische Temperatur und die Strahlende Wärme. Wir und alle Organismen stehen im Freien unter der gleichzeitigen Einwirkung der Temperatur der umgebenden Luft (der „wahren" Lufttemperatur) und der strahlenden Wärme der Sonne oder der Strahlung der erwärmten nahen Gegenstände, namentlich des Erdbodens.

---

[1] D. i. am 3. März Kairo, am 20. April Wien.

Als klimatische Faktoren kommen also in Betracht die strahlende Wärme und die Wärme der Luft, die uns allseitig umspült. Beschäftigen wir uns zunächst mit der ersteren.

Die große klimatische Bedeutung der strahlenden Wärme neben der Luftwärme, ja die fast völlige Gleichgültigkeit der letzteren, Windstille vorausgesetzt, hat man schon seit längerer Zeit erkannt bei der Beurteilung der sogen. klimatischen Kurorte, nach ihren mehr oder minder ausgesprochen günstigen Wirkungen auf kranke oder schwache Personen. Eine unbehinderte kräftige Insolation, verbunden mit Luftruhe, läßt einige besonders geschützte Alpenhochtäler (Davos, Arosa, St. Moritz u. s. w.) trotz strenger Winterkälte mit südlichen Winterzufluchtstätten konkurrieren.

„Das Sommerklima von Davos ist sehr ähnlich jenem von Pontresina und St. Moritz im benachbarten Oberengadin, es ist kühl und recht windig; sobald aber das Prättigau und die umgebenden Berge tief und nun permanent für den ganzen Winter mit Schnee bedeckt sind, was gewöhnlich im November der Fall ist, treten neue Verhältnisse ein, und das Winterklima wird außerordentlich bemerkenswert. Der Himmel ist in der Regel wolkenlos oder nahezu rein, und da die Sonnenstrahlen, wenngleich sehr kräftig, nicht im stande sind, den Schnee zu schmelzen, so haben sie wenig Einfluß auf die Lufttemperatur im Tale sowohl als auf den Bergen (Temperaturmittel Dezember — 6,1°, Januar — 7,4°, Februar — 5,1). Demzufolge gibt es keine Ausgleichungsströmungen erwärmter Luft, und da das Tal gegen die allgemeinen Luftströmungen gut geschützt ist, so herrscht im Winter fast gleichmäßig andauernde Windstille, bis im Frühling der Schnee schmilzt." Trotz Temperaturminima am Morgen von — 15 bis — 20° C. gehen die Patienten schon bald nach Sonnenaufgang (9 bis 10^h) ohne besonderen Schutz, manche sogar ohne Überkleider im Freien spazieren. Der Himmel ist tiefblau, und in dem kräftigen Sonnenschein fühlt man sich behaglich warm beim Sitzen vor dem Hotel in leichtem Morgenrock.

Die dünnere Luft schon entzieht dem Körper weniger Wärme, abgesehen von der Windstille, dazu kommt das Fehlen von Wassertröpfchen in der Luft, die unten die Atmosphäre feuchtkalt machen. Man bekommt zudem die direkte und die von den Schneeflächen reflektierte Wärme, so daß bei stillem Sitzen im Sonnenschein die Wärme mitten im Winter zuweilen fast unerträglich wird. E. Frankland, Winter Thermometric Observations in the Alps. Proc. R. Soc. of London. Vol. XXII, S. 317.

Man hat schon vielfach versucht, die Intensität der strahlenden Wärme an verschiedenen Orten zu messen. Unter den Instrumenten, welche zu einer regelmäßigen Aufzeichnung der Intensität der Sonnenstrahlung dienen sollen [1]), kann gegenwärtig bloß das sogen. Schwarzkugelthermometer im Vakuum, Solarthermometer, welches namentlich an den englischen Stationen häufig verwendet wird, empfohlen werden [2]). Es liefert noch die am besten ver-

---

[1]) Die Methoden der absoluten Messung der Sonnenstrahlung müssen hier außer Betracht bleiben.

[2]) In Davos zeigt dasselbe z. B. im Dezember bei einem mittleren Maximum der Lufttemperatur von —1,5 im Mittel 39° und kann im Maximum bis über 62° C. steigen. In Wien bleibt im Sommer das Maximum der Lufttemperatur im Mittel um 33° unter dem Maximum des Solarthermometers.

gleichbaren Resultate für die Intensität der Sonnenstrahlung [1]), namentlich wenn es vorher an einer Normalstation mit einem Normalinstrument gleicher Konstruktion verglichen wird. Das Aktinometer Arago-Davy besteht aus einem solchen Schwarzkugelthermometer und einem zweiten gleich adjustierten Thermometer, dessen Kugel aber blank gelassen ist. Diese Instrumente liefern nur relative Werte, ihre Angaben sind aber doch den ganz vagen und gar nicht vergleichbaren Daten vorzuziehen, welche man erhält, wenn man ein gewöhnliches oder selbst ein geschwärztes Thermometer frei der Sonne aussetzt. Solche als „Temperatur in der Sonne" mitgeteilte Beobachtungen haben keinerlei wissenschaftlichen Wert und können nicht zu klimatologischen Untersuchungen verwendet werden.

Eine „klimatische" Temperatur geben die Solarthermometer natürlich nicht an, deren Angaben beziehen sich ja auf unnatürliche Verhältnisse (geschützter luftleerer Raum).

Man wird mit verschiedenen Thermometern unter dem gleichzeitigen Einfluß der verschiedenen Strahlungseinflüsse der Umgebung, die sich nie ganz vermeiden lassen, sehr verschiedene „Temperaturen in der Sonne" erhalten, bei gleicher Intensität der Sonnenstrahlung. Es hat ja Lamont schon gezeigt, daß ein Thermometer mit kleiner Kugel, frei in der Luft der Sonne ausgesetzt, nahezu die „Lufttemperatur" angibt, demnach so viel Wärme durch Reflexion und Strahlung wieder abgibt, daß es mit einem Thermometer im Schatten gleiche Temperatur hat. Prof. Kunze in Tharandt hat neuerdings ähnliche Erfahrungen mitgeteilt, allerdings größere Differenzen erhalten [2]).

„Temperatur in der Sonne" als Gegensatz zur Temperatur im Schatten ist überhaupt gar kein genügend definierter Begriff, weil jene erstere Temperatur abhängt von der Natur des Körpers, welchen man der Sonnenstrahlung aussetzt. Der Temperaturzustand, den ein der „strahlenden Wärme" ausgesetzter Körper annimmt, wird bedingt durch sein Absorptionsvermögen gegen die auf ihn fallende Strahlengattung, und dieses Absorptionsvermögen ist wieder verschieden, je nachdem die Oberfläche des Körpers poliert oder rauh ist; ein dünner Überzug einer fremden Substanz kann dasselbe ganz verändern. Sobald unter dem Einfluß der Strahlung die Temperatur des Körpers über die seiner Umgebung steigt, gibt er wieder Wärme durch Leitung wie durch Strahlung ab, und sein stationärer Temperaturzustand wird erreicht, wenn er durch letztere ebensoviel Wärme verliert, als ihm an absorbierter strahlender Wärme zufließt. Dazu kommt noch als dritter Faktor die Wärmeentziehung durch die bewegte Luft, durch den Wind. Die Temperatur eines der Sonnenstrahlung ausgesetzten Körpers hängt also von vielfachen Nebenumständen ab, welche die bloße Angabe des Resultates unvergleichbar machen. Die „Schwarzkugelthermometer im Vakuum" bieten den großen Vorteil, daß durch die umgebende Glashülle erstlich die (dunkle) Wärmestrahlung der Umgebung, welche als ein von Ort zu Ort äußerst variables Element ein Haupthindernis der Vergleichbarkeit derartiger Beobachtungen ist, fast ganz abgehalten wird, während die leuchtende Strahlung fast ungeschwächt durch das Glas hindurchgeht, und zweitens die Wärmeentziehung durch bewegte Luft ganz ver-

---

[1]) Siehe darüber Ferrel Met. Z. 84, S. 386 und 500; ferner Maurer Met. Z. 85, S. 18.

[2]) S. Met. Z. 82, S. 291 und Köppen Met. Z. 90 (38).

hindert wird. Deshalb liefern sie ziemlich vergleichbare (aber unnatürliche) Resultate [1]).

Eine Art der strahlenden Wärme ist auch die gespiegelte Wärme. Selbe kann örtlich einen nicht unbedeutenden Einfluß erlangen sowohl auf die Vegetation, das Reifen der Früchte etc., als auch auf den günstigen Einfluß, welchen der Aufenthalt im Freien für schwache und kränkliche Personen gewährt. Sie besteht in der bloßen Wärmereflexion terrestrischer Gegenstände. Es ist lange bekannt und neuerdings namentlich von Ch. Dufour direkt nachgewiesen worden, daß die Wärmespiegelung, die Reflexion des Sonnenlichtes von Wasserflächen für die letztere umgebenden Bergabhänge eine sehr merkliche Wärmequelle ist. Am Genfer See wie am Rhein haben diese Wärmereflexe einen nicht zu unterschätzenden Einfluß auf das Reifen der Trauben. In Gebirgstälern erhöht die von den Bergwänden reflektierte und ausgestrahlte Wärme [2]) die Lufttemperatur, noch mehr aber das „Gefühl der Wärme" im Freien.

Über das Verhältnis der direkten Sonnenwärme zur reflektierten Wärme am Genfer See hat Dufour folgende Resultate erhalten:

Sonnenhöhe	ca. 4°	7°	16°
Reflektierte Wärme in % der direkten	68%	40 bis 50%	20 bis 30%

Die reflektierte Wärme spielt demnach die größte Rolle bei niedrigem Sonnenstand, also am Morgen und im Winter der höheren Breiten. Eine südliche Exposition, etwas erhaben über einer ausgedehnten Wasserfläche, gestattet den größten Vorteil aus dieser sekundären Wärmequelle zu ziehen, ist demnach für Wohnungsanlagen zu empfehlen.

Frankland teilt folgende Beobachtungen mit über den Einfluß der von der Umgebung reflektierten Wärme [3]). Das der Strahlung ausgesetzte Thermometer befand sich auf weißem Papier als Unterlage. Eine Beobachtung zu Pontresina ergab: 10 Fuß von einer weißen Wand 38,7° C., über einer benachbarten Wiese 27,7°, also 11° weniger. Alumbay, Insel Wight, unter der direkten und der vom Wasser reflektierten Strahlung 31,2°, unter direkter Strahlung allein 25,7°. Zürichsee, Thermometerstand unter direkter und reflektierter Strahlung 34,0°, 1,6 km vom See unter der direkten Strahlung allein 31,5°.

Da das Gefühl der Wärme und der Annehmlichkeit beim Aufenthalt in freier Luft von dem Gesamteffekt der direkten und reflektierten Strahlung abhängt, so ergibt sich daraus der beträchtliche Einfluß der Umgebung eines Wohnortes auf das, was man die „klimatische Temperatur" nennen kann.

---

[1]) Handelt es sich um bloße Schätzung der Verschiedenheit der komplexen klimatischen Temperatur in der Umgebung eines Ortes, Auswahl einer günstigen Lokalität, so könnte man „bekleidete" (mit einem Stoff überzogene) Thermometer (Kugeln) doch wohl dazu verwenden.

[2]) Die Temperatur der Bergabhänge ist bei Tag höher als die Lufttemperatur in gleicher Höhe über der Erdoberfläche.

[3]) E. Frankland, Climate in town and country. Nature V. 26 (1882, II), p. 380.

Wärmeausstrahlung. Nächtliche Abkühlung. Ein anderer auf Wärmestrahlung beruhender klimatischer Faktor von Wichtigkeit besteht in der **nächtlichen Erkaltung** der freien Oberflächen der Körper unter die Lufttemperatur. In heiteren Nächten sinkt die Temperatur des Bodens oder die der Pflanzen oft bedeutend unter die Lufttemperatur, die in einiger Höhe über dem Erdboden herrscht. Diese letztere aber mißt man an allen meteorologischen Stationen und schützt die Thermometer gegen nächtliche Ausstrahlung durch Anbringung von Schirmen. Dies ist notwendig, weil die Thermometer, so wie fast alle anderen Körper, viel bessere Wärmestrahler sind als die Luft, welche durch Strahlung nur wenig sich abkühlt. Verschiedene Körper erkalten in verschiedenem Maße durch nächtliche Wärmeausstrahlung, wie die verschiedene Stärke der Taubildung an ihrer Oberfläche zeigt. Klimatologisch mißt man die Intensität der nächtlichen Wärmestrahlung am zweckmäßigsten durch ein Minimumthermometer unmittelbar über einem kurz geschorenen Rasen, und durch ein Thermometer, das auf den bloßen Erdboden gelegt und kaum mit Erde bedeckt wird[1]). Der Unterschied zwischen der tiefsten Temperatur in der Luft und jener der Luft unmittelbar über dem Rasen oder am Erdboden gibt ein Maß für die nächtliche Wärmestrahlung. Derartige Beobachtungen, obgleich leicht anzustellen, mangeln trotzdem noch aus vielen Klimaten.

In Wien gibt das frei über dem Rasen exponierte Minimumthermometer durchschnittlich um folgende Beträge niedrigere Minima als das Minimumthermometer in der Beschirmung etwa 1½ m über dem Boden:

April 3,5°   Mai 4,0°   Sommer 2,5°.

Man kann daraus schließen, daß schon bei einem mittleren nächtlichen Minimum der Lufttemperatur von $+3$ bis 4° C. um Wien Reife eintreten können. In trockeneren Klimaten, namentlich in größerer Seehöhe, sind diese Differenzen weit erheblicher, und es kann bei einer Luftwärme von 5 bis 8° C. zur Reifbildung kommen, wenn die Heiterkeit des Himmels die Wärmeausstrahlung begünstigt und Luftruhe eine beträchtliche Temperaturdifferenz zwischen den Körpern in der Luft und der Luft selbst aufkommen läßt. Glaser sah im trockenen Hochlande von Yemen, trotz eines nächtlichen Minimums von nur $+8°$, am Morgen die Tümpel der Umgebung zugefroren. Prof. Meidinger sah in Karlsruhe an einem heiteren Winterabend Wassertümpel bei 10° Lufttemperatur durch Ausstrahlung gefrieren. Am 30. Juni 1899 gab es in Ohio bei einer Lufttemperatur (in 2 m) von 8° C. einen bedeutenden Schadenfrost (bei klarem Himmel).

Einen lehrreichen Versuch über die verschiedene Erwärmung durch Insolation und Erkaltung durch nächtliche Wärmeausstrahlung unter dem Einfluß verschiedener Färbung der Oberfläche hat Henri Dufour angestellt. Er hat dazu vier Minimumthermometer verwendet, die Kugel des einen in schwarzen, des anderen in roten, des dritten in weißen Flanell eingehüllt, die vierte blank gelassen und dieselben (am 20. Februar 1895) der Strahlung ausgesetzt. Das Ergebnis war:

---

[1]) In Klimaten, wo im Winter Schnee fällt, sind die Thermometer unmittelbar über der Schneedecke anzubringen und auf dem davon rein gefegten Erdboden.

Thermometer	schwarz	rot	weiß	blank
in der Sonne . .	89,5	29,0	23,6	22,0
5ʰ Abends . . .	5,5	4,5	3,6	1,8
6¹/₄ „ . . .	— 4,5	— 5,0	— 5,0	— 6,0
8ʰ Morgens Min. .	— 10,5	— 11,0	— 10,0	— 10,0

nach einer klaren Nacht. Auf die nächtliche Ausstrahlung hatte also die Farbe des Stoffes keinen Einfluß, wie auch andere Beobachtungen schon ergeben haben (Archives des Sciences XXXIII, 477). Auch Aitken fand, daß schwarze und weiße Kleiderstoffe gleichmäßig um 6 bis 8° unter die Lufttemperatur durch Ausstrahlung sich abkühlten. Gras, Gartenerde, auch Schnee gaben ebenfalls 7 bis 8° Differenz gegen die Luft (On Dew II, R. S. Edinburgh Trans. XXXIII. Radiation S. 83).

IV. Die Lufttemperatur.

Es herrscht wohl kein Zweifel darüber, daß die Lufttemperatur als das wichtigste klimatische Element bezeichnet werden muß. In der Meteorologie versteht man unter der Temperatur eines Ortes nur das Maß der Luftwärme, wie es erhalten wird durch zweckmäßig über die Zeit verteilte Beobachtungen an einem frei in der Luft aufgestellten, aber gegen die direkte Wärmestrahlung der Sonne, sowie gegen Strahlung umgebender Gegenstände geschützten Thermometer. Die letztere Bedingung ist von absoluter Wichtigkeit, wenn man vergleichbare Daten über den Wärmezustand der Luft an verschiedenen Orten erhalten will, da solche Strahlungseinflüsse ein äußerst variables Element sind, welche an ein und demselben Orte scheinbar sehr verschiedene Temperaturen erzeugen können, während die wahre Lufttemperatur über einem gleichförmigen Terrain auf größere Entfernungen hin sich als ziemlich gleich herausstellt[1]).

---

[1]) Als Beispiel mögen die olgenden Jahres- und Julitemperaturen in Schleswig-Holstein angeführt werden. Alle Mittel sind aus Beobachtungen um 6ʰ, 2ʰ, 10ʰ abgeleitet und auf die 23jährige Reihe (1849/71) von Kiel reduziert (s. Karsten, Beiträge zur Landeskunde von Schleswig-Holstein). Also Beobachtungsergebnisse für gleiche Termine und gleiche Jahresreihen.

Ort	Temperatur des Jahres	des Juli	Ort	Temperatur des Jahres	des Juli
Flensburg . . .	8,3	17,2	Eutin	7,9	16,9
Husum	8,3	17,2	Woltermünster .	7,9	16,9
Kiel	8,3	17,0	Neustadt . . .	7,9	17,1
Segeberg . . .	8,0	17,0	Meldorf . . .	7,9	16,4

Im ganzen Lande Schleswig-Holstein kommen keine größeren Unterschiede der Jahrestemperaturen vor als 7,9° und 8,3°. Hingegen können bei schlecht aufgestellten Thermometern selbst die Mitteltemperaturen des Jahres an ganz benachbarten gleichgelegenen Orten, ja bei verschiedener Aufstellung des Thermometers und verschiedenen Beobachtungszeiten an demselben Orte, um einen oder mehrere Grade differieren. Sobald man derartiges bemerkt, muß man die vorliegenden Daten der sorgfältigsten Kritik unterziehen.

1. **Die Beobachtung der Lufttemperatur.** Die Temperaturbeobachtungen müssen zweckmäßig über den ganzen Tag verteilt sein, um das zu liefern, was man die **wahre Tagestemperatur** nennt, welche dem Mittel aus 24 stündlichen Beobachtungen entspricht. Auch lassen solche Beobachtungen die höchste und niedrigste Temperatur des Tages erkennen, welche man freilich bequemer durch Ablesungen an einem Maximum-Minimumthermometer erhält. Werden bloß tagsüber häufige Beobachtungen angestellt und das Mittel daraus genommen, wie dies noch öfter geschieht (namentlich sind in dieser Beziehung die älteren und manche neuere Beobachtungen aus Südeuropa sorgfältigst zu prüfen), so erhält man eine zu hohe Temperatur, weil die kühlere Tageshälfte auf das Mittel keinen Einfluß nehmen konnte. Der Ort erscheint dann anderen gegenüber viel wärmer, als er wirklich ist, und man wird zu Fehlschlüssen über das Klima desselben verleitet[1]). Der umgekehrte

Es scheint mir von großer Wichtigkeit, noch spezieller darauf hinzuweisen, daß die **auf dieselbe Periode reduzierten Mittel** der Lufttemperatur von auf einen größeren Umkreis zerstreuten Stationen eine so große Übereinstimmung zeigen, daß man wohl nicht daran zweifeln kann, daß sie die Luftwärme der Gegend getreu zum Ausdruck bringen. Die folgenden Stationen liegen sämtlich in der Umgebung von Wien, außerhalb der Stadt in vegetationsreicher Gegend, aber auch außerhalb des Einflusses des Wienerwaldes, den wir noch kennen lernen werden. Die Aufstellung der Thermometer ist zumeist die der österr. met. Instruktion, in Blechbeschirmung vor einem Nordfenster. Die Mittel sind sämtlich auf die gleiche Periode 1851/80 und die gleiche Seehöhe von 200 m reduziert, doch schwanken die Höhen nur zwischen 200 und 270 m.

Ort	N. Breite 47° +	Jan.	April	Juli	Okt.	Jahr
Hohe Warte . .	75′	− 1,4	9,6	19,9	10,1	9,3 °
Neue Sternwarte .	74′	− 1,5	9,5	19,7	10,1	9,2
Perchtoldsdorf .	67′	− 1,1	9,6	20,4	10,4	9,6
Mödling	65′	− 1,1	9,8	20,2	10,4	9,6
Baden	60′	− 1,8	9,9	20,4	10,2	9,6
W.-Neustadt . .	49′	− 1,8	9,4	20,4	10,4	9,4

Die Orte in gleicher Lage stimmen, wie man sieht, so gut wie vollständig überein, trotzdem an manchen derselben nur 2 bis 3 Jahre beobachtet worden ist. Perchtoldsdorf, Mödling, Baden im Süden von Wien haben eine warme Lage mit südöstlicher Exposition geschützt gegen die NW.-Winde, denen das met. Institut auf der Hohen Warte und die neue Sternwarte auf der N.- und W.-Seite von Wien frei ausgesetzt sind. W.-Neustadt hat eine niedrigere Winter- und Frühlingstemperatur, wie dies seiner Lage nahe dem Fuße des Hochgebirges entspricht. Die Aufgabe, die Temperatur einer Gegend zu bestimmen, kann somit schon mit den jetzigen Mitteln als ganz gut gelöst betrachtet werden. Ich halte die Aufstellung der Thermometer in Blechgehäusen vor einem Nordfenster als eine für diesen Zweck sehr günstige und leicht auszuführende, während die Aufstellung der Thermometer in Jalousiehäuschen, die ganz im Freien stehen, selbst in unserem Klima die größte Vorsicht erheischt, wenn man im Sommer nicht viel zu hohe (namentlich Nachmittags-) Temperaturen erhalten will. Man vergl. Jelinek: Anleitung zu met. Beobachtungen. W. Engelmann, Leipzig, oder K. preuß. met. Institut. Instruktion für die Beobachter. Berlin, Asher.

[1]) So war z. B. in italienischen, von scheinbar höchst verläßlicher Seite herrührenden Quellen die Temperatur von Rom zu 16,4° angegeben, Mittel $(9^h + 12^h + 3^h + 6^h + 9^h) : 5$, während sie in Wirklichkeit nur 15,5° beträgt; die mittlere Temperatur von Madrid wurde von Secchi zu 15,0° angegeben, während sie in der Tat nur 13,5° beträgt.

Fall, daß für einen Ort eine zu niedrige Temperatur angegeben wird, kommt viel seltener vor.

Es ist zu empfehlen, 3mal im Tage die Thermometer abzulesen, früh Morgens, Nachmittags und Abends. Die Kenntnis der Morgen- und Nachmittagstemperatur ist für die meisten klimatologischen Untersuchungen sehr wichtig, ein Tagesmittel allein kann dafür keinen Ersatz bieten. Günstige Beobachtungstermine sind:

Morgens . . .	6ʰ	6	6	7	7
Nachmittags . .	2ʰ	2	2	2	1
Abends	10ʰ	9	8	9	9

Man soll die Morgenablesung nicht später als um 7^h machen. Die jetzt leider ziemlich verbreiteten Beobachtungstermine 8^h, 2^h, 8^h sind recht ungünstig, das Mittel $(8 + 2 + 8) : 3$ ist im Sommer viel zu hoch. Das Mittel aus $7^h + 2^h + 9^h$ ist auch noch etwas zu hoch, dagegen liefert die Berechnung $(7^h + 2^h + 9^h + 9^h) : 4$ ein sehr gutes Mittel, das sich von einem wahren Mittel, wie man es aus 24stündigen Beobachtungen erhalten hätte, nur um $0,1^0$ bis $0,2^0$ (im Sommer) entfernt (zu hoch ist). Die Mittel der täglichen Extreme (aus den Ablesungen an einem Maximum-Minimumthermometer) geben auch etwas zu hohe Werte; in den meisten Klimaten sind sie ziemlich das ganze Jahr hindurch um zirka $0,4^0$ zu hoch, in den Tropen aber selbst bis und über 1^0, also dort zu vermeiden. Sonnenaufgang, 2^h und 9^h Abends gibt auch ein ziemlich gutes Temperaturmittel, wenn die Zeit des Sonnenaufgangs in der Tat das ganze Jahr hindurch eingehalten worden ist[1]). Für Orte, wo Maximum-Minimumthermometer abgelesen werden, und außerdem nur an ungünstigen Tagesstunden z. B. 9^h a. m., 3^h p. m. und 9^h p. m. (wie dies oft nach einer älteren englischen Instruktion geschieht) beobachtet wurde, erhält man die besten Mittel aus ¹/₂ (Min., 3^h p. m.), oder ¹/₄ (Min., Max., 9^h a. m. und 9^h p. m.). ¹/₄ (Min., Max., 8^h, 8^h), gibt nur im Notfalle noch verwendbare Mittel, da die Fehler der einzelnen Kombinationen: Min. Max. allein, oder 8^h, 8^h allein, entgegengesetzt sind und sich deshalb einigermaßen kompensieren. Man kann allerdings auch aus Beobachtungen zu Tagesstunden, welche direkt die Ableitung vergleichbarer Temperaturmittel nicht gestatten, noch solche erhalten, wenn sich in der Nachbarschaft ein Ort befindet, für welchen die Abweichungen der Temperatur zu den betreffenden Tagesstunden von dem wahren Tagesmittel durch mehrjährige 24stündige Beobachtungen bekannt sind. Man braucht dann nur diese bekannten Abweichungen in Rechnung zu ziehen. Eine derartige Korrektion der Mittel ist jedoch um so unsicherer, je größer die nötigen Korrektionen werden, denn sie setzt einen völlig parallelen Gang der Temperatur im Laufe des Tages an beiden Orten voraus, eine Voraussetzung, die um so unwahrscheinlicher

---

[1]) Besonders empfehlenswert ist aber die Wahl dieser Kombination deshalb nicht, weil die Morgenbeobachtung dann auf eine stets wechselnde Tageszeit fällt und fixe Termine immer vorzuziehen sind.

wird, je mehr die anderweitigen klimatischen Verhältnisse der beiden Orte voneinander abweichen [1]).

Über die Art der Aufstellung der Thermometer und der sehr wichtigen Wahl des Ortes für dieselbe siehe die verschiedenen Anleitungen zu meteorologischen Beobachtungen oder Hann, Lehrbuch der Meteorologie, II. Aufl., S. 27 (auch später den Abschnitt Stadttemperaturen S. 38).

2. Jahres- und Monatsmittel der Temperatur. Der kürzeste Ausdruck für den Wärmezustand der Luft an einem Orte der Erdoberfläche ist die mittlere Jahrestemperatur. Sie ist eigentlich das Mittel aus den 365 Tagesmitteln; man ist aber übereingekommen, da man ohnehin auch noch der Monatsmittel bedarf, das Jahresmittel durch das Mittel der zwölf Monatstemperaturen auszudrücken. Der Unterschied beider Berechnungsarten (der von der ungleichen Länge der Monate herrührt) erreicht nur in den extremsten Klimaten, mit großem Unterschied der Winter- und Sommertemperatur, Zehntelgrade, in Mitteleuropa nur einige Hundertstelgrade. Da die Jahrestemperatur desselben Ortes nach den Jahrgängen verschieden ausfällt, so ist je nach der Größe dieser Schwankungen eine größere oder geringere Zahl von Beobachtungsjahren notwendig, um die Jahresmittel der Temperatur bis zu einem gewissen Grade der Genauigkeit zu erhalten. Soll letzterer z. B. 0,1° C. betragen, so sind im mittleren Europa zirka 40 Beobachtungsjahre nötig, im nordöstlichen Europa aber zirka 60, hingegen würden (theoretisch) im Äquatorialklima (z. B. Batavia) bereits zwei Jahre hierzu hinreichen.

Die Jahrestemperatur allein genügt jedoch durchaus nicht zur Charakterisierung des mittleren Wärmezustandes der Luft an einem Orte, da selber in den meisten Klimagebieten innerhalb des Jahres beträchtlichen Änderungen unterliegt. Diese jährlichen periodischen Änderungen kommen zum kürzesten Ausdruck in den Monatsmitteln. Nur in sehr seltenen Fällen, wenn von einem Orte sehr langjährige Beobachtungen vorliegen, kann man versuchen, den jährlichen normalen Temperaturgang durch Dekaden- oder gar Pentaden- (zehn- oder fünftägige) Mittel darzustellen.

Die Genauigkeit der Monatsmittel ist schon viel kleiner als die der Jahresmittel; man muß für die meisten Orte der Erdoberfläche

---

[1]) In Bezug auf speziellere Information über die Bildung richtiger Tagesmittel und die hierzu in einzelnen Fällen nötigen Korrektionen müssen wir verweisen auf: Schmid, Lehrbuch der Meteorologie (Leipzig 1860), S. 269 etc.; Dove, Über die täglichen Veränderungen der Temperatur der Atmosphäre (Abh. d. Berl. Akad., 1846 u. 1856); Wild, Die Temperaturverhältnisse des russischen Reiches (Petersburg 1877) I bis LXVIII; Jelinek, Die täglichen Änderungen der Temperatur. Denkschriften der Wiener Akademie, Bd. XXVII, 1867; Köppen, Tafeln zur Ableitung der Mitteltemperatur. Rep. für Met. Bd. III, Nr. 7, 1878; Hellmann, Die täglichen Veränderungen der Temperatur in Norddeutschland, Berlin 1875; F. Erk, Die Bestimmung wahrer Tagesmittel der Temperatur. Abh. der Münchner Akad. II. Kl., XIV. Bd., II. Abt. 1883. Valentin, Der tägliche Gang der Temperatur in Österreich. Denkschriften der Wiener Akademie, Bd. 78, 1901. Hann, Der tägliche Gang der Temperatur in den Tropen. Drei Abhandlungen ebenda Bd. 78, 80 u. 81 (1905, 1907).

darauf verzichten, dieselben bis auf 0,1 ° C. kennen zu lernen, selbst sehr genaue und mit aller nötigen Vorsicht angestellte Beobachtungen vorausgesetzt. Die Temperaturmittel desselben Monats sind von einem Jahre zum anderen oft sehr großen Schwankungen unterworfen (es unterschied sich z. B. die Mitteltemperatur des Dezember 1880 von jener des Dezember 1879 in Südwestdeutschland um 15 °!), und es sind diese Schwankungen bei uns für die Wintermonate zirka zweimal so groß als für die Sommermonate. Für Wien z. B. wären fast 400jährige Beobachtungen erforderlich, um die Temperatur der Wintermonate bis auf 0,1 ° C. genau zu erhalten, für die Sommermonate nur 100 Jahre, für Orte in Westsibirien hingegen 800 Jahre [1] für die Winter-, aber auch nur 100 Jahre für die Sommermonate; hingegen genügen hierzu im Klima von Batavia schon fünf Jahrgänge. Man kann annehmen, daß die Genauigkeit der Monatsmittel der Temperatur aus 20jährigen Beobachtungen im mittleren und östlichen Europa für den Winter zirka 0,4 ° bis 0,6 °, für den Sommer 0,2 bis 0,3 ° C. beträgt [2]. Diese Angaben mögen genügen, sich von der Sicherheit der klimatischen Temperaturmittel eine richtige Vorstellung zu verschaffen und selbst zu beurteilen, wie überflüssig und dabei zugleich die Übersichtlichkeit störend es ist, wenn man in die Temperaturtabellen die Hundertstelgrade aufnimmt.

Der Temperaturunterschied des wärmsten und kältesten Monats liefert ein wichtiges klimatisches Element, die mittlere Jahresschwankung der Temperatur.

In der Umgebung von Wien z. B. hat der kälteste Monat (siehe S. 18 unten), der Januar, eine Mittelwärme von — 1,5 °, der wärmste, der Juli, 19,8 °, die Jahresschwankung der Temperatur ist demnach 21,3 °. In Thorshaven auf den Faröern ist der kälteste Monat, der März, mit 3,2 °, der wärmste, der Juli, mit 10,8 °, die Jahresschwankung ist also dort nur 7,6 °, in Batavia Mai (und Oktober) 26,4 °, Januar 25,3 °, Jahresschwankung 1,1 °, in Para November 26,4 °, Februar 25,0 °, Jahresschwankung 1,4 °.

Man unterscheidet nach der Größe der Jahresschwankung der Wärme exzessive oder extreme Klimate und gemäßigte oder limitierte Klimate. Beispiele hierfür werden sich später finden.

Supan hat 1880 in der „Zeitschrift für wissenschaftliche Geographie" I. Bd. die erste genauere und detaillierte Karte veröffentlicht, in welcher die Verteilung der Jahresschwankung der Temperatur nach ihrer Größe über die ganze Erdoberfläche durch Linien gleicher Jahresschwankung (Supan nennt diese Linien Isotalantosen) zur Darstellung

---

[1] Dieses Rechnungsergebnis sei hier nur angeführt, um auf die Unsicherheit selbst langjähriger Monatsmittel im Gebiete großer Veränderlichkeit derselben gebührend aufmerksam zu machen.

[2] Der wahrscheinliche Fehler des Mittels nimmt nur im Verhältnis der Quadratwurzel aus der Zahl der Beobachtungsjahre ab; es wäre also für 40jährige Mittel nur kleiner im Verhältnis von $\sqrt{20 : 40} = 0,71$ und nicht schon halb so groß. Die obigen wahrscheinlichen Fehler für die Temperatur der Wintermonate würden also sein: $\pm 0,3 °$ und $\pm 0,4 °$.

gebracht worden ist [1]). Wild hat dann eine ähnliche große Karte speziell für das Russische Reich seinem Atlas der Temperaturverhältnisse des Russischen Reiches beigegeben (1881). Eine Reproduktion dieser Karten in kleinem Maßstabe findet man in dem „Atlas der Meteorologie" (Tafel I, Perthes, 1887).

3. Der jährliche Temperaturgang. Von Wichtigkeit ist ferner die Art, in der das Ansteigen der Wärme vom Winter zum Sommer und umgekehrt wieder das Herabsinken derselben erfolgt, sowie die Zeit, zu welcher das Minimum und Maximum der Wärme durchschnittlich eintritt, d. i. also der Verlauf des jährlichen Temperaturganges. Für die Zwecke der Klimatologie lassen sich diese Verhältnisse zumeist hinreichend genau aus mehrjährigen Monatsmitteln entnehmen.

In den gemäßigten Zonen unterscheidet man in Bezug auf den jährlichen Temperaturgang vier Jahreszeiten, welche, meteorologisch genommen, bekanntlich folgendermaßen abgegrenzt werden:
Nordhemisphäre: Winter: Dezember, Januar, Februar. Frühling. März, April, Mai. Sommer: Juni, Juli, August. Herbst: September, Oktober, November.
Südhemisphäre: Winter: Juni, Juli, August. Frühling: September, Oktober, November. Sommer: Dezember, Januar, Februar. Herbst: März, April, Mai.
Der kälteste Monat nimmt die Wintermitte ein, der wärmste die Sommermitte, der mittlere Monat im Frühling und Herbst, d. i. April und Oktober (und damit auch diese Jahreszeiten) haben meistens ziemlich nahe die mittlere Jahrestemperatur. Dies gilt natürlich nur für den durchschnittlichen Wärmegang in dem größeren Teile der gemäßigten Zonen. Für die tropischen Zonen, sowie auch für die Polargebiete paßt aber diese Jahreseinteilung nicht mehr, da der jährliche Wärmegang ein anderer ist. Temperaturmittel der vier Jahreszeiten eignen sich daher nur zu Vergleichungen der Wärmeverhältnisse von Orten innerhalb der gemäßigten Zonen und bieten da zuweilen wegen größerer Übersichtlichkeit bei Zusammenstellungen und größerer Verläßlichkeit (wenn man nur über Mittel kürzerer Beobachtungsreihen verfügt) gegenüber den Monatsmitteln selbst einige Vorteile.

Sie machen aber nie die Monatsmittel entbehrlich, welche unerläßlich bleiben zu allen klimatischen Vergleichungen, welche sich über größere Teile der Erdoberfläche erstrecken sollen.

4. Der tägliche Temperaturgang. Neben der jährlichen Periode ist noch die tägliche Periode der Wärmeänderung von Wichtigkeit. Die

---

[1]) Der erste, der überhaupt eine solche Karte entworfen hat, war wohl F. W. C. Krecke in Utrecht in der Prov. Utr. Genootsch. v. Kunsten en Wetenschappen 1865. Er nannte die Linien Isoparallagen; die Karte enthält den Verlauf dieser Linien für die nördliche Hemisphäre in Polarprojektion. Keith Johnston hat dann etwas später 1869 ebenfalls Linien gleicher jährlicher Wärmeschwankungen in sehr kleinem Maßstabe publiziert. (Proc. R. Soc. Edinburgh Vol. VI.) Buys Ballot endlich hat in: Verdeeling der Warmte over de Aarde (Amsterdam 1888, J. Müller) auf zwei größeren Karten der nördlichen und der südlichen Hemisphäre den Verlauf der „Isoparallagen" dargestellt, aber als Maß der Jahresschwankung überall den Temperaturunterschied zwischen Januar und Juli genommen, was schon Supan bei Johnston mit Recht gerügt hat, da ja die Extreme der Mittelwärme nicht überall auf diese Monate fallen.

Größe der täglichen Wärmeschwankung (tägliche Amplitude der Temperatur) ist ein sehr beachtenswertes klimatisches Element, welches bei keiner einigermaßen schärferen Charakterisierung eines Klimas fehlen darf. Dieses Element wird ausgedrückt durch die Differenz der mittleren Temperatur der kältesten und wärmsten Tagesstunde (periodische Amplitude), oder durch den Unterschied der mittleren Minima und Maxima des Monats (genommen aus den Aufzeichnungen eines Maximum-Minimumthermometers oder aus 24stündigen Aufzeichnungen). Letztere Differenz (unperiodische Amplitude) ist immer größer als erstere, namentlich im Winter, man sollte daher bei Vergleichen nur die eine oder die andere anwenden; jedenfalls ist es empfehlenswert, wenn Beobachtungen darüber vorliegen, beide mitzuteilen. (Siehe Tabelle am Schlusse des ersten Buches Kol. 10 u. 11.) Wir kennen übrigens für die meisten Orte nur die unperiodische Amplitude, weil Beobachtungen an Extremthermometern um vieles verbreiterter sind als 24stündige Aufzeichnungen.

Bekanntlich erreicht die Temperatur im normalen Gange im Laufe des Tages ihr Minimum um die Zeit des Sonnenaufgangs, ihr Maximum um 2^h Nachmittags, im Sommer etwas später; an manchen Orten, namentlich an Küsten, tritt das Maximum schon frühzeitiger, bald nach Mittag ein. Die periodische tägliche Wärmeschwankung ist demnach z. B. zur Zeit der Äquinoktien und im Jahresmittel die Temperaturdifferenz zwischen 6^h Morgens und 2^h Nachmittags. Nun folgt aber bekanntlich der tägliche Wärmegang keineswegs Tag für Tag regelmäßig dem Sonnenstande; durch Winde, Regen, Bewölkung etc. treten auch unregelmäßige (unperiodische) Änderungen ein, und die höchste und die niedrigste Temperatur findet an vielen Tagen zu ganz anderen Zeiten statt, als wie sie durch die Sonne allein bedingt wären. Die Maximum-Minimumthermometer registrieren nun diese tatsächlich eintretenden höchsten und tiefsten Temperaturstände Tag für Tag, und das Mittel der Minima ist das Mittel aller niedrigsten Temperaturen, die zu verschiedenen Zeiten eingetreten sind, entsprechend so auch das Mittel der Maxima. Bildet man aber aus monatlichen Aufzeichnungen die Temperaturmittel der einzelnen Tagesstunden, so gleichen sich die unregelmäßigen Erwärmungen und Erkaltungen, die während einer bestimmten Tagesstunde eingetreten sind, fast völlig aus, und auf die Stunden um Sonnenaufgang fällt die niedrigste Temperatur, auf jene nach Mittag die höchste, und dieser Wärmegang heißt der normale, periodische. Es ist nun aber klar, daß der Unterschied der mittleren Temperaturen um Sonnenaufgang und Nachmittags (periodische Amplitude) nicht so groß sein kann als die Differenz der mittleren Extreme (unperiodische Amplitude), namentlich im Winter der gemäßigten und kalten Zonen, wo die Störungen des Wärmeganges durch den unregelmäßigen Wechsel warmer und kalter Winde sehr groß sind. In Wien ist z. B. die kälteste Tagesstunde im Dezember 7^h a. m. mit $-1,6°$, die wärmste 2^h p. m. mit $0,6°$, die tägliche periodische Amplitude ist demnach $2,2°$; die Differenz der mittleren täglichen Extreme, wie sie das Maximum- und Minimumthermometer liefert, ist aber $4,7°$, mehr als doppelt so groß. Im Karischen Eismeere unter $71°$ N.Br. war im Winter 1882/83 die kälteste Tagesstunde 9^h a. m. mit $-22,7°$, die wärmste 9^h p. m. mit $-21,6°$, die periodische Amplitude betrug also nur $1,1°$, hingegen war der Unterschied der mittleren täglichen Maxima und Minima $8,7°$, also achtmal größer, eine Folge der unregelmäßigen Temperaturschwankungen.

Lokal können ziemlich große Abweichungen von dem durchschnittlichen, durch den gleichen täglichen Lauf der Sonne bedingten Temperaturgang vorkommen, namentlich an den Küsten durch den Wechsel von Land- und Seewind, und in Gebirgsländern durch regelmäßig zu gewissen Tageszeiten auftretende kalte Luftströmungen, oder infolge einer Beschattung durch steile Bergwände. Solche Eigentümlichkeiten sind bei Charakterisierung von Lokalklimaten von Wichtigkeit.

Da an den meisten meteorologischen Stationen nur dreimal täglich beobachtet wird, zu einer Morgen-, Mittag- und Abendstunde, so läßt sich meistens auf den täglichen Temperaturgang nur aus den Temperaturmitteln dieser Tageszeiten schließen. Es ist nun für speziellere klimatische Darstellungen von größter Wichtigkeit, daß die Temperatur nicht bloß durch das T a g e s mittel der Monate ausgedrückt wird, sondern durch die drei Mittel für die obigen Tageszeiten, so daß man erfahren kann, welche mittlere Wärme in j e d e m Monat zu einer bestimmten Morgen-, Mittag- und Abendstunde an dem betreffenden Orte herrscht (s. Tabelle Kol. 1, 2, 3). Bei derselben mittleren Tagestemperatur kann an dem einem Orte die Morgentemperatur viel tiefer, die Nachmittagstemperatur dagegen viel höher sein als an dem anderen (z. B. im heitern Winterklima südlicher Alpentäler gegenüber dem trüben regnerischen, aber milden Klima der Westküsten Europas). Da man sich nun am frühen Morgen im Zimmer aufhalten kann, so kommt z. B. in hygienischer Beziehung nur die hohe Nachmittagswärme (und zum Teil auch die Abendtemperatur) in Betracht, und das erstere Klima kann daher viel vorteilhafter sein als das andere, trotz gleicher Mittelwärme (selbst abgesehen von der direkten Wirkung der Sonnenstrahlung).

5. **Unregelmäßige, unperiodische Wärmeschwankungen.** Zur Charakterisierung der Temperaturverhältnisse eines Ortes sind die Mittelwerte und die daraus sich ergebende periodische tägliche und jährliche Variation der Wärme allein nicht ausreichend. Diese Mittelwerte geben nur den durchschnittlichen Zustand der Atmosphäre an. es ist aber in mancher Hinsicht auch wichtig, zu wissen, auf welche Abweichungen man sich in einzelnen Fällen gefaßt machen muß. Wenn wir z. B. die mittlere (normale) Temperatur des Januar in Wien zu — 1,7 ° C. angegeben finden, so erfahren wir dadurch, daß auch in kommenden Jahrgängen beiläufig diese mittlere Temperatur für den Januar zumeist zu erwarten ist. In der Tat hatten von 100 Januarmonaten in Wien 33 eine Temperatur, die höchstens um 1 ° vom obigen Mittel abwich.

Abweichung	0—1,	1—2,	2—3,	3—4,	4—5,	5—6;
Häufigkeit	33	28	18	10	8	3.

Mit anderen Worten, in 33 % der Fälle lag das Januarmittel zwischen — 2,7 ° und — 0,7 °, in 61 % zwischen — 3,7 ° und + 0,3 °, und in 79 % zwischen — 4,7 und + 1,3. Da die Abnahme der Häufigkeit der Abweichungen mit deren zunehmender Größe für größere Klimagebiete die gleiche Gesetzmäßigkeit zeigt[1]), so kann man aus einem Mittelwert der Abweichungen auf die Häufigkeit mehr oder minder von der normalen abweichender Temperaturen schließen. Die Anführung des höchsten und tiefsten Mittelwertes der Temperatur eines Monates innerhalb eines längeren Zeitraumes wird aber dadurch nicht entbehrlich und ist höchst wünschenswert. So hielt sich in Wien die Januartemperatur innerhalb eines Jahrhunderts in den Grenzen von — 8,3° und + 4,2°, die Julitemperatur zwischen 17,4° und 24,6°; zu St. Petersburg waren diese Grenzen innerhalb 118 Jahren für den Januar (Mittel — 9,4°) — 21,5° und — 1,6° und für den Juli (Mittel 17,7°) 14,1° und 23,2°[2]). Für die Jahrestemperaturen sind diese Schwankungen schon viel kleiner, in Wien z. B. lagen sie in 100 Jahren zwischen 7,3° und 11,9°, zu Petersburg in 118 Jahren zwischen 1,3° und 6,5°. Diese Zahlen geben den absoluten Spielraum der Mitteltemperaturen der Jahre an.

6. **Veränderlichkeit der Monatstemperaturen.** Dove bildete die Abweichungen der Temperaturen desselben Monats in verschiedenen Jahrgängen von dessen Mitteltemperatur aus der ganzen Beobachtungsreihe und nahm dann aus diesen Abweichungen ohne Rücksicht auf ihre Vorzeichen (ob positiv oder negativ) das Mittel. Diese Mittel repräsentieren derart die mittleren Abweichungen der Monatstemperaturen von den durchschnittlichen Werten derselben (s. Tabelle Kol. 9). Sie sind für die Klimatologie auch insofern von Bedeutung, als sie einen Schluß darauf gestatten, wie viele Jahrgänge von Beobachtungen notwendig sind, um dem Mittelwert eine gewisse Sicherheit zu geben[3]).

---

[1]) Bei Mittelwerten aus sehr vielen Jahrgängen ergibt sich dieselbe aus den Regeln der Wahrscheinlichkeitsrechnung, wenn die mittleren Abweichungen in dem betreffenden Klima bekannt sind.

[2]) Man wird bemerken, daß die niedrigsten Temperaturen im Winter tiefer unter den Mittelwert hinabsinken, als sich die höchsten darüber erheben; im Sommer umgekehrt. Es ist dies eine Eigentümlichkeit des europäischen Klimagebietes, daß im allgemeinen im Winter die höheren Mitteltemperaturen, im Sommer die niedrigen häufiger sind als die gegenteiligen.

[3]) Dove hat diese mittleren Abweichungen der Monatstemperaturen „mittlere Veränderlichkeit" genannt. Da man im klimatologischen Sinne unter Veränderlichkeit der Temperatur etwas anderes versteht, empfiehlt es sich, diese Mittelwerte als das zu bezeichnen, was sie wirklich sind, nämlich als mittlere Abweichungen (mittlere Anomalie). Die sehr bequeme Formel, welche Fechner angegeben hat, um aus der mittleren Abweichung den wahrscheinlichen Fehler des Mittels aus einer bestimmten Zahl (n) von Beobachtungsjahren abzuleiten, lautet:

$$\text{Wahrscheinlicher Fehler } W = \frac{1 \cdot 1955}{\sqrt{2n-1}} \times \text{ mittlere Abweichung}$$

$$= \text{ mittlere Abweichung} \times c.$$

Zur bequemen Berechnung des wahrscheinlichen Fehlers ist folgendes kleine Täfelchen dienlich:

n =	20	25	30	35	40	50	60	80	100
c =	.191	.171	.156	.144	.134	.120	.109	.095	.085

Ist z. B. die mittlere Abweichung der Temperaturmittel des Dezember aus 50 Jahren 2,4° (Wien), so beträgt der wahrscheinliche Fehler des 50jährigen

Z. B. Wien. Abweichungen der 20 sich folgenden Januartemperaturen 1881 bis 1900 vom 20jährigen Mittel (d. i. — 2,2):

— 2,6   2,7   0,4   4,5   — 1,8   0,4   — 1,7   — 0,5   — 0,4   3,4
— 4,1   1,0   — 5,7   — 2,0   — 0,5   — 2,4   — 0,8   2,6   4,6   2,6.

Das Mittel dieser Zahlen ohne Rücksicht auf das Vorzeichen ist 2,27 und das ist die mittlere Veränderlichkeit der Januartemperatur zu Wien aus 20jährigen Beobachtungen (100 Jahre geben 2,38), die absolute Veränderlichkeit beträgt 10,3 (+ 4,6 1899, — 5,7 1893).

Einige Beispiele für diese mittleren Abweichungen oder für die Veränderlichkeit der Monatsmittel sind

	Winter	Sommer	Mittel
Inneres Nordamerika . .	2,54	1,20	1,95
W.-Sibirien und Ural . .	3,02	1,26	2,02
Nordrußland	3,48	1,61	2,38
Mittelrußland	8,09	1,43	2,05
Norddeutschland	2,02	0,93	1,28
Nordseite der Alpen . . .	2,28	1.06	1,56
Südalpen	1,56	1,02	1,25
Dalmatinische Inseln . .	1,80	0,81	1,17
Italien	1,35	1,00	1,19
England	1,41	0,95	1,24

Die Temperatur eines Wintermonates schwankt also im Innern Nordamerikas (in der Breite von Norditalien) durchschnittlich um mehr als $2\,^1/_2\,^0$ um den Mittelwert, in Rußland sogar um nahe $3\,^1/_2\,^0$; im Küstenklima von England hingegen nur um $1\,^1/_2\,^0$. Im Sommer ist die Veränderlichkeit der Monatsmittel viel kleiner und überall gleichmäßiger. In Batavia ist die mittlere Abweichung der Monatsmittel wenig mehr als $^1/_4\,^0$.

7. **Schwankung der Temperatur innerhalb der Monate. Mittlere Monats- und Jahresextreme.** Der Unterschied der mittleren Temperaturen desselben Monats in verschiedenen Jahrgängen hat eine geringere hygienische Bedeutung, weil diese Schwankungen der Mitteltemperatur ja durch ein ganzes Jahr zeitlich voneinander getrennt sind, während welchen Zeitraumes viel größere Temperaturveränderungen selbst im normalen Verlaufe eintreten. Viel unmittelbarer berührt wird das organische Leben durch die unregelmäßigen Temperaturschwankungen innerhalb kürzerer Perioden, durch die Temperaturwechsel, die im selben Monat (namentlich aber durch jene, welche von einem Tag zum anderen, s. später unter 8) eintreten. Die Größe dieser Schwankungen ist ein besseres Maß für das, was wir die

---

Mittels noch 2,4 $\times$ 0,12 = $\pm$ 0,3°, das 50jährige Mittel ist also nur bis auf 0,3° sicher.

Will man die Anzahl n der Jahrgänge kennen lernen, welche zur Erzielung des wahrscheinlichen Fehlers w nötig wären, wenn der wahrscheinliche Fehler des Mittels aus n' Jahren w' ist, so hat man

$$n = n' \, (w'^2 : w^2).$$

Verlangen wir einen wahrscheinlichen Fehler w = $\pm$ 0,1°, so ist n = 100 n' w'², also z. B. für den Dezember von Wien = 100 $\times$ 50 $\times$ 0,09 = 450 Jahrgänge. Die Rechnung setzt natürlich voraus, daß der Mittelwert keiner fortschreitenden säkularen Änderung unterworfen ist.

„Veränderlichkeit der Temperatur" nennen. Sind diese Temperaturschwankungen gering, so nennen wir das Klima ein konstantes, gleichmäßiges, sind sie groß, so nennen wir das Klima variabel oder veränderlich (in Bezug auf die Temperatur).

Der einfachste und kürzeste Ausdruck für diese Schwankungen der Temperatur innerhalb kürzerer Perioden (während welcher die normale Wärmeschwankung unerheblich bleibt) ist die Differenz zwischen der höchsten und tiefsten innerhalb eines Monats beobachteten Temperatur, die (unperiodische) Monatsschwankung der Wärme. (S. Tabelle Kol. 12, 13, 14.) Um selbe genau zu erhalten, müßten die Monatsextreme den Aufzeichnungen eines Maximum-Minimumthermometers entnommen sein; werden aber die Beobachtungen mindestens zweimal täglich und zwar zu einer frühen Morgenstunde und 2 bis 3 Stunden nach Mittag angestellt, so läßt sich aus denselben gleichfalls ziemlich genau die ganze Wärmeschwankung des Monats entnehmen, namentlich im Winterhalbjahr. Der Unterschied zwischen der höchsten und tiefsten innerhalb eines ganzen Jahres verzeichneten Temperatur heißt die (unperiodische) Jahresschwankung derselben. Liegen von einem Orte Beobachtungen aus mehreren Jahrgängen vor, so wird man das Mittel der Schwankungen der Temperatur in den gleichen Monaten bilden, sowie das Mittel der einzelnen Jahresschwankungen, und erhält so die mittleren Monats- und Jahresschwankungen der Wärme (Kol. 14), die von Zufälligkeiten befreit sind, und sich zu Vergleichungen verschiedener Klimagebiete in Bezug auf die Veränderlichkeit der Temperatur viel besser eignen.

Man kann ferner den Unterschied der höchsten und tiefsten Temperatur im selben Monat, die innerhalb des ganzen Beobachtungszeitraumes vorgekommen sind, aufsuchen und erhält dann die absolute Temperaturschwankung dieses Monats, so wie der Unterschied der extremen Temperaturen der ganzen Beobachtungsperiode die absolute Wärmeschwankung schlechthin darstellt. (Tabelle Kol. 15 und 16.) Diese Differenzen haben aber einen geringeren Wert, wenn sie nicht aus sehr langen Beobachtungsperioden abgeleitet sind, und sie eignen sich gar nicht zu Vergleichungen, da nicht für alle Orte Beobachtungen aus gleich langen Perioden vorliegen, und die absoluten Schwankungen natürlicherweise mit der Länge des Beobachtungszeitraumes zunehmen. Auch haben zufällige Beobachtungsfehler auf solche einzelne Daten, wie es die in einem langen Zeitraum je einmal beobachteten höchsten und tiefsten Temperaturen sind, einen zu großen Einfluß, um sie zur Grundlage weitergehender Schlüsse mit Vorteil verwenden zu können.

In der von uns oben unperiodisch genannten Monats- und Jahresschwankung der Temperatur haben wir eigentlich die Summe der periodischen und unperiodischen Wärmeänderungen, es sind dies eben die wirklich im Verlaufe eines ganzen Monats sich fühlbar machenden Temperaturdifferenzen. In der kalten und gemäßigten Zone treten die regelmäßigen Wärmeänderungen vom Tag zur Nacht zurück gegenüber den viel größeren Temperaturschwankungen infolge der unperiodischen Einflüsse (Wechsel der Winde namentlich) besonders im Winter; unter niedrigen Breiten hingegen werden die unregelmäßigen Einflüsse auf den Temperaturgang immer kleiner, und die mittleren Monatsschwankungen der Temperatur sind nur wenig größer als die mittleren Wärmeunterschiede zwischen Tag und Nacht.

Zur genaueren Definition des Begriffes der (absoluten) mittleren Monats- und Jahresschwankung der Temperatur mögen folgende Beispiele dienen. Man habe in 10 sich folgenden Januarmonaten (1881 bis 1890) nachstehende absolute Monatsmaxima und -minima beobachtet:

Wien. Januar. Absolute Extreme.

	1881	82	83	84	85	86	87	88	89	90	Mittel
Maxim.	5,0	11,7	10,0	13,6	3,6	9,2	6,1	12,6	6,0	12,5	8,0
Minim.	-16,4	-6,8	-11,4	-9,7	-14,4	-11,1	-16,0	-14,9	-16,0	-6,4	12,3

Das mittlere Monatsmaximum des Januar ist also 8,0 °, das mittlere Minimum — 12,3 °, die mittlere (absolute) Monatsschwankung der Temperatur im Januar zu Wien ist demnach 20,3 ° (hier nur beispielsweise aus 10 Jahren abgeleitet). Ebenso verfährt man in Bezug auf die anderen Monate. Schreibt man für jedes Jahr die absolut höchste und tiefste Temperatur heraus, gleichgültig in welchem Monate sie eingetreten sind, und nimmt das Mittel, so erhält man die mittlere absolute Jahresschwankung der Temperatur. Zum Beispiel:

Kairo. Absolute Jahresextreme der Temp.

Jahr	1884	85	86	87	88	89	90	91	92	93	Mittel
Maximum	44,8	39,6	45,2	43,3	44,3	44,2	44,0	41,6	40,8	40,6	42,9
Minimum	1,7	5,0	2,6	1,7	2,4	2,9	1,0	2,2	3,8	2,0	2.5

Das Mittel der absoluten Maxima ist 42,9 °, das Mittel der absoluten Minima 2,5 °, das sind also die mittleren absoluten Jahresextreme der Temperatur zu Kairo, und die entsprechende Jahresschwankung ist 40,4 °. Die Ableitung und Angabe dieser mittleren absoluten Jahresextreme der Wärme ist sehr wünschenswert, weil sie für die Charakterisierung der Wärmeverhältnisse eines Ortes sehr instruktiv sind. Man kann nicht die mittleren Monatsminima des Januar und die mittleren Monatsmaxima des Juli etwa dafür einsetzen, weil die absoluten Minima des Winters nicht immer auf den Januar fallen (meist zwischen Dezember und Februar in unserem Klima) und die des Sommers nicht immer auf den Juli. diese Extreme sind daher fast immer kleiner als die wahren Jahresextreme der Wärme. Van Bebber hat eine Karte mit Linien gleicher absoluter Jahresschwankung der Temperatur im vieljährigen Durchschnitt veröffentlicht [1]).

Von besonderem Interesse ist der Verlauf der Linie, welche auf der Erdoberfläche die Orte verbindet, an welchen das mittlere absolute Jahresminimum auf 0 ° herabsinkt. Sie trennt jene Teile der Erdoberfläche, welche durchschnittlich jedes Jahr Frost haben, von

---

[1]) Peterm. geograph. Mitt. 1893. 3 Karten mit Linien gleicher mittlerer Jahresmaxima, Jahresminima und gleicher mittlerer Jahresschwankung, letztere in kleinerem Maßstabe wiederholt und verbessert in Debes' neuem Handatlas, Karton 6.

den frostfreien Zonen. Überhaupt sind die mittleren und absoluten Jahresminima wichtiger als die Maxima.

Sehr empfehlenswert scheint mir neben der Angabe des mittleren Jahresminimums der Temperatur auch die Berechnung der Häufigkeit oder der Wahrscheinlichkeit des Auftretens gewisser Kältegrade und höchster Wärmegrade.

Wenn in einem Winter einmal ein gewisser Kältegrad, z. B. — 10°, eingetreten ist, so ist ein weiteres Auftreten desselben Frostgrades im gleichen Winter mehr oder weniger gleichgültig. Hat ein extremer Frost einmal gewisse empfindlichere Pflanzen getötet, so ist die Wiederholung und das Andauern des Frostes nur mehr von geringerer Bedeutung. Für den Pflanzengeographen und den Landwirt ist deshalb die Kenntnis der Wahrscheinlichkeit des einmaligen Auftretens gewisser Frostgrade in einem bestimmten Klimagebiet von großer Wichtigkeit. Aus dem mittleren Jahresminimum kann man diese Wahrscheinlichkeit nicht direkt beurteilen, wie folgendes Beispiel zeigt:

Ort	Mittleres Jahresminimum	Wahrscheinlichkeit eines Minimums von —° und darunter				
		— 10°	— 15°	— 20°	— 25°	— 30°
Krakau	— 21,2	1	0,90	0,63	0,40	0,07
Obirgipfel (2044) . .	— 21,0	1	1,00	0,74	0,27	0,00
Klagenfurt	— 21,7	1	0,90	0,57	0,20	0,03

In Krakau ist die Wahrscheinlichkeit sehr tiefer Kältegrade viel größer als auf dem Obir und in Klagenfurt, trotz des gleichen mittleren Jahresminimums; eine Temperatur von — 30° ist auf dem Obir noch nicht beobachtet worden, wohl aber in Krakau und in Klagenfurt. Zum Vergleich stellen wir noch folgende Zahlen her:

Ort	Wahrscheinlichkeit eines Temperaturminimums von —° und darunter				
	0°	— 5°	— 10°	— 15°	— 20°
Wien	1,00	1,00	0,85	0,55	0,05
Mailand	1,00	0,83	0,25	0,04	0,00
Triest	1,00	0,40	0,10	0,00	0,00
Lesina	0,68	0,14	0,00	0,00	0,00

In Wien kommt ein Minimum von — 5° in jedem Winter vor, in Mailand 8mal in 10 Jahren, in Triest nur 4mal, in Lesina 1mal in je 7 Jahren.

Meine Empfehlung obiger Berechnungen wird unterstützt durch die folgenden späteren Bemerkungen eines amerikanischen Landwirtes in Monthly Weather Review 1899, S. 62: „Es ist das Wetter und nicht das Klima, welches für den Farmer wichtig ist." — „Eine günstige Lokalität ist nicht jene, in welcher das mittlere Klima günstig ist, sondern jene, in welcher die extremen Rauheiten der Witterung nicht zu oft eintreten. Es gibt Kulturen, welche profitabel sein können, wenn ein Schadenfrost (killing frost) nicht öfter als einmal in 10 oder 15 Jahren eintritt (Pfirsiche, Orangen etc.); andere (Tabak, Baumwolle etc.), die einjährig, sind nur profitabel, wenn Schadenfröste durchschnittlich nur jedes fünfte Jahr eintreten." — Meine obigen Berechnungen müßten aber mit Zugrundelegung des Winterhalbjahres (also etwa Oktober bis März) angestellt werden.

Treitschke und K. Dove empfehlen auch die Häufigkeit der höchsten Temperaturen mitzuteilen; z. B. die Häufigkeit des Auftretens der Temperaturmaxima von 30° und darüber, welche kurz als „Tropentemperaturen" bezeichnet werden können.

8. Veränderlichkeit der Tagestemperatur. (Interdiurne Veränderlichkeit.) Ein anderes und namentlich für hygienische Zwecke dienliches Maß für die Veränderlichkeit der Luftwärme erhält man, wenn man die Temperaturdifferenzen von einem Tag zum anderen während eines ganzen Monats bildet und daraus das Mittel nimmt. Es repräsentiert dieses Mittel den durchschnittlichen Wärmeunterschied zweier sich unmittelbar folgenden Tage in dem betreffenden Monat; der Mittelwert dieser Veränderlichkeiten im gleichen Monat während einer Reihe von Jahren (10 Jahre geben schon recht sichere Werte) repräsentiert dann die **normale Veränderlichkeit der Tagestemperatur** für den betreffenden Ort und Monat (Tabelle Kol. 17).

Im normalen jährlichen Gange der Wärme ist die Änderung der Temperatur von einem Tag zum anderen selbst in extremen Klimaten so gering, daß er sich nicht direkt fühlbar macht[1]). Für die Größe der täglichen Änderung (Amplitude) haben wir schon früher das Maß angegeben, und später hierzu bemerkt, daß deren klimatische Wirkung auf den Menschen dadurch wesentlich abgeschwächt wird, daß man sich durch den Aufenthalt in den Wohnungen der niedrigen Morgentemperatur leicht entziehen kann. Dies gilt aber nicht in gleicher Weise von raschen Änderungen der mittleren Tagestemperaturen (wozu auch noch die [physiologische] Wirkung des Windes tritt, der die größeren Temperaturwechsel fast immer begleitet). Es ist aber (namentlich für klimatische Kurorte) sehr zu empfehlen, die Veränderlichkeit der Temperatur von einem Tage zum anderen auch für die drei Tageszeiten separat zu berechnen, besonders für die Nachmittagsstunde.

Noch geeigneter zu Vergleichen und zu einer lebendigen Vorstellung von der Größe der Veränderlichkeit der Temperatur an einem Orte als der Mittelwert aus den Temperaturunterschieden der Tagesmittel ist die Angabe, wie oft durchschnittlich in jedem Monat diese Unterschiede eine gewisse Größe erreichen, z. B. unterhalb 2° C. bleiben, auf 2 bis 4°, 4 bis 6° u. s. w. sich erheben. Dabei soll man die Erwärmungen und die Erkaltungen (Temperaturdepressionen) auch separat angeben, z. B. wie oft eine Änderung von — 4° von einem Tag zum anderen durchschnittlich eintritt. Es kommen bei dieser Berechnung auch die in allen Klimaten selteneren, aber doch sehr wirksamen großen Temperatursprünge von einem Tage zum nächsten voll zur Geltung, die im Mittel nicht mehr hervortreten.

Beispiel für die Darstellung der **interdiurnen Veränderlichkeit** der Temperatur: I. **Mittelwerte**

Wien:	Januar	2,1°	Oktober	1,5°	Jahresmittel	1,9°
Barnaul:	Dezember	4,5	August	2,0	„	3,1

II. **Häufigkeit** der Temperaturänderungen sich folgender Tage von gewissem Betrage:

---

[1]) Für Wien, das schon ein halb kontinentales Klima besitzt, ist die **mittlere (normale) Änderung** des Mittels der Temperatur zweier sich folgenden Tage 0,1° bis 0,2°, an dem in dieser Beziehung extremsten Orte der Erde, in Jakutsk, beträgt diese Änderung 0,3° bis 0,4°, selbst im Maximum (Frühling und Herbst) bloß 0,5°.

Wien:	2—4	4—6	6—8	8—10	10—12 °		Summe
Januar	7,8	3,8	1,0	0,3	0,1		13,0
Oktober	7,4	1,5	0,3	0,0	0,0		9,2

Im Januar gibt es durchschnittlich 13 Fälle mit einer Temperaturänderung von mehr als 2°, im Oktober bloß 9,2. S. auch Tabelle Kol. 18 bis 23.

Barnaul:	2—4	4—6	6—8	8—10	10—12	12—16	16—22 °	Summe
Dezember	6,9	5,2	3,3	2,5	2,1	2,4	1,2	23,6

Lissabon:

Januar	4,1	0,4	—	—	—	— ·	—	4,5
Juli	6,3	1,1	0,2	—	—	—	—	7,6

Der Unterschied zwischen Barnaul und Lissabon im Winter ist drastisch. Wien, Sommer (Mai bis August): Temperaturstürze von — 4° bis — 8° kommen durchschnittlich an 8,1 Tagen vor, von 8 bis 10° an 0,7 Tagen (d. h. in 10 Jahren 7mal). Summe 9 Tage.

Literatur s. Hann, Lehrb. d. Met., I. Aufl., S. 117.

9. Häufigkeit bestimmter Temperaturen. Scheitelwerte. Zur genaueren Charakterisierung der Temperaturverhältnisse eines Ortes ist die Auszählung der Häufigkeit bestimmter Temperaturgruppen (z. B. für Gradintervalle) sehr dienlich. Wegen des beträchtlichen Zeitaufwandes, der hierzu benötigt wird, sowie des ziemlich großen Umfanges der bezüglichen Tabellen, wird eine derartige Untersuchung freilich nur in einzelnen Fällen, in ganz speziellen klimatographischen Monographieen einer bestimmten Örtlichkeit durchgeführt werden können. Solche Auszählungen der Häufigkeit bestimmter Temperaturintervalle haben namentlich Hugo Meyer, Sprung, Perlewitz, Mazelle u. a. vorgenommen [1]). Von besonderem Interesse sind die daran geknüpften Betrachtungen und speziell die Klarstellung der Beziehungen der Häufigkeitszahlen zum Mittelwert. Darauf kann natürlich hier nur hingedeutet werden. Hervorgehoben muß aber werden, daß aus diesen Untersuchungen sich ergibt, daß der Mittelwert der Temperatur durchaus nicht immer mit der am häufigsten vorkommenden Temperatur zusammenfällt, daß also die mittlere Temperatur nicht zugleich die wahrscheinlichste ist, wenn sie sich auch gerade nicht weit davon entfernt. Es kommt dies daher, daß die Abweichungen der beobachteten Temperaturen von dem Mittelwert sich nicht symmetrisch zu beiden Seiten desselben verteilen, sondern daß im Klima von Mitteleuropa im Winter die negativen Abweichungen viel tiefer unter den Mittelwert hinabgehen als die positiven. Von den

---

[1]) Meyer, Häufigkeit gegebener Temperaturgruppen in Norddeutschland für die drei Beobachtungstermine und die einzelnen Monate nach 2° Intervallen für Borkum, Breslau, anhangsweise auch für Dorpat und Berlin, Met. Z. 87, S. 428. — Sprung, Häufigkeit beob. Lufttemp. in ihrer Beziehung zum Mittelwert, Met. Z. 88, S. 141. — Perlewitz, Häufigkeit bestimmter Temperaturen in Berlin, Met. Z. 88, S. 230. — E. Mazelle, Beziehungen zwischen den mittleren und wahrscheinlichsten Werten der Lufttemperatur. Denkschrift der Wiener Akad. Bd. LXII, 1895 und Sitzungsb. der Wiener Akad., Oktoberheft 1895. Häufigkeit der mittleren Tagestemperaturen und der stündlichen Temperaturen in den einzelnen Monaten zu Triest und Pola, desgleichen in Bezug auf Veränderlichkeit der Temperatur.

Abweichungen der einzelnen Monatsmittel vom entsprechenden langjährigen Mittelwert haben wir dies früher schon erwähnt. Im Sommer liegen die beobachteten Temperaturen schon mehr symmetrisch um den Mittelwert herum. Diese Verhältnisse sind natürlich in verschiedenen Klimagebieten verschieden, im allgemeinen bleibt aber der Satz aufrecht, daß der Mittelwert der Temperatur nicht immer auch die wahrscheinlichste Temperatur repräsentiert.

Nach der Untersuchung von Perlewitz treffen wir z. B. in Berlin im Mittel der Jahre 1848 bis 1885 folgende Verhältnisse.

Tagestemperaturen.

Berlin 1848/85	Dez.	Jan.	Febr.	Juni	Juli	Aug.
Mitteltemperatur . . .	$0,8^\circ$	$-0,3^\circ$	$1,2^\circ$	$17,5^\circ$	$19,0^\circ$	$18,1^\circ$
Häufigste Temperatur .	1°	2°	$2^1/_2{}^\circ$	17°	18°	$17^1/_2{}^\circ$
Obere Grenze	11°	11°	11°	25°	29°	28°
Untere Grenze	-15°	-19°	-19°	8°	10°	10°

Die Mitteltemperaturen liegen im Winter (in Mitteleuropa) etwas unter der häufigsten Temperatur, weil die extremen Temperaturen tiefer unter dieselben hinabgehen, als sie dieselben überschreiten. Im Sommer verhält es sich ziemlich umgekehrt, die Unterschiede sind kleiner.

In Triest liegt das häufigste Tagesmittel der Temperatur das ganze Jahr hindurch über dem Monatsmittel, im Mittel ist dasselbe um 1° höher als letzteres. Die häufigsten Temperaturen sind, wie bei uns im Winter, die über dem Mittelwert liegenden. Die unterhalb desselben liegenden müssen daher tiefer unter denselben hinabgehen als erstere (Bora). In Bombay dagegen sind die Mittelwerte auch sehr nahe die häufigsten (s. Met. Z. 1899, S. 314).

Die häufigste oder wahrscheinlichste Temperatur nennt H. Meyer den Scheitelwert der Temperatur. „Der Scheitelwert ist derjenige Wert, um welchen sich die Einzelwerte in der nach ihrer Größe geordneten Reihe am dichtesten scharen" [1]. Wenn man unter alle Einzelwerte blind hineingreifen würde, so wäre die Wahrscheinlichkeit, den Scheitelwert zu fassen, größer als die für jeden anderen Wert [2].

H. Meyer empfiehlt dringend diese „vorherrschenden" Werte für die einzelnen Beobachtungstermine und für jeden Monat zu berechnen und möchte die Scheitelwerte sogar den Mittelwerten vorziehen. So sehr wir die Ermittlung der Scheitelwerte bei speziellen klimatischen Untersuchungen, die sich auf langjährige Beobachtungen stützen können, und namentlich für gewisse meteorologische Elemente empfehlen möchten, ist doch nicht daran zu denken, dieselben an Stelle der Mittelwerte zu setzen [3].

----

[1] Fechner hat denselben deshalb geradezu den „dichtesten Wert" genannt.

[2] H. Meyer, Anleitung zur Bearbeitung met. Beobachtungen, Berlin 1891, S. 16 etc.

[3] Die Scheitelwerte können nie die Mittelwerte ersetzen. Wie Meyer selbst hervorhebt, gibt es stets nur einen, ganz unzweideutigen Wert für das arithmetische Mittel, sowie sich ein Einzelwert ändert, ändert sich mehr oder minder auch der Mittelwert. Dies ist beim Scheitelwert nicht der Fall. Gelegentlich eintretende extreme Temperaturen, die ja klimatisch von hoher Bedeutung sind,

10. Andauer bestimmter Temperaturen. Dauer der Wärmeperioden. Temperatursummen.
Die Temperaturverhältnisse eines Ortes erfahren

ändern denselben nicht. Nehmen wir z. B. einen Ort wie Innsbruck, wo, wie
Pernter gezeigt hat, die einzeln auftretenden hohen Erwärmungen durch den
Föhn (Scirocco) die Mitteltemperatur des Winterhalbjahres bedeutend erhöhen, so
würde der Scheitelwert der Temperatur, also das häufigste Temperaturmittel,
wenig davon merken lassen und derselbe würde sich von jenem eines benachbarten
föhnlosen Ortes kaum unterscheiden. Ähnliches gilt von Orten mit gelegentlichen
extremen Abkühlungen. Im Mittelwert der Temperatur verraten sich solche Orte
durch die wenn auch geringen Abweichungen desselben gegen die Temperatur der
Umgebung, wo derartige lokale zuweilen eintretende extreme Erwärmungen oder
Erkaltungen fehlen.

Der Scheitelwert der Temperatur läßt sich ferner nur aus langjährigen Aufzeichnungen mit Bestimmtheit ableiten, aus kürzeren Beobachtungsreihen bestimmt
würde derselbe selbst für ganz benachbarte Orte erheblich verschieden ausfallen
und gelegentlich zu großen Mißverständnissen führen.

Beispiel für die großen Schwankungen der Scheitelwerte bei gleichen Mitteltemperaturen.

Breslau:

	Juni 2h p. m.		Juli 2h p. m.	
	Scheitelwert	Mittelwert	Scheitelwert	Mittelwert
1866/75	18,8	20,7	23,7	22,8
1876/85	23,3	20,8	18,7	22,2

während die Mittelwerte von 10 Jahren schon fast konstant sind, schwanken die
Scheitelwerte um 5°, die Zunahme der Temperatur vom Juni zum Juli tritt in
den Mittelwerten deutlich zu Tage, in den Scheitelwerten finden wir im zweiten
Dezennium dagegen eine Abnahme.

Ein Übelstand des häufigsten Wertes ist es ferner, daß er oft nicht entschieden auf eine einzige Temperatur (oder Temperaturgruppe) fällt, sondern
daß zwei, selbst drei Scheitelwerte sich bemerklich machen (beim Luftdruck tritt
dies selbst noch in langjährigen Beobachtungen hervor). Das Übergewicht der
Häufigkeit des ersten Scheitelwertes ist dann gering; und an einem benachbarten
Orte kann ein ganz anderer Scheitelwert die erste Stelle einnehmen. Es ginge so
jede Vergleichbarkeit verloren. Das Mißliche liegt eben in dem Herausgreifen
einer einzigen, wenn auch der häufigsten Temperatur, und in der Vernachlässigung
aller anderen, zusammen doch weitaus die Mehrheit bildenden Temperaturbeobachtungen.

Der Scheitelwert ist ein relativ seltener Wert, trotzdem er der
häufigste ist, er entspricht selbst bei Gradintervallen meist nur etwa $^1/_{10}$ aller Beobachtungen, $^9/_{10}$ derselben würden verworfen werden, wenn wir ihn als Repräsen-
tanten gelten lassen wollten.

Z. B. Wien. Dezember 1875/84.

Intervall der Tagestemperatur	7 6	6 5	5 4	4 3	3 2	2 1	1 0	0 −1	−1 −2	−2 −3	−3 −4	−4 −5	−5 −6
Häufigkeit	12	18	18	31	26	27	30	23	21	23	11	9	8

Also zwei Scheitelwerte, jeder entspricht 10% aller Beobachtungen. Absolute
Grenzen + 9° und − 17°, Mittel 0,0, Scheitelwerte 3—4° und 0—1°.

Für Nürnberg (1881/1900) liegen die Scheitelwerte der Temperatur im Jahresmittel bei + 1 bis 2° (47 Beob. 13%) und bei + 13 bis 14° (46 Fälle also 12%),
welchen soll man nehmen!

Die Ersetzung der Mittelwerte durch die Scheitelwerte würde noch andere
verhängnisvolle Folgen haben. Wir besitzen Regeln, nach denen wir aus ganz
kurzen Beobachtungsreihen hinreichend genaue Monatsmittel ableiten können, für
die Scheitelwerte gibt es solche nicht, letztere müßten zur Verwerfung aller
kürzeren Beobachtungsreihen führen, und welchen Rückschritt würde dies für
klimatische Untersuchungen bedeuten! Dazu kommt noch der Umstand, daß es
sehr leicht ist, mehrere von einem Orte vorliegende, aus kürzeren Beobachtungs-

in klimatischer Hinsicht, d. h. in Hinsicht auf biologische Erscheinungen und Beziehungen noch eine besonders wichtige Ergänzung durch Angaben über die Zeit, während welcher gewisse Temperaturen im Durchschnitte andauern. Besitzt man für einen Ort vieljährige Mittel der Temperatur für jeden Tag des Jahres, so ist es leicht zu bestimmen, wie viele Tage sich die Temperatur durchschnittlich unter dem Gefrierpunkt hält, ein besonders wichtiges klimatisches Moment (Frostdauer)[1]), dann wie lange sie sich über 5^0, über 10^0, 15^0, 20^0 etc. hält. Wo solche langjährige Tagesmittel fehlen, und das ist zumeist der Fall, konstruiert man sich mit Hilfe der Monatsmittel der Temperatur den jährlichen Wärmegang in Form einer Kurve und entnimmt derselben die Epochen, wo die Temperatur die Stufen 0^0, 5^0, 10^0 etc. erreicht und wieder verläßt. Damit hat man dann auch die Dauer der Wärmeperioden ermittelt. Für Budapest erhält man z. B.:

Temperaturstufe . . .	$< 0^0$	$> 5^0$	$> 10^0$	$> 15^0$	$> 20^0$
wird erreicht	5. XII.	20. III.	17. IV.	11. V.	17. VI.
wieder verlassen . . .	16. II.	5. XI.	18. X.	24 IX.	20. VIII.
Andauer in Tagen . .	54	231	190	137	64

In solchen Tabellen kann man auch in recht lehrreicher Weise die Wanderung dieser Temperaturstufen von Süden nach Norden im Frühling und ihren Rückzug im Herbste verfolgen, desgleichen auch in vertikaler Richtung, die Berghöhen hinauf.

Ein Beispiel für den zweiten Fall mag in folgendem gegeben werden[2]):

Eintritt und Rückzug der Tagestemperatur von 5^0 C. Gegend bei Wien.

Ort	Mödling	Schwarzau	am Schneeberg	Raxalpe	(Obir)
Höhe Meter	240	620	1460	1820	2050
Eintritt . .	21. März	6. April	2. Mai	29. Mai	7. Juni
Rückzug .	8. Nov.	28. Okt.	16. Okt.	24. Sept.	24. Sept.
Dauer . .	233	206	167	118	109

reihen abgeleitete Mittel zu einem vieljährigen Gesamtmittel zu vereinigen, bei den Scheitelwerten ist dies aber nicht möglich. Die auf Grund verschiedener Temperaturmaße (z. B. Cels. u. Fahr.) abgeleiteten Scheitelwerte lassen sich desgleichen nicht präzis vergleichen, weil die Temperaturintervalle, für welche sie bestimmt worden sind, nicht genau die gleichen sein können. Desgleichen würde eine völlige Übereinstimmung über die Größe dieser Temperaturintervalle nicht zu erzielen sein, genaue übersichtliche und direkt vergleichbare Temperaturtafeln würde es deshalb nicht mehr geben.

Bei den meisten Temperatureinflüssen kommt es zudem nicht allein auf den häufigsten Temperaturwert an, sondern auf die Gesamttemperatur, auf die Temperatursumme. In diesen Fällen kann die Mitteltemperatur überhaupt nicht entbehrt werden.

[1]) Die Frostdauer auf der Erde behandelt in eingehender Weise Dorscheid (Met. Z. 1907, S. 49) und erläutert sie durch Linien gleichzeitigen Beginnes und Endes des Frostes, sowie Linien gleicher Frostdauer. Es ist dieser Darstellung (wie oben) der mittlere jährliche Wärmegang zu Grunde gelegt, nicht die mittleren Daten des ersten und letzten Frostes, welche natürlich weiter auseinanderliegen und für die ganze Erde nicht zu beschaffen gewesen wären.

[2]) Hann, Die Temperaturverhältnisse der österr. Alpenländer, III. Teil. Sitz. d. Wiener Akad., Juniheft 1885. S. Tabellen S. 56 bis 58. Ferner Augustin, Temperaturverhältnisse der Sudetenländer, II. Teil. Sitzungsb. d K Böhm. Ges. d. W., Prag 1899/1900. — Dorscheid, Dauer der frostfreien Zeit, Met. Z. 1907.

In Innsbruck (600 m) tritt die Temperatur von 5 ° am 23. März ein, im Hochtale von Vent (1880 m) erst am 25. Mai, und bei dem Bergbaue Schneeberg (bei Sterzing) 2370 m erst am 14. Juni. Mitte September beginnt sie von da schon wieder den Rückzug, erreicht Ende September Vent und am 4. November Innsbruck. Im Etschtale dagegen treffen wir sie noch um den 20. November und zu Riva am Gardasee noch bis zum 6. Dezember. Die Wärmeverhältnisse eines Gebirgslandes treten uns aus solchen Darlegungen in eindringlicher Weise entgegen.

Eine eingehende Arbeit und kartographische Darstellung über „Die Dauer der Hauptwärmeperioden in Europa" verdanken wir Supan (Pet. Geogr. Mittlg. 1887, S. 165 und Taf. 10 mit Linien gleicher Dauer der Frostperiode 0 °, der warmen Periode 10 ° und der heißen Periode 20 ° und darüber). Speziell für Deutschland hat A. Tümmler diesen Gegenstand bearbeitet[1]). Vorläufige Erwähnung muß hier auch gemacht werden von Köppens Wärmezonen der Erde nach Dauer der heißen, gemäßigten und kalten Zeit mit Karte (Deutsche Met. Zeitschrift 1884).

A. de Candolle ist in seiner Géographie botanique bei dem Versuche einer Aufstellung gesetzmäßiger Beziehungen zwischen der Entwicklung der Pflanzen und der Luftwärme von dem Grundsatze ausgegangen, daß die hierbei in Betracht kommende Temperaturschwelle bei 6 ° C. (43 ° F.) liegt, nur die über dieser Schwelle liegenden Lufttemperaturen sind auf die verschiedenen Entwicklungsstadien der Pflanzen von Einfluß; die Temperaturen unterhalb 6 ° kommen hierbei gar nicht in Betracht. Jede Pflanze bedarf angenähert einer gewissen Temperatursumme, um das Stadium der Belaubung, der Blüte und Fruchtreife zu erreichen, diese Wärmesumme ist natürlich für verschiedene Pflanzen verschieden. Sie darf aber nur aus den Tagesmitteln der Luftwärme über 6 ° gebildet werden, die auf gewöhnlichem Wege berechneten Temperaturmittel sind demnach nicht unmittelbar zu diesem Zwecke zu verwenden. Es ist hier nicht der Ort, auf die zahlreichen kritischen Untersuchungen über die reelle Bedeutung dieser Temperatursummen für die Phänologie einzugehen; eine gewisse Bedeutung für die Beziehungen zwischen Klima und Vegetation kann diesen Temperatursummen aber doch nicht abgesprochen werden. Das Meteorologische Amt in London veröffentlicht regelmäßig (seit 1884) diese Temperatursummen für die einzelnen weizenbauenden, sowie für die mehr Viehzucht treibenden Distrikte von England für jede einzelne Woche, und dazu auch die ganze aufgelaufene Temperatursumme (über 6 ° oder 43 ° F.) seit Beginn des Jahres[2]).

Hart Merriam hat für die Vereinigten Staaten auf Grund solcher Temperatursummen die geographische Verbreitung der Tiere und

---

[1]) Mittlere Dauer der Hauptwärmeperioden in Deutschland. Halle 1892.

[2]) Weekly Weather Report. Strachey hat Regeln aufgestellt, um die Berechnung dieser Temperatursummen zu erleichtern, namentlich um sie aus den Pentaden oder Wochenmitteln der täglichen Minima und Maxima unmittelbar abzuleiten zu können. Met. office. Quarterly Weather Report for 1878. App. II. On the computation of the quantity of heat in excess of any fixed base temperature.

Pflanzen als durch die Wärmeverhältnisse bedingt nachzuweisen gesucht. Er kommt zu dem Schlusse, daß die Verbreitung der Tiere und Pflanzen wärmerer Zonen nach Norden hin bedingt ist durch die totale Quantität der Wärme (d. i. die Temperatursumme über 6°), während die Verbreitung mehr borealer Formen nach Süden hin begrenzt wird durch die mittlere Temperatur des heißesten Teiles des Jahres. Er setzt dafür angenähert die mittlere Temperatur der heißesten 6 Wochen des Jahres [1]).

Die feinen Dattelsorten der algerischen Sahara bedürfen zur Reife einer Temperatursumme von 5300 bis 5400° (von der Befruchtung bis zur Reife, 1. Mai bis 1. November), bei 5100° ist die Reife noch sehr unvollständig.

Bei eingehenden klimatischen Monographieen, namentlich von Erdstellen mit größerer Mannigfaltigkeit der lokalen Klimate (infolge von Höhenunterschieden, Einflüssen von großen Wasserbecken etc.) dürfte sich die Ableitung solcher „effektiven" Temperatursummen empfehlen, teils zur schärferen Charakterisierung der Lokalklimate, teils zur Untersuchung der praktischen Bedeutung dieser Temperatursummen für den Bodenbau und die Pflanzengeographie. Die Berechnung derselben müßte aber auf Grund gleichzeitiger Beobachtungen erfolgen.

11. Frost- und Reifgrenzen. Frost-, Winter- und Sommertage. In vieler Hinsicht von Wichtigkeit ist ferner die Angabe des mittleren Datums des letzten Frostes im Frühling und des ersten Frostes im Herbst, woraus die Zahl der frostfreien Tage sich ergibt. Von Interesse ist ferner die Angabe der Zahl der Frosttage, d. i. die Zahl jener Tage, an welchen die Temperatur unter den Gefrierpunkt gesunken ist, sowie die Dauer der Frostperioden, d. i. die Zahl der sich ohne Unterbrechung folgenden Frosttage. Auch die Angabe der Zahl der Wintertage (oder Eistage, Tage, an denen die Temperatur auch Nachmittags den Gefrierpunkt nicht überschreitet) und der Zahl der Sommertage (Tage, an denen die Temperatur am Nachmittage 25° C. erreicht oder übertroffen hat) ist zur spezielleren Charakterisierung der Wärmeverhältnisse eines Ortes recht dienlich. Dazu kämen noch die Zahl der „Tropentage" Max. $\gtrless$ 30°.

Es ist hier zu beachten, daß die Frostgrenzen und die Frosttage auf verschiedene Weise angegeben werden können. Für Wien ist das mittlere Datum des ersten und letzten Frostes: nach den Terminbeobachtungen (7^h Morgens) der 4. November und der 23. März; im Mittel beträgt die frostfreie Zeit daher bloß 365 — 139 = 226 Tage, wenn man aber auch die Fröste berücksichtigt, die das Minimumthermometer angibt, so erhält man als Frostgrenzen den 1. November und den 5. April, und die wirklich frostfreie Zeit reduziert sich auf 365 — 156 = 209 Tage. (Die äußersten Frostgrenzen waren 1881/1900 der 19. April und der 8. Oktober.) Dies gilt für die Lufttemperatur, die Beobachtungen der Temperatur am Erdboden (oder über dem Rasen) würden noch erheblich weitere Frostgrenzen und eine geringere Zahl der frostfreien Tage ergeben. Es sind

---

[1]) Laws of temperature control of the geogr. distribution of animals and plants. Washington, Nat. Geogr. Mag. Vol. VI, Dez. 1894.

dies die **Reifgrenzen**. Die Zahl der Frosttage selbst, der Tage, an denen wirklich Frost eingetreten ist zwischen den bezeichneten Datumgrenzen, war 82,6 und 94,7 (nach dem Minimumthermometer).

Das mittlere Datum, zu welchem die Temperaturkurve (**Tages-mittel**) unter den Frostpunkt sinkt und sich wieder darüber erhebt, ist der 9. Dezember und der 12. Februar, somit zählt Wien 65 Frosttage und 300 Tage mit einer mittleren Tagestemperatur über dem Gefrierpunkt.

Für Nürnberg findet **Rudel** als mittlere Eintrittszeiten des ersten und letzten Frostes den 20. Oktober und den 27. April, das gibt 189 Tage, an denen (im Mittel) Frost vorkommen kann. Die mittlere Tagestemperatur sinkt (nach **Dorscheid**) zu Nürnberg am 5. Dezember unter $0°$ und erhebt sich wieder darüber am 14. Februar, was 71 Frosttage gibt.

Eistage, Tage, an denen die Temperatur sich nicht über den Gefrierpunkt erhebt, zählt Nürnberg 90, Sommertage, an denen das Maximum $25°$ erreicht, 112 (nach den mittleren Daten des ersten und letzten Eintrittes).

12. Bodentemperatur. Klimatisch ist besonders von Bedeutung die Temperatur der **Bodenoberfläche**, welch letztere bei Tag in der Sonne über die Lufttemperatur sich erwärmt, bei Nacht durch Wärme-ausstrahlung unter dieselbe erkaltet. Die **Wärmestrahlung** des er-hitzten Bodens kann sich sehr unangenehm fühlbar machen, sie erhöht wesentlich die „klimatische" Temperatur. Der trockene Boden kann auch in gemäßigten Klimaten auf und über $50°$ sich erhitzen, in heißen Klimaten auf 60 bis $70°$ und darüber. Das gilt natürlich nur vom nackten Boden, und deshalb· spielt die Bekleidung des Bodens mit Vegetation auch in dieser Hinsicht eine wichtige Rolle in klimatischer Beziehung.

Diese hohen Temperaturen bleiben auf eine ganz dünne Ober-flächenschicht beschränkt, schon in weniger als 1 m Tiefe hört die tägliche Temperaturschwankung im Boden auf (und damit die tägliche Periode des Luftaustausches im Boden). Temperaturbeobachtungen bis zu 1 bis 2 m Tiefe haben in pflanzenbiologischer Beziehung besonderes Interesse.

Der Erdboden hat im Mittel eine um 1 bis $3°$ (Tropen) höhere Temperatur (an der Oberfläche bis zu 1 m etwa) als die Luft darüber. In Tiflis ist der Boden im Sommer um 3^h Nm. um $27°$ wärmer als die Luft (im Mittel) und noch im Tagesmittel um $7,6°$, selbst in Jrkutsk (unter $52°$ N. Br.) betragen diese Differenzen noch $12^1/_2°$ und $3^1/_2°$.

In 10 bis 15 m Tiefe verschwindet bekanntlich die jährliche Tem-peraturänderung, und die Bodentemperatur steigt von da im großen Durchschnitt um $1°$ pro 35 m Tiefenzunahme.

Von Wichtigkeit ist ferner das Vorkommen des **Eisbodens** in hohen Breiten. Der Boden taut hier in einer gewissen Tiefe im Sommer nicht mehr auf, der Betrag dieser Tiefe hängt aber von vielen Umständen ab. Die geographische Verbreitung des Eisbodens wird durch die mittlere Jahrestemperatur von $— 2°$ nur beiläufig begrenzt. Der Eisboden ist wasserundurchlässig und gibt zu Mooren und Sümpfen Veranlassung (Tundren).

Zusammenfassung der Temperaturdaten.

Die für eine klimatographische Darstellung wichtigsten Elemente der Lufttemperatur sind:

1. Die Monats- und Jahresmittel der Luftwärme; 2. die Größe der täglichen Wärmeschwankung in den einzelnen Monaten (periodisch und unperiodisch); 3. die Temperaturmittel der einzelnen Beobachtungstermine für jeden Monat, zum mindesten die einer frühen Morgen- und einer Nachmittagsstunde um die Zeit der höchsten Wärme oder die mittleren Tagesminima und -maxima; 4. (wünschenswert) die äußersten Grenzen, innerhalb welcher sich die Mitteltemperatur der einzelnen Monate gehalten hat, bei langjährigen Beobachtungsreihen (über 20 Jahre) die mittlere Veränderlichkeit der Monatsmittel; 5. die mittleren Monats- und Jahresextreme, sowie die (daraus von selbst folgende) unperiodische Wärmeschwankung innerhalb jedes Monats und des ganzen Jahres, sowie die durchschnittlichen tiefsten und höchsten Temperaturen des Jahres; 6. (wünschenswert) die absolut höchsten und tiefsten Temperaturen, die innerhalb eines gewissen Zeitraumes vorgekommen sind, die Länge des letzteren ist dabei von Wichtigkeit; 7. (wünschenswert) die mittlere Veränderlichkeit der Temperatur, ausgedrückt durch das Mittel der Unterschiede der sich folgenden Tagesmittel und durch die Häufigkeit der Temperaturwechsel nach gewissen Größen (z. B. von 2 zu 2° steigend. größere Temperaturstürze, 4° und darüber, sind besonders hervorzuheben im Mittel und absolut); 8. mittlere Frostgrenzen und Reifgrenzen im Frühling und Herbst und die Zahl der frostfreien Tage, eventuell auch die Zahl der „Wintertage", „Sommertage" und „Tropentage".

Anhang.

I. Lokaleinflüsse auf die Bestimmung der Lufttemperatur. „Stadttemperaturen".

Wenn man die innerhalb zusammengebauter Orte bei normaler Aufstellung der Thermometer erhaltenen Lufttemperaturen vergleicht mit jenen, die in der nächsten Umgebung derselben im freien Lande gleichzeitig erhalten worden sind, so bemerkt man mehr oder minder erhebliche Unterschiede. Im allgemeinen findet man, daß innerhalb größerer Gebäudekomplexe die mittlere Lufttemperatur im Jahresmittel um 0,5 bis 1° und selbst darüber zu hoch gefunden wird, die Unterschiede sind am größten bei den Morgen- und Abendtemperaturen, am kleinsten bei den Mittagstemperaturen. Die tägliche Wärmeschwankung wird innerhalb der Städte kleiner gefunden, namentlich im Sommer.

Renou hat zuerst in eingehender Weise den Unterschied zwischen der Temperatur von Paris (Observatorium) und der Umgebung nachgewiesen[1]). Die gewöhnlich für Paris angegebene Mitteltemperatur ist um 0,75° zu hoch, ähnliches gilt für Brüssel, London etc. Die mittlere Temperatur von Wien Stadt ist 9,7°, die der Umgebung 9,2, die mittlere Temperatur von Berlin Stadt 9,1, der Umgebung 8,6°. Graz innere Stadt 9,2, Freiland 7,8. Im Frühjahr steigt die Temperatur außerhalb der Stadt rascher als in den Gassen zwischen den noch kalten Mauern, im Herbst verhält es sich umgekehrt. Bei Graz ist die Differenz Stadt—Land: Januar 1,4, April 1,0 (Min.), Juli, August 1,6, Oktober 1,7 (Max.). Bei Konstruktion von Isothermen soll man die Stadttemperaturen nicht verwenden.

Für Berlin haben Perlewitz und Hellmann[2]) diese Unterschiede eingehender nachgewiesen, letzterer hat auch auf die Verschiedenheit der Aufstellung der Thermometer Rücksicht genommen und gefunden, daß Berlin wärmer ist als die Umgebung: im Winter um 0,3°, Frühling und Sommer um 0,6°, Herbst um 0,4°. Die Abendtemperaturen sind aber im Frühling und Sommer sogar um 1,2° und noch im Jahresmittel um 0,8° höher. Die mittleren Minima sind in den Städten viel höher, die mittleren Maxima können denen der Umgebung gleich sein, zuweilen selbst niedriger. Die nächtliche Abkühlung ist im Freilande viel stärker als innerhalb zusammengebauter Orte[3]).

Den täglichen Gang der Temperaturdifferenzen Stadt—Land zeigen sehr gut folgende Zahlen:

Paris. Stadt—Land. Sommerhalbjahr.

6ʰ a.	9ʰ a.	Mittag	3ʰ p.	6ʰ	9ʰ	Mittel
2,3	— 0,3	0,0	0,2	0,8	2,5	1,0

Beim raschen Steigen der Temperatur um 9ʰ bleibt die Temperatur in der Stadt zurück.

Die absoluten Temperaturminima des Winters gehen im Innern der Städte viel weniger tief hinab, als in der Umgebung im Freilande (z. B. Berlin Stadt Januar 1893 — 23,3°, außen — 31,0°), die absoluten Maxima im Sommer sind aber kaum höher, zuweilen selbst niedriger (an gut aufgestellten geschützten Thermometern); das Temperaturgefühl unter dem Einfluß der Wärmestrahlung der erhitzten Mauern und der Wärmereflexe des kahlen Bodens ist freilich ein anderes.

II. Berechnung vergleichbarer Temperaturmittel und homogene Temperaturreihen.

a) Reduktion auf gleiche Perioden. Zu klimatischen Untersuchungen sind nur vergleichbare Temperaturmittel verwendbar.

---

[1]) Annuaire de la Soc. Mét. de France. Tome III, 79, X, 105, XVI, 83. Mahlmann hat aber schon 1841, allerdings nur im allgemeinen, darauf hingewiesen. Monatsb. der Gesellsch. f. Erdk. II, 1841, S. 55. S. auch Met. Z. 1885, S. 457 und 1895, S. 38, sowie Hann, Temp. der österr. Alpenländer II, S. 425 etc.

[2]) Das Wetter 1890 und Jahresbericht des Berliner Zweigvereins für 1894, S. 8. (Hellmann.)

[3]) Eaton berechnet, daß die Gasflammen und der Kohlenverbrauch zu London imstande sind, eine Luftschichte von 30 m Höhe über einer Fläche von über 300 qkm stündlich um 1,2° C. zu erwärmen. Quarterly Journal 1877, S. 313.

Vergleichbar sind die Temperaturmittel dann, wenn sie **wahre Mittel sind** (d. h. jenen aus 24stündigen täglichen Aufzeichnungen gleichkommen oder auf solche reduziert worden sind), und zweitens wenn sie aus den **gleichen Jahrgängen** abgeleitet oder auf die gleiche Periode reduziert worden sind. Diese letztere Bedingung gilt namentlich für Orte in mittleren und höheren Breiten, und ist ganz unabweisbar, wenn es sich um Vergleichung der Temperatur (im weiteren Sinne) benachbarter Orte handelt[1]).

Zur Reduktion der aus ungeeigneten täglichen Terminbeobachtungen berechneten Mittel auf wahre Mittel können die auf S. 20 in der Anmerkung genannten Publikationen dienen. Temperaturmittel, von welchen nicht angegeben ist, wie man sie berechnet hat (aus welchen Beobachtungsterminen sie abgeleitet wurden), sind wissenschaftlich wertlos. Leider begegnet man noch vielfach solchen Temperaturangaben. Zur Reduktion der Mittel auf die gleichen Perioden dienen die korrespondierenden Mittel einer ähnlich gelegenen benachbarten Station, deren Beobachtungen die ganze längere Periode umfassen (Talstationen sind dabei nicht mit Stationen auf Bergabhängen oder Gipfeln zu vergleichen, nur ähnliche Lagen untereinander).

Ein lehrreiches Beispiel dafür, daß man nicht unterlassen darf, an Temperaturmitteln Kritik zu üben, ist folgendes: In Doves Klimatologischen Beiträgen Bd. II, S. 68 finden sich folgende Temperaturmittel (hier in Celsius-Graden):

	Breite	Höhe	Jan.	Jahr		Nachweis
München . .	48° 9'	518 m	−1,3	9,1	25 Jahre	6ʰ; 1 bis 2ʰ; 9ʰ
Augsburg . .	48° 21'	504 „	−3,4	8,2	22 „	7, 2, 9
Lausanne . .	46° 87'	498 „	−1,0	9,4	10 „	dreimal.

Mit Recht konnte **Peschel** seine Verwunderung darüber aussprechen, daß die verbreiteten Ansichten über die Temperaturunterschiede dieser Orte so gar nicht mit den Beobachtungsergebnissen stimmen; das kalte München fast dieselbe Temperatur wie Lausanne!

Aber die kritisch gesichteten und reduzierten Beobachtungsergebnisse stimmen doch mit den populären Urteilen:

	München	Augsburg	Lausanne
Januar . .	−2,6	−2,1	−0,6
Jahr . . .	7,2	7,6	9,1

Auf die großen Schwankungen, namentlich der **Wintermittel**, ist schon vorhin aufmerksam gemacht worden. Aber auch 10jährige Mittel z. B. können noch stark differieren. Wien (Land): Januar 1887 bis 1896 −3,5°, 1851 bis 1860 −0,9°. Man sieht, ohne Angabe der Periode, aus welchen die Mittel stammen, sind selbe unvergleichbar.

Lamont hat zuerst darauf aufmerksam gemacht, daß, während die Temperaturmittel selbst großen Schwankungen von Jahr zu Jahr unterliegen, die **Differenzen** der Mittel gegen die gleichzeitigen eines

---

[1]) In den Tropen, wo die Schwankungen der Monatsmittel viel geringer sind, sind Mittel aus gleichen Perioden weniger erforderlich, desgleichen bei **sehr großer** Entfernung der zu vergleichenden Orte, wo die Reduktion versagt.

benachbarten Ortes relativ sehr konstant bleiben. Diese (korrespondierenden) Differenzen sind demnach die eigentlichen klimatischen Temperaturkonstanten, nicht die Mittel selbst.

Z. B. Krems an der Donau 48,4° N., 222 m, verglichen mit Wien 48,2°, 202 m, Entfernung 55 km. Dezembermittel 1875 bis 1884

1875	76	77	78	79	80	81	82	83	84	Mittel
-- 1,9	1,4	-- 0,2	-- 2,5	-- 8,0	8,9	0,1	1,2	0,7	1,4	-- 0,4°

Differenzen gegen Wien

0,0	-- 0,5	0,0	-- 0,5	-- 0,5	0,2	-- 0,5	-- 0,8	-- 0,2	-- 0,4	-- 0,27

Die Veränderlichkeit der Dezembermittel von Krems in dieser Periode ist 2,25°, die absolute Schwankung fast 12°; die Veränderlichkeit der Differenzen aber beträgt bloß 0,31, ist fast 10mal kleiner, der wahrscheinliche Fehler des 10jährigen Dezembermittels beträgt noch $\pm$ 0,61°, jener der mittleren Differenz bloß $\pm$ 0,08, ist also auf 0,1° schon genau (siehe S. 25).

Das 50jährige Dezembermittel für Wien (Hohe Warte) ist — 0,6°, Krems ist 0,3° kälter, daher 50jähriges Mittel für Krems — 0,9° (das rohe Mittel also um ¹/₃° zu hoch). Hätte man selbst nur 5 Jahre Beobachtungen von Krems gehabt, so hätten 1875 bis 1879 die Differenz — 0,30, 1880 bis 1884 — 0,24 gegeben, also noch hinlänglich genau.

Die Unsicherheit dieser Differenzen steigt natürlich mit der wachsenden Entfernung von der Vergleichsstation. Die obige Methode der Reduktion kurzer Reihen auf längere Reihen verliert ihren Wert völlig, wenn die Veränderlichkeit der Differenzen gleich wird der Veränderlichkeit der Mittel selbst. Auf der Nordseite der Alpen wäre dies erst der Fall bei Entfernungen von rund 1000 km, im Süden der Alpen bei rund 750 km (die Veränderlichkeit der Monatsmittel ist da erheblich kleiner).

Bei 30 km Entfernung und geringem Höhenunterschied (bis 100 m etwa) genügen 5- bis 6jährige Beobachtungen, um mittels der Differenzen auf $\pm$ 0,1° richtige Monatsmittel zu erhalten, bei 70 km bedarf man dazu im Winter etwa 17, im Sommer 8 Jahre. Um die Jahresmittel auf $\pm$ 0,1 richtig zu bekommen, kann die Entfernung der Vergleichsstation noch 450 km betragen (Mitteleuropa). Die Veränderlichkeit der Differenzen und damit die Unsicherheit der Reduktion wächst im Winter viel stärker mit der Entfernung und mit dem Höhenunterschied als im Sommer. Man vermeide im Winter größere Höhenunterschiede gegen die Vergleichsstation und namentlich den Vergleich von Talstationen mit solchen an Abhängen oder gar Berggipfeln [1]).

Auf diese Weise sind die Monats- und Jahresmittel auf gleiche Perioden zu reduzieren, ein Vorgang, der, wie gesagt, unbedingt notwendig ist, um wissenschaftlich verwendbare, vergleichbare Mittel zu erhalten.

Man soll stets die einzelnen Differenzen bilden. Man kommt dadurch auf Rechen- oder Druckfehler und auf etwaige Änderungen der Aufstellung der Instrumente, Ort- oder Beobachterwechsel, und hat stets ein Urteil über die Sicherheit des Resultates.

---

[1]) Hann, Temperaturverhältnisse der österr. Alpenländer. I. Sitzungsb. Wien. Akad., XC. Bd., Nov. 1884.

b) **Homogene Temperaturreihen.** Ein weiteres Erfordernis vergleichbarer Mittel ist, daß sie **homogen** sein müssen. Die Mittel müssen sich auf dieselbe Lokalität beziehen, bei ungeänderten Einflüssen der Umgebung derselben, auf dieselbe geeignete Aufstellung der Thermometer und ungeänderte etwaige Korrektionen der letzteren.

Die Prüfung der Homogenität erfolgt durch Bildung der **Differenzen der einzelnen Jahresmittel** gegen eine benachbarte gute Station. Entdeckt man eine mehr oder weniger konstante Änderung der Differenzen, so muß man noch eine dritte Station zur Differenzbildung herbeiziehen, um sich zu versichern, an welchem Orte die Beobachtungsreihe eine Änderung erlitten hat, **inhomogen** geworden ist. Es ist bemerkenswert, wie empfindlich die Differenzen der Jahresmittel sind, für Änderung der Aufstellung der Instrumente oder für geänderte Lokaleinflüsse auf die Thermometer. Z. B.

Differenzen der Jahresmittel der Temperatur

1887	88	89	90	91	92	93	94	95	96	97

Säntis—S. Bernhard (Entfernung zirka 225 km)

0,0	−0,2	−0,2	0,0	−0,8	−0,1	−0,8	−1,2	−0,9	−0,9	−1,0

Säntis—Sonnblick (Entfernung zirka 275 km)

5,0	4,5	4,4	4,7	4,4	4,6	5,1	3,9	3,9	3,8	4,2

Man sieht hier gleich den Sprung in den Differenzen zwischen 1893 und 1894, und **zwar in beiden Reihen.** Es hat sich demnach die Station Säntis geändert zwischen 1893 und 1894.

Der mittlere Temperaturunterschied beträgt

	Säntis—S. Bernhard	Säntis—Sonnblick
1887/1893	−0,16	4,67
1894/1897	−1,00	3,95
Differenz	−0,84	−0,72

Die Säntisstation ist in der zweiten Periode um rund 0,8 ° kälter geworden. Spätere Nachforschungen ergaben, daß eine Änderung der Aufstellung der Thermometer stattgefunden hat, die unbeachtet geblieben war. Ein schlagendes Beispiel der Wichtigkeit der Differenzenbildung **nach einzelnen Jahren.** Stationen in Orten, die rasch anwachsen, unterliegen sehr häufig einer Änderung der Einflüsse der Umgebung, ihre Beobachtungsreihe wird **inhomogen.** Aus einer Freilandstation wird eine Stadtstation, und damit steigt deren Temperatur. Z. B.

Klagenfurt weniger:	Differenzen der Jahresmittel				Änderung gegen
	1856/1875	1876/1877	1878/1880	1881/1889	1876/1877
Laibach [1] .	−1,9	−2,0	−1,4	−1,0	+ 1,0
Graz . . .	−2,0	−2,2	−1,6	−1,8	+ 0,9
Saifnitz . .	0,8	0,9	1,3	1,8	+ 0,9

---

[1] Laibach im Süden, Graz im Osten, Saifnitz im Westen von Klagenfurt
J. Hann, Temperaturverhältnisse der österr. Alpenländer, II. Teil. Sitzb. d. Wiener Akad. XCI, 1885.

1856 bis 1875 Nordseite der Stadt, ländliche Lage. 1876 bis 1877 Südseite, noch ganz freie Lage, keine Änderung. Von 1878 an fortschreitende Zubauten in der Umgebung. Wird Stadtstation. Änderung nach allen drei Orten übereinstimmend $+0,9^{\circ}$ im Jahresmittel.

Ein gutes Beispiel für eine nichthomogene Temperaturreihe liefern die 100jährigen Mittel an der alten Sternwarte im Innern der Stadt.

Jahresmittel der Temperatur nach Dezennien
Wien, Alte Sternwarte

1776/1785	1786/1795	1796/1805	1806/1815	1816/1825
10,1	10,4	10,3	10,8	10,6

1826/1835	1836/1845	1846/1855	1856/1865	1866/1875
9,8	9,3	9,5	9,8	9,9

Das Mittel der ersten 50 Jahre ist 10,33, das der zweiten 50jährigen Reihe 9,67, innerhalb dieser Perioden sind die Reihen recht homogen. Die Ursache dieser Änderung um $0,7^{\circ}$, die natürlich nicht reell ist, hat sich nicht aufdecken lassen. Daß $9,7^{\circ}$ die richtige Temperatur für Wien Stadt ist, zeigen auch die folgenden 2 Dezennien 1876 bis 1885 mit 9,7, 1886 bis 1895 9,4. Die 70 Jahrgänge 1826 bis 1895 liefern ein Jahresmittel von $9,7^{\circ}$.

Die meisten älteren Temperaturbeobachtungen geben eine zu hohe Temperatur. Man muß sich hüten, auf eine wirkliche Temperaturabnahme daraus zu schließen [1]).

---

[1]) Daß zweckmäßig aufgestellte Thermometer vollkommen vergleichbare Temperaturmittel liefern, ersieht man aus folgendem. Die Aufstellung und die Lokalität der Thermometer war durchaus nicht die gleiche, auch die Jahrgänge verschiedene. Die Mittel stimmen aber, wenn korrigiert und auf die gleiche Periode (1851/1880) reduziert, vollkommen überein.

Alte Sternwarte innere Stadt	K. K. Met. C. A. Wieden	Skodagasse Josefstadt
48° 12,6 N.; 16° 22,8′ E.	48° 11,8 N.; 16° 21,6′ E.	48° 12,8 N.; 16° 21′ E.
198 m	194 m	198 m
Jahr . 9,71	9,69	9,67
Januar $-1,2$	$-1,1$	$-1,2$
Juli . 20,5	20,3	20,4

Die mittlere Temperatur in verschiedenen Teilen der Stadt ist somit die gleiche. Außerhalb ist sie niedriger. Met. Institut im Norden der Stadt 202 m Jahr 9,2, Jan. $-1,4$, Juli 19,9, Neue Sternwarte im Westen auf einem Hügel 246 m Jahr 9,0, Jan. $-1,7$, Juli 19,5 (Periode 1851 bis 1880).

II. Kapitel.

Luftfeuchtigkeit und Verdunstung, Niederschläge, Bewölkung.

A. Luftfeuchtigkeit und Verdunstung. Das „Temperaturgefühl".

Nächst der Temperatur ist das Maß des in der Luft enthaltenen Wasserdampfes wohl das wichtigste klimatische Element. Daran schließt sich dann die Kondensation des atmosphärischen Wasserdampfes als Wolken, Regen, Schnee etc.

Die Feuchtigkeitsverhältnisse eines Ortes sind gegeben durch den Wasserdampfgehalt der Luft, die Bewölkung, die Quantität und Häufigkeit der flüssigen und festen Niederschläge.

Als Maß des Wasserdampfgehaltes der Luft gelten:

1. Die relative Feuchtigkeit, der Grad der Sättigung der Luft mit Wasserdampf, das Verhältnis (der Quotient) der vorhandenen Dampfmenge zu der bei der herrschenden Temperatur möglichen (wird in Prozenten angegeben).

2. Die sogen. absolute Feuchtigkeit, der Dampfdruck oder das Gewicht des Wasserdampfes (q) in der Volumeinheit (Kubikmeter) feuchter Luft.

3. Das Sättigungsdefizit, die Differenz der vorhandenen Dampfmenge zur möglichen. (E—e.)

In klimatologischer Hinsicht spielt die relative Feuchtigkeit die einflußreichste Rolle.

Wenn man von feuchter oder trockener Luft im allgemeinen spricht, meint man immer die relative Feuchtigkeit. Die Luft ist im Winter bei uns „feucht", im Sommer „trocken", sie enthält aber im Winter viel weniger Wasserdampf als im Sommer, desgleichen kommt die viel trockenere Luft des Nachmittags im Dampfdruck nicht zum Ausdruck. Z. B.:

	Dez.	Jan.	Febr.	Winter	Juni	Juli	Aug.	Sommer
Dampfdruck . .	3,7	3,5	3,8	3,7	10,0	10,9	11,0	10,6 mm
Rel. Feuchtigkeit.	88	84	80	82	64	64	66	64 %

April: Morgens 6 ^{h}: 5,5 mm, 76 %; NM. 2 ^{h}: 5,6 mm, 48 %.

In Betreff der Methoden der Beobachtung der Luftfeuchtigkeit muß auf die Lehrbücher der Meteorologie und auf die Anleitungen zu meteorologischen Beobachtungen hingewiesen werden.

Die Beobachtung der Luftfeuchtigkeit mittels des Psychrometers (dieses Instrument wird ja fast ausschließlich zu den regelmäßigen Aufzeichnungen der Luftfeuchtigkeit verwendet) liefert zunächst den Dampfdruck[1]). Der Dampfdruck lehrt uns den Wassergehalt der Luft kennen, er ist jene Größe,

---

[1]) Die Bezeichnung Dunstdruck ist nicht zu empfehlen. Das Wort „Dunst" wird ja zumeist in ganz anderem Sinne gebraucht, als zur Bezeichnung des unsichtbaren, gasförmigen Wasserdampfes. Ist der atmosphärische Wasserdampf einmal zu „Dunst" kondensiert, dann wirkt er nicht mehr direkt auf das Psychrometer.

welche in alle physikalischen und speziell meteorologischen Rechnungen einzusetzen ist, bei welchen auf den Wassergehalt der Luft Rücksicht genommen werden muß. Die Bezeichnung Dampfdruck hat aber vielfach zu mißverständlichen Auslegungen Veranlassung gegeben. Mat hat (und tut es sogar jetzt noch zuweilen) den Dampfdruck vom Luftdrucke, wie er mit dem Barometer gemessen wird, abgezogen und meinte so „das Gewicht der trockenen Luft" zu erhalten, oder man glaubte im Dampfdruck ein Maß für den gesamten Wassergehalt der Atmosphäre über uns zu besitzen, gerade so wie uns der Barometerstand das Gewicht der Luftsäule über dem Orte der Beobachtung angibt. Das ist aber irrig und nur richtig für kleinere abgeschlossene Räume, von welchen man voraussetzen darf, daß der Wasserdampf sich durch Diffusion schon vollkommen gleichmäßig verbreitet hat, und wo keine Kondensation desselben stattfindet. In der Atmosphäre ist dieser Zustand nie anzutreffen. Während man nach der älteren Ansicht, die in D o v e ihren Hauptvertreter fand, z. B. aus dem mittleren Dampfdruck des August zu Wien, d. i. 11 mm, schließen müßte, daß dieser Wassergehalt vollständig kondensiert eine Wasserschichte von $11 \times 13{,}6$ [1]) $= 149{,}6$ mm liefern würde, habe ich an der unten zitierten Stelle nachgewiesen [2]), daß der wirkliche Wassergehalt der ganzen Atmosphäre über uns nur rund $^1/_5$ von jenem Betrage (genauer 0,22) ist, wie er durch obige Rechnung gefunden wird.

Es läge nahe, den leicht irreführenden Dampfdruck in den klimatischen Tabellen durch das „G e w i c h t   d e s   W a s s e r d a m p f e s   i n   d e r   V o l u m e i n h e i t" (am besten also im Kubikmeter) Luft zu ersetzen. Es wäre dies gewiß der verständlichste und auch recht praktische Ausdruck für den Wassergehalt der Luft. In der Tat geben die Engländer vielfach in ihren klimatischen Tabellen das G e w i c h t des Wasserdampfes (pro engl. Kubikfuß in grains) an. Ich möchte aber doch nicht dazu raten, und die Gründe, die dagegen sprechen, werden sich noch von selbst ergeben [3]).

Hier sei nur darauf aufmerksam gemacht, daß im metrischen Maßsysteme es sich glücklich trifft, daß bei Temperaturen, wie sie im Freien vorkommen, der Dampfdruck in Millimeter und das Gewicht des Wasserdampfes in Gramm pro Kubikmeter fast durch die gleiche Zahl ausgedrückt werden [4]). Man hat also im Dampfdruck zugleich einen für die meisten

---

[1]) Dampfdruck, wie Luftdruck, gemessen durch die Höhe einer Quecksilbersäule von äquivalentem Druck; daher um in Wasserhöhe zu verwandeln, mit dem spezifischen Gewicht des Quecksilbers zu multiplizieren.

[2]) Met. Z. 1874, S. 193. Lehrb. der Meteorol., II. Aufl., S. 168 u. s. w.

[3]) Für manche m e t e o r o l o g i s c h e Rechnungen und Untersuchungen ist das Gewicht des Wasserdampfes in der G e w i c h t s e i n h e i t (Kilogramm) Luft von Wichtigkeit. Dieses Gewicht nennt v. B e z o l d die s p e z i f i s c h e Feuchtigkeit. Klimatisch spielt selbe kaum eine Rolle.

[4]) Wenn e der Dampfdruck ist, q das Gewicht des Wasserdampfes pro Kubikmeter in Gramm, t die Lufttemperatur, so besteht die Relation

$$q = 1{,}06\, e : (1 + 0{,}0037\, t).$$

Unterhalb 16° ist der Nenner kleiner als der Zähler 1,06 und das Gewicht des Wasserdampfes ist deshalb etwas größer als e, über 16° verhält es sich umgekehrt. Tafeln zur bequemen Berechnung von q findet man in Jelineks Anleitung zu meteorologischen Beobachtungen, II. Teil, IV. Aufl. (Leipzig 1895), S. 23. Die folgende kleine Tabelle wird für die meisten Zwecke genügen.

Temp.	$-10°$	0	5°	10°	15°	20°	25°	30° C.
Faktor	1,100	1,060	1,040	1,022	1,005	0,987	0,971	0,955

Mit diesen Faktoren ist der beobachtete Dampfdruck e zu multiplizieren, um q zu erhalten.

Zwecke hinlänglich genauen Ausdruck für das Gewicht des Wasserdampfes
pro Kubikmeter Luft.

Dampfdruck oder Gewicht des Wasserdampfes werden wie schon bemerkt als absolute Feuchtigkeit bezeichnet. Derselben steht gegenüber
die relative Feuchtigkeit, der Grad der Sättigung der Luft mit Wasserdampf.

In neuerer Zeit ist durch Flügge (Lehrbuch der hygienischen Unter-
suchungsmethoden, Leipzig 1881), dann durch Th. Denecke (Zeitschrift
für Hygiene, Bd. 1) und H. Meyer (Göttingen) in der Deutschen Met.
Zeitschr. Bd. II, 1885, S. 153 bis 162 und Met. Zeitschr. 1887, S. 113 als
ein für die meisten praktischen Zwecke weit passenderer Ausdruck der
Luftfeuchtigkeit die Differenz zwischen dem beobachteten Dampfdruck
und dem maximalen Dampfdruck bei der herrschenden Temperatur, das
sogen. „Sättigungsdefizit", empfohlen worden [1]. Bezeichnen wir mit E
den Dampfdruck bei Sättigung, mit e den beobachteten Dampfdruck, so ist
die relative Feuchtigkeit der Quotient e : E, das Sättigungsdefizit die Differenz E — e. Wie man sieht, ist das Sättigungsdefizit gleich (1 — relative
Feuchtigkeit) E. Man erkennt daraus, daß bei gleicher relativer Feuchtigkeit das Sättigungsdefizit mit der Temperatur zunimmt, und zwar sehr
rasch, weil E mit der Temperatur sehr rasch wächst.

Denecke und Meyer haben an den angeführten Orten Tafeln gegeben, um aus der Lufttemperatur und der relativen Feuchtigkeit etwas
bequemer die neue Größe, das Sättigungsdefizit, ableiten zu können.

Neben diesen Größen als Ausdruck der atmosphärischen Feuchtigkeit,
also neben der absoluten und relativen Feuchtigkeit und dem Sättigungsdefizit, gibt es noch eine Größe, welche ebenfalls als ein Maß, aber
nur als ein indirektes Maß der Luftfeuchtigkeit angesehen werden kann,
es ist dies der Taupunkt, d. i. die Temperatur, bis zu welcher die Luft
abgekühlt werden müßte, um eine Kondensation der atmosphärischen
Feuchtigkeit einzuleiten. Die Kondensationshygrometer (von Daniell,
Regnault, Alluard, Crova etc.) liefern direkt nur die Temperatur
des Taupunktes. Der Dampfdruck etc. muß erst daraus abgeleitet werden.
Die Angabe des Taupunktes allein sagt allerdings direkt nichts über den
Wassergehalt der Luft, aber der Unterschied zwischen der herrschenden
Lufttemperatur und der Taupunkttemperatur gibt eine Vorstellung von dem
Grade der Sättigung der Luft mit Wasserdampf. Je größer dieser Unter-
schied, desto größer die Trockenheit der Luft.

Die Angabe der Temperatur des nassen Thermometers am Psychrometer wird in warmen Klimaten auch von Nutzen sein, da dieselbe ein
wichtiger Index für das „Temperaturgefühl" ist, worauf noch hingewiesen
werden wird.

Die absolute Feuchtigkeit (Dampfdruck oder Gewicht des
Wasserdampfes in der Volumeinheit) genügt wohl dem Physiker als
Ausdruck der klimatischen Feuchtigkeit, aber als Index
der Wirkung derselben auf den Organismus ist dieselbe (für sich
allein) unbrauchbar. Die Luft kann außerordentlich „trocken" sein

---

[1] Beachtenswert ist die Abhandlung von H. Meyer: „Untersuchungen über
das Sättigungsdefizit", auch vom praktischen klimatologischen Standpunkt aus,
Met. Z. 87, S. 113. Es ist aber nötig, darauf aufmerksam zu machen, daß man
E nicht der Lufttemperatur, sondern der Temperatur der ver-
dampfenden Wasseroberfläche zu entnehmen hat, wofür man die
Temperatur des feuchten Thermometers annehmen kann.

und doch mehr Wasserdampf enthalten als „sehr feuchte" Luft,
wenn die Temperaturen in beiden Fällen sehr verschieden sind. Den
mittleren Dampfdruck in der Oase Kufra, im Herzen der libyschen
Wüste, fand Rohlfs in der zweiten Hälfte August zu 8,3 mm, im
September zu 11,1 mm, der mit der absoluten Feuchtigkeit zu Wien
und Oxford im Sommer nahe übereinstimmt; die niedrigsten Werte des
Dampfdruckes waren 4,5 bis 5,5 mm, d. i. entsprechend dem mittleren
Dampfgehalte der Winterluft im feuchten England. Am 14. August
3 Uhr Nachmittags war die Luftwärme zu Hauari (Oase Kufra) 38,9°,
der feuchte Thermometer zeigte 18,9°, der Dampfdruck war sonach
4,5 mm, die relative Feuchtigkeit 9 %, das Sättigungsdefizit 47 mm,
der Taupunkt lag bei — 0,2, Wind leichter ENE. Das ist Wüsten-
trockenheit, bei der die Fingernägel springen und die Epidermis sich
ablöst. Aber der absolute Wassergehalt der Luft war immer noch
gleich dem der feuchten Winterluft in Westeuropa, wobei dann allerdings die relative Feuchtigkeit 80 bis 90 % ist.

Da die Luft in den Lungen sich auf Körpertemperatur erwärmt und
mit Wasserdampf gesättigt wieder ausgeatmet wird, so haben manche gemeint, daß die absolute Luftfeuchtigkeit auch als klimatischer Faktor eine
größere Rolle spielt als der Grad der Sättigung der Luft mit Wasserdampf.
In ganz trockener Luft verliert der Körper durch die Atmung täglich mehr
als 430 g Wasser (das entspricht Sättigung bei 37° C. und 10 m³ Luft
pro Tag). Solche fast ganz trockene Luft atmet man aber den ganzen
Winter hindurch im Freien in Ostsibirien und in den arktischen Gegenden;
denn selbst in gesättigter Luft ist der Dampfdruck bei — 30, — 40, — 50° C.
nur mehr 0,4, 0,1, 0,04 mm. Die Luft ist fast absolut trocken. Und doch
hört man keine Klagen über die Lufttrockenheit, findet keinerlei Angaben
über deren Wirkungen.

Ein ausgezeichneter Physiker und Naturforscher, A. Ermann, hat
im Winter ganz West- und Ostsibirien bis Ochotsk durchreist bei Kältegraden von 40 bis 50° und darunter. Er schildert die Wirkungen der
Kälte, aber keine Zeile erwähnt einer Wirkung der absoluten Lufttrockenheit; ebenso v. Middendorff und andere. Nur Payer spricht vom
„quälenden Durst", aber man muß dabei berücksichtigen, daß Payer und
seine Gefährten die Schlitten mit den Vorräten etc. selbst gezogen haben,
der Durst also Folge der großen körperlichen Anstrengung war[1]). An
gleicher Stelle spricht aber Payer auch von dem durchdringenden Feuch-
tigkeitsgefühle, das bei großer Kälte um so fühlbarer wird (in Franz Josephs-
Land, wo die relative Feuchtigkeit wegen der Nähe offener Meeresstellen
sehr groß war). Daraus geht zur Genüge hervor, daß der Organismus
selbst die extremste Wasserabgabe an die Luft durch die Atmung
wenig verspürt. Immerhin wäre es aber interessant, ärztliche Berichte aus
Orten in Sibirien, wo die Mitteltemperaturen im Winter zwischen — 20 und
— 50° C. liegen, in dieser Hinsicht prüfen zu können.

Anders scheint es sich zu verhalten, wenn die eingeatmete Luft schon
so viel Wasserdampf enthält, daß die Wasserabgabe aus der Lunge unterdrückt wird. Der Organismus scheint davon viel empfindlicher berührt zu

---

[1]) Daß das Durstgefühl im Freien bei — 10 oder — 20° im Winter bei
weitem nicht so groß ist, als im Sommer bei 30°, hat wohl jeder an sich selbst
erfahren.

werden. Relativ trockene Luft, welche einen so großen Wasserdampfgehalt hat, gibt es aber im Freien nirgends, und ist die Luft bei gleichem Dampfgehalt auch nahe gesättigt, also auch die relative Feuchtigkeit groß, dann ist auch die Verdunstung von der Hautoberfläche unterdrückt. Die Wasserabgabe des Körpers durch die Haut ist aber viel bedeutender als jene durch die Atmung. Die Luft wird dann als äußerst schwül empfunden[1]), es ist aber dann nicht mehr zu trennen, was davon der Wirkung der gehemmten Wasserabgabe der Lunge oder der Haut zuzuschreiben ist.

Was ist schwüle Luft?

Lancaster (Brüssel) hat für sich selbst folgende Beziehungen zwischen Temperatur und Feuchtigkeit und dem Gefühl drückender Schwüle gefunden[2]). Die Hitze wurde für ihn sehr drückend bei folgenden Temperaturen und gleichzeitigen relativen Feuchtigkeiten:

Temperatur:	29,5 °	28 °	27 bis 25 °	24 bis 23,5 °	22 bis 21 °
Relative Feuchtigkeit:	45 %	50 %	65 %	70 %	75 %

Er vergleicht diese Verhältnisse mit jenen eines typisch tropischen Klimas und findet, daß zu Vivi am Kongo die mittlere relative Feuchtigkeit bei einer Temperatur von 30 ° 59 % beträgt von Dezember bis Mai, während in Belgien bei derselben Temperatur eine relative Feuchtigkeit von 36 % herrscht. Wenn daselbst bei 30 ° die relative Feuchtigkeit auf 40 % steigt, wird die Hitze unerträglich. — In Jamaika hat man bei 32 ° C. Lufttemperatur durchschnittlich 60 % Feuchtigkeit, in England aber nur 30 bis 40 %. In Wien hat man (3 h Nachmittags Sommer) bei 26 ° 50 %, bei 29 % 45 %, in Kamerun dagegen 85 % und 75 % Feuchtigkeit. Das kennzeichnet die Schwüle der Tropenluft. Karten der Luftfeuchtigkeit hat Dr. E. G. Ravenstein entworfen (aber nicht publiziert) und mit Rücksicht auf die Feuchtigkeit und Temperatur 16 Klimate unterschieden. Brit. Assoc. 1900, S. 817. Karten der Verteilung der relativen Feuchtigkeit enthält der klimatologische Atlas von Rußland und jener von Indien.

Für rein klimatologische Zwecke ist die relative Feuchtigkeit unstreitig der zweckmäßigste Ausdruck für den Grad der Luftfeuchtigkeit. Die relative Feuchtigkeit ist es, von welcher wir (meist unbewußt) sprechen, wenn wir die Luft als feucht oder trocken bezeichnen. Die Winterluft ist (in unserem Klima) feucht, trotz geringen absoluten Wassergehaltes, die Sommerluft trocken, trotz ihres 2- bis 3mal größeren Wassergehaltes. Die relative Feuchtigkeit ist es, welche, neben der Temperatur, das Wasserbedürfnis der Organismen und die Verdunstung bedingt.

Die relative Feuchtigkeit ist auch keineswegs eine bloße Rechnungsgröße, sie ist ein ganz reeller klimatischer Faktor, was schon daraus hervorgeht, daß uns durch organische Substanzen direkt die relative Feuchtigkeit angegeben wird. Die organischen Substanzen sind alle mehr oder weniger hygroskopisch und ihr Zustand, soweit er von der Luftfeuchtigkeit abhängt, wird nicht von dem absoluten Wassergehalt der Luft, sondern von der relativen Feuchtigkeit bedingt. So kommt es, daß wir in den organischen Substanzen (Mem-

---

[1]) Dr. Fleischer glaubt begründen zu können, daß „schwüle Luft solche ist, deren Taupunkt bei 19 ° C. liegt". (Gesunde Luft, Göttingen.)

[2]) A. Lancaster, De la manière d'utiliser les observations hygrométriques. V. Congrès Intern. d'Hydrologie, Climatologie. Liège 1898.

branen, Haaren) ein vortreffliches Mittel haben, die relative Luftfeuchtigkeit direkt zu messen; alle anderen Feuchtigkeitsmessungen sind indirekt und bedürfen einer Berechnung, die zum Teil schwierig und weniger exakt ist (man denke an die Psychrometerangaben unter dem Gefrierpunkt) als die Feuchtigkeitsmessung mittels der Haarhygrometer. Die relative Feuchtigkeit ist der natürlichste Ausdruck für die Luftfeuchtigkeit als klimatischer Faktor, sie reagiert unmittelbar auf die organischen Substanzen[1]).

Stundenmittel der Feuchtigkeit. Da die relative Feuchtigkeit meist einer großen täglichen Veränderung unterliegt, so ist es notwendig, in die klimatischen Tabellen die Mittelwerte für die einzelnen Beobachtungszeiten, also für den Morgen, Nachmittag und Abend, gesondert anzuführen, nicht bloß das Tagesmittel. (S. Tabelle Kol. 24 bis 28.) Es ist auch wichtig, die Minima der Feuchtigkeit mitzuteilen. Von wesentlichem hygienischen Interesse wäre es auch, in klimatischen Monographieen für Kurorte die Veränderlichkeit der relativen Feuchtigkeit von einem Tag zum anderen in den Tagesmitteln, besser noch speziell auch für die Nachmittagsbeobachtung zu berechnen.

Die relative Feuchtigkeit im Innern künstlich erwärmter Räume, also der Wohnungen, im Winter in mittleren und höheren Breiten, ist viel niedriger als die der Außenluft. Diese Differenz steigt im allgemeinen mit Zunahme des Temperaturunterschiedes zwischen der äußeren und inneren Luft. Die in die Wohnungen auch bei natürlicher Ventilation eindringende Luft hat bei Wintertemperaturen einen niedrigen Dampfgehalt, wird in den Häusern auf Sommertemperaturen erwärmt und dabei natürlich relativ trocken. Die gewöhnlichen Vorkehrungen gegen diesen Übelstand sind stets ungenügend. So atmen wir in unseren erwärmten Wohnungen bei Winterkälte trockene Wüstenluft. R. De C. Ward hat in Cambridge (Boston) Versuche darüber angestellt und z. B. im November im Mittel zahlreicher Versuche gefunden: Außenluft 2,2°, relative Feuchtigkeit 71%, Luft in seinem Studierzimmer 20,6°, relative Feuchtigkeit 30% (trotz einer Verdampfungsvorrichtung). Dr. H. Barnes in Boston fand in den Hospitälern und in deren Amtsräumen gleichfalls bei außen 71%, innen 31%. Mittels reichlicher Wasserverdampfung konnte er 53% erzielen. Er fand dann die Temperatur von 18° komfortabel, während er ohne solche (also bei trockener Luft) die Temperatur auf 21 bis 22° steigern mußte, um sich in dem Raum behaglich zu fühlen (Boston med. Journal, March 1900). — Ward, Journal of Geography. Vol. I, Sept. 1902.

Die absolute Feuchtigkeit unterliegt dagegen nur einer sehr geringen täglichen Schwankung, so daß die Mittel aus den drei Beobachtungsterminen in den meisten Fällen genügen. Z. B. Wien im Juli (20jähriges Mittel):

---

[1]) **Sresnewsky** hat eine mathematische Theorie des Haarhygrometers geliefert. Er weist nach, daß die Spannung der Flüssigkeit in den Poren des Haares den natürlichen Logarithmen der relativen Feuchtigkeit direkt proportional ist. Er gibt eine Formel, welche die Beziehung zwischen der relativen Feuchtigkeit und der Längenänderung des Haares zum Ausdruck bringt. (Dorpat 1895.)

	6ʰ	2ʰ	10ʰ	Wahres Mittel	Amplitude
Dampfdruck . . .	10,7	10,7	11,3	10,9	0,6 mm
Relat. Feuchtigkeit .	74,0	48,4	70,0	62,8	26,2 %

Nach Pettenkofer und Voit gibt ein Mensch täglich 900 g Wasser durch Haut und Lungen ab, davon kommen 0,6 oder 540 g auf die Haut allein, und es bringen schon Schwankungen von 1% der relativen Feuchtigkeit merkliche Änderungen in der Hautausdünstung hervor. Wird die Verdunstung durch Haut und Lungen verringert, so erhöht sich die Urinsekretion, sowie auch in vielen Fällen jene des Darmes. Plötzliche Schwankungen der Feuchtigkeit wirken deshalb sehr empfindlich auf einen kranken Organismus. Zunächst äußern sie sich durch plötzliche Vermehrung oder Verminderung des Blutdruckes. Zu einer vollständigen klimatographischen Beschreibung mit Rücksicht auf die Hygiene würde daher, wie schon bemerkt, auch die Berechnung der Veränderlichkeit der relativen Feuchtigkeit nötig sein.

Das wasserärmere Blut in trockenen Klimaten wirkt als ein intensiveres Stimulans auf das Nervensystem und steigert dessen Funktionen; die Folgen sind Aufregung, Schlaflosigkeit. Diese Wirkung tritt auch anfänglich bei Gesunden ein, die in ein trockenes Klima oder ein Höhenklima kommen, sie äußert sich in einer gewissen Unruhe. Das Höhenklima ist selbst bei größerer relativer Feuchtigkeit dem trockenen Klima tieferer Orte in dieser Beziehung gleichzustellen, weil der verminderte Luftdruck die Verdunstung steigert.

Feuchte Luft (sowie erhöhter Luftdruck) äußern folgende Einflüsse auf den Organismus: Herabstimmung der Funktionen des Nervensystems, ruhiger Schlaf, vermehrte Kohlensäureausscheidung, verlangsamte Blutbewegung. Dagegen hat trockene Luft (und verminderter Luftdruck) folgende Einflüsse: Nervöse Aufregung, Schlaflosigkeit, Pulsbeschleunigung, größere Hauttrockenheit, Wärmeverminderung (Thomas, Beiträge zur Allg. Klimatologie. Erlangen 1872).

Die Temperaturschwankungen äußern auf den Organismus einen verschiedenen Einfluß, je nachdem die Luft relativ feucht oder trocken ist. Bei hoher relativer Feuchtigkeit wirkt eine geringe Abkühlung schon sehr empfindlich und nachteilig, in trockener Luft dagegen ist dieselbe von keinem unangenehmen Gefühl und schädlichen Folgen begleitet.

Die Bewohner der Wüsten und trockener Gegenden überhaupt vertragen ohne Unannehmlichkeit große Temperatursprünge, die in feuchteren Klimaten sehr schädlich wirken würden. Es sind demnach die Temperaturschwankungen in Bezug auf ihren Einfluß auf den Organismus in verschiedenen Klimaten durchaus nicht gleichwertig [1]).

---

[1]) Über den physiologischen Einfluß der relativen Feuchtigkeit möge folgende Stelle aus einem Vortrag von E. Desor über das Klima der Vereinigten Staaten hier Platz finden:

L'un des traits physiologiques de l'Américain c'est l'absence d'embonpoint. Parcourez les rues de New York, de Boston, de Philadelphie, sur cent individus qui vous coudoient vous en rencontrerez à peine un qui ait de la corpulence; encore se trouvera-t-il le plus souvent que cet individu est un étranger ou d'origine étrangère. — Ce qui nous frappe surtout chez les Américains, c'est la longueur du cou; non pas, bien entendu, qu'ils aient le cou absolument plus long que

Das Sättigungsdefizit.

Man hat gegen die relative Feuchtigkeit als geeigneten Maßstab der Wirkung der Luftfeuchtigkeit auf den Organismus manche
Einwendungen erhoben und als Ersatz dafür das „Sättigungsdefizit"
vorgeschlagen. Die formelle Einwendung einiger Meteorologen gegen
die Mittelbildung bei der relativen Feuchtigkeit braucht hier nur
erwähnt zu werden[1]). Ich sehe darin keinen sachlichen Fehler bei
richtiger Interpretation des Resultates. Dagegen ist es richtig, daß
die Verdampfungsgeschwindigkeit nicht der relativen Feuchtigkeit,
sondern genauer dem „Sättigungsdefizit" proportional ist. Man hat
gegen die Benützung der relativen Feuchtigkeit ferner eingewendet,
daß derselbe Grad der relativen Feuchtigkeit einen sehr verschiedenen Wert hat bei verschiedenen Temperaturen, also daß z. B.
eine Sättigung von 30 % bei 25 ° Luftwärme nicht gleichwertig
ist mit 30 % bei — 10 ° und auch verschieden auf den Organismus
einwirkt, während das Sättigungsdefizit unabhängig von der Temperatur sei. Zur richtigen Würdigung eines bestimmten Grades der
relativen Feuchtigkeit müsse man immer auch die gleichzeitig herrschende Temperatur in Betracht ziehen, bei dem Sättigungsdefizit sei
dies nicht notwendig.

Es mag zugestanden werden, daß die Einführung des Sättigungsdefizits in die klimatischen Tabellen nicht unerwünscht wäre, damit
man untersuchen könne, welche praktische Bedeutung demselben zu-
komme, und ob es in dieser Beziehung vor der relativen Feuchtigkeit
etwa den Vorzug verdient.

nous; mais parce qu'étant plus grèle, il paraît d'autant plus allongé. A leur tour
les Américains reconnaissent facilement l'Européen aux caractères contraires. —
Desor führt dann aus, daß diese Unterschiede nicht allein das Resultat einer geringeren Entwicklung des Muskelsystems der Amerikaner sind, sie hängen auch
vornehmlich ab von einer geringeren Entwicklung des Drüsensystems, welchen
Umstand er der besonderen Aufmerksamkeit der Physiologen empfiehlt. — Desgleichen ist die große nervöse Reizbarkeit, die hastige, rastlose Tätigkeit der Bewohner der Vereinigten Staaten der größeren relativen Trockenheit des amerikanischen Klimas zuzuschreiben. Daß in dieser letzteren der Grund der oben angeführten Unterschiede zwischen dem Europäer und Amerikaner liegt, zeigt sich
darin, daß schon die Einwanderer aus Europa diesen Einflüssen unterliegen, anderseits die Amerikaner in Europa bald an Korpulenz zunehmen.
Die Saharareisenden, namentlich aber Dr. Nachtigal, haben uns zwar in
dem großen Unterschiede, der zwischen den Bewohnern der Wüste und den Einwohnern des feuchten Sudan besteht, ein noch viel auffallenderes Beispiel des
Einflusses der relativen Feuchtigkeit der Luft auf die körperlichen und geistigen
Eigenschaften des Menschen gegeben, aber hier ist auch der Unterschied der absoluten Feuchtigkeit in der Wüste und im Sudan sehr groß, wenngleich sich
durch Herbeiziehung anderer Beispiele zeigen ließe, daß es hauptsächlich auf die
relative Feuchtigkeit ankommt. Die östlichen Vereinigten Staaten haben aber
dieselbe oder eine höhere absolute Feuchtigkeit, wie West- und Mitteleuropa
(z. B. Philadelphia Winter 3,7, Sommer 15,0, Jahr 8,5 mm; Wien Winter 3,7,
Sommer 10,6, Jahr 6,9; Oxford Winter 5,4, Sommer 10,1, Jahr 7,3. Es ist also
offenbar, daß es die relative Feuchtigkeit ist, welche gewisse Unterschiede in
körperlichen und geistigen Eigenschaften bedingt.
[1]) Im wesentlichen läuft dieselbe darauf hinaus, daß man Brüche von ungleichen Nennern einfach addiert und ein Mittel aus ihnen nimmt.

Die Psychrometertafeln geben direkt nur den Dampfdruck und die relative Feuchtigkeit, es ist aber leicht, denselben Tafeln den Dampfdruck der Sättigung bei der Temperatur des feuchten Thermometers[1] (d. i. E) zu entnehmen, und den herrschenden Dampfdruck davon zu subtrahieren, wodurch man E—e, das Sättigungsdefizit, erhält. Mit genügender Annäherung kann man auch noch hinterher aus den Mitteln der Lufttemperatur und des Dampfdruckes oder selbst der relativen Feuchtigkeit das Sättigungsdefizit ableiten.

Da man so weit gegangen ist, der relativen Feuchtigkeit überhaupt eine praktische Bedeutung abzusprechen, ja vorzuschlagen, dieselbe ganz aus den klimatischen Tabellen auszumerzen, so müssen wir gegen dieses vorschnelle Urteil Verwahrung einlegen und zeigen, daß gegen die alleinige Angabe des Sättigungsdefizits sich sehr gewichtige Gründe anführen lassen, und daß in den meisten Fällen wenigstens die relative Feuchtigkeit eine richtigere Beurteilung der „klimatischen Feuchtigkeit" gestattet, als das Sättigungsdefizit.

Zunächst ist es ganz unrichtig, daß das Sättigungsdefizit auch ohne Angabe der Lufttemperatur einen Maßstab für die klimatische Feuchtigkeit gewährt, und daß darin dessen wesentlicher Vorzug vor der relativen Feuchtigkeit besteht. Auch beim Sättigungsdefizit sind gleiche Grade bei verschiedenen Temperaturen ganz ungleichwertig.

Ich will dafür den Nachweis liefern. Unsere heiteren Wintertage, bei strengem Froste und frischen nördlichen oder östlichen Winden sind mit vollem Rechte als trocken zu bezeichnen nach ihren Wirkungen auf den Organismus. Die Luft hat dann etwas Anregendes, Stimulierendes und auch sonst in ihren Wirkungen den Charakter der Trockenheit[2]. Dennoch ist das Sättigungsdefizit dann viel kleiner als im Sommer bei hoher Temperatur und sehr schwüler, drückender Luft. Jeder aufmerksame Beobachter kennt die austrocknende Wirkung und die spezifischen schädlichen Einflüsse der trockenen Luft an manchen unserer Frühlingstage, und doch kann dann das Sättigungsdefizit kleiner sein als das der feuchtheißen Tropenluft, in welcher Eisen schnell rostet, auf Leder sich rasch Schimmel bildet, und der Europäer allen schädlichen Einflüssen einer warmen mit Wasserdampf nahe gesättigten Atmosphäre unterliegt. In diesen Fällen ist die relative Feuchtigkeit ein mehr zutreffender Index dieser Wirkungen, als das Sättigungsdefizit.

In arktischen Gegenden kann die Luft im Winter sehr trocken sein, obgleich das Sättigungsdefizit wegen der niedrigen Temperatur immer sehr klein bleiben muß, denn bei — 20 ° ist der Dampfdruck bei Sättigung nur mehr 0,9 mm, bei — 30 ° bloß 0,4. Trotzdem lesen wir von Ostgrönland (Wintertemperatur — 20 °): „Die Luft war (im Winter) sehr trocken, selbst bei strengster Kälte wurde der menschliche Atem nicht als Nebel sichtbar,

---

[1] Weil eine verdampfende Wasseroberfläche beiläufig die Temperatur des feuchten Thermometers hat, und nicht die Lufttemperatur.

[2] Daß dies nicht der niedrigen Temperatur allein zuzuschreiben, bedarf kaum einer Hervorhebung, denn bei gleicher Temperatur und feuchter Luft sind die Wirkungen ganz andere.

was in unserem feuchten Klima schon bei Temperaturen über 0° einzutreten pflegt." (Zweite deutsche Nordpolexpedition, II. Bd., 533.) In Franz-Josephs-Land hingegen klagt Payer über durchdringendes Kältegefühl und setzt hinzu: „Minder lästig war das Feuchtigkeitsgefühl bei den grönländischen Schlittenreisen infolge der geringeren relativen Luftfeuchtigkeit." Ostgrönland hat stark vorherrschende N.- und NW.-Winde, welche relativ trocken sind, Franz Josephs-Land dagegen relativ feuchte Seewinde. Das Sättigungsdefizit war jedenfalls auf Franz-Josephs-Land niedriger wegen der tieferen Temperatur (Mittel — 28° im Winter), trotzdem war die Feuchtigkeit größer. Wie auch Payer sagt: „Der Hauch entströmt qualmend dem Munde, den Wanderer mit einer Dunsthülle von feinen Eisnadeln umgebend."

Drastisch schildert v. Middendorff die Lufttrockenheit Ostsibiriens im Winter. Er sagt auch geradezu, daß es dem Menschen wohl unmöglich wäre, die ungeheuren Frostgrade Ostsibiriens bei nomadischer Lebensweise zu ertragen, wenn ihm nicht die Trockenheit der Luft zu Hilfe käme. Der durch die menschliche Ausdünstung tagsüber feucht gewordene Pelz wird über Nacht umgewendet auf den Schnee gelegt, am Morgen findet man ihn vollkommen trocken [1]). (Bei einem Sättigungsdefizit von 0,0 mm!)

Nehmen wir uns näher liegende Beispiele:

Wien, 6. und 7. Februar 1870. Ganz klare, reine Frosttage bei frischem Ostwind. Temperaturmittel — 15,3° und — 14,8°, Dampfdruck 0,46 und 0,49 mm. Relative Feuchtigkeit 76%, Sättigungsdefizit 0,4 (am 6. um 2 Uhr Nachmittags — 9,2°, 0,5 mm, 61%, Sättigungsdefizit 0,7). Jedermann wird diese Tage als sehr trocken bezeichnet haben.

Nehmen wir aber einen Sommertag mit nur 26° C. und einem Sättigungsdefizit von 0,4 mm. Schreckliche Schwüle! Wir brauchen nur die relative Feuchtigkeit aufzusuchen, sie ist 98%. So feuchte Luft haben wir glücklicherweise bei so hoher Temperatur in Wien niemals.

Ich nehme nun einen spezifisch feuchten, drückend schwülen Sommertag in Wien, den ich mir als solchen notiert habe. Es ist der 7. Juli 1870. Nachmittags 1½ Uhr gab es kurzes Gewitter mit 8 mm Regen, dann wieder Sonne, Abends abermals Gewitter mit 29 mm Regen, Wind NW.

Stunde	6 Uhr V.	2 Uhr N.	6 Uhr N.	10 Uhr A.
Temperatur	22,8°	24,3°	24,0	19,8° C.
Dampfdruck . . .	14,9	15,9	17,1	15,8 mm
Relative Feuchtigkeit	73	71	77	93%
Sättigungsdefizit . .	5,7	6,7	5,1	1,4 mm

Es kann also mit dem zehn- und fünfzehnfachen Sättigungsdefizit eines trockenen Wintertages im Sommer eine sehr feuchte, sehr schwüle Luft verbunden sein. Die mittlere relative Feuchtigkeit war 79%, also etwas größer als die der oben angeführten trockenen Wintertage.

Einer der trockensten Frühlingstage, den ich finden konnte, war der 21. April 1885.

	7 Uhr	2 Uhr	9 Uhr
Temperatur	14,2°	22,8°	17,6° C.
Dampfdruck	4,4	5,2	5,1 mm
Relative Feuchtigkeit .	36	25	34%
Sättigungsdefizit . .	7,6	15,4	9,8 mm

Hier tritt allerdings auch im Sättigungsdefizit die Lufttrockenheit sehr entschieden hervor, noch unzweideutiger aber in der relativen Feuchtigkeit.

---

[1]) Reise im äußersten Norden und Osten Sibiriens. Bd. IV, S. 393 etc.

Eine mittlere relative Feuchtigkeit von 32 % wird ohne Rücksicht auf die Temperatur sogleich als Index für eine sehr trockene Luft angesprochen werden können, nicht so ein mittleres Sättigungsdefizit von 10,9 mm.

In Batavia hatte z. B. der 23. Januar 1882 um 2 Uhr Nachmittags bei 29,8° Luftwärme ein Sättigungsdefizit von 10,9 mm, relative Feuchtigkeit 65 %. Das ist, für den Europäer wenigstens, schon eine feuchte, drückende Luft. Ich habe die Beobachtungen zu Batavia speziell durchgesehen und gefunden, daß in der dort so überaus feuchten Regenzeit (Dezember bis Februar) häufig bei sehr schwüler Luft (hohe Temperatur und große relative Feuchtigkeit) ein Sättigungsdefizit von 6 bis 8 mm vorkommt. Der feucht-heiße Januar, in dem 400 mm Regen fallen, hat bei einer mittleren Temperatur von 25,3° eine relative Feuchtigkeit von 88 % und ein Sättigungsdefizit von 3,0, während der April in Wien, der eine trockene Luft hat, bei einer Mitteltemperatur von 9,7° und 66 % relativer Feuchtigkeit fast dasselbe Sättigungsdefizit aufweist, nämlich 3,1 mm. Die Luftfeuchtigkeit in Batavia in der Mitte der Regenzeit, wo die Luft so feucht ist, daß man nach Dr. Junghuhn nicht weiß, wie man selbst in den Häusern seine Sachen vor dem Verderben durch die Feuchtigkeit schützen soll, ist also, nach dem Sättigungsdefizit gemessen, so groß wie bei uns im Frühling [1]). Dieses frappierende Unvermögen des Sättigungsdefizites, das feucht-heiße Tropenklima, sowie die Schwüle unserer Sommertage zum Ausdrucke zu bringen, liegt eben darin, daß, während eine relative Feuchtigkeit von 80 % und darüber bei jeder Temperatur als feucht empfunden wird, natürlich noch gesteigert mit zunehmender Wärme, das Sättigungsdefizit bei den gleichen hohen Sättigungsgraden mit zunehmender Temperatur wächst, also eine Abnahme der Feuchtigkeit oder Zunahme der Trockenheit angibt, gerade im Gegensatz zu unserem Feuchtigkeitsgefühl und den Wirkungen der Feuchtigkeit auf den Organismus.

Denecke meint, daß die Ursache, weshalb uns in den klimatischen Tabellen der Unterschied der Lufttrockenheit im Osten der Vereinigten Staaten und in Westeuropa nicht so drastisch entgegentritt, wie er in Wirklichkeit bestehen soll, eben darin seinen Grund hat, daß wir gewohnt sind, die klimatische Luftfeuchtigkeit durch die relative Feuchtigkeit auszudrücken, daß dagegen im Sättigungsdefizit dieser Unterschied richtig zum Ausdruck kommen würde. Darin täuscht er sich aber, und zwar schon darin, daß im Osten der Vereinigten Staaten nicht der Sommer auffallend trocken ist, sondern gerade umgekehrt der Winter. Der Sommer ist feuchtheiß bei Seewinden und bedeutenden Regenmengen, der Winter dagegen ist relativ trocken mit stark vorherrschenden Landwinden (Nordwest). Leider besitzen wir aus Nordamerika keine genügenden klimatischen Mittelwerte.

Auch G. Schott kommt zu dem Schlusse, daß das Sättigungsdefizit das Wesen der Luftfeuchtigkeit oft ganz falsch charakterisiert [2]). Von den Nachweisen, die er dafür mitteilt, führen wir nur einen Fall an: „Im indischen Kalmengürtel war bei einer relativen Feuchtigkeit

---

[1]) Man lese ferner die so beredte Schilderung der Leiden des Europäers während der Regenzeit in Senegambien, speziell in St. Louis, von dem Marinechefarzt D. A. Borius. (Les maladies du Sénégal. Paris 1882, S. 124 etc.) Die Temperatur beträgt dann im Mittel 27,6° und steigt kaum über 31°, das mittlere Sättigungsdefizit ist dabei 5,5 mm wie bei uns im Mai und Juni, aber die relative Feuchtigkeit ist nahe 80 %.

[2]) Wissenschaftl. Ergebn. einer Forschungsreise zur See. Pet. Mitt., Ergänzungsh. 109, S. 122 etc. Gotha 1893.

von 81% und 21,5 mm Dampfdruck das Sättigungsdefizit 5,0 mm, dagegen waren die entsprechenden Zahlen im indischen Passatgebiet 79%, 18,6 und 4,5 mm. Dem Sättigungsdefizit zufolge wäre also die Luft im Passat feuchter gewesen, als im Kalmengürtel, was natürlich keineswegs zutrifft." Die Ursache der falschen Charakterisierung der Feuchtigkeit durch das Sättigungsdefizit liegt hier darin, daß die Temperatur im Kalmengürtel 27,0° war, im Passatgebiet wenig über 25°. Dieser geringe Temperaturunterschied genügt schon, daß das Sättigungsdefizit trockenere Luft als feuchter erscheinen läßt.

Diese speziellen Fälle mögen genügende Nachweise für den Satz liefern: Das Sättigungsdefizit gestattet ohne gleichzeitige Berücksichtigung der Temperatur keine richtige Beurteilung der klimatischen Feuchtigkeit, es steht hierin der relativen Feuchtigkeit sogar nach. Es wäre daher durchaus nicht anzuraten, statt der relativen Feuchtigkeit das Sättigungsdefizit einzuführen, das letztere kann nur nebenbei zur Untersuchung seiner Verwertung in Hygiene und Therapie empfohlen werden [1]).

Das Sättigungsdefizit hat als klimatischer Faktor auch den Nachteil, daß es keine so unmittelbare Vorstellung von der Feuchtigkeit der Luft gestattet als die relative Feuchtigkeit. Von einer relativen Feuchtigkeit von 50 bis 80% kann ich mir sogleich eine ganz bestimmte Vorstellung machen, wenn ich nur weiß, auf welche Zeit und welchen Ort, also auf welche Temperatur (ganz beiläufig, das genügt) sie sich bezieht. Nicht so von einem Sättigungsdefizit, z. B. von 2 oder 8 mm. Man muß da die Temperatur genauer kennen, um beurteilen zu können, ob die Luft dabei klimatisch feucht oder trocken ist (schwül, drückend oder anregend, stimulierend wirkt).

Die Verdunstung.

Die Verdunstung (Evaporation) von einer nassen Oberfläche ist in verschiedenen Klimaten (und daselbst nach Tages- und Jahreszeiten) eine sehr verschiedene, und es spielt dieser Umstand eine sehr beachtenswerte klimatische Rolle. Die sogen. „Evaporationskraft" eines Klimas ist daher auch ein klimatischer Faktor von Wichtigkeit.

Die Verdunstung hängt ab von dem schon vorhandenen Feuchtigkeitsgehalt der Luft, und ist dem Sättigungsdefizit proportional, wofür klimatisch aber auch die relative Feuchtigkeit genommen werden kann, weshalb sie im Anschlusse an selbe hier zur Besprechung kommt. Sie nimmt unter sonst gleichen Verhältnissen zu mit abnehmendem Luftdruck, ist demnach an Höhenstationen bei gleicher relativer Feuchtigkeit größer als in der Niederung, was oft nicht beachtet wird. Die Verdunstung wächst ferner mit der Stärke der Luft-

---

[1]) Der sogen. äquivalenten Temperatur, d. i. jene Temperatur, auf welche die Luft durch die laterale Wärme ihres Dampfgehaltes erwärmt würde, wenn der Dampf ohne Abkühlung der Luft kondensiert werden könnte, kann ich gar keine klimatische Bedeutung zugestehen. Nachweis in Met. Z. 1907, S. 501.

bewegung, welche ja den über der feuchten Oberfläche sich bildenden Wasserdampf entfernt und dadurch neuem Platz schafft.

Die **Evaporationskraft eines Klimas hängt deshalb ab von dem Grade der Lufttrockenheit, von der Höhenlage und von der Stärke der Luftbewegung.**

Die Verdunstung ist natürlich größer in der Sonne als im Schatten.

Die Ergebnisse, die man mit verschiedenen Verdunstungsmessern erhält, sind leider wenig vergleichbar. Nur gleiche Verdunstungsmesser (der von P i c h e der bequemste, genauer jener von W i l d, siehe die Anleitungen zu met. Beob.) in ganz gleicher Aufstellung liefern vergleichbare Angaben.

Ein sehr bequemes relatives Maß für die Evaporationskraft eines Klimas liefert die Temperaturdifferenz zwischen einem trockenen und einem befeuchteten Thermometer, d. i. die **Psychrometerdifferenz.** Selbe hängt ja gleichfalls ab vom Sättigungsdefizit, vom Luftdruck, und von der Stärke des Luftwechsels. Da die Psychrometer allgemein zur regelmäßigen Beobachtung der Luftfeuchtigkeit an den meteorologischen Stationen Verwendung finden, so bedarf es nur neben der gewöhnlichen Angabe der Feuchtigkeit (Dampfdruck und relative Feuchtigkeit) auch noch der Angabe der Psychrometerdifferenz (oder der Temperatur des feuchten Thermometers), um auch ein Maß für die Verdunstung (im Schatten) zu haben.

U l e und K r e b s haben gefunden, daß einer Psychrometerdifferenz von 1° eine Verdunstungshöhe von 2 mm p r o T a g entspricht, also pro Stunde von 0,083 mm (frei, in der Sonne). G. S c h w a l b e hat ferner eingehend nachgewiesen, daß der jährliche Gang der Verdunstung sich aus dem Gange der Psychrometerdifferenz ableiten läßt[1]).

Es ist deshalb auch die Angabe der Psychrometerdifferenz (oder die Temperatur des feuchten Thermometers) ein klimatisches Element, repräsentiert einen klimatischen Faktor[2]). Die Psychrometerdifferenz hat auch noch in anderer Hinsicht ein klimatisches Interesse. Unser Temperaturgefühl ist in erheblichem Maße von derselben abhängig.

Temperaturgefühl.

Temperaturgefühl (gefühlte Temperatur) als abhängig von der Luftfeuchtigkeit. Es ist allgemein bekannt, daß bei trockener Luft hohe Lufttemperaturen verhältnismäßig leicht und ohne Schaden ertragen werden, während dieselben Temperaturgrade bei feuchter Luft äußerst drückend empfunden werden, die Tätigkeit hemmen (körperliche wie geistige), ja zu schweren Gesundheitsstörungen (z. B. Hitzschlag) führen können. Die Schätzung der Bekömmlichkeit gewisser Tempera-

---

[1]) Met. Z. 1902, S. 49.

[2]) Die englischen Klimatabellen enthalten in der Tat häufig die Angabe des nassen Thermometers (wet bulb thermometer). Fehlt diese Angabe, so kann man jederzeit die Temperatur des feuchten Thermometers (t′) aus dem angegebenen Dampfdruck und der Lufttemperatur t zurückrechnen, am bequemsten mittels Jelineks Psychrometertafeln. (Engelmann, Leipzig.) Z. B. Wien April. Angaben: t (Luftwärme) 9,4, Dampfdruck 6,0. Die Psychrometertafel liefert unter dem Argument t = 9,4° und e = 6,0, t′ = 7,0, Psychrometerdifferenz also 2,4°.

turen hängt wesentlich ab von der gleichzeitig herrschenden Luftfeuchtigkeit.

Die gesteigerte oder behinderte Feuchtigkeitsabgabe aus der Haut reguliert die Körpertemperatur, da die sie begleitende Verdunstungskälte der Haut mehr oder weniger Wärme entzieht [1]). Man kann für die Abkühlung, welche unsere Haut durch die Verdunstung erfährt, beiläufig die Temperatur des feuchten Thermometers einsetzen. Harrington hat deshalb die von dem feuchten Thermometer angegebenen Temperaturen die fühlbaren Temperaturen genannt und betont deren Wichtigkeit für die Klimatologie. Harrington hat eine Karte der „Sensible temperatures" im Juli für das ganze Gebiet der Vereinigten Staaten entworfen und eine andere Karte, welche die Erniedrigung der Lufttemperatur durch die Verdunstung gleichfalls für den heißesten Monat angibt. Die Linie von 5 ⁰ F. = 2,8 ⁰ C. säumt gerade die Ost- und Südküste der Vereinigten Staaten ein, während wir im Westen im Innern einen großen Raum finden, der von der Linie von 11 bis 12 ⁰ C. umschlossen ist. Um so viel wird dort die Lufttemperatur durch Verdunstung erniedrigt. Die „sensible" mittlere Julitemperatur ist im Osten der Vereinigten Staaten 18½ ⁰ (Boston) bis 24½ ⁰ (Savannah), dagegen im heißen Westen (Juli Isotherme 30 bis 34⁰) nur 15½ bis 21 ⁰ (Yuma). Für unser Temperaturgefühl ist demnach der Sommer der Neuenglandstaaten heißer als jener der Wüsten von Arizona und Südkalifornien.

Hitzschlag ist im Osten der Vereinigten Staaten (in den Städten namentlich) häufig in heißen Sommern, aber trotz viel höherer Temperaturen fast unbekannt im trockenen Westen, in Arizona und Südcolorado [2]). Die Bewohner der Ostküste, sagt General Greely, hören mit Erstaunen von Temperaturen von 45 bis 50 ⁰ C., die dort vorkommen, ohne die gewöhnlichen Beschäftigungen auf dem Lande und in den Städten erheblich zu stören. In einem der heißesten Teile der Erde, in Death Valley (Kalifornien), erlebten die Beobachter des Weather Bureau im Sommer 1891 an 5 Tagen Temperaturmaxima von 50 ⁰; das feuchte Thermometer stand aber gleichzeitig nur auf 23 bis 25 ⁰, so daß das Temperaturgefühl für eine Person, die gut situiert (gegen Hitzestrahlung geschützt) war, dabei fast das der Kühle war für einen Sommernachmittag. Am 4. und 5. August waren die Maxima 47,7 ⁰ und 45,5 ⁰, der Taupunkt aber — 1 ⁰ und — 2,8 ⁰, die Temperatur des feuchten Thermometers 21 ⁰ und 19,4 ⁰, also relativ kühl.

An der Küste von Kalifornien ist im Norden von San Francisco das mittlere Temperaturmaximum des Sommers 18 ⁰, die sensible Temperatur kaum 13, im Süden 21 ⁰ und 14⁰. Die höchsten Temperaturen zu San Francisco sind durchschnittlich 35 ⁰, während die gleichzeitigen sensiblen Temperaturen nur 17 ⁰ sind. Im Innern dagegen finden wir als mittlere Maxima und korrespondierende „sensible" Tem-

---

[1]) Die Verschiedenheit der spezifischen Wärme feuchter und trockener Luft ist viel zu unbedeutend, um in Betracht zu kommen.

[2]) Sunstroke Weather. Monthly Weather Review 1896, S. 409 — Sunstroke in California and Arizona S. 454.

peraturen: Red Bluff 44 ⁰ und 21 ¹/₂ ⁰, Fresno 43 ⁰ und 20 ⁰, Yuma 47 ⁰
und 23 ⁰. Die sensiblen Temperaturen sind daher in Kalifornien im
Mittel um 13 bis 22 ⁰ niedriger als das mittlere Maximum der Temperatur, und an den heißesten Tagen um 18 bis 24 ⁰. (Mark Harrington, Sensible Temperatures. Intern. Medical Magazine, August
1894. S. Paque, Effect of heat on the body in California. Am.
Met. Journ. XII, S. 196.)

Das Temperaturgefühl hängt aber nicht allein von der Luftwärme und der Luftfeuchtigkeit ab, sondern auch noch von mehreren
anderen meteorologischen Faktoren, namentlich von der strahlenden
Wärme und der Stärke der Luftbewegung. Wir schaffen uns ja
durch die Kleidung ein künstliches Klima für die Hautoberfläche,
mit geänderter Temperatur und Feuchtigkeit. Die Luftbewegung
gleicht aber diese Differenz mehr oder weniger aus, hebt die Wirkung
der Kleidung mehr oder weniger auf, je nach ihrer Stärke. Hohe Temperatur und hohe Luftfeuchtigkeit wird bei stärkerem Winde viel leichter
ertragen als bei Windstille. Umgekehrt verhält es sich mit der Winterkälte. Jedermann weiß, daß strenge Kälte bei Windstille leicht zu
ertragen ist, aber unerträglich werden kann, sowie die Luft stärker
bewegt ist ¹). An schönen kalten Wintertagen genügt das Auftreten
einer leichten Brise, um das früher angenehme Temperaturgefühl sogleich in ein lebhaftes Frösteln zu verwandeln, ohne daß der Thermometerstand sich geändert hätte.

J. Vincent hat eine lange Versuchsreihe angestellt, um den
Zusammenhang zwischen der Temperatur der freien Hautoberfläche (p),
der Lufttemperatur (t), dem Überschuß der Temperatur eines Aktino-
meters über die Luftwärme (d in Graden) und der Windgeschwindigkeit v (Meter pro Sekunde) aufzufinden ²). Die Beobachtungen bei
Lufttemperaturen zwischen 6 und 26 ⁰ und Windstille ergaben zunächst,
daß T = 26,5 + 0,3 t gesetzt werden kann, also die Hauttemperatur
bei 0 ⁰ = 26,5, bei 20 ⁰ = 26,5 + 6 = 32,5 ⁰ ist, ruhige Luft vorausgesetzt.

Den Einfluß der Windgeschwindigkeit auf die Herabsetzung der
Hauttemperatur schätzte Vincent nach seinen Beobachtungen auf
1,2 multipliziert mit der Windstärke v (m-Sek.), den Einfluß der Sonnenstrahlung auf 0,2 d, wo d den Temperaturüberschuß seines Aktino-
meters ³) über die Lufttemperatur t bezeichnet (dieser Faktor ist jedenfalls der unbestimmteste). So kommt er zu folgendem Ausdruck:

$$\text{Hauttemperatur} = 26{,}5\,^0 + 0{,}3\,^0\,t - 1{,}2\,v + 0{,}2\,^0\,d.$$

---

¹) Temperaturen von − 30 bis − 40 ⁰ werden von den arktischen Reisenden
als ganz komfortabel bezeichnet, wenn kein Wind geht. Die außerordentlichen
Kältegrade Sibiriens werden im allgemeinen deshalb leicht ertragen, weil sie mit
Windstille verbunden sind. (S. z. B. Met. Z. 1889, S. 53; Marks fand bei − 58,6⁰
die Kälte ganz erträglich bei Windstille.) Nansen sagt z. B. einmal: Wir
haben heute eine Temperatur von − 41 ⁰, aber es gibt keinen Wind, und wir haben
deshalb schon lange kein so angenehmes Wetter zum Gehen gehabt, es scheint
fast mild zu sein, wenn die Luft ruhig ist.

²) J. Vincent, La détermination de la température climatologique. Bruxelles
1890. Hayez (Annuaire de l'Observ. Royal pour 1890).

³) Schwarzkugelthermometer im Vakuum.

Aus sehr zahlreichen neuen Versuchen unter verschiedenen Lufttemperaturen bei Windstille findet Vincent das Verhältnis des Überschusses der Körpertemperatur über die Lufttemperatur zur Temperaturdifferenz : Hauttemperatur—Lufttemperatur konstant und zwar:

$$\frac{37,6 - t}{\text{Hauttemperatur} - t} = 1,27.$$

Für die Beziehung zwischen Hauttemperatur p, der Lufttemperatur t und der Windgeschwindigkeit v (m/sec) erhält Vincent neuerdings die Formel

$$p = 30,1^0 + 0,2\, t - v\, (4,12 - 0,13\, t).$$

Diese neue Formel zieht Vincent der älteren vor [1]).

Sie stellt aber auch nur einen Versuch vor, die Temperatur der freien Hautoberfläche unter verschiedenen meteorologischen Einflüssen zu berechnen.

Cleveland Abbe meint, zur Charakterisierung des Klimas sei es nicht genügend, bloß die Zahl der kalten und heißen, der trockenen und feuchten Tage etc. anzugeben, es sei auch nötig, die Tage nach ihren Wirkungen auf den menschlichen Organismus zu klassifizieren und zu registrieren, z. B. als: frostig, rauh, durchdringend; mild, weich, anregend, aufheiternd, kräftigend; drückend, schwächend, aufregend etc.; wie dies J. W. Osborne vorgeschlagen, der auch eine fixe Skala dafür aufgestellt hat. Diese für die Aufzeichnungen vorgeschlagene Skala lautet: 20. unerträglich heiß, 19. außerordentlich heiß, 18. sehr heiß, 17. erträglich heiß, 16. sehr warm, 15. entschieden warm, 14 angenehm warm, 13. mild und weich, 12. mild und frisch, 11. ganz frisch, 10. sehr frisch, 9. entschieden kalt, 8. sehr kalt, 7. mäßig kalt, 6. kalt und angenehm, 5. kalt und scharf, 4. sehr kalt, 3. bitter kalt, 2. peinlich kalt, 1. unerträglich kalt. Diese Aufzeichnungen sollten 4mal täglich eingetragen und wöchentlich mittels einer Postkarte eingesendet werden. Die Ergebnisse würden den Biologen und Physiologen dienlich sein, den Temperatureinfluß zu beurteilen. Leider dürfte es schwierig sein, die Schätzungen nach einer solchen Skala vergleichbar zu machen.

Später machte Cl. Abbe einen beachtenswerten Vorschlag zur Konstruktion einer subjektiven „Curve of comfort". Auf der linken Seite ist die vertikale Skala der relativen Feuchtigkeit, auf der Abszissenachse werden die Temperaturen aufgetragen. Wenn bei einer Windstärke von 5 miles bei 20 % und 80° F. das Temperaturgefühl sehr komfortabel war, so wird im Durchschnittspunkt von 20 und 80 die Zahl 5 eingetragen. Ein anderes Mal wird die Zahl 5 im Durchschnittspunkt von 60 % und 40° eingetragen, wenn bei diesen Graden das Temperaturgefühl angenehm war. Dagegen wird 20° und 80 % bei Windstärke 5 als sehr rauh gefühlt. Das eine Ende einer Verbindungslinie bezeichnet somit „komfort", das andere „diskomfort". — 60° und 80 % bei Windstärke 5 miles ist gleichfalls komfortabel, aber bei 80° und 100 % ist das Gefühl sehr unangenehm, erstickende Schwüle. Auf diese Weise erhält Abbe eine para-

---

[1]) Nouvelles Recherches sur la température climatologique. Bruxelles 1907, 104 S. in Folio mit Diagrammen. Kap. IV enthält eine Übersicht über die verschiedenen Vorschläge, ein Maß für das „Temperaturgefühl" zu finden. — Houzeau hat schon 1873 das feuchte Thermometer als Maß des Temperaturgefühles genommen: „Die Temperatur eines befeuchteten Körpers ist wichtiger als die Temperatur eines trockenen in Beziehung auf die Phänomene des Lebens." Houzeau hat längere Zeit auf Jamaika gelebt und ist dort wohl zu diesem Satze gekommen.

bolische Linie, die alle Temperaturen und Feuchtigkeiten verbindet, bei welchen bei einem 5 Meilenwind sein Temperaturgefühl ein sehr angenehmes war. Ähnlich kann man dann Kurven für andere Windstärken konstruieren. Monthly Weather Review 1898, S. 362.

Bei niedriger Temperatur (14 bis 15 °) ist trockene Luft behaglicher als feuchte, bei 24 bis 29 ° empfindet man die trockene kühler als feuchte, 29 ° wird bei trockener Luft durchaus gut vertragen. Feuchte Luft (96 %) macht schon die Temperatur von 24 ° auf die Dauer unerträglich, und der Versuch damit war nur bei vollkommener Muskelruhe möglich. (Rubner und Lewaschew, Archiv für Hygiene 1897, Bd. 29. Versuche über den Einfluß der Feuchtigkeit auf den Organismus.)

Es ist natürlich unmöglich zu einem allgemein befriedigenden Ausdruck für die Abhängigkeit unseres Temperaturgefühls von den meteorologischen Faktoren zu gelangen. Das letztere hängt ja auch in hohem Grade von ganz individuellen, subjektiven Momenten ab, die mit den meteorologischen Verhältnissen nichts zu tun haben.

Man hat auch versucht, von dem subjektiven Gefühle ausgehend, empirische Skalen des Temperaturgefühls aufzustellen, und die gleichzeitigen meteorologischen Faktoren dazu zu notieren [1]).

B. Die atmosphärischen Niederschläge (als Regen, Schnee, Hagel, Tau, Reif).

Luftfeuchtigkeit und Niederschläge stehen natürlich in naher Beziehung zueinander. Reichliche Niederschläge, namentlich wenn sie häufig sich einstellen, erhöhen den Wasserdampfgehalt der Luft, ein Mangel von Niederschlägen läßt im allgemeinen auch auf Lufttrockenheit schließen (aber nicht immer). Die Niederschläge sind aber nicht allein vom Standpunkte der Bekömmlichkeit eines Klimas zu betrachten, sondern namentlich auch vom Standpunkte der Bodenerträgnisse eines Landes. Der Regenfall entscheidet über die Produktivität einer Erdstelle, namentlich in wärmeren Gegenden [2]). Das Ausmaß der Wärme

---

[1]) J. W. Osborne, Determination of subjective Temperatures. Proc. Amer. Ass. Ad. Sc. XXV, 1876, 66 bis 74. — Cl. Abbe, Sensible Temp. or the Curve of Comfort. Rep. on Meteorology. Rep. Smith. Inst. for 1898, S. 362 und 1899. S. 18. Zusammenfassend behandelt R. De C. Ward diesen Gegenstand in Bull. Americ. Geogr. Soc. April 1904. — Tyler wünscht die Bezeichnung sensible Temp. durch „hyther" zu ersetzen (zusammengesetzt aus hydro-thermos). Hythers and the comparison of climates. M. Weather Review 1907, S. 267. Die Skala soll empirisch festgestellt werden durch zahlreiche Beobachtungen.

Die Definition von Hyther ist, wenn t die Temperatur des trockenen Thermometers, t' die des feuchten ist (in Fahrenheitgraden)

$$H = \frac{t - 1.2\,(t - t') - 66}{3}.$$

10 Stufen sind zu unterscheiden. The Geogr. Journ. 1905, Vol. 25, S. 217.

[2]) Wills stellt folgende Tabelle auf über die Zunahme an Erträgnis in den Weidebezirken von Australien und Argentinien mit der Zunahme des Regenfalls (engl. Zoll und engl. Quadratmeilen).

Distrikt	Regenmenge	Schafe pro mile	Zunahme für jeden Zoll Regen
Südaustralien . . .	8—10 Zoll	8—9	1 Schaf pro Meile
Neusüdwales (1) . .	9 + 4 „	96	22 Schafe „ „
„ (2) . .	9 + 4 + 7 „	640	70 „ „ „
Buenos Aires . . .	9 + 4 + 7 + 14 „	2630	140 „ „ „

und des Niederschlages ist eine der wichtigsten natürlichen Hilfsquellen eines Landes. Die von den atmosphärischen Niederschlägen genährten Quellen, Bäche und Flüsse liefern ferner durch ihr Gefälle wertvolle Kräfte, welche mehr und mehr als Ersatz für die in den Kohlenlagern aufgespeicherte Wärmeenergie herbeigezogen werden müssen [1]).

Die Niederschlagsverhältnisse werden repräsentiert durch folgende Angaben:

a) die **Monats- und Jahressummen** der Wasserhöhe der gesamten Niederschläge [2]) (Schnee geschmolzen und wie der Regen als Wasserhöhe gemessen). Wichtig ist auch die Angabe der Maxima der Wassermenge pro Tag und etwa auch pro Stunde, oder überhaupt für kürzere Zeiträume.

b) Die **Zahl der Tage mit Niederschlägen** überhaupt (die Mittel sind auf eine Dezimale zu rechnen!), d. i. jener Tage, welche eine Niederschlagshöhe von mindestens 0,1 mm gegeben haben (die Tage mit Taufall sind also, in unseren Klimaten wenigstens, selten mit einzurechnen), außerdem die Zahl der Tage mit 1 mm und darüber, weil dies die Vergleichbarkeit erleichtert [3]). Die Zahl der Tage mit Niederschlägen ist ein klimatisches Element, welches stets neben den gemessenen Wassermengen selbst angegeben werden sollte, da es namentlich für die Vegetation von größter Wichtigkeit ist, auf wie viele Tage sich die angegebene Niederschlagsmenge eines Monats verteilt hat. Trotz erheblicher Regenmengen kann große Dürre bestehen, wenn der Regen an einem oder nur an wenigen Tagen ge-

---

In den Weizenbaudistrikten von Südaustralien findet man, daß das Ernteerträgnis pro acre in Scheffel fast genau so zunimmt, wie der Regenfall in den 6 Wintermonaten in englischen Zoll, denn es gaben 7 bessere Jahre 12,4 Scheffel bei 18,5 Zoll Regen, die 5 nächst guten Jahre mit 10,0 Scheffel hatten 15,4 Zoll und 6 schlechte Jahre mit 6,6 Scheffel hatten 13,5 Zoll Regen, die mittlere Differenz: Regenfall — Scheffel ist 6,1.

„Land ohne Regen ist nichts wert, Land in einem Klima, wie es Australien hat, mit weniger als 10 Zoll Regen ist nahezu nichts wert, Regenwasser ohne Land, wenn es aufgespeichert werden kann, ist sehr viel wert." Wills, Rainfall in Australia. Scottish Geogr. Mag. Vol. III.

Rawson hat für Barbados eine einfache Formel aufgestellt, mittels welcher man den Export an Zucker für das kommende Jahr aus dem Regenfall des gegenwärtigen Jahres recht genau ableiten kann. Die Rechnung ist in den meisten Fällen auf 6% genau. (Report upon the Rainfall of Barbados, by Governor Rawson. Z. 74, S. 318.) Ähnliche Berechnungen hat man für Jamaika angestellt. 56 Zoll Regen geben dort 1441 Tonnen pro acre, 76 Zoll dagegen 1559, um zirka 1/10 mehr, was einen Mehrwert der Ernte um 100 000 £ bei Zucker allein (ohne Kaffee etc.) entspricht. (Nature, Vol. 31, p. 538.) Bei solchen Zusammenstellungen ist aber zu beachten, daß das Zuckerrohr 18 Monate zum Reifen bedarf.

[1]) Aufnahmen der Wasserkräfte für Eisenbahnbetrieb und Industrie werden jetzt überall angestrebt. M. s. z. B. Julien Dalemont, l'Energie des cours d'eau en Suisse. La Geographie XVI, 1907, S. 291.

[2]) Es genügt vollkommen, die Niederschlagshöhe in ganzen Millimetern anzugeben.

[3]) Die Zahl der Tage mit geringen Niederschlägen unter 1 mm variiert erheblich mit der Sorgfalt der Beobachter, Art und Größe des Regenmessers, dessen Aufstellung etc. Daher ist es zu genaueren Vergleichungen sehr erwünscht, die Zahl der Tage mit Niederschlägen von 1 mm und darüber daneben mitzuteilen.

fallen ist, während die übrigen Tage bei höherer Temperatur trocken
blieben [1]).

Wollny betont in seinen Untersuchungen über die Beziehungen
zwischen Bodenfeuchtigkeit und Niederschlägen die Wichtigkeit stärkerer
Niederschläge gegenüber häufigeren, die wenig nützen, weil sie zu rasch
verdunsten. Er meint, daß ein täglicher Regenfall von 2 mm im Sommer
weniger nützt als die gleiche Quantität von 180 mm in bloß 10 bis 12 Niederschlägen. (Forschungen auf dem Gebiete der Agrikulturphysik XIV, 1891,
S. 143.) Es scheint uns dabei doch eines übersehen zu werden, d. i. daß
die kleinen häufigen Niederschläge fast immer auch weit verbreitet sind.
Sie erhalten deshalb eine konstant hohe Luftfeuchtigkeit, andauernde Bewölkung und schützen so den Boden vor Verdunstung. Anders die kurzen
starken Platzregen, der größte Teil des gefallenen Wassers fließt oberflächlich ab, und da sie meist lokal sind, so ist die Luft alsbald wieder
trocken und die Sonne dörrt rasch den Boden aus. Man weiß ja, daß
schwerer Regen den Boden nicht tief aufweicht, der Boden wird durch
solche Regen wie eine Tenne gefestigt und alsbald wieder trocken. Die
kleinen häufigen Regen weichen dagegen den Boden auf und geben deshalb
auch allmählich Wasser an die tieferen Schichten ab oder erhalten wenigstens den vorhandenen Wasservorrat.

Bei Versuchen ist das natürlich anders, weil man die wichtigen Begleiterscheinungen häufiger, wenn auch schwacher Regen, die konstant hohe
Luftfeuchtigkeit und stärkere Bewölkung des Himmels, durch häufiges
schwaches Begießen des Bodens nicht zugleich mit erzielt. Da ist natürlich selteneres, aber starkes Begießen wirksamer. Dann verhält sich ge-
neigter Boden, wie er in der Natur zumeist vorkommt, ganz anders gegen
die Niederschläge als ein ebener Boden.

Wünschenswert ist deshalb die Unterscheidung der Tage mit Landregen (schwache, viele Stunden, ja tagelang dauernde Regen, die dabei
sehr verbreitet sind) und Platz- oder Gewitterregen, die fast immer
lokal sind. Sehr häufig schließen sich an die schweren Gewitterregen die
leichten Landregen an, letztere füllen die Flüsse, erstere sehr selten.

c) Woeikof legt Gewicht auf die Dauer der Niederschläge, und
gewiß mit Recht [2]). Leider sind vergleichbare Angaben darüber nicht
leicht zu erhalten. Köppen hat aber eine Methode angegeben, wie
diesem Übelstande abzuhelfen ist (Deutsche Meteorol. Zeitschr. 1885,
S. 10. Zur Charakteristik der Regen in Nordwesteuropa und Nordamerika. Der Artikel enthält auch klimatologisch interessante Tabellen.
Man vergleiche ferner H. Meyer Z. 87, S. 415 und Archiv der deutschen
Seewarte XI, Nr. 6, 1889: Die Niederschlagsverhältnisse Deutschlands).
Wir kommen auf diese Methode zurück.

Die Häufigkeit der Regentage und die Regendauer brauchen keineswegs gleichen Schritt zu halten. Bei Paris und Perpignan ist dies
(nach Registrierungen) allerdings der Fall. Paris hat 169,5 Regentage und 654 Regenstunden, Perpignan 84,3 Regentage und 312 Regenstunden, also die Hälfte. Die Anzahl der Regenstunden pro Regentag

---

[1]) Z. B. Sept. 1871 in Wien. Regenmenge 55,3 mm, normal 44 mm, also
zu naß. Es fielen aber 51,2 mm in 24 Stunden und es gab nur 3 wirkliche Regentage, außerdem einen mit 0,2 mm bloß. In Wirklichkeit war daher der Monat
trocken, staubig, dürr. Regenwahrscheinlichkeit bloß 0,1 statt 0,35.
[2]) Die Klimate der Erde I, S. 32.

ist an beiden Orten gleich (3,8). Im allgemeinen nimmt man aber an, daß im mediterranen Klima ein Regentag eine geringere Zahl von Regenstunden bedeutet als im mittleren Europa.

d) **Häufigkeit der Regen von verschiedener Intensität.** Von großem Interesse ist ferner die Angabe der mittleren Häufigkeit der Tage mit Niederschlag von einer bestimmten Größe, z. B. von 5, 10, 20, 30, 50 mm und mehr; der Schwellwert 25 mm könnte eingeschaltet werden, weil er gleich 1 engl. Zoll ist, also eine Vergleichbarkeit mit Auszählungen aus englischen Beobachtungsjournalen sichert. Vorteilhafter ist es dabei, die Auszählung nach Gruppen vorzunehmen, also 1 bis 5, 5,1 bis 10 etc. Hoppe hat derart in zweckmäßiger Weise Tage mit leichtem Regen (bis 1 mm), mäßigem (1,1 bis 5 mm), starkem (5,1 bis 10 mm) und sehr starkem Regen (über 10 mm) unterschieden. Solche Auszählungen und darauf gegründete Mittelbildungen dienen jedenfalls zur besseren Charakterisierung der Niederschlagsverhältnisse eines Ortes und sind von praktischer Wichtigkeit. (Vergl. Meyer, Anleitung, S. 132 etc.)

Niederschlagswahrscheinlichkeit. Dividiert man die mittlere Zahl der Niederschlagstage eines Monats (oder auch eines kürzeren Zeitraums) durch die Gesamtzahl der Tage desselben, so erhält man einen Ausdruck für die „Regenwahrscheinlichkeit" in diesem Zeitabschnitt. So hat z. B. Wien im Juli durchschnittlich 14,0 Regentage, die Regenwahrscheinlichkeit ist demnach 0,45, der September hingegen hat nur 10,5 Regentage, die Regenwahrscheinlichkeit ist also 0,35; auf Lesina ist die Regenwahrscheinlichkeit im Sommer bloß 0,10. Während man also in Wien im Juli auf je 10 Tage 4 bis 5 Regentage rechnen muß, kommt im Sommer zu Lesina bloß 1 Regentag auf die Dekade. Die Zahlen der Regenwahrscheinlichkeit ergänzen in wesentlicher Form die Angaben über die Niederschlagshöhen, sie sind für die Pflanzengeographie und für Fragen der Bodenkultur sehr wichtig.

Regendichte. Dividiert man die Regensumme eines Monats durch die Zahl seiner Regentage, so erhält man einen Ausdruck für die Intensität der Regen, die sogen. „Regendichtigkeit". Reellere Werte für die Intensität der Regen würde die Division durch die Zahl der Regenstunden liefern. So hat z. B. Paris eine mittlere Regenmenge von 574 mm, eine Regendichte pro Tag von 3,4 mm (August 4,4) und pro Stunde von 0,87 mm (August 1,6). Perpignan dagegen mit 598 mm hat eine Regendichte pro Tag von 7,1 mm (Dezember 12,1) und pro Stunde 1,91 (August 3,0). Die Intensität der Regen ist in Perpignan 2mal so groß als in Paris.

Trocken- und Regenperioden. Von erheblicher klimatischer Bedeutung ist noch (bei eingehender monographischer Bearbeitung der klimatischen Elemente eines Ortes) die Konstatierung der mittleren Häufigkeit der längeren und jene der längsten Trocken- und Regenperioden, also die Auszählung aus den Beobachtungsjournalen, wie viele Tage hintereinander kein Regen gefallen, oder ob es jeden Tag geregnet hat; mit Unterscheidung nach Jahreszeiten.

Darstellung der Regenverteilung über das Jahr. Die jährliche Periode der Niederschlagsmengen (und der Regenwahrscheinlichkeit) ist ein besonders wichtiges klimatisches Element, die wirtschaftliche Bedeutung der Niederschlagsmengen wird hauptsächlich durch ihre Verteilung über das Jahr bedingt. Dieselbe jährliche Niederschlagsmenge spielt eine ganz verschiedene Rolle, je nachdem sie nur auf gewisse Monate entfällt oder mehr oder weniger gleichmäßig über das ganze Jahr verteilt ist. Es ergibt sich ja daraus die wichtige Unterscheidung der Klimate mit streng periodischem Regenfall (Regenzeit und Trockenzeit) und mit Regen zu allen Jahreszeiten. Deshalb ist es wichtig, die Methoden der Darstellung der jährlichen Regenperioden hier zu entwickeln. Die wesentlichsten sind:

1. Umrechnung der Monatssummen in Prozente oder tausend Teile der Jahresmenge. Man erreicht dadurch eine große Übersichtlichkeit, denn bei sehr verschiedenen Jahressummen bleibt in größeren Bezirken die prozentuale Verteilung derselben über das Jahr nahe dieselbe, was aus den Monatssummen selbst nicht so leicht ersichtlich wird. Die unmittelbare Vergleichbarkeit der Regenperioden verschiedener Teile der Erde wird dadurch wesentlich gefördert.

2. Berechnung der Regenmenge pro Monatstag. Da die bürgerlichen Monate, auf welche man angewiesen ist, ungleiche Länge haben[1]), so liefern die Prozente der Jahressumme keine scharfe Darstellung der relativen Verteilung der Regenmenge auf die Monate; es kommt dabei namentlich der Februar zu kurz, der nur 28 Tage hat. Deshalb haben Quetelet und Kreil vorgeschlagen, die Regenmenge zu berechnen, die im Mittel auf jeden Tag eines Monats entfällt, wodurch die ungleiche Länge der letzteren eliminiert wird. Diese Zahlen (auf 2 Dezimalen zu rechnen) sind aber wenig sprechend und haben deshalb in klimatologischen Darstellungen fast keinen Eingang gefunden[2]). Sprechender werden sie, wenn man sie in Prozente umrechnet.

3. Angots pluviometrischer Quotient. Man berechnet, in welchem Verhältnis die wirkliche Regenverteilung auf die Monate zu jener steht, wie sie bei einer ganz gleichförmigen Regenverteilung über das Jahr sein würde, d. i. wenn auf jeden Monatstag die gleiche Regenmenge entfallen würde. Man erreicht dies leicht dadurch, daß man die Tausendteile des Regenfalls (weniger genau Prozente) pro Monat bei der tatsächlichen Regenverteilung durch jene bei einer gleichförmigen dividiert. Bei einer gleichförmigen Regenverteilung über das Jahr entfallen auf die Monate mit 31 Tagen 85 Tausendteile (8,5 %), auf jene mit 30 Tagen 82, und auf den Februar 77. Diese Zahlen bilden die Divisoren für die nach Methode 1

---

[1]) Auf die Reduktion der Monatssummen auf je 30 Tage (gleich lange Monate) will ich nicht näher eingehen, sie liefert auch eine unrichtige Jahressumme.

[2]) Woeikof hat die Regenverhältnisse von Rußland in dieser Weise dargestellt. Wild, Rep. für Met., Bd. I. Petersburg 1870.

erhaltenen Zahlen. Die ungleiche Länge der Monate ist in diesen Quotienten eliminiert. Man kann statt der Quotienten auch die Differenzen bilden, welche letztere Angot den relativen Exzeß des Regenfalls genannt hat. Diese Differenzen sind sehr sprechend[1]), eliminieren aber nicht vollständig die ungleiche Länge der Monate.

Die folgende Tabelle erläutert diese Methoden durch Beispiele

	Pará. 1° 27' S. Br. 11 Jahre, August 1895 bis Juli 1906						Libreville (Gabun) 0° 23' N. Br. 14 Jahre				Wien 48° N. Br. 1845/1900	
	Regenmenge	Promille	Gleichmäßig	Differenz	Quotient	Menge pro Monatstag mm	Regenmenge	In Tausendteilen (Promille)	Regenmenge pro Tag	Pluviometrischer Koeffiz.	Mittlere Regenmenge pro M.-Tag	Pluviometrischer Quot.
Januar . .	312	127	85	42	1,50	10,07	219	90	7,05	1,06	1,19	0,70
Februar . .	360	147	77	70	**1,91**	**12,85**	209	86	7,45	1,11	1,18*	0,69*
März . . .	386	**157**	85	**72**	1,85	12,45	345	142	11,12	1,67	1,48	0,87
April . . .	315	128	82	46	1,56	10,50	352	**144**	**11,72**	**1,76**	1,67	0,98
Mai . . .	269	110	85	25	1,29	8,67	183	75	5,91	0,89	2,26	1,32
Juni . . .	180	73	82	— 9	0,89	6,00	7	3	0,24	0,04	**2,37**	**1,89**
Juli . . .	167	68	85	— 17	0,80	5,38	4	2	0,12	0,02*	2,26	1,32
August . .	118	48	85	— 37	0,56	3,81	19	8	0,61	0,09	2,26	1,32
September .	89	36	82	— 46	0,44	2,97	100	41	3,33	0,50	1,47	0,86
Oktober . .	80	33	85	— 52	0,33	2.58	381	**157**	12,29	1,84	1,58	0,92
November .	48	20*	82	— 62*	0,24*	1,60*	377	155	**12,57**	**1,89**	1,37	0,80
Dezember .	131	53	85	— 32	0,63	5,32	235	97	7,59	1,14	1,85	0,79
Jahr . . .	2455	1000	1000	—	1,00	6,73	2431	1000	6,66	1,00	1,71	1,00

Pará beweist den Vorzug der Berechnung des pluviometrischen Quotienten, der relative Exzeß des Regenfalls gibt dem März das Maximum, in Wirklichkeit entfällt es aber auf den Februar. Dieser Monat hat 91 % mehr Regen pro Monatstag als bei einer gleichmäßigen Verteilung, dagegen der November um 76 % zu wenig.

Die Station Libreville am Gabun hat die normalen doppelten Regenzeiten der Äquatorialzone (März und April, Oktober und November) mit einer großen Trockenperiode (von Juni bis August) dazwischen, die kleine Trockenzeit fällt auf Dezember, Januar, Februar. Wien zeigt die gleichförmige Regenverteilung der gemäßigten Zonen (im allgemeinen). Die Unterschiede der Extreme sind da gering [2]).

Die jährliche Periode der Regenwahrscheinlichkeit stimmt durchaus nicht immer mit jener der Regenmenge überein. Beispiele

---

[1]) Siehe mein Lehrbuch der Meteorologie, II. Aufl., S. 260.
[2]) Supan macht noch auf die Veränderlichkeit des Eintrittes des Maximums des Regenfalls nach den Jahrgängen aufmerksam. In Mittel- und Westeuropa kann das Maximum auf jeden Monat fallen, ebenso das Minimum. Er berechnet die Wahrscheinlichkeit, mit welcher das Jahresmaximum oder -minimum auf einen bestimmten Monat fällt. Supan, Die Verteilung der Niederschläge auf der Erdoberfläche. (Pet. Geogr. Mitt. Ergänzungsheft 124, Gotha 1898.) In den 50 Jahren 1851 bis 1900 hatte in Wien der Mai die größte mittlere Regenmenge, das Jahresmaximum fiel aber doch nur 15mal auf den Mai (Wahrscheinlichkeit bloß 0,30).

gibt die folgende Tabelle, welche auch die Regendichte (Regenmenge pro Regentag) enthält.

	Jan.	Febr.	März	April	Mai	Juni	Juli	Aug.	Sept.	Okt.	Nov.	Dez.	Jahr

Regentage a) am Gabun, b) in Wien:

	Jan.	Febr.	März	April	Mai	Juni	Juli	Aug.	Sept.	Okt.	Nov.	Dez.	Jahr
a)	14,4	14,2	17,4	18,9	13,3	2,4	3,4	7,1	16,5	24,4	22,6	16,7	171,3,
b)	13,0	11,2	12,8	12,3	13,6	13,7	14,0	12,3	10,5	12,5	13,3	18,8	153,0.

Regenwahrscheinlichkeit ditto

	Jan.	Febr.	März	April	Mai	Juni	Juli	Aug.	Sept.	Okt.	Nov.	Dez.	Jahr
a)	.47	.51	.56	.63	.43	.08	.11	.23	.55	.79	.75	.54	0,47,
b)	.42	.40	.41	.41	.44	.46	.45	.40	.35	.40	.44	.44	0,42.

Regenmenge pro Regentag

	Jan.	Febr.	März	April	Mai	Juni	Juli	Aug.	Sept.	Okt.	Nov.	Dez.	Jahr
a)	15,2	14,7	19,8	18,8	14,1	2,9	1,2	2,7	6,1	15,6	16,7	14,1	13,0,
b)	2,8	2,9	3,7	4,1	5,3	5,1	5,1	5,5	4,2	3,7	3,2	3,0	4,1.

Am Gabun ist die Regenwahrscheinlichkeit 10mal größer im Oktober als im Juni (auf 10 Tage kommen 8 und kaum 1 Regentag), in Wien ist der Unterschied gering (4 $^1\!/_2$ und 3 $^1\!/_2$ Regentage auf 10 Monatstage). Am Gabun liefert der Regentag durchschnittlich 15 bis 20 mm in der Regenzeit, bei uns wenig über 5 mm.

Absolute Regenwahrscheinlichkeit, Dauer der Regen, Regenmenge pro Stunde. Aus den Ergebnissen der Regenregistrierungen kann man leicht die Anzahl der Regenstunden im Monat entnehmen [1]), dividiert man selbe durch die Summe der Monatsstunden, so erhält man die sogen. **absolute Regenwahrscheinlichkeit**, die Wahrscheinlichkeit einer Regenstunde.

Z. B. Berlin hat im Januar und Februar durchschnittlich 148 Regenstunden; dividiert durch (31 + 28) 24 Stunden erhält man 0,103 als absolute Regenwahrscheinlichkeit, für Juli und August mit 122,7 Stunden auf ähnliche Weise 0,082, für das Jahr (826,2 Regenstunden) 0,094. Auf 100 Stunden kommen demnach im Januar und Februar 10, im Juli und August 8 und im Jahresdurchschnitt 9 Regenstunden. Die **Regenmenge pro Stunde** ergibt sich (Menge: Zahl der Stunden): Januar und Februar 0,24, Juli und August 0,91, Jahr 0,52 (Batavia 5,6) mm. Die **Regendauer** pro Regentag beträgt im Mittel für Norddeutschland 4,4 Stunden. Sie ist in den Gebirgsstationen größer als in der Ebene.

Köppen hat eine einfache Methode angegeben, ohne Registrierungen die obigen Daten zu erhalten. Es ist hierzu nur nötig, daß in den Beobachtungsregistern stets angegeben wird, ob es zu einem der Beobachtungstermine (meist drei im Tag) geregnet (geschneit) hat.

1. **Absolute Regenwahrscheinlichkeit.** Man zählt aus, wie oft Niederschlag notiert ist (r). Die Division mit der Zahl der Fälle überhaupt (n) gibt die absolute Regenwahrscheinlichkeit. Z. B. Berlin im Jahresmittel 131 Notierungen bei 3maligen Beobachtungen im Tage. Dies gibt r : n, d. i. 131 : (3 × 365) = 0,120 als absolute Regenwahrscheinlichkeit. Die Registrierungen geben eine etwas kleinere Zahl wegen der relativen Unempfindlichkeit aller Registrierapparate.

---

[1]) In den Tabellen findet man für jedes Stundenintervall die in demselben gefallene Regenmenge eingetragen. Es wird aber nicht immer die ganze Stunde geregnet haben. Man findet deshalb die Dauer der Regen (Zahl der Regenstunden) zu groß, wenn man sie solchen Tabellen direkt entnimmt. Es hat sich ergeben, daß die wahre Regendauer im Mittel nur 0,6 davon beträgt.

2. Gesamtdauer des Niederschlags. r : n, d. i. für Berlin 0,120 mal Gesamtheit der Stunden (365 × 24), gibt 1051 Regenstunden im Jahr.

3. Dauer der Niederschläge pro Tag. Gesamtdauer dividiert durch die Zahl der Regentage. Berlin hat 173 Regentage im Jahre, somit 1051 : 173 = 6,0 Stunden pro Regentag.

4. Regenmenge pro Stunde. Regendichte pro Tag dividiert durch Regenstunden pro Tag. 596 mm (Jahresmenge des Niederschlags) dividiert durch 173 gibt Regenmenge pro Tag 3,44, dividiert durch 6,0 Regenstunden gibt 0,57 mm Regenmenge pro Stunde, übereinstimmend mit den Messungen.

Man sieht, daß die Stichprobenmethode von Köppen eine ganze Reihe interessanter Daten zur Charakterisierung der Niederschläge gibt [1]. Es ist hierzu nur nötig, daß in den Beobachtungsjournalen bei jeder Beobachtung (am zweckmäßigsten in der Rubrik Bewölkung) angemerkt wird, ob ein Niederschlag zur gleichen Zeit stattgefunden hat. Diese Angabe ist deshalb sehr zu empfehlen.

Schneefall und Schneedecke. Der Schnee ist in mittleren und höheren Breiten ein bedeutsamer klimatischer Faktor, namentlich die Schneedecke [2]. Die Schneedecke schützt den Boden gegen das tiefere Eindringen des Frostes und damit die Saaten und auch Bäume etc. vor dem Ausfrieren. Der Schnee ist ein schlechter Wärmeleiter, um so mehr, je weniger dicht die Schneelage ist, er schützt den Boden etwa wie eine doppelt so dicke Lage Sand. Anderseits hat er an seiner Oberfläche ein starkes Wärmeausstrahlungsvermögen, deren Temperatur sinkt daher in heiteren Nächten tief unter die Lufttemperatur (viel mehr als jene des Erdbodens) und kühlt deshalb auch die unteren Luftschichten stark ab [3]. Die tiefsten Kältegrade des Winters treten zumeist in klaren Nächten bei Anwesenheit einer Schneedecke ein.

In den Schneelagen, namentlich der Berg- und Gebirgswälder werden die Niederschläge des Winters aufgespeichert. Ihr mehr oder weniger langsames Flüssigwerden im Frühjahr hebt den Wasserstand der Flüsse und kann (auch im Winter) Überschwemmungen veranlassen. Deshalb wird jetzt die Schneehöhe und die Dauer der Schneedecke im Interesse der Hydrotechniker regelmäßig aufgezeichnet.

Als klimatische Faktoren kommen deshalb in Betracht:

1. die Dauer einer geschlossenen Schneedecke;
2. die Tage mit Schneefall und die Schneehöhe;
3. das Datum des ersten und letzten Schneefalles.

---

[1] Köppen in Met. Zeitschr. XV (1880), Regenhäufigkeit und Regendauer. Prüfung der Methode von Okada ebenda (1905, S. 73). Dauer des Regenfalls in Japan, Resultat sehr günstig für die Methode.

[2] A. Woeikof, Der Einfluß einer Schneedecke auf Boden, Klima und Wetter, Wien, Hölzel 1889. — Derselbe, Influence of Accumulation of snow on Climate. Quart. Journ. R. Met. S. XI, S. 299.

[3] Zu Davos wurde an heiteren Tagen (Jan. 1893) die Schneeoberfläche um 6° kälter gefunden als die Luft, an trüben Tagen nur um 1,8°. Den Schutz gegen das Eindringen der Kälte in den Boden durch eine Schneedecke zeigen folgende Beobachtungsergebnisse bei Basel. Januar und Februar 1895. Mittlere Temperatur der Schneeoberfläche — 8,0, unterhalb der 24 cm dicken Schneelage — 0,5; am 29. Januar oben — 18,6, unten — 0,4°. Bührer, Met. Z. 1902, S. 209.

Z. B. mittlerer Eintritt und Schwinden der Schneedecke in der Umgebung von Wien: 26. Dezember und 23. Februar, Zwischenzeit 8 ^{1}/$_2$ Wochen rund, wirkliche Dauer der Schneelage 5 ^{1}/$_2$ Wochen (noch unsicher, bloß 5 Jahre), für den nahen Kahlenberg (rund 300 m höher) 17. Dezember und 12. März, wirkliche Dauer 8 ^{1}/$_2$ Wochen.

Wien hat 33 Schneetage, mittlere Schneehöhe (Summe der einzelnen Schneefälle) 101 cm, der sechste Teil der Jahresniederschläge fällt als Schnee. Der Sonnblick (3100 m) hat 186 Tage mit Schnee und nur 28 Tage mit Regen. Von 180 cm Niederschlag fallen nur 12 cm als Regen.

Im Mittel fällt in Wien am 13. November der erste Schnee und am 9. April der letzte (Grenzen 6. Oktober und 18. Mai). Die Schneefallgrenzen sind schwankender und weniger wichtig als die Frostgrenzen (Wien: 1. November und 5. April).

Taufall. Der Tau ersetzt in manchen Klimaten (sowie der Nebel) während der trockenen Jahresperioden den Regen und tränkt überall die Vegetation mit seiner Feuchtigkeit, ohne daß dieselbe in der gemessenen Niederschlagsmenge erscheint. Diese letztere gibt demnach nicht die ganze atmosphärische Wasserdampfkondensation an, welche der Vegetation zu gute kommt.

Es ist bisher nicht geglückt, ein allgemein anwendbares Instrument zur Taumessung (Drosometer) zu konstruieren; eine Hauptschwierigkeit liegt darin, daß die Quantität des Tauniederschlages von der Natur des Körpers abhängig ist, der der nächtlichen Erkaltung ausgesetzt wird. Um die Quantität des Wassers zu erhalten, welche sich auf den Pflanzenblättern niederschlägt, müßte man letztere selbst zur Taumessung verwenden. In den meisten Klimagebieten ist übrigens auch die Taumenge einer Nacht so gering, daß es überhaupt schwer hält, sie zu messen, bevor sie wieder verdunstet ist. In manchen Tropengegenden, auch bei uns in Gebirgstälern an heiteren Sommermorgen, ist jedoch der Taufall so reichlich, daß er die Wassermenge eines schwachen Regenfalls liefern kann; im trockenen Innern der Kontinente fehlt der Tau hingegen örtlich ganz [1]).

---

[1]) Taumesser wurden in letzter Zeit angegeben von Houdaille in Montpellier (Met. Z. 1893, S. 433) und von Fr. v. Kerner (Z. 92, S. 106). In dem trockenen Klima von Montpellier ist der Taufall ziemlich gering, 109 Tautage im Jahre ergaben bloß 8,3 mm Niederschlagshöhe; 0,3 bis 0,4 mm lieferten nur die stärksten Taufälle. Homén schätzt nach seinen Versuchen in Finnland die Wassermenge eines reichlichen Taufalls auf grasbewachsenem Boden auf 0,1 bis 0,2 mm; Dines in England auf 0,1 mm, und die gesamte jährliche Wasserhöhe des Taufalls zu 26 mm; Wollny für München zu 30 mm (Met. Z. 92, Littb. [93]). Im Gebirge und in den Tropen an Küsten und auf Inseln entspricht aber der Taufall erheblichen Niederschlagsmengen. Pechuël Lösche veranschlagt den Taufall einer günstigen Nacht an der Loangoküste auf 3 mm, und solcher Nächte gab es in der Trockenzeit viele. Schon vor Mitternacht hatten sich zuweilen auf dem mit grüner Ölfarbe angestrichenen Beobachtungstische große Pfützen gebildet (Loango Exped. III, S. 78). Gräffe sagt von den Samoainseln, daß in der Trockenzeit die Taubildung so reichlich ist, daß in den Wäldern alsdann oft ein feiner Regen entsteht, der den frühen Wanderer auf den engen Pfaden bis auf die Haut durchnäßt (Met. Z. 1874, S. 134). Ähnliches kann einem auch in unseren Alpen begegnen. Die jetzt vielfach vertretene Ansicht von der Nutzlosigkeit des Taues für die Vegetation schließt wohl ebenso weit über das Ziel hinaus wie die früher herrschende Überschätzung der Wichtigkeit desselben. Nach Versuchen von E. Burt absorbieren die Blätter wachsender Pflanzen das Wasser in der Nacht, wenn sie feucht sind und in einer feuchten Atmosphäre sich befinden, also unter den Verhältnissen des Taufalls (Science Vol. XXII, 1893, S. 31).

Hagelfälle und Gewitter. Die Zahl der Tage mit Hagelfall (wirklicher Hagel, Eiskörper, nicht Graupelkörner) ist bedeutsam für das Klima in Bezug auf die Bodenkultur namentlich (Graupel nicht). Die Angabe der Zahl der Tage mit Gewitter vervollständigt das klimatische Bild, wenngleich die Gewitter kein besonders einflußreiches Element des Klimas sind.

Reduktion der Jahressummen der Niederschläge auf gleiche Perioden.

Vergleichbare Jahressummen des Regenfalls. Homogene Reihen von Regenaufzeichnungen. Die Jahressummen, noch mehr die Monatssummen natürlich, des Regenfalls schwanken innerhalb weiter Grenzen nach den Jahrgängen. In Deutschland z. B. beträgt nach Hellmann die durchschnittliche Veränderlichkeit der Monatssummen der Niederschläge 40 bis 50 % der letzteren, die der Jahressummen 12 bis 16 %. Man kann daher mittlere Regenmengen nicht vergleichen, wenn sie nicht aus den gleichen Jahrgängen abgeleitet oder auf eine gleiche Periode reduziert worden sind. Diese Reduktion erfolgt nach dem Erfahrungssatz einer gewissen Konstanz der Verhältniszahlen der an benachbarten Orten gleichzeitig gefallenen Niederschlagsmengen. Bei den Niederschlagsmengen empfiehlt es sich viel mehr, die Quotienten statt der Differenzen der gleichzeitig gefallenen Mengen zur Reduktion zu benützen, namentlich wenn die verglichenen Orte recht verschiedene Jahressummen haben. Die Schwankungen der Verhältniszahlen sind bedeutend kleiner als die der Jahressummen selbst, wenn die verglichenen Orte nicht zu weit voneinander entfernt sind [1]).

Z. B. Reduktion der Jahressummen. Graz : Bruck an der Mur, 1885/90 1,19, 1891/97 1,185, Mittel 1,19. Von Graz liegt vor das Mittel 1885/97, 920 mm, also noch zu unsicher, von Bruck aber 1876/97, 794. Graz reduziert auf die Periode 1876/97: 794 × 1,19 = 945 mm, 22jähriges Mittel von Graz. Es werde für Graz ein fehlendes Jahr gesucht, z. B. 1893. Bruck hatte 1893 673 mm (sehr trocken), daher Graz wohl 673 × 1,19, gibt 801 mm, wirklich gemessen 805 (zufällig so genau).

Homogene Reihen. Bleiben die Quotienten der Jahresmengen der Niederschläge benachbarter Orte ziemlich konstant, zeigen sie keine Sprünge oder dauernde Änderungen, so sind die Ergebnisse der Regenmessungen dieser Orte vergleichbar und benutzbar. Andernfalls haben an einem der Orte Änderungen stattgefunden, die Messungen sind fehlerhaft geworden (oder gewesen) und können nicht ohne weiteres Verwendung finden. Nur homogene Reihen von Regenmessungen sind vergleichbar und in klimatische Tabellen aufzunehmen. Viele ältere Messungen des Regenfalls sind wegen schlechter Aufstellung der Regenmesser unrichtig (meist zu wenig Niederschlag).

---

[1]) Hann, Met. Z. 1898, S. 121. Hellmann, Die Niederschläge in den norddeutschen Stromgebieten, Bd. I, S. 42.

Beispiel einer Prüfung auf Homogenität und Verwendbarkeit. Ich wähle dazu die zwei niederschlagreichsten Orte in Niederösterreich, Neuhaus a. Zellrein und Lackenhof, beide nahe der steirischen Grenze, und bilde die Quotienten der jährlichen Regenmengen gegen die gleichzeitigen zu Mariazell.

	1895	1896	1897	1898	1899	1900	1901	1902	1903
Neuhaus: Mariazell .	2,04	2,19	1,29	1,57	2,14	1,51	1,41	1,66	1.63
Lackenhof: Mariazell .	—	1,52	1,74	1,68	1,70	1,53	1,52	1,40	—

Man sieht gleich: Lackenhof ist recht homogen, Neuhaus nicht. Von 1900 an beginnt dort eine neue, richtigere Messungsreihe. In der Tat wechselte 1900 der Beobachter, der frühere hat den Schneefall schlecht gemessen. Neuhaus, neue Reihe: mittlerer Quotient 1,55, Lackenhof: mittlerer Quotient 1,58. Reduktion auf die 20jährige Periode von Mariazell (1881 bis 1900) Mittel 1040 mm.

$$20\text{jähriges Mittel für Neuhaus . . } 1040 \times 1,55 = 1612 \text{ mm}$$
$$\quad\quad n \quad\quad n \quad\quad n \text{ Lackenhof . } 1040 \times 1,58 = 1643 \text{ mm.}$$

Bewölkung und Sonnenschein.

Wichtig ist der Grad der Bedeckung des Himmels mit Wolken. Derselbe ist in Hundert- oder Zehnteilen der ganzen Himmelsdecke auszudrücken, so daß also die Bewölkung 63 oder 6,3 z. B. anzeigt, daß 63 % des ganzen Firmaments von Wolken eingenommen waren. Die Angabe der Zahl der heiteren, wolkigen und trüben Tage allein ist zu wenig präzis als Ausdruck eines so wichtigen klimatischen Faktors, ist aber neben den Bewölkungsziffern von Interesse. Soweit wir der direkten Messung der Intensität der Sonnenstrahlung entbehren, ist die Angabe des mittleren Grades der Bewölkung in den einzelnen Monaten der einzige Anhaltspunkt zur Beurteilung der direkten Wirkung der Licht- und Wärmestrahlung in einem Klima. Der Grad der Himmelsbedeckung, die Bewölkung. zeigt meist eine ziemlich große tägliche Variation, es ist deshalb zur vollen Charakterisierung derselben empfehlenswert, auch die Monatsmittel für die einzelnen Beobachtungszeiten, wenigstens für Morgen, Nachmittag und Abend anzugeben. Daneben soll die Zahl der heiteren Tage (mittlere Bewölkung 0 bis 2) und der trüben Tage (mittlere Bewölkung über 8) stets angegeben werden[1]. Von der Bewölkung hängt nicht allein die Sonnenscheindauer und die allgemeine Helligkeit (das diffuse Licht) ab, sondern auch die Größe der nächtlichen Temperaturerniedrigung durch Wärmeausstrahlung. Da das direkte Sonnenlicht die meisten Bakterien und Pilzsporen zerstört, so wirkt es kräftig desinfizierend, die Luft von schädlichen Keimen befreiend. Sonnige (und trockene) Klimate sind deshalb im allgemeinen gesund. Auch als psychisches Moment des Klimas kommt die stärkere oder geringere Trübung des Himmels in Betracht, namentlich wirkt lange Dauer

---

[1]) Bezeichnet man mit k die Zahl der klaren (heiteren) Tage, mit t die der trüben, mit n die Gesamtzahl der Tage, so ist nach Kremser die mittlere Bewölkung $= 51 + 50 \dfrac{t - k}{n}$. Met. Z. 1885, S. 324. S. auch Großmann, Deut. Met. Z. 1884, S. 341.

bedeckten Himmels, Abwesenheit des Sonnenlichtes ungünstig auf das Gemüt. Doch wird auch ununterbrochen heiterer Himmel schwer ertragen und schädigt die Augen [1]).

Der Nebel, die auf der Erde aufliegende Wolke, kommt klimatographisch nicht bloß deshalb in Betracht, weil er die Insolation wie auch die nächtliche Wärmeausstrahlung hemmt, sondern auch als Quelle atmosphärischer Feuchtigkeit, die allerdings in den meisten Fällen keine meßbare Niederschlagsmenge gibt, aber für die Vegetation dennoch letztere zum Teil ersetzen kann [2]). Unter Bäumen kann bei stärkerem Nebel die Traufe wie ein leichter Regen den Boden tränken. Bei Nebel kommen auch oft große Temperaturunterschiede auf geringe Entfernungen hin vor. Die Zahl der Nebeltage gehört deshalb zu den wesentlicheren klimatischen Faktoren; wünschenswert sind daneben Angaben über die Dauer der Nebeldecke, ob sie bloß Morgens und etwa wieder Abends der Erde auflagert, oder zu gewissen Jahreszeiten selbst den ganzen Tag über anhält.

Wien hat rund 35 Nebeltage im Jahr, Winter 18, Herbst 13, Frühling 4, Sommer 0,4; London hat 74 Nebeltage, Neufundland 165, Maximum dort im Sommer 62.

Sonnenscheindauer. Einen großen Fortschritt bedeuten die direkten Registrierungen der Dauer des Sonnenscheins mittels der Instrumente von Campbell-Stockes oder Jordan [3]).

Man gibt die Dauer des Sonnenscheins im Monat und Jahr nach drei verschiedenen Arten von Zahlen an.

1. Die Dauer in Stunden pro Monat und Jahr.

2. Das Verhältnis dieser Dauer zu der möglichen Dauer (zur Tageslänge). Diese Zahlen sind kürzer und vielfach sprechender.

3. Die mittlere Zahl der Stunden Sonnenschein, die auf einen Tag entfällt (Stundenzahl dividiert durch Zahl der Monatstage).

Z. B. Wien 1881/1900: Jahr 1843 Stunden oder 41 %, Dezember 49 Stunden oder 19 %, Juli 268 Stunden oder 56 %. Stunden pro Tag: Jahr 5,0, Dezember 1,6, Juli 8,6. Mittlere Zahl der sonnenlosen Tage 75, Dezember 15,5, Juli 0,8.

Basel, Zürich, Bern pro Jahr 1600 Stunden, Lugano 2170, nördliches Schottland 1150.

Da nicht alle Stationen einen hinreichend freien Horizont haben, zudem die Registrierungen bei tief stehender Sonne an Vergleichbarkeit zu wünschen übrig lassen, wäre es empfehlenswert, neben der gewöhnlichen Angabe der totalen Dauer des Sonnenscheins noch die

---

[1]) Wohl mit Recht sagt Parker in Climate of Rochester: Half of the beauty of the world is in its clouds. An unchanging brazen sky is one of the most tiresome things in nature — because of its oppressive monotony. Dann meint er, daß im Winter die Wolkendecke für Rochester Tausende von Dollars wert ist, weil sie (durch Schutz gegen Wärmeausstrahlung) an Kohlen und Kleidern erspart.

[2]) S. Marloth, Über die Wassermengen, welche die mit den SE-Winden treibenden Wolken und Nebel am Tafelberg (im Kapland) abgeben. Met. Z. 1906, S. 547.

[3]) S. die Anleitungen zur Anstellung met. Beobachtungen.

Häufigkeit des Sonnenscheins von 8^h oder 9^h a. m. bis 4^h oder 3^h p. m. separat mitzuteilen. Vor allem muß natürlich die volle Angabe der stündlichen Häufigkeit empfohlen werden.

Zwischen der möglichen Dauer des Sonnenscheins in Prozenten und der mittleren Bewölkung in gleichem Maße besteht meist eine einfache Relation wie folgt:

100 — Prozente Sonnenschein = Bewölkung:

Z. B. Wien   Jahr   100 — 41,2 = 58,8, beobachtete Bewölkung 58,5,
Dez.   100 — 19 = 81   „   „   76,
Juli Aug. 100 — 44,5 = 45,5   „   „   45,5.

Bei tiefstehender Sonne bewährt sich die Regel viel weniger als bei hochstehender Sonne.

III. Kapitel.

Windrichtung und Windstärke, Luftdruck.

Die Winde. Die Luftströmungen treten in mehrfacher Hinsicht als wichtige klimatische Faktoren auf. Zunächst ist es die Stärke der Bewegung der Luft selbst, ohne Rücksicht auf ihre Richtung, welche in Betracht kommt. Die Bewegung der Luft steigert die Verdunstung und die Austrocknung des Bodens und vermehrt dadurch das Wasserbedürfnis der Organismen. Häufig bewegte Luft erhöht das „Evaporationsvermögen" des Klimas. Dies ist die eine Seite, die andere besteht in der Wirkung des Windes auf das Wärmegefühl, auf die physiologische Temperatur, welche nicht durch das Thermometer angegeben wird. Winde wirken in den meisten Fällen erkältend durch raschere Wärmeentziehung; dieselbe niedrige Lufttemperatur, die bei Windstille leicht erträglich, ja behaglich und anregend ist (namentlich auch für den Ernährungsprozeß), wird bei stärkerer Luftbewegung unerträglich oder wenigstens unangenehm. Der Wind, wenn nicht sehr feucht, macht umgekehrt sehr hohe Temperaturen viel erträglicher, indem er die Verdunstung steigert. Anderseits kann er dadurch für die Vegetation durch rasches Vertrocknen der zarteren Teile der Pflanzen schädlich werden. **Häufige heftige Winde sind im allgemeinen baumfeindlich**[1]). Deshalb ist die Wiederbewaldung auf großen freien Flächen schwierig, bevor einiger Windschutz geschaffen. An manchen Orten sind Kulturen nur unter Windschutz möglich (Azoren,

---

[1]) Die Baumlosigkeit oder Baumarmut der friesischen Inseln und der Nordseeküsten ist viel mehr eine Wirkung des Windes als des Salzstaubes. Der stets heftige Wind bewirkt eine verstärkte Verdunstung und damit Vertrocknung, zuerst an der Spitze, dann auch an den Rändern der Blätter, die dann bis in die Mitte fortschreitet. Kihlmann hat schon diese austrocknende Wirkung des Windes in den arktischen Gegenden betont, welche das Baumleben zurückdrängt. Ähnlich wohl auch in den ungarischen Pußten etc. Auch an den alpinen Baumgrenzen dürfte vielfach die Austrocknung durch Wind eine Rolle spielen. A. Hansen, Die Vegetation der ostfriesischen Inseln, Darmstadt 1901; s. auch Moos, Niederige Waldgrenze in den Penninen, Drude, Pet. Geogr. Mitt. 1906, Littb. 458. — Depression der Baumgrenze auf der Halbinsel Kanin auf 67,3° N., ebenda, Littb. 482.

Provence). Klimate mit stärkerer Luftbewegung haben im allgemeinen auf den menschlichen Organismus eine anregende, die Tätigkeit begünstigende Wirkung; Klimate mit toter Luft einen abspannenden, die Lethargie begünstigenden Einfluß. Die stete Lufterneuerung durch den Wind ist an Orten, wo sich eine zahlreiche Bevölkerung dicht zusammendrängt, von nicht geringer hygienischer Bedeutung [1]).

Es wäre demnach sehr wichtig, die Klimate in Bezug auf die Stärke der Luftbewegung an sich miteinander vergleichen zu können. Leider ist dies gegenwärtig noch kaum möglich. Die Windstärke wird an den meisten meteorologischen Stationen bloß geschätzt, indem man mit 0 Windstille, mit 6 oder 10 (12 zur See) die Luftbewegung des heftigsten Sturmes bezeichnet, für die zwischenliegenden Windstufen aber die Zahlen möglichst der Windstärke entsprechend wählt.

Es ist klar, daß man auf diesem Wege recht gut zur Kenntnis der täglichen und jährlichen Periode der Windstärke eines Ortes gelangen kann, daß aber die Schätzungen an verschiedenen Orten kaum miteinander vergleichbar sind, denn unwillkürlich wird jeder Beobachter die Windskala nach den an seinem Orte auftretenden Extremen der Windstärke auffassen. Aber selbst wo die Windstärke mit Anemometern gemessen und in Metern pro Sekunde angegeben wird, ist dieselbe so sehr von den zufälligen Eigentümlichkeiten des Aufstellungsortes des Anemometers abhängig, daß man in den meisten Fällen nicht die für den Ort im weiteren Sinne geltende Stärke der Luftbewegung erhält. Aus diesem Grunde ist zuweilen sogar die Schätzung der wirklichen Messung überlegen, indem erstere sich von den im weiteren Umkreis bemerkbaren Effekten der Luftbewegung leiten läßt, während die Messung nur für einen fixen Punkt gilt, der oft weit davon entfernt ist, die mittlere Luftbewegung zu repräsentieren. Dazu kommt noch der Übelstand, daß selbst die besten der jetzt gebräuchlichen Anemometer nicht direkt vergleichbare Daten liefern, wenn sie von verschiedener Größe und Form sind. Aus allen diesen Gründen entbehren wir jetzt noch vergleichbarer Beobachtungsresultate über die Stärke der Luftbewegung in den verschiedenen Klimaten [2]). (Klimatabelle von Wien Kol. 42 gibt die Monatsmittel der Windgeschwindigkeit auf der Plattform eines 22 m hohen Turmes außerhalb der Stadt in freier Umgebung.)

Die **tägliche Periode** der Windstärke ist an manchen Orten auf den Festländern, auch an Küsten, sehr groß und ein bemerkenswerter klimatischer Faktor. Die Windstärke wächst örtlich Nachmittags bis zur Sturmstärke an und flaut Abends wieder ab. Nachts und früh Morgens herrscht Windstille.

Neben der Stärke kommt beim Winde auch die Richtung in Betracht, die Angabe der einzelnen Windrichtungen nach ihrer

---

[1]) In den Tropengegenden ist die Stagnation der Luft in eingeschlossenen Talkesseln oft der Grund großer sanitärer Schädlichkeit. Anzeichen dafür hat man in dem Vorwalten von Nebeldecken am Morgen an solchen Lokalitäten. Auch in unserem Klima vermeidet man sie besser, wenn es angeht. Die südliche Hemisphäre hat im allgemeinen in gleichen Breiten eine stärkere Ventilation und erfreut sich dadurch und durch die größere Lufttrockenheit im allgemeinen einer größeren Salubrität. (Vgl. Radau, Rôle des vents dans le climats chauds, Paris 1880 und Pauly, Climats et endémies, 1874.)

[2]) Die Schätzungen der Windstärke zur See, auf Segelschiffen wenigstens, liefern viel besser vergleichbare Resultate aus leicht ersichtlichen Gründen.

Häufigkeit und nach ihren Eigenschaften, diese letzteren sind oft sehr verschieden. Dadurch wird die Häufigkeit der verschiedenen Windrichtungen oft zu einem wesentlichen klimatischen Faktor. Für die meisten Fälle genügt es, sich auf die Angabe der Häufigkeit der acht Hauptwinde zu beschränken, es gewinnt dadurch die Übersichtlichkeit und Vergleichbarkeit der Resultate außerordentlich. Macht sich einer der Zwischenwinde durch die Konstanz seiner Richtung und besonders charakteristische Eigenschaften auffallend bemerkbar, so mag er besonders außerhalb der Windtafel angeführt werden. Nach einem Beschluß des internationalen Meteorologenkongresses zu Wien 1873 werden die östlichen Winde, wenn sie bloß mit Buchstaben bezeichnet werden sollen, mit E bezeichnet (also Nordost mit NE etc.), weil in den romanischen Sprachen O für West steht, und dadurch schon viele Mißverständnisse entstanden sind.

Die Häufigkeit der verschiedenen Winde gibt man am zweckmäßigsten in Prozenten der Gesamtzahl der Windbeobachtungen an, oder man dividiert die Häufigkeit jedes Windes durch die Zahl der täglichen Beobachtungen, so daß man die Anzahl der Tage erhält, während welcher jeder Wind geweht hat[1]). Diese Angaben sind für jeden Monat zu machen, nicht bloß für das ganze Jahr, denn in den meisten Klimagebieten herrscht eine mehr oder weniger stark ausgesprochene jährliche Periode der Windrichtung.

Tägliche Periode der Windrichtung. An vielen Orten (an Küsten, in Gebirgstälern) wechselt der Wind fast regelmäßig mit der Tageszeit, der Morgen hat eine andere Windrichtung als der Nachmittag. Daher ist es daselbst unumgänglich, die Häufigkeit der Winde nach den einzelnen Tageszeiten der Beobachtung gesondert mitzuteilen. In den meisten Fällen wird es aber genügen, dies für größere Zeitabschnitte, als die Monate sind, zu tun, für vier oder zwei charakteristische Jahreszeiten, denn die tägliche Periode ändert sich nicht wesentlich von Monat zu Monat.

Um den Einfluß der verschiedenen Häufigkeit der einzelnen Windrichtungen auf das Klima eines Ortes beurteilen zu können, ist es ferner empfehlenswert, die meteorologischen Eigenschaften der Hauptwindrichtungen anzugeben. Es geschieht dies durch die Berechnung der sogen. Windrosen. Wenn man die jeder Windrichtung im Mittel zukommende Temperatur, Feuchtigkeit, Bewölkung und Regenwahrscheinlichkeit berechnet, erhält man die thermischen, atmischen, nephischen und Regenwindrosen. Da der allgemeine meteorologische Charakter der Hauptwindrichtungen für größere Länderstrecken sehr gleichförmig ist, so genügt die Berechnung solcher Windrosen für

---

[1]) Die Berechnung der mittleren Windrichtung nach dem Kräftenparallelogramm hat klimatisch keinen Wert, höchstens in Monsungegenden.

Die Baum- und Strauchvegetation gibt vielfach Zeugnis für die Richtung der vorherrschenden Winde, wie J. Früh in eingehender und interessanter Weise nachgewiesen hat. Reisende sind hiernach oft imstande, die vorherrschende Windrichtung aus dem Pflanzenwuchs zu erkennen. Man sehe darüber J. Früh, Die Abbildung der vorherrschenden Winde durch die Pflanzenwelt. Jahrb. der geogr.-ethnog. Ges. Zürich 1901/1902.

wenige Orte zur klimatischen Charakterisierung eines großen Territoriums. Lokale Ausnahmen kommen freilich vor, es können aber solche spezifische Lokalwinde (Föhn, Scirocco, Bora) dann leicht speziell in ihren meteorologischen Effekten dargestellt werden[1]).

In den zwischen den Grenzen der Tropenzone und dem inneren Polargebiet liegenden Klimagürteln sind es die Winde, die geradezu das Klima beherrschen, indem sie, je nach ihrer Herkunft, oft die gerade entgegengesetzten Witterungserscheinungen mit sich bringen und während ihrer Dauer aufrecht erhalten (s. untenstehende Tabelle). Wenn im westlichen Europa längere Zeit hindurch nordöstliche und östliche Winde wehen, so bringen sie eine Invasion des trockenen heiteren, im Winter kalten, im Sommer warmen Kontinentalklimas; herrschen umgekehrt südwestliche und westliche Winde, so

---

[1]) Als Beispiel mögen hier die entsprechenden Daten für Wien Platz finden.

Wien. Häufigkeit der Winde in Tagen.

	N	NE	E	SE	S	SW	W	NW	Calmen
Winter	6	3	4	14	6	4	25	15	18
Frühling . .	13	6	5	10	6	4	22	18	8
Sommer . .	9	6	3	7	4	5	29	20	9
Herbst	6	4	3	18	7	6	26	16	11
Jahr	34	19	15	44	28	19	102	68	41

Einfluß der Windrichtung auf die meteorologischen Elemente zu Wien.

	N	NE	E	SE	S	SW	W	NW
Temperatur (Tagesmittel)								
Winter	−2,9	−2,8	−3,1*	−1,7	0,1	2,5	2,3	0,8
Sommer	18,0*	20,0	23,3	21,8	22,4	20,5	18,2	18,3
Jahr	7,8*	8,9	10,1	10,3	11,8	11,6	9,9	9,2
Relative Feuchtigkeit (Prozente)								
Frühling und Sommer .	62	61*	65	64	62	62	66	66
Herbst und Winter . .	76	81	84	86	78	75	72*	73
Mittlere Bewölkung								
Frühling und Sommer .	5,4	3,8	4,0	3,3*	3,4	4,6	5,8	6,0
Herbst und Winter . .	6,8	6,8	5,5*	6,1	6,0	6,4	6,3	6,8
Jahr	6,1	5,3	4,8	4,7*	4,7	5,5	6,0	6,4
Regenmenge nach dem Autographen								
Jahr	18,7	2,5*	4,7	14,6	7,8	24,0	110,0	128,9

Bei Windstille 125,1 mm. — Diese Mengen sind nur als Verhältniszahlen zu betrachten. Die wenigsten Niederschläge fallen bei NE, die meisten bei NW und Windstille.

dringt der Einfluß des Ozeans weit in das Land hinein vor, und nasses, trübes, im Winter warmes, im Sommer kühles Wetter charakterisiert denselben. Derart sind es die Winde, welche die klimatischen Grenzen verwischen und die benachbarten Klimagebiete in steter Wechselbeziehung erhalten. Nur sehr wenige, z. B. durch hohe Gebirgszüge von ihrer Umgebung allseitig abgeschlossene Gebiete haben sozusagen ihr eigenes Klima (Ostturkestan, Ostsibirien im Winter), fast überall, namentlich aber in den Grenzgebieten zwischen ausgeprägten dominierenden Klimatypen, besteht die Witterung fast nur in einer fortwährenden Verschiebung der klimatischen Grenzen durch die Luftströmungen.

Dies gilt, wie gesagt, für die mittleren Breiten; in der inneren Tropenzone, sowie in dem inneren Polargebiete verlieren die Winde diesen großen Einfluß auf die Witterung, und die meteorologischen Windrosen geben dies dadurch zu erkennen, daß die Unterschiede zwischen den meteorologischen Mittelwerten für die einzelnen Windrichtungen sehr geringfügig werden und zur Bedeutungslosigkeit herabsinken.

Der Luftdruck und die Schwankungen desselben sind als klimatischer Faktor von untergeordneter Bedeutung, ganz im Gegensatz zu der wichtigen Rolle, welche dieses Element in der Meteorologie spielt.

Wenn es sich darum handelt, das Klima einzelner Örtlichkeiten zu beschreiben, kann man Luftdruckmessungen völlig entbehren. Denn soweit der Luftdruck auf die organischen Wesen Einfluß nimmt, ist derselbe hinlänglich genau aus der Seehöhe eines Ortes bekannt; ja man kann denselben genauer berechnen, als ihn gewöhnliche, nicht sorgfältig kontrollierte Beobachtungen abzuleiten gestatten. Wenn man berücksichtigt, daß z. B. im vierten Stockwerke eines Stadthauses schon ein um zirka 2 mm niedrigerer Luftdruck herrscht als im Erdgeschoß, und daß viele Orte, auf unebenem Terrain erbaut, viel größere Höhenunterschiede aufweisen, ohne daß deshalb klimatische Unterschiede sich fühlbar machen, so wird man daraus schließen, daß es sich für rein klimatographische Darstellungen bloß darum handeln kann, den Luftdruck bis auf das Zentimeter genau zu kennen.

Die Schwankungen des Luftdruckes an demselben Orte kommen gleichfalls klimatologisch kaum in Betracht, zum mindesten wird ihr Einfluß leicht überschätzt. Die Luftdruckschwankungen sind an den allermeisten Orten der Erdoberfläche viel zu geringfügig, um von Einfluß auf die Organismen zu sein; Änderungen des Luftdruckes von 22 mm im Verlaufe eines Tages kommen schon sehr selten und nur in gewissen Gegenden vor. Ihren Effekt auf den menschlichen Organismus kann man sich vorstellig machen, wenn man überlegt, daß derselbe auch dadurch hervorgebracht werden könnte, daß man im Laufe eines Tages ganz gleichmäßig auf den Gipfel eines bloß 200 m hohen Hügels gehoben würde. Es ist kaum zu erwarten, daß dies eine merkliche physiologische Wirkung haben dürfte [1]).

Der an einem Orte herrschende Luftdruck kommt klimatologisch nicht allein als solcher in Betracht, sondern auch als Maß der Luftverdünnung und vornehmlich auch durch den Einfluß auf die Verdun-

---

[1]) Die Schwankungen des Luftdruckes haben keinen nachteiligen Einfluß auf die Gesundheit. Bei* dem Gebrauch pneumatischer Kammern werden tägliche Veränderungen des Luftdruckes von 300 mm vorgenommen, ohne daß man erhebliche Zufälle der beteiligten Kranken erfahren hätte. (Thomas „Beiträge".)

stung; die Abnahme des Luftdruckes steigert bekanntlich die Verdunstung, gleiche Temperaturen, gleiche Luftbewegung und gleiche relative Feuchtigkeit vorausgesetzt. In Hochtälern und auf Bergen ist daher im allgemeinen die Verdunstung erheblich größer als in der Niederung.

In allen diesen Beziehungen aber ist eine genäherte Kenntnis des Luftdruckes zureichend. Sobald es sich aber darum handelt, die Wechselbeziehungen der verschiedenen Klimagebiete zu untersuchen, welche durch die Luftströmungen vermittelt werden, wird eine genaue Kenntnis des Luftdruckes notwendig. Es muß aber dann auch die Seehöhe des Beobachtungsortes genau bekannt sein, denn in der Nähe des Meeresniveaus z. B. bedingt ein Höhenunterschied von zirka 10 m schon eine mittlere Luftdruckdifferenz von 1 mm. Für die theoretische Klimatologie, welche die Ursachen der räumlichen Verteilung der verschiedenen Klimagebiete untersucht, ist es von größter Wichtigkeit, von zahlreichen, möglichst gleichmäßig über die Erdoberfläche verteilten Orten die Monatsmittel des Luftdruckes zu kennen, weil von der Verteilung des Luftdruckes die vorherrschenden Windrichtungen abhängen und diese wieder auf die Verteilung der Luftwärme und Feuchtigkeit den größten Einfluß nehmen. Es war aber nötig zu betonen, daß detaillierte Angaben über die Luftdruckverhältnisse eines einzelnen Ortes über das Klima desselben nichts aussagen, und daß Luftdruckangaben erst Wert erhalten, wenn man sie mit denen anderer Orte in gleicher Seehöhe vergleichen kann. Auch dann sagen sie direkt nichts über das Klima selbst aus, sondern bilden nur die Basis zur Erklärung der Verteilung der anderen klimatischen Faktoren.

IV. Kapitel.

Atmosphärische Luft, ihre Zusammensetzung und deren Verschiedenheit nach Zeit und Ort.

Die Zusammensetzung der trockenen atmosphärischen Luft ist an den verschiedensten Teilen der Erdoberfläche außerordentlich gleichförmig, so daß die gefundenen Unterschiede derselben meist unterhalb der Fehlergrenze der Luftanalysen bleiben. Die trockene atmosphärische Luft ist bekanntlich ein Gemenge von 21 Volumteilen Sauerstoff und 79 Volumteilen Stickstoff, wozu noch ein sehr geringer Prozentsatz Kohlensäure kommt (zirka 0,03%, oder 3 Volumteile in 10 000 Teilen Luft). In der gewöhnlichen feuchten atmosphärischen Luft ist aber auch noch Wasserdampf in sehr wechselnder Menge vorhanden; die früher als klimatischer Faktor erwähnte Dampfspannung gibt ein einfaches Maß des Wassergehaltes der atmosphärischen Luft und dessen Änderungen nach Ort und Zeit.

Stickstoff und Sauerstoff sind in der freien Atmosphäre in konstanten Verhältnissen vorhanden, die Zusammensetzung der trockenen Atmosphäre ist demnach kein klimatischer Faktor; nur der Wasserdampfgehalt der Luft und in viel geringerem Maße der Kohlensäuregehalt variiert nach Ort und Zeit. Das neu (1894) entdeckte Argon wurde früher von Stickstoff nicht getrennt, es ist ein inaktives, dem

Stickstoff sehr ähnliches, aber schwereres Gas, das auch in ganz konstanten Verhältnissen vorkommt[1]). Die später noch entdeckten sogen. Edelgase: Neon, Krypton, Xenon, Helium sind nur in außerordentlich geringen Mengen in der Atmosphäre vorhanden und bleiben hier außer Betracht.

Die Zusammensetzung der trockenen Atmosphäre, wie sie in Wirklichkeit nur bei den hohen Kältegraden der Polargegenden vorkommt, ist folgende:

	Stickstoff	Sauerstoff	Argon	Kohlensäure
Spez. Gewicht[2]) .	1,2507	1,4293	1,780	1,9772
nach Gewicht . .	75,5	23,2	1,29	0,04 Prozent
nach Volum . .	78,04	20,99	0,94	0,03 „

Der Wasserdampfgehalt der Luft ist fast Null im Winter Ostsibiriens und um die Pole, unter 48° N. kann man einen mittleren Dampfdruck von 7 mm annehmen, in den Äquatorialgegenden von 20 mm. Die Volumprozente (an der Erdoberfläche) ergeben sich durch Division mit 760, wodurch man 0,92 und rund 2,60 Volumprozente Wasserdampf (H_2O) erhält.

Volumprozentische Zusammensetzung der feuchten Atmosphäre

	Stickstoff	Sauerstoff	Wasserdampf	Argon	Kohlensäure
unter 48° Breite	77,33	20,80	0,92	0,92	0,03
am Äquator	76,06	20,40	2,60	0,91	0,03

Der hohe Wasserdampfgehalt der Luft in den Tropen wirkt in Bezug auf Atemluft als eine Verdünnung derselben[3]). Er kann dort auf 3, im Maximum auf 4 Volumprozente steigen. Im Sommermittel Europas beträgt der Wasserdampfgehalt im Durchschnitt rund 1,3 Volumprozente, im Winter 0,4.

1. Der Sauerstoffgehalt der Luft ist, wie bemerkt, äußerst konstant. Regnault fand im Mittel 20,96 (in Paris), Extreme 20,91 und 21,00. Das Mittel von 203 Luftproben aus sehr verschiedenen Teilen der Erde[4]) war 20,93 (Tromsö 20,95, Pará 20,92). Extreme: 21,0

---

[1]) S. Moissan, Compt. rend. CXXXVII, S. 600. Mittel 0,935.

[2]) Gewicht eines Liter bei 0° und 760 mm Druck in Gramm, oder eines Kubikmeter in Kilogramm.

[3]) Dr. Ucke hat berechnet, welchen Einfluß der Wassergehalt der Luft unter verschiedenen Klimaten auf die Sauerstoffaufnahme beim Atemprozeß des Menschen hat. Der Wasserdampf wirkt hierbei wie eine Verdünnung der Luft. Er findet, daß bei normaler, mittlerer Atmung ein Mensch im feuchten Tropenklima von Madras monatlich 80,7 kg Sauerstoff zu sich nimmt, hingegen in London und Brüssel 87,3 und in dem noch wasserdampfärmeren Klima von Petersburg und Barnaul 90,4 bis 90,7 kg; ja in der sehr kalten Winterluft des letztgenannten Ortes steigt dieses Quantum sogar auf 99,2 (Januar). Es muß hierzu aber bemerkt werden, daß schon eine geringe Zunahme der Seehöhe eines Ortes, resp. die damit verbundene Abnahme des Luftdruckes in dieser Hinsicht den gleichen Effekt hat, wie die größte tropische Luftfeuchtigkeit. So findet Ucke selbst für den Peißenberg in Bayern (Seehöhe 1000 m) die monatliche Sauerstoffmenge 79,2 kg, d. i. schon weniger als zu Madras. Eine erhebliche klimatische Bedeutung kann also dieser Wirkung des Wassergehaltes der Luft nicht zuerkannt werden.

[4]) Hempel, Berichte der deutschen chem. Ges., 20. Jahrg., S. 1864. Die Luftproben wurden überall zwischen 1. April und 15. Mai 1886 genommen.

zu Tromsö (am 22. April) und 20,86 (am 26. April) zu Pará. Die Schwankungen an einem Orte halten sich innerhalb 0,1 %. Auch die Waldluft und Gebirgsluft zeigt keinen vermehrten Sauerstoffgehalt (Ebermayer). Kreusler fand einen kleinen Unterschied nach den Jahreszeiten. Dezember bis Februar 20,909, März bis Mai 20,910, Juni bis August 20,918, September bis November 20,909, somit Maximum im Sommer [1]). In menschenüberfüllten Räumen sinkt der O-Gehalt bis unter 20,0 % (Sorbonne, Hörsaal der Chemie vor der Vorlesung 20,28, nach derselben 19,86), entsprechend steigt dafür der Kohlensäuregehalt.

2. Der Kohlensäuregehalt der Luft beträgt 0,03 Volumprozente (d. i. 3 Volum auf 10 000). Früher wurde meist 0,04 angenommen, was sich als zu hoch erwiesen hat. Die Variationen des Kohlensäuregehaltes sind (relativ) größer als die des O-Gehalts der Luft. Es existiert darüber eine reiche Literatur.

Die Luft über dem Meere scheint denselben CO_2-Gehalt zu haben, wie jene über dem Lande. Schulze fand an der Ostsee 2,25 bis 3,44 (in 10000 Volum), Thorpe an der Irischen See 3,09, neuere Beobachtungen von Legendre an der Westküste von Frankreich im Mittel 3,27. Luftproben aus der südlichen Halbkugel haben Müntz und Aubin 2,72 ergeben, für die nördliche gilt 2,82. Diese Differenz scheint für die Theorie von Schlösing zu sprechen [2]), daß der Ozean der große Regulator des CO_2-Gehaltes der Atmosphäre ist. Über den kühleren Meeren der südlichen Halbkugel soll hiernach der CO_2-Gehalt kleiner sein. Der Ozean gibt Kohlensäure ab, wenn die Temperatur steigt und wenn der Kohlensäuredruck in der Atmosphäre abnimmt und umgekehrt. Krogh fand aber in Disco 70° N. einen hohen CO_2-Gehalt 4,8, und Moß in Grinnell-Land 82,0° N. (1875) 5,0.

Nach Ebermayer besteht kein wesentlicher Unterschied im CO_2-Gehalt zwischen Waldluft und der Luft außer dem Walde [3]). Eine merkliche Änderung des Kohlensäuregehaltes mit Zunahme der Seehöhe scheint gleichfalls nicht stattzufinden. Müntz und Aubin fanden auf dem Pic du Midi (2877 m) 2,86, unten in den Tälern 2,84. M. de Thierry fand bei den Grands Mulets am Montblanc in 3050 m 2,69, in Chamonix (1080 m) 2,62, zu Montsouris (Paris) gleichzeitig 3,21. Auch die Beobachtungen von Andrée im Ballon bis über 4000 m ergaben keine Verminderung des Kohlensäuregehaltes.

Jahreszeiten und Witterung. Petermann und Graftian fanden im Winter und Frühling 2,96, im Sommer 2,92, im Herbst 2,93 (Mittel 2,944). Im Park von Montsouris (Paris) fand man im 13jährigen Mittel: Winter 3,03, Frühling 2,98, Sommer 2,94, Herbst 2,99. Niederschläge, namentlich Schnee, erhöhen etwas den CO_2-Gehalt. Nebel erhöht gleichfalls den CO_2-Gehalt (namentlich in Städten). Der Barometerstand an sich scheint wenig Einfluß zu haben, mit Zunahme der

---

[1]) 20 Luftproben von Kap Horn haben nach Müntz und Aubin nur 20,864 % ergeben.

[2]) Compt. rend. Tome 90, 1880, S. 1410. S. darüber auch Krogh, Met. Zeitschr. 1905, S. 89.

[3]) Ebermayer, Die Beschaffenheit der Waldluft. Stuttgart. Enke 1885.

Temperatur nimmt die Kohlensäure etwas ab. Müntz und Aubin fanden ein Minimum bei klarer bewegter Luft, dagegen ein Maximum bei trübem Wetter.

Tageszeit. Der Unterschied zwischen Tag und Nacht ist gering, fast alle Beobachter fanden einen höheren CO_2-Gehalt bei Nacht über dem Lande, im Durchschnitt um zirka 10% des Betrages. Doch gibt Paris für 6^h a. bis 6^h p. 3,56, von 6^h p. bis 6^h a. bloß 3,32 (Stadteinfluß?).

Städte. Der Kohlensäuregehalt der Luft in Städten ist größer als in der Umgebung, für London fand Russel ($2^1/_2$ jährige Beobachtungen) an nebelfreien Tagen 4, bei Nebel 7, an Bankfeiertagen 3. Einige Mittel für Straßen in Städten sind: Manchester 4,03, London 4,37, Perth 4,14, Glasgow 5,02, Sheffield 3,85, Lüttich 3,35. Manchester bei Nebel 6,8, London im Maximum 11.

Bodenluft. Die Bodenluft ist reich an Kohlensäure und gibt selbe auch an die Luft ab. Pettenkofer fand bei München die Bodenluft 20- bis 60mal reicher an CO_2 als die atmosphärische Luft. Fodor fand zu Klausenburg 107, Ripley 23 bis 212 CO_2 (pro 10000). Der CO_2-Gehalt nimmt mit der Tiefe zu und auch nach der Jahreszeit von März bis Juli und August. Sinkt die Lufttemperatur oder nimmt der Luftdruck ab, so strömt Luft aus dem Boden aus, und der CO_2-Gehalt der Luft nimmt zu[1]). Fodor hat berechnet, daß eine Temperaturzunahme um 10° und eine Luftdruckabnahme um 25 mm eine Zunahme von 18 Volum CO_2 (auf 10000 Volum Luft) bewirkt.

Die Quellen der Kohlensäure sind alle Verbrennungsprozesse, namentlich aber die Vulkane und die vulkanischen Regionen überhaupt, dann die Mineralquellen. Lesoq berechnet, daß jene der Auvergne kaum weniger CO_2 liefern, als der Kohlenverbrauch von ganz Europa. Boussingault berechnete (schon 1844!), daß Paris täglich fast 3 Millionen Kubikmeter Kohlensäure erzeugt. Wie groß müssen die von den jetzigen Welt- und großen Industriestädten produzierten Kohlensäuremengen sein?[2])

3. Das Ozon. Das Ozon ist ein „allotroper" Zustand des Sauerstoffs (enthält im Molekül 3 Atome statt 2, daher auch größere Dichte, 1,65), in welchem derselbe viel kräftiger oxydierend und bleichend wirkt, da das dritte lose gebundene Atom leicht Verbindungen eingeht. Das flüssige Ozon hat eine blaue Farbe (Siedepunkt bei − 120° bei Atmosphären-

---

[1]) Aitken hat bei einigen Versuchen gefunden, daß Gartenerde $^1/_5$ bis $^1/_4$ ihres Volums Luft enthält, Sand etwa $^1/_4$. Das Ausströmen von Bodenluft mit ihren Verunreinigungen (bei fallendem Barometer oder Temperaturabnahme), kann ein beachtenswerter lokaler klimatischer Faktor werden.

[2]) Über den Kohlensäuregehalt der Atmosphäre sehe man namentlich die fast erschöpfende Zusammenstellung aller Arbeiten darüber in: The Carbonic Anhydride of the Atmosphere, by Prof. E. A. Letts and R. F. Blake. Royal Dublin Soc. Scientific Proc. Vol. IX, N. 5. March 1900, P. 2, 107 bis 270 mit Tafeln und vollständiger Bibliographie. — Dieselben: On some problems connected with atmosph. Anhydride and on a new and accurate method for determining its amount suitable for scientific expeditions. Ebenda Vol. IX, Part. IV, Sept. 1901. Ferner die große Arbeit von Spring und Roland über den CO_2-Gehalt der Luft in Lüttich (Liège); in Mémoires couronnés publiés par l'Acad. R. des Sciences etc. de Belgique, T. 37, Bruxelles 1886, s. auch zahlreiche Artikel (Referate) in der Met. Zeitschr.

druck), ist deshalb auch schon für das Blau des Himmels verantwort-
lich gemacht worden. Der Ozongehalt nimmt mit der Höhe zu, Ozon
absorbiert sehr stark gewisse langwellige (dunkle) Wärmestrahlen und
spielt deshalb eine vielleicht nicht ganz unbedeutende Rolle in der
Wärmeökonomie der Atmosphäre.

Wie weit das Ozon eine klimatische Bedeutung hat, ist eine
einigermaßen streitige Frage. Es dürfte aber nicht zweifelhaft sein,
daß der Ozongehalt ein Index dafür ist, daß die Luft örtlich und zeitlich stärker oxydierende Eigenschaften hat, sei es nun, daß dies jener
aktiveren Modifikation des Sauerstoffs, die man Ozon nennt, zuzuschreiben ist, oder dem Wasserstoffhyperoxyd. Das Vorhandensein
größerer Mengen von „Ozon" in der Atmosphäre ist ein Anzeichen, daß
die Luft frei von organischen Beimengungen und Zersetzungsprodukten
ist, denn die Ozonreaktion fehlt in bewohnten Räumen und
in verdorbener Luft. Die gewöhnlichen Messungen des Ozongehaltes der Luft mittels der sogen. Ozonometer gestatten keine
strengen Vergleichungen und weitergehende Schlüsse.

Die Messungen des Ozongehaltes der Luft in absolutem Maße
am Observatorium im Park von Montsouris (Paris) ergaben:

Milligramme in 100 Kubikmetern: Winter 1,41, Frühling 1,74,
Sommer 1,84, Herbst 1,43, Jahr 1,61.

Im August 1896 wurde gefunden in gleichem Maße: Montsouris 2,0,
Chamonix (1080 m) 3,7, Grands Mulets (3050 m) 9,4, also eine bedeutende Zunahme mit der Höhe.

Ozon bildet sich in feuchter Luft bei elektrischen Entladungen,
daher ist die Luft bei und nach Gewittern ozonreich. Schönbein
fand nach einem Gewitter 2 bis 6 mg im Kubikmeter.

4. Der mittlere Ammoniakgehalt der Luft (eine der Quellen
des Stickstoffs für den Boden) wurde zu Montsouris gefunden in Milligramm pro 100 cbm: Winter 1,8, Frühling 2,0, Sommer 2,03, Herbst
2,2, Jahr 2,0. Das Ammoniak ist nicht gasförmig, sondern als feiner
Staub von Ammoniumnitrit oder -nitrat vorhanden und kommt im
Regen (und Schnee) zur Erde. Auf dem Pic du Midi enthält das
Regenwasser keine Nitrate, welche im Regenwasser der Ebene stets
vorhanden sind. Die Gewitter entladen sich fast alle unterhalb 3000 m,
was dies erklären könnte[1]. Bei den elektrischen Entladungen in der
Atmosphäre bilden sich Salpeter und salpetrige Säure, die bei Gegenwart von Wasser und Ammoniak salpetersaures Ammoniak liefern,
das im Regenwasser zur Erde kommt. Salpetersäure und salpetrige
Säure finden sich stets in minimalen Mengen in der Atmosphäre.

5. Auch der Bakteriengehalt der Luft wurde am Observatorium
zu Montsouris von Miquel regelmäßig gemessen[2]. Im Park von
Montsouris fanden sich 345 im Kubikmeter Luft, in Paris selbst aber
4790; nach den extremen Jahreszeiten: Montsouris, Winter 190, Sommer
550; Paris, Winter 3280, Sommer 6550. Klima und Bakterien

---

[1] Ist aber nicht allgemein zu nehmen. In den Alpen gibt es noch genug
Gewitter über 3000 m.

[2] Über den täglichen und jährlichen Gang s. Referat Met. Z. 1892, S. 108.

s. H. Gazert, Pet. geogr. Mitt. 1901, S. 153. — Dr. A. Macfadyen in Nature, Vol. 63, S. 359.

6. Staub und Rauch bilden häufige Verunreinigungen der Luft, letzterer nicht bloß in Städten. Ersterer tritt in großen Massen auf über trockenem Boden, namentlich im Innern Asiens, Afrikas und Australiens, wovon noch die Rede sein wird. Rauch tritt zeitlich oder regelmäßig auf durch absichtlich hervorgebrachte Gras- und Moorbrände, sowie durch Waldbrände. In manchen ausgedehnten Teilen des tropischen Afrika ist die Lufttrübung durch Abbrennen des Steppengrases ein klimatischer Faktor, ähnlich wenn auch nicht so allgemein und nicht regelmäßig die Rauchtrübung durch ausgedehnte Waldbrände in Nordamerika. Das Moorbrennen in NW-Deutschland hat ebenfalls auf die Luftbeschaffenheit großer Teile Mitteleuropas Einfluß genommen. (Über den Moorrauch und seine geographische Verbreitung s. Prestel in Met. Z. III (1868), 326; IV (1869), 443; VII (1872), 345.)

7. Stadtluft und deren Verunreinigungen. Die Verunreinigung und Verschlechterung der Luft in den Städten durch Rauch und schweflige Säure etc. und die damit in Zusammenhang stehenden häufigen schwarzen Stadtnebel ist mehr und mehr zu einer ernsten Schädlichkeit für die Bewohner großer Städte und Fabrikorte geworden. Es ist nicht bloß der Lichtmangel, die Abhaltung des wohltätigen, auf die meisten organischen Keime tödlich, also desinfizierend wirkenden Sonnenscheins, welcher für die Stadtbewohner schädlich wird, sondern auch die Verunreinigung der Luft, z. B. durch schweflige Säure und organische Substanzen, welche sich innerhalb der Nebelschicht anhäufen.

W. J. Russel hat in der Londoner Luft in 1000 Kubikfuß Luft in Gramm gefunden [1]:

	Kohle	Schweflige Säure	Salzsäure	Kohlensäure Volum Proz.
bei schönem Wetter .	0,0033	0,0128	0,0010	0,038
bei trübem Wetter . .	0,0101	0,0310	0,0036	0,045
bei nebligem Wetter .	0,0139	0,0460	0,0028	0,051

Der Kohlensäuregehalt kann als ein Index für die Reinheit der Luft auch in Bezug auf Unreinigkeiten überhaupt angesehen werden.

Der Tau enthielt (Gramm im Liter) schweflige Säure 0,0382, Salzsäure 0,0188, Ammoniak 0,0079. Der Gehalt steigt bei trübem Wetter, noch mehr bei Nebel. Auf dem Lande waren diese Bestandteile nur 0,0132, 0,0003 und 0,0046 respektive. Das Regenwasser enthielt in gleichem Maße:

	Schweflige Säure	Salzsäure	Ammoniak	Organische Stoffe
Hamiltonterrasse .	0,0135	0,0093	0,0023	0,0060
Bartholomew's . .	0,0241	0,0131	0,0028	0,0080

---

[1] On the Impurities of London Air. Monthly Weath. Report. Met. Office Aug. 1885. — Dr. Th. W. Schaefer, The Contamination of the Air of our cities with Sulphur Dioxyd, the cause of Respiratory Disease. Boston Med. Journ. July 1907. Empfiehlt dringend die tägliche Prüfung der Luft in den großen Städten, namentlich im Winter.

Die Anhäufungen von Ruß auf den Blättern und auf den Nadeln der immergrünen Pflanzen wirken auf letztere schädlich. Der Stadtruß, bestehend aus Kohle, schwefliger Säure und öligen Substanzen, wird durch den Regen nicht weggewaschen und sammelt sich deshalb an, namentlich die schweflige Säure in Verbindung mit Ruß wirkt schädlich. Man fand vom 14. bis 16. Dezember 1891 auf Blättern eine Ablagerung von festen Stoffen und schwefliger Säure in Milligramm pro Quadratmeter zu Manchester; Alexander-Park 131 und 7,2, Owens College 315 und 10,4, Infirmary Albert Square 780 und 25,8. Die Blätter waren mit einer schwarzen Kruste überzogen. In der Manchesterluft fand man in 100 Kubikfuß schweflige Säure (SO_3) in Milligramm: September und Oktober 1,8, November und Dezember 6,9, im Maximum bis 30. Gleichzeitig im Zentrum von Manchester und in der Umgebung 12,1 und 6,5.

Die Entstehung der „schwarzen Stadtnebel", speziell der Londoner Nebel stellt Russel so dar: Gewöhnlicher weißer Nebel deckt die Stadt um 6^h Morgens; etwa eine Million von Feuerherden wird kurz nachher geheizt, die Luft füllt sich mit ungeheuren Rauchmengen, Verbrennungsgasen, welche Kohlenteilchen mitführen. Sobald diese Partikel sich auf die Lufttemperatur oder noch unter dieselbe abgekühlt haben, setzen sich die schon vorhandenen feinen Wassertröpfchen und wohl auch neuerdings kondensierter Wasserdampf an sie an. Eine dicke Schichte solcher Teilchen hält das Licht ab, sehr geringe Mengen fein verteilter Kohle können das Sonnenlicht ganz abhalten wie eine Rußschicht auf Glas. Der Rauch verhindert die Sonnenstrahlen den weißen Nebel am Boden zu erreichen und aufzulösen, im Gegenteil strahlt der Nebel Wärme gegen den Himmel und gegen den oft kälteren Erdboden. Kohle hat ein großes Strahlungsvermögen, die Kohlenteilchen kühlen sich ab und kondensieren auf sich den Wasserdampf. An schönen kalten ruhigen Wintertagen mit hellem Sonnenschein findet man, vom Lande kommend, ziemlich sicher in der Stadt zwischen 8^h und Mittag schwarzen Nebel. Die City von London hat im Mittel im Dezember und Januar nur 15 Stunden Sonnenschein, das nahe Greenwich außerhalb schon 45, Kew 71, die Jahressummen sind: 1026, 1227 und 1399 Stunden. Dieser Lichtmangel muß auf die Lebenskraft der Städter von sehr schädlichem Einfluß sein. Während der großen Nebel im Winter 1880 betrug in London der Überschuß an Todesfällen während 3 Wochen (24. Januar bis 14. Februar) 2994, und wohl zehnmal größer war der Überschuß an Krankheitsfällen [1]).

Rauchschaden in Nadelwaldungen. Durch die Verbrennung großer Mengen Braunkohle in den vielen Fabriken des Elbetales, bei den zwei dortigen Eisenbahnen mit sehr starkem Zugsverkehr und bei den Dampfschiffen etc. resultiert eine sehr bedeutende Entwicklung von Rauch, der schweflige Säure enthält. Der daraus folgende sogen. „Rauchschaden" gefährdet heute schon eine Fläche von zirka 40 Hektaren so sehr, daß die Anpflanzung von Nadelholz nicht mehr gewagt werden kann, während er dem Laubholz keinen Abbruch tut. Erfahrungsgemäß leidet die Tanne am meisten unter ihm. An zweiter und dritter Stelle kommen Fichte und Kiefer, an vierter die Lärche. Ganz ähnliche Erscheinungen zeigen sich

---

[1]) Über die Entstehung und Wirkungen der Stadtnebel s. W. J. Russel, Met. Z. 1889, S. 83 und 1892 S. 12.

auch im benachbarten Sachsen, wo um das große Industriezentrum
Chemnitz der Rauchschaden schon bis auf 86 Kilometer Entfernung wahrzunehmen ist.

Literatur über atmosphärische Luft: Renk, Die Luft, Leipzig. Aus
Handbuch der Hygiene I. Teil. — Dr. Angus Smith, On the composition
of the Atmosphere. Mem. Manchester Soc. 1868. Referat Met. Z. 1871 (VI)
S. 232. Ferner die durch den Hodgkins Fond entstandenen Publikationen:
Smith, Misc. Collection 1071, 1072 und 1073. Air and Life by Henry
de Varigny. — The atmosphere in relation to Human Life and Health
by Fr. A. Rollo Russel. — The Air of Towns by Dr. J. B. Cohen.
Washington 1896.

8. Malaria. Diese größte Geißel warmer und heißer Gegenden
gehört ihrer Ursache nach nicht mehr in die Klimatologie, seitdem
festgestellt ist, daß sie durch Blutparasiten hervorgebracht wird, die
durch Insektenstiche auf Menschen übertragen werden. Ebenso ähnliche infektiöse Krankheiten der Tiere. Da die Vermittler dieser In-
fektionen jedoch zu ihrem Gedeihen an gewisse klimatische, namentlich aber Bedingungen der Bodenbeschaffenheit gebunden sind, so gehören letztere in spezielle lokalklimatographische Beschreibungen. Durch
die fortschreitende Kultur des Bodens und die Trockenlegung von
seichten stehenden Wasseransammlungen und von Sümpfen, der Brut-
stätten der Moskitos, ist die Malaria in den gemäßigten Breiten, wo
sie früher auch vielfach endemisch war, fast ganz verschwunden. In
trockenen Klimaten, in Wüsten und Steppen fehlt die Malaria, desgleichen in hohen Breiten und auf größeren Höhen der Gebirge, selbst
in den Tropen.

9. Seeluft und Gebirgsluft. Reine, namentlich von organischen
Beimengungen freie Luft findet sich über dem Meere und an den Küsten,
solange der Wind von der See her weht. Die Seeluft enthält etwas
Salz (Verhaege fand in 2000 l 0,2 g Salz) und Spuren von Jod, welche
durch den Geruch schon merklich werden. Auch die Wüstenluft ist
rein und gesund, ferner die Luft hoher Gebirgsgegenden, welche dabei
zugleich verdünnt ist.

Der Regen wäscht die Luft aus, entfernt, zeitweilig wenigstens,
die Verunreinigungen derselben und bringt frische reinere Luft aus
den höheren atmosphärischen Schichten mit herab. Auf letztere
Wirkung, welche namentlich starke Platzregen äußern, ist man
erst in neuerer Zeit aufmerksam geworden; die vom Regen herab-
gestoßene und mitgeführte Luft macht sich als lebhafter, oft stürmischer, nach auswärts wehender Wind vor und unter der Regenwolke
bemerkbar.

10. Luftelektrizität. Man ist vielfach geneigt, auch dem
elektrischen Zustand der Atmosphäre einen Einfluß auf den Organismus zuzuschreiben und die Ergebnisse der Messungen der Luftelektrizität unter die klimatischen Faktoren einzureihen. Es ist jetzt nicht
mehr abzuweisen, daß man vielleicht in naher Zeit diesen Anregungen
wird nachkommen können, da es sehr wohl möglich ist, daß der Grad
der „Ionisation" oder der „Radioaktivität" der Luft auf unser Befinden
Einfluß nimmt. Die bezüglichen Untersuchungen befinden sich aber

gegenwärtig noch in einem Anfangsstadium, so daß deren weitere Entwicklung abzuwarten ist.

Es besteht wohl kein Zweifel, daß es noch manche Modifikationen in der Beschaffenheit der Luft geben mag, die von Einfluß auf den menschlichen Organismus sind, aber bisher keine Beachtung gefunden haben. Wenn man bedenkt, welche ungeheure Mengen von Luft der Mensch täglich zu sich nimmt (etwa 10000 Liter), so wird man es nicht erstaunlich finden, daß auch nur Spuren von gewissen Substanzen der Luft beigemengt, für die Gesundheit des Menschen von Bedeutung werden können, namentlich da ihre Wirkung bei dauerndem Aufenthalt in solcher Luft sich von Tag zu Tag summiert. Man hat demnach eventuellen bezüglichen Forschungen alle Beachtung zu schenken.

Anhang.

Phänologische Beobachtungen in klimatographischer Beziehung. Es ist bisher nicht gelungen, zwischen dem Eintritt gewisser Entwicklungsphasen der Pflanzen und den ihnen vorausgegangenen Verhältnissen der Luftwärme s t r e n g e Beziehungen zu konstatieren, welche gestatten würden, aus dem Eintritt einer gewissen Entwicklungsphase einer bestimmten Pflanzenspezies auf die vorausgegangenen Wärmeverhältnisse mit einiger Sicherheit zu schließen. Es ist auch wenig Aussicht vorhanden, daß es gelingen dürfte, die Erscheinungen im Pflanzenleben als eine verläßliche Temperaturskala benutzen zu können. Dazu kommt noch die physiologische Anpassungsfähigkeit, welche die Pflanzen besitzen und die bei verschiedenen Arten auch verschieden stark entwickelt ist. In diesem Anpassungsvermögen ist es begründet, daß dieselbe Pflanze unter anderen klimatischen Verhältnissen auch andere Anforderungen an das Maß der Wärme (und Feuchtigkeit) stellt, welche zur Erreichung eines bestimmten Entwicklungsstadiums ausreicht. „Die Birken am Nordkap belauben sich bei niedrigeren Temperaturen als die der Dresdener Heide und haben zu allen weiteren Entwicklungsstadien weniger Zeit und weniger Wärme nötig. Die nach Madeira eingeführten Buchen entblättern sich bei Temperaturen, welche unsere Buchen noch in vollem Laubschmuck treffen“ (O. Drude). Für jeden Ort hat also die Pflanze eigentlich ein etwas anderes Temperaturmaß.

Dessenungeachtet möchten wir anraten, die Beihilfe pflanzenphänologischer Beobachtungsresultate bei der Darstellung der örtlichen klimatischen Verschiedenheiten auf einem beschränkteren Territorium nicht zu verwerfen. Besonders in Gebirgsgegenden, wo große klimatische Verschiedenheiten auf kleinem Raum zusammengedrängt sind und die verschiedene Exposition der Berghänge gegen Sonne und warme Winde eine so große Rolle spielt, können phänologische Beobachtungen, welche so leicht ohne Instrumente und vielen Zeitaufwand anzustellen sind, wenigstens als Fingerzeige für bestehende Verschiedenheiten dort eintreten, wo regelmäßige meteorologische Aufzeichnungen nicht zu erwarten sind. Wir stimmen vollständig Professor O. Drude bei, wenn er sagt[1]):

„Trotz der Akklimatisationsfähigkeit bleibt noch ein beträchtliches Stück zeitlicher Verschiedenheit im Eintritt einer bestimmten Pflanzenphase in verschiedenen Klimaten übrig. Mit zunehmender geographischer Breite und Seehöhe tritt stets eine Verspätung der Entwicklungsphasen bei derselben Pflanze ein und diese kann, in Tagen ausgedrückt, den klimatischen Unterschied zweier der Vergleichung unterworfenen Orte verständlicher bezeichnen als deren Mitteltemperatur, zumal da der Ackerbau in seinen einzelnen Phasen an bestimmte Entwicklungsmomente der wilden Pflanzen und nicht an bestimmte Temperaturen anzuknüpfen pflegt. — Beobachtungen der Zeit, zu welchen an verschiedenen Orten auf kleineren Gebieten dieselbe Entwicklungsphase bestimmter Pflanzen eintritt, können einen klaren, verständlichen Ausdruck der · Landeskulturfähigkeit abgeben.“

Karsten, Über Beziehungen zwischen Erntezeit und klimatischen Verhältnissen. Kiel 1884; ferner Met. Zeit. XX, 1885, S. 27. H. E. Hamberg, Mittelzeiten für die Vegetation und Landwirtschaft in Schweden. Met. Zeit. 1905, S. 456.

Es läßt sich in der Tat nicht leugnen, daß eine gewisse leichtverständliche und nachdrückliche Charakterisierung klimatischer Unterschiede in den Resultaten der pflanzenphänologischen Beobachtungen liegt, durch welche wir z. B. erfahren, daß die Blütezeit im ersten Frühling (Aprilblüten zu Wien) zu Triest, Görz, Villa Carlotta um 20 bis 25 Tage gegen jene in Wien voraus ist, in Paris noch um 9 Tage, dagegen sich verspätet in Lemberg um 16 Tage, in Zlozow um 21 Tage; daß auf dem Plateau des Erzgebirges die Verspätung eine ebenso große ist wie zu Moskau (34 Tage) und daß diese Verspätung in den Alpen unter $46^{1/2}°$ N. Br. in 1700 m Seehöhe 45 Tage beträgt, so viel wie in Petersburg. Zur Illustration bestehender klimatischer Verschiedenheiten, namentlich auf kleineren Gebieten, möchten wir daher die Resultate phänologischer Beobachtungen, d. h. die Mittelwerte der Eintrittszeit gewisser Entwicklungsstufen an gewissen Pflanzenarten, durchaus nicht verwerfen.

Während auf dem europäischen Kontinente, wie es scheint, die phänologischen Beobachtungen jetzt nur wenig Beachtung finden (die Bestrebungen Ihnes in Darmstadt ausgenommen), werden sie in England und in den Vereinigten Staaten mit größerem Eifer gepflegt. In letzteren wurde auf der Milwaukee Convention des Weather Bureau deren Nutzen besprochen, namentlich auch vom landwirtschaftlichen Standpunkt, zur Wahl der richtigen Zeit des Anbaus, Säens des Korns u. s. w. (was allerdings mehr für Neuland gilt.) Man sehe Monthly Weather Rev. 1896, S. 328. In Prof. Rudels Grundlagen der Klimatologie Nürnbergs III (1906) wird aufmerksam gemacht auf die gute Übereinstimmung des Eintrittes der meteorologischen und phänologischen Jahreszeiten Nürnbergs als Ergebnis mehr als 20jähriger gleichzeitiger Beobachtungen der Temperatur und des Vegetationsganges. Dies läßt die erfreuliche Tatsache erkennen, daß der heutige Stand der Phänologie bereits der Aufgabe, klimatologische Vollbilder im Verein mit der Meteorologie zu schaffen, vollkommen gewachsen ist. (Das Phänologische Jahr Nürnbergs.)

Die Frage nach dem Maße der Wärme, welche verschiedene Pflanzen

---

[1]) Anleitung zu phytophänologischen Beobachtungen. Isis, Jahrgang 1881. Wir empfehlen diese Anleitung bestens denjenigen, welche derartige Beobachtungen anstellen wollen.

zur Erreichung bestimmter Entwicklungsphasen bedürfen, und nach der Konstanz derselben hat die Pflanzenphänologen namentlich beschäftigt.

Man hat zuerst einfach die Temperatursumme gebildet, welche seit Beginn des Jahres bis zur Entwicklung der Vegetationsphase aufgelaufen war; die Temperaturen unter dem Gefrierpunkt wurden dabei weggelassen, weil diese nur einem Stillstand des Pflanzenlebens entsprechen und deshalb nicht subtraktiv in Rechnung gestellt werden dürfen. Nach dieser Methode hat namentlich C. Fritsch mit großem Fleiße die phänologische Temperaturkonstanten zu bestimmen gesucht.

Die Temperatursumme für dieselbe Entwicklungsstufe derselben Pflanzenart hat sich aber doch als von einem Jahre zum anderen ziemlich variabel erwiesen. Hoffmann glaubte besser zu tun, nicht die Schattentemperaturen, sondern die Maximaltemperaturen in der Sonne in gleicher Weise in Rechnung zu stellen. Diese Maximaltemperatursummen sollten eine größere Konstanz zeigen. Natürlich gelten aber „die Temperaturen in der Sonne" nur für ein bestimmtes Thermometer in bestimmter Aufstellung und eine Vergleichbarkeit derselben wäre kaum je zu erzielen.

Neben der Frage, ob Schattentemperatur oder Insolationstemperatur, trat dann noch jene auf, ob man für alle Pflanzen denselben Ausgangspunkt der Zählung der Temperaturen verwenden sollte. De Candolle war der Ansicht, daß man von der Temperatur des Keimens der Pflanze, also bei der Gerste von 5°, beim Weizen von 6° ausgehen müsse; alle Temperaturen unterhalb dieser „Schwelle" wären bei der Bildung der Temperatursumme nicht zu berücksichtigen.

Die Frage, welche „Temperaturschwelle" man für bestimmte Pflanzen anzunehmen habe, hat Arthur v. Öttingen zum Gegenstande einer scharfsinnigen Untersuchung gemacht. Bildet man die Temperatursummen von verschiedenen wahrscheinlichen Schwellenwerten ausgehend, so wird diejenige Summe von Jahr zu Jahr sich am konstantesten erweisen, also die kleinste mittlere Abweichung zeigen, welche mit dem richtigen Schwellenwert berechnet worden ist. So zeigten z. B. für die erste Blüte von Prunus Padus die Temperatursummen in 7 Jahren folgende mittlere Abweichungen: Schwellenwert 0°, Wärmesumme 334°, mittlere Abweichung $\pm 13^\circ$, Schwellenwert 2°, WS. 234°, $\pm 5^\circ$; 4° WS. 162°, $\pm 6^\circ$; 6° WS. 111°, $\pm 7^\circ$ etc. Kurz die Temperatursumme, die von dem Schwellenwert von 2° ausgehend berechnet worden ist, erweist sich als die konstanteste in den verschiedenen Jahrgängen, liefert also die vergleichbarsten Werte. Auch der wahrscheinliche Fehler des Datums des Eintrittes der Blüte ist für diese Schwelle am kleinsten.

Diese von Öttingen befürwortete Methode scheint ihrer Umständlichkeit wegen nicht eingehender von anderen geprüft worden zu sein. Im allgemeinen will man in neuerer Zeit den phänologischen „Temperatursummen" keine so große Bedeutung mehr zuschreiben, als dies früher einmal der Fall war. Mit hinreichender Kritik und Berücksichtigung der bedingten Bedeutung derselben dürften diese Wärmesummen immerhin zur Charakterisierung des Wärmebedürfnisses der verschiedenen Pflanzen, namentlich der Kulturgewächse, nicht zu verwerfen sein.

Da hier auf den Gegenstand nicht näher eingegangen werden kann, mag auf einige neueren Schriften über Phänologie verwiesen werden: S. Günther, Die Phänologie. Münster 1895; kurze, übersichtliche Darstellung der Bestrebungen auf diesem Gebiete. O. Drude, Handbuch der Pflanzengeographie. Stuttgart 1890, S. 17—48, und in dessen Werk: Deutschlands Pflanzengeographie. I. Teil, Stuttgart 1896, V. Abschnitt: Die periodische Entwicklung des Pflanzenlebens im Anschluß an das mittel-

europäische Klima. Wichtig ist die Schrift von A. v. Öttingen, Phäno-
logie der Dorpater Lignosen. Ein Beitrag zur Kritik phänologischer Be-
obachtungs- und Berechnungsmethoden. Dorpat 1879. Ferner H. Hoffmann,
Phänologische Untersuchungen. Gießen 1887. R. Hult, Recherches sur
les phénomènes périodiques des plantes. Nova acta R. Soc. Sc. Upsalae
Sér. III, 1881. E. Ihne, Phänologische Jahreszeiten. Potonié Naturw.
Wochenschrift X, Nr. 4, 1895. Derselbe, Karte der Aufblühzeit von
Syringa vulgaris in Europa. Bot. Zentralblatt 1885, Bd. XXI, 3,5.
H. Hoffmann, Vergleichende phänologische Karte von Mitteleuropa.
Peterm. Geogr. Mitt. 1881. E. Ihne, Phänologische Karte des Frühlings-
einzugs in Mitteleuropa. Ebenda 1905, Tafel 9 mit Text. Staub, Ph.
Karte von Ungarn. Ebenda 1882. Dr. K. Wimmenauer, Die Haupt-
ergebnisse 10jähriger forstlich-phänologischer Beobachtungen in Deutsch-
land 1885 bis 1894. Berlin 1897. Sehr lehrreich sind die phänologischen
Karten von A. Angot in den Annales du Bureau Central mét. de la
France. Année 1892. I. Mémoires. Paris 1894. Résumé des études sur
la marche des phénomènes de végétation et de la migration des oiseaux
pendant les dix années 1881 bis 1890. Desgleichen dessen große Arbeit:
Etude sur les vendanges en France. Annales du Bureau Central. Tome I,
1883. Paris 1885, welche auch für die Frage der Klimaänderungen sehr
wichtig ist. Cl. Abbe, Relations between climates and crops. U. S.
Weather B. Bull. 36. Washington 1905. Wichtige Zusammenfassung
aller Untersuchungen über Meteorologische Faktoren und Pflanzenwuchs.

Die zahlreichen älteren Arbeiten von Fritsch, Linsser etc. können
nicht mehr einzeln angeführt werden.

Neuere Anregungen zu lebendigeren lokalklimatographischen Beschreibungen.

Cl. Abbe in Washington und neuerdings wieder noch eingehender
Rob. De C. Ward in Cambridge wünschen[1]), daß in den klimatischen Beschreibungen das Wetter als Basis des Klimas mehr zur Geltung gelangen
sollte als bisher, natürlich vornehmlich der Klimate in den mittleren und
höheren Breiten. Das Wetter liefert ja sozusagen „die Bausteine" des
Klimas, und diese letzteren sollten nicht so stark im Bilde des Klimas
zum Verschwinden gebracht werden. Wenn immer und wo immer es
tunlich ist, sollte das zyklonische Element (the cyclonic unit) zur Basis
der Darstellung der Mittelwerte (basis of the summaries) gemacht werden,
der täglichen wie der monatlichen, der jahreszeitlichen wie der jährlichen.
Mehr Beachtung sollte einer guten wörtlichen Diskussion der Zahlenwerte
geschenkt werden und den Schilderungen des Klimas. Von Wichtigkeit
ist die Diskussion der Bedingungen, unter welchen die normalen und die
abnormen Jahre, Monate oder Tage eintreten, zusammen mit einer gut
gewählten rationellen Beschreibung der Wettertypen, mit Illustrationen
durch typische Wetterkarten, dann die Feststellungen bezüglich der gleichzeitigen Änderungen der verschiedenen Witterungselemente unter typischen
wie unter abnormen zyklonischen und antizyklonischen Bedingungen. Diese
letzteren sollten, wenn möglich, durch die Aufzeichnungen selbstregistrie-
render Instrumente illustriert werden.

---

[1]) Abbe, Smith. Report 1883, p. 491; ferner in Maryland Weather Serv.,
Vol. I, 266 u. s. w. — Ward, Suggestions concerning a more rational treatment
of climatology. Eight Intern. Geographic Congress, Washington 1904.

Den einzelnen Wetteränderungen sollte mehr Aufmerksamkeit geschenkt werden, diese Änderungen erfahren wir täglich unmittelbar, sie affizieren unsere Tätigkeit, Gesundheit, Lebensweise, sowie unsere Ernten. Die zyklonischen Änderungen der verschiedenen Elemente sind von größter Wichtigkeit und geben dem Klima seinen Charakter. Das zyklonische Element wird zu wenig berücksichtigt in den normalen Tabellen der klimatischen Elemente. Nach Abbe gehört in die Liste der letzteren auch die Anzahl der allgemeinen Sturmzentren, welche über ein Land hinwegziehen, ihre geographische Verteilung (also wohl die Lage zu den sogen. Zugstraßen) mit Rücksicht darauf, daß ihre Häufigkeit (und Geschwindigkeit des Fortschreitens) ein direkter Index der Veränderlichkeit des Klimas ist und ein konzises Summarium der Einflüsse derselben auf Gesundheit, Geschäfte, häusliches Leben, Handel und Waldwirtschaft[1]).

Die große Veränderlichkeit des Klimas der Vereinigten Staaten im Gegensatz zu der Konstanz desselben in Ostsibirien liegt in der verschiedenen Lage derselben zu den Zyklonenbahnen.

Stupart gibt drastische Beispiele von der Abhängigkeit der Mitteltemperatur der Wintermonate in Kanada von der Lage der vorwiegenden Zyklonenbahnen. Bleiben dieselben konstant im Süden, so ist die Temperatur niedrig, die Chinookwinde (die warmen föhnartigen Westwinde der Ostseite des Felsengebirges) bleiben aus; umgekehrt verhält es sich, wenn die Zyklonen konstant über den nördlichen Teil von Britisch-Kolumbien in das Festland eintreten. Die Gegensätze sind dann sehr groß. Edmonton Januar 1886 — 25,2 ° C., 1889 — 5,6; Februar 1887 — 23,6, dagegen 1899 5,6, November — 17,6 1896, + 3,8 1890.

Die Witterungstypen eines Landes (nach Temperatur, Feuchtigkeit, Niederschlägen, Bewölkung), je nach dessen Lage zu den Zentren der Barometermaxima und -minima sollte berechnet werden, nach dem Beispiele, welches zuerst Hildebrandsson gegeben hat. Im Notfalle (wenn die synoptischen Wetterkarten fehlen) leisten dies die meteorologischen Windrosen, wie sie namentlich Kämtz zuerst berechnet hat. Die Berechnung derselben ist deshalb zu empfehlen.

In Übereinstimmung damit stehen die sehr beachtenswerten Ausführungen von W. N. Shaw: On the Treatment of climatological Observations. Journ. Scott. Met. Soc., III. Ser., Nr. XX und XXI (1905). Shaw teilt England in zehn Distrikte und berechnet für jeden die Mittelwerte der meteorologischen Elemente: Regenfall, Regentage, Bewölkung, mittleres Maximum und Minimum, Sonnenschein, Windrichtung und Stärke für sechs verschiedene Wettertypen: bei SE-, SW-, NW- und NE-Winden, bei variablen zyklonischen und antizyklonischen Winden (d. h. den entsprechenden Luftdruckverteilungen). Wichtig ist besonders die Konstatierung der Häufigkeit dieser verschiedenen Typen.

Vom Standpunkte des Arztes macht Sir Hermann Weber[2]) auf die Bedeutung der Natur des Bodens für die lokalen Klimate besonders aufmerksam. Der Boden kann felsig oder porös, sandig oder lehmig sein, durchlässig oder undurchlässig für die atmosphärischen Niederschläge, deshalb ent-

---

[1]) Als Beispiel einer derartigen umfassenden und lebendigen wissenschaftlichen Klimabeschreibung kann hingestellt werden: The Climate of Baltimore by Oliver L. Fassig. Maryland Weather Service, Specialpubl., Vol. II, Baltimore 1904. Diese Klimadarstellung umfaßt aber auch 270 Seiten und ist mit zahlreichen Diagrammen und Karten illustriert. — Die Berücksichtigung der Wettertypen ist überhaupt die stärkere Seite der amerikanischen Klimadarstellungen.

[2]) Healths Resorts of Europe and Northern Africa. III. Ed., London 1907.

weder trocken oder feucht, geeignet oder ungeeignet für gute Drainage.
Davon hängt die Luftfeuchtigkeit und Neigung zu Nebelbildung ab. Mikro-
organismen bewahren ihre Vitalität länger in feuchter Luft und an Orten
mit feuchten, schlecht drainierten Böden.

Die Oberfläche des Bodens kann kahl oder mit mehr oder weniger
Vegetation bedeckt sein. Auf die Bedeutung dieser Verhältnisse auf
Wärmestrahlung und tägliche Temperaturschwankung haben wir schon
früher aufmerksam gemacht, ebenso ist dies von Einfluß auf die Luft-
feuchtigkeit. Der kahle Boden kann dunkel sein (schwarze, vulkanische
Felsen z. B.) oder hell (gelblicher Sand oder weißer Kalk) und kann dann
das Sonnenlicht in blendendem Glanze reflektieren. In trockenen Klimaten
kann der leichteste Wind zu unangenehmen, ja schädlichen Staubwolken
Veranlassung geben. In Städten vermindert das Pflaster und die rasche
Abfuhr des Regenwassers die Verdunstung und bedingt eine trockene Luft[1]).

---

[1]) Wie wenig die künstliche Bespritzung der Straßen die Luftfeuchtigkeit in einiger Höhe über dem Boden merklich beeinflußt, habe ich mich oft bei
den Beobachtungen am alten Observatorium in der Favoritenstraße überzeugt.

Beispiel einer Klimatabelle mittleren Umfanges.
Wien Stadt 48° 12′ N. Br., 16° 22″ v. Gr. 194 m und Land 48° 15′ N, 202 m.
Temperaturverhältnisse.

	Mittel für drei Tageszeiten 6ʰa / 20 Jahre 1852—1871	2ʰp	10ʰp	20 Jahre, wahre Tagesmittel	100jährige Mittel Sternwarte 1776—1875	Land (1851—1900) wahre Mittel	Extreme Monats- und Jahresmittel		Mittlere Veränderlichkeit der Mittel	Mittlere tägliche Temperaturschwankung 20 Jahre Periodisch	unperiodisch	Mittlere Monats- und Jahresextreme Wien Land 1851—1900		Diff.	Absolute Extreme 1829—1900		Veränderlichkeit der Tagesmittel 1808—1890	Mittlere Häufigkeit von Änderungen der Tagestemperatur bestimmter Größe (Tage) 1871—1890 2—4°	4—6°	6—8°	8—10°	10—12°	Abkühlungen um 4° darunter
Jan.	−2,3	0,3	−1,6	−1,3	−2,0	−1,7	−8,3[1])	4,2	2,38	2,7	4,9	9,5	−12,1	21,6	18,8	−25,5	2,18	8,1	3,2	1,4	0,3	0,2	2,6
Febr.	−1,2	2,6	0,1	0,4	0,3	0,2	−7,0	5,8	2,28	3,8	6,1	11,0	−9,8	20,8	20,0	−20,0	1,96	7,3	1,7	0,8	0,2	0,1	1,2
März	1,6	7,4	3,6	4,2	4,0	3,9	−2,2	9,4	1,74	5,9	7,8	17,5	−6,8	24,8	24,3	−16,3	1,92	8,7	3,6	1,0	0,2	0,1	1,4
April	6,2	14,0	9,0	10,0	10,0	9,4	5,4	17,4	1,62	7,8	9,6	22,8	−1,1	23,9	28,8	−7,9	2,01	9,9	2,5	0,6	0,1	—	1,6
Mai	11,4	19,3	13,8	15,1	15,4	14,0	11,1	20,1	1,53	8,2	10,2	27,2	3,1	24,1	36,0	−2,5	1,98	9,0	3,0	0,6	0,1	0,1	2,1
Juni	15,5	22,4	17,1	18,6	18,6	17,7	15,3	24,1	1,22	7,6	9,9	29,7	8,8	20,9	37,8	3,8	1,98	9,7	2,4	0,9	—	—	2,3
Juli	16,9	24,3	18,9	20,3	20,5	19,6	17,4	24,6[2])	1,24	7,9	10,1	32,2	10,7	21,5	38,8	7,3	1,96	9,1	2,2	0,6	0,2	0,2	2,2
Aug.	16,0	23,7	18,2	19,6	19,9	18,8	17,1	26,5[2])	1,25	7,9	9,7	31,4	9,7	21,7	37,5	5,6	1,74	8,2	2,2	0,4	0,2	0,1	2,2
Sept.	12,2	20,4	14,8	16,1	15,7	15,2	13,2	19,8	1,15	8,2	9,6	27,5	5,0	22,5	33,5	−0,6	1,62	7,4	1,6	0,3	0,2	—	1,7
Okt.	7,7	14,3	9,5	10,5	10,1	9,8	6,8	14,9	1,48	6,6	8,3	22,2	0,1	22,1	27,8	−6,8	1,52	7,3	1,6	0,5	0,1	—	1,7
Nov.	2,5	5,5	3,3	3,7	3,9	3,5	−0,2	7,1	1,34	3,1	4,9	14,6	−6,0	20,6	21,5	−15,0	1,77	8,6	2,0	0,6	0,1	—	1,5
Dez.	−1,5	0,6	−1,0	−0,8	−0,2	−0,6	−9,3[1])	5,4	2,27	2,1	4,7	10,1	−11,0	21,1	19,1	−22,6	2,08	7,7	3,5	1,1	0,6	0,3	2,9
Jahr	7,1	12,9	8,8	9,7	9,7	9,15	7,3 1829	11,9 1797	0,72	5,9	8,0	33,2	−14,6	47,8	38,8 14/VII 1832	−25,5 22/I 1850	1,88	101,0	29,5	8,8	2,3	1,1[3])	24,4
Kol.	1	2	3	4	5	6	7	8	9	10	11	12	13	14	15	16	17	18	19	20	21	22	23

	Dampfdruck 1871—1900	Relative Feuchtigkeit				Verdunstung (5 Jahre)	Bewölkung (50 Jahre)	Sonnenschein Prozent (20 Jahre)	Sonnenschein Stunden	Tage ohne Sonne	Niederschlag			Schnee 1861—1900		Tage mit			Windstärke M|S 1866—1900	Sturmtage[5] 28 Jahre	Luftdruck in 202,5 m 1851—1900	
		6ʰ	2ʰ	Monats-mittel							Menge 1845—1900	Veränder-lichkeit Prozent	Tage 50 Jahre	Tage	Höhe cm	Gewitter	Frost	Nebel			Mittel	Mittlere Schwan-kung
		Stadt (20 Jahre)	Stadt	Stadt	Land																	
Jan.	3,5	86	77	84	85	13	7,1	22	61	13,8	37	50	13,0	7,6	224	0,0	25,4	6,2	4,81	2,7	746,1	27,7
Febr.	3,8	87	70	80	81	27	6,6	29	84	7,9	33	53	11,2	6,2	161	0,0	20,3	4,0	5,63	2,5	45,1	26,6
März	4,5	84	58	71	72	39	6,0	35	131	6,1	46	47	12,8	5,6	202	0,2	12,9	2,2	5,84	2,0	42,2	27,0
April	6,0	81	48	63	67	71	5,5	42	174	4,2	50	46	12,3	1,3	50	0,8	1,5	1,3	5,21	0,5	41,8	21,8
Mai	8,1	76	49	64	70	87	5,4	50	236	2,2	70	47	13,6	0,3	25	3,3	0,0	1,1	5,23	1,0	42,3	18,8
Juni	10,4	76	50	64	70	93	5,1	50	239	1,4	71	48	13,7	0,0	0	4,2	0,0	0,1	5,27	0,8	43,1	15,7
Juli	11,6	75	48	63	69	113	4,7	55	263	0,8	70	41	**14,0**	0,0	0	4,6	0,0	0,3	5,28	1,4	43,4	15,0
Aug.	11,4	75	50	66	72	94	4,5	56	246	1,6	70	39	12,3	0,0	0	3,3	0,0	0,8	4,74	0,5	43,7	15,2
Sept.	9,6	79	53	69	76	77	4,6	48	179	2,3	44	46	10,5*	0,0	0	1,3	0,0	2,8	4,49	0,6	45,1	18,4
Okt.	7,3	82	61	76	81	47	5,8	33	110	6,7	49	46	12,5	0,5	19	0,2	1,5	7,7	4,46*	1,0	44,4	24,3
Nov.	5,1	85	72	80	84	32	7,3	23	65	12,5	41	47	13,3	3,1	103	0,0	10,2	8,8	4,92	2,0	44,7	27,7
Dez.	3,9	84	77	83	85	18	7,4	19	49	15,5	42	57	13,8	7,6	228	0,0	22,1	7,0	5,04	3,0	45,3	29,3
Jahr	7,1	80	59	72	76	711	5,8	41	1842	75,0	623	12[4])	153,0	32,2	1012	17,9	94,7	42,3	5,08	18,0	743,9	39,0[6])
Kol.	24	25	26	27	28	29	30	31	32	33	34	35	36	37	38	39	40	41	42	43	44	45

[1]) Januar 1830 und Dezember 1840.
[2]) Juli 1794 und August 1807.
[3]) Summe 142,7. Die auf 365 Tage fehlenden entsprechen Temperaturänderungen von 0—2°.
[4]) Mittlere Abweichungen in Prozent der Monats- und Jahressumme.
[5]) Tage mit wenigstens 20 m/s. als Maximum.
[6]) Absolute Extreme 768,4 und 715,5. Am 28. Januar 1907 Max. 770,0.

Zweites Buch

Das solare Klima.

Die von der geographischen Breite abhängigen Licht- (und Wärme-) zonen der Erde. Das mathematische oder solare Klima.

Denken wir uns die Erdoberfläche ganz vom Festland eingenommen (oder ganz von Wasser bedeckt) und zunächst ohne Atmosphäre,
also etwa in dem Zustande, in dem sich der Mond befindet. Dann
würde die Wärmeverteilung auf derselben überall nur von der jedem
Orte zukommenden Quantität der Sonnenwärme und dem Betrage der
Wärmeausstrahlung daselbst abhängig sein. Da nun diese beiden Faktoren für alle Orte auf demselben Parallel-. oder Breitekreise dieselben
sein müßten, so würden die Erdgürtel gleicher Wärme mit den Breitekreisen zusammenfallen. Selbst die Existenz einer wasserdampffreien
Atmosphäre würde an dieser Wärmeverteilung wenig ändern, bloß die
absoluten Quantitäten der Wärmeeinstrahlung und -ausstrahlung an
der Erdoberfläche würden dadurch beeinflußt [1]).

Soweit das Klima nur von der Quantität der Sonnenstrahlung abhängt, welche einem Ort nach seiner geographischen Breite zukommt,
wird es das solare Klima genannt. Unter den oben aufgestellten
Bedingungen würde also auf der Erde bloß das solare Klima herrschen.
Die Quantität der Sonnenstrahlung, welche täglich oder jährlich einem
Orte zukommen würde, wenn keine Atmosphäre vorhanden wäre, läßt
sich leicht direkt berechnen. Aber auch jene Quantitäten von Licht
und Wärme, welche durch eine stets wolkenlose Atmosphäre durch-
strahlen würden, lassen sich genähert berechnen. In der Wirklichkeit
wird aber durch die unregelmäßige Verteilung von Wasser und Land,
durch die örtlich und zeitlich sehr verschiedene Heiterkeit der Atmosphäre, genauer durch die verschiedene Durchlässigkeit der direkten
Strahlung der Sonne, die Wärmeverteilung auf der Erdoberfläche
wesentlich beeinflußt, und zugleich hängt der Wärmezustand der Luft
an einem Orte nicht allein von der daselbst stattfindenden Wärmeein-
und -ausstrahlung ab, sondern auch von dem Wärmeaustausch, der in

---

[1]) Es würden allerdings Konvektionsströmungen auftreten, da aber kein
Grund vorhanden wäre, daß warme oder kalte Luftströme (oder Meeresströme) in
gewissen Meridianen häufiger auftreten würden als in anderen, so könnte die
zonale Verteilung der Temperatur nach Breitekreisen dadurch kaum gestört werden.

Form von Luft- und Meeresströmungen zwischen verschieden erwärmten Orten der Erdoberfläche sich einstellt. Die Folge davon ist, daß, wie bekannt, die Luftwärme durchaus nicht mehr an allen Orten desselben Breitegrades dieselbe ist, namentlich nicht in höheren Breiten, ja selbst die direkte Strahlung der Sonne ist an der Erdoberfläche nicht mehr auf demselben Parallel die gleiche. Trotzdem muß das solare Klima die Grundlage bilden selbst für die Darstellung der tatsächlichen Verteilung der Luftwärme auf der Erdoberfläche, weil ja doch alle Wärmeerscheinungen auf derselben von der Sonnenstrahlung herrühren und die einfachsten Gesetze der Verteilung dieser letzteren in erster Linie auch für jene maßgebend sind. Außerdem ist der Betrag der direkten Sonnenstrahlung an heiteren Tagen (also das Maximum derselben) doch für jeden Ort durch das solare Klima gegeben.

Ptolemäus und die alten Geographen haben in der Tat ihre klimatischen Zonen bloß mit Rücksicht auf die Beleuchtungsverhältnisse abgegrenzt. Das Wort Klima (von κλίνειν, neigen) weist noch darauf hin, daß damit nur die von der Neigung der Erdachse abhängigen Unterschiede der Bestrahlung bezeichnet werden sollten. Die Klimate des Ptolemäus waren Zonen, in welchen sukzessive vom Äquator bis zum Polarkreis die Dauer des längsten Tages um eine halbe Stunde zunahm. Sie waren deshalb von sehr ungleicher Breite, das erste Klima umfaßte 8½ Breitegrade, das fünfzehnte nur mehr 1° (von 61° bis 62° Breite), das vierundzwanzigste sogar nur mehr 3 Minuten.

I. Die Verteilung der Sonnenstrahlung auf unserer Erde ohne deren Lufthülle.

Die Gesetze, nach welchen sich Intensität und Quantität der Sonnenstrahlung auf die geographischen Breiten verteilt, sind namentlich von H a l l e y, L a m b e r t, M e e c h und W i e n e r untersucht worden [1]).

E i n l e i t u n g. Die Intensität und Quantität der Strahlung, welche ein Ort der Erdoberfläche von der Sonne erhält, hängt ab von dem Einfallswinkel der Strahlen (oder von der Sonnenhöhe) und von der Dauer der Bestrahlung, d. i. von der Tageslänge. Das Gesetz, nach welchem die Intensität der Beleuchtung und Erwärmung von dem Einfallswinkel der Strahlen abhängt, ist aus der Physik bekannt und wird durch die folgende Figur 2 erläutert. Die Fläche BB erhält eine geringere Bestrahlung in dem Maße, als sie größer ist als die demselben Strahlenbündel S senkrecht (normal) entgegengestellte Fläche AA. Es verhält sich die Intensität der Bestrahlung I' auf der Fläche B zu jener I auf der Fläche A verkehrt wie die Größe dieser Flächen, also

---

[1]) M e e c h, On the relative intensity of the heat and light of the sun. Smithsonian Contributions, Vol. IX. Washington 1857. C h r. W i e n e r, Über die Stärke der Bestrahlung der Erde durch die Sonne in ihren verschiedenen Breiten und Jahreszeiten, Karlsruhe, Bielefeld 1876. S. auch Met. Zeitschr. 1879, S. 113 u. s. w.

$$I' : I = A : B \text{ oder } I' = I\,(A : B) = I \sin h,$$

wenn die Strahlen den Winkel h mit der Horizontalen bilden.

Die Intensität der Bestrahlung ändert sich also proportional dem Sinus der Sonnenhöhe oder dem Kosinus der Zenithdistanz.

Verteilung der Strahlung nach Breitekreisen. Die größte Höhe, welche die Sonne am Mittag erreichen kann, nimmt mit der geographischen Breite ab, sie ist gleich der Äquatorhöhe des Ortes $+ 23\frac{1}{2}°$ (oder $90° - \varphi + 23\frac{1}{2}$ wenn φ die geographische Breite). Würde die Sonne stets am Äquator bleiben, also auch Tag und Nacht überall auf der Erde gleich sein, wie dies zur Zeit der Äquinoktien in der Tat der Fall ist, so würde sich die Bestrahlung in einem sehr einfachen Verhältnis mit der geographischen Breite ändern, nämlich direkt mit dem Sinus der mittägigen Sonnenhöhe, welche, wenn die Sonne im Äquator steht, gleich ist der Höhe des Äquators über dem Horizont (oder $90°$ weniger der geographischen Breite). Da dies für alle Tage des Jahres gelten würde, so würde auch die Quantität der jährlichen Sonnenstrahlung mit dem Sinus der Äquatorhöhe oder dem Kosinus der geographischen Breite sich ändern. Da die Sonne sich nicht weit vom Äquator entfernt und die stärkere Bestrahlung im Sommer durch die geringere im Winter zum Teil kompensiert wird, so gilt dieses eigentlich nur für die Zeit der Äquinoktien aufgestellte Gesetz der Wärmeverteilung angenähert auch noch für die Verteilung der jährlichen Quantitäten der Strahlung bis zu einer geographischen Breite von $25°$ (wenn man einen Fehler von 1% zugibt).

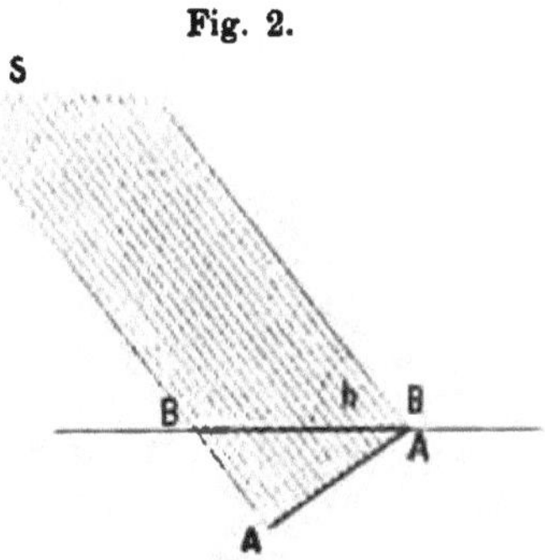

Daß aber für höhere Breiten dieses einfache Gesetz der Verteilung der jährlichen Summe der Sonnenstrahlung nicht mehr gelten kann, zeigt schon die einfache Überlegung, daß dann dem Pol gar keine Strahlung zukäme, während er in der Tat, freilich nur für eine kürzere Zeit, wegen seiner langen Sommertage eine sehr beträchtliche Strahlenmenge erhält. Das Gesetz, nach welchem die tägliche Licht- und Wärmemenge über die Erdoberfläche verteilt ist, zu den Zeiten da die Sonne außerhalb des Äquators steht, ist ein sehr kompliziertes, weil die gegen den einen Pol hin rasch zunehmende Tageslänge das schiefere Einfallen der Sonnenstrahlung bald mehr als bloß ersetzt. Es entstehen dadurch zwei Maxima der täglichen Wärmesummen, eines in niedrigeren Breiten und eines am Pol selbst. Die folgende Fig. 3 S. 96 zeigt (nach Wiener) die Verteilung der täglichen Sonnenstrahlung vom Äquator bis zum Nordpol am 20. März, 12. April, 5. Mai und 21. Juni. Die relativen Intensitäten der Strahlung sind am rechten Rande der Figur beigeschrieben.

Man sieht, daß am 21. Juni die beiden Maxima der Bestrahlung den Breitegrad von 43½ und den Pol treffen, unter 62° tritt ein kleines Minimum der Bestrahlung ein, aber immerhin ist auch hier noch die Bestrahlung erheblich größer als gleichzeitig am Äquator; von 43½° Nord bis zum südlichen Wendekreis nimmt die Bestrahlung kontinuierlich bis auf Null ab[1]).

Setzen wir die Strahlenmenge, welche der Äquator zur Zeit des Frühlingsäquinoktiums am 20. März erhält, gleich 1000, so wird die

Fig. 8.

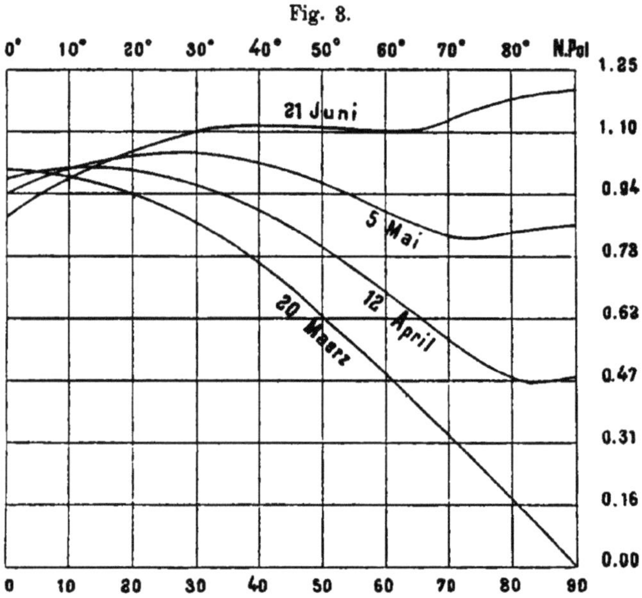

relative Verteilung der Strahlenmengen am 21. Juni durch folgende Zahlen in ihren wichtigsten Momenten ausgedrückt:

Nordpol	62°	43½°	Äquator	66½° S.
1203	1092	1109	881	0

Die Bestrahlung des Pols ist demnach am 21. Juni um mehr als 20% größer als die größte, die der Äquator je erhält, und um 36% größer als die am Äquator gleichzeitig stattfindende Bestrahlung. Überhaupt ist an jenem Pol, der sein Sommerhalbjahr hat, die Bestrahlung während 28 Tagen vor und nach der Sonnenwende, also durch 56 Tage, stärker als an irgend einem anderen Punkt der Erde und während 84 Tagen größer als die gleichzeitige am Äquator (für den Nordpol vom 10. Mai bis 3. August).

---

[1]) Über die Berechnung der täglichen Wärmemengen siehe den Anhang zu diesem Kapitel.

Unterschied der Hemisphären. Die Intensität der Bestrahlung der südlichen Hemisphäre während ihres Sommerhalbjahres ist etwas größer als die der nördlichen, im Winterhalbjahr verhält es sich umgekehrt. Es rührt dies davon her, daß die Erde sich im Sommer der südlichen Hemisphäre in der Sonnennähe befindet, hingegen in der Sonnenferne während des Sommers der nördlichen Hemisphäre. Der Unterschied der Intensität der Sonnenstrahlen in den extremsten Fällen am 1. Januar (Perihel) und am 3. Juli (Aphel) beträgt zirka $^1/_{15}$ der gesamten Strahlung [1]. Dieser Unterschied ist hinlänglich groß, um direkt sich fühlbar zu machen. Die starke Temperaturänderung, welche man fühlt, wenn man im südlichen Sommer aus dem Schatten in die Sonne tritt, setzt die nach Australien und Neuseeland kommenden Einwanderer in Erstaunen (Dove). Die Erhitzung des Bodens und die Temperaturmaxima sind in Australien und Südafrika größer als unter gleichen Breiten in der nördlichen Hemisphäre, trotz der (aus anderen Gründen) erheblich geringeren mittleren Sommerwärme.

Die Intensitäten der Sonnenstrahlung in verschiedenen Punkten der Erdbahn sind den Quadraten der Entfernungen umgekehrt, oder den Quadraten des scheinbaren Sonnenhalbmessers direkt proportional. Sucht man die Bestrahlung des Südpols am 21. Dezember, so erhält man sie durch eine einfache Rechnung mittels der scheinbaren Halbmesser der Sonne, die einem astronomischen Kalender zu entnehmen sind. Der Halbmesser der Sonnenscheibe [2] erscheint am 21. Juni unter einem Winkel von 946 Sekunden, am 21. Dezember unter einem Winkel von 978″, man hat daher:

Bestrahlung des Südpols am 21. Dezember

$$= 1203 \left(\frac{978}{946} \right)^2 = 1286.$$

Der Südpol erhält also dann um 83 Strahlungseinheiten mehr als der Nordpol am 21. Juni.

Durch den Einfluß der Änderungen in der Entfernung der Sonne

---

[1] Bezeichnen wir die Exzentrizität mit ε, so ist die Entfernung in der Sonnennähe $1 - \varepsilon$, in der Sonnenferne $1 + \varepsilon$, die Intensitäten sind aber den Quadraten der Entfernungen verkehrt proportional, daher ist die Intensität im Perihel $\left(\frac{1 + \varepsilon}{1 - \varepsilon} \right)^2$, wenn sie im Aphel $= 1$ gesetzt wird, oder genähert $1 + 4\varepsilon$. Da nun ε gegenwärtig zirka $^1/_{60}$ beträgt, so resultiert daraus das im Text angeführte Verhältnis. Nimmt man nach Laplace als obere Grenze der Exzentrizität 0,07775, d. i. zirka $^1/_{13}$, so wäre die Erwärmung im Perihel $=$ Aphel $\left(1 + \frac{4}{13} \right)$. Dann würde also die Erwärmung in der Sonnennähe fast um $^1/_3$ größer sein als im Aphel, der Unterschied der Extreme also außerordentlich groß werden.

[2] Mit Rücksicht auf eine Kritik der obigen Angaben für den scheinbaren Halbmesser der Sonne d sei bemerkt, daß selbe der Connaissance de Temps 1895 entnommen sind (nach den Greenw. Beob. 1836 bis 1840 ist d in mittlerer Entfernung 961,8″). Auwers hat für d 959,6″ berechnet, also rund 960″ in mittlerer Entfernung. Dann wäre am 1. Jan. 976, 21. März 963, 3. Juli 944 und am 23. Sept. 956″ zu setzen, die mittlere Entfernung tritt am 1./2. April und am 3. Okt. ein. Die Resultate im Texte ändern sich dadurch nicht.

wird der jährliche Gang der Bestrahlung unsymmetrisch in beiden Jahreshälften, und in den niedrigeren Breiten, wo die jährliche Änderung geringfügig ist, wird die ganze Form der Jahreskurve dadurch wesentlich modifiziert.

Die folgende kleine Tabelle gibt die täglichen Wärmesummen für die Solstitien und für die Zeiten der Zenithstände der Sonne unter dem Äquator sowie unter 15° und 20° Nord- und Südbreite.

Am Äquator hat die Sonnenstrahlung eine doppelte Periode, zwei Maxima um die Zeiten der Äquinoktien und zwei Minima zur Zeit der Solstitien. Die Ungleichheit dieser beiden Extreme rührt her von der verschiedenen Sonnenferne in den verschiedenen Perioden des Jahres [1]).

Geograph. Breite	21. Dez. Betrag der Sonnenstrahlung	Kulmination		21. Juni Betrag der Sonnenstrahlung	Kulmination	
		Zeit	Betrag der Sonnenstrahlung		Zeit	Betrag der Sonnenstrahlung
20° N	677	20. Mai	1041	1045	23. Juli	1034
15° N	749	1. Mai	1017	1012	12. Aug.	1008
Äquator	942	20. März	1000	881	23. Sept.	988
15° S	1081	8. Febr.	1061	701	8. Nov.	1058
20° S	1116	20. Jan.	1101	633	21. Nov.	1094

Der größte Unterschied der Bestrahlung beträgt am Äquator bloß 12%. Auch noch in dessen Umgebung bis zu zirka 12° Nord- und Südbreite existiert eine doppelte Jahresperiode, unter 15° Breite ist dieselbe schon einfach, wie obige Zahlen ersichtlich machen. Die Intensität der Bestrahlung in diesen Breiten ist während des ganzen Sommerhalbjahres beinahe konstant. Unter 20° Breite ist der Unterschied der extremen Bestrahlungen schon 368 und 483, 3- bis 4mal größer als am Äquator.

Wie außerhalb der Wendekreise mit wachsender Breite die Unterschiede zwischen der Bestrahlung im Sommer- und Wintersolstitium zunehmen, ersieht man aus folgenden Zahlen, welche die Tagessumme der Sonnenstrahlung für jeden zehnten Breitegrad am 21. Juni und am 21. Dezember angeben.

Nördliche Hemisphäre.

	30°	40°	50°	60°	70°	80°	90°
21. Juni	1088	1107	1105	1093	1130	1184	1202
21. Dez.	520	355	197	56	0	0	0
Differenz	568	752	908	1037	1130	1184	1202

---

[1]) Die Änderung der Entfernung der Sonne ist einflußreich genug, um auch den Eintritt der extremen Bestrahlungen merklich zu verschieben. Das erste Maximum tritt schon etwas vor dem 20. März ein, das zweite erst am 14. Okt. (statt am 23. Sept., wo die Sonne kulminiert).

Südliche Hemisphäre.

21. Dez.	1163	1188	1180	1168	1207	1265	1284
21. Juni	487	332	184	52	0	0	0
Differenz	676	851	996	1116	1207	1265	1284

Da der zweite Faktor, von dem die Temperatur abhängt, die Ausstrahlung, mit wachsender Breite zunimmt, so sind die Temperaturunterschiede zwischen Winter und Sommer noch viel größer, als aus obigen Differenzen allein folgen würde.

Die kleine Tabelle zeigt auch, daß im solaren Klima die Gegensätze der Bestrahlung zwischen Winter und Sommer auf der südlichen Erdhälfte größer sind als auf der nördlichen, zirka um 7 bis 8%, dazu kommt noch die längere Dauer der Ausstrahlung im südlichen Winter, der um rund 8 Tage länger ist als jener auf der nördlichen Hemisphäre. Das solare Klima der südlichen Halbkugel ist demnach extremer als das der nördlichen.

Der jährliche Gang der Luftwärme an der Erdoberfläche ist zwar in erster Linie von der Sonnenstrahlung, außerdem aber noch von vielen sekundären meteorologischen Erscheinungen abhängig, welche verhindern, daß derselbe dem jährlichen Gang der Bestrahlung vollkommen parallel geht. Namentlich in niedrigeren Breiten, wo die jährlichen Änderungen gering sind, können sekundäre Erscheinungen, wie z. B. der Eintritt der Regenzeiten, den solaren jährlichen Gang der Wärme erheblich stören. In höheren Breiten fallen zwar die extremen Werte der Lufttemperatur mit jenen der Sonnenstrahlung näher zusammen, überall jedoch verspäten sich die ersteren gegen die letzteren, und zwar durchschnittlich um einen Monat.

Wärmemengen für das Jahr und die Jahreszeiten. Die direkte Berechnung der Jahressumme der Sonnenstrahlung für verschiedene Breitegrade ist eine viel schwierigere Aufgabe, als die Berechnung der täglichen Wärmestrahlung. Man kann keine einfache Formel aufstellen, aus welcher direkt diese Jahressummen bequem berechnet werden könnten [1]).

Man kann jedoch auf indirektem Wege ohne höhere Rechnungen auf folgende Weise zur Kenntnis derselben (oder auch der Wärmesummen einzelner Jahresabschnitte) gelangen.

Man berechnet mittels der im Anhange angegebenen Formel die Intensitäten der Sonnenstrahlung für halbe Monate oder noch besser für

---

[1]) Eine Näherungsformel, welche die Jahressumme der Strahlung W für jeden Breitegrad bis zum Polarkreis zu berechnen gestattet, ist folgende (nach Haughton mit einigen Umstellungen und Abkürzungen):

$$W = C \cos \varphi \, (1 + 0{,}04366 \, \tan^2 \varphi + 0{,}00049 \, \tan^4 \varphi).$$

C ist die jährliche Strahlungssumme, die der Äquator erhält, d. i. 160582 A, wo A die sogen. Solarkonstante (s. später), φ die geographische Breite. Die Formel gilt nicht mehr für Breiten, wo die Sonne 24 Stunden über dem Horizont bleiben kann. Für die Breite von Wien z. B. erhält man ($\varphi = 48°\,12'$):

$$W = 107034 \, A \, (1 + 0{,}0436 \, \tan^2 \varphi + 0{,}00049 \, \tan^4 \varphi) \text{ d. i. } = 112960 \, A.$$

Würde die Sonne immer am Äquator bleiben, also die Wärmemenge einfach nach dem Kosinus der geogr. Breite abnehmen, so würde die Jahressumme in der Breite von Wien bloß 107034 A Kalorien sein, die Schiefe der Ekliptik erhöht diese Wärmemenge um 5926 A Kalorien oder um 5½%. Setzen wir nach Langley A = 3, so wird die Jahressumme für Wien 338880 Kalorien.

Dekaden und verzeichnet den jährlichen Gang der Sonnenstrahlung, indem man die berechneten Werte der Reihe nach in gleichen Abständen als Ordinaten über einer geraden Linie (der Abszissenachse) aufträgt. Verbindet man die Endpunkte dieser Ordinaten durch eine aus freier Hand gezeichnete Kurve, so erhält man eine Fläche, deren Inhalt der Jahressumme der Sonnenstrahlung proportional ist. Bestimmt man den Flächeninhalt dieser Figur mittels des Planimeters und dividiert ihn durch den Flächeninhalt des Rechteckes, dessen eine Seite die Länge des Jahres in dem gewählten Maßstabe, die andere (Ordinate) die Einheit der Wärmestrahlung ist, so erhält man die Jahressumme der Sonnenstrahlung. Auf analoge Weise würde man auch Summen der Monate und Jahreszeiten aus derselben Figur ableiten können. Man könnte auch die Jahreskurve, sowie das erwähnte Rechteck, in größerem Maßstabe auf ein starkes, aber gleichförmiges Papier zeichnen, ausschneiden und die Flächen wägen, der Quotient aus den Gewichten ist der Jahressumme der Sonnenstrahlung proportional.

Die folgende kleine Tabelle enthält für jeden fünften Breitegrad die Jahressumme der Sonnenstrahlung, ausgedrückt in Thermaltagen nach Meech. Die Einheit ist die Wärmemenge eines mittleren Äquatorialtages. Da der Äquator im Jahr 160582 A (A Solarkonstante) Kalorien (per cm^2) erhält, so kommen auf einen mittleren Äquatorialtag 439,7 A Kalorien [1]).

Jahressumme der Sonnenstrahlung.
Äquator = 365,24 Tage (à 439,7 A Kalorien).

Breite	Thermaltage	Differenz	Breite	Thermaltage	Differenz
5	364,0	1,2	50	249,7	20,1
10	360,2	3,8	55	228,8	20,9
15	353,9	6,3	60	207,8	21,0
20	345,2	8,7	65	187,9	19,9
25	334,2	11,0	70	173,0	14,9
30	321,0	13,2	75	163,2	9,8
35	305,7	15,3	80	156,6	6,6
40	288,5	17,2	85	152,8	3,8
45	269,8	18,7	90	151,6	1,2

[1]) Würde die Sonne immer am Äquator bleiben, so würde derselbe (s. Anhang) eine jährliche Wärmesumme von 458,4 A $\times$ 365 ¹/₄ Tage erhalten. Da sich aber die Sonne bis zu $\pm$ 23¹/₂° im Laufe des Jahres vom Äquator entfernt, so ist die wirkliche Wärmesumme kleiner im Verhältnis von 0,9592 zu 1 (wie die Theorie ergibt). Man kann nun entweder 458,4 mit 0,9592 multiplizieren und erhält dann 439,7 Kalorien $\times$ A für einen mittleren Äquatorialtag, oder man rechnet mit Angot nur 365 ¹/₄ $\times$ 0,9592 = 350,4 eigentliche „Äquatorialtage“, d. h. Tagen mit dem vollen Beleg von 458,4 A Kalorien. Dabei wird stets die mittlere Entfernung der Sonne von der Erde angenommen.

Reduktion der Einheiten von Meech auf Kalorien. Meech setzt die Wärmemenge, welche der Äquator am 21. März (d = 964,4) erhält = 1000, so daß also, wenn A die Solarkonstante, 458,4 A (961,8 : 964,4)^2 = 1000 wird, oder

$$A = \frac{1000}{458,4} \times \left(\frac{961,8}{964,4}\right)^2.$$

Der Pol erhält demnach $41^{1}/_{2}\%$ der Wärmemenge, welche dem Äquator zukommt, während er, wenn die Sonne am Äquator bliebe, gar keine Bestrahlung erhalten würde. Je größer die Schiefe der Ekliptik, eine desto größere Wärmemenge erhält der Pol[1]). Die kleine Tabelle zeigt ferner, daß in der Nähe des Äquators, sowie in der Nähe des Pols die jährliche Wärmemenge nur wenig mit der Änderung der Breite variiert; am raschesten ist die Änderung zwischen dem 50. und 60. Breitegrad.

Summen der Sonnenstrahlung nach Halbjahren in mittleren Äquatortagen zu $439,7 \times A$ Kalorien[2]):

	Äq.	10°	20°	30°	40°	50°	60°	70°	80°	90°
Sommerhalbjahr	182,6	193,3	198,5	198,4	198,0	182,9	169,5	157,7	153,0	151,6
Winterhalbjahr	182,6	166,9	146,7	122,6	95,6	66,8	38,2	15,3	3,7	0,0

Im Sommerhalbjahr empfängt der 50. Breitegrad etwas mehr Wärme als gleichzeitig der Äquator, der 40. soviel als 10°, der 30. etwas mehr als der 10. Breitegrad. Das Maximum liegt bei 25° Breite. Die schnellste Abnahme findet sich im Sommerhalbjahr zwischen 50° und 60°.

Beide Hemisphären erhalten unter gleichen Breiten gleiche jährliche Wärmemengen, trotz dem Unterschiede der Intensität der Bestrahlung in den gleichen Jahreszeiten, wie schon Lambert nachgewiesen hat. Während der südlichen Deklination der Sonne (dem Sommer der südlichen Halbkugel) ist zwar die Bestrahlung intensiver, aber die Sonne verweilt auch um nahe 8 Tage weniger lang auf der Südseite des Äquators als auf der Nordseite, weil die Erde in der Sonnennähe sich rascher in ihrer Bahn bewegt als in der Sonnenferne.

Die Astronomie lehrt, daß die Winkelgeschwindigkeit der Erde in ihrer Bahn im umgekehrten Verhältnis des Quadrats ihrer Entfernung von der Sonne variiert, d. i. also genau in demselben Verhältnis wie die Intensität der Sonnenstrahlung. Die Wärmezufuhr während eines gewissen Zeitteilchens ändert sich in jedem Punkte der Bahn genau in demselben Verhältnis, in welchem die Länge der Erde während desselben wächst, so daß gleichen Winkeln des Radiusvektors auch stets eine gleiche Wärmezufuhr entspricht. Ziehen wir von irgend einem Punkte der Erdbahn eine Linie durch die Sonne zum gegenüberliegenden Punkt, so wird die Erdbahn in zwei Teile zerlegt, welchen gleiche Quantitäten der Strahlung der Sonne zukommen. Die Ungleichheit der Intensität der Strahlung in den zwei Bahnteilen wird genau kompensiert durch die entgegengesetzte Ungleichheit in der Länge der Zeit, welche die Erde braucht, um die-

---

Dies gibt für A, die Solarkonstante, nach Meechs Annahme 2,17. Die Einheit von Meech entspricht somit einer Solarkonstante von 2,17. Die Reduktion auf Kalorien nach Langleys Solarkonstante 3 in mittlerer Entfernung genommen, erfolgt demnach mit dem Faktor $3,00 : 2,17 = 1,386$. Die obigen Strahlungswerte für verschiedene Tage nach Meech um 39% erhöht, geben Kalorien nach Langley.

[1]) Wenn die Schiefe der Ekliptik ihren Maximalwert von 24° 50,5′ erreicht, so erhält der Pol 160,0 Thermaltage, um 8,4 mehr als gegenwärtig, der Äquator um 1,7 weniger, um den 40.° herum ist die Änderung Null.

[2]) Nach Wieners Relativzahlen von mir auf mittlere Äquatortage reduziert.

selben zu durchlaufen. So kommt es, daß die nördliche Halbkugel in ihrem Sommerhalbjahre die gleiche Strahlenmenge erhält als die südliche in ihrem Sommerhalbjahre; dasselbe gilt dann auch für die Winterhalbjahre, ja selbst für die astronomischen und meteorologischen Vierteljahre.

Die mittlere Intensität der Bestrahlung der ganzen Tropenzone (bis zum Wendekreis) ist nach Meech 356,2 Thermaltage, jene der gemäßigten Zone 276,4 und der Polarzone 166,0, durchschnittlich aber für die ganze Erde 299, d. i. $\frac{5}{6}$ der Bestrahlung des Äquators.

Die Wärmemenge, welche die ganze Erde im Laufe eines Jahres von der Sonne zugestrahlt erhält, beträgt, da der Querschnitt des Strahlenbündels, welches der Erde zukommt, gleich der Fläche eines größten Kreises (d. i. $\frac{1}{4}$ der Erdoberfläche), wenn A die Solarkonstante:

$$A \times 60^m \times 24^{st} \times 365,2^t \times r^2\pi = 670\ A \times 10^{21}\ \text{Kalorien.}$$

Setzt man A mit Langley $= 3$ (Grammkalorien pro Quadratzentimeter und Minute), so erhält man 201×10^{22} Kalorien.

Diese an sich unfaßbare Zahl rückt man dadurch der Vorstellung näher, daß man die Dicke einer um die ganze Erde gelegten Eisschichte berechnet, welche durch diese Wärmemenge geschmolzen werden könnte, oder die Höhe einer über der ganzen Erde verdampften Wasserschichte [1]).

Man erhält so: Mächtigkeit der geschmolzenen Eisschichte 54,3 m oder der verdampften Wasserschichte 670,6 cm.

Der Äquator erhält im Jahre 160 582 A Kalorien, d. i., A $= 3$ gesetzt, 481 746. Diese Wärmemenge wäre imstande, eine um den Äquator gelegte Eisschichte von 66,3 m Dicke zu schmelzen oder eine Wasserschichte von 818,6 cm Mächtigkeit abzudampfen.

Das solare Klima modifiziert durch die Erdatmosphäre.

Der Einfluß der Atmosphäre der Erde auf den Betrag und die Beschaffenheit der Sonnenstrahlung an ihrer Oberfläche ist ein zweifacher, ein quantitativer und ein qualitativer. Wolkenlosen klaren Himmel stets vorausgesetzt, absorbiert die Atmosphäre eine um so größere Strahlenmenge, einen je längeren Weg letztere durch dieselbe zurücklegen muß. Die Sonnenhöhe kommt also nicht allein deshalb in Betracht, weil davon der Einfallswinkel der Strahlen abhängt, den wir früher in Rechnung gezogen haben, sondern weil dadurch auch die Länge des Weges bestimmt wird, den die Strahlen durch die Atmosphäre zurückgelegt haben. Die Intensität der Strahlung nimmt deshalb mit tiefer sinkender Sonne in einem viel rascheren Verhältnis ab, als es ohne die Atmosphäre der Fall sein würde.

Die folgenden Zahlen geben nach Zenker [2]) die relative Dicke der atmosphärischen Schichten an, welche die Strahlung bei verschiedenen Sonnenhöhen durchlaufen muß, sowie die durchgelassenen

---

[1]) Flüssigkeitswärme des Wassers 79,2 nach Leduc, Quadratzentimeter Eis $= 0,917$ g, Verdampfungswärme bei $26°$ $= 588$ gesetzt.
[2]) W. Zenker, Die Verteilung der Wärme auf der Erdoberfläche. Springer, Berlin 1888.

Strahlenmengen, der Transmissionskoeffizient ist dabei gleich 0,78 gesetzt (der nur für die roten Strahlen gilt).

Sonnenhöhe

0°	5°	10°	20°	30°	40°	50°	60°	70°	80°	90°

Relative Weglängen der Strahlen durch die Luft

| 44,7 | 10,8 | 5,7 | 2,92 | 2,00 | 1,56 | 1,31 | 1,15 | 1,06 | 1,02 | 1,00 |

Wärmeintensität auf eine zur Strahlung senkrechte Fläche

| 0,0 | 0,15 | 0,31 | 0,51 | 0,62 | 0,68 | 0,72 | 0,75 | 0,76 | 0,77 | 0,78 |

Wärmeintensität auf einer horizontalen Fläche

| 0,0 | 0,01 | 0,05 | 0,17 | 0,31 | 0,44 | 0,55 | 0,65 | 0,72 | 0,76 | 0,78 |

Die letzte Kolumne ergibt sich aus der vorhergehenden durch Multiplikation mit dem Sinus der Sonnenhöhe (oder dem Kosinus der Zenithdistanz), die Zahlen entsprechen den Langleyschen Beobachtungen, also einer ziemlich klaren Luft und geringer Luftfeuchtigkeit. Gewöhnlich nimmt man den mittleren Transmissionskoeffizienten bei senkrechtem Einfall der Strahlen kleiner an, zwischen 0,7 und 0,6.

Daraus ergibt sich, daß die Intensität der Sonnenstrahlung durch das Dazwischentreten der Atmosphäre in noch viel höherem Maße von der Sonnenhöhe abhängt[1]), als wir bei den früheren Berechnungen angenommen haben, daß ferner deshalb die geographische Breite eine noch größere Rolle spielt, und die höheren Breiten in ungünstigeren Verhältnissen sich befinden, als dies den früher mitgeteilten Strahlungsintensitäten entsprechen würde. Die Änderung der Intensität der Licht- und Wärmestrahlung mit der geographischen Breite, wie wir sie früher dargestellt haben, erleidet demnach für die Erdoberfläche erhebliche Modifikationen. Mit einem Transmissionskoeffizienten von 0,7 erhält man z. B. (nach Angot):

Breite	Äq.	40°	N.-Pol.	Äq.	40°	N.-Pol.
	Obere Grenze d. Atmosph.			an der Erdoberfläche		
Wintersolst.	948	360	0	552	124	0
Äquinoktien	1004	773	0	612	411	0
Sommersolst.	888	1115	1210	517	660	494

Die Summe der Wärmeabsorptionen von Sonnenaufgang bis Sonnenuntergang in den verschiedenen Breiten ist direkt schwer zu berechnen, Pouillet schätzte sie zu 0,5 bis 0,4 der gesamten Strahlung.

---

[1]) Die Abhängigkeit der Intensität der Strahlung von der Dicke der durchlaufenen atmosphärischen Schichten wird im allgemeinen ausgedrückt durch folgende Gleichung, worin q den Transmissionskoeffizienten, d die Dicke der atmosphärischen Schichte und I die Intensität der Strahlung an der Grenze der Atmosphäre bedeuten:

$$I' = I q^d = I q^{\sec z}.$$

Nennt man z die Zenithdistanz der Sonne, so gilt sehr genähert $d = \sec z$. Läßt jede Schichte den q^{ten} Teil der Strahlung durch, so kommt auf die zweite nur qI, von dieser wird wieder nur der q^{te} Teil durchgelassen, also kommt auf die dritte nur qqI also q^2I, auf die vierte q^3I und durch die vierte Schichte geht also nur mehr Iq^4 durch. Denkt man sich die ganze Atmosphäre in n solche Schichten geteilt, so bezeichnet n auch die Dicke der Atmosphäre, und man erhält als durchgelassene Strahlung $I q^n$ oder $I q^d$ wie angegeben.

Die folgenden Beobachtungen von Crova zu Montpellier lassen ersehen, daß Pouillets Schätzung zutrifft, und ihr Ergebnis, wie wir es berechnet haben, liegt den folgenden Zahlen (Erdoberfläche) zu Grunde. Crova bestimmte aus stündlichen Beobachtungen an zwei ganz reinen Tagen der extremen Jahreszeiten mit möglichster Genauigkeit die Wärmesumme, welche einer horizontalen Fläche während dieser beiden Tage zukam. Wir haben zum Vergleich die Wärmemengen berechnet, welche an diesen beiden Tagen die Sonne der Breite von Montpellier (43° 36') überhaupt zustrahlte, mittels der aus Crovas Beobachtungen folgenden Solarkonstante (2,24). Daraus ergibt sich dann von selbst die Wärmemenge, welche von der Atmosphäre während des ganzen Tages in beiden Fällen absorbiert wurde.

	4. Januar	11. Juli
W beobachtet	161,2	574,1 Kalorien,
W berechnet	322,3	1122,0 „
Verhältnis	0,50	0,51

Trotz der großen Verschiedenheit der Tagesdauer ($8^h 52^m$ und $15^h 2^m$) und Sonnenhöhen ist doch in beiden Fällen fast genau die Hälfte der Sonnenstrahlung von der Atmosphäre im Laufe des Tages absorbiert worden [1]). Man darf demnach wohl im allgemeinen den Satz aufstellen, daß selbst bei ganz heiterem Himmel in mittleren Breiten die Atmosphäre die Hälfte der täglichen Wärmestrahlung der Sonne absorbiert.

Das Verhältnis zwischen der täglichen Wärmestrahlung an der Grenze der Atmosphäre und an der Erdoberfläche am Äquator haben wir für die Äquinoktien zu bestimmen gesucht, indem wir mit dem Absorptionskoeffizienten 0,75 die an die Erdoberfläche gelangende Strahlung für die verschiedenen Sonnenhöhen berechneten, diese Werte graphisch darstellen und mit dem Planimeter den Flächeninhalt der Figur bestimmten. Als Resultat ergab sich 0,57, d. h. auch am Äquator gelangt an den Tagen, wo die Sonne durch das Zenith geht, nur 57 % der wirklichen Bestrahlung an die Erdoberfläche.

A. Angot hat durch sehr mühevolle Rechnungen die Arbeiten von Meech und Wiener weitergeführt, indem er die den verschiedenen Breitegraden der Erde täglich zu 12 verschiedenen Epochen des Jahres, im Maximum und im Minimum, sowie in Summe des Sommer- und Winterhalbjahres zukommenden Wärmemengen mit Rücksicht auf die Absorption der Strahlung in der Atmosphäre berechnet hat [2]). Die von Angot berechneten Werte der Intensität der Sonnenstrahlung entsprechen also dem wirklichen solaren Klima an der Erdoberfläche, sie geben uns die Wärmemengen, welche jeder 10. Breitegrad an ganz heiteren Tagen an der Erdoberfläche direkt von der

---

[1]) Die auf eine der Strahlung stets senkrecht gegenüber gestellte Fläche fallende Wärmemenge war nach Crova an beiden Tagen 535,0 und 876,4, die aus der Tagesdauer berechneten Wärmemengen sind 1191,6 und 2020,5, die entsprechenden Verhältniszahlen demnach 0,45 und 0,43. Für einen senkrecht der Strahlung ausgesetzten Körper gehen also nahe 0,6 der Wärmestrahlung der Sonne verloren.

[2]) Alfred Angot, Recherches théorétiques sur la distribution de la chaleur à la surface du globe. Annales du Bureau central Mét. de France. Tome I, 1883, Paris 1885. S. auch Met. Z. 1886, S. 540.

Sonne erhält. Angot hat diese Wärmemengen für verschiedene Transmissionskoeffizienten berechnet, und zwar für q = 0,9, 0,8, 0,7, 0,6. Die verschiedenen derart erhaltenen Werte werfen ein helles Licht auf den Einfluß, welchen die größere oder geringere Durchlässigkeit der Atmosphäre (für Sonnenstrahlung) auf die Quantitäten, sowie auf die Verteilung der Intensität der Sonnenstrahlung an der Erdoberfläche hat. Wegen dieser ihrer Wichtigkeit lassen wir einen Auszug aus den umfangreichen Angotschen Tabellen später folgen.

Infolge der Absorption der Sonnenstrahlung in der Atmosphäre nimmt die Intensität derselben an der Erdoberfläche gegen den Pol hin viel rascher ab, als wir früher für die Grenze der Atmosphäre gefunden haben. Bei einem Transmissionskoeffizienten unter 0,8, wie er in der Tat wirksam ist, gibt es am 21. Juni kein Maximum der Strahlung mehr am Pol, sondern die Strahlung nimmt von 40° an kontinuierlich gegen den Pol hin ab, und ist dort auch kleiner als gleichzeitig am Äquator. Die während eines ganzen Jahres erhaltenen relativen Wärmemengen am Pol und am Äquator in „Äquatorialtagen" unter Annahme verschiedener Transmissionskoeffizienten sind folgende:

q	1	0,9	0,8	0,7	0,6
Äquator . .	350,3	298,4	251,9	209,2	170,2
Pol . . .	145,4	100,1	68,2	45,0	28,4

Bei einem Transmissionskoeffizienten von 0,7, der ziemlich dem jetzigen Zustand der Atmosphäre entspricht, erhält der Pol weniger als $^1/_4$ der Wärmemenge des Äquators, bei q = 0,6 gar nur $^1/_6$. Je trüber die Atmosphäre ist, desto größer wird der Wärmeunterschied zwischen Pol und Äquator (im solaren Klima), desto rascher ist die Wärmeabnahme mit der Breite.

Wir wollen nun noch die Verhältnisse unter einem mittleren Breitegrad betrachten und wählen hierzu den 50. Breitegrad.

Wärmemengen (Angots Äquatorialtage) unter 50° Breite

q = ...	1	0,9	0,8	0,7	0,6
Sommerhalbjahr .	175,5	144,7	118,5	95,6	75,2
Winterhalbjahr . .	64,1	45,9	32,7	22,9	15,4
Jahr	239,6	190,6	151,2	118,5	90,6

Das Verhältnis der winterlichen Sonnenstrahlung zu der des Sommers wird immer ungünstiger, je trüber die Atmosphäre wird. Ohne Atmosphäre würde das Verhältnis von Sommer zu Winter unter 50° N. Br. gleich 2,8 sein, in Wirklichkeit (q = 0,7) ist es aber 4,2, bei q = 0,6 ist die Wärmemenge des Sommers nicht viel größer als die des Winters ohne Atmosphäre. Die ganze Jahressumme ist nur etwa die Hälfte der theoretischen.

Die größte und kleinste Wärmesumme eines Tages im Jahre [1] unter 50° Breite ist an der Grenze der Atmosphäre: Nordhemisphäre 1112 und

---

[1] Hier ist die Wärmesumme eines Tages am Äquator zur Zeit der Tag- und Nachtgleiche und bei mittlerer Entfernung der Erde von der Sonne gleich 1000 gesetzt.

198, Verhältnis 5,6 : 1, bei q = 0,7 aber 683 und 41, Verhältnis 15,4 : 1. Für die südliche Hemisphäre sind diese Werte 1188 und 185; Verhältnis 6,4, dann 676 und 38, Verhältnis 17,8, also, wie schon früher bemerkt, noch extremer.

Von den von A. Angot berechneten Wärmemengen für die verschiedenen Breitegrade lassen wir jene, die unter Annahme eines Transmissionskoeffizienten q = 0,6 gelten, nachstehend folgen.

Die Einheit für die folgenden Wärmemengen ist jene Wärme, welche der Äquator bei mittlerer Sonnenferne und der Deklination 0^0 (Äquinoktien) erhält. In Kalorien ist dieselbe gleich 458,4 × Solarkonstante oder diese gleich 3 gesetzt 1375,2 (Grammkalorien).

Berechnete monatliche und jährliche Wärmesummen in mittleren Äquatortagen.
(Transmissionskoeffizient 0,6.)

Breite	Jan.	Febr.	März	April	Mai	Juni	Juli	Aug.	Sept.	Okt.	Nov.	Dez.	Jahr
80^0 N.	0,0	0,0	0,2	2,7	7,5	10,3	8,5	3,8	0,5	0,0	0,0	0,0	33,5
60	0,1	1,0	3,9	8,2	12,0	13,8	12,6	9,2	4,9	1,5	0.2	0,0	67,4
40	3,3	5,7	9.4	12,9	15,3	16,2	15,6	13,5	10,2	6,6	3,8	2,7	115,2
20	9,0	11,2	13.6	15,2	15,8	15,9	15,8	15,3	14,0	11,7	9,4	8,2	155,1
Äqu.	14,0	14,9	15.3	14,6	13,5	12,8	13,1	14,2	15,0	15,0	14,2	13,6	170,2
20^0 S.	16,8	15,9	13,9	11,2	8,8	7,7	8,3	10,5	13,1	15,3	16,6	17,0	155,1
40	16,6	13,9	9,9	6,0	3,4	2,4	3,0	5,2	8,8	12,8	15,9	17,3	115,2
60	13,4	9,2	4,4	1,3	0,1	0,0	0,1	0,8	3,4	7,8	12,3	14,6	67,4
80	8,8	3,5	0,4	0,0	0,0	0,0	0,0	0,0	0,1	2,3	7,4	11,0	33,5

Unter 10^0 N macht sich die doppelte Periode in der jährlichen Wärmezufuhr an der Erdoberfläche eben noch bemerkbar (bei q = 0,6), unter 10^0 S nicht mehr (das sekundäre Minimum Dezember und Januar wird durch die größere Sonnennähe unterdrückt). Der solare Wärmegang an den Polen ist folgender:

	Nordpol							Südpol				
April	Mai	Juni	Juli	Aug.	Sept.		Okt.	Nov.	Dez.	Jan.	Febr.	März
1,4	6,7	9,9	7,9	2,4	0,1		1,0	6,5	10,5	8,3	2,1	0,0

Obige Tabelle gewährt einen Überblick über den jährlichen Wärmegang in verschiedenen Breiten, soweit derselbe nur von der Sonnenstrahlung bedingt ist, und von der gleichzeitigen Verteilung der solaren Wärmemengen über die Erdoberfläche. Die Ungleichheiten im jährlichen Wärmegange der beiden Hemisphären resultieren bekanntlich daraus, daß die Sonne im Januar in der Erdnähe, im Juli in der Erdferne ist. Die Intensität der Bestrahlung ist im Januar um $^1/_{15}$ größer als im Juli. Aus gleichem Grunde ist das Maximum der Wärme am Äquator im März größer als das im September-Oktober.

Die solaren Wärmemengen des ganzen Jahres an der Erdoberfläche unter verschiedenen Breitegraden unter der Annahme eines Transmissionskoeffizienten von 1,0 (also ohne Atmosphäre) und 0,6 sind nach Angot:

Jährliche Wärmemengen.

	Äqu.	10^0	20^0	30^0	40^0	50^0	60^0	70^0	80^0	Pol.
q = 1,0	350,8	345,5	331,2	307,9	276,8	239,8	199,2	166,2	150,2	145,4
q = 0,6	170,2	166,5	155,1	137,6	115,2	90,6	67,4	47,7	33,5	28,4

Selbst unter der Annahme eines beständig heiteren Himmels gelangt daher am Äquator nicht die Hälfte, am Pol nur ein Fünftel der Sonnenstrahlung an die Erdoberfläche; die ganze Erde erhält unter Annahme eines Transmissionskoeffizienten von 0,6 bloß 44 % der theoretischen Wärmemenge, denselben zu 0,7 angesetzt, auch nur 55 %.

Je kleiner der Transmissionskoeffizient wird, desto ungünstiger wird auch das Verhältnis des Winters zum Sommer, wie dies leicht einzusehen ist, da der Einfluß des tiefen Sonnenstandes im Winter immer stärker sich geltend macht. Alle diese Zahlen entsprechen nur den direkt von der Sonne zugestrahlten Wärmemengen, ganz heitere Tage vorausgesetzt. Die diffuse Strahlung der Atmosphäre ist dabei nicht berücksichtigt.

W. Zenker (Berlin) hat gleichfalls die „Strahlenmenge" des Jahres und der einzelnen Monate am Grunde der Atmosphäre berechnet für jeden zweiten Breitegrad von 70° bis 10°. Die derart entstandene Tabelle [1]) kann für mancherlei Anwendungen nützlich werden. Auf Grund dieser ermittelten Strahlenmengen und den entsprechenden beobachteten mittleren Lufttemperaturen wird dann der Versuch gemacht, den „klimatischen Wärmewert der Sonnenstrahlen" festzustellen, worüber in einem folgenden Abschnitt das Wichtigste mitgeteilt werden wird.

Die beobachteten Wärmemengen der Sonnenstrahlung mit Rücksicht auf die Bewölkung. Wir besitzen erst von wenigen Orten Messungen und Berechnungen der realen Wärmemengen, welche die Erdoberfläche im Laufe des Jahres erhält, d. i. mittlere Tagessummen der Sonnenstrahlung, wie sie dem Erdboden trotz der mehr oder minder starken Himmelsbedeckung durch Wolken zukommen. Die erste Reihe solcher Messungen verdankt man Crova und Houdaille in Montpellier.

Aus Messungen der Intensität der Sonnenstrahlung am Mittag an allen heiteren Tagen, Bestimmung des täglichen Ganges der Strahlung an einzelnen Tagen, dazu fortlaufende Registrierungen des Sonnenscheins mit einem Heliographen wurde die wirkliche zur Erde gelangende Sonnenstrahlung für Montpellier berechnet. Dazu kamen später die direkten aktinometrischen Messungen und Registrierungen des Sonnenscheins in Kiew von Savelief[2]); die direkten Messungen von L. Gorczynski und Stankewich in Warschau[3]), berechnet auf Grund der Sonnenscheinregistrierungen (wie bei Montpellier); jene in Wien von R. Schneider (2 ½jährige direkte Messungen, reduziert auf die normale Sonnenscheindauer)[4]), endlich jene von Westman auf Spitzbergen und in Stock-

---

[1]) Über den klimatischen Wärmewert der Sonnenstrahlen und über die zum thermischen Aufbau der Klimate mitwirkenden Ursachen Met. Z. 1892, S. 336 und 380. In Zenkers letztem großen Werke „Der thermische Aufbau der Klimate" finden sich diese monatlichen Strahlenmengen von 2 zu 2° für die ganze Erde.
[2]) S. mein Lehrbuch der Meteorologie, I. Aufl., S. 36 u. 39.
[3]) L. Gorczynski, Sur la marche annuelle de l'intensité du rayonnement solaire a Varsovie. Warschau 1906. S. auch Met. Z. 1908, S. 85.
[4]) Met. Zeitschr. 1908, S. 125.

holm [1]), in ähnlicher Weise berechnet. Alle neueren Messungen der Sonnenstrahlung sind mit dem neuen absoluten Aktinometer von Angström ausgeführt worden.

Mittlere tägliche solare Wärmemengen.
Grammkalorien cm².

Ort Jahre	Montpellier 48° 36' (11)	Wien 48° 15' (2½)	Kiew 50° 24' (3)	Warschau 52° 13' (3)	Stockholm 59° 20' 2½	Spitzbergen 79° 55' (1)
Jan.	82	23	24	15	12	0
Febr.	127	52	67	27	28	0
März	184	109	99	74	67	15
April	229	189	122	123	198	53
Mai	296	256	318	266	313	143
Juni	311	287	325	279	403	127
Juli	325	284	328	294	359	114
Aug.	295	242	306	232	231	55
Sept.	225	159	227	160	137	40
Okt.	135	72	125	59	49	0
Nov.	90	29	34	18	10	0
Dez.	61 [2])	15 [2])	13 [2])	5 [2])	3	0
Mittel	197	143	166	130	151	46

Summen in Kilogrammkalorien.

Winter	8,00	2,61	3.0	1,39	1,28	0.00
Frühling	21,75	16,97	16,6	14,25	17,73	6,58
Sommer	28,55	24,88	29,4	24,69	30,39	9,05
Herbst	13,64	7,87	11,7	7,02	5,95	1,20
Jahr	71,94	52,33	60,74 [2])	47,35 [3])	55,35	16,80

Die Tabelle zeigt, daß bis zum 60. Breitegrad hinauf die mittleren täglichen Wärmemengen im Juni und Juli nicht abnehmen, zum
Teil sogar wachsen, doch erschwert die variable Dauer des Sonnenscheins die Vergleichungen [4]). Der Frühling hat überall eine weit
größere Wärmemenge als der Herbst.

Die 71,9 Kilogrammkalorien zu Montpellier könnten eine Eisschichte
von 9,8 m schmelzen oder eine Wasserschichte von 1,2 m abdampfen.
Montpellier bekommt aber kaum 50 % der möglichen Wärmemenge
(d. h. jener bei stets heiterem Himmel), Warschau 48 %, Kiew 49 %,

[1]) J. Westman, Treurenbergbai (Mesures d'un arc au Spitzberg). Stockholm 1904. — Durée et grandeur de l'insolation a Stockholm. Svenska Handlinger
Bd. 42, Heft 6, 1907.
[2]) Die Zahlen für Kiew sind vielleicht etwas zu hoch.
[3]) L. Gorczynski, dem man die Zahlen für Warschau verdankt, scheint
die Werte für das Jahr 1905 den Mittelwerten vorzuziehen wegen der verminderten Strahlung 1903 und 1904. Das Jahr 1905 gibt: Winter 1,9, Frühling 15,8,
Sommer 27,8, Herbst 5,5, Jahr 50,9.
[4]) In Stockholm hatte der Juli 1895 9,5 Kilogrammkalorien, der Juli 1896
dagegen 13,1, der August 1895 6,0, 1896 dagegen 8,6.

Stockholm 52 % (?) und Treurenbergbai bloß 22 %. Die Tagesmaxima der Sonnenstrahlung waren zu Kiew 660 Grammkalorien (Juli 1891) und 620 (Juli 1892).

Die mittlere Intensität der Sonnenstrahlung um Mittag zeigt eine eigentümliche jährliche Periode, wie folgende kleine Tabelle lehrt.

Grammkalorien um Mittag

Jan.	Febr.	März	April	Mai	Juni	Juli	Aug.	Sept.	Okt.	Nov.	Dez.	Jahr
Montpellier 43,6° N (1888 bis 1900)												
1,05	1,09	1,12	**1,16**	1,14	1,14	1,13	1,12	1,12	1,08	1,05	1,01*	1,10
Clarens 46,5° (1896 bis 1903)												
.79	.85	.90	**.91**	.86	.85	.86	.88	.86	.86	.82	.75*	0,85
Warschau 52,2° (1903 bis 1905)												
.91	1,06	1,16	**1,19**	1,18	1,14	1,12	1,09	**1,10**	1,02	.95	.81*	1,06
Pawlowsk 59,7 (1896 bis 1900)												
.94	1,13	1,29	**1,86**	1,30	1,28	1,25	1,12	**1,28**	1,14	1,02	.85	1,17

Die größte Mittagsintensität der Sonnenstrahlung tritt überall schon im April ein und vermindert sich dann trotz des höheren Sonnenstandes; zuweilen tritt ein zweites schwächeres Maximum im August oder September ein. Die Ursache ist in dem geringeren Wasserdampfgehalt der Luft im Frühjahr zu suchen, gegenüber dem Sommer. Der zum Sommer hin zunehmende Wasserdampfgehalt der Luft absorbiert eine größere Strahlenmenge, was schon vielfach nachgewiesen worden ist.

Schukewitsch fand bei 1 mm Dampfdruck 1,40 Kalorien, bei 6 bis 9 mm 1,26 und bei 16 bis 17 mm Dampfdruck 1,13 Kalorien. Gorczynski berechnet für Warschau und Spitzbergen für 1 mm Dampfdruckzunahme eine Abnahme von 0,02 Kalorien Sonnenstrahlung, und Westman findet aus seinen Messungen in Upsala gleichfalls $dW : de = -0{,}025.$ Diesem Umstande ist es zuzuschreiben, daß, wie schon lange bemerkt worden ist, die Stärke der Sonnenstrahlung im Winter (relativ) intensiver ist als im Sommer.

Für Montpellier berechnet sich der Transmissionskoeffizient im Dezember zu 0,71 (Maximum), dagegen zu bloß 0,48 von Juni bis August (Minimum). Die Dicke der um Mittag durchstrahlten Luftschichte beträgt im April 1,20, dagegen im Dezember 2,55, trotzdem unterscheiden sich die Strahlungsintensitäten nur um einen geringen Betrag.

Die diffuse Strahlung des Himmels. Zu den eben angeführten Licht- und Wärmemengen durch die direkte Sonnenstrahlung kommt nun noch die diffuse Strahlung. Ihre Herkunft ist schon oben erörtert worden. Das diffuse Himmelslicht ist sehr beträchtlich, es ist das Licht, das wir auch im Schatten und in unseren Wohnräumen haben und das bei Abwesenheit der Atmosphäre fehlen würde. Clausius hat für einen Transmissionskoeffizienten von 0,75 (also einen etwas zu großen, ein kleinerer würde die folgenden Zahlen noch erhöhen) das Verhältnis zwischen der Intensität des direkten Sonnenlichtes und dem diffusen Himmelslicht für verschiedene Sonnenhöhen wie folgt gefunden.

Sonnenhöhe	10°	20°	30°	40°	50°	60°	70°
a) Sonnenstrahlung . .	.19	.43	.56	.64	.69	.72	.74
b) Himmelslicht . . .	.07	.11	.14	.16	.17	.18	.18
(a + b) Gesamtlicht . .	.26	.54	.70	.80	.86	.90	.92

a) reduziert auf den horizontalen Boden = a′

(a′ + b) Gesamtlicht .	.10	.26	.42	.57	.69	.80	.87

Bei 30° Sonnenhöhe empfängt der Boden bloß ,56 × sin 30° = 28 % der Strahlung an der Grenze der Atmosphäre. Das Himmelslicht erhöht dieselbe wieder um 14 %, also um die Hälfte. Für den Transmissionskoeffizienten 0,6 geht die Strahlung auf den Boden (bei 30° Sonnenhöhe) auf 18 % herab, das diffuse Licht auf 20 % hinauf, übertrifft also das direkte Sonnenlicht[1]). Das diffuse Himmelslicht erhöht die Strahlung so weit, daß sie jener an der Grenze der Atmosphäre bei einer nur um 5° niedriger stehenden Sonne gleichkommt.

Das obige gilt zunächst für die Lichtmengen, die diffus zugestrahlten Wärmemengen dürften in einem nahen Verhältnis dazu stehen.

Trabert berechnet aus der täglichen Temperaturschwankung bei völlig bedecktem Himmel, daß die Quantität der diffusen Wärmestrahlung 40 % der ungestörten Wärmestrahlung der Sonne beträgt[2]).

Besonders in höheren Breiten, wo die Zerstreuung und Absorption der direkten Strahlung bei dem tiefen Sonnenstande sehr groß ist (der Tag zwar kurz, aber dafür die Dämmerung sehr verlängert), wird die diffuse Strahlung des Himmels von großer Wichtigkeit.

Soweit es gestattet ist, die diffuse Wärmestrahlung bei einer Sonnenhöhe von 23½° dem diffusen Himmelslicht gleichzusetzen, würde sie am Nordpol am 21. Juni zirka 367 Wärmeeinheiten betragen, so daß die gesamte Strahlung wieder auf 951 Kalorien steigen würde (gegen 1202 an der Grenze der Atmosphäre, auf die horizontale Fläche bezogen).

Auch zerstreute oder dünne Wolken machen sich als Reflektoren der Sonnenstrahlung geltend, und die in gewöhnlicher Weise als Grad der Himmelsbedeckung bloß der Ausdehnung nach (nicht nach der Dicke) geschätzte Bewölkung schwächt deshalb nicht in dem Maße die Strahlung, als man gewöhnlich annimmt. Die Bewölkung kann sogar, wenn die Wolken günstig der Sonne gegenüber stehen, die Intensität der Strah-

---

[1]) Nach den photometrischen Messungen von Wm. Brennand im Dacca (Indien), kontrolliert durch ähnliche Messungen in England, ist das Verhältnis: Sonnenstrahlung allein zu Himmelstrahlung allein, bei verschiedener Sonnenhöhe, das folgende

Sonnenhöhe	5	10	15	20	25	30	35	40	45	50	60	70°
					Sonne : Himmel							
Quotient	0,50	0,83	1,12	1,85	1,55	1,70	1,88	1,95	2,04	2,11	2,22	2,33

Bei 13° Sonnenhöhe wird die Strahlung der Sonne gleich jener des Himmels. (Proc. R. Soc. Vol. 49, Dez. 1890, s. auch Met. Z. 1891, S. 185.)

[2]) Met. Z. Hann-Band 1907, S. 337.

lung über das Maß erhöhen, das bei ganz reinem Himmel möglich wäre, wie man schon zuweilen in der Tat beobachtet hat. Radau zeigt aus den aktinometrischen Messungen zu Montsouris, daß die Monatsmittel der direkt geschätzten Heiterkeit des Himmels stets geringer sind als die aus den aktinometrischen Resultaten berechneten, namentlich ist das der Fall in der wärmeren Jahreshälfte (Sommer: Bewölkung beobachtet 5,6, berechnet 3,6; Jahr: beobachtet 6,9, berechnet 5,0).

Langley gibt für einen sehr heiteren Oktobertag das Verhältnis von Sonnenlicht zum totalen Himmelslicht bei 38° Sonnenhöhe zu $^1/_5$ an, bei senkrechtem Einfall des ersteren.

Noch erheblicher ist die chemische Wirkung des diffusen Lichtes, denn Bunsen und Roscoe fanden, daß erst bei einer Sonnenhöhe von zirka 18° (Brenand erhält dafür 13°) die direkte chemische Wirkung der Sonne jene des diffusen Lichtes übertrifft. Mit anderen Worten, würde unser Auge dieselbe relative Empfindlichkeit gegen die verschiedenen Strahlengattungen haben, wie die Substanzen, mit denen die chemische Wirkung der Strahlung geprüft wurde, also gegen Blau und Violett am empfindlichsten sein, so würden wir die Sonnenscheibe erst sehen, wenn sie schon 18° über dem Horizont steht.

Direkte Messungen der optischen Helligkeit des Himmels und der direkten Sonnenstrahlung unter verschiedenen Breiten fehlen fast gänzlich. Da aber die Atmosphäre gegen die leuchtenden Strahlen sehr durchlässig ist, so lassen die nach den Formeln von Meech für verschiedene Breiten berechneten Lichtmengen die wirklichen Verhältnisse der möglichen Beleuchtung in den verschiedenen Klimaten ziemlich annähernd beurteilen, namentlich da das diffuse Licht die Schwächung der direkten Strahlung durch die Atmosphäre zum Teil wieder ersetzt. Für die höheren Breiten verlängert das diffuse Licht der Atmosphäre während der langen Dämmerung die Lichtdauer erheblich über das Maß, welches sie ohne Atmosphäre erhalten würden.

Eine mehrjährige Reihe von Tageslichtmessungen hat Leonhard Weber in Kiel ausgeführt[1]). Er hat die mittägige Ortshelligkeit für eine horizontale Fläche nach einer Lichteinheit (Meterkerzen) bestimmt, und zwar für Grün und Rot, da sich das weiße Tageslicht direkt nicht physikalisch streng mit dem Kerzenlicht vergleichen läßt. Die Jahresmittel sind für Rot 16,3, für Grün 59,4. Die mehrjährigen Monatsmittel folgen später (red. auf Tageshelligkeit überhaupt).

Die an klaren Tagen bloß vom direkten Sonnenlicht herrührende Ortshelligkeit berechnet Weber im Dezember zu 3,4 Rot und 5,4 Grün, im Mai zu 27,5 Rot und 64,0 Grün, im Juli 28,4 Rot und 66,6 Grün. Im Rot kommt das gesamte Tageslicht den für das direkte Sonnenlicht allein berechneten Werten gleich, die Bewölkung ändert also den Betrag nicht, im Grün überwiegt das gesamte Tageslicht das direkte Sonnenlicht. An Tagen mit hellen weißen Wolken kann die Menge des diffusen Lichtes sehr stark erhöht werden. Am 5. Juni 1892 war die beobachtete Hellig-

---

[1]) Schriften des naturw. Vereins für Schleswig-Holstein Bd. X und deutsche Met. Z. 1885.

keit im Grün (284000 Meterkerzen) 4mal so groß als die nur von den direkten Sonnenstrahlen herrührende Helligkeit, $^3/_4$ des Lichtes stammten an diesem Tage von diffusem Lichte, $^1/_4$ von direktem Sonnenlicht. Die Bewölkung war zu 7 geschätzt, die Sonnenscheibe aber klar.

Chemische Strahlung. Für die Verteilung der chemischen Strahlung nach Breitegraden in ihren jahreszeitlichen Änderungen am gleichen Orte liegen reichlichere Daten zum Vergleiche vor. Wir verdanken selbe hauptsächlich Bunsen und Roscoe, dann besonders Wiesner, P. Schwab (in Kremsmünster) und Marchand (in Fécamp).

A. Chemische und Gesamtstrahlung unter verschiedenen Breiten.

Die von Bunsen und Roscoe ausgeführten und angeregten Messungen lieferten das Resultat, daß für nahe gleiche Sonnenhöhe von rund 53° die gesamte Strahlung (Sonne + Himmel) beträgt:

Manchester 53,5° N, 188, Heidelberg 49,4° N, 437, Pará 1,5 Süd, 724.

Gleichzeitige Messungen an drei Apriltagen (1866) zu Kew bei London und zu Pará ergaben an letzterem Orte eine nahe 20mal größere Intensität der chemischen Strahlung; selbst wenn man den August von Kew mit dem April von Pará vergleicht, stellt sich die chemische Strahlung an letzterem Orte noch 3,3mal intensiver heraus.

Die Messungen der chemischen Intensität des Tages- und des Sonnenlichtes von Bunsen und Roscoe gestatten auch die Abhängigkeit derselben von der Sonnenhöhe zu ermitteln[1]) und für die verschiedenen Breitegrade mit genügender Annäherung die Intensitäten der Strahlung zu berechnen. Die folgenden Zahlen S. 113 geben die berechneten relativen Intensitäten[2]) der chemischen Strahlung an, welche eine horizontale Fläche während eines ganzen Tages zur Zeit des Frühlingsäquinoktiums direkt von der Sonne und vom Himmel erhält.

Diese Zahlen zeigen die große Superiorität des Äquatorialklimas in Bezug auf die Intensität der direkten Strahlung. Sie können bis in mittlere Breiten hinauf auch als genähertes Maß der Intensität der jährlichen chemischen Strahlung genommen werden, weil die stärkere Intensität der Strahlung im Sommer durch die geringere im Winter nahe kompensiert und das Jahresmittel auf das Maß der Äquinoktialstrahlung zurückgeführt wird.

---

[1]) Intensität gleich: $318{,}3 \cos z \, 10^{-\frac{0{,}476\,b}{\cos z}}$, z Zenithdistanz der Sonne, b Barometerstand, 0,476 Transmissionskoeffizient. S. auch Ostwalds Klassiker Bd. 34 und 38.

[2]) Hunderte von chemischen Lichteinheiten nach Bunsen und Roscoe, gemessen mit dem Chlorwasserstoffaktinometer, dabei wirksam hauptsächlich die blauen und violetten Strahlen.

Chemische Lichteinheiten am 20. März (Tag- und Nachtgleiche).

Ort	Geo- graphische Breite	Sonne	Himmel	Total	Verhältnis Sonne : Himmel
Pol	90°	0	20	20	—
Melville-Insel . .	74,8	12	106	118	0,11
Reykiavig . . .	64,1	60	150	210	0,40
Petersburg . . .	59,9	89	164	253	0,54
Manchester . .	53,3	145	182	327	0,80
Heidelberg . . .	49,4	182	191	373	0,95
Neapel	40,9	266	206	472	1,29
Kairo	30	364	217	581	1,68
Bombay	19	438	223	661	1,96
Ceylon	10	475	224	700	2,12
Äquator	0	489	225	714	2,17

Man ersieht aus den obigen Zahlen, daß das diffuse Himmelslicht bis gegen die Breite von Heidelberg herab die direkte Strahlung der Sonne übertrifft und zwar in höheren Breiten bedeutend, unter dem Äquator ist dessen Intensität dagegen kaum die Hälfte der direkten Sonnenstrahlung. Die Bedeutung der Atmosphäre als Regulator der Verteilung der gesamten Strahlung durch Abschwächung der großen Differenzen der direkten Strahlung unter verschiedenen Breiten tritt hierdurch deutlich hervor. Heidelberg z. B. würde von der Sonne allein fast nur $^1/_3$ und Petersburg weniger als $^1/_5$ der Strahlung des Äquators erhalten, durch die lichtzerstreuende Kraft der Atmosphäre wird dieses Verhältnis aber auf mehr als $^1/_2$ und $^1/_3$ erhöht (am 20. März).

Verteilung der „aktinischen" Strahlung in der nörd- lichen Hemisphäre zur Zeit des Sommersolstitiums. John Sebelien hat auf den gleichen Grundlagen, wie sie oben Bunsen und Roscoe angewendet haben, die Verteilung der „chemischen Strahlung"

Chemische Lichteinheiten auf die Einheit der horizontalen Fläche am Mit- sommertag (21. Juni).

N. Br.	Direkte Insolation	Diffuses Tageslicht	Summe Totallicht	Verhältnis Sonne : Taglicht
Äqu.	606	221*	827	2,74
10	709	234	943	3,03
20	777	245	1022	3,17
30	891	258	1149	3,45
40	796	271	1067	2,93
45	762	277	1039	2,75
50	726	285	1011	2,55
55	627	286	913	2,19
60	621	305	926	2,04
65	571	322	893	1,77
70	503	350	853	1,44
75	446	371	817	1,20
80	401	386	787	1,04
90	362*	398	760*	0,91*

zur Zeit der Sommersonnenwende berechnet. Wir haben dazu auch wieder die Verhältniszahlen Sonne : Himmelslicht berechnet. Das Maximum der letzteren fällt auf den 30. Breitegrad (am 20. März auf den Äquator). Unter 82° Breite tritt Gleichheit ein zwischen direkter und diffuser Strahlung[1]).

Bunsen und Roscoe machen die wichtige Bemerkung, daß die photochemischen (wie die optischen) Klimagürtel sich dadurch wesentlich von den thermischen Klimagebieten unterscheiden, daß auch ihre reale Verteilung einem viel einfacheren Gesetz folgen muß als die der letzteren. Während der Wärmezustand, welcher durch die Sonnenstrahlung in der Atmosphäre erzeugt wird, durch Luft- und Meeresströmungen unregelmäßig über die Erdoberfläche verteilt wird, weil die an einem Orte hervorgerufene Erwärmung durch die Konvektionsströmungen (sowie durch die latente Wärme des Wasserdampfes) auf andere Orte übertragen werden kann, ist dies mit der chemischen Wirkung nicht der Fall, sie haftet auf dem Platz, auf welchen die direkte Strahlung fällt. Die Lichtwirkung (optische Helligkeit) und die chemische Wirkung und, fügen wir hinzu, auch die Wirkung der strahlenden Wärme (im Gegensatz zur Luftwärme) ist in ihrer Verteilung an die Breitekreise gebunden. Darüber, daß die direkte Strahlung einer der wichtigsten klimatischen Faktoren ist, kann kein Zweifel bestehen. Dadurch werden aber die Untersuchungen über die Verteilung der gesamten Intensität der Strahlung der Sonne von viel größerer Wichtigkeit für die Klimatologie als man gewöhnlich annimmt, und den Klimagürteln der alten Geographen muß insofern ihre Berechtigung wieder zuerkannt werden, als sie das Prinzip der Einteilung der Klimagebiete nach Breitekreisen repräsentieren[2]).

B. Jährliche Periode der chemischen Strahlung (und der Helligkeit) des Himmels. Die folgende Tabelle enthält die darauf bezüglichen Messungsresultate; die von L. Weber photometrisch gemessene mittägige Tageshelligkeit hat daneben passend Platz gefunden. Die Messungen zu Wien (Wiesner) und Kremsmünster (Schwab)[3]) beziehen sich bloß auf je 1 Jahr; die Messungen zu Fécamp (Marchand) sind nach einer anderen schon früher erwähnten Methode angestellt worden[4]). Das Minimum der diffusen Lichtmenge fällt überall auf den Dezember, das Maximum auf Juni und Juli. Das Verhältnis Maximum zum Minimum beträgt:

Wien 17,1, Kremsmünster 12,2, Fécamp 11,9, Kiel (Mittagshelligkeit) 9,7.

Die in gleicher Weise nach gleicher Einheit vorgenommenen Messungen zu Wien und Kremsmünster zeigen in auffallender Weise

---

[1]) Philosoph. Magazine. March 1905.

[2]) Die älteren Untersuchungen über Licht- und Wärmestrahlung der Sonne bis gegen 1877 finden sich ganz vorzüglich zusammengestellt und verarbeitet in folgenden kleinen Werkchen von: R. Radau, La lumière et les climats. — Les rediations chimiques du soleil. — Actinométrie. Sämtlich im Jahr 1877 bei Gauthier Villars in Paris erschienen. Man sehe auch F. Houdaille, Mét. agricole. Le soleil et l'agriculteur. Masson, Paris 1893.

[3]) P. Franz Schwab, Das photochemische Klima von Kremsmünster. Denkschr. d. Wiener Akad. LXXIV. Bd., 1904. Auf außerordentlich fleißigen 5jährigen Messungen (1 Jahr stündlich) beruhende, alle Verhältnisse umfassende große Arbeit.

[4]) Über das Photometer von Marchand s. Met. Z. 1879, S. 258.

die größere Lichtmenge des Landhimmels gegenüber dem getrübten Stadthimmel, auch die viel stärkere Lichtschwächung im Winter von Wien ist charakteristisch (Dezember und Januar Wien 16, Kremsmünster 31, doppelte Intensität).

Diffuses Licht, mittlere Tagesintensität.

	Wien 48° 12'	Kremsmünster 48° 3'	Marchand Fécamp 49° 46'	Weber (Kiel) 54° 20' (13 Jahre)
	nach Wiesners Methode gem.		(1869 bis 1872)	mittägige Helligkeit
Jan.	15	33	18	9,5
Febr.	40	54	39	18,9
März	62	91	64	32,4
April	145	174	141	46,1
Mai	171	180	195	57,8
Juni	217	341	210	68,3
Juli	274	303	214	60,6
Aug.	253	269	189	52,1
Sept.	151	199	137	40,8
Okt.	60	75	69	24,3
Nov.	26	43	29	11,1
Dez.	16*	28*	18*	6,5*
Jahr	119	149	110	35,3

Die Einheit für Wien und Kremsmünster ist die Lichtintensität, welche in der Zeiteinheit den Normalton (Bunsen-Roscoe) erzeugt. — Die Einheit für Fécamp ist eine willkürliche, die Methode der Messung (s. oben S. 12) auch eine chemische.

Die Messungen von L. Weber in Kiel beruhen auf photometrischen Methoden. Die Intensität des mittägigen Tageslichtes (Ortshelligkeit) ist in Tausenden von Meterkerzen angegeben.

Der Totaleffekt der gesamten chemischen Strahlung (Sonne und Himmel) entsprach zu Fécamp zur Zeit des Sommersolstitiums einer Kohlensäureentwicklung von 35 ccm, davon kommen auf die Sonne allein 23 ccm, auf das diffuse Licht 12 ccm. Ein Wolkenschleier kann die Wirkung des Himmelslichtes vervierfachen.

Für Kew waren die Mittel der chemischen Intensität der Strahlung: November—Januar 11,0, Februar—April 45,9, Mai—Juli 91,5 und August—Oktober 74,0, Jahresmittel 55,3.

Tägliche Messungen der gesamten chemischen Intensität des Tageslichtes um 1^h p. m. zu Petersburg ergaben ein ähnliches Verhältnis zwischen Winter und Sommer, das Mittel der Monate November—Februar war 0,03, jenes der Monate Mai—Juni 0,26 [1]).

---

[1]) Stelling, Photochemische Beobachtung der Intensität des Tageslichtes. Rep. für Met. Tome VI, und Pernter, Met. Z. 1879, S. 41. Derselbe, Resultate der bisherigen Messungen ebenda S. 401.

Anhang.

Berechnung der Intensität der Sonnenstrahlung.

Bezeichnen wir mit δ die Deklination der Sonne, mit φ die geographische Breite, mit t die Länge des halben Tagbogens der Sonne, mit d den scheinbaren Halbmesser der Sonne und mit C eine erst zu bestimmende konstante Größe, so erhält man die tägliche Strahlenmenge für einen bestimmten Tag des Jahres und eine bestimmte geographische Breite aus der Formel [1]:

$$\text{(I)} \qquad W = Cd^2 (\sin \delta \sin \varphi\, t + \cos \delta \cos \varphi \sin t).$$

Die Länge des halben Tagbogens berechnet man bekanntlich mittels der Formel

$$\cos t = - \operatorname{tang} \delta \operatorname{tang} \varphi.$$

Durch Substitution dieser Gleichung in die Gleichung I erhält dieselbe die zur Rechnung bequemere Form:

$$\text{(II)} \qquad W = Cd^2 \sin \delta \sin \varphi\, (t - \operatorname{tang} t).$$

t ist die Länge des halben Tagbogens (für den Halbmesser 1). Für die Frühlings-Nachtgleiche und den Äquator $\left(\delta = 0,\ \varphi = 0,\ t = \dfrac{\pi}{2}\right)$ reduziert sich die Gleichung I auf:

$$W' = Cd^2,$$

aus welcher sich die Konstante C bestimmen läßt. Wir haben den Wert $W' = 1000$ gesetzt (Meech = 1). Dann wird, da $d = 965''$ (für den 20. März) $C = 0{,}00107$.

Wir können aber unter Annahme einer bestimmten Solarkonstante (A) diese Wärmemenge auch in Kalorien berechnen.

Wenn die Sonne am Äquator steht, so ist die Taglänge 12 Stunden, die Wärmemenge auf einer der Sonne stets senkrecht gegenübergestellten Fläche also $12^h \times 60^m \times A = 720\,A$. Die Bestrahlung der horizontalen Erdoberfläche ist aber natürlich kleiner und zwar im Verhältnis, in welchem der Durchmesser des Halbkreises kleiner ist als der Bogen, d. h. $2r : r\pi = 2 : \pi$. Die Wärmemenge ist also $2 \times 720\,A : \pi = 458{,}4\,A$. Wenn die Solarkonstante A für die mittlere Entfernung der Erde eingesetzt und etwa mit Langley gleich 3 genommen wird, so entspricht dem 20. März am Äquator eine Wärmemenge von $1375{,}2 \times (965'' : 961'')^2 = 1386{,}7$ Kalorien. Wir haben dieselbe früher $= 1000$ gesetzt, was einer Solarkonstante von 2,17 Kalorien entsprechen würde.

In Wärmeeinheiten mit der Langleyschen Solarkonstante wird also die Gleichung II

$$\text{(III)} \qquad W = 1386{,}7\ (d : 965'')^2 \sin \delta \sin \varphi\, (t - \operatorname{tang} t).$$

Die Gleichung I gibt für den Fall, daß die Sonne immer am Äquator

---

[1] Siehe Meech, On the relative intensity of the heat and light of the sun (Washington 1856), p. 16, oder Wiener, Über die Stärke der Bestrahlung der Erde durch die Sonne. Zeitschr. f. Meteorol., Bd. XIV (1879). — Hopfner, Größe der relativen Wärmemengen in beliebigen Breiten etc., Met. Z. 1906, S. 386 bis 401 und Sitzungsb. d. Wiener Akademie 1905 und 1906. — Schreiber, Der Sonnenschein, Abh. d. Kgl. sächs. Met. Institutes, Heft 4, Chemnitz 1899. Enthält sehr viele nützliche und instruktive Berechnungsergebnisse, auch in praktischer Hinsicht.

bliebe, ein einfaches Gesetz für die Wärmeabnahme mit der geographischen Breite. Denn setzen wir $\delta = 0$, so ist t überall $= \dfrac{\pi}{2}$ und es wird

$$W = C d^2 \cos \varphi.$$

Die Wärme würde also mit dem Kosinus der geographischen Breite abnehmen. Für niedrigere Breiten gilt dieses Gesetz in der Tat ziemlich nahe.

Für die Wärmemengen am Pol erhält man für die Zeit, wo die Sonne über dem Horizont steht und nicht untergeht, aus I, wenn $\varphi = 90^0$ gesetzt wird, $t = \pi$, weil der halbe Tagbogen dann 180^0 wird

$$W = C d^2 \pi \sin \delta.$$

Da für den Äquator

$$\left(\varphi = 0, \ t = \frac{\pi}{2} \right), \text{ so wird } W = C d^2 \cos \delta,$$

es verhalten sich die gleichzeitigen Wärmemengen am Pol zu jenen am Äquator wie $\pi \sin \delta : \cos \delta$ oder W am Pol = W am Äquator $\times \pi \tan \delta$. Die Wärmemengen am Pol und Äquator werden gleich für $1 = \pi \tan \delta$, also $\delta = 17^0 \ 14$, d. h. vom 10. Mai bis 3. August, d. i. während 86 Tagen ist die Bestrahlung des Poles stärker als die des Äquators. Für $\delta = 23^0$ 27′ wird das Maximum der Bestrahlung des Poles = Äquator $\times$ 1,364. Die Bestrahlung des Poles ist dann um mehr als 36% größer als die gleichzeitige am Äquator.

Für einen bestimmten Ort, also Wien z. B. ($\varphi = 48^0 \ 12'$) gibt die Gleichung III für die Zeiten der Solstitien:

1. 21. Dezember $\delta = - 23^0 \ 27' \ d = 978''$

$t = 4^h \ 5^m = 61^0 \ 15'$ oder im Bogen 1,0690

$\tan t = 1,8228$, somit $t - \tan \delta = - 0,7588$

und somit $W = 319$.

2. 21. Juni $\delta = + 23^0 \ 27'$, $d = 946''$ $t = 118^0 \ 45'$

$t - \tan \delta = 3,8954$, daraus folgt $W = 1541$.

Für einen Ort der südlichen Hemisphäre in der Breite von Wien wären diese Werte am 21. Juni 298 und am 21. Dezember 1647. Sie ergeben sich unmittelbar aus obigen Werten durch Multiplikation mit $(946 : 978)^2$ und umgekehrt.

Würde die Sonne immer in mittlerer Entfernung und am Äquator bleiben, so wäre die Wärmemenge, welche derselbe im Laufe eines Jahres empfangen würde, gleich:

$$365,24 \times 458,4 \times A = 167416 . A.$$

Da sich aber die Sonne um die Schiefe der Ekliptik vom Äquator entfernt, so ist die jährliche Wärmemenge, die letzterer empfängt, kleiner in dem Verhältnis, in welchem der Umfang einer Ellipse mit der halben großen Achse a und einer Exzentrizität gleich dem Sinus der Schiefe der Ekliptik kleiner ist, als der Umfang eines Kreises vom Halbmesser a. Für die Abweichung $23^0 \ 28'$ ist dieser Reduktionsfaktor daher 0,95918, demnach ist die jährliche Wärmemenge am Äquator: $160583,38 \times A$, oder A = 3 gesetzt, 481750 Kalorien.

Da $365,26 \times 0,9592 = 350,4$ ist, so setzt Angot die Wärmemenge am Äquator gleich 350,4 mittlere Wärmetage. Dieselben sind mit 458,4 A zu multiplizieren, um die Wärmemengen in Kalorien auszudrücken, jene unserer Tabelle auf S. 100 aber nur mit 439,7 A, wie dort schon bemerkt.

Die folgende Tabelle enthält einen ganz kurzen Auszug aus den von Angot berechneten Intensitäten der Sonnenstrahlung unter verschiedenen Breitegraden in der zweckmäßigen Form, wie sie Supan in seiner Physischen Erdkunde gegeben, mit Zusätzen.

Verteilung der Intensität der Sonnenstrahlung
nach Angot, nach den geographischen Breiten, in den 4 Jahreszeiten und im
Jahr, sowie die Extreme nach Monat und Tag. Transmissionskoeffizient
p = 0,6.

	Dez. bis Febr.	März bis Mai	Juni bis Aug.	Sept. bis Nov.	Jahr	Monat		Dif-ferenz	Tag		Transmis-sionskoeff. p = 0,7 Jahr
						Max.	Min.		Max.	Min.	
90 N	—	8,1	20,2	0,1	28,4	9.9	—	9,9	335	0	45,0
80	—	10,4	22,6	0,5	33,5	10,8	—	10,3	347	0	50,5
70	0,1	16,5	28,6	2,5	47,7	11,8	—	11,8	393	0	66,8
60	1,1	24,1	35,6	6,6	67,4	13,8	—	13,8	456	0	90,2
50	4,9	31,5	41.3	12,9	90,6	15,3	0,7	14,6	507	22	118,5
40	11,7	37,6	45.3	20,6	115,2	16,2	2,7	13,5	536	84	147,2
30	20,0	42,2	47,2	28,2	137,6	16,4	5,3	11,1	541	171	172,9
20	28,4	44,6	47,0	35,1	155,1	15,9	8,2	7,7	523	267	192,6
10	36,3	45,1	44,6	40,6	166,5	15,3	11,1	4,2	504	363	205,1
0	42,5	43,4	40,1	44,2	170,2	15,3	12,8	2,5*	506	416	209,2
10° S	47,3	39,6	34,0	45,6	166,5	15,8	10,4	5,4	523	340	205,1
20	49,7	33,9	26,5	45,0	155,1	17,0	7,7	9,3	558	250	192,6
30	49,9	27,0	18,5	42,2	137,6	17,5	5,0	12,5	578	160	172,9
40	47,8	19,3	10,6	37,5	115,3	17,3	2,4	14,9	573	78	147,2
50	43,4	11,9	4,4	30,9	90,6	16,3	0,7	15,6	541	20	118,5
60	37,2	5,8	0,9	23,5	67,4	14,6	—	14,6	488	0	90,2
70	29,8	2,0	—	15,9	47,7	12,5	—	12,5	420	0	66,8
80	23,3	0,4	—	9,8	33,5	11,0	—	11,5	371	0	50,5
90	20,9	—	—	7,5	28,4	10,5	—	10,5	358	0	45,0

Die Wärmemengen der Jahreszeiten, des Jahres und der extremen
Monate sind in „Äquatorialtagen" gegeben (der Äquatorialtag gleich
458,4 A Kalorien, pro cm², nach Langley also 1375,2 Kalorien), die
Wärmemenge der extremen Jahrestage sind Grammkalorien (pro cm²)
und mit der Solarkonstante A zu multiplizieren (also nach Langley
mit 3).

Die extremen Monate sind in Breiten über 10° der Juni und der
Dezember.

Drittes Buch

Land- und Seeklima.

Modifikation der meteorologischen Elemente durch die Unterlage, Wasser oder Land. Land- und Seeklima.

I. Primäre Wirkung von Wasser und Land auf die Lufttemperatur.

A. Erwärmung und Wärmebewegung in der festen und flüssigen Erdoberfläche.

Der Betrag der Temperaturzunahme bei gleicher Einstrahlung hängt zunächst ab von der spezifischen Wärme des Körpers, auf welchen die Wärmestrahlung auffällt. Das Wasser hat bekanntlich die größte spezifische Wärme, und selbe wird als Einheit genommen. Der feste Erdboden hat eine kleinere spezifische Wärme, man kann selbe durchschnittlich zu 0,5 annehmen (für gleiches Volum, worauf es hier ankommt, für gleiches Gewicht bloß 0,2 etwa). Je feuchter der Boden, desto größer ist seine spezifische Wärme, letztere nimmt deshalb durchschnittlich mit der Tiefe mehr oder weniger zu, mit zunehmender Bodenfeuchtigkeit. Die Temperaturerhöhung des trockenen Bodens würde deshalb bei gleicher Wärmeeinstrahlung schon deshalb allein den doppelten Betrag erreichen gegenüber jener einer Wasserschichte. Dazu kommt aber noch, daß die Strahlung in den festen Boden nicht eindringt, ihre volle Wirkung der äußeren Oberfläche zukommt, während sie in das Wasser bis zu 10 oder 15 m Tiefe eindringen mag (natürlich in abnehmendem Betrage mit zunehmender Tiefe), die aufgenommene Wärmemenge verteilt sich in Wasser auf eine größere Masse. Die Temperaturerhöhung der Oberfläche selbst ist deshalb eine viel geringere als jene des festen Bodens. Dazu kommt noch drittens, daß die Verdunstung der Wasseroberfläche beträchtliche Wärmemengen entzieht und die Temperaturzunahme noch weiter vermindert.

Die Luft wird deshalb über dem festen Boden am Nachmittage und im Sommer eine viel höhere Temperatur annehmen als über einer Wasserfläche.

Gleicherweise tritt die Erkaltung über einer Wasserfläche gemäßigter auf als über dem festen Boden. Die dünne erwärmte Bodenschichte gibt ihren Wärmevorrat rasch ab durch Ausstrahlung oder in kalter Luft, ihre Temperatur sinkt deshalb rasch. Anders an der Wasseroberfläche. Da das Wasser eine doppelt so große Wärmekapazität hat, muß zunächst demselben auch die doppelte Wärmemenge entzogen werden, um eine gleiche Temperaturerniedrigung zu erzielen, die Abkühlung erfolgt schon deshalb langsamer. Dazu kommt, daß sich in der Wassermasse eine viel größere Wärmemenge aufgespeichert hat als im Boden, da ja die Erwärmung bis zu viel größeren Tiefen vorgedrungen ist. Dieser Wärmevorrat wird bei einer Erkaltung von der Oberfläche her nur sehr langsam wieder abgegeben. Die erkalteten oberen Schichten sinken, schwerer geworden, in die Tiefe, die wärmeren tieferen Schichten steigen dafür empor und bringen ihre höhere Temperatur an die Oberfläche, und dieser Prozeß geht so lange vor sich, bis die ganze Wassermasse sich zu gleicher Temperatur hat abkühlen können.

Die Luft wird deshalb über dem festen Boden viel rascher und viel stärker erkalten als die Luft über einer Wasserfläche.

Daraus ergeben sich unmittelbar die zwei Hauptunterschiede des Land- und Seeklimas in Bezug auf die Temperatur.

Das Landklima unterliegt viel größeren täglichen und jährlichen Temperaturänderungen als das Seeklima. Das Landklima hat extreme, das Seeklima gemäßigte Temperaturschwankungen.

Diese allgemeinen Sätze müssen nun durch Beobachtungsergebnisse beleuchtet und bestätigt werden.

Zunächst ein Beispiel für die Verschiedenheit der mittleren Temperatur in den extremen Monaten im festen Boden und im Wasser, an der Oberfläche und in mäßiger Tiefe.

	Tiflis, Bodentemperatur		Genfer See, Wassertemperatur	
	Oberfläche	6½ m Tiefe	Oberfläche	10 m Tiefe
Januar . .	0,4	15,2	5,4	5,8
Juli . . .	31,3	13,8	20,6	17,8
Schwankung	30,9	1,4	15,2	12,0

Die jährliche Temperaturschwankung an der Oberfläche ist hier beim Boden doppelt so groß als beim Wasser. Das Wasser kühlt in 10 m Tiefe noch um 12 ° ab, der Boden in 6½ m nur um 1½ °. Der Boden kühlt nur in einer dünnen oberen Schichte ab, das Wasser in seiner Masse.

Die Beobachtungen ergeben in Übereinstimmung mit der Theorie der Wärmeleitung, daß die täglichen Temperaturänderungen im Boden nur bis zu 80 oder 100 cm eindringen, je nach dem kleineren oder größeren Wärmeleitungsvermögen (in Granit bis 135 cm etwa, in gewöhnlichem Boden bis zu 85 cm). Die jährliche Temperaturschwankung dringt im Boden bis zu 26 und 16 m Tiefe ein (Granit und lockerer Erdboden) [1]).

---

[1]) Das Temperaturleitungsvermögen des Granits zu 1,0, des Bodens zu 0,5 (cm/Min.) angenommen.

Im Wasser spielt die Wärmeleitung eine sehr geringe Rolle in Bezug auf Eindringen und Abgabe der Wärme. Das Wasser hat ein geringeres Wärmeleitungsvermögen als der Boden. Die Rechnung[1] ergibt, daß bloß durch Leitung die tägliche Temperaturwelle nur bis zu 38 cm eindringen würde, die jährliche nur bis zu 730 cm.

Die Wärmebewegung in vertikaler Richtung im Wasser vollzieht sich einerseits durch direktes Eindringen der Sonnenstrahlung, durch vertikale Konvektionsströmungen und durch Mischung (Wellenbewegung etc.).

B. Wärmeaufspeicherung im Erdboden und im Wasser.

1. In der täglichen Periode. Schubert bestimmte die tägliche Wärmeeinnahme und Wiederabgabe an die Luft im Paarsteiner See zu 440 Grammkalorien pro Quadratzentimeter (4400 kg pro Quadratmeter) und gleichzeitig die eines benachbarten Sandbodens zu 125 Kalorien. Das Wasser hat demnach in der täglichen Periode eine 3,5mal größere Wärmemenge aufgenommen und wieder abgegeben als ein Sandboden[2].

In den Seen Mitteleuropas dringt die tägliche Temperaturwelle bis zu etwa 5 bis 15 m ein. Aus dem Mittelmeer besitzen wir Beobachtungen von Aimé (bei Algier) und die kritischen Berechnungen der Beobachtungen an Bord der „Pola" im östlichen Mittelmeer von Prof. Knott (Edinburgh). Sie ergeben ein Eindringen der täglichen Temperaturschwankung bis zu 20 und 25 m. Die ersteren Beobachtungen im westlichen Mittelmeer lassen (unsicher) auf einen täglichen Wärmeumsatz von 510 Grammkalorien pro Quadratzentimeter (5100 Kilogrammkalorien pro Quadratmeter) schließen, die Polabeobachtungen (unter rund 34° N 32° E) auf einen Wärmeumsatz von 552 Grammkalorien (5520 Kilogrammkalorien pro Quadratmeter).

Die Übereinstimmung mit den Ende August unter 53° N von Schubert erhaltenen Resultaten ist bemerkenswert. Knott berechnet mit einem Transmissionskoeffizienten von 0,7 für einen mittleren Sommertag unter 34° die tägliche Wärmestrahlung (ohne die diffuse Strahlung) zu 830 Kalorien (qcm), davon würden also 69% vom Wasser aufgenommen[3].

2. In der jährlichen Periode. Für die jährliche Wärmeaufnahme und Wiederabgabe in Boden und Wasser besitzen wir zahlreichere Messungen und Berechnungen. Die jährliche Temperaturschwankung dringt in den Boden nur bis zu 15 bis 25 m (rund) ein, dagegen in unseren Seen bis zu und über 100 m, im Mittelmeer vielleicht bis zu 150 m. Die Wärmeaufspeicherung ist deshalb im Boden eine viel geringere als im

---

[1] Wärmeleitungskoeffizient zu 0,081 angenommen cm/Min.

[2] Met. Z. 1907, S. 291.

[3] Der von Schubert erhaltene Wert ist wohl eine obere Grenze, jene von Aimé und Knott dagegen dürften eher unteren Grenzen entsprechen. Knott findet für die Abnahme der täglichen Temperaturschwankung mit der Tiefe h (Meter) im östlichen Mittelmeere die Gleichung $\Delta t = 0{,}47 - 0{,}02\,h$, also $\Delta t = 0$ in rund 25 m.

Wasser, dementsprechend auch dessen Einfluß auf die Milderung der Lufttemperatur in der Zeit der Abkühlung der Erdoberfläche.

Für den Boden von Tiflis (41,7 ° N) haben wir die Wärmeabgabe vom August bis zum Januar zu etwa 24 Tausendkilogrammkalorien pro Quadratmeter gefunden, d. i. 15- bis 16mal weniger, als der Genfer See (46 ° N) an die Luft abgibt. Aus der Bodentemperatur zu Edinburgh (56 ° N) berechnet C. G. Knott[1]) die Zunahme des Wärmegehaltes des (Fels-) Bodens vom März (Min.) bis zum September (Max.) zu 12 Tausendkilogrammkalorien pro Quadratmeter.

Schubert fand den jährlichen Wärmeumsatz in einem Sandboden mit Kiefernwald 13 Tausendkalorien, mit Gras zu 18 ½ Tausendkilogrammkalorien pro Quadratmeter (unter 53 ° N. Br. rund). Die Bodentemperaturbeobachtungen sämtlicher preußischen Froststationen ergaben: Freiland (Feld) 12,7, Wald 9,25 Tausendkalorien. Felsboden nimmt mehr Wärme auf als Sandboden, dieser mehr als eine Moorwiese [2]) (z. B. pro Sommertag bis 75 cm im Verhältnis von 43 zu 26 zu 11 nach Homén).

Der jährliche Wärmeumsatz in den Seen und (stromlosen) Meeren ist weit größer als im Boden. Er hängt ab von der Tiefe, bis zu welcher (im Winter) die Konvektionsströmungen hinabreichen, und natürlich auch von dem Betrage der Erwärmung der oberen Wassermassen im Sommer. Wo die Temperatur und Einstrahlung an der Oberfläche das ganze Jahr nahezu gleich bleibt, wie in den Tropen, fehlt natürlich ein jährlicher Wärmeumsatz. Letzterer ist ja abhängig von dem Betrage der Abkühlung der Wasseroberfläche, durch welche tiefere und wärmere Schichten zum Aufsteigen gezwungen werden.

Krümmel berechnet für die Ostsee, Danziger Bucht (54 ½ ° N), eine Wärmeabgabe vom August bis zum Februar von 514 Tausendkilogrammkalorien pro Quadratmeter (bis zu 70 m, wo die vertikale Zirkulation aufhört), ich habe für eine andere Lokalität der Ostsee (55 ° N) bis zu 50 m 505 Tausendkalorien gefunden, für das Schwarze Meer (43 ° N) bis zu 73 m 482, für den Golf von Neapel (41 ° N) (in Landnähe, nach strengem Winter) bis zu 110 m 400 Tausendkalorien, für das Ionische Meer etwa 350, für das östliche Mittelmeer 426 Tausendkilogrammkalorien [3]). Für einen stromlosen Teil der Nordsee (56,7 ° N) findet Krümmel nur 295 Tausendkalorien.

Den jährlichen Wärmeumsatz im Genfer See berechnete ich zu 370 Tausendkilogrammkalorien (bis zu 60 m), für den Bodensee desgleichen 320 Tausendkalorien, Schubert für den Hintersee (24 m) in Westpreußen 280 Tausendkalorien [4]).

---

[1]) Solar Radiation and Earth Temperatures. Proc. R. S. of Edinburgh XXIII, S. 296 (1901).

[2]) Die Zunahme der Bodenwärme ist im Freilande am raschesten im Mai, an den Waldstationen im Juni, die Abnahme der Bodenwärme erfolgt am raschesten an den Feldstationen im November, an den Waldstationen im Dezember.

[3]) S. Krümmel, Ozeanographie I, neue Aufl., 1907, S. 497 und Met. Z. 1906, S. 378, und 1908; ferner Lehrb. d. Met., II. Aufl., S. 53.

[4]) Schubert, Der Wärmeaustausch im festen Erdboden und in Gewässern. Berlin 1904.

Auf der gleichen Fläche gibt demnach ein Landsee 15 mal, die Ostsee 20- bis 30 mal mehr Wärme im Herbst und Winter an die Luft ab als der Boden.

Da 1 cbm Luft zu seiner Erwärmung um 1° einer Wärmemenge von $1{,}293 \times 0{,}238 = 0{,}308$ Kalorien bedarf, so kann die vom Genfer See abgegebene Wärme (370 Tausend bis 60 m) eine Luftsäule von 6580 m täglich um 1° erwärmen (wenn man die Abkühlung durch 180 Tage gleichförmig fortschreiten läßt). Diese erwärmte Luft wird von den Winden den Seeufern zugeführt und erhöht deren Temperatur.

Nach den von F. Walter gemachten Zusammenstellungen der Mitteltemperaturen der Orte am Ufer des Bodensees und entfernter von demselben auf dem umliegenden Lande (reduziert auf gleiche Seehöhe von 400 m) ist das Jahresmittel der Temperatur am Seeufer 8,6, im Hinterland bloß 8,2, also $0{,}4^{\circ}$ niedriger. Im Januar ist das Seeufer um $0{,}8^{\circ}$ wärmer, im März und April ist kein Unterschied, von August bis September ist das Seeufer schon wieder um 0,6 bis $0{,}7^{\circ}$ wärmer. Die Temperaturunterschiede zwischen den Frühlings- und Herbstmonaten sind:

	September-Mai	Oktober-April	November-März
Seeufer	+ 1,1	− 0,1	+ 0,9
Hinterland	+ 0,6	− 0,7	+ 0,4
Überschuß am See .	+ 0,5	+ 0,6	+ 0,5

Der Herbst ist demnach am Seeufer um einen halben Grad wärmer. (Eine Studie über die Temperatur- und Niederschlagsverhältnisse im Bodenseebecken. Freiburg i. Br. 1892.)

Der warme Herbst an den Küsten der Ostsee ist gleichfalls einer solchen Wärmezufuhr zuzuschreiben, namentlich die Inseln Bornholm und Gotland erfreuen sich einer besonderen Milderung der Temperatur durch die vom Wasser im Herbst und Winter abgegebenen Wärmemengen. Auf Gotland reifen unter $57\frac{1}{2}^{\circ}$ N. Br. an geschützten Stellen in den meisten Jahren Trauben, Walnüsse, Maulbeeren; auch die Zuckerrübe wird mit Erfolg gebaut. — Die folgenden Mitteltemperaturen geben einen ziffermäßigen Beleg für das Gesagte. Jönköping liegt im Inneren in der Mitte von Südschweden.

Schweden. Mitteltemperaturen in gleicher Seehöhe:

		Febr.	April	Juli	Okt.	Jahr	Jahresschwankung
Jönköping 57° 46′ N	16° 39′ E	− 1,8	4,2	16,7	7,0	6,4	18,5
Öland, N-Spitze 57° 22′	17° 16′ E	− 1,0	3,4	16,8	8,1	6,9	17,8
Visby (Gotl.) 57° 39′	18° 18′ E	− 1,0	3,6	16,2	7,8	6,6	17,2

Obgleich Öland und Gotland östlicher, also vom warmen Atlantischen Ozean entfernter liegen als Jönköping, ist doch auf diesen Inseln der Winter milder, namentlich zeichnet sich der Oktober durch höhere Wärme aus, er ist rund um 1° wärmer als im Inneren von Schweden in gleicher Breite.

Dagegen ist allerdings das Frühjahr kälter auf den Inseln und an den Küsten, das Jahresmittel ist aber doch höher, die Jahresschwankung der Temperatur um 1° kleiner. Dies ist charakteristisch für das See- und Küstenklima.

Seichtere ausgedehnte Wasserflächen, die sich im Sommer sehr stark erwärmen, erhöhen die Temperatur der Umgebung im Herbste ganz besonders. Beispiele dafür gibt Gordon Mouat[1]).

Der südliche Teil von Ontario zwischen dem Huron-, Erie- und Ontariosee hat ein besonders begünstigtes Klima unter dem Einflusse der großen Wasserflächen, die nie ganz zufrieren. „Der südlichste Teil (41,7 bis 42° N. Br.) von Ontario um Pelée Island zwischen Sandusky (Ohio) und Leamington hat ein besonders interessantes Klima. Das seichte westliche Ende des Eriesees (wenig über 13 m tief) erwärmt sich im Sommer bis über 26° und zwar bis zum Boden. Diese warme Wassermasse erhöht die Temperatur und die Länge des Sommers, der so warm ist, wie in dem 2½° südlicheren Cincinnati. Der Temperaturunterschied zwischen Tag und Nacht ist so gering wie in den Tropen. Der warme ‚Wind‘ weht hier nicht vom Lande auf das Wasser hinaus, sondern umgekehrt von dem warmen See bei Nacht in das Land hinein. Der heiße, anhaltende Sommer gestattet die volle Reife der Baumwolle, die ohne besonderen Schutz gedeiht. Die Catawatraube gedeiht auf beiden Seeufern besser als sonst irgendwo in Amerika (Kalifornien ausgenommen), es ist der weitaus beste Weindistrikt des Kontinents. Auf den Inseln allein werden Millionen von Gallonen Wein produziert. Frost stört niemals die Ernte.“

C. Die täglichen Temperaturänderungen an der Boden- und Wasseroberfläche und in der darüber lagernden Luft.

Die folgenden Beobachtungsergebnisse erklären sich aus den früheren Deduktionen über das Verhalten von festem Boden und Wasser in Bezug auf Wärmeeinnahme und -ausgabe und illustrieren selbe.

1. Tägliche Änderungen, fester Boden, Oberfläche und die Luft darüber.

Tiflis 41,7° N 410 m, Luft 3 m über Boden.

	Winter				Sommer			
	7^h a.	1^h p.	3^h p.	Tagesmittel	7^h a.	1^h p.	3^h p.	Tagesmittel
Bodenoberfl.	− 0,8°	13,2	10,9°	3,7	17,5	49,0	45,4	29,7
Luft	0,5	6,6	7,8	3,2	17,5	26,3	26,9	22,1
Differenz	− 1,3	6,6	3,6	0,5	0,0	22,7	18,5	7,6

Das Maximum der Bodentemperatur tritt schon um 1^h ein, das der Lufttemperatur später, hier erst um 3^h. Der Boden ist Nachmittags viel wärmer als die Luft, bei Nacht kälter, er wirkt tagüber stark erwärmend, Nachts abkühlend auf die Luft (letztere Wirkung bleibt auf die unteren Schichten beschränkt, erstere erstreckt sich durch Konvektionsströmungen bis zu großer Höhe hinauf). Die Mitteltemperatur des Bodens ist höher als die der Luft.

---

[1]) A few Canadian Climates. Proc. Canadian Institute, Vol. II, 195 bis 215, Juli 1884. Wir kommen im speziellen Teile noch auf diese interessanten Ausführungen über den Einfluß der kanadischen Seen zurück. — Der Michigansee hat an der E-Küste einen 8 km, an der SE-Küste einen 16 km breiten Streifen, die bei den kalten NW-Winden wärmer und durch Nebel und Wolken geschützt sind (im Winter, Monthly Weather Rev. 1901, S. 563). — Auch kleine Landseen haben einen nachweisbaren Einfluß, s. James Bartlett, Month. W. Rev. 1905, S. 146, auch Met. Z. 1996, S. 188. — Über Einfluß des Baikalsees s. Met. Z. 1900, S. 32.

Letzterer Satz gilt auch allgemein. Im Jahresmittel ist die Boden-oberfläche in den gemäßigten Klimaten um 1 bis 2° wärmer als die Luft, in den Tropen bis zu 3° (freier, unbeschatteter Boden).

Die mittleren Jahresextreme der Temperatur waren in Tiflis Bodenoberfläche 64,3° und —8,7, Jahresschwankung[1]) 73,0°, Luft 35,4° und —10,5, Schwankung nur 45,9°.

Ein Beispiel aus einem sehr extremen Klima, aus Oberindien:

Jeypore 26° 55' N, 75° 50' E, 436 m.

Jahr	Luft	Oberfläche	Boden 2,5 cm Tiefe	Boden 30,5 cm Tiefe	Mai Luft	Mai Bodenober-fläche
Mittel	24,0	27,1°	27,8°	26,4	29,8	35,3
Mittleres Max.	80,6	47,8	33,8	27,9	86,8	60,7
Zeit	2¹/₂ʰ p.	1ʰ p.	3ʰ	7ʰ	1ʰ	1ʰ
Mittleres Min.	18,3	14,9	22,5	25,1	23,7	20,8
Zeit	6ʰ a.	5ʰ a.	7ʰ	8ʰ	6ʰ	6ʰ
Amplitude	12,3	32,9	11,3	2,8	13,1	39,9°

Der Boden ist im Jahresmittel um 3,1°, im Mittel des Mai um 5,5° wärmer als die Luft. Um 6ʰ ist im Mai der Boden um 3° kälter, um 1ʰ um 24° wärmer. Zu Allahabad, auf der großen oberen Gangesebene, ist der Boden im Mai sogar um 7,8° wärmer als die Luft (41,1° und 33,3°), um Mittag hat der Boden 60,2°, die Luft 38,4° (steigt bis 2ʰ noch auf 39,4°).

Die vorstehenden Zahlen zeigen wohl zur Genüge, wie sehr sich der Boden bei Tag erhitzt und bei Nacht wieder abkühlt, und wie extrem sich die Temperaturschwankung unter diesem Einfluß gestaltet.

2. Wasseroberfläche und Luft darüber.

Atlantischer Ozean 30° N, Sommer.

	3ʰ a. m.	3ʰ p. m.	Tagesmittel	
Wasser	19,7	20,2	20,0	Max. tritt um 3ʰ p. m. ein
Luft	18,9	20,6	19,6	„ „ „ 1¹/₂ʰ p. m. ein
Differenz	0,8	— 0,4	0,4	

Äquatorialer Ozean 0—10° N, 20—30° W. L.

	4ʰ a. m.	2ʰ p. m.	Mittel
Wasser	26,3	27,0	26,6
Luft	25,3	26,8	26,0
Differenz	1,0	0,2	0,6

Das Wasser der Ozeane und auch der Binnenmeere, der Seen und Flüsse ist wärmer als die Luft darüber. Nach Schott beträgt diese positive Differenz in den offenen tropischen Ozeanen 0,8, in der Chinasee 1,1°, im außertropischen südlichen Atlantischen Ozean 1,6, unter 35° Breite Süd und Nord (ohne Golfstrom) 1,4 und 1,3°.

---

[1]) Die Minima von Boden und Luft dürften nicht vergleichbar sein, die des Bodens durch Wärmeausstrahlung entstanden, die der Luft wahrscheinlich durch kalte Konvektionsströmungen, also relativ zu niedrig.

Die Tagesschwankung der Temperatur auf den Meeren ist in Luft und Wasser gering. Ozeane unter 30° N Luft 1,3°, Wasser 0,7°, äquatorial: Luft 1,7°, Wasser 0,5°. Im allgemeinen kann man in niedrigen Breiten die tägliche Schwankung der Lufttemperatur über den Ozeanen zu 1 bis 1,5° ansetzen, die der Wassertemperatur ist nur halb so groß. In höheren Breiten sind diese Amplituden noch kleiner (Europäisches Nordmeer Wasser 0,46, Luft 1,15 im Sommer, Ozean um die britischen Inseln 0,4 bis 0,1°, im Norden).

Man wird den außerordentlichen Unterschied im Betrage der täglichen Temperaturänderung über dem Land und über großen Wasserflächen aus diesen Zahlen entnehmen.

Die Seen (Wasseroberfläche) sind gleichfalls wärmer als die Luft, der Genfer See z. B. um 2°, die Flüsse sind um 1° und darüber wärmer als die Luft, letztere besonders im Sommer [1]).

D. Jährliche Temperaturänderungen an der Boden- und Wasseroberfläche und in der Luft darüber.

Im allgemeinen wiederholen sich hier die charakteristischen Unterschiede, die sich bei den täglichen Änderungen gezeigt haben. Größere Schwankungen über dem Lande und Abweichungen in der Eintrittszeit der Extreme. Einige wenige Beispiele mögen dafür Belege liefern.

Hohe Breite. Pawlowsk 60° N. Boden Min. Januar —10,3°, Max. Juli 19,4, Jahr 3,6, Jahresschwankung 29,7°. Luft Januar —10,2°, Juli 15,9, Jahr 2,8, Schwankung 26,1.

Niedrige Breite. Jeypore 26,9° N. Boden Dezember 15,3°, Mai 35,8°, Jahr 27,1°, Schwankung 20,5°. Luft Januar 14,9°, Mai 31,8, Jahr 24,0, Schwankung 16,9.

Wasser und Luft darüber zeigen in niedrigen Breiten geringe Unterschiede im jährlichen Wärmegange. In mittleren und höheren Breiten aber erfahren die großen Wasserflächen eine erhebliche Verspätung im Eintritte der höchsten, tiefsten und der mittleren Temperaturen gegenüber dem Gange der Insolation, an welcher auch die Luft darüber oder in der Nähe (an den Küsten) teilnimmt.

Der äquatoriale Atlantische Ozean (10° N bis 10° S) hat 2 Maxima und Minima der Temperatur: April 27,2°, November 26,3 (Maxima), dann August 25,2, Dezember 26,1° (Minima), Jahresschwankung nur 2,0°, Jahresmittel 26,6. In höheren Breiten finden wir folgende Verhältnisse.

---

[1]) Renou sagt darüber: Schon 1858 habe ich bemerkt, daß die Temperatur der Flüsse von der Insolation abhängig ist und das beste Maß für die Sommerwärme abgibt, welche auf die Vegetation einwirkt. Das Flußwasser speichert die Sonnenwärme auf wie ein Glashaus und gibt ein gutes Maß für die Intensität der Sonnenstrahlung. Während sich warme und kalte Sommer in ihrer Mitteltemperatur kaum um 2° unterscheiden, variiert die Zahl der Tage mit einer Flußwärme von 20° oder weniger leicht zwischen 30 und 100. Im Jahre 1858 stieg die Temperatur der Seine bei Choisy-le-Roy bis auf 27°, die Insolation war stark, die Qualität des Weines vortrefflich, obgleich die Lufttemperatur nicht sehr hoch war, weder in Bezug auf Mittel noch auf Extreme.

		Max.		Min.	Jahres-schwankung	Jahres-mittel
Atl. Ozean	10—20 ° N	26,6 Sept.	22,3 März	4,3	24,4
„ „	35 ° N	24,0 August	16,7 Febr.	7,8	19,8
„ „	45 ° „	19,5 „	12,2 „	7,8	15,3
„ „	60 ° „	12,4 „	6,6 Febr./März	5,8	9,1
Mittelmeer [1])	87 ° Wasser	25,0 „	14,5 „	10,5	19,2 °
	Luft	25,1 „	13,6 Jan.	11,5	18,9

Im allgemeinen verspätet sich über den Wasserflächen der Eintritt des Temperaturminimums um 2 bis 3 Monate gegen den höchsten Sonnenstand, der Eintritt des Maximums um 2 Monate.

G. Schott, der die jährliche Temperaturschwankung des Ozeanwassers zum Gegenstand einer speziellen Untersuchung und kartographischen Darstellung gemacht hat[2]) stellte die interessante Tatsache fest, daß, abgesehen von den Randmeeren, alle Ozeane die größte jährliche Temperaturschwankung unter 30 bis 40 ° Breite haben, von da nimmt dieselbe nach Norden wie nach Süden ab. Allgemeine Mittelwerte und einen Vergleich mit der Jahresschwankung der Temperatur auf den Kontinenten (nach Supan) enthält die folgende kleine Tabelle:

Breite	Äq.	10	20	30	40	50
Jahresschwankung der Temperatur.						
Ozeane . .	2,3	2,4	3,6	5,9	7,5	5,6 C.
Festland . .	—	3,3	7,2	10,2	14,0	(24,4)[3]) C.

Die Temperaturverhältnisse der Randmeere sind exzessiver, namentlich aber jener Meeresteile, wo kalte und warme Strömungen nach den Jahreszeiten wechseln (Umgebung von Neufundland, ostasiatisches Küstengebiet).

Das Wasser großer Seen zeigt dasselbe. Z. B. der Genfer See 46 1/2 ° N. Februar 5,2 °, August 20,1 ° (Juli 20,0), Jahr 12,0 °, Jahresschwankung 14,9 °; Luft an den Ufern aber 18,1 °.

Die Temperaturdifferenzen Wasser—Luft sind am Genfer See: Winter 4,8 °, Frühling —0,3 °, Sommer 1,3 °, Herbst 3,9 °, Jahr 2,4 °; extreme Monate Dezember 6,2 °, April —1,3 °. Im Frühling steigt über dem Lande die Temperatur viel rascher als über dem Wasser, das Wasser wirkt dann erkältend auf die Ufer, umgekehrt im Herbst.

---

[1]) In der Adria bei Lesina, also in Landnähe, wurden im mehrjährigen Mittel folgende Temperaturen gefunden:

	Winter	Frühling	Sommer	Herbst	Jahr	Schwankung
Luft	9,2	14,8	24,4	17,9	16,6	15,2
Wasseroberfläche .	13,5	15,0	22,0	19,5	17,5	8,5
Wasser in 10 m .	13,9	14,7	20,3	18,4	16,8	6,4

[2]) Peterm. Geogr. Mitt. Juli 1895.

[3]) Nur Nordbreite.

II. Sekundäre Wirkungen von Wasser und Land auf die Lufttemperatur durch Modifikation der Einstrahlung und Ausstrahlung durch Wasserdampf und Bewölkung.

Die Ozeane sind die Hauptquelle für den Wasserdampfgehalt der Luft [1]). Von deren großen Wasserflächen aus verbreitet sich der Wassergehalt der Atmosphäre landeinwärts über die Kontinente hauptsächlich durch die Luftströmungen, dann auch durch die allmähliche Diffusion des Wasserdampfes. Die Binnengewässer und Vegetationsdecken der Festländer, welche natürlich auch mehr oder weniger große Dampfmengen an die Atmosphäre abgeben, verdanken ihre Existenz der Wasserzufuhr von den Ozeanen. Wo diese durch Gebirge mehr oder weniger abgeschnitten ist, finden wir mehr oder weniger wasserlose, dampfarme Trockengebiete [2]).

Die Kondensation des Wasserdampfgehaltes der Atmosphäre erfolgt zunächst in der Form von Nebeln und von Wolken, welche natürlich dort am häufigsten sich bilden, wo der Wassergehalt der Luft am reichlichsten und die feuchte Luft der Sättigung mit Wasserdampf am nächsten ist. Ganz im allgemeinen werden wir deshalb über den größeren Wasserflächen den größten Dampfgehalt und namentlich in höheren Breiten die häufigste Nebel- und Wolkenbildung, die größte Himmelsbedeckung zu suchen haben.

---

[1]) Die Verdampfung der Ozeane am Äquator kann man zu 230 cm etwa annehmen. Brown hat in Trevandrun 9° N mit Seewasser eine Verdunstungshöhe im Freien von 252 cm ermittelt, am Ufer, also höher als auf dem Meere draußen zu erwarten (Met. Z. 1906, S. 428). Die Größe der Verdampfung in warmen Klimaten wird gern überschätzt, weil die Messungen zumeist nicht unter natürlichen Verhältnissen angestellt werden. Die in letzterer Hinsicht vertrauenswerten Messungen zu Adelaide (Südaustralien) geben 140 cm jährlich, im heißen trockenen Innern Australiens zu Alice Springs 258 cm (Regenfall nur 29 cm). Dieulafait hat im Juli 1876 auf offener See (15 km von der Küste) bei Windstille die tägliche Verdunstung des Meerwassers zu 11 bis 12 mm gefunden, an einer anderen Stelle Juli-August zu 8 bis 13 mm. Er schätzt die mittlere jährliche Verdunstung auf offenem Meere an der Mittelmeerküste Frankreichs zu 2,2 m, Pechinet gibt 2,5 bis 2,7 m als jährliche Verdunstung in der Camargue an. Die Verdunstung von dem seichten Lake George im trockenen Innern von Neusüdwales beträgt im Mittel von 6 Jahren nur 106 cm. Am Amu Darja wurde die Verdunstung auch nur zu 128 cm gefunden, die Annahme von 2 m für das Mittelmeer ist also wohl zu hoch.

[2]) Die lokale Verdunstung von den Landflächen und Binnengewässern, früher unterschätzt, wird jetzt vielfach enorm überschätzt. So lesen wir in einem Referat von sehr beachtenswerter Seite: Ein Bericht über eine kürzlich erschienene Abhandlung von Brückner über den Einfluß der Ozeane auf die Niederschläge über den Kontinenten bringt, falls die zu Grunde liegenden Zahlen und Schlußfolgerungen als genau angenommen werden dürfen, die Tatsache zum Vorschein, daß wenn der Einfluß der Ozeane eliminiert würde, die Kontinente noch immer ⁴/₅ ihrer gegenwärtigen Niederschläge erhalten würden! (Science 28. Sept. 1906.) Im selben Organ heißt es wieder von anderer Seite, daß die großen kanadischen Seen nur geringen Einfluß auf die Regenmenge ihrer Umgebung haben. Und den Wäldern, welche doch die größten Dampfmengen auf dem Festlande liefern müssen, wird gegenwärtig fast gar kein Einfluß auf eine Steigerung der Regenmenge zugeschrieben! Der Erdboden selbst, sobald er nach einem Regen abgetrocknet ist, kann aber doch gewiß an die Atmosphäre nur äußerst wenig Wasserdampf abgeben.

A. Wirkung von Wasserdampf und Wolken auf die Ausstrahlung und Einstrahlung der Wärme. Es wurde schon S. 109 mitgeteilt, daß die direkte Sonnenstrahlung durch eine Zunahme des Wasserdampfgehaltes der Luft um 1 mm um rund 0,02 Kalorien vermindert wird. Noch stärker wird die Wärmeausstrahlung der Erde vermindert, da der Wasserdampf namentlich die langwelligen dunklen Strahlen von Körpern relativ niedriger Temperatur absorbiert. N. Ekholm berechnet die mittlere Absorption der Erdstrahlung durch den Wasserdampf zwischen 20° N und 10° S (mittlerer Dampfdruck etwa 20 mm) zu 70 %, in der gemäßigten Zone (mittlerer Dampfdruck etwa 7 bis 15 mm) zu 65 bis 45 %, und in den Polargegenden ($e = 2$ bis 4 mm) zu 30 %, im Mittel für die ganze Erde zu 60 % (dazu kommt noch die Wärmeabsorption durch die Kohlensäure mit ca. 17 ½ %, welche für Land und Wasser als gleich angenommen werden kann)[1].

Über den Wasserflächen und in dem feuchten Insel- und Küstenklima ist deshalb der Wärmeverlust bei Nacht und im Winter viel geringer als über den trockenen Landflächen, und namentlich groß über den Hochebenen großer Kontinente.

Es wirkt also auch der verschiedene Dampfgehalt der Atmosphäre dahin, die tägliche und jährliche Temperaturschwankung über dem Meere und auf Inseln und an den Küsten zu vermindern.

Einige Belege für die Wirkung des Wassergehaltes der Luft auf Ein- und Ausstrahlung.

Strachey hat zu Madras an völlig heiteren Tagen (4. bis 25. März 1850) folgende Beobachtungen gemacht[2].

Nächtliche Temperaturabnahme von 6h 40m p. bis 5h 40m a. m.

Dampfdruck mm . . 22	19,8	17,3	14,7	11,0
Temperaturfall Cel. . 3,8	4,7	6,3	7,0	9,2

Die Temperatur stieg von 5h 40m a. bis 1h 40m p.

Dampfdruck mm . . 19,8	17,0	14,6	13,0	10,0
Temperaturanstieg . 7,6	10,8	12,4	13,5	15,0

Also raschere Erwärmung bei Tag, aber auch größere Abkühlung bei Nacht bei geringem Wassergehalt der Luft.

Je größer der Dampfgehalt, desto leichter entsteht auch eine leichte, unsichtbare neblige Trübung der Luft, welche in gleicher Richtung wirkt. Deshalb scheint die relative Feuchtigkeit noch enger mit der Einstrahlung und Ausstrahlung in Beziehung zu stehen. Sutton in Kimberley hat darüber gründliche Untersuchungen angestellt[3]. Wir können hier nur folgende Resultate kurz anführen.

Temperaturabnahme in 4 Stunden (8h p. bis Mittn.) bei verschiedener relativer Feuchtigkeit um 8h p. m.:

Feuchtigkeit Prozent <50	50/59	60/69	70/79	80 % und darüber
Temperaturänderung 3,64	3,20	2,72	2,22	1,67

---

[1] Ekholm, Emission und Absorption der Wärme. Met. Z. 1902, S. 505.
[2] Philosoph. Mag. **32** (1866), S. 84. Action of aqueous vapour on terrestrial radiations.
[3] J. R. Sutton, The Influence of water vapour upon nocturnal Radiation. R. Dublin Soc. XI, Aug. 1905.

Bei 25 bis 40 % relativer Feuchtigkeit war der Unterschied zwischen der Temperatur um 8ʰ Abends und dem Morgenminimum 10,3 °, bei 50 bis 60 % 7,6 ° und bei 70 bis 80 % 6,0 °.

In den Vereinigten Staaten hat man die Beobachtung gemacht, daß wenn ein Barometermaximum mit klarem Himmel und Kälte (durch nächtliche Ausstrahlung) von Westen heranrückt (eine sogen. Kältewelle), es darauf ankommt, ob vorher Regen gefallen ist oder nicht. Ist der Boden trocken, so gibt es Frost, nicht aber wenn ein leichter Regen über einer weiten Fläche gefallen ist. Moore findet, daß die Minimumtemperatur in den Cranberrypflanzungen [1]) bei trockenem Wetter oft $8\frac{1}{2}$ ° C. unter die von den Städten telegraphierten Temperaturen fallen kann. Man kann dem abhelfen, indem bei Frostwarnung die Beete reichlich bewässert werden [2]). — Auch in Nordwestindien werden an klaren Abenden die Gärten und Zuckerrohrfelder bewässert [3]). Der feuchte Boden hat eine größere spezifische Wärme, die Leitung von unten ist besser und bei Abkühlung wird die Luft sehr feucht bis zu leichter Nebelbildung und Taubildung (Schutz gegen Strahlung und Zufuhr latenter Dampfwärme. Kultivierter, gelockerter Boden bleibt wärmer als unkultivierter, ist weniger frostgefährlich).

Im Frühling, bei der dann herrschenden größeren Lufttrockenheit, treten leicht Spätfröste ein. Die nächtliche Wärmeausstrahlung ist dann besonders groß. Nach den Ergebnissen der neueren Ballonfahrten ist im Frühjahr die Luft in den Höhen der Atmosphäre sehr kalt.

B. Wirkung der Bewölkung. Viel stärker noch als der Wassergehalt der Luft allein wirkt die Bewölkung und (Nebelbildung) auf Wärmeein- und -ausstrahlung, was ja unmittelbar einleuchtend ist.

Glaisher hat folgende Differenzen zwischen den Angaben eines geschützten und eines der Strahlung ausgesetzten Thermometers erhalten bei verschiedenen Bewölkungsgraden:

Bewölkung	10	8	5	2	0
Mittlere Differenz .	1,5	2,3	8,0	3,7	4,6 °

10 ganz bedeckt, 0 völlig heiter.

Je höher die Wolkendecke, desto geringeren Schutz gewährt sie gegen die Ausstrahlung.

Wenn man die Temperaturen an ganz heiteren und ganz trüben Tagen aufsucht, so findet man das Resultat, daß, wie zu erwarten, die Bewölkung im Winter die Temperatur erhöht, im Sommer erniedrigt. Im Jahresmittel heben sich deshalb diese Einflüsse mehr oder weniger auf. Wo aber die Ausstrahlung überwiegt, wie in hohen Breiten, überwiegt der Schutz der Bewölkung gegen Ausstrahlung die verminderte Insolation. So hat Kämtz für Dorpat folgende Temperaturabweichungen vom Mittel gefunden. Bewölkung 0 ganz heiter, 4 ganz bedeckt.

---

[1]) Moosbeeren, Vaccinium oxycoccus und Macrocarpus.
[2]) Moore in Science N. S., Vol. II, Nr. 44, S. 576.
[3]) R. Fischer in Nature Vol. 65, p. 152, Dez. 1901.

Bewölkung .	0	1	2	3	4
Temperaturabweichungen vom Mittel					
Winter . .	− 10,5	− 6,8	− 3,1	+ 0,5	+ 4,4
Sommer . .	+ 1,6	+ 0,8	− 0,3	− 1,2	- 2,7
Jahr . . .	− 3,7	− 1,9	− 1,0	− 0,2	+ 1,3

Der Einfluß der Bewölkung erscheint hier sehr groß [1]).

Prag (nach Augustin). Januartemperatur heiter —8,5 °, trüb —1,1 °, Juli heiter 22,0 °, trüb 16,5 °, Jahr 8,1 ° und 8,0 °.

Paris (nach Angot). Januartemperatur heiter − 0,9 °, trüb 2,2 °, Juni-Juli heiter 19,8 °, trüb 15,1 °, Jahr 9,5 ° und 9,3 °.

In Greenwich ist die Wintertemperatur an ganz heiteren Tagen 3,0 ° unter dem Mittel, an ganz trüben normal (weil die ganz trüben Tage dort der normale Zustand im Winter). Die Sommertemperatur ist an heiteren Tagen 2,5 ° über dem Mittel, an trüben 1,6 ° darunter. Das Jahresmittel ist für heitere Tage 0,6 ° höher als für trübe.

In niedrigen Breiten, wo die Insolation das ganze Jahr kräftig ist, überwiegt der abkühlende Einfluß der Bewölkung das ganze Jahr hindurch. Der Eintritt der Wolkenzeit bedingt dort eine Abnahme der Temperatur, auch wenn sie mit dem höchsten Sonnenstande zusammenfällt.

Am auffallendsten macht sich der Einfluß der Bewölkung geltend bei der Größe der täglichen Temperaturschwankung an heiteren und an trüben Tagen.

Einfluß der Bewölkung auf die mittlere Größe der täglichen Temperaturschwankung.

Bewölkung	Bern		Paris		Wien u. Prag		Greenwich	Nertschinsk
	Dez.	Juni	Dez.	April	April		Juni	Sommer
ganz heiter	8,2	15,4	6,5	15,5	11,6	12,5	14,1	15,8
ganz trüb	2,4	4,6	1,8	4,3	3,9	4,0	4,4	5,5

Zu Poona (Indien, Plateaurand oberhalb Bombay) ist im Februar die tägliche Temperaturschwankung 16,7 ° bei 0,7 Bewölkung, dagegen im Juli nur 4,5 bei einer Bewölkung von 8,7.

Besonders stark ist die Wärmestrahlung an heiteren Wintertagen mit einer Schneedecke, z. B. Paris, Dezember, heiter ohne Schnee 6,5 °, heiter bei Schneedecke 10,3 °.

Sehr instruktiv tritt die Wirkung der Einstrahlung und Ausstrahlung noch in folgenden Zahlen zu Tage:

Wien im Mittel für April und März (Äquinoktium).
Abweichung der Temperatur vom Tagesmittel.

	ganz heiter	ganz trüb
6ʰ p. m.	+ 3,8	+ 0,7
6ʰ a. m.	− 5,2	− 1,0
Nächtliche Erkaltung	9,0	1,7

---

[1]) Es ist aber dabei zu beachten, daß die hohe Bewölkung in Europa hauptsächlich bei warmen westlichen Winden eintritt, das Resultat ist deshalb nicht rein ein Effekt der Bewölkung.

In heiteren Nächten sinkt zu Ende des März oder Anfang April die Temperatur um mehr als 5° unter das Tagesmittel, daher die Frostgefahr heiterer Frühjahrsnächte [1]).

Der Einfluß der Bewölkung auf die Temperatur kann kurz so zusammengefaßt werden.

Ein geringerer Grad der Bewölkung bedeutet in höheren Breiten eine erhebliche Erniedrigung der Wintertemperatur und eine geringe Steigerung der Sommerwärme, das Resultat ist eine Erniedrigung der mittleren Jahrestemperatur. In niedrigen Breiten bewirkt die Abnahme der Bewölkung eine entschiedene Zunahme der mittleren Jahreswärme (entsprechend dem Effekt in unserem Sommer).

Da nun die Atmosphäre über dem Wasser stärker und häufiger getrübt ist als über dem Lande, und namentlich im Innern der größeren Kontinente eine erhebliche Abnahme der Bewölkung sich geltend macht, so wirken alle angeführten Faktoren in gleicher Richtung dahin, den Temperaturgegensatz zwischen Winter und Sommer auf dem Festlande zu vergrößern, über dem Ozean aber zu vermindern. Der resultierende Einfluß auf die mittlere Jahrestemperatur, der für die mittleren und höheren Breiten deduktiv sich nicht so leicht direkt feststellen läßt, ergibt sich durch einen Blick auf eine Karte der Jahresisothermen, sie zeigen eine Depression der mittleren Jahreswärme über den Landflächen der höheren Breiten, dagegen eine Erhöhung derselben über den Landflächen der niedrigen Breiten. Der Übergang findet in der Gegend des 40. Breitegrades statt, wo Land und Wasser gleiche mittlere Jahrestemperatur haben [2]).

III. Speziellere Darlegung der Temperaturverhältnisse im Land- und Seeklima.

A. Einfluß des Landes auf die mittlere Temperatur und auf die Änderungen derselben im Jahreslaufe.

Zur präziseren Beurteilung des Einflusses des Landes auf die mittleren Temperaturen und auf die jährliche Wärmeschwankung in höheren Breiten mag die folgende kleine Tabelle dienen.

Mittlere Temperaturen unter 52° N. Br. in der Richtung von West nach Ost von der Küste landeinwärts. Alle Mittel auf 100 m Seehöhe reduziert.

---

[1]) Bekanntlich sucht man dieser Gefahr durch künstliche Verminderung der Ausstrahlung zu begegnen, durch Erzeugung von feuchten Rauchwolken namentlich. In Kalifornien werden solche Feuer sogar auf Wagen an die gefährdeten Stellen gebracht. Schon Plinius berichtet über Erzeugung von Rauch zur Verhütung von Nachtfrösten. S. darüber W. Trabert, Die Bekämpfung der Frostgefahr. Met. Z. 1899, S. 529.

[2]) S. Hann, Atlas der Meteorologie. Gotha, Perthes 1887. Januar, Juli und Jahresisothermen.

52 ° N. B., 100 m Seehöhe.

Länge	Valentia 10,8 ° W	West-deutsch-land 7,2 ° E	War-schau 21,0 °	Kursk 36,2 °	Oren-burg 55,1 °	West-sibirien 80,2 °	Tempe-ratur-differenz	Pro 10 Länge-grade
Januar .	6,8	1,1	− 4,3	− 9,9	− 15,4	− 17,5	− 24,3	− 2,7
Juli . .	14,6*	17,3	18,5	19,3	21,6	22,6	+ 8,0	+ 0,9
Jahr . .	10,1	9,0	7,2	5,2	3,3	2,9	− 7,2	− 0,8
Schwan-kung .	7,8	16,2	22,8	29,2	37,0	40,1	+ 32,3	+ 3,0

Die Landbedeckung erniedrigt unter 52° N. Br. die Wintertemperatur viel stärker, als sie die Sommertemperatur erhöht, das Ergebnis ist eine Abnahme der mittleren Jahrestemperatur.

Kursk in Mittelrußland liegt ungefähr in der Mitte zwischen Valentia (an der Westküste Irlands, fast rein ozeanisch) und Semipalatinsk (in Westsibirien). Man wird bemerken, daß auf der ersten Strecke die Änderungen viel größer sind als auf der schon rein kontinentalen Strecke Kursk-Semipalatinsk.

Für andere Breitegrade Europas habe ich gefunden:

Temperaturänderung für je 10 Längegrade

	Jan.	Juli	Jahr	Jahres-schwankung
60 ° N. Br. Shetlandsinseln—Bogoslowsk	− 3,8	+ 0,9	− 1,4	+ 4,8
50 ° „ „ Scillyinseln—Kamyschin	− 3,6	+ 1,3	− 0,9	+ 5,0
40 ° „ „ Lecce, Korfu—Baku, Krasnowodsk	− 2,1	+ 0,4	− 0,7	+ 2,6

Auf- und Zugang einiger Flüsse von Westen nach Osten landeinwärts (zunehmende Dauer der Eisdecke):

	Weser bei Bremen	Weser	Weichsel	Wolga	Ob	Amur	Donau bei Galatz	Untere Wolga
Breite	53,1	52,8	53	52,3	52,4	53,3	53,1	45,5	45,8
Länge	8,8 E	9	18 ½	21,0	48	83,8	140,7	28,0	47,8 E
Zugang	2. Jan.	6. Jan.	26. Dez	27. Dez.	9. Dez.	9. Nov.	9. Nov.	8. Jan.	17. Dez.
Aufgang	1. Febr.	5. Febr.	1. März	5. März	18. April	26. April	20. Mai	25. Febr.	20. März
Geschlos-sen, Tage	29	30	64	67	130	168	192	48	93

Zunahme der Frostdauer von Westen nach Osten unter 50° nördlicher Breite [1]:

----

[1]) Die Zahlen sind entnommen: O. Dorscheid, Mittlere Frostdauer auf der Erde. Met. Z. 1907, S. 49 etc.

	Köln, Trier	Prag	Kiew	Kamyschin	Uralsk, Irgis	Semipala-tinsk
N. Br. . .	50,3	50,1	50,5	50,1	50	50,4
Östl. Länge	6,7	14,4	30,5	45,4	56,3	80,2
Seehöhe .	100	197	180	21	71	181
Frostdauer, Tage . .	0	64	117	137	148	162

Die Frostdauer nimmt anfangs rasch, dann immer langsamer zu mit zunehmender Kontinentalität, zuerst etwa um 8 Tage pro Längegrad, dann um 3 Tage, um 1½ und 1 Tag und endlich kaum um ½ Tag.

In Nordamerika unter niedrigeren Breiten und von einer Ostküste aus nach Westen fortschreitend (s. später) finden wir etwas andere Verhältnisse als in Europa und Asien (die Temperaturen überall auf gleiche Seehöhe reduziert):

				Jan.	Juli	Jahr	Schwankung
42½°	Boston	71,1	W	− 2,4	22,2	9,6	24,6
	Dubuque	90,7	„	− 7,1	24,6	9,8	31,7
39°	Washington	77,1	„	0,9	25,1	12,8	24,2
	Kansas	94,6	„	− 2,2	26,8	12,3	29,0
37°	Norfolk	76,3	„	4,8	25,9	15,1	21,1
	Springfield Mo.	93,3	„	2,2	26,3	14,7	24,1

Die Januartemperatur nimmt zwischen 42 und 37° ziemlich gleichmäßig um 1,7° pro je 10 Längengrade ab, die Sommertemperatur nimmt unter 42° um 1,2° pro 10° zu, unter 39° nur um 1° und unter 37° fast gar nicht. Die Änderungen der Jahrestemperaturen sind gering. Unter noch niedrigeren Breiten in Australien finden wir schon eine entschiedene Zunahme der Jahrestemperatur landeinwärts.

		Östl. Länge		Jan.	Juli	Jahr	Schwankung
31½° S	P. Maquarie	152,9	Küste	22,1	11,8	17,4	10,8
	Wilcania	143,4	Inland	27,1	10,2	19,0	16,9
33½/34°	Sydney	151,2	Küste	21,4	10,9	16,6	10,5
	Bathurst	149,6	Inland	24,7	9,0	16,8	15,7
	Wenthworth	142,0	„	25,5	9,4	17,5	16,1

Überall Abnahme der Wintertemperatur, Zunahme der Sommer- und Jahrestemperatur und der Jahresschwankung landeinwärts.

Vorderindien 20 bis 21° N. Br.

Ort	Breite	Länge	Jahr	Jan.	Juli	Diff.
Falsepoint	20,3° N	86,8° E	26,7	20,9	30,1	9,2
Cuttak	20,5° „	85,9° „	27,0	21,3	31,5 [1]	10,2
Nagpur	21,1° „	79,2° „	27,6	21,5	35,4	13,9

Nach den Isothermenkarten wie nach den Formeln, durch welche man die mittlere Temperatur der Breitegrade im Land- und Seeklima

---

[1] Mai, nicht Juli.

dargestellt hat, wird im allgemeinen das Land etwa unter $42\frac{1}{2}$ ° schon wärmer als das Meer.

Entschieden, auch im einzelnen, tritt diese Wirkung erst unter dem 30. Breitegrad ein. Dem Maße nach aber bleibt der temperaturerhöhende Einfluß des Landes in niedrigen Breiten zurück gegen den temperaturerniedrigenden in den höheren Breiten.

Man darf auch nicht annehmen, daß die temperaturerhöhende Wirkung des Landes in der Nähe des Äquators das Maximum erreicht. Infolge der Gleichmäßigkeit der Sonnenstrahlung das ganze Jahr hindurch und der größeren Bewölkung und Regenmenge des äquatorialen Gürtels kommt es hier zu keinen so extremen Mitteltemperaturen, wie sie nördlich und südlich davon anzutreffen sind.

Wo dieses äquatoriale Gebiet von ausgedehnten Wäldern bedeckt ist, wie im Gebiet des Amazonenstroms und im afrikanischen Sudan, da ist sogar die mittlere Temperatur weit landeinwärts relativ niedrig, ja niedriger selbst als sie über dem Ozean unter gleicher Breite örtlich angetroffen werden kann. Die Jahrestemperatur unter dem Äquator ist in Südamerika 25 bis 26°, am Kongo desgleichen (Equatorville 24,3°, reduziert auf das Meeresniveau 25,9°).

Daß sich das Wasser unter dem Äquator mindestens ebenso stark erwärmen kann als das (waldbedeckte) Festland, ist sehr bemerkenswert. Die abkühlende Wirkung der Wärmeausstrahlung und Verdunstung der von reichlichen Regen benetzten Wälder ist größer als jene der Wasserflächen der Ozeane.

Den größten Temperaturüberschuß auf den Landflächen trifft man etwa in der Gegend der Wendekreise an.

Gemeinsam ist dem Landklima unter allen Breiten eine große jährliche Wärmeschwankung.

Das Seeklima zeichnet sich dagegen durch eine Verminderung der jährlichen Temperaturänderung aus. Orte, die dem Einfluß der Meeresluft vollkommen ausgesetzt sind, haben eine bemerkenswerte Gleichmäßigkeit der Temperatur. Auf den äußeren Hebriden 57,4° N, den westlichsten Vorposten Europas im Atlantischen Ozean, ist die Temperatur des kältesten Monats 5,3°, des wärmsten 12,7, Jahresschwankung nur 7,4°. Inverneß (Culloden), unter gleicher Breite an der Ostküste von Schottland, hat im kältesten Monat 3,2°, im wärmsten 14,2°, Jahresschwankung 11,0°. Auf den Falklandsinseln (Stanleyhafen 51° 41′ S. Br.) hat der Januar 9,8°, der Juli 2,5°, Differenz 7,3°; auf der Kergueleninsel 49° S. Br. sinkt der Unterschied zwischen Winter- und Sommertemperatur sogar auf 5° herab und selbst die Temperaturminima des Winters sind wenig niedriger als die des Sommers. Den größten Gegensatz unter gleicher Breite (62° N) stellen wohl Thorshavn (Faröer) und Jakutsk dar.

	Länge	Seehöhe	Jan.	Juli	Jahr	Schwan-kung	Mittlere Jahresextreme		Diff.
Thorshavn	6,7° W	9 m	8,2	10,8	6,5	7,6	− 9,1	18,1	27,2
Jakutsk	104,9 E	100 m	− 42.9	18,8	− 11,1	61,7	− 54,8	33,0	87,8
	Unterschied		− 46,1	+ 8,0	− 17,6	+ 54,1	− 45,7	+ 14,9	+ 60,6

Im Januar beträgt der Temperaturunterschied zwischen den Faröern und Ostsibirien über 46°! in gleicher Breite.

Mit Recht nennt man daher das **Landklima** seinen Temperaturverhältnissen nach ein **exzessives**, das **Seeklima** dagegen ein **gemäßigtes (limitiertes)**. Die Karten der jährlichen Wärmeschwankung auf der Erdoberfläche lassen die räumlichen Verhältnisse des exzessiven und limitierten Klimas überblicken. **Supan** hat sie für den Temperaturunterschied der extremen Monate gezeichnet, **van Bebber** für den Unterschied der mittleren absoluten Jahresextreme[1]).

Das kontinentale Klima unterscheidet sich vom Seeklima nicht allein durch die Größe der Jahresschwankung der Wärme, sondern auch durch eine andere Form der jährlichen Temperaturkurve, d. i. durch einen anderen Verlauf des Temperaturanstieges und des Temperaturabfalles. Im **Kontinentalklima** tritt die höchste Temperatur zirka einen Monat nach dem höchsten Sonnenstande ein, die tiefste Temperatur verspätet sich desgleichen gegen den tiefsten Sonnenstand, aber weniger erheblich. Nur die tropischen Monsunklimate machen davon eine Ausnahme, indem die höchste Temperatur vor den Regen, also schon vor dem höchsten Sonnenstande eintritt (z. B. Indien, Senegambien etc.).

Im **Seeklima** ist die Verspätung im Eintritt der Extreme viel größer. Die tiefste Temperatur tritt erst zwei oder selbst drei Monate nach dem tiefsten Sonnenstande ein (also im Februar oder März), die höchste erleidet eine ähnliche (meist geringere) Verspätung gegen den höchsten Sonnenstand (wärmster Monat August). Die Wärme steigt im allgemeinen langsamer an, als sie abfällt.

Das Charakteristische des jährlichen Wärmeganges im **Seeklima** ist: **kaltes Frühjahr, warmer Herbst**, April und Mai sind kälter als Oktober und September. Im **Kontinentalklima** verhält es sich umgekehrt. Die Wärme steigt rascher an, und im allgemeinen (wo Schneelage fehlt) ist der April wärmer als der Oktober[2]).

Einfluß der Schneedecke des Landes auf die Temperatur und deren jährlichen Gang. Wir haben hier noch einen klimatischen Faktor

---

[1]) Peterm. Geogr. Mitt. 1893, T. 19 und 20.

[2]) Land- und Seeklima haben nach Schindler nicht bloß einen verschiedenen Einfluß auf den quantitativen Ertrag der Brotfrüchte, sondern auch auf das Mengenverhältnis der in denselben enthaltenen wichtigsten Nährstoffe. Im Seeklima enthält der Weizen nicht mehr als 9—12% Protein, deshalb muß der Konsum an Fleisch, Hülsenfrüchten und anderen stickstoffhaltigen Nahrungsmitteln größer sein. Im Landklima (Südrußland, Ungarn), wo die Vegetationszeit kürzer, ist der Weizen um 4 bis 8% reicher an Protein, das Bedürfnis nach anderer stickstoffhaltiger Nahrung ist geringer. Das heiße trockene Klima verringert den Stärkegehalt und erhöht den Klebergehalt. Schindler, Der Weizen in seinen Beziehungen zum Klima. Berlin 1893. S. auch Wollny, Forschungen etc. VIII (1885), S. 313 und XVII (1894), S. 209. — Effekt der Klimaverhältnisse auf die Zusammensetzung des Durumweizens, der auf den großen Ebenen in Nordamerika, Rußland etc. gebaut wird. An trockenen Lokalitäten hat er mehr Stickstoffgehalt, an feuchten bewässerten mehr Stärke. Proben von Kubandaweizen geben bei weniger als 15 Zoll Regen 2,7% mehr Protein als an feuchteren. In Colorado und Idaho geben trockene Lokalitäten 4,2% Proteinstoffe mehr. Je länger die Vegetationsperiode, desto geringer der Gehalt an Protein. Science 1907, XXVI, S. 761.

zu berücksichtigen, dessen große Bedeutung zuerst in vollem Umfange nachgewiesen zu haben das große Verdienst von Woeikof ist[1]).

So wie der Winterfrost in hohen Breiten die Seen und Meere klimatisch in Festland verwandelt, indem er sie mit einer Eisdecke überzieht, welche den Einfluß der flüssigen Oberfläche auf die Luftwärme zeitweilig aufhebt, so verschärft die winterliche Schneedecke auf den Kontinenten die Wirkung des Landes auf die Lufttemperatur. Sie schließt zunächst den Boden von der Einwirkung auf die Luft ab, und setzt ihre eigene an deren Stelle. Diese Einwirkung besteht während der Frostdauer darin, daß die Wärmeausstrahlung erhöht, der Zufluß von Wärme aus dem Erdboden aber zugleich aufgehoben wird. Die Wärmestrahlung der Schneedecke unter einem heiteren kontinentalen Winterhimmel drückt deshalb die Wintertemperaturen tief herab und vergrößert die jährliche Wärmeschwankung. Zugleich schützt sie allerdings auch den Boden in hohem Grade gegen das Eindringen des Frostes, wirkt also sehr wohltätig[2]). Sowie aber die Wärme im Frühjahr steigt, hemmt die Schneedecke die Erwärmung der Luft in sehr wirksamer Weise (desgleichen auch die Eisdecken der Seen und Meere), weil die Wärme der Sonnenstrahlung und der wärmeren Luftströmungen fast ganz zur Schmelzung des Schnees (und Eises) aufgebraucht wird[3]). Die Wärmezunahme im Frühling wird daher verzögert, und zwar um so mehr, je dicker die Schneelage ist. Durch diesen Einfluß der Schneelage wird der Frühling kälter als der Herbst (April kälter als Oktober) und der Temperaturgang nähert sich jenem im ozeanischen Klima. Wo der Winterniederschlag in höheren Breiten gering ist, da steigt die Wärme über dem trockenen Festlandsboden sehr rasch, die Erwärmung der Luft folgt viel mehr dem Sonnenstande (der April ist wärmer als der Oktober). Woeikof hat in klarer Weise diese Verschiedenheiten des jährlichen Wärmeganges auf den Kontinenten in schneearmen und schneereichen Gegenden aufgezeigt[4]).

---

[1]) A. Woeikof, Der Einfluß einer Schneedecke auf Boden, Klima und Wetter. Hölzel, Wien 1889. S. auch Met. Z. 1889 [65].

[2]) Temperatur einer Schneedecke an der Oberfläche und in verschiedenen Tiefen. Washington 10. Febr. 1899 nach einem Schneesturm.

Oberfläche	wenig darunter	76 cm	152 cm	254 cm	Bodenoberfläche
— 21,9	-- 20,8	— 14,8	— 9,4	— 2,8	-- 1,4

Obgleich die Temperatur durch 240 Stunden um 10° niedriger blieb als die des Bodens, blieb die Temperatur der letzteren doch konstant. Month. W. R. 1899, S. 55.

[3]) Es ist aber ein Irrtum, daß der Schnee in der Sonne nicht schmelzen kann, solange die Lufttemperatur nicht über Null Grad steigt, sondern nur durch wärmere Luft aus schneelosen Gegenden geschmolzen wird. Der Schnee schmilzt bekanntlich in der Sonne auch bei Lufttemperaturen unter Null Grad, was ja auch physikalisch ganz selbstverständlich ist. Ekholm fand auf Spitzbergen (Mitte Mai) die mittlere Temperatur der Schneeoberfläche um 1° höher als das Maximum der Lufttemperatur; in einer Schneeschichte von 2 m Dicke zeigte das Thermometer eine rasche Erwärmung von — 7° auf 0°, obgleich während dieser selben Zeit die mittlere Lufttemperatur -- 6° und das Maximum — 1,1° war. Die Schneeschmelze ging nun rasch von statten, obgleich sich die Lufttemperatur erst 5 Tage später auf 1 bis 2° über Null erhob. Met. Z. 1894, S. 44.

[4]) Kontinentales und ozeanisches Klima. Met. Z. 1894, S. 1.

In Turkestan, Zentralasien und der Mongolei, wo die Schneelage gering, ist der Oktober kälter als der April, der November kälter als der März. Unter gleicher Breite auf der armenischen Hochebene mit reichlicher Schneelage ist das Umgekehrte der Fall. Z. B. Eriwan, Kars, Alexandropol 40,5° N jährliche Wärmeschwankung 32°, Oktober-April 2.6°, November-März 2,9°. Dagegen Nukuß, Taschkent, Kaschgar 41,1° N Jahresschwankung 31,5°, Oktober-April — 4,2°, November-März — 8,5°. Das Klima ist an beiden Erdstellen kontinental, aber der jährliche Wärmegang doch erheblich verschieden. Im allgemeinen ist zumeist wegen der selten fehlenden winterlichen Schneedecke in mittleren und höheren Breiten der April kälter als der Oktober, in höheren Breiten auch der Mai kälter als der September, selbst im kontinentalen Klima.

Jahreskurve der Temperatur im Seeklima und im Landklima. Die folgende Tabelle und die folgende Fig. 4 erläutern den jährlichen Wärmegang im Seeklima und im Kontinentalklima. Im Seeklima ist fast gar kein Unterschied vorhanden in der jährlichen Wärmeänderung unter dem 35. und jener unter dem 60. Breitegrad. Die einzige Verschiedenheit besteht darin, daß unter dem 35. Breitegrad der Frühling etwas kälter, der Herbst aber wärmer ist als unter dem 60. Breitegrad. Im Landklima besteht dagegen ein enormer Unterschied in der

Jährlicher Gang der Temperatur im Seeklima und Kontinentalklima[1]. Abweichungen der Monatsmittel vom Jahresmittel.

	Seeklima		Landklima		Seeklima	Landklima
	35°	60°	40°	60°		
Januar . . .	— 3,4	— 3,2	— 15,3*	— 24,4*	— 3,3	— 19,8*
Februar . .	— 3,5*	-- 3,4	— 13,9	— 19,5	-- 3,4	— 16,7
März . . .	-- 3,5*	— 3,5*	— 5,6	-- 10,0	— 3,5*	— 7,8
April . . .	-- 2,2	— 1,6	1,7	0,7	-- 1,9	1,2
Mai	— 0,5	0,3	8,0	10,7	— 0,1	9,4
Juni	2,0	3,2	12,2	20,6	2,6	16,4
Juli	4,2	4,4	14,2	24,2	4,3	19,2
August . . .	4,8	4,7	12,4	20,0	4,7	16,2
September . .	3,9	3,2	6,6	12,5	3,6	9,5
Oktober . .	1,6	0,7	— 0,8	0,9	1,2	0,1
November . .	— 0,4	-- 2,0	— 7,1	-- 13,8	— 1,2	— 10,4
Dezember . .	— 2,8	— 2,8	— 12,2	— 22,3	-- 2,8	— 17,3
Jahr	18,4	7,6	15,8	— 4,8	13,0	5,5
Schwankung .	8,3	8,2	29,5	48,6	8,2	39,0

[1] S e e k l i m a:
  I. Bermudas, Madeira, Azoren, 4 Stationen. Mittlere Breite 35,3° N, 33,7° W. II. Hebriden, Orkney und Shetlandinseln, Faröer, 5 Stationen. 60,0° N, 3,9° W.
  L a n d k l i m a:
  I. Turkestan. 12 Stationen zwischen Merw und Nukuß, Kisyl Arwat und Yarkand. 40,0° N, 66,5° E. 520 m. II. Sibirien. 9 Stationen zwischen Tobolsk und Jakutsk, ½ (Jeniseisk, Jakutsk) dazu. Mittlere Breite 60,3°, Länge 104,4° E, 200 m.

Größe der jährlichen Wärmeschwankung [1]). Zugleich ist unter dem 40. Breitegrad der Frühling wärmer und der Herbst (relativ) kälter als unter dem 60. Breitegrad.

Fig. 4.

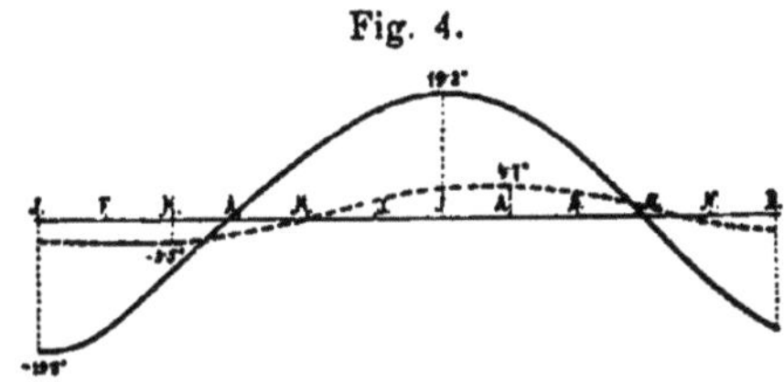

Der jährliche Gang der Wärme im Seeklima und im Kontinentalklima.

Nach den untenstehenden Gleichungen [2]) verspäten sich (in erster Annäherung) die Extreme der Temperatur gegen die Extreme der Insolation wie folgt:

Verspätung der Extreme gegen das solare Klima: Seeklima 35° N 55 Tage, 60° N 44 Tage, Landklima 60° N 25 Tage.

Zwei Paare typischer Vertreter des See- und Landklimas in Europa mögen noch etwas näher gegenübergestellt werden.

Valentia 51,9° N, 10,3° W und Orenburg 51,8° N und 55,6° E 108 m.

Valentia, Min. 7,2° (26. Dezember, Anomalie), Max. 15,1° (8. August), Jahr 10,6°. Eintritt des Jahresmittels 10,6 am 7. Mai und am 24. Oktober. Die Temperatur hält sich über 10° vom 28. April bis 27. Oktober durch 183 Tage, über 15° vom 27. Juli bis 21. August während 26 Tagen.

Orenburg, Min. — 15,4° (17. Januar), Max. 21,6° (19. Juli), Jahr 3,3°. Eintritt des Jahresmittels am 14. April und 17. Oktober.

Temperaturschwellen

— 15	— 10	— 5	0	5	10	15	20
			Eintritt				
5. Jan.	9. Dez.	19. Nov.	31. Okt.	18. April	1. Mai	21. Mai	26. Juni
			Ende				
6. Febr.	11. März	26. März	7. April	12. Okt.	26. Sept.	7. Sept.	13. Aug.
Dauer 33	77	128	158	183	149	110	49 Tage

---

[1]) Freilich hier kommt zur Zunahme der Breite auch eine Zunahme der östlichen Länge und damit der kontinentalen Lage.

[2]) Jährlicher Wärmegang:

1. Nach Insolation (p = 0,7 nach Angots Zahlen berechnet)

$$40° \text{ Breite} \quad 8,11 \sin (296,5 + x) + 0,32 \sin (312,5 + 2x)$$
$$60° \quad„ \quad 9,02 \sin (296,5 + x) + 1,28 \sin (144,2 + 2x)$$

2. Physisches Klima, Nordbreite

$$\text{Seeklima } 35° \quad 4,27 \sin (241,9 + x) + 0,58 \sin (33,2 + 2x)$$
$$\text{Landklima } 40° \quad 14,52 \sin (272,7 + x) + 0,65 \sin (225,1 + 2x)$$

$$\text{Seeklima } 60° \quad 4,22 \sin (253,6 + x) + 0,77 \sin (59,4 + 2x)$$
$$\text{Landklima } 60° \quad 23,93 \sin (271,3 + x) + 1,34 \sin (341,3 + 2x)$$

In Valentia hält sich die Temperatur 185 Tage bei 10° und darüber, aber nur 28 Tage bei 15° und darüber.

Scillyinseln 49,9°, Kamyschin[1]) 50,1° N, 45,4° E, 21 m.

S c i l l y inseln: Jahresmittel 11,3° tritt ein am 11. Mai und wieder am 29. Oktober. Min. 7,4° am 4. Februar, Max. 16° am 8. August.

K a m y s c h i n: Jahresmittel 6,6° tritt ein am 16. April und 21. Oktober. Min. — 11,7° am 15. Januar, Max. 24,2° am 21. Juli. Die Temperatur bleibt unter Null vom 13. November bis 31. März durch 137 Tage.

Unter Minimum und Maximum ist hier überall der kälteste und wärmste Tag zu verstehen.

Für den Temperaturunterschied zwischen Frühling und Herbst (April und Oktober), welcher manche Klimagebiete geradezu charakterisiert, hat F. v. K e r n e r eine besondere Darstellungsform gefunden. Er wählt zur Charakterisierung den Temperaturunterschied zwischen Oktober und April, dividiert ihn aber durch die Jahresschwankung der Temperatur, um ihn für limitierte und exzessive Klimate vergleichbarer zu machen. Diesen Quotienten, 100mal genommen, also in Prozenten ausgedrückt, nennt er den t h e r m o d r o m i s c h e n Q u o t i e n t e n[2]). Man macht diese Quotienten noch vergleichbarer, wenn man den Divisor, die Jahresschwankung der Temperatur, vorher durch den Sinus der geographischen Breite dividiert, wodurch die Amplituden der verschiedenen Breiten vergleichbarer werden.

Z. B. W i e n 48,2° N; Oktober 9,8, April 9,4, Jahresschwankung 21,3 reduziert (dividiert durch sin 48,2) 28,7, somit der thermodromische Quotient 9,8 — 9,4 = 0,4 : 28,7 = + 1,4 (multipliziert mit 100).

T a s c h k e n t 41,3°, Oktober 12,5, April 14,9, Differenz — 2,40, Jahresschwankung 27,8, reduziert 42,1, thermodromischer Quotient — 5,7.

L u k t s c h u n 42,7°, Oktober 13,0, April 19,1, Jahresschwankung 42,7, reduziert 63,0, Quotient — 9,6.

Dagegen M a l t a 35,9°, Oktober 20,5, April 14,8, Jahresschwankung 13,2, reduziert 22,4, Quotient + 25,4; N e m u r o 43,3° (Ostspitze von Jesso), Oktober-April + 7,7°, April 23,2, reduziert 33,8, Quotient + 22,8.

In den Gebieten relativ warmen Frühlings sind diese Quotienten negativ, in jenen warmen Herbstes positiv.

K e r n e r konstruiert ferner Linien gleicher thermodromischer Quotienten, „T h e r m o i s o d r o m e n", durch welche auf den Karten die Gebiete des Temperaturüberschusses des Herbstes oder des Frühlings deutlich abgegrenzt sogleich in die Augen fallen. Die turkestanische Steppenregion erscheint da als ein Maximalgebiet n e g a t i v e r Thermoisodromen.

B. Einfluß des Landes auf die täglichen Temperaturänderungen.

So wie die jährliche Wärmeänderung größer wird mit der Entfernung von der Meeresküste, so geschieht dies auch mit der täg-

---

[1]) Herrn General R y k a t c h e f f verdanke ich die wahren Temperaturmittel der Periode 1880 bis 1905.

[2]) Fr. v. K e r n e r, Thermoisodromen. Abh. d. K. K. Geogr. Gesellschaft, IV. Bd., 1905, Heft 3, mit 2 Karten. S. auch Met. Z. 1906, S. 472.

lichen Temperaturschwankung. Die raschere und größere Erwärmung des festen Erdbodens und die weniger behinderte Insolation steigern die täglichen Temperaturmaxima, während umgekehrt bei Nacht der heitere Himmel und die trockene Luft eine rasche Wärmeausstrahlung und Erkaltung der Erdoberfläche begünstigen und eine niedrige Nachttemperatur erzeugen. Daraus ergibt sich eine große tägliche Temperaturschwankung.

Folgende Beobachtungsergebnisse zeigen dies spezieller.

Ort	Breite	Länge	Höhe	Periodische tägl. Temperaturschwankung			
Valentia	51° 56′ N	7° 56′ W	10 m	Jan. 1,2	Juni 4,1		
Irkutsk	52° 16′ „	104° 19′ E	491 „	Dez. 5,7	„ 14,1		
Lesina	43° 10′ „	16° 26′ „	20 „	„ 1,5	Mai 4,8	Jahr 3,9
Tiflis	41° 43′ „	44° 47′ „	439 „	„ 5,1	Juli 10,1	„ 7,8
Nukuß	42° 27′ „	59° 37′ „	70 „	Jan. 6,0	Juni 16,1	„ 11,8

Die Zunahme der täglichen Temperaturschwankung landeinwärts unter gleicher Breite tritt in diesen Zahlen auffallend genug hervor.

Kalkutta und Hongkong liegen sehr nahe in gleicher Breite, ersteres landeinwärts, letzteres auf einer kleinen Insel. Die täglichen Amplituden (größte, kleinste und Mittel) sind: Kalkutta 9,8° Februar, 3,1° August, 6,6° Jahr — Hongkong: 3,4° November, 2,1° Juni, 2,7° Jahr. — In dem trockenen Innern Nordindiens finden sich sehr große tägliche Temperaturschwankungen: Poona 16,7° Februar-März, Deesa 24,3°, auf einer trockenen sandigen Ebene 17,1° Februar, Roorkee, Lahore 16,7° November, Allahabad, Lucknow, Jeypore 16,5°.

Kimberley auf der Hochebene Südafrikas hat 16,9° im September und 14,4° im Jahr, Timbuktu am Rande der Wüste 16,8° N im April sogar 18,5° und im September 17,3°, im Jahresmittel 16,2° als mittlere periodische Tagesschwankung der Temperatur.

Am größten ist die tägliche Wärmeschwankung in trockenen Wüsten- und Steppengegenden, namentlich auf trockenen Hochebenen. Rohlfs fand den mittleren Temperaturunterschied zwischen Sonnenaufgang und 3ʰ Nachmittags zu Murzuk selbst im Winter zu 15,5°, in der Oase Kufra (ca. 25° N. Br., ·500 m Seehöhe) betrug dieselbe im Mittel eines Monats (15. August bis 14. September) sogar 22,2°, zu Audjila (29° N. Br.) im Mittel des Mai 19,7°; desgleichen beobachtete Nachtigal im Sommer in der Wüste zwischen Murzuk und Kuka durchschnittliche tägliche Temperaturamplituden von 19 bis 22° C. Im Innern von Südafrika und von Australien finden sich vielleicht die größten täglichen Wärmeschwankungen.

In einzelnen Fällen steigt in den Wüsten der Temperaturunterschied zwischen Sonnenaufgang und Nachmittag auf 30 bis 40° C. infolge der großen Erhitzung des Bodens und der starken Abkühlung durch Wärmeausstrahlung bei Nacht. Am 25. Dezember (1878) beobachtete Rohlfs zu Bir Milrha (südlich von Tripoli in 314 m) am Morgen —0,5°, am Nachmittag dagegen 37,2°, eine Differenz von fast 38°.

Die Temperatur des Sandes oder der Felsen kann 70 bis 80 ⁰ C. erreichen. Pechuël-Lösche fand an der Loangoküste die Temperatur der Bodenoberfläche öfter bis zu 80 ⁰, einmal über 84 ⁰.

Beobachtungen von A h n g e r zu Askabad ergaben am 14. Juli 2ʰ p. m. Luft 39,5 ⁰, Boden 71 ⁰, 6ʰ Morgens Luft 27 ⁰, Boden 26 ⁰, Differenz am Boden 45 ⁰. Temperaturschwankungen des Bodens bis zu 50 ⁰ in kurzer Zeit kommen in Transkaspien öfter vor [1].

L i v i n g s t o n e aus Südafrika und W e t z s t e i n aus dem Hauran berichten, daß die tagsüber erhitzten Gesteine zuweilen nach Sonnenuntergang so rasch sich abkühlen, daß sie unter lautem Knall in Stücke springen [2]. Dasselbe sagt P. R e i c h a r d vom Innern Afrikas. Besonders bei Graniten und Gneisen springen infolge der großen Temperaturwechsel unter Klirren schichtenweite Schalen ab, größere Risse entstehen mit pistolenschußähnlichem Knall. Diese raschen Temperaturwechsel im trockenen Wüstenklima sind eine der Agentien, durch welche die anstehenden Felsen allmählich sich abschuppen, zersprengt werden und sich mit Schutt bedecken, der dann ein Spiel der Winde wird. Es ist dies die „trockene Verwitterung“, wie W a l t e r sie nennt [3].

In welchem Gegensatz hierzu stehen die täglichen Temperaturänderungen über den offenen Ozeanen, die nur 1 bis 1½ ⁰ betragen. Selbst die eingeschlossenen heißesten Meere (Rotes Meer, Persischer Golf) erreichen selten an der Oberfläche 30 ⁰ C. und 35 ⁰ dürfte die oberste Grenze selbst in Landnähe sein.

Auch die unperiodischen Temperaturänderungen, die Veränderlichkeit der Temperatur, erreichen ihre größten Beträge über den Landflächen, schon die Nähe des Meers stumpft sie ab.

Die mittlere Veränderlichkeit der Temperatur von Tag zu Tag (die sogen. interdiurne Veränderlichkeit) erreicht ihre größten Beträge auf den Kontinenten (daselbst eigentlich im Grenzgebiete des See- und Kontinentalklimas). Die durchschnittliche Änderung der Temperatur von einem Tage zum nächsten beträgt z. B.:

| | Inneres Nordamerika | Westsibirien | Amerikanische | | Mitteleuropa | England | Europäisches Rußland | Mittelmeer |
			Westküste	Ostküste				
Breite	43,0	56,0	47,4	42,8	49,3	53,7	56,8	38,8
Winter	4,7	4,6	2,0	4,1	2,2	2,1	3,7	1,4
Sommer	2,4	2,2	1,1	2,1	1,9	1,5	2,0	1,3
Jahr	3,5	3,2	1,5	2,9	1,9	1,8	2,6	1,85

[1] J o h. W a l t e r, Das Gesetz der Wüstenbildung. Berlin 1900.
[2] Met. Z. 1866 (I), S. 16. — Geogr. Zeitsch. Bd. I, S. 429.
[3] W a l t e r, l. c. gibt Abbildungen durch Insolation gesprengter und abgeschuppter Gesteine. S. 28 etc. S. auch Walter, Die Denudation in der Wüste. Verh. d. Berl. Ges. f. Erdk. 1888.

Westsibirien hat 4,6°, England in nahe gleicher Breite 2,1° als durchschnittliche Veränderlichkeit im Winter.

Desgleichen ist auch die Veränderlichkeit der Monatsmittel der Temperatur im kontinentalen Klima größer als im Küsten- und Inselklima, in jenem ist daher eine längere Beobachtungsperiode nötig, um die Mitteltemperaturen mit demselben Grade der Genauigkeit zu bestimmen, als im letzteren. Hierfür nur einige Beispiele. Die mittleren Abweichungen der einzelnen Monatsmittel vom allgemeinen Mittel betragen:

Sibirien und Ural	Max. Dez.	3,1°,	Min.	Juli	1,2°
Inneres Rußland	„ „	3,5°,	„	Mai	1,4°
Westeuropa . .	„ Jan.	2,3°,	„	Sept.	1,1°
England . . .	„ „	1,5°,	„	„	0,9°

Die Jahresmittel (aus den Monatsmitteln) betragen für die beiden ersten Gruppen 2,0°, für die beiden letzten 1,4° und 1,2°. Im Innern von Nordamerika sind gleichfalls wieder die mittleren Abweichungen sehr groß (Februar 2,6°, August 1,1°, Jahresmittel 1,7°).

Man kann daher im allgemeinen den Satz aufstellen, daß die **Temperaturverhältnisse des Küsten- und Inselklimas den Charakter der größeren Beständigkeit, der geringeren Schwankungen um den Mittelwert haben gegenüber dem Kontinentalklima.** Es ist dies begründet in dem Einfluß der Nachbarschaft großer Wassermassen, deren Temperaturänderungen nur langsam und allmählich vor sich gehen und sich innerhalb engerer Grenzen halten; ferner auch in der feuchten Atmosphäre, welche abkühlenden Ursachen dadurch einen großen Teil ihres Einflusses nimmt, daß bei der Abkühlung Kondensation eintritt und die latente Dampfwärme frei wird, welche die Abkühlung sehr stark abschwächt.

Einfluß der Kontinente auf die Feuchtigkeit der Luft, auf die Bewölkung und die Niederschläge.

A. Luftfeuchtigkeit. Da der Wasserdampfgehalt der Atmosphäre zum allergrößten Teile aus der Verdampfung des Wassers der Ozeane herstammt, so wird natürlich der Feuchtigkeitsgehalt der Luft mit der Entfernung von dieser seiner Hauptquelle, d. i. mit dem Eintreten in das Innere des Landes, abnehmen. Doch ist der Wasserdampfgehalt der Luft im Innern der größten Kontinente, ja selbst in den Wüsten größer, als den geläufigen Ansichten darüber entspricht. Man darf ferner auch die untergeordneteren Quellen der Luftfeuchtigkeit: Verdampfung aus dem regenbenetzten Boden [1]), aus Flüssen und Seen, sowie aus der Vegetationsdecke nicht außer acht lassen.

Im allgemeinen muß vorausgestellt werden, daß der absolute

---

[1]) Denken wir uns, die Seewinde würden allen ihren Wasserdampfgehalt schon in der Entfernung von einigen hundert Kilometern von der Küste als Regen abgegeben haben, so würde nun dieser Küstenstreifen wieder Wasserdampf für das Hinterland liefern. Über die Überschätzung der lokalen Verdunstung siehe S. 128.

Wassergehalt der Luft von der Temperatur abhängt, daher einerseits durch die geographische Breite bedingt ist, äquatorwärts zunimmt, anderseits durch die jahreszeitliche Änderung der Temperatur. Die Winterkälte der Kontinente in mittleren und höheren Breiten bedingt eine rasche Abnahme des Wassergehaltes der Luft landeinwärts, im sibirischen Winter fast bis zu absoluter Trockenheit. Anders im Sommer, wo sich der Dampfgehalt im allgemeinen landeinwärts wenig ändert. Die relative Feuchtigkeit dagegen nimmt mit zunehmender Temperatur ab, steigt aber, wenn die Temperatur sinkt.

Änderung der absoluten und der relativen Feuchtigkeit landeinwärts.

	Paris	Wien	Elissawet-grad	Lugan	Irgis	Turkestan
N. Breite .	48,6	48,3	48,5	48,6	48,6	43,3
E. Länge .	2,3	16,4	32,3	39,3	61,3	68,3
Dampfdruck						
Winter . .	5,0	3,7	3,1	2,8	1,6	3,0
Sommer .	10,8	11,1	10,9	10,7	9,5	11,0
Jahr . .	7,5	7,1	6,6	6,4	5,1	6,6
Relative Feuchtigkeit						
Winter . .	86	83	86	81	82	81
Sommer .	73	70	63	60	45	41
Jahr . .	79	76	75	70	70	61

In niedrigen Breiten bei höherer Temperatur ist im Innern des Landes die Luft auch im Winter relativ trocken. So ergaben z. B. die Beobachtungen von Rohlfs in Murzuk (25,9 ° N) im Wintermittel 4,6 mm Dampfdruck und 47 % relative Feuchtigkeit.

Von dem Wasserdampfgehalt der Luft im Sommer im Herzen des größten Kontinents geben folgende Zahlen eine Vorstellung. Julimittel der absoluten Feuchtigkeit in den Steppen und Wüsten von Südwestsibirien und Westturkestan (Dampfdruck in Millimeter): Orenburg 11,6, Uralsk 11,2, Kasalinisk 10,7, Aralsk 10,9, Barnaul 11,1, Nukuß 13,1, Petro-Alexandrowsk 9,4, Turkestan, Taschkent, Margelan 11. Selbst Yarkand in Ostturkestan hat 12,3 mm Dampfdruck im Juli und Luktschun (Oase Turfan 42,7 ° N. 89,7 E — 17 m) 10,7 mm im Sommermittel [1]. Wir finden also hier noch einen durchschnittlichen Wasserdampfgehalt von 11 mm, d. i. den Wasserdampfgehalt der Luft im Juli in Wien oder selbst in Paris, und nicht viel geringer als unter gleicher Breite an der Westküste Europas.

Nach den Beobachtungen von Rohlfs war der Wasserdampfgehalt der Luft im Juli und August in Ghadames 9,8 und 11,9 mm, und in der Oase Kauar in der Mitte der Sahara (18,8 N.) im Mai 13,0 mm.

In der Libyschen Wüste in der Oase Kufra (24 5 ° N. Br.) war der mittlere Dampfdruck in der zweiten Hälfte August 8,3 mm und während

---

[1] Einem Dampfdruck von 11 mm entspricht aber doch nur ein Wassergehalt der Atmosphäre, der bloß 25 mm Niederschlag geben könnte.

der ersten Hälfte September 10,1 mm, d. i. gleich dem mittleren Wasserdampfgehalt der Luft im Mai und im Juni in Wien. Selbst in den
extremsten Fällen der Trockenheit betrug der Dampfdruck immer noch
5—6 mm.

Lichtenberg hatte demnach nicht so unrecht, wenn er sagte:
Könnte man ebenso leicht Kälte erzeugen, wie man Feuer anmacht, so
würde man auch in der Wüste leicht Wasser aus der Atmosphäre erhalten. Nach den Beobachtungen von Rohlfs hätte man in der Oase
Kufra im August die Luft im Mittel um 21,5° C. abkühlen müssen (von
30,0° auf 8,5°), um ihren Wasserdampf zur Kondensation zu bringen,
am 14. August 8ʰ p. m. lag der Taupunkt sogar 39° C. unter der Lufttemperatur.

Wenn aber auch der absolute Wassergehalt der Luft im Innern des
Landes bei hoher Wärme im Sommer nicht so gering ist, so ist doch die
Luft weit von ihrer Sättigung entfernt, die relative Feuchtigkeit ist sehr
gering, das Evaporationsvermögen des Klimas sehr groß [1].

Die durchschnittliche relative Feuchtigkeit beträgt im Mittel der
oben genannten Orte in Südwestsibirien (ohne Barnaul) und in Westturkestan im Juli 50 bis 45 %, in Yarkand 47 %, in Luktschun im Juli 7ʰ
43 %, 2ʰ 19 %, 9ʰ 30 %, Mittel 31 %, während sie an der Westküste
von Europa zur gleichen Zeit kaum unter 75 % herabsinkt. Die trockensten Monate gehen noch tiefer herab: Nukuß im Juni 46 %, im Tagesmittel, um 2ʰ p. m. bloß 19 %; Petro-Alexandrowsk (1½ Längengrade
östlich von Nukuß, in der Wüste gelegen) im Juni 34 %; Aralsk, Kasa-
linsk im Juli 45 %. Noch größer ist die Trockenheit in den Steppen und
Wüsten unter niedrigeren Breitegraden: Ghadames im Juli 27 %, August
33 %; Oase Kauar Juni 28 %; Oase Kufra August 27 % (Mittel für 8ʰ p. m.
17 %), September 33 %.

In Indien, namentlich in Sind sinkt die relative Feuchtigkeit im April
noch tiefer: Deesa 26 %, Buldana Indore 23 %, Sutna 24 % etc.

Im Winter ist über den Kontinenten der mittleren und höheren
Breiten die Luft absolut sehr wasserdampfarm wegen der großen Kälte,
die dann herrscht, relativ dagegen sehr feucht und der Sättigung nahe.
Es nimmt dann die relative Feuchtigkeit von den Küsten gegen das
Innere des Landes nicht ab, sondern sogar zu, wie oben gezeigt wurde.

B. Verdunstung. Zunahme landeinwärts. Aus dem Russischen
Reiche liegen eine Anzahl von Messungen der Verdunstung vor, welche
wegen gleicher Aufstellung der gleichen Apparate gut vergleichbare
Relativwerte dieses klimatischen Elementes liefern, daher einige Hauptresultate hier Platz finden mögen [2]:

---

[1] Im Gebiete der Sommerregen ist aber selbst weit landeinwärts auch die
relative Feuchtigkeit fast so groß wie an den Küsten. Woeikof gibt dafür folgendes Beispiel. Sommermittel: Dorpat 10,0 mm und 73 %, Jenisseisk im zentralen Sibirien 9,0 und 70 %. Im Juli ist der Dampfdruck in Dorpat 10,9, in
Jenisseisk 10,0 mm. Die relative Feuchtigkeit 73 und 69 %.

[2] Stelling und Britzke, Der jährliche Gang der Verdunstung in Rußland. Rep. f. Met. Bd. VII und XVII. Regenfall und Verdunstung beziehen sich
auf die gleichen Jahrgänge. Die angegebenen Verdunstungsmengen sind wohl
untereinander vergleichbar, stellen aber nicht die Verdunstung einer
freien Wasserfläche in der Sonne oder die Verdunstung vom
Boden dar. Die letztere hängt natürlich in erster Linie vom Grade der Be-
netzung ab.

Hann, Klimatologie. 3. Aufl. 10

Ort	Breite N	Länge E	Regen cm	Verdunstung cm
Petersburg	59,9	30,3	47	32
Moskau	55,8	37,6	54	42
Kiew	50,5	30,5	53	48
Kischinew	47,0	28,8	47	55
Lugan	48,6	39,3	37	74
Astrachan . . . . ?	46,4	43,0	16	74
Kasalinsk	45,8	62,1	10	106
Nukuß	42,5	59,6	7	193
P. Alexandrowsk . . .	41,5	61,1	6	282
Sultan Bend	37,0	62,4	18	276
Taschkent	41,3	69,3	33	134
Peking	39,9	116,5	62	91
Katherinburg	56,8	60,6	36	45
Barnaul	53,3	83,8	26	57
Akmolinsk	51,2	71,4	23	104

Man sieht, wie landeinwärts und ebenso von Nord nach Süd die
Regenmenge abnimmt, während dagegen die Verdunstung sehr stark
zunimmt.

C. Bewölkung. Der größeren relativen Trockenheit im Innern des
Landes entspricht auch eine geringere Bewölkung des Himmels oder
eine größere Heiterkeit desselben, namentlich im Sommer. Während
in Nordwesteuropa die mittlere Himmelsbedeckung 68 % erreicht, nimmt
sie nach SE hin im Innern des Landes ab.

In Rußland hat der Nordosten die größte Bewölkung: 75 und 70 %,
die Bewölkung nimmt von da nach Süden gegen das Schwarze Meer
auf 60 und 50 % (Südküste der Krim) ab, noch mehr nach SE, wo
sie am Aralsee auf 40 % und in Westturkestan auf 35 % herabsinkt.
Im Sommer ist die Bewölkung am Weißen Meere 70 %, im mittleren
Rußland und Westsibirien 50 %, am Kaspischen Meere und Aralsee
35 und 20 % und südlich davon in Westturkestan 10 %. Die Zahl
der heiteren Tage im Jahre, die auf der Halbinsel Kola und am

Änderung der mittleren Bewölkung landeinwärts.

	Paris	Wien	Lugan	Irgis	Nukuß	Samarkand
N. Breite .	48,6	48,3	48,6	48,6	42,5	39,6
E. Länge .	2,3	16,4	39,3	61,3	59,6	66,9
Winter . .	6,9	7,0	7,5	5,4	5,1	5,3
Sommer .	5,1	4,8	4,4	3,5	1,9	1,1
Jahr . .	5,9	5,8	5,9	4,4	3,2	3,2

Weißen Meere nur 20 beträgt, steigt in den Steppen von Westturkestan auf 160 bis 180 [1]).

Die geringste Himmelsbedeckung dürften wohl Nordafrika, Arabien, dann die Wüstengebiete von Arizona und Neumexiko und vielleicht

Fig. 5.

Isonephen von Europa nach Teisserenc de Bort.

auch das Innere Australiens haben. Kairo hat eine mittlere Bewölkung von 19 %.

Das vorstehende Kärtchen (Fig. 5) zeigt, daß die Abnahme der durchschnittlichen Himmelsbedeckung in Europa hauptsächlich in der Richtung von Norden nach Süden stattfindet [2]).

D. Niederschläge. Die Menge und die Häufigkeit der atmosphärischen Niederschläge nimmt im allgemeinen landeinwärts ab (s. die kleine Tabelle S. 146); aber diese Abnahme ist so unregelmäßig und

---

[1]) Schönrock, Die Bewölkung des Russischen Reiches. Memoiren der Petersburger Akademie, VIII. Ser., Vol. I, Nr. 9, 1894.

[2]) Die meteorologischen Atlanten von Buchan, Rykatcheff und Eliot bringen Karten der Bewölkung für die Erde, für das Russische Reich und für Indien.

in so hohem Grade von der Bodenkonfiguration, Richtung der Gebirgszüge gegen die feuchten Winde u. s. w. abhängig, daß sich kaum allgemeine Beispiele dafür geben lassen und die Betrachtung der Verteilung der Niederschläge über die Kontinente am besten der speziellen
Klimalehre überlassen werden muß.

Dagegen läßt sich der Einfluß des Landes auf die tägliche und
jährliche Änderung der Niederschläge leichter allgemein charakterisieren.

Ganz im allgemeinen darf gesagt werden, daß auf den
Landflächen eine Tendenz zu Nachmittagsregen (in höheren
Breiten gilt dies nur vom Sommerhalbjahr) und zu Sommerregen
(auch Frühjahrsregen) besteht. Die Landflächen haben in allen
Breiten vorwiegend Sommerregen. Über und in der Nähe der Wasserflächen besteht dagegen eine Tendenz zu Nachtregen und Winterregen.
Auch für die Gewittererscheinungen gilt diese Regel. Für die Küsten
mittlerer und höherer Breiten, wo die Winde nicht vom Lande auf die
See hinaus gerichtet sind, gilt ferner folgender Satz: In jenen Jahreszeiten, in denen das Meer wärmer ist als das Land, haben die Küsten
reichliche Niederschläge, umgekehrt sind sie in jenen Jahreszeiten,
in denen das Land wärmer ist als das Meer relativ trocken. Das
gleiche gilt auch für die tägliche Periode der Niederschläge.

Die Küsten, namentlich die Westküsten der mittleren
und höheren Breiten, haben deshalb vorwiegend Herbst-
und Winterregen, dagegen ein relativ trockenes Frühjahr.

Überhaupt gilt für die meeresnahen Gebiete der Satz: Ein warmes
Meer (eine warme Küstenströmung) gibt reichliche Niederschläge, wo
das Land dagegen wärmer ist als das Meer (kühle Küstenströmung),
herrscht mehr oder minder Trockenheit. Dies gilt auch für die niedrigen Breiten.

Über den Ozeanen selbst treten die Niederschläge (und Gewitter)
hauptsächlich zur kälteren Tageszeit und Jahreszeit ein.

Über Land- und Seeklima im allgemeinen s. Woeikof, Zeitschr.
f. Met. 1894, S. 1[1]).

---

[1]) Charakteristisch für das Kontinentalklima ist rasche Zunahme der Temperatur im Frühling, rasches Erwachen und Entwicklung der Vegetation, unterstützt durch Frühsommerregen, trockener Spätsommer und Herbst (günstig für
die Ernten). In etwas höheren Breiten lange Dauer des Sonnenscheins, dabei
relativ kühle Nächte und größere tägliche Temperaturschwankung, welche günstige
Reize für die Vegetation auslösen soll (sagen die Berichte aus dem Kontinentalklima höherer Breite). Alle Berichte stimmen überein in dem Lobe des kontinentalen Klimas von Kanada und Nordasien, namentlich in Bezug auf die Entwicklung und Üppigkeit der Vegetation im Frühsommer. Die Vegetation am Lake
Superior ist üppiger als weiter im Osten (in größerer Meeresnähe). Ursache sind
die kühlen Nächte und sehr warmen Tage, kurz, die größere tägliche Temperaturschwankung. Wärme und Feuchtigkeit und eine „re invigorating time at night".
das ist die Ursache des wundervollen Wachstums (Report on the Mackenziebassin,
S. 239). Auch die langen kalten Winter werden für den gepflügten Boden günstig
bezeichnet. — Das ist auch das Klima der Weizenarea von Zentralkanada.

IV. Einfluß des Landes auf die Winde.

Der Einfluß des Landes auf die Winde macht sich nach zwei Richtungen hin geltend. Das Land ändert die Windstärken und ändert die Windrichtungen.

A. Einfluß auf die Windstärke (Windgeschwindigkeit).

Die Windstärke nimmt im allgemeinen über dem Lande ab. Die Windgeschwindigkeit ist über den Meeren (in gleicher Breite) viel größer als an den Küsten, und hier immer noch größer als im Innern des Landes. Schon über den Wasserflächen der Seen ist die Windstärke erheblich größer als an den Ufern. Messungen über dem Michigansee nur 5 km vom Lande ergaben eine rund 1 ½mal größere Windgeschwindigkeit als am Ufer, bei Nacht war die Windstärke sogar doppelt so groß. An den Küsten sind die Winde (von gleicher Richtung), wenn sie vom Lande her kommen, immer schwächer, als wenn sie über die See her kommen.

Darmer gibt folgende Zahlen für die Abnahme der Windstärke landeinwärts. Mittlere Windstärke m. s. Valentia 7,4, Wilhelmshafen 6,8, Wustrow 6,2, Memel 5,5, Petersburg 4,3.

Während an den Küsten der Ostsee die mittlere Windstärke 6,3, am Schwarzen Meere 5,7 m. s. ist, sinkt sie im Innern von Rußland auf 4,3 und sogar auf 2,6 herab (in den westlichen und nordwestlichen Gouvernements). In Westsibirien ist sie nur mehr 3,5 bis 2,5, und am kleinsten in Ostsibirien, wo sie auf 1,6 herabsinkt. Desgleichen beobachtet man die Abnahme der Windstärke in Nordamerika von den Küsten und den Ufern der großen Seen landeinwärts [1]).

Während die allgemeinen Luftströmungen und auch die Stürme in ihrer Heftigkeit landeinwärts durch die Rauhigkeiten und Widerstände, auf die sie da in ihren unteren Schichten stoßen, wobei lokale Wirbelbildungen auftreten, abgeschwächt werden, verhält es sich umgekehrt mit der täglichen Periode der Windstärke.

Während über den Meeren fast gar keine tägliche Änderung der Windstärke beobachtet wird, tritt dieselbe bei Annäherung an die Küsten sogleich auf und steigert sich im allgemeinen in wärmeren Ländern landeinwärts. Das Land verstärkt (in der Nähe des Bodens) die Windgeschwindigkeit bei Tag und schwächt sie bei Nacht. Es erzeugt derart eine oft sehr beträchtliche tägliche Änderung der Windstärke. Auf größeren Ebenen verstärkt sich örtlich der Wind Nachmittags bis zur Sturmstärke, schläft aber Abends wieder ein. Dies wird vom Passat im Innern von Afrika, sowie auf den Llanos von Venezuela berichtet und auch vom Innern Asiens. Dadurch kann auch im Innern des Landes die mittlere Windstärke (im Sommer) erheblich ausfallen. Aber diese Steigerung der Windgeschwindigkeit bei Tag tritt nur in

---

[1]) Darmer, Annalen der Hydrogr. 1899, S. 200; Kiersnowsky, Rep. f. Met. XII, Nr. 3. Waldo, Met. Z. 1888, S. 285. Supan, Geogr. Mitt. 1889, S. 20. Krümmel, Verbreitung der Windmotoren in Deutschland. Geogr. Mitt. 1903, S. 169.

den unteren Schichten ein und erstreckt sich wenig über eine Höhe von 100 m über den Boden, wie die Windstärkemessungen auf dem Eiffelturm zuerst gezeigt haben[1]). In größeren Höhen zeigt sich dafür eine Abnahme der Windstärke bei Tag, dafür aber eine Verstärkung derselben bei Nacht[2]).

B. Einfluß auf die Windrichtung.

I. Land- und Seewinde.

Die Land- und Seewinde sind die am längsten bekannten periodischen Luftströmungen, die durch den Temperaturgegensatz zwischen Wasser und Land entstehen, ein Gegensatz, der sich beim Übergang vom Tag zur Nacht umkehrt und einen entsprechenden Windwechsel nach sich zieht. In niedrigen Breiten, wo ein eigentlicher Winter fehlt, sind diese periodischen Winde eine das ganze Jahr hindurch auftretende Erscheinung, in höheren Breiten kommen sie nur in der wärmeren Jahreszeit zur Entwicklung.

Die Seebrise weht bei Beginn im allgemeinen ziemlich senkrecht auf die Küste, sowie aber die Luft in der Folge von weiter her kommt, unterliegt sie der ablenkenden Kraft der Erdrotation und wird nach rechts abgelenkt (nördliche Halbkugel). Wenn also die Seebrise zuerst aus E kommt, so dreht sie sich tagüber allmählich nach S, sowie der aus W beginnende Landwind sich im Verlaufe der Nacht nach N dreht.

Wenn man auch die Entstehung der Land- und Seewinde von jeher auf die ungleiche Erwärmung und Erkaltung von Wasser und Land zurückgeführt hat, so ist doch die eigentliche physikalische Erklärung derselben erst in neuerer Zeit gegeben und deren Richtigkeit durch den verschiedenen Gang des Luftdruckes an der Küste und im Innern des Landes nachgewiesen worden.

Vorerst wollen wir uns aber mit den Erscheinungen selbst vertraut machen, welche die Land- und Seewinde und deren Wechsel begleiten.

„Die Bewohner der Seeküste in tropischen Klimaten erwarten jeden Morgen mit Ungeduld die Ankunft der Seebrise. Sie setzt gewöhnlich ein gegen 10ʰ Vormittags. Mit ihrer Ankunft schwindet die drückende Schwüle des Morgens und eine erquickende Frische der Luft scheint allen neues Leben und Lust zu ihren täglichen Arbeiten zu geben. Um Sonnenuntergang tritt abermals Windstille ein. Die See-

---

[1]) Beispiel für die tägliche Periode der Windstärke. Wien und Kairo im Frühjahr.

Windgeschwindigkeit:

1ʰ a.	3ʰ	5ʰ	7ʰ	9ʰ	11ʰ	1ʰ p.	3ʰ	5ʰ	7ʰ	9ʰ	11ʰ	Mittel
				Wien m/s.:								
4,7	4,3	4,2	4,1*	4,7	5,6	6,1	6,1	6,1	5,8	5,1	5,1	5,1
				Kairo, Kilometer pro Stunde:								
4,8	4,0	3,6*	5,1	10,9	13,4	15,0	15,2	14,4	11,0	9,8	6,7	9,5

In Kairo verstärkt sich die Windgeschwindigkeit um 3ʰ Nachmittags fast auf das 5fache von jener um 5ʰ Morgens, in Wien nur um die Hälfte.

[2]) S. über diese Erscheinung und ihre Erklärung mein Lehrbuch der Meteorologie II. Aufl., S. 288 bis 301.

brise hat aufgehört und in kurzem setzt nun die Landbrise ein. Dieser
Wechsel von Land- und Seewind, ein Wind von der See bei Tag und
vom Lande bei Nacht ist so regelmäßig in den tropischen Gegenden,
daß man ihm mit gleicher Zuversicht entgegensieht wie dem Aufgang
und Untergang der Sonne." (Maury.)

Der Seewind ist nicht bloß durch seine relative Kühle erfrischend
und wohltätig, sondern auch dadurch, daß er die reine Seeluft auf das
Land bringt und die Miasmen zerstreut, die so häufig flache tropische Küsten im Bereich des Flutwechsels höchst ungesund machen.
Freier Zutritt des Seewindes gehört hier zu den wichtigsten Erforder-
nissen einer gesunden Lage (eines gesunden Klimas). Hingegen ist
der Landwind oft geradezu schädlich (so an der tropischen Westküste
Afrikas, desgleichen in Guiana) und kann, wenn er ausnahmsweise länger
weht, förmliche Epidemieen zur Folge haben. Dies ist besonders dort
der Fall, wo stagnierende Hinterwässer, die im Bereich des Flutwechsels
liegen und von einer üppigen Vegetation umrandet werden, sich von
der Küste landeinwärts erstrecken.

Wo die Seebrise dieselbe Richtung hat wie die vorherrschende
Windrichtung, verstärkt sie sich hie und da am Nachmittag bis zur
Sturmesstärke, während der Landwind kaum fühlbar ist.

„Im Sommer der südlichen Hemisphäre," sagt Maury, „ist die Seebrise zu Valparaiso kräftiger entwickelt als an irgend einem Orte, an den
mein Dienst (als Seemann) mich geführt hat[1]). Hier weht im Sommer
regelmäßig am Nachmittag die Seebrise mit wütender Stärke; Steine
werden von den Spazierwegen aufgehoben und durch die Straßen getrieben, das Volk sucht Schutz, die Plätze sind menschenleer, das Geschäft
ist unterbrochen, alle Kommunikation zwischen den Schiffen und der Küste
ist abgeschnitten. Plötzlich sind Wind und See besänftigt und es herrscht
Windstille. Die Ruhe, die nun folgt, ist wundervoll. Der Himmel ist
ohne Wolken, die Atmosphäre die Durchsichtigkeit selbst, die Anden
scheinen näher gerückt zu sein, das Klima, stets mild und gelind, wird
nun doppelt lieblich durch den Gegensatz. Der Abend ladet ein das Haus
zu verlassen und die Bevölkerung füllt die Straßen und Plätze — die
Damen im Ballkostüm —, denn es gibt jetzt nicht genug Wind, um die
leichteste Feder zu derangieren.

Dieser Umschlag tritt während des südlichen Sommers Tag für Tag
mit der äußersten Regelmäßigkeit ein, und gleichwohl scheint die Windstille immer wieder zu überraschen und einzutreten, bevor man Zeit hat,
sich vorzustellen, daß der wütende Seewind so bald aufhören könnte[2])."

Es ist schwer, über die Höhe, bis zu welcher sich die Seebrise
erstreckt, und über die Entfernung, bis zu welcher sie landeinwärts

---

[1]) Die Ursache liegt hier wohl in dem Zusammenwirken von drei Umständen:
abnorm niedrige Meerestemperatur, starke Erwärmung des trockenen dürren Landes
unter der kräftigen Sonne des südlichen Sommers und eine herrschende Windrichtung (aus SW), die mit der Seebrise ziemlich zusammenfällt. Dasselbe ist mit
gleichen Folgeescheinungen an der Küste von SW-Afrika und an der kalifornischen Küste der Fall.

[2]) Maury, The physical geography of the sea. Man sehe daselbst auch
die lebendige Schilderung der Witterungsverhältnisse, die den Wechsel der Land-
und Seebrise an den Küsten von Java begleiten, von Leutnant Jansen.

reicht, allgemeine Angaben zu machen, denn beide Umstände richten sich vornehmlich nach den Lokalverhältnissen. Zu Coney-Island bei New York, also schon weit außerhalb der Tropen, hat man Beobachtungen über die Höhe des Seewindes im Sommer (August 1879) mittels eines Ballon captif angestellt. Die Seebrise erstreckte sich (als SE bis SW) über der ganz flachen Insel Nachmittags bis zu etwa 150 bis 200 m, in ca. 250 m begann die obere entgegengesetzte Strömung, die Landbrise (NW), die bis 400 m wenigstens reichte.

Daß über dem Seewind die Luft auf das Meer hinausströmt, ist schon öfter bei Ballonfahrten erwiesen worden, indem der Ballon vom oberen Landwind auf die See hinausgetrieben wurde. Durch Senken des Ballons in die untere Strömung (Seewind) konnte derselbe wieder auf das Land gebracht werden. Bei Toulon hat man auf diese Weise Mitte Oktober (1893) die Höhe des Seewindes zu etwa 400 m gefunden, in 600 m war die Strömung schon entschieden auf das Meer hinaus gerichtet.

Im Litorale von Südkalifornien weht der Seewind den größten Teil des Jahres, im Winter schwach, im Sommer kräftig, und ist im Sommer trocken selbst an der Küste [1]).

Die Höhe dieser Seebrise kann man bis zu anderthalb englischen Meilen (also zirka $2\frac{1}{2}$ km) annehmen. Dies läßt sich an dem Rauche der Buschfeuer auf den Bergen wahrnehmen. Derselbe zieht anfangs nach Osten, höher hinauf immer schwächer, schließlich tritt in etwa 2500 m Seehöhe Stillstand ein; was von dem Rauche noch über diese Höhe emporsteigt, zieht nach Westen. Man muß aber auf einen hohen Berg steigen, um dies selbst zu beobachten. Auf dem Gipfel des Old Gray Back kann man den nach Westen ziehenden Landwind fühlen, während 1800 m tiefer in den Cañons der Seewind bläst [2]).

Dieser Seewind Südkaliforniens ist aber schon mehr ein Übergang zu den Monsunwinden, da er ein Effekt der durchschnittlich höheren Temperatur des Innern von Kalifornien gegenüber dem Meere ist.

Schon Dampier hat darauf aufmerksam gemacht, daß die Seebrise zuerst auf dem Meere draußen beginnt und sich allmählich bis zur Küste ausdehnt, während die Landbrise umgekehrt über dem Lande beginnt und ihren Weg in die See hinaus forciert. Dem Beobachter an der Küste verrät sich das Einsetzen der Seebrise draußen auf der See durch das Kräuseln der Meeresoberfläche und die tiefblaue Färbung, welche dieselbe dadurch annimmt, während an der Küste selbst die See noch spiegelglatt und glänzend ist. In einer halben Stunde etwa erreicht die Seebrise das Land und wächst an Stärke bis zum Nachmittag [3]).

------

[1]) Die Ursache ist jedenfalls die, daß das Meer an der Küste sehr kühl ist, das Land dagegen stark erwärmt. Die vom Meere kommende Luft muß daher über dem Lande relativ trocken erscheinen.

[2]) Th. S. van Dyke, Southern California. New York 1886.

[3]) Bemerkenswert ist die öfter wiederkehrende Beobachtung, daß die Seebrise durch die ansteigende Flut verstärkt wird, wenn dieselbe mit dem Eintritt derselben zusammenfällt. Krümmel hat wohl recht, dies durch die Hebung der Luftschichten durch die Flut und die Verstärkung des Druckgefälles gegen das Land zu erklären. Geogr.-physik. Beobachtungen der Plankton-Expedition.

Der Landwind verrät sich auf dem Meere draußen zuerst durch Pflanzengeruch und Blütenduft, der plötzlich die Luft erfüllt, bevor noch die Brise selbst wahrzunehmen ist.

Die gründlichste Untersuchung über das Auftreten der Land- und Seebrise an einer bestimmten Erdstelle, die wir besitzen, verdanken wir der New England Met. Society, welche im Juli und August 1887 systematische darauf bezügliche Beobachtungen an 130 Orten in Massachusetts veranlaßt hat[1]).

Der Seewind tritt auch hier zuerst über der offenen See auf und arbeitet sich allmählich gegen die Küste hin durch. Er erreicht dieselbe an ruhigen warmen Morgen um 8 Uhr, meist aber erst um 9 oder 10 Uhr, zuweilen selbst erst Mittags. Die Seebrise dringt mit einer Geschwindigkeit von kaum 1 m pro Sekunde landeinwärts vor — die Windstärke selbst ist aber viel größer, 4 bis 7 m, wenn sie die volle Höhe erreicht hat. Die Luft muß also in Front des vordrängenden Seewindes aufsteigen[2]).

Die Herrschaft des Seewindes erstreckt sich nur auf einen Küstensaum von 30 bis 40 km. Die Dauer desselben wird natürlich mit der Entfernung von der Küste immer kürzer. Der Seewind ist an der Küste kühl, so daß er das normale mittägige Ansteigen der Temperatur unterdrückt[3]), landeinwärts wird er wärmer, behält aber dabei doch seinen frischen und charakteristischen Seegeruch.

Die Seewinde an der Ostseeküste hat Dr. M. Kaiser einer Untersuchung unterzogen, die zu lehrreichen Resultaten geführt hat. (Das Wetter, 1907, und Annalen der Hydrographie, 1907, S. 113 u. 149, mit Tafeln.)

Leipzig 1893, S. 44 etc. — Die klassische Beschreibung der Land- und Seewinde von Dampier findet man abgedruckt im American Met. Journal, Vol. II, p. 60.

[1]) Annals of the Astr. Observ. Harvard College, Vol. XXI, Part II. W. M. Davis, L. G. Schultz und R. D. C. Ward, An investigation of the sea breeze. Cambridge 1890.

[2]) Damit hängen wohl auch die Gewitterbildungen zusammen, die den Seewind Nachmittags an manchen Küsten begleiten.

Im Namaland, Deutsch-Südwestafrika (mittlere Breite rund 26°), tritt der Seewind namentlich im südwestlichen Teile im (südlichen) Sommerhalbjahr mit großer Heftigkeit auf. Ein Wolkenstreifen, der sich fast regelmäßig Nachmittags am südwestlichen Horizont in der Richtung von NW nach SE bildet (also rechtwinklig auf seine Richtung), kündet im Innern das Einbrechen des südwestlichen Seewindes an, der an der Küste schon Vormittags herrscht. Der Wolkenstreifen nimmt schnell an Dicke zu. Schwere Gewitterwolken ballen sich zusammen und entladen sich in heftigen Unwettern. Sie sind aber von kürzester Dauer, indem der vielfach orkanartig auftretende Wind sie in größter Hast nordostwärts führt. Zuweilen aber erreichen diese Regen des einbrechenden Seewindes nicht einmal den Boden, man sieht nur Regenstreifen herabhängen, die von der unteren trockenen Luft aufgesogen werden. Diese Wolkenbildung tritt nur an der vordersten Grenze des Seewindes auf, während sofort nach Vorbeiflug des Unwetters wieder heiterster Himmel herrscht. (Ferd. Gessert-Inakhab, Der Seewind Deutsch-Südwestafrikas. Globus LXXII, S. 297 u. s. w.)

[3]) In Manchester an der Küste, das dem Seewind besonders ausgesetzt ist, zeigen sich zwei tägliche Temperaturmaxima, eines vor dem Eintritt der Seebrise, das zweite nach dem Abflauen derselben. Sehr interessant ist die Beschreibung des Auftretens des Seewindes an der Küste von Massachusetts, s. C. Appleton, The Sea breeze at Cohasset. American Met. J. Vol. IX, S. 134 u. s. w.

An der Ostseeküste tritt die Seebrise nur in den Monaten April bis September ein, in den übrigen Monaten bleibt das Meer stets wärmer als das Land. Im Sommer (Juni bis August) ist sie am besten entwickelt. Die größte Temperaturdifferenz zwischen der Küste bei Wustrow und dem Leuchtschiff Adlergrund, 100 km nördlich von Swinemünde, betrug im Durchschnitt von 20 Seebrisentagen 5,7°.

Die Ursprungsstätte des Seewindes liegt 4 bis 5 km vor der Küste auf der See draußen. Der Seewind dringt wohl 20 bis 30 km in das Land ein, der Landwind weht nur in günstigen Fällen 8 km weit ins Meer hinaus.

Über das Auftreten der Seebrise an der Küste von Senegambien, zu Joal, in der trockenen Winterzeit machte der Astronom Bigourdan interessante Beobachtungen [1].

Während des Aufenthaltes der (Sonnenfinsternis-) Expedition (derselbe scheint vom 1. Januar bis 16. April 1893 gedauert zu haben) gab es nur 2 bis 3mal unmeßbaren Regen. Der vorherrschende Wind war der NE, während seiner Dauer steigen die Temperatur und Trockenheit rasch, nach Mittag kommt die Seebrise, die aus NW weht, die Temperatur erniedrigt und die Feuchtigkeit steigen macht. Sie wird von den Einwohnern mit Ungeduld erwartet, dringt aber nicht weit ins Innere des Landes vor und pflanzt sich nur mit sehr geringer Geschwindigkeit fort.

Wenn die Seebrise vom offenen Ozean her sich naht, so ändert sie die Orientierung der Wellenzüge und damit die Färbung des Meeres, das von der Sehlinie nahezu tangiert wird.

Man kann diese Trennungslinie bis auf eine Distanz von 2 bis 3 km deutlich sehen. Es dauert nun öfter eine halbe Stunde, bis die Brise die Küste erreicht, dies gibt für die Geschwindigkeit des Fortschreitens des Seewindes 6 km in der Stunde. Es erklärt dies auch die schwache Fortpflanzung der Seebrise ins Innere des Landes.

In der Nacht und am Morgen weht der NE-Wind und bringt frische Luft. Sowie aber die Sonne erscheint, erwärmt sich die Luft durch die Berührung mit dem heißen Boden, und das Thermometer steigt sehr rasch. Wenn der Eintritt der Seebrise sich bis gegen 2 bis 3^h verzögert, so kann man die Temperatur bis 40° steigen sehen; öfter jedoch tritt der Seewind vor Mittag ein, und dann überschreitet das Temperaturmaximum nicht 28 bis 30°.

Die Temperaturabnahme beim Eintritt des Seewindes ist außerordentlich rasch, so rasch, daß das registrierende Thermometer derselben nicht folgen kann und um mehrere Grade zurückbleibt. Die Feuchtigkeit steigt im Gegenteile ebenso rasch, als die Temperatur sinkt. Die folgenden Zahlen, die sich auf den 14. April 1893 beziehen, geben eine Vorstellung von dem Einfluß des Seewindes auf den Gang des Thermometers und Hygrometers.

14. April 1893.

Zeit	6^h a. m.	7	8	9	10	11
Temperatur	20,8	23,8	27,3	30,6	33,1	36,8°
Relative Feuchtigkeit .	43	33	24	18	14	6
Wind	ENE	ENE	ENE	NE	NE	NE

---

[1] Comptes rendus, Tome CXVIII, S. 1201.

Zeit	Mittag	12ʰ ³⁰	12ʰ ⁴⁵	1ʰ	2ʰ	3ʰ p. m.
Temperatur	38,8	39,2	28,0	26,1	25,4	24,0°
Relative Feuchtigkeit .	4	3	45	61	64	65
Wind	NE	NE	NW	NW	NW	NW

Man sieht, daß die Ankunft des Seewindes die Temperatur um 11° sinken macht während die Feuchtigkeit um 42% steigt. Diese plötzlichen Änderungen verschwinden natürlich in den gewöhnlichen dreimaligen

Fig. 6.

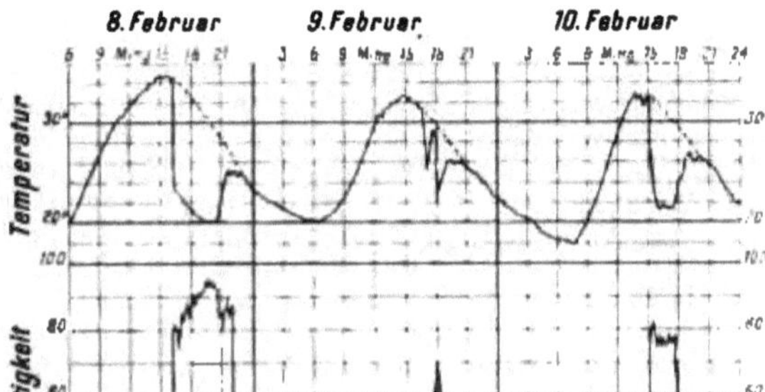

Seewind an der Küste von Senegambien.

Terminbeobachtungen und können nur durch Aufstellung von Registrierinstrumenten verfolgt werden. Die vorstehende Figur zeigt die plötzlichen (entgegengesetzten) Änderungen von Temperatur und Feuchtigkeit beim Eintritt des Seewindes.

Im Mittel von 15 Fällen (allerdings den ausgeprägtesten) zwischen dem 5. Januar und 14. April fand ich folgende mittlere Daten für die Eigenschaften des Seewindes:

	vor Beginn Landwind	während der drei folgenden Stunden[1] Seewind			
Zeit, Stunden . . .	1	2	3	4	Änderung
Mittlere Temperatur .	34,2	25,3	24,6	24,3	9°
Relative Feuchtigkeit .	12	56	55	55%	44%

In manchen Fällen sinkt die Temperatur sogleich um 12 bis 13°, dann bleibt sie konstant oder nimmt sogar wieder etwas zu.

Der Landwind scheint durchschnittlich viel schwächer aufzutreten als der Seewind. Die größere Stärke der Seebrise gegenüber dem Landwind erklärt Ferrel dadurch, daß das Land auch im Tagesmittel (in den Tropen, auch bei uns im Sommer) wärmer ist als das Meer,

---

[1] S. Met. Z. 1899, S. 373.

der Temperaturgradient bei Nacht, der den Landwind erzeugt, deshalb kleiner bleibt als jener bei Tag, dem der Seewind seine Entstehung verdankt. Durch die Reibung an den Unebenheiten des Bodens wird ferner in der untersten Schichte die Geschwindigkeit der Luftströmung über dem Lande sehr geschwächt, während über der glatten Oberfläche der See die Reibung viel geringer ist als über dem Lande. Dazu kommt noch auf dem Lande die Verstärkung aller Winde bei Tag infolge der Erwärmung des Bodens, welche auch der Seewind über dem Lande erfahren muß [1]).

Selbst größere Seen bewirken schon die Entstehung von Land- und Seewinden. Forel hat sie für den Genfersee nachgewiesen. Am Nordufer zwischen Ouchy und Rolle weht der Landwind „Morget", als Nordwind von 5 oder 7^h Abends an bis 7 oder 9^h Morgens als kräftige Brise. Der Ursprung der Landbrise ist stets auf dem Lande, und sie pflanzt sich gegen den See hin fort, wie dies Forel hundertemal bei Morges beobachtet hat. Die ersten schwachen Windstöße erscheinen plötzlich längs des Ufers und pflanzen sich von da auf den See hinaus fort.

Wenn im Herbst das Land erkaltet, während der See noch warm bleibt, so strömt die Luft von allen Seiten dem See zu (bei ruhiger Witterung) und der „Morget" weht dann beinahe beständig. Dasselbe ist der Fall und mit noch größerer Intensität im Winter, wenn das Land mit Schnee bedeckt ist. Dieser Morget ist dann allerdings kein echter „Landwind" mehr.

Der Seewind „le rebat" weht bei Tag von 10^h Vormittags bis 4^h Nachmittags mit geringerer Intensität als der Morget. Er beginnt auf der offenen Seefläche und pflanzt sich gegen die Ufer hin fort. Morget wie rebat sind nach Forel echte Land- und Seewinde, keine Bergwinde. Der echte absteigende Bergwind, „Joran", ist viel heftiger als der Morget, erstreckt sich aber nur bis zum Fuße der Berge und nicht auf den See hinaus. Siehe A. Forel, Lac Leman, T. I.

Über das Ausbleiben der Seewinde an Steilküsten s. Ann. der Hydrogr. 1895, S. 236 und Met. Zeitschr. 1895, S. 457.

Die Erklärung der Land- und Seewinde liegt im folgenden:

Am Morgen erwärmt sich das Land rascher als das Meer; die erwärmte Luft über dem Lande dehnt sich nach oben aus, oder, was dasselbe ist, der Luftdruck steigt in der Höhe über dem Lande, während über der See dies nicht in gleichem Maße der Fall ist. Deshalb beginnt zuerst die Luft über dem Lande in der Höhe gegen das Meer hin abzufließen, und es steigt der Luftdruck draußen über der Meeresoberfläche, während er über dem Lande sinkt. Dies hat zur Folge, daß nun auch unten eine Luftströmung eintritt, und zwar vom Meer gegen das Land, der Seewind. Bei Nacht verhält es sich umgekehrt; das Land erkaltet rascher als das Meer, die Erkaltung der

---

[1]) Espy und in neuerer Zeit unabhängig davon Koeppen haben wohl mit vollem Recht die Verstärkung, welche jeder Wind tagsüber auf dem Lande erfährt, zurückgeführt auf den Luftaustausch, der zwischen den oberen und unteren atmosphärischen Schichten bei Tag durch die Erwärmung des Bodens eingeleitet wird, und welcher die stets viel schneller bewegten oberen Schichten zur Erde herabbringt, indem sie die erwärmte aufsteigende Luft ersetzen.

Luft bewirkt ein Sinken des Luftdruckes in der Höhe über dem Lande [1]) und damit einen oberen Zufluß der wärmeren Luft von der See her, welcher in der Folge den Luftdruck an der Erdoberfläche über dem Lande steigen, über der See sinken macht. Daher entsteht in zweiter Linie eine Luftströmung vom Lande hinaus auf das Meer, der Landwind. In den Morgen- und Abendstunden, zwischen dem Windwechsel, tritt ein Gleichgewichtszustand und Windstille ein.

Die tägliche Periode ist zu kurz, um größere Luftdruckdifferenzen zwischen Meer und Inland aufkommen zu lassen; die Druckunterschiede, welche die Land- und Seewinde erzeugen, sind so gering, daß sie erst in neuester Zeit überhaupt konstatiert werden konnten (dies ist zuerst geschehen von Blanford und Chambers [2]), neuerlich durch Kaiser). Die Luftdruckdifferenzen Adlergrund-Swinemünde (d. i. Meer-Küste) über der Ostsee waren nach Kaiser im Mittel von 20 Seebrisentagen

Luftdruckunterschied zwischen Meer und Küste (Ostsee).

4ʰ a. m.	8ʰ a.	Mittag	4ʰ	8ʰ	Mitternacht
— 0,43	— 0,34	— 0,05	+ 0,57	+ 0,24	— 0,12

also, wie zu erwarten, bei Nacht Überdruck über dem Lande, bei Tag über dem Meere (Adlergrundleuchtschiff befindet sich im Meere, 100 km nördlich von Swinemünde).

Von 10ʰ Morgens bis 11ʰ Abends haben durchschnittlich die Küstenstationen einen relativ höheren Luftdruck, während der Nacht hingegen die Landstationen, wie es auch sein muß, wenn wirklich in der Höhe bei Tag vom Lande gegen die See hin die Luft abfließt, bei Nacht umgekehrt von der See gegen das Land. Daß der Seewind zuerst draußen auf der See einsetzt und sich von da gegen das Land hin vorwärts „arbeitet", liegt wohl jedenfalls darin begründet, daß über der glatten See schon ein viel geringerer Gradient (geringeres Druckgefälle) die Luft in Bewegung zu setzen vermag als über dem rauhen Lande, wo die Reibung viel größer ist. Erst wenn daselbst die stärkere Erwärmung das an sich geringe Druckgefälle, welches den Seewind erzeugt, seinem Maximum näher gebracht hat, vermag die Landluft die größere Reibung zu überwinden und dem geringen Gefälle zu folgen [3]).

Der von Seemann aufgestellten Erklärung des früheren Auftretens der Seebrise auf dem Ozean, welche dahin geht, daß die Luft über dem Lande infolge der raschen Erwärmung und Expansion am Morgen einen lateralen Druck gegen die See hin ausübt, welcher erst später überwunden werden kann, vermag ich mich nicht anzuschließen (Das Wetter 1884). Ich finde nicht den geringsten Anhaltspunkt, eine derartige laterale Pressung der Luft anzunehmen, und eine solche bloß wegen der vor-

---

[1]) Siehe über diesen Einfluß der Erwärmung und Erkaltung der Luft auf den Druck in den höheren Schichten die kleine Tabelle zu Anfang des später folgenden Abschnittes über das Höhenklima.

[2]) Blanford, Über Land- und Seewinde, Zeitschr. f. Meteorol. XII (1877) und Chambers Zeitschr. f. Meteorol. Bd. XV (1880), p. 196.

[3]) Überhaupt befreien die mit der stärkeren Bodenerwärmung auftretenden vertikalen Bewegungen die Luft mehr von dem Einfluß der Reibung.

liegenden Erscheinung vorauszusetzen ist nicht nötig, dieselbe kann auch
auf andere Weise erklärt werden. Wenn man bedenkt, daß die stärkste
stündliche Temperaturzunahme an einem Sommervormittag etwa 1,2°
beträgt, in einiger Höhe noch weniger, also pro Minute höchstens 0,02°,
wie soll da die Luft nicht Zeit haben, sich in der physikalisch allein
verständlichen Richtung des schwächsten Druckes, d. i. nach oben, aus-
zudehnen.

II. Monsune und monsunartige Winde.

1. Definition. Der j a h r e s z e i t l i c h e Wechsel der Luftströmungen, welcher durch die Umkehrung der Temperaturdifferenz
zwischen Land und Meer in den zwei extremen Jahreszeiten, d. i.
zwischen Winterhalbjahr und Sommerhalbjahr, hervorgerufen wird,
gelangt (entsprechend der längeren Zeit, während welcher diese
Temperaturdifferenzen wirksam sind) zu einer viel großartigeren
Entwicklung als der tägliche Wechsel der Land- und Seewinde. Die
W i n d e d e r J a h r e s z e i t e n werden dadurch von tief eingreifender
klimatischer Bedeutung. Sie können sogar die allgemeine Zirkulation
der Atmosphäre, in den unteren Schichten wenigstens, völlig zurück-
drängen, so daß an Stelle der Luftzirkulation zwischen Pol und Äquator
die Luftzirkulation zwischen Kontinent und Ozean zur Vorherrschaft
gelangt.

Dem Wechsel von Land- und Seewinden an der Küste in der
täglichen Periode entspricht über den Kontinenten in der jährlichen Periode ein Wechsel von Land- und Seewinden, mit dem
graduellen Unterschiede, daß jeder dieser Winde nahezu ein halbes
Jahr hindurch anhält und eine viel größere Mächtigkeit und Stärke
erlangt. Man nennt diese mit den extremen Jahreszeiten wechselnden
Winde M o n s u n w i n d e oder Winde der Jahreszeiten. Jeder Kontinent
erzeugt Monsunwinde oder monsunartige Winde, aber nur die mächtigen, durchgreifenden Winde dieser Art belegt man in der Tat mit
dem Namen „Monsune".

2. Die Entstehung der Monsunwinde. Die Monsunwinde sind auf
die gleichen Ursachen zurückzuführen wie die Land- und Seewinde,
selbe treten aber bei den Winden der Jahreszeiten, wie leicht ver-
ständlich, viel entschiedener zu Tage wie bei den Tag- und Nachtwinden.

Es ist früher gezeigt worden, daß das Land in mittleren und
höheren Breiten im Winter temperaturerniedrigend wirkt, im Sommer
dagegen temperaturerhöhend. Die Beobachtungen ergeben nun, in voller
Übereinstimmung mit theoretischen Überlegungen, daß an Orten, wo
die Temperatur höher ist als in der weiteren Umgebung, der Luftdruck
an der Erdoberfläche sinkt, an Orten aber, wo die Temperatur relativ
niedrig ist, steigt der Luftdruck.

An Orten, wo die Temperatur dauernd hoch bleibt, stellen sich
B a r o m e t e r m i n i m a ein, an Orten, wo es längere Zeit zu kalt ist,
bilden sich B a r o m e t e r m a x i m a aus.

D i e K o n t i n e n t e d e r m i t t l e r e n u n d h ö h e r e n Breiten werden
im Sommer der Sitz von Zentren niedrigen Luftdruckes, im

Winter aber der Sitz von Zentren hohen Luftdruckes. Über
den Meeren herrscht im Winter niedriger, im Sommer höherer
Luftdruck.

Für die äquatornäheren Gegenden, wo die jahreszeitlichen Unterschiede der Temperatur gering sind, gelten diese Sätze nicht mehr. Doch
sinkt auch dort der Luftdruck zur Zeit des höchsten Sonnenstandes.

Die Kontinente und die angrenzenden Meere werden derart der
Sitz von jahreszeitlichen Luftzirkulationen, indem überall die Luft die
Tendenz hat, von den Gegenden höheren Luftdruckes zu jenen niedrigeren Luftdruckes abzufließen. So entstehen die sommerlichen landeinwärts strömenden Seewinde und die im Winter von den Kontinenten
auf die See hinaus wehenden Landwinde.

Die Erwärmung der Luftschichten über einer größeren Landfläche
und über ganzen Kontinenten geht so vor sich. Der Boden erwärmt sich
tagsüber unter dem Einfluß der Insolation, die untersten Luftschichten
werden dadurch direkt mit erwärmt und steigen in einzelnen Partieen in
die Höhe, während andere kühlere dafür aus der Höhe niedersinken, wodurch ein fortwährender Luftaustausch zwischen höheren
und tieferen Schichten entsteht, wie er sich in den zitternden
Bildern verrät, die wir allemal wahrnehmen, wenn wir über eine erwärmte
Fläche auf Gegenstände jenseits derselben hinsehen. Dieses Spiel aufsteigender und niedersinkender Luftteilchen wird zwar bei Nacht, wenn der
Boden (nicht aber die etwas höheren Luftschichten) durch Strahlung rasch
erkaltet, unterbrochen, setzt sich aber am nächsten Tage wieder fort und
die Erwärmung der untersten Luftschichten über dem Lande teilt sich so
allmählich höheren und höheren Schichten mit [1]). Dazu kommt noch die
Erwärmung der Luftschichten durch die Wärmestrahlung des Bodens
selbst. Die Luft ist zwar, wie schon früher bemerkt wurde, sehr diather-
man für die leuchtenden Sonnenstrahlen, weniger jedoch für die Strahlung
eines Körpers von niedriger Temperatur, wie der Erdboden. Die Wärmestrahlung des letzteren wird deshalb von den unteren Luftmassen zum Teil
absorbiert und trägt zu ihrer Erwärmung bei.

Unter dem Einflusse dieser von unten nach oben fortschreitenden Erwärmung dehnen sich die über dem Lande lagernden Luftschichten aus,
die höheren Schichten werden von den unteren gehoben, der Luftdruck in
der Höhe steigt deshalb; die Flächen gleichen Luftdruckes, die bei
gleichförmiger Verteilung der Temperatur horizontal sind, so daß man in

---

[1]) Dieser von mir vor langem abgeleitete Vorgang (Met. Z. 1874, S. 339)
fand zuerst seine volle Bestätigung durch die Ergebnisse der Beobachtungen bei
zwei nächtlichen Ballonfahrten, die im Juli 1893 von München aus unternommen
worden sind. Die Temperatur nahm in den frühen Morgenstunden (1 bis 3^h a. m.)
bis zu 300 m über der Hochebene zu (unten zirka 12°, oben 18,5°), von da nahm
die Temperatur bis 900 m (relat.) wieder ab, und die Luft in der Höhe erwies
sich nach ihrer Temperatur und Feuchtigkeit als am Vortage von der Hochebene
aus infolge deren Erhitzung aufgestiegene Luft. Die Abkühlung durch nächtliche
Wärmeausstrahlung vom Boden her reichte bis gegen 300 m, die Luft oberhalb
aber hatte dieselbe (potentielle) Temperatur behalten, mit der sie vom Boden aufgestiegen war. (Sohncke und Finsterwalder, Die ersten wissenschaftlichen
Nachtfahrten des Münchener Vereins. Met. Z. 1894, S. 370.)
Einen aufsteigenden Luftstrom aber, wie man ihn früher meist angenommen,
der die ganze unten erwärmte Luftmasse in toto in die Höhe führt, gibt es nicht
und kann es aus leicht begreiflichen Ursachen nicht geben.

derselben Höhe (Entfernung vom Meeresniveau) überall denselben Luftdruck
trifft, heben sich über dem erwärmten Lande und senken sich gegen
das kühlere Meer hin. Angenommen, man wäre imstande, in einem Luft-
ballon stets in derselben Seehöhe sich zu erhalten, so würde man von der
Küste in das Innere des erwärmten Kontinents gelangend den Luftdruck in dieser Höhe fortwährend steigen sehen bis in das Zentrum der
erwärmten Landmasse. Infolgedessen haben die Luftschichten
in der Höhe ein Gefälle vom Kontinent gegen das kühlere
Meer hinaus und die Luft fließt dahin ab. Dadurch wird der
Luftdruck über dem Inneren des Landes sinken, weil die drückende Luftmasse sich dort vermindert, über dem Meere steigen, weil hier ein Luft-
zuschuß in der Höhe eintritt. Im Meeresniveau entsteht dadurch ein dem
oberen entgegengesetztes Gefälle der Luft vom Meere gegen das Land
hin, von der Stelle höheren Druckes gegen die Stelle niedrigeren Luftdruckes, und die untere Luft muß deshalb von allen Seiten dem erwärmten Kontinent zufließen. Das Luftdruckminimum über dem Lande
würde aber bald ausgefüllt werden und verschwinden, wenn nicht in der
Höhe die Luft in entgegengesetzter Richtung fortwährend abfließen würde.
Warum dies geschieht und daß dies eigentlich der primäre Vorgang ist,
haben wir oben eingehender erörtert. Man stellt sich gern die Luftbewegung über einem erwärmten Kontinent unter dem Bilde eines groß-
artigen aufsteigenden Luftstromes (Courant ascendant) vor. Diese Vorstellung muß aber dahin berichtigt werden, daß ein „Wind in die Höhe“,
wie wir ihn im Gebirge tatsächlich kennen lernen werden, also ein wahrer
Courant ascendant, über großen erwärmten Landflächen nicht existiert
und auch physikalisch nicht existieren kann. Die Erwärmung dehnt die
Luft über dem Lande allmählich in ihrer ganzen Mächtigkeit aus und
hebt die oberen Luftschichten über das Niveau des Gleichgewichts, weshalb sie in der Höhe nach außen abfließen. So lange die Erwärmung fort-
dauert, treten neue Luftmassen von unten, durch thermische Ausdehnung
gehoben, an ihre Stelle, und so dauert der Vorgang fort.

Im Winter, wenn das Land zu kalt ist, fließt in der Höhe die
Luft von den Ozeanen gegen die Kontinente hin ab, über den ersteren entsteht deshalb ein barometrisches Minimum und in weiterer Folge eine
zyklonische Bewegung der umgebenden Luftmassen. Über dem Kontinent
steigt dagegen der Luftdruck infolge des Luftzuflusses in der Höhe, es
bildet sich über demselben ein Luftdruckmaximum und die Luft fließt infolgedessen nun unten vom Festland gegen die Meere hin ab, in die
zyklonische Bewegung über denselben eintretend.

In Bezug auf die erwähnte entgegengesetzte Wirkung des Landes
auf die Temperatur im Winter und Sommer, welche die Landflächen ab-
wechselnd zu Zentren niedrigster und höchster Temperatur macht, verweisen wir auf die Isothermenkarten des Januars und des Juli [1]). Hier mögen
zwei sehr lehrreiche Kärtchen der Temperaturverteilung über Dänemark in
extremen Monaten Platz finden, welche zeigen, daß jede Landfläche in der
kalten Zeit die Tendenz hat, ein (relatives) Kältezentrum zu werden, umgekehrt in der warmen Zeit.

Der Temperaturunterschied zwischen dem Innern von Jütland und
den vorliegenden Inseln in der Nordsee erreichte im Dezember 1892 im
Mittel 5 bis 6°, gegen die Inseln im Kattegat über 3°; im Innern des
Landes gab es Temperaturminima von — 12° bis — 16°, auf den Inseln

---

[1]) Hann, Atlas der Meteorologie, auch in Sydow-Wagners und Debes' Atlas
finden sich solche, sowie in den Lehrbüchern der Meteorologie.

in der Nordsee überschreiten sie nicht — 4,8°. Und dies ist nicht ein
Ausnahmefall, sondern eigentlich die Regel in jedem Herbst und Winter.
Die Isothermen der britischen Inseln im Dezember 1879 und Januar 1881
bieten desgleichen besonders schöne Beispiele für die Erkaltung des
Landes im Winter gegenüber dem umgebenden Meere [1]).

Fig. 7.

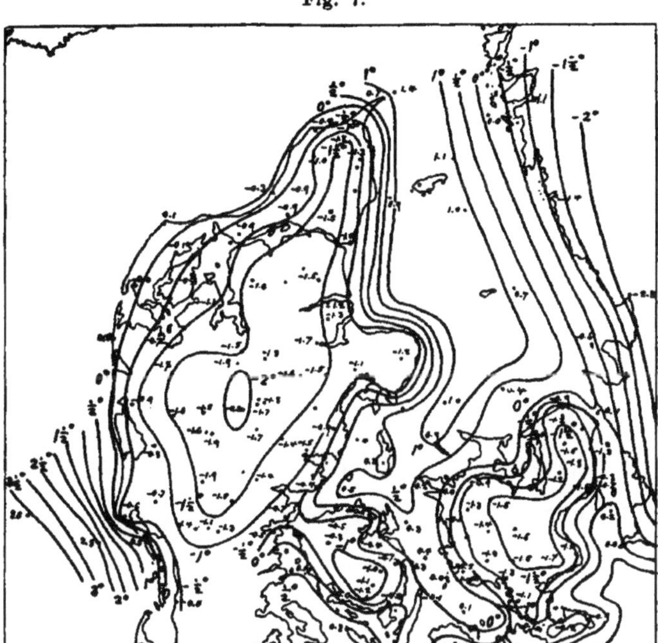

Isothermen des Dezember 1892 über Dänemark.

In einem lehrreichen Gegensatz dazu steht der Verlauf der Isothermen
des Mai 1892 über Dänemark, Fig. 8, S. 162. Zu dieser Jahreszeit ist das
Meer noch kühl, das Land aber erwärmt sich rasch. Deshalb sehen wir jetzt
das Innere des Landes am wärmsten und die Temperatur gegen die Küsten
hin abnehmend. Im Innern von Jütland treffen wir jetzt eine mittlere
Temperatur von 10 bis 11° C. an, auf Inseln nur 8 bis 9°, die Nordsee
ist noch kühler als das landumschlossene Kattegat, wo auch die Inseln
schon 9° Mittelwärme haben, während im Innern von Seeland dieselbe
schon auf 11° gestiegen ist.

3. Richtungen der Monsunwinde. Die auf das Land einströmenden
und von selbem ausfließenden Luftmassen unterliegen dabei dem Ein-

---

[1]) Quart. Journ. Met. Soc. 6 u. 7, B. R. Scott. Ferner die sehr instruktiven
Karten desselben Autors in Bd. 23 (1892), S. 275.

flusse der Erdrotation, welche sie nach rechts auf der nördlichen
und nach links auf der südlichen Halbkugel ablenkt, wie nach-

Fig. 8.

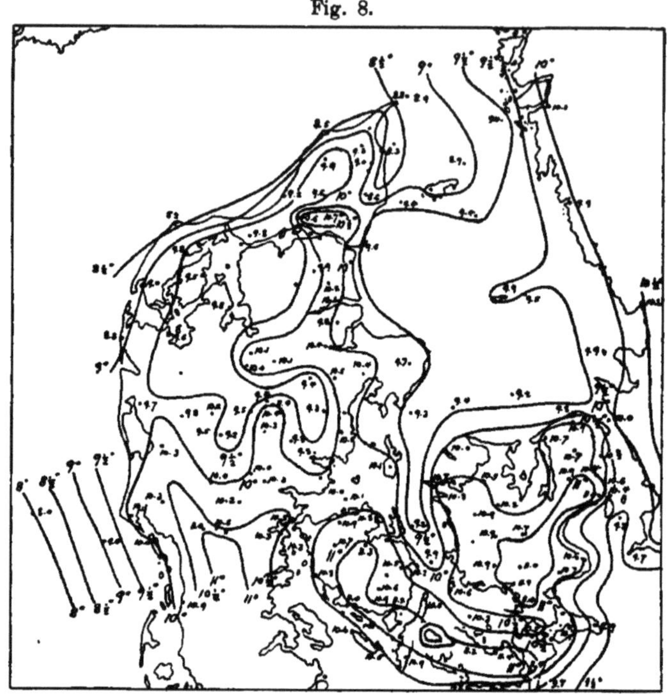

Isothermen des Mai 1892 über Dänemark.

folgende schematische Figuren zeigen. Mit g ist die Richtung des Druckgefälles bezeichnet, mit a die Richtung der ablenkenden Kraft. Die

Fig. 9.

Nordhalbkugel

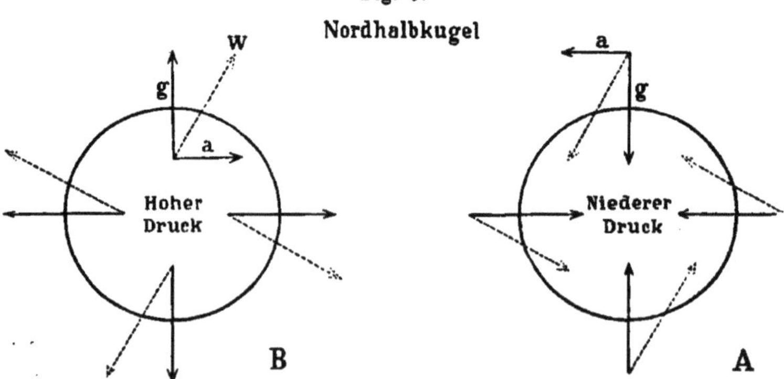

Fig. 10.

Südhalbkugel

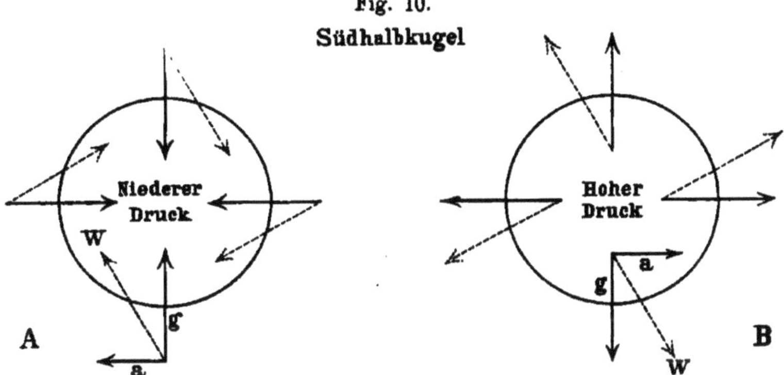

gestrichelten Linien stellen die Resultierenden dar, die wirklich
entstehenden Windrichtungen.

Daraus ergibt sich folgendes Schema für die Richtungen der
Sommer- und Wintermonsune in beiden Halbkugeln:

Quadrant (Küste)	W	S	E	N
Nordhalbkugel				
Sommer (Min. über dem Lande) .	NW	SW	SE	NE
Winter (Max. über dem Lande) .	SE	NE	NW	SW
Südhalbkugel				
Sommer (Min.)	SW	SE	NE	NW
Winter (Max.)	NE	NW	SW	SE

Die Winddrehung um einen Ort niedrigen Luftdruckes, wie sie im
Sommer über einem Kontinent sich einstellt, wird bekanntlich eine
zyklonale genannt, die Winddrehung um ein Barometermaximum, wie
sie im Winter über einem Kontinent sich entwickelt, nennt man eine anti-
zyklonale. Die Stärke dieser Luftströmungen wird bedingt durch die
Größe der Luftdruckdifferenzen. Die Druckdifferenz auf die Einheit der
Entfernung (senkrecht auf die Linien gleichen Druckes, d. i. auf die Iso-
baren genommen) nennt man bekanntlich den (barischen) Gradienten.
Als Einheit der Entfernung nimmt man dabei den Grad eines größten
Kreises, d. i. 111 km.

4. Die hauptsächlichsten Monsungebiete der Erde. Wegen der
unregelmäßigen Gestaltung der Konturen der Festländer und deren
Erstreckung durch verschiedene allgemeine Windgebiete (Passatzonen,
Zonen der vorherrschenden Westwinde), welche die Lokalwinde mehr
oder weniger beeinflussen, ferner wegen der Unregelmäßigkeiten in der
Verteilung des Luftdruckes und der Temperatur ist nicht zu erwarten,
daß wir das oben angeführte Schema der Windrichtungen regelmäßig
entwickelt an den Rändern der im Sommer erwärmten, im Winter
erkalteten Landflächen überall antreffen. Aber Andeutungen desselben
lassen sich selbst noch im hohen Norden nachweisen. Das Haupt-
monsungebiet der Erde sind aber die Küstenländer des Indischen

Ozeans, der fast allseitig von sich stark erwärmenden Landflächen umgeben ist.

Südasien. Hier treffen wir im Sommer den berühmten SW-
Monsun, der bei der Darstellung des Klimas von Indien eine eingehendere Beschreibung finden wird. Er wird im Winterhalbjahr regelrecht von dem NE-Monsun abgelöst.

Ostasien hat im Süden noch den SW-Monsun, der weiter nach
Nord hinauf in S- und SE-Winde regelrecht übergeht. Winde von
echtem Monsuncharakter erstrecken sich in Ostasien bis über 50° N. Br.
hinauf. Im Winter herrschen strenge NW-Winde.

Nordaustralien hat im (südlichen) Sommer den regelrecht
entwickelten NW-Monsun, die winterlichen N-Winde im Norden
(auf der nördlichen Halbkugel) werden durch die Erwärmung des
australischen Kontinents über den Äquator herübergezogen und treten
nach links abgelenkt als NW-Monsun auf. Im (südlichen) Winter
herrschen SE-Winde (der normale SE-Passat).

Ostküste von Afrika hat im nördlichen Sommer Südwinde
bis SW-Winde, im südlichen Sommer nördliche Winde, Fortsetzung
des NE-Monsuns, da selber von dem erwärmten Lande angezogen wird.

Die tropische Westküste von Nordafrika, Senegambien, hat im
Sommer W- und NW-Winde, im Winter NE-Winde.

Nordamerika hat keine eigentlichen Monsunwinde (Texas ausgenommen, mit S- und SE-Winden im Sommer), nur monsunartige
NW-Winde an der Ostküste im Winter. Auch Südamerika hat keine
wirklichen Monsunwinde, doch drehen sich im (südlichen) Sommer die
Winde an der subtropischen Ostküste nach NE, landeinwärts. Das subtropische Südafrika hat desgleichen an der Ostküste (Natal) NE-Winde
im Sommer, ebenso die Ostküste des subtropischen Australien.

Fig. 11.

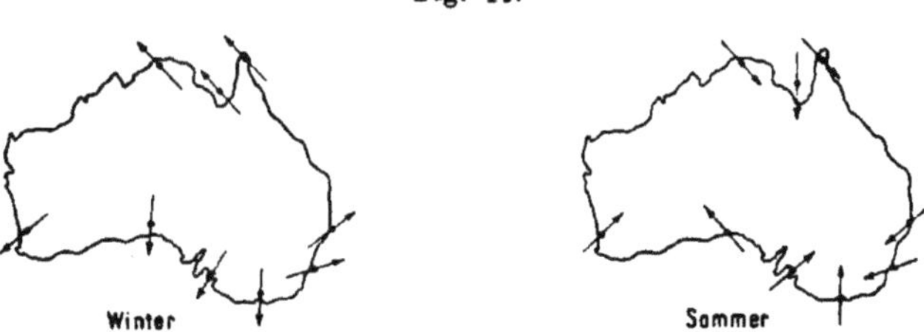

Monsunwinde Australiens.
Die Pfeile geben die vorherrschende Windrichtung an.

Australien. Trägt man nur die vorherrschenden Windrichtungen in die Karte ein, so gibt der kleine Kontinent von Australien
ein fast schematisches Bild des Einflusses eines Kontinents auf die
Windrichtung im Winter und im Sommer, wie die vorstehenden Figuren
zeigen.

Es mögen nun auch einige numerische Nachweise für das oben
Gesagte hier kurz zusammengestellt werden.

Wenn wir die Windverhältnisse des Kontinentes von Asien ohne den westlichen Anhang (Europa) ins Auge fassen, so können wir das oben angeführte Windschema recht gut wiederfinden, natürlich am ausgeprägtesten im Süden und Osten.

Die Häufigkeit der Windrichtungen ist überall in Prozenten angegeben.

Südasien.
Ganges = Delta (Saugorinsel):

	N	NE	E	SE	S	SW	W	NW	Resultante
Nov./Febr.	80	18	5	2	11	16	7	11	N 14° W 28 %
Juni/Sept.	2	4	5	13	88	82	8	3	S 15° W 60 %
Differenz	+ 28	+ 14	0	−11	− 22	− 16	− 1	+ 8	Monsunindex 50 [1]

In Bengalen ist der Wintermonsun nordwestlich, der Sommermonsun im Inneren südöstlich. Der Sommermonsun ist viel stärker als der Wintermonsun in ganz Südasien. Saugorinsel: Windstärke Winter 2,2 m/s, Sommer 4,3 m/s.

Ostasien.

Shanghai (Zi-ka-wei) 31° N: November bis Januar mittlere Windrichtung N 14° E, April bis August S 75° E. (Der Wind geht im Frühjahr über NE nach SE, im Herbst wieder über NE nach NNE.)

Ostasien nördliche Küste.

	N	NE	E	SE	S	SW	W	NW	Mittlere Richtung und Stärke
Winter	17	8	5*	6	6	8	18	82	N 47° W 43 %
Sommer	10	9	12	26	16	10	7	10	E 49° S 24 %
Differenz	7	− 1	− 7	− 20	− 10	− 2	11	22	Monsunindex 42 [1]

Nordküste von Asien: Ssagastyr 73,4° N (Lenamündung).

	N	NE	E	SE	S	SW	W	NW	
Winter	2	3	9	20	25	20	14	7	S 9° W 20 %
Sommer	7	13	80	17	6	6	11	10	E 3° N 30 %
Differenz	− 5	− 10	− 21	+ 3	+ 19	+ 14	+ 3	− 3	Monsunindex 40 [2]

Im Westen an der Mündung des Jenissei: Winter S 22° E, Sommer N 25° W. Also im Winter auf die See hinaus, Sommer landeinwärts.

Westseite von Asien.

Hier sind die Windverhältnisse am wenigsten regelmäßig. In Transkaspien herrschen im Winter Südwinde (wie zu erwarten), im Sommer aber Nordwinde.

Südruß-land	N	NE	E	SE	S	SW	W	NW	Resultierende Richtung Stärke
Winter	8	12	17	13	13	14	13	10	S 24° E 10 %
Sommer	11	10	15	9	9	12	19	15	W 31° N 12 %
Differenz	− 3	+ 2	+ 2	+ 4	+ 4	+ 2	− 6*	− 5	Monsunindex 10

---

[1] Summe der Extreme der Differenzen.
[2] Lokal sehr groß.

Westafrika.
Senegambien, Küste 15° N (Gorée, S. Louis).

	N	NE	E	SE	S	SW	W	NW		
Winter	27	28	20	0	0	0	0	9	N 38° E	63%
Sommer	14	5	1	2	5	11	29	17	W 20° N	45%
Differenz	13	23	19	−2	−5	−11	−29*	−8	Monsunindex 52	

Australien.
Tropische Nordküste [1]).

	N	NE	E	SE	S	SW	W	NW		
Winter	4	4	14	62	11	2	1	2	E 40° S	75%
Sommer	17	9	10	9	3	5	8	39	N 24° W	42%
Differenz	−13	−5	4	53	8	−3	−7	−37*	Monsunindex 90	

Die Winde in Nordaustralien haben demnach den strengsten Monsuncharakter.

An der Ostküste der Vereinigten Staaten von Nordamerika finden wir nur im Winter einen monsunartigen Nordwestwind, der Sommer lenkt die vorherrschenden Westwinde nach S ab. Die Windänderung vom Winter zum Sommer ist gering.

Ostküste von Nordamerika (mittlere Breiten)

	N	NE	E	SE	S	SW	W	NW	Resultierende Richtung	Stärke
Winter	11	15	6	6	7	18	14	23	N 58° W	26%
Sommer	8	12	6	11	13	28	9	13	S 45° W	23%
Differenz	3	3	0	−5	−6	−10	5	10	Monsunindex 20	

Europa, auf der Westseite des asiatischen Barometermaximums gelegen, sollte eigentlich im Winter vorherrschende südöstliche Landwinde haben [2]). Die tiefen Barometerminima über dem Nordatlantischen Ozean bedingen aber starke West- und Südwestwinde auf ihrer Ostseite, welche die SE-Winde nur im Inneren des Landes aufkommen lassen, wo wir sie deshalb bloß in Südrußland antreffen.

Im westlichen Europa (höhere Breiten als in Nordamerika) drehen sich die vorherrschenden Westwinde vom Winter zum Sommer nur wenig von SW gegen W, erst im Inneren von Rußland bis nach NW. Die Änderung ist geringer als an der atlantischen Küste Nordamerikas.

West- und Mitteleuropa [3]).

	N	NE	E	SE	S	SW	W	NW	Resultante	
Winter	5	8	9	12	14	24	18	10	S 45° W	30%
Sommer	10	8	7	8	10	20	21	16	W 6° S	27%
Differenz	−5	0	2	4	4	4	−3	−6	Monsunindex 10	

Mit der Entfernung von der Westküste von Europa ins Innere (Breiten über 50° N etwa) wird im Winter die mittlere Windrichtung etwas südlicher, im Sommer aber nördlicher.

---

[1]) P. Darwin, Kap York, Sweersinsel.

[2]) Ebenso der Westen der Union und Kanada, wo übrigens auch die hohen Gebirgsketten solche Landwinde unmöglich machen.

[3]) Hier, wie in früheren Stationsgruppen, ist die Bezeichnung der Lokalität natürlich recht vage, die Resultate sind daher nur im allgemeinen richtig, nicht bis auf einzelne Prozente der Häufigkeit. Nur der allgemeine Charakter der Änderung von Winter zum Sommer soll in obigen Tabellen zum Ausdruck kommen.

	England und Nordseeküste	Deutschland und Ostseeküste	Nord- und Mittelrußland	Nordwest- Sibirien
Winter	S 48° W	S 40° W	S 29° W	S 32° W
Sommer	S 76° W	W 5° N	W 23° N	W 30° N

5. Eigenschaften der Monsune (der Winde der Jahreszeiten).
Die Wintermonsune sind Landwinde und wehen aus einem Gebiete hohen Luftdruckes heraus. Sie sind deshalb trocken, von
heiterer Witterung begleitet. In den tropischen Monsungebieten ist
ihre Temperatur nicht niedrig, tagsüber kann die Temperatur wegen
der ungehinderten Insolation sogar eine hohe sein. In mittleren und
hohen Breiten sind sie auch trocken, aber kalt, da sie aus dem im Winter
stark erkalteten Innenlande kommen. Besonders gilt dies von der
nördlichen Ostküste von Asien [1]).

Die Sommermonsune sind Seewinde, sie sind deshalb feucht
und von Regen und trübem Wetter begleitet. Sie sind zyklonische über dem Lande aufsteigende Winde, welche deshalb Niederschläge bringen.

Die Temperatur der Sommermonsune ist in den tropischen Gebieten relativ niedrig, da sie vom kühleren Meere herkommen
und durch Trübung und Niederschläge die Insolation hemmen. Die
höchste Temperatur tritt in den tropischen Monsungebieten deshalb
vor dem Eintritt des Sommermonsuns ein (auf der südlichen Halbkugel im November, auf der nördlichen im Mai). In mittleren und
höheren Breiten ist der Sommermonsun natürlich wärmer als der
Wintermonsun, er kühlt aber doch die Sommerwärme des Kontinents
ab durch Trübung und Regen, namentlich in den höheren Breiten,
wo an den Ostküsten das Meer relativ kalt, ja örtlich sehr kalt ist.
Die Monsunwinde bestimmen derart den Charakter der Witterung in
durchgreifender Art, so daß sie eigene Klimatypen schaffen, die Monsunklimate, mit einem ausgeprägten jährlichen Gang der Temperatur,
der Feuchtigkeit, Bewölkung und Niederschläge.

Da die Ostküsten und Westküsten der Kontinente nach den obigen
Ausführungen verschiedene Windsysteme haben mit verschiedenen
meteorologischen Begleiterscheinungen, so geht schon daraus eine Verschiedenheit des Klimas an den Ostküsten und Westküsten der Kontinente hervor. Die Verschiedenheit aus den angeführten Ursachen
wird aber noch verschärft durch die großen Luft- und Meeresströmungen,
welche nun zur Erörterung gelangen müssen.

---

[1]) An den Ostküsten von Asien und Amerika in mittleren und höheren
Breiten sind die Wintermonsune (d. i. die Nordwestwinde) viel stärker als die
sommerlichen Seewinde, weil die Temperaturdifferenz zwischen Kontinent und
Meer, und damit auch das Luftdruckgefälle gegen das Meer, im Winter viel
größer ist als im Sommer das Druckgefälle landeinwärts.
In den tropischen Monsungebieten verhält es sich meist umgekehrt.

VI. Die Luftdruckverteilung über den Ozeanen in ihrer klimatischen Bedeutung[1]). Die Luft- und Meeresströmungen an den Ost- und Westküsten der Kontinente.

Es wurde vorhin nur auf die Luftdruckverteilung im Winter und Sommer über den Kontinenten Bezug genommen und die Monsunwinde davon abgeleitet.

Außerordentlich wichtig ist aber auch die Luftdruckverteilung über den Ozeanen, die Lage der großen Barometermaxima und -minima, welche auf denselben beständig zu finden sind. Die Luftzirkulation um dieselben geht nach dem Schema vor sich, welches wir oben S. 162, Fig. 9 und 10 aufgestellt haben.

A. Die tropische und subtropische Luft- und Wasserzirkulation.

Die subtropischen Barometermaxima. Wir finden auf jedem der großen Ozeane in runden Zahlen zwischen 30 und 40° N- und S-Breite Zentren hohen Luftdruckes, isolierte, von ovalen Isobaren abgegrenzte Barometermaxima. Sie liegen den Westküsten der Kontinente viel näher als den Ostküsten, erleiden relativ geringe jahreszeitliche Änderungen sowohl in Bezug auf die Höhe des Barometerstandes als auch auf ihre Lage. Sie rücken nur im Sommer in etwas höhere Breiten vor und ziehen sich im Winter wieder in niedrigere Breiten zurück.

In ihren Zentren herrschen Windstille und veränderliche schwache Winde (die Roßbreiten der alten Seeleute). Äquatorwärts gehen von ihnen die Passate aus (NE auf der nördlichen, SE auf der südlichen Halbkugel), polwärts finden wir Westwinde, die bekannten SW- (nördliche Halbkugel), NW- (südliche Halbkugel) Winde der gemäßigten Zonen. Auf ihrer Westseite herrschen SE-, auf der Ostseite NW-Winde Nordhalbkugel, NE- und SW-Winde auf der südlichen Hemisphäre. Eine antizyklonische Luftzirkulation. (B in Fig. 9 und 10.)

Die Strömungen der Meeresoberfläche nehmen den gleichen Verlauf. Äquatorwärts von den Roßbreiten finden wir die große allgemeine äquatoriale Westströmung, eine mächtige Warmwasserströmung, welche durch ihre Umbiegung in höhere Breiten an der Ostseite der Kontinente die hohe Wärme der tropischen Ozeane den höheren Breiten zuführt. Ein Wärmetransport von außerordentlicher klimatischer Wichtigkeit.

Polwärts von den subtropischen Barometermaxima treiben die kräftigen dort herrschenden Westwinde das wärmere Wasser den Westküsten der höheren Breiten zu. Es ist dies die westliche Driftströmung nördlich und südlich von 40° rund. Auf den Ostseiten der Barometer-

---

[1]) Wir ersuchen, bei folgenden Ausführungen eine Isobarenkarte des Januar und des Juli zur Hand zu nehmen, wie sie auf einem der ersten Blätter der meisten Atlanten: Stieler, Andree, Sydow-Wagner, Debes zu finden sind.

maxima finden wir, entsprechend den dort herrschenden Winden, kühle
Meeresströmungen, welche das Wasser höherer Breiten wieder äquatorwärts treiben, wo dasselbe an den Westküsten der Kontinente in die
Äquatorialströmung einmündet. Auf der Westseite der Barmometer-
maxima befinden sich die warmen polwärts gehenden Strömungen.

Die warmen Strömungen an den Ostseiten der Kontinente
sind: in Nordamerika der sogen. Golfstrom, in Südamerika die bra-
silianische Strömung, in Asien der Japanstrom (kuro siwo) und
die ostaustralische Strömung, im Indischen Ozean die Mozam-
biqueströmung [1]). Die warmen Strömungen der südlichen Halbkugel
sind aber unbedeutender als die der nördlichen. Die kühlen Strömungen an den Westseiten sind: in Afrika die Kanarenströmung

Fig. 12.

Diagramm der Zirkulation an der Oberfläche der Ozeane.

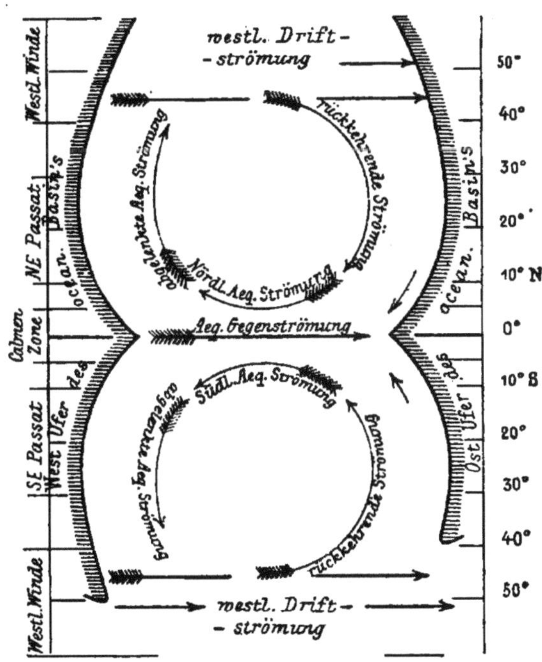

im Norden und die Benguelaströmung im Süden; in Amerika die
kalifornische und die peruanische Strömung (der sogen. Hum-
boldtstrom). In Westaustralien fehlt eine analoge kühle Strömung.

Wir geben oben in Fig. 12 ein schematisches Bild der Ober-

---

[1]) Man sehe eine Karte der Meeresströmungen, wie sie in jedem Atlas
zu finden.

flächenströmungen der ozeanischen Becken zu beiden Seiten des Äquators
(nach W i l d s Thalassa) und ersuchen, dasselbe mit den Karten der
Luftdruckverteilung und der Winde zu vergleichen [1]).   Man wird finden,
daß die Strömungen der Luft wie die der Ozeane um die Zentren
der Luftdruckverteilung über den Ozeanen zirkulieren, und zwar um
das Barometermaximum in der Gegend des 30. Breitegrades auf der
nördlichen Halbkugel von links nach rechts (kühle Strömungen auf der
rechten, warme auf der linken Seite des Luftdruckmaximums).   Auf der
südlichen Halbkugel ist rechts mit links zu vertauschen, der Effekt ist
aber der gleiche, indem überall in niedrigen Breiten die Westküsten abgekühlt, die Ostküsten erwärmt werden.

Die Meeresströmungen folgen den vorherrschenden Winden, nur die
warmen Strömungen (Golfstrom und japanischer Strom, Kuro Siwo) an den
Ostküsten der Kontinente bilden eine Ausnahme insofern, als im Winter
die kalten kontinentalen NW-Winde fast rechtwinklig vom Lande her auf
die Meeresströmung hinauswehen, ohne dieselben wesentlich von ihrem
Kurs abzulenken.   Es mag in Betreff dieser Anomalie hier nur kurz bemerkt werden, daß die warmen äquatorialen Strömungen an den Ostküsten
nicht Winddriften sind, sondern wahre Meeresflüsse, welche in der Winddrift der Passate, der Äquatorialströmung, ihren Ursprung haben und von
derselben ihr Bewegungsmoment herleiten.   Wenn man bedenkt, daß die
Äquatorialströmung etwa 20 Breitegrade auf beiden Seiten des Äquators
einnimmt, somit ein Drittel der Erdoberfläche, und sicherlich in der nördlichen Erdhälfte mehr als die Hälfte der Oberfläche der Ozeane umfaßt,
so wird man nicht staunen, daß diese gewaltige, in Bewegung gesetzte
Wassermasse, an den Ostküsten der Kontinente sich stauend, nicht sogleich ihr Bewegungsmoment verliert, sondern, auf beiden Seiten in höhere
Breiten ausweichend, längere Zeit noch lebendige Kraft genug behält, örtlich selbst gegen den Oberflächenwind fortzulaufen.   Nachdem diese Zweige
der Äquatorialströmung jedoch in der Breite von ca. 40 ° N und S ihre
warmen Wassermassen in die oberen Teile der ozeanischen Becken er-
gossen haben, wird das warme Wasser von den daselbst vorherrschenden
Westwinden erfaßt und in höhere Breiten hinaufgetrieben und dabei an
die Westküsten der Kontinente hingedrängt, während an den Ostküsten
Raum bleibt für die kalten, aus dem Eismeer rückkehrenden Oberflächen-
strömungen.   In den südlichen Ozeanen, wo schon jenseits des 40. Breitegrades die Kontinente fehlen, haben die kalten polaren, eisführenden
Strömungen freien Bewegungsraum.

In den ozeanischen Becken vom Äquator bis zum
40. Breitegrad haben wir demnach beiderseits: am Äquator selbst
die Äquatorialströmung; an der Ostseite der Kontinente die warmen
Zweige der abgelenkten Äquatorialströmung, die in höhere Breiten
hinaufläuft, dort unter zirka 40 ° nach rechts auf der nördlichen, nach
links auf der südlichen Hemisphäre umbiegt und polwärts von den
Kalmen der Roßbreiten nach Osten fließt, dabei allmählich ihr Bewegungsmoment verliert und sich abkühlt.   Hier aber wird das Wasser
von den auf der Ostseite des Barometermaximums herrschenden Winden

---

[1]) H a n n, Atlas der Meteorologie und Allg. Erdkunde. V. Aufl. S u p a n,
Physische Geographie, IV. Aufl.

erfaßt und wieder äquatorwärts getrieben nach SE und S (auf der südlichen Hemisphäre nach NW und N); die Strömung biegt um und mündet wieder in die Äquatorialströmung, derart den kleineren Kreislauf schließend. Diese rückkehrende Strömung an den subtropischen und tropischen Westküsten der Kontinente ist eine kühle Strömung, da schon abgekühltes Wasser in niedrigere Breiten fließt.

Der Einfluß, den dieser tropische und subtropische Kreislauf, der im Atlantik und Pazifik auf beiden Seiten des Äquators, im Indischen Ozean nur im Süden entwickelt ist, auf die Temperatur ausübt, läßt sich kurz so charakterisieren: höhere Temperatur der Ostküsten in tropischen und subtropischen Breiten gegenüber den Westküsten, gegen den Äquator hin anfangs wachsende negative Temperaturanomalie der Westküsten, welche unter dem Einflusse der kühlen, von höheren Breiten kommenden rücklaufenden Strömungen stehen. Als Beispiel und zur Begründung des Gesagten mag hier nur kurz darauf hingedeutet werden, daß am Atlantischen Ozean die nordafrikanische Westküste (die Küste von Marokko), in besonders hohem Grade aber die südafrikanische Westküste abnorm kühl sind, am Pazifischen Ozean gleicherweise die kalifornische Küste, und in sehr hohem Grade die nordchilenische und peruanische Küste [1]). Nur die eigentliche Äquatorialregion, welche man gewöhnlich als die Zone der Kalmen anspricht, nimmt an dieser Abkühlung nicht mehr teil, es herrscht überdies hier die (wenig breite) rücklaufende Äquatorialströmung, welche warmes Wasser führt. Die Ostküsten sind relativ warm, so die nordbrasilianische und die Guianaküste, die westindischen Inseln und die Inselwelt im Osten von Asien. Die Meerestemperatur ist in den östlichen Teilen der tropischen Meere niedrig, weil hier die kühlen Strömungen in den Äquatorialstrom einmünden, in den westlichen höher, weil das Wasser, unter der Wirkung der tropischen Sonne fortfließend, sich schon erwärmt hat. Schematisch werden die Isothermen der Oberflächentem-

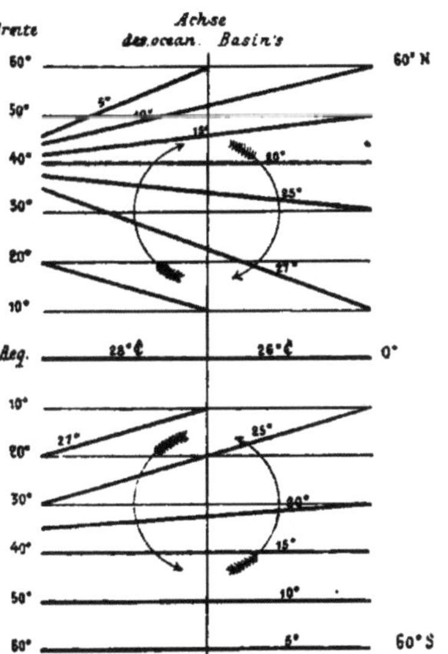

Fig. 13.

Diagramm der oceanischen Isothermen.

---

[1]) Die Gestalt der Küste fördert oder vermindert die Abkühlung; wo die Küste nach dem Äquator hin vorspringt, wie dies in Südafrika und Südamerika der Fall ist, legt sich die kühle Strömung hart an die Küste an, umgekehrt verhält es sich mit der mexikanischen und mittelamerikanischen Küste. Dabei spielt allerdings auch die Ablenkung der Strömungen durch die Erdrotation, nach rechts m Norden, nach links im Süden, eine wesentliche Rolle.

peratur der Ozeane durch Fig. 13, S. 171 (Wilds Thalassa entlehnte) dargestellt.

Temperaturunterschied der Ost- und Westküsten in tropischen und subtropischen Breiten.

| | | kälte-ster | wärm-ster | | | | kälte-ster | wärm-ster | |
Ort	Breite	Monat	Monat	Jahr	Ort	Breite	Monat	Monat	Jahr
		Westküsten					Ostküsten		
Nordatlantisches Becken.									
Mogador .	31,5 N	14,3	20,2	17,7	Savannah ⎱ Jacksonville⎰ .	31,2 N	11,8	27,7	19,6
Kap Juby .	27,9 N	16,2	20,8	18,5					
S. Louis .	16,0 N	20,2	28,1	28,7	Brooke . . .	27,9 „	16,1	27,2	22,2
					Westindien .	15,9 „	24,7	27,2	24,8
Südatlantisches Becken.									
Loanda . .	8,8 S	19,9	26,2	23,6	Pernambuco .	8,1 S	23,5	27,5	25,8
Walfischbai	22,9 S	13,9	19,0	16,6	Rio de Janeiro	22,9 „	19,9	25,4	22,6
P. Nolloth .	29,2 S	11,8	15,8	14,1	Südbrasilien .	30,7 „	12,4	24,8	18,3
Pazifisches Becken.									
San Diego .	32,7 N	12,0	20,5	15,9	Shanghai . .	31,2 N	2,8	27,0	15,0
Lima . . .	12,1 S	16,1	23,2	19,3	P. Darwin . .	12,5 S	23,7	29,1	27,3
Caldera . .	27,1 S	13,8	19,1	16,2	Brisbane . .	27,4 „	14,8	24,2	19,9
Valparaiso .	33,0 S	11,4	17,3	14,8	Sydney . . .	33,8 „	11,2	21,8	17,1

Die Westküste von Nordafrika ist im Jahresmittel um 2 bis 4°, im Mittel des wärmsten Monates um 7° kälter als die gegenüberliegende Küste von Nordamerika. Die Westküste von Südafrika ist zwischen Wendekreis und 30° südlicher Breite im Jahresmittel um 4 bis 6°, im Mittel des wärmsten Monates um 6 bis 8$\frac{1}{2}$° kälter als die gegenüberliegende Ostküste Südamerikas.

Wegen der strengen Winterkälte an der Ostküste von Asien fällt im nordpazifischen Becken der Unterschied der Jahrestemperatur unter dem 30. Breitegrad noch zu Gunsten der Westküste von Nordamerika aus, der wärmste Monat ist aber an letzterer um 6½° kälter. Dagegen ist unter 12° Südbreite der Temperaturunterschied der beiden Ufer des Stillen Ozeans enorm groß. Lima ist das ganze Jahr hindurch um 6 bis 8° kälter als P. Darwin unter gleicher Breite. Weiter nach Süden wird der Unterschied kleiner, und geht im Sommer auf 5°, im Jahresmittel auf 3° herab.

Den Temperaturunterschied zwischen der Ostküste und Westküste von Südafrika tritt uns in P. Durban und P. Nolloth entgegen:

P. Durban, Natal	29,9° S	31° E	Febr. 25,0	Juli 18,8	Jahr 21,7
P. Nolloth, Kapland	29,2° S	17° E	„ 15,8	Aug. 11,8	„ 15,3

Die Sommertemperatur ist an der Westküste von Südafrika (wie an der Westküste Südamerikas) ganz besonders niedrig. P. Nolloth liegt um 1° dem Äquator näher als Kairo, der wärmste Monat ist aber um 12,7° (!) kälter als der von Kairo, das Jahresmittel um mehr als 7°.

Die tropische und subtropische Westküste von Südafrika und Südamerika hat die größten negativen Temperaturabweichungen unter diesen Breiten aufzuweisen. Sie sind in diesem Maße allerdings nur auf einen schmalen Küstenstreifen beschränkt.

Kaltes Küstenwasser. Die so befremdend niedrige Meeres- (und Luft-)Temperatur an der Küste von Peru hat früher zur Annahme einer „antarktischen" Strömung an dieser Küste geführt. Man meinte den Ursprung des Perustromes in hohe südliche Breiten verlegen zu müssen.

Man hatte aber dabei einen Umstand übersehen, der erst durch neuere ozeanographische Untersuchungen aufgedeckt worden ist und der auf diese Erscheinung jetzt ein klareres Licht wirft[1]. **D i e s e r U m s t a n d i s t d a s A u f q u e l l e n k a l t e n W a s s e r s a u s d e r T i e f e a n m a n c h e n K ü s t e n,** hervorgerufen durch ablandige Winde oder die saugende Wirkung von Strömungen, die sich von der Küste abwenden, das sogen. **k a l t e K ü s t e n w a s s e r.**

Wenn man das kalte Wasser an der Küste von Nordchile und von Peru und die damit verbundene Abkühlung der Luft ganz der kühleren Strömung von Süden herauf zuschreiben will, so steht dem die bemerkenswerte Tatsache entgegen, daß die gleichzeitige Wassertemperatur bei Callao unter 12° südlicher Breite nicht höher ist als die bei Valparaiso unter 33°. Da die Strömung nur 15 Seemeilen pro Tag zurücklegt, also ca. 4 Monate braucht, um von Valparaiso nach Callao zu gelangen, so hätte dieselbe wohl Zeit, sich unterwegs erheblich zu erwärmen. Kapitän Dinklage fand bei Callao das kälteste Wasser dicht unter Land, wo keine Strömung zu verspüren war. Die Temperaturzunahme von der Küste nach Westen hin wurde von Kapitän Hoffmann folgendermaßen gefunden:

Ort	Küste	Großer Ozean			
	Callao	30	80	110	135 Seemeilen westlich
Wassertemperatur .	18,2	20,6	23,8	26,2	27,0°

Dinklage kam dabei auf den Gedanken, daß diese niedrige Temperatur von einem Aufsteigen des Wassers aus der Tiefe längs der Küste herrühren mag. Indem der Passat draußen auf dem Ozean das Wasser vor sich hertreibt und die Äquatorialströmung erzeugt, muß in Lee der Küste zum Ersatz ein Aufsteigen des Wassers stattfinden, und dieses bringt die niedrige und auf weite Strecken hin konstante Temperatur der Tiefe mit sich. Wo diese gleichsam saugende Wirkung der Passatdrift am stärksten ist, wird man die niedrigste Wassertemperatur an der Küste antreffen. Es ist demnach nicht erstaunlich, auch noch ganz nahe am Äquator sehr niedrige Temperaturen vorzufinden. Außerdem kann auch ein rasches Abschwenken einer Strömung von der Küste ein Aufquellen des kalten Unterwassers an derselben verursachen. J. Murray hat durch eine Reihe interessanter Beobachtungen an schottischen Seen diese Wirkung der Winddrift und des Windstaues auf das Aufsteigen des kalten Unterwassers in

---

[1] Hoffmann, Zur Mechanik der Meeresströmungen. Buchanan, Nature, Vol. 35, S. 34 (1886). Peterm., Geogr. Mitt. 1891, S. 293. Witte, Pogg. Ann. 1871, Bd. 142, S. 290. Dinklage, Ann. d. Hydr. 1887, S. 25.

Lee des Windes und auf die Ansammlung des warmen Oberflächenwassers an den Luvküsten konstatiert [1]).

Dieser Vorgang muß überhaupt an den ozeanischen Küsten innerhalb des Gebietes der konstanten Passatdrift eine große Rolle spielen. Die Passatdrift treibt das warme Wasser von den Westküsten weg, kaltes Unterwasser steigt dafür an die Oberfläche. An den tropischen Ostküsten häuft sich dagegen das warme Wasser an, die Isothermenflächen im Becken der tropischen und zum Teil noch der subtropischen Ozeane senken sich daher von Osten nach Westen. Kaltes Küstenwasser findet man an der Westküste von Nordafrika von der Straße von Gibraltar bis Kap Verde, bei Mogador dicht an der Küste hat das Wasser 15,6°, 20 Seemeilen von der Küste entfernt schon 21,1 (August). An der Küste von Guinea findet man Juli bis September 19 bis 20°, beim Verlassen der Küste über tiefem Wasser 25,5 bis 26,5°, kaltes Wasser findet man an der Westküste von Südafrika etwa von 10° südlicher Breite bis zur Mündung des Oranjeflusses, gelegentlich bis gegen die Kapstadt; im westlichen Nordamerika längs der ganzen kalifornischen Küste, und in Südamerika von etwa 40° südlicher Breite an der Küste von Chile bis hinauf nach Payta an der Küste von Peru, schon recht nahe dem Äquator.

Ein typisches Auftreten kalten Küstenwassers treffen wir an der Somaliküste am Nordosthorn Afrikas von Kap Warschek bis Kap Gardafui [2]). Hier tritt das kalte Wasser zur Zeit des SW-Monsuns von Juni bis September auf, also unter dem Einflusse eines Landwindes. Überall, wo stärkere und konstante „ablandige“ Winde herrschen, stellt sich an der Küste ein Aufquellen kalten Wassers ein. Während der Herrschaft des SW-Monsuns trifft man im August beim Kap Ras Hafun unter 10° nördlicher Breite eine mittlere Meerestemperatur von 16° an, während nördlich vom Kap Gardafui unter 12° nördlicher Breite die Meerestemperatur 27 bis 30° C. ist. Dieses kalte, aus der Tiefe stammende Küstenwasser, welches durch seine grüne Färbung schon dem Auge auffällt, hat einen sehr bemerkenswerten Einfluß auf das Klima der anliegenden Küste. Es erniedrigt in hohem Grade die Lufttemperatur, bedingt häufige, dichte Nebel (Garua an der Küste von Peru genannt, Cacimbo an der Benguelaküste), und dabei Mangel an stärkeren Niederschlägen und Fehlen von Gewittern. Die Luft ist über dem Lande trocken, die Nächte sind kühl.

---

[1]) Scottish geograph. Magazine 1888, S. 345. — Die Erscheinung tritt an allen Küsten bei ablandigen Winden ein und ist an Badeorten bekannt. Middendorff führt schon an, daß an einem Badestrand zwischen Archangel und Onega das Wasser bei den kalten NE- bis NW-Winden (gegen die Küste wehend) recht warm ist, bis zu 20°, dagegen bei den warmen, aber ablandigen SE-, S- und SW-Winden recht kalt wird, bis zu 5°. — An der Kieler Föhrde bringen im Spätsommer N-Winde warmes Wasser, dagegen S-Winde eine Abkühlung.

[2]) S. die Karte zu Buchanans Abhandlung: Similarities in the Physical Geography of the Great Oceans. Proc. R. Geogr. Soc. Dez. 1886. Das kalte Küstenwasser an der Westküste von Afrika hat eine sehr schöne Darstellung gefunden im Atlas des Atlantischen Ozeans der Deutschen Seewarte, II. Aufl.

Kapitän Hoffmann bemerkt: Von Sansibar bis Kap Warschek blieben (Anfangs Juli) Luft- und Meerestemperatur ziemlich konstant, letztere bei 25°. Zwischen 4. und 8.° N. Br. sank die Meerestemperatur rapid und erreichte bei Ras al Khyle den abnorm niedrigen Stand von 15°. Zugleich fiel auch die Lufttemperatur, bei klarem Himmel stieg der Thermometer um Mittag nicht über 20°, so daß man sich gerne der Tropensonne aussetzte. Dabei war der Horizont dunstig und Nachts taute es stark. Das Meer hatte ein tief olivengrünes, oft geradezu schwarzes Aussehen, ganz nahe der Küste wurde es hellgrün. In den normal warmen Gegenden war das Wasser stets tiefblau. Die Wassertemperatur wurde bis 200 m hinab konstant 15,5 bis 15,3° gefunden [1]).

Die Zeit des SW-Monsuns ist für die Somaliküste deshalb die kühle Jahreszeit, obgleich sie eigentlich dem Sommer entspricht.

Einfluß der kalten und warmen Strömungen auf die Niederschläge.

Nicht allein die Temperatur, auch die Niederschlagsverhältnisse sind an den Westküsten von Südafrika und Südamerika abnorm. Man findet überall, wo kühle Meeresströmungen (kaltes Küstenwasser) an einer Küste sich einstellen, einen größeren oder geringeren Mangel an Niederschlägen, während in den Gebieten der warmen Strömungen die Niederschläge reichlich sind.

Warme Meeresströmungen, d. h. Strömungen von niedrigen nach höheren Breiten, erhöhen die atmosphärischen Niederschläge an den benachbarten Küsten, indem die Luft über ihnen bei höherer Temperatur mit Dampf gesättigt ist, als dies der geographischen Breite ihrer jeweiligen Umgebung entspricht. Kühle Meeresströmungen, Strömungen aus höheren in niedrigere Breiten werden im Gegenteile in ihrer Umgebung die Niederschläge vermindern, da die feuchte Luft über ihnen eine Temperatur hat, welche niedriger ist, als sie der Breite entspricht. Die Luft erwärmt sich über dem Lande und entfernt sich dabei vom Sättigungspunkte. Dazu kommt, daß diese kühlen Strömungen auch von gleichgerichteten Winden begleitet sind, die also von höheren in niedrigere Breiten wehen, somit gleichfalls die Tendenz haben, die Niederschläge eher aufzulösen, als sie zu veranlassen.

Diesen Überlegungen entsprechen die Tatsachen in vollkommener Weise. Die kühlen rückkehrenden Meeresströmungen des inneren subtropischen und tropischen Kreislaufes auf der Ostseite der ozeanischen Barometermaxima bedingen an den Festlandsküsten, die sie bespülen, eine auffallende Regenarmut. Am größten ist diese an den Westküsten von Südafrika und von Südamerika, welche auch von den mächtigsten dieser kühlen Strömungen bespült werden. Die Westküste von Südamerika wird von der Stelle an, wo die westliche Driftströmung nach Norden umbiegend in niedrigere Breiten hinauf fließt, immer regenärmer bis zur völligen Regenlosigkeit an der Nordküste von Chile und an der peruanischen Küste. Es steht dies damit im Zusammenhang, daß die negative Temperaturanomalie immer größer wird, je weiter die Strömung in niedrigere Breiten vordringt, wobei die Temperatur des Wassers

----

[1]) Annalen der Hydrogr. 1886, S. 395.

nur sehr langsam sich erhöht. Die Regenlosigkeit hört erst auf, wo der kalte Strom die Küste verläßt.

Wenn auch die an der Küste vorherrschenden S- und SW-Winde die feuchte Meeresluft auf das Land bringen, so können doch keine oder nur seltene Niederschläge entstehen, denn das Land erwärmt sich in so niedrigen Breiten schon sehr kräftig (es nimmt in der Tat die Temperatur dort landeinwärts zu, selbst bis zu beträchtlichen Seehöhen), und bei der höheren Temperatur des Landes entfernt sich die kühle Seeluft immer weiter vom Sättigungspunkte.

Ganz analog sind die Verhältnisse an der Westküste von Südafrika. In geringerem Maße wiederholt sich dann die Erscheinung auch an der Küste von Kalifornien und an der Westküste von Nordafrika. Auch diese Küsten neigen zur Regenarmut, soweit die kühle Strömung sie begleitet und kaltes Küstenwasser auftritt.

Umgekehrt finden wir an den Küsten, längs welchen die warmen äquatorialen Zweige der ozeanischen Kreisströmung hinauf gehen, sehr reichliche Niederschläge, während zugleich die Winde, wenigstens in der wärmeren Jahreszeit, gleicherweise aus niedrigeren in höhere Breiten wehen. Die Ostküsten der Kontinente empfangen dergestalt reichliche Niederschläge vom Äquator bis in die gemäßigte Zone hinein, die ganze Ostküste von Australien hat reichliche Niederschläge, ebenso die Ostküste von Südafrika und Südamerika im Gegensatz zu den entsprechenden Westküsten unter gleichen Breiten. Auch das östliche Nordamerika und Ostasien haben reichliche Niederschläge. Die Nähe eines warmen Meeres vermehrt die Niederschläge, da die bei hoher Temperatur mit Dampf nahe gesättigte Luft häufig Veranlassung findet, sich abzukühlen und dabei ihren Wasserdampf zu kondensieren.

Im allgemeinen können wir deshalb sagen: Die subtropischen (ja selbst noch teilweise die tropischen) Westküsten sind regenarm, die Ostküsten haben reichliche Niederschläge.

B. Die außertropische Luft- und Wasserzirkulation.

Die Barometerminima über den nördlichen Ozeanen und die Temperatur der Ost- und Westküsten.

Auf dem nördlichen Atlantischen und Pazifischen Ozean finden sich in den höheren Breiten, etwa zwischen 50 und 65°, tiefe Barometerminima. Auf der südlichen Hemisphäre dagegen, wo in diesen Breiten keine Kontinente sich vorfinden und die ozeanische Bedeckung rings um die ganze Erde reicht, nimmt der Luftdruck von den subtropischen Barometermaxima, gleichförmig aber sehr rasch gegen den Polarkreis hin ab, ohne daß es zu lokalisierten Niederdruckgebieten kommt. Der Gürtel der Westwinde läuft südlich von 40° um die ganze Erde herum (das schmale Südhorn von Südamerika ausgenommen, das auch unter 51° Breite endet).

Über dem warmen nördlichen Atlantischen Ozean jedoch finden wir ein sehr tiefes Barometerminimum, das bei Island sein Zentrum hat, aber noch eine lange Zunge ins Nordmeer hinein erstreckt, auf deren klimatische Wichtigkeit für Nordeuropa besonders

Hoffmeyer aufmerksam gemacht hat. Dieses große Tiefdruckgebiet wird von mächtigen zyklonischen Luftströmungen umkreist. Europa, das auf seiner Ostseite liegt, erhält die warmen feuchten SW- und W-Winde, die wegen der Erstreckung des Tiefdruckgebietes bis gegen Island und Nowaja Semlja hinauf auch ganz Nordeuropa und den nördlichen Teil von Westsibirien beherrschen. Dagegen gehört die Ostseite des Nordatlantischen Beckens, Grönland und die Ostküste von Nordamerika, dem Gebiete der kalten N- und NW-Winde auf der Westseite des Barometerminimums an. Den warmen Winden auf der Ostseite des Tiefdruckgebietes entsprechen auch warme Driftströmungen (Golfstromdrift) aus niedrigeren Breiten, umgekehrt den kalten Winden auf der Westseite derselben die kalten eisführenden Polarströmungen (Grönlandstrom, Labradorstrom).

Eine ähnliche Rolle spielt das nordpazifische Barometer-minimum, das südlich von den Aleuten über dem Beringmeer liegt. Es ist aber weniger tief und lokalisierter, sein Windsystem weniger mächtig und weniger einflußreich. Die Westküste von Nordamerika erhält die westlichen Seewinde, Ostasien die kalten Landwinde aus NW. Da der nördliche Pazifische Ozean kälter ist als der Atlantische Ozean, die warmen Wassermassen des Japanstromes sich über der ungeheuren Breite des Pazifik verlieren und seine Ostküsten nicht mehr erreichen, steht die Erwärmung von Nordwestamerika weit zurück gegen jene von Nordwesteuropa. Dagegen haben die auf der West-seite des Niederdruckgebietes in Ostasien im Winter herrschenden NW-Winde eine viel größere Beständigkeit und eine niedrigere Tem-peratur als jene auf der Ostseite von Nordamerika. Der Kontinent von Asien hat im Winter eine viel niedrigere Temperatur und einen viel höheren Luftdruck als jener von Nordamerika. Die Westseite des Tiefdruckgebietes über dem nördlichen Pazifik (Ostasien) ist im Winter viel kälter, dagegen die Ostseite (NW-Amerika) weniger warm als die entsprechenden Lagen des nördlichen Atlantik.

Im Sommer steigt der Luftdruck über dem Meer, die subtropischen Barometermaxima rücken in höhere Breiten vor, der Luftdruck über den Landflächen sinkt. Das Windsystem ist jetzt an den Ostküsten ein total anderes geworden, Seewinde sind an die Stelle der Landwinde getreten. Für die Westküsten ist aber die Änderung eine geringe. Von den in höhere Breiten vorgerückten subtropischen Luftdruck-maxima gehen nach wie vor Westwinde aus, welche die Westseiten der Kontinente überwehen und nur, wegen des Fehlens eines tiefen Minimums im Norden, eine nördlichere Richtung haben (s. Wind-tabelle S. 166).

Während demnach an den Ostküsten die durch die Druckvertei-lung über den Landflächen bedingten Monsunwinde zur Entwicklung kommen können, werden sie auf den Westseiten derselben durch die Druckverteilung über den Ozeanen unterdrückt und das Regime der Westwinde bleibt Winter und Sommer erhalten.

Die vorstehenden Darlegungen dürften zum Verständnis der klima-tischen Unterschiede der West- und Ostküsten der höheren Breiten der nördlichen Hemisphäre im allgemeinen genügen.

Die folgenden Erörterungen mögen noch dazu dienen, die Einsicht in diese Verhältnisse zu vervollständigen und zu vertiefen.

In den Breiten nördlich vom 40. Breitegrad herrschen auf der Nordseite des hohen Luftdruckes der Roßbreiten über dem Meere die SW-Winde vor, namentlich im Winter, wo sich ein tiefes Barometerminimum in dem nördlichen Teile (ca. bei 60° N. Br.) des Ozeans ausbildet. Diese SW-Winde führen das vom Golfstrom und Kuro Siwo in mittlere Breiten ergossene warme Wasser als Driftströmung nach NE hin und erwärmen so die Westküsten der höheren Breiten. An diesen Westküsten wirken somit Luft- und Meeresströmungen vereint darauf hin, die Temperatur zu erhöhen, namentlich im Winter; an den Ostküsten hingegen kann die Wärme der bis gegen 40° hinauf ganz nahe den Küsten entlang fließenden Zweige der Äquatorialströmung (Golfstrom, Kuro Siwo) dem Lande im Winter nicht zu gute kommen, weil der vorherrschende Wind vom Lande auf das Meer hinausweht.

Eine hohe Meerestemperatur an den Küsten kann auf die Temperatur des Landes nur dann Einfluß haben, wenn die vorherrschende Windrichtung vom Meer auf das Land gerichtet ist. Wenn dies im Sommer an den Ostküsten eintritt, dann ist das Meer doch etwas kühler als das Land, und die warme Strömung kann zu dieser Jahreszeit nur insofern zur Erhöhung der Mittelwärme beitragen, als die Seewinde deshalb keine stärkere Abkühlung bringen können. Jenseits von 40° N. Br., wo die warme Strömung nach NE und E umbiegt und sich von der Küste entfernt, finden sich aber an den Ostküsten kalte, im Atlantischen Ozean eisführende Meeresströmungen, welche die Temperatur im Sommer bedeutend erniedrigen.

Es soll hier noch auf jene Umstände aufmerksam gemacht werden, welche folgenden auffallenden und klimatisch wichtigen Erscheinungen zu Grunde liegen:

1. Die hohe Temperatur des Nordatlantischen Ozeans. Das nordatlantische Meeresbecken hat nicht nur an seiner Oberfläche, sondern bis zu großen Tiefen die höchste Temperatur, die unter gleichen Breiten gefunden wird.

2. Die gewaltigen kühlen Meeresströmungen, die an den Westseiten von Südamerika und Südafrika verlaufen und in den Äquatorialstrom münden.

Die Ursache beider Erscheinungen liegt in der Gestalt der Kontinente oder der Kontur der Ostküsten nördlich vom Äquator und in der größeren Mächtigkeit und Beständigkeit des Südostpassats, welcher sogar den Äquator überschreitet. Dadurch wird die große erwärmte Wassermasse der Äquatorialströmung schon anfangs mehr auf die nördliche Hemisphäre hinübergedrängt, und da die Barriere, welche diese Strömung in höhere Breiten ablenkt, die Richtung SE—NW hat (besonders der Kontinent von Südamerika vom Kap St. Roque bis Trinidad, aber in geringerem Maße auch die indoaustralischen Inseln: Neuguinea, Philippinen), so wird der größte Teil des warmen Wassers auf die nördliche Hemisphäre hinübergeführt. Die nördlichen warmen Zweige der Äquatorialströmung, vor allem der Golfstrom und der ihn außen begleitende Antillenstrom, aber auch der Kuro Siwo sind deshalb mächtiger als die südbrasilianische und die australische warme Strömung. Während sich in dem weiten nordpazifischen Becken die geringere warme Wassermasse des Kuro Siwo fast verliert, ergießt die gewaltige Golf- (und Antillen-) Strömung ihre warmen Wassermassen in den nördlich von 40° an stark verengten Nordatlantischen Ozean, wo deshalb eine Anhäufung warmen Wassers Platz greift, die anderswo ohne

Beispiel ist. Je wärmer nun das nördliche Meeresbecken, desto tiefer das barometrische Minimum, das sich im Winter (ja während des größeren Teils des Jahres) über demselben bildet, desto heftiger und beständiger die W- und SW-Winde, die das warme Wasser auf der Westseite in die höheren Breiten hinaufführen. Deshalb genießt Nordwesteuropa das mildeste Winterklima, das sich unter gleichen Breiten findet, und überhaupt die höchsten Mitteltemperaturen derselben. Es wirken also mehrere Momente zusammen, um der Westküste Nordeuropas jene außerordentliche klimatische Begünstigung zukommen zu lassen.

Da der Südostpassat auf dem Meere einen breiteren Gürtel einnimmt als der Nordostpassat und beständiger und stärker weht, so ist auch die südliche Äquatorialströmung stärker als die nördliche. Sie bedarf daher auch eines stärkeren Zuflusses, man könnte sagen, das vom Südostpassat vor sich her getriebene Wasser wirkt saugend nach rückwärts und es wird deshalb das Wasser längs der tropischen Westküsten aus höheren Breiten heraufgezogen, um in die Äquatorialströmung einzumünden. Es folgt dabei den an der Ostseite des subtropischen Barometermaximums herrschenden Winden, und es wird so leicht erklärlich, auf welche Weise dieser Kreislauf in Gang kommt. Die an den Westseiten von Südamerika und Südafrika in niedrigere Breiten fließenden kühlen Meeresströmungen wurden zuweilen ganz unpassend antarktische Strömungen genannt, sie haben mit eigentlichen Polarströmungen (wie die Labradorströmung und die ostgrönländische Strömung) nur die Richtung, nicht aber die Herkunft gemein und finden ihre Analogie in der kalifornischen und nordafrikanischen Küstenströmung. Sie sind nur viel stärker entwickelt als diese, weil die südliche Äquatorialströmung auch kräftiger ist als die nördliche, und weil zugleich auch die westliche Driftströmung, aus welcher sie ihren Ursprung nehmen, in der südlichen Hemisphäre infolge der konstanten und heftigen Westwinde sehr kräftig und die Küstengestalt von Südafrika und Südamerika der Ablenkung derselben in niedrigere Breiten sehr günstig ist.

Die niedrige Temperatur der südlichen Ozeane in höheren Breiten gegenüber den nördlichen wird auch dadurch bedingt, daß im Süden die Kontinente gegen die höheren Breiten sich verschmälern, im Norden dagegen sich verbreitern und die Meeresbecken einengen. Dort wird die geringere warme Wassermenge der Äquatorialströmung über die ungeheuren Wasserflächen der südlichen Ozeane verstreut, hier konzentrieren sich die größeren warmen Wassermengen des Golfstromes und des Kuro Siwo in einem sich nordwärts verengenden Meeresbecken. Dazu kommt noch der teilweise oder fast völlige Abschluß der nördlichen Becken gegen das Wasser der Eismeere, während im Süden die abkühlenden Wirkungen polarer Wasser- und Eiszuflüsse keinerlei Einschränkung erfahren.

Alle diese Momente sind sehr wichtig, wenn man von einem allgemeinen Gesichtspunkt aus das Klima der nördlichen Hemisphäre mit dem der südlichen in Vergleichung ziehen will.

Die Temperaturunterschiede an den West- und Ostküsten in den mittleren und höheren Breiten der nördlichen Halbkugel.

Winter. Die Ostküsten sind kalt infolge der dann herrschenden (trockenen) Landwinde aus dem erkalteten Inlande, in hohen Breiten kommen dazu noch kalte, polare, selbst eisführende Meeresströmungen. Die Westküsten sind warm, sie haben südliche und westliche warme (feuchte) Seewinde und diese treiben ihnen auch warmes Wasser aus niedrigeren Breiten zu. (Die Ostküsten liegen auf der Westseite, die Westküsten auf der Ostseite einer stabilen, großen, ozeanischen, warmen Zyklone.)

Sommer. Die Ostküsten haben nun kühle feuchte Seewinde, welche in den höheren Breiten, über kühle, selbst eisführende Meeresströmungen kommend, die Sommertemperatur stark erniedrigen. An den Westküsten bleiben die westlichen Seewinde herrschend, die aber, von relativ warmen Meeren kommend, die Temperatur weniger erniedrigen.

Die Ostküsten der höheren Breiten haben im Winter Kontinentalklima, im Sommer Seeklima, unterliegen daher stets einer abkühlenden Wirkung. Die Jahrestemperatur wird dadurch erniedrigt. (Doves gemischtes Klima.)

Den systematischen Temperaturunterschied zwischen den Ostküsten und Westküsten scheint zuerst Georg Forster (1794) erkannt zu haben, indem er der zu seiner Zeit herrschenden Ansicht, daß Amerika überhaupt kälter sei als der östliche Kontinent, entgegentrat und auf das milde Klima der amerikanischen Westküste gegenüber dem von Ostasien aufmerksam machte. Humboldt hat dann den Temperaturunterschied zwischen der Ostküste von Nordamerika und der Westküste von Europa genauer ermittelt. (Zentralasien, II. Bd.) Wir wollen hier seine Vergleichungen mit Hilfe der jetzt besser bekannten Temperaturmittel wiedergeben und selbe erweitern.

Vergleich der Temperatur zu beiden Seiten des N.-Atlantischen Ozeans.

Ort	Breite	Jahr	kältester	wärmster	Jahres-schwankung	Untersch. d. Jahresmittel
			Monat			
Nain (Labrador) . .	57,2°	− 8,8	− 19,9	10,6	30,5	
Aberdeen (Schottl.) .	57,2	8,2	2,9	14,3	11,4	12,0
S. Johns (Neufundl.)	47,6	4,5	− 5,3	15,8	20,6	
Lorient (Frankreich)	47,7	11,9	6,0	18,4	12,4	7,4
Halifax	44,7	6,8	− 5,2	18,0	23,2	
Arcachon (Frankreich)	44,6	13,8	5,8	21,0	15,2	7,0
New York	40,8	10,6	− 1,7	24,2	25,9	
Neapel	40,8	16,5	9,0	25,1	16,1	5,9
Norfolk (Virginia) .	36,8	15,1	4,6	25,9	21,3	
S. Fernando (Span.) .	36,5	17,5	11,5	24,5	13,0	2,4

Der Temperaturunterschied zwischen den gegenüberliegenden Küsten des Atlantischen Ozeans nimmt mit der Breite ab, und in zirka 30° nördlicher Breite haben die amerikanischen Südstaaten mit Nordafrika nahe gleiche Mitteltemperaturen. Man wird bemerken, daß wenigstens bis zum 40. Breitegrad herab auch die Sommertemperatur der amerikanischen Küste niedriger ist als die Europas unter gleicher

Breite. In höheren Breiten hat demnach das Küstenklima Nordamerikas im Winter ein kontinentales Klima, im Sommer ein gemäßigtes Seeklima, in beiden Jahreszeiten daher eine negative Temperaturanomalie, wodurch die niedrige Jahrestemperatur erklärlich wird.

Am größten sind die Temperaturgegensätze zwischen den sich
gegenüberliegenden Küsten des europäischen Nordmeeres. Auf der
Westseite die warme Golfstromdrift (der „atlantische Strom"), auf der
Ostseite der grönländische Polarstrom, der mit seinem Treibeis die
Küsten blockiert. Selbst im kleineren wieder zeigt sich dieser Unter-
schied zwischen den sich gegenüberliegenden Küsten von Ostgrönland
und Island, dort der Eisstrom, hier ein Zweig der warmen atlantischen
Strömung (der Irmingerstrom).

			Febr.	Juli	Jahr
Bronö, Norwegen, Küste	65,5° N	12,2° E	− 1,4	12,8	5,2
Stykkisholm, W-Küste Islands	65,1	22,8 W	− 2,7	9,7	2,8
Angmagsalik, E-Grönland	65,6	37,3 W	− 10,8	5,4	− 2,6

Im Februar besteht zwischen E-Grönland und W-Island auf 15°
Längendifferenz ein Temperaturunterschied von 8°, dagegen kommen
zwischen Norwegen und Island auf 35° Längendifferenz bloß 1,3°.

Noch größer sind die Temperaturunterschiede zwischen Ost und
West unter dem 70. Breitegrad.

Hammerfest, Norwegen 70,7 N, 23,7 E, Winter −4,6, Sommer 10,2, Jahr 1,9
Scoresbysund, E-Grön-
land . . . . . . 70,5 26,3 W, „ − 22,2, „ 3,0, „ − 10,9

Dies sind die Temperaturdifferenzen unter dem Einflusse des eisführenden Polarstromes an einer Ostküste, und unter jenem der warmen
atlantischen Drift an einer Westküste.

Ähnliche Temperaturdifferenzen wiederholen sich auf beiden Seiten
der Davisstraße, in welcher an der Westküste von Grönland eine
warme Strömung nordwärts zieht, während an der Ostküste eine
eisführende Strömung herabgeht. Am Eingang der Davisstraße liegt
zudem ein barometrisches Minimum, das Westgrönland wärmere Luft
liefert, Baffinsland aber polare Luftströmungen.

Cumberlandsund (Baffinsland) 66,5° N, 67° W, Febr. − 31,5, Juli 5,8, Jahr − 10,6
Westgrönland (Godh., Jakobsh.) 66,7 „ 51,3 „ Jan. − 14,8, „ 7,0, „ − 3,8

Auf noch nicht 16° Längendifferenz, d. i. 710 km rund, eine um
17° größere Winterkälte im Osten[1]).

Nordpazifisches Becken. Ein ähnlicher Gegensatz der mittleren
Jahrestemperaturen besteht auch hier zwischen den beiden entgegengesetzten Küsten; die Wintertemperatur ist an der Ostküste Asiens infolge
der fast konstant wehenden Landwinde (NW) noch stärker erniedrigt als
in Nordamerika, die Sommertemperatur dagegen höher, während sie

---

[1]) Den großen Klimaunterschied zwischen der grönländischen und amerikanischen Seite der Davisstraße und Baffinsbay schildert R. S. Tarr in Am. Journ.
of Science, Vol. III, 1897, S. 315. Ursache die Meeresströmungen und die gleichgerichteten und temperierten vorherrschenden Winde.

umgekehrt an der Nordwestküste Amerikas viel niedriger ist als an den europäischen Küsten. Folgende Daten mögen eine präzisere Vorstellung von diesen Temperaturverhältnissen geben.

Vergleich der Temperatur an beiden Ufern des nördlichen Pazifik.

Ort	Breite	Jahr	kältester	wärmster	Jahresschwankung	Untersch. d. Jahrestemp.
			Monat			
Ajan	56,5 °	− 3,9	− 20,4	12,4	32,8	
Sitka	57,1	5,7	− 1,0	12,6	18,6	9,6
Nikolajewsk a. A. .	53,2	− 2,5	− 22,9	16,4	39,3	
Ft. Tongaß (S. Alaska)	54,8	8,1	1,1	15,1	14,0	10,6
Wladiwostok . . .	43,2	4,6	− 15,0	20,8	35,8	
Ft. Umpqua (Oregon)	43,7	11,4	6,8	15,5	8,7	6,8
Peking	39,9	11,8	− 4,6	26,2	30,8	
Marysville (Kalif.) .	39,2	16,4	7,4	25,3	17,9	4,6
Shanghai	31,2	15,7	8,2	28,2	25,0	
San Diego (Kalif.) .	32,7	16,7	11,9	22,2	10,3	1,0

Zwischen 60° und 40° Breite beträgt der Unterschied der Wintertemperaturen hier mehr als 20°, und noch unter dem 32. Breitegrad fast 9 ° C.

Gemeinsam ist den Ostküsten der großen Kontinente der nördlichen Halbkugel eine extreme Schwankung der Temperatur vom Winter zum Sommer, sie gehören demnach den exzessiven Klimagebieten an, besonders die Ostküste von Asien, während die Westküsten ein limitiertes ozeanisches Klima haben mit geringer Jahresschwankung der Temperatur.

Für rund 48 ° N. Breite können wir folgendes thermische Querprofil durch beide Kontinente, Inneres und Küsten, aufstellen.

Ort	Breite	Länge	Höhe	wärmster	kältester	Jahr	Jahresschwankung
				Monat			
Amerika							
Victoria (Britisch-Kolumb.) .	48,4 ° N	123,3 W	25 m	15,7	8,1	9,3	12,6
Winnipeg, Duluth (Inneres) .	48,3	94,6	220	18,7	− 17,3	2,0	36,0
Anticosti, S. Johns (Ostküste)	48,5	58,1	25	14,8	− 8,1	8,2	22,9
Europa-Asien							
Roscoff (Bretagne, Westküste)	48,7	4,0	8	16,6	7,1	11,3	9,5
Irgis (Westsibirien)	48,6	61,3 E	110	24,5	− 15,9	5,0	40,4
Chabarowsk[1]) (Ostasien) . . .	48,5	135,1 E	(80)	20,7	− 25,2	0,5	45,9

[1]) Mündung des Ussuri in den Amur, Küstenprovinz, Küstennähe.

Victoria an der Westküste Nordamerikas und Roscoff (bei Brest) zeigen den Temperaturunterschied zwischen der Westküste Europas und Nordamerikas, Anticosti (Mündung des S. Lorenz) und S. Johns (N. F.) sind Beispiele der Sommerkälte der Ostküste. Chabarowsk, obgleich küstennahe, ist viel kälter als das streng kontinentale Irgis.

Das Klima der Ostküsten trägt im Winter während des Vorherrschens der Landwinde auch in Bezug auf die wichtigsten anderen klimatischen Elemente den Charakter eines Kontinentalklimas: geringe relative Feuchtigkeit, geringe Bewölkung und Mangel an Niederschlägen. Letzterer ist aber nur an der nördlichen Ostküste Asiens entschieden vorhanden. Auch die vorwiegenden Sommerregen, welche in Ostasien bis zu höheren Breiten hinauf zu einer eigentlichen Regenzeit abgegrenzt sind, sind ein Charakterzug der Ostküsten und zugleich der Kontinentalflächen überhaupt. Die Westküsten haben infolge der das ganze Jahr hindurch vorherrschenden Seewinde hohe Feuchtigkeit und Bewölkung und gleichmäßige über das ganze Jahr verteilte Niederschläge.

Die Küsten, welche eisführenden Meeresströmungen ausgesetzt sind, leiden unter kalten Seenebeln und starker Abkühlung. Landeinwärts wird das Klima rasch besser. Die baumlose Küste von Labrador geht schon 20 bis 30 km einwärts in waldbedecktes Land über. — Auch auf Sachalin sind die von kalten Meeresströmungen bespülten Ufer subarktisch, während landeinwärts die Temperatur mit der Höhe zunimmt und eine japanische, subtropische Vegetation sich einstellt.

Im kleineren Maßstabe wiederholen sich die klimatischen Unterschiede, welche wir zwischen den West- und Ostküsten der Kontinente nördlich von zirka 30° nördlicher Breite nachgewiesen haben, selbst an den West- und Ostküsten von Halbinseln und größeren Inseln in der Nähe der Kontinente, oder an den Ost- und Westufern der Binnenmeere in den mittleren und höheren Breiten. (Adria, Ost- und Westküste, Japanisches Meer etc.) Überall besteht hier im Winter eine Tendenz zur Bildung eines Barometerminimums über den eingeschlossenen Meeresteilen und zum Auftreten von südlichen und südwestlichen Seewinden an der Ostseite, zu nördlichen Landwinden an der Westseite der großen Wasserbecken, welche die oben im großen geschilderten Effekte auf das Klima hier in geringem Maße gleichfalls hervortreten lassen. Auch die vorherrschenden Meeresströmungen verlaufen über den Binnenmeeren zyklonal und verstärken die Wirkungen der Winde. Dieser Einfluß macht sich besonders geltend zu Zeiten, wo infolge einer gleichmäßigen Luftdruckverteilung die allgemeinen großen Strömungen der Atmosphäre den betreffenden Teil der Erdoberfläche nicht mehr beherrschen und die lokalen Verhältnisse ein selbständiges Regime der Luftströmungen erzeugen können, wie Hoffmeyer an einigen lehrreichen Beispielen nachgewiesen hat[1]).

Zur spezielleren Illustration der klimatischen Unterschiede überhaupt an den West- und Ostküsten dienen die folgenden „Windrosen", welche die Verschiedenheit der Temperatur, Bewölkung

---

[1]) Z. f. Met. XIV (1879), S. 73.

und Regenwahrscheinlichkeit der verschiedenen Windrichtungen angeben [1]).

Thermische Windrosen. Abweichungen vom Mittel

	N	NE	E	SE	S	SW	W	NW	Diff.
Winter									
West- und Mitteleuropa	−3,0	−3,9*	−3,2	−1,3	1,8	3,1	2,4	−0,4	7,0*
Ostasien und Amerika	−2,4	0,6	8,6	5,3	5,8	4,2	0,6	−2,5*	8,3
Sommer									
Europa	−0,1	0,9	1,7	**2,2**	1,7	0,2	−1,0	−1,0*	3,2
Ostasien und Amerika	−1,8	−1,9*	−1,6	−0,4	1,0	**1,2**	0,1	−1,2	8,1
Windrosen der Bewölkung, Jahr (Skala 0—10)									
Westeuropa	4,1	4,0	3,6*	4,3	5,5	**6,5**	6,3	5,5	2,9
Ostasien und Amerika	5,5	7,6	**7,8**	7,0	6,4	6,4	5,6	**4,5***	8,3
[**Windrosen der Regenwahrscheinlichkeit, Jahr**									
Westeuropa	0,26	.20*	.24	.37	.50	.53	.40	.30	0,33
Ostasien und Amerika	0,20	.42	.48	.43	.34	.30	.25	.19*	0,29

An den Westküsten ist die Westseite der Windrose die trübe, niederschlagsreiche, an den Ostküsten die Ostseite, überall bringen die Winde von der See her Trübung und Regen.

Die Änderungen in der Richtung des kältesten und wärmsten Windes (welche allerdings im allgemeinen durch den Verlauf der Isothermen gegeben sind) [2]), sowie ihres Temperaturunterschiedes beim Übergang von der Westseite zur Ostseite des großen europäisch-asiatischen Kontinents ersieht man sehr deutlich aus den folgenden kleinen Tabellen:

I. Winter.

Richtung des	NW-Europa	Deutsch-land	Mittel-rußland	West-sibirien	Ost-asien	Östliche Union
kältesten	N 62° E	N 46° E	N 26° E	N	W 44° N	W 65° N
wärmsten Windes	S 44° W	S 55° W	S 21° W	S 15° W	E 84° S	E 81° S
Temp.-Diff.	5,6°	7,1°	10,6°	11,1°	4,7°	8,7°

Die Richtung des kältesten Windes dreht sich von ENE über N nach NW, die des wärmsten Windes nur von SW nach S. Die Temperaturdifferenz und damit der Temperaturwechsel beim Umspringen des Windes sind am größten im Innern des Kontinents. Die hohe Temperatur der SE- und S-Winde im Osten der Vereinigten Staaten wird erklärt durch ihre Herkunft vom warmen Golfstrom. Da im Januar die Temperaturabnahme mit der Breite im östlichen N-Amerika fast 3mal rascher erfolgt als in Westeuropa, so müssen daselbst im Winter mit dem Windwechsel größere Temperaturwechsel eintreten als in Europa. Daß dies in Ostasien weniger hervortritt, liegt in der Beständigkeit seiner Windverhältnisse.

---

[1]) Hann, Untersuchungen über die Winde der nördlichen Hemisphäre, I. und II. Sitzungsberichte der Wiener Akademie LX (1869) und LXIV (1871).

[2]) Woeikof hat darauf aufmerksam gemacht, daß die Richtung des kältesten Windes in den von mir berechneten Windrosen nicht senkrecht steht auf der Richtung der Isothermen, sondern links von der Normalen auf die Isothermen liegt, der Winkel beträgt 22 bis 45°.

II. Sommer.

Richtung des	NW-Europa	Deutschland	Mittelrußland	Westsibirien	Östliche Union
kältesten	W 20° N	W 22° N	W 53° N	W 77° N	N 43° E
wärmsten Windes	E 32° S	E 45° S	E 39° S	E 76° S	S 29° W
Temp.-Diff.	3,7°	3,4°	3,4°	4,5°	8,3°

Die Richtung des kältesten Windes dreht sich im Sommer von WNW über N nach NE, die des wärmsten Windes wird im Innern des Landes südlicher und an der Ostküste zu SSW. Die Temperatur-

Fig. 14.

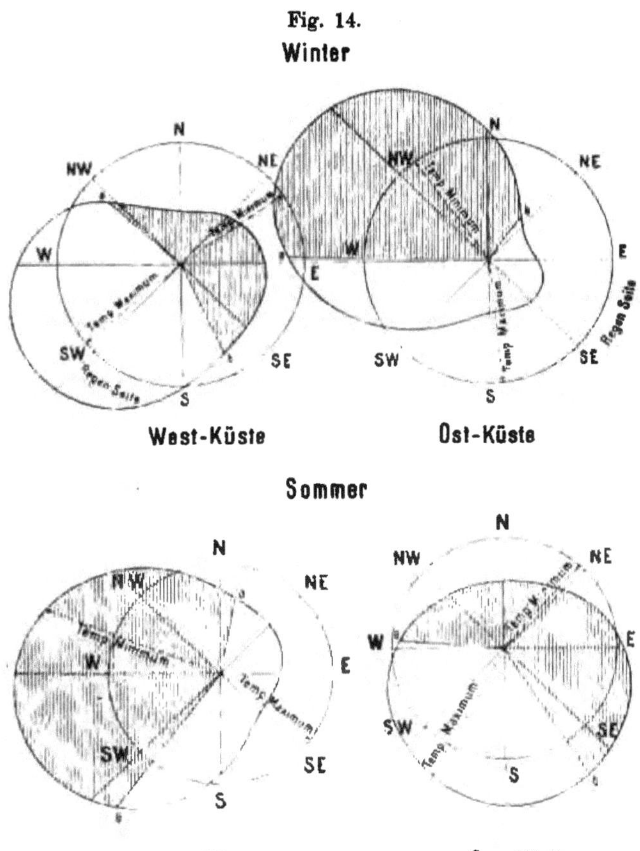

differenz der Winde ist im Sommer geringer und damit auch deren Einfluß auf den Temperaturwechsel.

In Westeuropa sind im Winter die wärmsten Winde die häufigsten, an den Ostküsten aber die kältesten. Die obenstehenden Figuren bringen dies zur Darstellung. Die Länge der Radien entspricht der Häufigkeit der Windrichtungen, die schraffierten Flächen stellen die kalte Seite der Windrose vor, ihr Flächeninhalt ist deshalb eine Art Maß für die abkühlende Wirkung der Winde. In Westeuropa überwiegt, wie die Figur zeigt, im Winter die erwärmende Wirkung umgekehrt wie in Ostasien und Amerika. Im Sommer kehren sich die Verhältnisse um, da die Landwinde dann warm werden, die Seewinde kühl [1]).

Anhang.

Einfluß des Waldes auf das Klima.

Dieses vielfach erörterte und diskutierte Thema kann hier nur so weit und in größter Kürze behandelt werden, als ausgedehnte Wälder und eine dichte Vegetationsdecke in Betracht kommen, welche unzweifelhaft einen Einfluß auf das Klima größerer Teile der Erdoberfläche haben, namentlich in warmen Gegenden.

1. **Einfluß auf die Beschaffenheit der Luft.** Nach Ebermayer besteht kein bemerkenswerter Unterschied zwischen Waldluft und Luft außerhalb. Doch ist die Waldluft staubfrei und freier von schädlichen Bakterien [2]). Wohltätig wirkt auch die frische Kühle der Waldluft und belebend der Harzduft der Nadelwälder.

2. **Einfluß auf die Temperatur.** Die einzelnen Waldparzellen der kultivierten Länder mittlerer Breiten haben nach den Beobachtungen der forstlichen Versuchsstationen keinen wesentlichen Einfluß auf die Lufttemperatur. Schreiber hat die mittleren Temperaturen in Sachsen nach den Prozenten der Waldbedeckung zusammengestellt und auf gleiche Seehöhe reduziert. Bei 55 bis 75 % Waldbedeckung findet er eine Temperaturerniedrigung von 0,1 bis 0,3 % gegen waldlose Gebiete. Lindemann fand den Unterschied zu 0,8° (Met. Z. 1900, S. 142). Der Wald wirkt im Winter natürlich viel schwächer als im Sommer.

Ich habe die Temperaturmittel der um Wien unter dem Einflusse des Wiener Waldes liegenden Orte (Hadersdorf, Mariabrunn) mit jenen in der Umgebung Wiens im Freilande verglichen und gefunden:

Mittlere Temperatur 1851 80. Gleiche Seehöhe.

	Jan.	April	Juli	Okt.	Jahr
Wien, Freiland . . .	− 1,3	9,6	20,0	10,2	9,4
Wiener Wald . . .	− 1,5	9,0	19,2	9,6	8,8

Im Winter ist der Unterschied unbedeutend, im Sommerhalbjahr erreicht er 0,6° und gegen das Innere der Stadt mehr als 1°. Wie

---

[1]) Über den klimatischen Unterschied der Ost- und Westküsten s. auch die Arbeit von L. Coellen in den „Abhandlungen" d. k. k. Geogr. Ges. Bd. III, Wien 1901.

[2]) S. a. Ebermayer, Hygienische Bedeutung der Waldluft und des Waldbodens. Wollnys Fortschritte der Agrikulturphysik. XIII. Bd., S. 424.

dieser große Unterschied zu stande kommt, zeigen die folgenden Temperaturdifferenzen zu den einzelnen Beobachtungsterminen.

Wiener Wald — Wien Umgebung (1875/84).

	7^h a.	2^h p.	9^h p.	Mittel
Winter . . .	− 0,8	0,0	− 0,8	− 0,6
Sommer . . .	− 1,1	− 0,2	·− 2,3	− 1,4

Es ist also um die wärmste Tageszeit der Unterschied gering, dagegen Abends und wohl auch Nachts namentlich im Sommer sehr groß [1]). Man erkennt darin deutlich den Einfluß der starken nächtlichen Wärmeausstrahlung einer dichten Vegetationsdecke, wozu wohl auch noch die Verdunstungskälte kommt. Gegen das Innere der Stadt würde der Wärmeunterschied noch größer ausgefallen sein. Die (feuchte) Abend- und Morgenkühle des waldigen Landes gegenüber freiem Land und namentlich Städten kommt in diesen Zahlen sehr deutlich zum Ausdruck.

In heißen Gegenden sind die Unterschiede wohl noch größer. Das feuchte, waldige Brahmaputratal in Assam gegenüber der in gleicher Breite liegenden trockenen, baumlosen oberen Gangesebene ist wohl ein gutes Beispiel dafür [2]). Temperaturen im Meeresniveau:

Breite	Länge	kältester	wärmster	Jahr	Jahres-schwankung
		Monat			
Assam (waldig) 26,4 ° N	91,7 E	16,5	· 27,6	23,5	11,1
Gangesebene (waldlos) 26,5 ° N	80,3 E	15,7	34,0	25,7	18,3

Mittlere periodische tägliche Temperaturschwankung.

Okt./Febr.	März/Mai	Juni/Sept.	Jahr	Okt./Febr.	März/Mai	Juni/Sept.	Jahr
	Assam (waldig)				Gangesebene (waldlos)		
9,2	8,2	4,6	7,4	14,5	14,8	6,7	12,0

Wenngleich nicht der ganze Unterschied in den Temperaturverhältnissen dem Walde wird zugeschrieben werden können, der größere Teil kommt wohl auf dessen Rechnung [3]). Der Wald verhindert die Entstehung sehr hoher Lufttemperaturen durch die Beschattung des Bodens, der sich, wenn nackt, wie wir früher gesehen haben, leicht auf 50 bis 70° erwärmt. Er kühlt die Luft ab durch die Vergrößerung der wärmeausstrahlenden Oberfläche (Belaubung) und deren gesteigertes Wärmeausstrahlungsvermögen [4]), durch die starke Verdunstung, die über einer großen Fläche vor sich geht, und die damit einhergehende Verdunstungskälte, welche wieder Veranlassung zu häufigerer Nebel- und Wolkenbildung gibt.

---

[1]) Im Walde selbst ist allerdings die Temperaturdifferenz Nachmittags am größten. Nach Schubert ist die mittlere Temperaturdifferenz um 2^h p. Juni-September im Buchenwald 1,1°, November-April Null, im Fichtenwald Winter 0,7, Frühling 1,3, Sommer und Herbst 0,8 und 0,9°. Abh. d. K. Preuß. Met. Institutes Bd. I, Berlin 1901; s. auch Schubert in Met. Z. 1895, S. 509, 1898, S. 134.

[2]) Assam: Dhubri, Goalpara, Sibsagar — obere Gangesebene: Agra, Allahabad, Lucknow.

[3]) S. auch Woeikof, Klimate der Erde. Kap. 13, Met. Z. 1889, S. 191, und Pet. Mitt. 1885, Nr. 3.

[4]) S. Met. Z. 1893, S. 319.

Die äquatorialen Waldgebiete des Amazonenstroms in Südamerika und des Kongogebietes in Afrika haben bekanntlich eine viel niedrigere Temperatur als die waldlosen oder waldarmen Gebiete südlich und nördlich davon.

Die Bodentemperatur wird im Walde erheblich herabgedrückt. Die forstlich-meteorologischen Stationen in Preußen geben in 60 cm Tiefe im Juli: Feld 15,0, Wald 12,0, Jahr 7,7 und 6,6; in 1,2 m im August: Feld 13,8, Wald 11,0. Der Frost dringt im Walde weniger tief in den Boden ein als im Freilande. Z. B. ergaben die preußischen Stationen: Feldstationen bis 47 cm Tiefe, im Kiefernwald bis 34 cm, im Buchenwald bis 38 cm[1]).

3. Einfluß auf die Luftfeuchtigkeit. Der Wald erhöht, wenn auch in geringem Maße, die relative Feuchtigkeit seiner Umgebung und vermindert in hohem Grad in seinem Schoße die Verdunstung aus dem Boden durch Beschattung, Verhinderung hoher Bodentemperatur und Hemmung der Luftbewegung. Die Luftfeuchtigkeit wurde im Walde im Sommer um 9 % größer gefunden, sonst um 5 bis 6 %. Die Bodenfeuchtigkeit erleidet einen um 62 % geringeren Verlust während der Vegetationszeit als im Freien, namentlich gering ist der Verlust unter einer Streudecke. Durch letztere wird auch das Eindringen des Wassers in den Boden sehr begünstigt, bis zum doppelten Betrage. Er erhöht dadurch oder bewahrt den Wassergehalt des Bodens trotz seines eigenen großen Bedarfes an Wasser[2]). Er wirkt dadurch als Regulator des im Boden zirkulierenden Wassers und einer konstanten Wasserführung der Bäche und Flüsse.

Zwei forstlich meteorologische Stationspaare im Elsaß, das eine in der Niederung, 152 m, das andere in größerer Höhe, 935 m, ergaben im Mittel folgende Unterschiede in den meteorologischen Elementen an der Feldstation (Freiland) und an der Waldstation.

	Hagenau 152 m		Melkerei 935 m	
	Mittel Mai-September			
	Feldstation	Waldstation	Feldstation	Waldstation
Temperatur . . .	17,0	15,1	13,4	10,3
Rel. Feuchtigkeit .	71 %	82 %	71 %	81 %
Verdunstung . . .	226 mm	88 mm	222 mm	105 mm
	Jahresmittel			
Temperatur . . .	9,3 °	8,2 °	6,4 °	5,7 °
Verdunstung . . .	342 mm	147 mm	346 mm	175 mm

[1]) Müttrich, Erdbodentemperatur etc., Berlin 1880. Schubert, Der jährliche Gang der Luft- und Bodentemperatur, im Freien und in Waldungen, Berlin 1900. Müttrich. Einfluß des Waldes auf die Lufttemperatur, Met. Z. 1900, S. 356. Schubert, Wald und Klima, ebenda S. 561. P. Schreiber, Die Einwirkung des Waldes auf Klima und Witterung. Dresden 1899. — H. E. Hamberg, Skogarnes inflytande på Sveriges klimat. große wichtige Arbeit, s. Met. Z., Lit.-Ber. 1887, S. 1, 1898, S. 39, 1890, S. 25. — Forest Influences. U. S. Dep. of Agriculture, forestry Division Bull. N. 7, Washington 1902. Enthält auf 197 S. eine gute Übersicht der bezüglichen Untersuchungen und Fragen.

[2]) Wird eine Wiese bei trockenem Sommerwetter gemäht, so dörrt der Boden sehr rasch aus, trotz der scheinbar verringerten Verdunstung, infolge der starken Erwärmung des nun ungeschützten Bodens. Auch der gesteigerte Luftwechsel trägt dazu bei.

Die Erniedrigung der Lufttemperatur und namentlich die große Verminderung der Verdunstung an der Waldstation tritt in diesen Zahlen deutlich genug hervor. Siehe O. Bock, Met. Zeitschr. 1904, S. 82.

4. Einfluß des Waldes auf die Niederschlagsmenge. Dies ist eine viel untersuchte, strittige Frage, über welche eine reiche Literatur existiert.

Inwieweit der Wald die Quantität der Niederschläge steigern kann, läßt sich nicht genügend beantworten. Aus den vorhin erwähnten Einflüssen des Waldes auf die meteorologischen Elemente darf man mit ziemlicher Sicherheit den Schluß ziehen, daß wenigstens in den Tropen der Wald in der Tat auch die Quantität der Niederschläge zu steigern vermag. Die von Blanford mitgeteilten Beobachtungsergebnisse aus den Zentralprovinzen Indiens stimmen damit überein.

In den südlichen Zentralprovinzen Indiens sind $5/6$ von 61 000 englischen Quadratmeilen wieder bewaldet worden, die früher durch Raubbau entwaldet wurden. Auf diesem Gebiete befinden sich 14 Regenstationen. Der Vergleich der mittleren Regenmenge vor der Wiederbewaldung 1867 bis 1875 und nach derselben 1876 bis 1885 gibt eine Zunahme von 173 mm, d. i. 12 % des Mittels. Auch die Differenzen der Regenmengen gegen die anderen Stationen in Indien nehmen fortwährend zu [1]).

Auch Hettner kommt in seiner Arbeit: Regenverteilung, Pflanzendecke und Besiedelung der tropischen Anden zu dem Schlusse, daß die Pflanzendecke die Niederschläge beeinflußt. In der Kordillere von Bogota sieht man über den Wäldern Wolken hängen und Regen fallen, während daneben über Gebüsch und Kulturland sich blauer Himmel wölbt und die Sonne scheint, und es ergibt sich, daß dieses offene Land erst durch die Rodung so geworden ist, daß sich also mit der Pflanzendecke auch das Klima in einem gewissen Grade verändert hat [2]). Im allgemeinen ist allerdings die Beschaffenheit der Pflanzendecke als die Wirkung und die Regenverteilung als die Ursache zu betrachten.

Nach Müttrich hat durch die Aufforstung der Lüneburger Heide seit 1877 der Regenfall an der Station Lintzel wesentlich zugenommen beim Vergleich mit der Umgebung (Das Wetter 1892 und Met. Z. 1892, S. 308). Es gibt aber Bedenken gegen die Tragweite dieser Ergebnisse.

Hamberg findet eine Vermehrung der Niederschläge um 3 % als Waldeinfluß in Schweden.

In jüngster Zeit hat J. Schubert in streng kritischer Weise die Frage für Norddeutschland zu beantworten gesucht [3]). Das Er-

---

[1]) Blanford, Wald und Regen in Indien, Met. Z. 1888, S. 255. The influence of Indian forests on the Rainfall. Asiatic Soc. of Bengal, LVI, 1887. — Indian, Met. Memoirs. Vol. III, Blanford. Indian, Rainfall II. Teil. Da in den Tropen der Windeinfluß auf die Regenmessung ein viel kleinerer ist als bei uns, entfällt der Einwurf, daß durch den Wald der Windschutz und dadurch auch der Regen zugenommen habe.

[2]) Die Kordillere von Bogota Pet. Mitt., Erg.-Heft 104 (1892), 73 und Regenverteilung, Pflanzendecken, Besiedlung der tropischen Anden, Berlin 1893.

[3]) Es ist namentlich die verschiedene Windstärke an den Stationen im Frei-

gebnis ist, daß in Westpreußen und Posen der Wald einen Niederschlagszuwachs von wahrscheinlich 2 % und darüber (aber weniger als 10 %) gibt, in Schlesien von 2 % bis (weniger als) 6 %. Die Stationen auf der Letzlinger Heide mit einem zusammenhängenden Waldgebiet von rund 300 qkm ergeben nach Berücksichtigung aller Fehlerquellen einen Waldeinfluß von 2,6 % im Jahre[1]). (100 m Höhenzunahme ergeben einen Zuwachs von rund 10 %.) Der Einfluß des Waldes auf eine Zunahme der Regenmenge ist demnach in unseren Breiten ziemlich geringfügig.

Eine Steigerung der Niederschlagsmenge im Walde selbst und unter Bäumen, welche den Regenmessern entgeht, läßt sich direkt nachweisen bei Nebel und Rauhfrost. Bei dichterem Nebel gibt es unter Bäumen und im Walde einen leichten Tropfregen, der den Boden völlig durchnäßt, während außerhalb der Boden trocken bleibt[2]). Bei Rauhfrost namentlich sammeln die Zweige der Bäume eine recht bedeutende Menge Niederschlag, der außerhalb des Waldes völlig fehlt. Wilhelm bestimmte in Ungarisch-Altenburg die Wassermenge, welche der Rauhfrost an Sträuchern von 1 bis 2 m Höhe in einem einzigen Falle (Dezember 1860) dem Boden lieferte, zu 1,9 mm Niederschlagshöhe. Unter hohen, stark verästelten Bäumen erhält der Boden jedenfalls weit mehr Wasser und wenn sich, wie es in manchen Wintern und in gewissen Lagen nicht selten geschieht, der Duftanhang öfter wiederholt, so kann der Boden dadurch einen nicht unbeträchtlichen Wasserzuschuß erhalten[3]). Ähnliche Beobachtungen machte Breitenlohner im Wiener Walde[4]), und Fischbach bemerkt, daß er im Schwarzwalde in schneearmen Wintern es mehrfach erlebt habe, daß der durch den Wind von den Bäumen abgeschüttelte Reif den Holztransport mit Schlitten ermöglichte[5]). Hier sehen wir also eine direkte Steigerung der Niederschlagsmenge durch den Wald, da auf freiem Felde der Duftanhang fehlt oder ganz unbedeutend ist. Nur der Wald vermag die bei Nebel in der Luft schwebende Wassermenge, die sonst dem Boden nicht zu gute kommt, in wirksamer Weise auf seinem Ast- und Laubwerk zu sammeln und der Erdoberfläche zuzuführen.

In hohem Maße erfolgt dies auf dem Tafelberg im Kaplande bei den herrschenden SE-Winden des Sommers, die den Berg stetig in Wolken hüllen. Diese Niederschlagsmenge erreicht daselbst hohe Beträge und speist in wirksamer Weise Quellen und Bäche. Ähnliches konstatiert Cleveland Abbe von Green Mountain auf der Insel Ascension[6]). Durch

lande und in den Rodungen innerhalb des Waldes, welche dabei zu beachten ist. Größeren Windschutz läßt, im Winterhalbjahr besonders, die Niederschlagsmenge größer erscheinen im Vergleich mit außen.

[1]) S. Met. Z. 1905, S. 567, 1906, S. 444, 1907, S. 555, s. auch Deutsch. Geographentag, Danzig 1905, S. 205.

[2]) Das frühere Aufsprießen des Graswuchses im Frühlinge unter Bäumen ist auf diese Ursache einer reichlicheren Befeuchtung zurückgeführt worden.

[3]) Met. Z. 1867, S. 126.

[4]) Wollny, Forschungen II. Bd., 497.

[5]) Met. Z. 1893, S. 195.

[6]) Forest Influences, S. 121. Das Wasser für die regenlose Küste liefert

die Zerstörung der Vegetation wird diese Wasserzufuhr sistiert und Quellen und Bäche versiegen[1]).

5. **Aufspeicherung der Niederschläge durch den Wald. Regulierung der Abflußverhältnisse.** Wenngleich die Steigerung der Niederschlagsmenge durch den Wald geringfügig ist, wenigstens in unseren Breiten, so ist doch seine Wirkung auf die Abflußverhältnisse der Niederschlagsmengen von größter nationalökonomischer Wichtigkeit.

In höchstem Grade wirkt er günstig auf allen stärker geneigten Bodenflächen. Er bewahrt das Wasser der Niederschläge in seinem Schoße und verhindert dessen rasches Abfließen[2]), wodurch einerseits einem zeitweiligen Wassermangel mehr oder weniger abgeholfen wird, anderseits die schädliche Wirkung des raschen Abfließens, die Abschwemmung der oberflächlichen Verwitterungskruste und des Humus verhindert wird, welche den nackten Felsboden bloßlegt, die Flüsse versandet und zu Überschwemmungen anschwellen läßt. Letztere mildert der Wald auch dadurch, daß er die Schneedecke länger bewahrt[3]) und ein langsames Abschmelzen derselben im Frühjahre begünstigt.

In sehr eingehender lehrreicher Weise behandelt diesen Gegenstand ausführlich, auf Versuche gestützt, E. Wollny in der Abhandlung: Einfluß der Pflanzendecken auf die Wasserführung der Flüsse[4]).

---

der mechanisch bewirkte Niederschlag aus den Nebeln des SE-Passats an den Bäumen und Sträuchern des Green Mountain.

[1]) Marloth, Über die Wassermengen, welche Sträucher und Bäume aus den treibenden Nebeln und Wolken auffangen, Met. Z. 1906, S. 547 u. s. w. Im Januar 1904 z. B. betrug am Tafelberg in 1070 m die Regenmenge gewöhnlich gesammelt 37 mm, ein gleicher Regenmesser mit einem Aufsatz, der ein Buschwerk nachahmte (von gleichem Querschnitt), gab 1230 mm. An einer Station in 760 m Regen 46, „Nebelfänger" 349 mm. Januar 1905 Regen 87 mm, „Nebelfänger" 408 mm. Diese letzteren Mengen entsprechen den Wassermengen, welche unter Buschwerk dem Boden zugeführt werden auf der gleichen Fläche, für welche die Regenmenge gilt. So große Regenmengen sammelt die Vegetation des Tafelberges zur trockenen Sommerzeit, wo unten kein Regen fällt. Auch von anderen Bergen des Kaplandes wird ähnliches berichtet.

[2]) Wenn dies zuweilen, scheinbar auf Beobachtungen gestützt, geleugnet wird, so beruht dies auf einer fehlerhaften Verallgemeinerung lokaler Verhältnisse. Auf der ebenen norddeutschen Niederung z. B. kann diese Wirkung des Waldes allerdings nicht hervortreten. Aber gerade wo sie am wichtigsten ist, in dem meist stark geneigten Terrain, in den Quellgebieten der Flüsse, wo die reichlichsten und gefährlichsten Niederschläge fallen, macht sich die günstige Wirkung einer Walddecke am stärksten geltend.

Wollny hat aus Versuchen folgendes gefunden:
Oberflächlich abgeführte Wassermengen in Prozenten der Regenmenge (622 mm)

	Neigung des Bodens	10	20	30 °
Abfluß	Mit Gras bewachsen	1,2	2,1	4,7 %
	Nackt	3,1	4,7	6,6

Wenn das schon ein Rasen leistet, was wird da ein Bergwald leisten, dessen Boden mit einer hohen Moosdecke, Heidelbeerbüschen etc. bekleidet ist, während zugleich der heftigste Sturzregen durch die Bäume selbst in einen Rieselregen verwandelt wird.

[3]) Nach Hamberg in Schweden um 5 bis 12 Tage im Mittel.

[4]) Prof. Dr. E. Wollny, Vierteljahrsschrift des bayrischen Landwirtschaftsrates 1900, Heft III. Im Auszuge Met. Z. 1900, S. 491.

Er kommt zu dem Schlusse, daß die lebenden Pflanzen sowohl die ober- als auch die unterirdische Wasserableitung verzögern und so eine gleichmäßige Zufuhr des Wassers zu den Flüssen begünstigen. Desgleichen wird die Abschwemmung von Erde oder Gesteinschutt auf abhängigem Terrain durch die verschiedenen Pflanzenformen in einem meist außerordentlichen Grade herabgedrückt. In vollkommener Weise wirken die Pflanzendecken, besonders der Wald, mit Ausschluß der Ackergewächse, zweifellos auf die Geschiebeführung der Flüsse. Einige Nachweise über die schädlichen Folgen der Zerstörung der Pflanzendecken in Bergländern folgen in Anmerkung [1]).

Je wertvoller die Wasserkräfte bei fortschreitender Kultur und Zunahme der Industrie (bei abnehmenden Kohlenvorräten) werden, desto wichtiger ist es, das Wasser der Niederschläge dem Lande selbst zu erhalten und dessen rasche, von den schädlichsten Wirkungen begleitete Abfuhr zu verhindern. Auch klimatisch ist dies von Bedeutung, da die Luftfeuchtigkeit und die Neigung zu Niederschlägen durch die perennierenden Wasserläufe gefördert wird.

6. Einfluß des Waldes auf die Windstärke. Eine weitere wichtige Eigenschaft des Waldes ist der Schutz gegen heftigere Luftbewegungen, die Abschwächung des Windes, nicht bloß in seinem Innern, sondern auch in der Umgebung. Er verhindert dadurch auch das stärkere Austrocknen des Bodens, im Winter Schneeverwehungen, Störungen des Eisenbahnverkehrs etc. Allerdings begünstigt die größere Luftruhe auch die Früh- und Spätfröste.

Die verderblichen Schneestürme, die „Burane" der sibirischen Steppen, die „Blizzards" der Prärien der westlichen Union, sind in

---

[1]) Von den südlichen Appalachen heißt es: Forstfeuer und Abholzung für Zwecke der Bodenkultur haben zu einer so um sich greifenden Erosion geführt, daß Tausende Acres Landes nun durch Wasserrisse so wertlos geworden sind, wie die „bad lands" im Westen. Forstfeuer zerstören das Laubdach, welches die Kraft des Regens bricht, die abgeholzten Landstrecken werden einige Jahre kultiviert, sie sind zuerst des tiefen Humus wegen sehr fruchtbar, der letztere wird aber an allen steileren Hängen rasch erodiert und weggeführt und nach wenigen Jahren ist das Land verlassen und wertlos und sein Ruin kann auch auf die Nachbarschaft übergreifen. U. S. Geol. Survey. Prof. Papers Nr. 37. — Aus Indien führt Sir Dietrich Brandes ähnliche Beispiele der Folgen der Entwaldung an. Im Hoshiarpur (Panjab) nahm nach der britischen Besitzergreifung 1846 die Bevölkerung stark zu, es wurde viel Holz verbraucht, viel zerstörte auch das Weidevieh. Die Denudation griff rasch um sich und 70 000 Acres früher fruchtbaren Landes sind nun versandet. In einer geschützten Reserve in Ajmere ist dagegen das Grundwasser, das früher erst in 7½ m Tiefe anzutreffen war, nun bei dichterer Vegetation schon in 4,6 m zu finden. (Indian forestry, Nature, Vol. 63, S. 597 etc.) — Nach Uzielli haben die Überschwemmungen des Arno infolge der Waldverwüstung in dessen Oberlaufe fortwährend zugenommen, und zwar in den ersten 7 Jahrzehnten des 19. Jahrhunderts im Verhältnis von 1:4:7:6:10:17:20 (Pet. Mitt. Litt.-B. 1898, Nr. 757). — Besonders in Südfrankreich und namentlich von den Pyrenäen kommen Klagen über die schädlichen Folgen der fortschreitenden Entwaldung. Der innerste Gürtel der Pyrenäen ist schon entvölkert. Guénot, Effects du déboisement des Pyrenées. Pet. Geog. Mitt. Litt.-B. 1901, Nr. 84, ebenda 1902, Nr. 361, 1903, Nr. 335 b. Der Fluß Neste, der noch 1850 eine mittlere Wasserführung von 36 cbm/sec. hatte, führt jetzt nur mehr 15 cbm. Dagegen sind natürlich die Überschwemmungen in noch größerem Maße gewachsen, da die Regenmenge nicht abgenommen hat.

waldigen, wenngleich ebenen Gegenden unbekannt. Von den baumlosen Flächen dagegen weht der Wind den Schnee weg, welche dadurch
schutzlos der strengen Winterkälte preisgegeben sind, selbst die Wurzeln
der Pflanzen werden vielfach bloßgelegt.

Klimatisch wichtig ist der Schutz, den der Wald gewährt gegen
kalte, wie auch gegen heiße und trockene Winde.

Das fast völlige Verschwinden der Pfirsichkultur im Staate Michigan
schreibt man der Entwaldung zu, welche einen viel größeren Einfluß
der kalten NW- und W-Winde herbeigeführt hat. Waldgürtel werden
als die beste Schutzwehr gegen die kalten, sowie gegen die heißen
und trockenen Winde von Curtis empfohlen. Der Wald bricht
die Heftigkeit der Winde und schwächt deren schädlichen Einfluß
durch extreme Kälte, Hitze und Trockenheit ab. Im Jahre 1888 sind
im Staate Kansas allein 21 Millionen Scheffel Korn durch heiße trockene
Tagwinde verloren gegangen[1]).

Im allgemeinen wird die Bedeckung der Erdoberfläche mit ausgedehnten Waldungen im Innern der Kontinente das Klima der betreffenden Erdstelle speziell im Sommer im Sinne einer wenn auch geringen
Annäherung desselben an ein Küstenklima beeinflussen.

Auch das Vorkommen ausgedehnterer Moose und Moore hat
einen erheblichen Einfluß auf das Klima. Sie wirken abkühlend auf
die Luft und erhöhen den Feuchtigkeitsgehalt derselben. Die Kälte
und Feuchtigkeit der Luft über dem Moose von Schleißheim bei München
ist schon Lamont aufgefallen, sie macht sich besonders im Frühling
bemerklich. Die Bodentemperatur bleibt niedrig, das Eindringen der
Tages- und Sommerwärme ist sehr verzögert und gehemmt. Die
Moore erhalten daher den gefrorenen Boden lange und sind im hohen
Norden eine Hauptursache ständigen Bodeneises[2]).

Über die Moore als klimatische Produkte s. Solger, Zeitschr.
d. G. f. Erdkunde, Berlin 1905, S. 702 u. s. w.; Früh, Die Moore der
Schweiz mit einer Moorkarte der Erde und deren Begrenzung gegen Pol
und Äquator, S. 712; Klimaschwankungen und Moorbildungen, S. 715.

Die Bedeutung der Moore für Wasserabfluß und Luftfeuchtigkeit s.
H. Potonié in Naturw. Wochenschrift 1907, S. 340.

---

[1]) G. E. Curtis, Winds Injurious to Vegetation and Crops. Bull. 11, U. S.
Weath. Bureau P. II, 1895, 485. — Cline, Summer hot Winds on the Great
Plains. Bull. Phil. Soc. Wash. XII, 1894, 335. Amer. Met. Journ. XI, 1894 bis
1895, S. 175.

[2]) Über den Temperaturgang im Moorboden gegenüber freiem Boden sind
lehrreich die Diagramme des täglichen Ganges der Bodentemperatur in dem Werke
von Th. Homén, Bodenphysikalische und Meteorologische Beobachtungen. Berlin 1894.

Viertes Buch.

Das Höhenklima.

Modifikation der klimatischen Elemente durch die Erhebungen der Erdoberfläche über das Meeresniveau.

Neben der verschiedenen Einwirkung von Wasser und Land auf die klimatischen Elemente ist es vornehmlich die Erhebung des Bodens über das Meeresniveau, welche unter allen Zonen die größten Verschiedenheiten des Klimas unter gleicher geographischer Breite hervorruft. Darum ist es von besonderer Wichtigkeit, jene Änderungen der meteorologischen Elemente kennen zu lernen, denen wir überall begegnen, wenn wir uns vom Meeresniveau, sei es auf den allgemeinen Kontinentalerhebungen oder in den steiler aufsteigenden Bergländern, nach aufwärts entfernen.

Das Klima der Gebirge hat unter allen Zonen gewisse gemeinsame Eigentümlichkeiten, die es von dem Klima der umgebenden Niederungen unterscheiden; ein Gebirge modifiziert jedes Klima in bestimmter Weise. Diese gemeinsamen Modifikationen der einzelnen met. Elemente sollen im nachfolgenden dargelegt werden.

I. Luftdruckverhältnisse.

Bei größeren Erhebungen über das Meeresniveau wird die Abnahme des Luftdruckes ein bedeutsamer klimatischer Faktor.

Die Änderung des Luftdruckes mit der Höhe ist die am regelmäßigsten vor sich gehende meteorologische Erscheinung, so daß, wie schon in der Einleitung hervorgehoben wurde, der Luftdruck für jede Höhe, besonders wenn die mittlere Temperatur der Luft bekannt ist, genauer direkt berechnet werden kann, als dies für die Beurteilung des Klimas absolut notwendig ist [1].

---

[1] Ist h der Höhenunterschied in Meter, t die mittlere Temperatur der Luftsäule von der Höhe h, B der bekannte Barometerstand im unteren Niveau, b der gesuchte Luftdruck an der oberen Station, so ist mit hinlänglicher Genauigkeit:

$$\log b = \log B - \frac{h}{18\,460\,(1 + 0{,}004\,t)}$$

Die nachfolgende Tabelle gibt für einige Höhenintervalle den entsprechenden Luftdruck direkt an, unter der Voraussetzung, daß der Luftdruck am Meeresniveau 762 mm beträgt und die Abnahme der Temperatur mit der Höhe gleichmäßig im Verhältnis von 0,5 ° C. für je 100 m erfolgt.

Seehöhe	Temperatur im Meeresniveau						Luftdruck-änderung pro 1°	Höhen-änderung pro 1 mm Druckdiff.
m	0°	5°	10°	15°	20°	25°		
	Mittlerer Luftdruck in Millimeter							
0	762	762	762	762	762	762	0,00	10,5
500	716	716	717	718	719	720	0,16	11,1
1000	671	673	675	676	678	679	0,82	11,8
1500	630	632	634	636	639	641	0,44	12,5
2000	590	593	596	599	601	604	0,56	13,4
2500	553	556	559	563	566	569	0,67	14,2
3000	517	521	525	529	532	536	0,76	15,1
3500	484	488	492	497	501	505	0,84	16,1
4000	452	457	461	466	470	475	0,91	17,2
5000	394	399	404	410	415	420	1,02	19,6
6000	343	348	353	359	364	369	1,09	22,5

Aus dieser Tabelle ersieht man, daß in gleicher Seehöhe in den Tropen, bei uns, oder in noch kühleren Klimaten der mittlere Luftdruck nicht derselbe ist. In einer Höhe von 3000 m z. B. beträgt er unter der Isotherme von 0° nur 517 mm, unter der Isotherme von 25° aber 536 mm; im Winter Mitteleuropas gleichfalls zirka 517 mm, im Sommer dagegen 532 mm. Die Kolumne „Luftdruckänderung pro 1°" gibt spezieller an, welchen Einfluß eine Änderung der mittleren Temperatur der Luftsäule um 1° C. auf den Barometerstand hat. In einer Seehöhe von 3000 m beträgt derselbe nahezu 0,8 mm. Die letzte Kolumne rechts endlich gibt an, wie hoch man steigen muß, um das Barometer um 1 mm sinken zu sehen. Während diese Höhe im Meeresniveau zirka 10 $^1/_2$ m beträgt, erreicht sie in 3000 m Höhe schon 15 m [1]).

Die nachfolgenden Daten über den an einigen der höchsten bewohnten Orte herrschenden Luftdruck, denen wir vorausgreifend auch noch die mittleren Temperaturen beigefügt haben, geben spezielle Auskunft darüber, unter welchen Luftdruckverhältnissen noch ständige menschliche Ansiedelungen existieren.

Den Nenner des letzten Gliedes kann man direkt aus den Tafeln zur barometrischen Höhenmessung entnehmen, z. B. aus Jelinek, Anleitung zu met. Beob. II. Teil, 1895, S. 47.

[1]) Diese Zahlen gelten für eine Lufttemperatur von 0°; ist selbe t°, so muß man unsere Zahlen mit 1 + 0,004 t multiplizieren, d. i. pro Grad um 0,4 % erhöhen (oder erniedrigen für Temperaturen unter dem Gefrierpunkt).

Luftdruck und Temperatur einiger der höchsten meteorologischen Stationen und ständig bewohnten Orte.

Ort	Breite	Höhe	Luft-druck Mittel	Temperatur					
				Januar	April	Juli	Oktober	Jahr	
1 Montblanc Obs. Vallot . . .	45° 50′	4359	447	—	—	— 6,5	—	(— 13,8)	[1]) Febr.
2 Sonnblick	47° 3′	3105	519,7	· 13,7 [1])	— 8,8	1,1	— 5,2	— 6,5	
3 Säntis	47° 15′	2500	562,0	— 8,8	— 4,7	5,0	— 1,7	— 2,6	
4 Ätna	37° 44′	2950	584,4	— 7,6 [1])	— 4,2	7,1	0,1	— 1,1	
5 Pic du Midi	42° 57′	2859	539,5	— 7,9	— 5,2	6,4	— 0,8	— 1,9	
6 Pikes Pik	38° 50′	4300	451,0	— 16,4	— 10,4	4,5	— 5,8	— 7,1	
7 Mexiko	19° 26′	2278	586,3	12,2	18,1 [2])	16,9	14,8	15,4	[2]) Mai
8 Bogota	4° 35′ N	2620	558,0	13,9	14,9 [3])	13,5	14,7	14,4	[3]) März
9 Quito	0° 14′ S	2850	547,5	12,6	12,6	12,5	12,6	12,6	
10 Hato am Antisana	0° 21′ S	4090	471,8	5,9	5,7	3,0	5,0	4,9	
11 Cuzco	13° 27′ „	3380	512,0	10,8	10,6	8,0	11,0	10,3	
12 Vincocaya	15° 40′ „	4377	444,7	4,2	3,3	— 0,6	5,0	3,0	
13 La Paz	16° 30′ „	3690	493,7	10,9	10,6	8,0	11,5 [4])	10,3	[4]) Nov.
14 Misti (Gipfel)	16° 18′ „	5850	378	(— 4,8)	(— 5,9)	(— 7,1)	(— 5,4)	(— 5,8)	
15 Dorf S. Vincente	21° 5′ „	4580	(434)	—	—	—	—	(2,5)	
16 Kloster Hanle, Tibet	32° 48′ N	4610	435,4	—	—	—	—	(0,6)	
17 Leh, Tibet	34° 10′ „	3506	499,4	— 7,0	5,6	16,8	5,4	5,0	
18 Dodabetta Pik, Südindien . .	11° 23′ „	2633	560,8	9,3	13,4 [5])	10,8	10,7	10,8	[5]) Mai

Zu 1. Beobachtungen an mehreren Sommer- und Herbstmonaten s. Met. Z. 1899, S. 198 etc. Montblanc, Gipfel 426 mm, bei Sommertemperatur, Jahr etwa — 16,5, Juli — 8,5, — 11/14 s. Met. Z. 1907, S. 270 etc. — Zu 14. Registrierapparate, die gelegentlich kontrolliert wurden, s. Met. Z. 1907. — Zu 15. Bei Portugalete in Bolivien. In der Provin Carbar ist a M n in 5310 m. Die Arbeiter leben meist 400 m tiefer im Dorf S. Barbara. — Zu 16. Während in Peru und Bolivien der Bergbau die höchsten bewohnten Orten liefert, sind es in Tibet meist die buddhistischen Klöster. Die Ortschaften im Seendistrikt von Ombo sollen die höchsten sein, die Goldminen daselbst, 32,4° N, 81,2° E, liegen in 4980 m.

Die ständigen menschlichen Wohnsitze reichen also bis zu Höhen, wo der Luftdruck schon nahe bis zur Hälfte des am Meeresniveau herrschenden Druckes herabgesunken ist.

Bergkrankheit. Der Jesuitenmissionar Acosta hat schon vor 400 Jahren eine gute Beschreibung der Symptome der Bergkrankheit gegeben, die ihn selbst auf dem Hochlande von Peru befallen hat. Merkwürdig ist seine Äußerung über die wahrscheinliche Ursache derselben. „Ich bin überzeugt, daß die Substanz der Luft an solchen Orten so subtil und dünn wird, daß sie für die menschliche Atmung ungeeignet ist." Das war rund 300 Jahre vor Lavoisier.

An den höchsten bewohnten Orten auf den Plateaus der südamerikanischen Anden bleibt nach Pöppig und Reck die Verminderung des Luftdruckes nicht nur bei dem Ankömmling, sondern auch bei den Einheimischen nicht ohne gewisse unangenehme Wirkungen auf den Organismus.

Die Seehöhe, in welcher die Bergkrankheit (Mal de Montagne, Mountain Sickness, Punakrankheit, Soróche, Chuno) auftritt, wird recht verschieden angegeben, denn sie ist abhängig von individueller Disposition, Gewöhnung, äußeren Bedingungen, namentlich von körperlichen Anstrengungen etc. In den Alpen darf man wohl 3500 bis 4000 m als die Seehöhe ansehen, in welcher die meisten schon unter der Bergkrankheit leiden. Drew sagt, daß in Kaschmir die Bewohner der Seehöhe von 1800 m sie oft schon von 3000 m an verspüren. Die Brüder Schlagintweit[1]) nehmen für den Himalaja den Beginn der Bergkrankheit bei 5000 m an, was zugleich die Höhe der höchsten Weideplätze der Schafe ist; Conways Expedition in den Karakorum empfand dieselbe in 4900 bis 5200 m, Whymper und seine Begleiter auf den Abhängen des Chimborazo in 5100 m. Dies entspricht einem Luftdruck von rund 450 bis 400 mm. Dagegen blieben Wolf und Whymper frei von Bergkrankheit auf dem Gipfel des Cotopaxi in 5960 m, obgleich letzterer eine Nacht in dieser Höhe zubrachte, und selbst auf dem Gipfel des Chimborazo, den Whymper 2mal bestieg (Luftdruck 358 mm), in 6250 m blieb er frei von Bergkrankheit.

Désiré Charnay bemerkt, daß die Indianer, welche Schwefel aus dem Gipfelkrater des Popokatepetl holen, also in Höhen zwischen 4000 bis 5000 m leben, gesund und stark aussahen, obgleich sie schon 20 bis 30 Jahre dieser Tätigkeit oblagen. Ähnliches sagt auch G. Griffith bezüglich der Arbeiter der Oroyalinie in Peru (Nature Bd. 52, S. 414).

Eigentümlich ist die öfter zu findende Bemerkung, daß die Höhenkrankheit auch von lokalen Verhältnissen abhängig erscheint. „Es

------

[1]) Schlagintweit, Berl. Zeitschr. für Erdk. 1866; Ed. Whymper, Travels amongst the Great Andes of Ecuador; behandelt ausführlich die Bergkrankheit S. 366 bis 384 und Appendix. Wm. M. Conway, Climbing and Exploration in the Karakorum Himalayas. Scientific Reports, London 1894. Prof. C. F. Ray, Mountain sickness. Hans Meyers Erfahrungen über die Bergkrankheit (Soroche) in Höhen über 4000 m s. in dessen Werk „In den Hochanden von Ecuador" S. 385 (Berlin 1907).

gibt gewisse Orte,“ sagt Dr. A. Plagemann, „wo Puna herrscht, während höher hinauf keine vorkommt. Schnee und Puna hängen zusammen nach der Volksmeinung; Kälte, Stürme, starke Luftelektrizität und Trockenheit stehen in Bezug zueinander und zur Puna. Letztere beginnt 300 bis 500 m über der Schneelinie“ (Pet. Geogr. Mitteil. 1887, S. 65).

Pöppig und Reck schildern eingehender den Einfluß des verminderten Luftdruckes auf den Organismus in den hochgelegenen Bergstädten der peruanischen und bolivianischen Anden. In Cero de Pasco, 4800 m, wird jeder Ankömmling sofort von der Bergkrankheit ergriffen. Er hat das Gefühl des Erstickens, es tritt Schlaflosigkeit ein, und mit Mühe zieht er sich an den Häusern empor, wenn die Straße etwas abhängig ist, und sucht an Türen und Ecken Anhaltspunkte. Die Nachtstunden sind die Zeit wahren Martertums, Anwandlungen von Ohnmacht treten zuweilen ein. Nach 6 bis 7 Tagen erholt sich jeder, der eine gesunde Brust hat, allein die Nachwehen vergehen erst nach Wochen. — Besonders gesteigert wird die Bergkrankheit durch Wind, was auch die Brüder Schlagintweit bestätigen. — Unter dem Einfluß des Windes springt die Haut auf, Blut tritt aus Lippen und Nase, Nachts schwellen Gesicht und Hände. Bei öfterem Wiederkehren läßt der „Chuno“ an den Fingern schwarze Furchen zurück, an denen man den Bewohner der höchsten Andengegenden ebenso leicht wieder erkennt, wie den Indier der Waldregion an seiner durch Moskitostiche schwarz punktierten Haut (Pöppig, Reisen I; H. Reck in Pet. Mitt. 1867, S. 243).

Daß die Bergkrankheit nicht bloß eine Folge der Anstrengungen beim Bergsteigen ist, dafür haben wir jetzt viele Beweise. Auch wenn Höhen von zirka 4000 m auf Reitpferden oder mittels Eisenbahn erreicht werden, bleibt die Bergkrankheit doch nicht aus. J. Ball, ein geübter Bergwanderer, unterlag derselben in Chicla, dem Endpunkt der Eisenbahn von Lima in 3720 m, die jetzigen Besucher von Pikes Peak (4300 m) mittels der Zahnradbahn klagen gleichfalls über „Mountain Sickness“. Jansen, der sich auf den Montblanc tragen ließ, blieb auch nicht frei davon (nach Dr. Sinclair), ebenso unter gleichen Bedingungen Dr. Kronecker und seine Begleiter am Breithorn in 3750 m [1]).

Über das Auftreten der Bergkrankheit bei den Besuchen der „höchsten meteorologischen Station der Welt“ auf dem Gipfel des Misti (5850 m) bei Arequipa siehe Ward, Month. Weather Rev. April 1898 [2]).

Während man auf Bergen bisher nur bis rund 7000 m Seehöhe

----

[1]) Abercromby, Seas and Skies, London 1888, S. 406. J. Ball, Notes of a naturalist, London 1887, S. 81; Nature Sept. 14, 1882 und Revue Scientifique 1895. Abercromby, der Pikes Peak mittels eines Reitpferdes erreichte, litt nicht sogleich bei der Ankunft, sondern erst in der Nacht und am Morgen. Bei jenen, die zu Fuß gekommen waren, trat aber Bergkrankheit sogleich ein. Die Beobachter am Observatorium auf Pikes Peak litten gleichfalls unter der Bergkrankheit und mußten öfter gewechselt werden. Manche konnten sich gar nicht akklimatisieren und mußten den Berg alsbald wieder verlassen.

[2]) Puls 120 bis 130, Respiration 30 bis 35, dagegen unten in Arequipa 2450 m, P. 82 und R. 22. Hier wirkte körperliche Bewegung mit. Man vergleiche damit die mittlere Pulsfrequenz von fünf gesunden Soldaten am Monte Rosa: Turin 276 m 53, 1630 m 56, 2520 m 56, 3050 m 60, 3620 m 64, 4650 m 75 (in Ruhe, s. Jaquet).

gekommen ist, hat man auf Ballonfahrten 9000 bis 10 000 m erreicht. Glaisher erreichte am 5. September 1862 etwa 8600 m, Luftdruck 248 mm, in dieser Höhe wurde er ohnmächtig, Berson dagegen stieg am 4. Dezember 1894 bis 9155 m auf, Luftdruck 231 mm, Temperatur — 48°. Berson und Süring erreichten am 31. Juli 1901 sogar 10 500 m, Luftdruck 202 mm, Temperatur — 40°. In Höhen über 6000 m wird Einatmung von Sauerstoff nötig.

Die hauptsächlichsten und konstantesten Symptome der Bergkrankheit sind: Lufthunger mit Angstgefühl, Schwindel und zunehmender Atemnot, Muskelschwäche, rasche Ermüdung, Energielosigkeit, Gleichgültigkeit gegen Umgebung und Gefahren, ferner Nasenbluten, Herzklopfen, Kopfschmerz, zuweilen Übligkeit bis zum Erbrechen, Mangel an Eßlust. Die Respiration ist rapid und unregelmäßig, bei größter Steigerung tritt Bewußtlosigkeit und selbst der Tod ein.

F. Bullok Workman und ihre Begleiter, die, Sommer 1903, im Nun kun Himalaya mehrere Tage in einem Lager in 6280 m zugebracht haben und einen Gipfel von 7100 m erstiegen, litten hauptsächlich an Schlaflosigkeit und der damit verbundenen körperlichen Schwächung. Sie meint, daß die Erreichung der höchsten Gipfel des Himalaya hauptsächlich durch diesen Effekt des Höhenklimas erschwert werden dürfte.

Von den älteren Untersuchungen über den Einfluß des verminderten Luftdruckes auf den tierischen Organismus sind namentlich jene von Jourdanet hervorzuheben. Derselbe fand auf der Hochebene von Anahuac die Bevölkerung durchaus nicht so kräftig und lebendig, wie er es nach der Abnahme der Temperatur gegenüber den mexikanischen Niederungen erwartet hätte. Die Bewohner dieser Hochebene haben ein ruhiges, gelassenes, nachdenkliches Temperament, einen gelben oder bleichen Teint, die Muskeln sind schlaff, die Reaktion gegen Krankheiten ist gering. Alle physiologischen Anzeichen deuten auf einen anämischen Zustand. Jourdanet schloß, daß diese Symptome von einer Verminderung des Sauerstoffs im Blut herrührten. Er nennt diesen Zustand Anoxyhémie [1]).

Die Versuche von Paul Bert bestätigten diese Schlüsse. Sie ergaben, daß der Einfluß verminderten Luftdruckes unmerkbar bleibt, bis der Druck des Sauerstoffs um $^1/_4$, also der Luftdruck von 760 mm um 190 mm sich vermindert hat, somit nunmehr zirka 570 mm beträgt, was in einer Seehöhe von rund 2000 m eintritt. In dieser Seehöhe macht sich der Einfluß der Abnahme des Druckes des Sauerstoffs durch eine geringere Kondensation dieses Gases im Blut bemerkbar mit allen seinen Konsequenzen. Der eigentliche pathologische Zustand beginnt bei einem Luftdruck von 410 mm (in 5 km). Die Ursache der physischen Schwäche der Bewohner großer Höhen wäre daher zu suchen in einer ungenügenden Oxydation des Blutes in einer verdünnten Luft. (La pression atmosphérique, Paris 1878.)

Auch Whymper glaubt eine Abnahme der körperlichen Leistungsfähigkeit an sich und seinen Begleitern auf den Hochebenen von Ecuador konstatieren zu können [2]).

---

[1]) Das große Werk von Jourdanet führt den Titel: Influence de la pression de l'air sur la vie de l'homme. Climats d'altitude et climats de montagne. Paris, Masson 1876.

[2]) l. c. S. 373. Man vergleiche auch die interessante Abhandlung von Bosanquet: Mountain sickness and power and endurance. Philosoph. Mag., Januar 1893.

Jourdanet meint, da unterhalb 2000 m dieser Einfluß nicht merkbar ist, die Klimate der Gebirgsländer geradezu unterscheiden zu können in climats de montagne unterhalb 2000 m und climats d'altitude oberhalb dieses Niveaus.

Dr. Egli-Sinclair hat bei einem mehrtägigen Aufenthalt auf dem Montblanc in 4300 m (Observatorium Vallot) die von Jourdanet vermutete Verminderung des Hämoglobingehaltes des Blutes bei sich und seinen Begleitern konstatiert. Alle (darunter der erprobte Bergsteiger Ing. Imfeld) litten die ersten 3 Tage heftig an der Bergkrankheit. Der 3. Tag war der schlechteste. Hierauf wurde der Zustand besser und zugleich nahm der Hämoglobingehalt des Blutes bei allen wieder zu (Jahrb. des S. A. C. XXVII, S. 308).

Prof. C. F. Ray kommt zu dem Schlusse, daß alle Symptome der Bergkrankheit auf Asphyxie zurückgeführt werden können, auf die Verminderung des Sauerstoffs, der den Geweben zugeführt wird. Der gleiche Erfolg tritt schon früher bei noch minder beschränkter Zufuhr von Sauerstoff ein, wenn ein gesteigerter Bedarf dafür in den Geweben vorhanden ist, wie dies bei Muskelanstrengungen der Fall ist. (Conway, Scientific Results.)

Auffällig ist, daß oft die Beobachtung gemacht wird, daß der Schnee die Tendenz zur Bergkrankheit erhöht, auf schneefreien Stellen in gleicher Höhe tritt letztere nicht so leicht ein. Ray meint, daß namentlich nasser Schnee Sauerstoff absorbiert.

In ihrer reinen Form kann die Höhenkrankheit im Ballon studiert werden, wie dies namentlich durch Dr. Herm. v. Schrötter geschehen ist, der zu diesem Zwecke mit Süring mehrere Hochfahrten (am 21. Juni 1903 bis 8770 m) gemacht hat. Während im Gebirge die Symptome schon bei 3500 bis 4000 m auftreten, ist die kritische Grenze im Ballon etwa 5 bis 6 km. Bei der ersteren Grenze tritt namentlich durch Muskelbewegung relative, bei 6 bis 7 km absolute Anoxyhämie ein. In dieser Höhe ist der Regulationsmechanismus, Atemmechanik und Zirkulation, nicht mehr im stande, den Sauerstoffbedarf auch bei Körperruhe herzustellen. Bei 8000 m tritt ohne künstliche Sauerstoffzufuhr absolute Lebensgefahr ein.

Die Theorie von Paul Bert, daß der Sauerstoffmangel des Blutes und der Gewebe das ursächliche Moment bei der Höhenkrankheit ist, hat durch die neueren Untersuchungen vollkommene Bestätigung gefunden.

H. v. Schrötter, Der Sauerstoff in der Prophylaxe und Therapie der Luftdruckerkrankungen. Berlin, Hirschwald 1906. — Zur Physiologie der Hochfahrten. Ill. aëron. Mitt. Bd. VII, 1904. — Intern. aeronautischer Kongreß Berlin 1902, S. 102 u. s. w. — N. Zuntz u. s. w., Höhenklima und Bergwanderungen, Berlin 1906. — Mosso, Der Mensch in den Hochalpen, Leipzig 1898. — P. Regnard, La cure d'altitude, Paris 1897. — A. Jaquet, Über die physiologischen Wirkungen des Höhenklimas, Basel 1904.

Die unregelmäßigen Schwankungen des Luftdruckes nehmen mit der Höhe ab und zwar ziemlich in dem Verhältnis, in welchem der Luftdruck abnimmt. Eine klimatische Bedeutung kommt aber diesem Umstande kaum zu. Es betragen z. B. die mittleren Monatsschwankungen des Luftdruckes auf dem Sonnblickgipfel (3105 m) rund im Winter 22 mm, zu Ischl (467 m) 25,0; im Sommer oben 12,7, unten 14,4.

Die jahreszeitlichen Änderungen des Luftdruckes in größeren Höhen sind dadurch charakterisiert, daß der Luftdruck im Winter den niedrigsten, im Sommer den höchsten Stand erreicht. Es ist dies eine Wirkung der Temperaturänderung der atmosphärischen Schichten unterhalb, wie die Tabelle auf S. 195 zeigt. Die jährliche Schwankung des Luftdruckes wächst deshalb auch mit der Höhe, wie folgende Beispiele ersichtlich machen:

Ort	Seehöhe m	Jahresmittel	Abweichungen davon		Differenz
			März	Juli	
S. Bernhard . . .	2476	563,9	− 4,2	+ 4,6	8,8
Theodulpaß . . .	3333	506,2	− 4,6	+ 5,8	10,4
Pikes Peak . . .	4300	451,0	- 6,7[1]	+ 8,2	14,9

Die tägliche Schwankung des Barometers ist in Gebirgstälern mit jener der Niederung im allgemeinen übereinstimmend, das Nachmittagsminimum vertieft sich aber sehr stark. Die südlichen Alpentäler haben eine fast tropische tägliche Luftdruckschwankung (2 mm und darüber beträgt die Differenz zwischen dem Stand um 7 oder 8^h Morgens und jenem am Nachmittage); auf Berggipfeln und Bergabhängen wird das Morgenminimum zum Hauptminimum des Tages, während das nachmittägige Minimum sich stark abschwächt und verspätet.

II. Zunahme der Intensität der Sonnenstrahlung und der Wärmeausstrahlung.

1. **Zunahme der Gesamtstrahlung.** Da mit der Erhebung über das Meeresniveau die Luftschichten, welche die Sonnenstrahlung zerstreuen und absorbieren, weniger mächtig werden, muß auch die Absorption geringer werden, d. h. die Intensität der Sonnenstrahlung zunehmen.

So hat z. B. in Leh, wie aus dem auf S. 196 mitgeteilten Barometerstande hervorgeht, die absorbierende Luftschichte schon um ein Drittel abgenommen. Da zudem der Wasserdampf die Sonnenstrahlung stärker absorbiert als die trockene Luft und mit der Höhe rascher abnimmt als der Barometerstand, so wächst auch die Intensität der Insolation noch rascher, als man aus der Abnahme des Luftdrucks allein schließen müßte. Cayley sah am 11. August 1867 zu Leh das Thermometer in der Sonne auf 57,8° C. steigen, während die Temperatur im Schatten bloß 23,9° war, ein geschwärztes Thermometer in einer luftleer gemachten Glashülle (Solarthermometer) stieg sogar auf 101,7° C., d. i. fast um 14° über den Siedepunkt des Wassers, der in dieser Höhe nur mehr 88° C. beträgt. Workman fand (Juli-August 1903) in Höhen von 4300 bis 5800 m das mittlere Maximum am Solarthermometer 83° (absolut 95,5°) bei einer mittleren Temperatur von 13,6°. Schlagintweit beobachtete in Leh um Mittag bei einer Sonnenhöhe von 80°, eine Lufttemperatur von 23,0°, Bodentemperatur

---

[1] Januar.

im Schatten 16,8 °, in der Sonne 67,8 °; H o o k e r sah im Himalaja in Höhen zwischen 3000 und 4600 m im Winter [1]) das geschwärzte Thermometer in der Sonne 40 bis 50 ° über die Schattentemperatur steigen, einmal stand es um 9[h] a. m. auf 55,5 °, während die gleichzeitige Temperatur des beschatteten Schnees — 5,6 ° betrug.

Die große Intensität der Insolation fällt allen Besuchern großer Höhen auf. Direkt nachgewiesen hat sie zuerst S a u s s u r e und nach ihm eine ganze Reihe anderer Forscher, namentlich B r a v a i s und M a r t i n s , F o r b e s , S o r e t , in neuester Zeit namentlich V i o l l e , L a n g l e y etc.

Einige relative Messungen von E. F r a n k l a n d über die Zunahme des Unterschiedes zwischen der Temperatur im Schatten und in der Sonne mit der Seehöhe mögen den Resultaten absoluter Messungen vorausgehen. Die Temperatur in der Sonne ist die eines besonnten Schwarzkugelthermometers im Vakuum. Sonnenhöhe die gleiche, 60 °.

| Ort | Seehöhe m | Thermometer im | | Differenz |
		Schatten	Sonne	
Oatland Park	46	30,0	41,5	11,5
Riffelberg	2570	24,5	45,5	21,0
Hörnli	2890	20,1	48,1	28,0
Gornergrat	3140	14,2	47,0	32,8
Whitby	20	32,2	37,8	5,6
Pontresina	1800	26,5	44,0	17,5
Bernina H.	2330	19,1	46,4	27,3
Diavolezza	2980	6,0	59,5	53,5

Am 16. und 17. August 1875 stellte V i o l l e auf dem Gipfel des Montblanc und bei den Grands Mulets absolute Messungen der Wärmestrahlung der Sonne an, während gleichzeitig M a r g o t t e t am Fuße des Bossongletschers mit einem gleichen Apparat dieselben Messungen ausführte. Die Sonnenstrahlung war oben um 15 % größer als unten, und um 26 % größer als in Paris.

Ort	Höhe m	Luftdruck	Dampf-spannung	Intensität der Sonnen-strahlung [2])
Montblancgipfel . . .	4810	430	1,0	2,39
Grands Mulets	3050	533	4,0	2,26
Bossongletscher	1200	661	5,8	2,02

Alle diese Daten sind reduziert auf den Zenithstand der Sonne oder die Dicke 1 der atmosphärischen Schichten.

---

[1]) Das ist in der trockenen, heiteren Jahreszeit dieser Gegenden.
[2]) Wärmeeinheiten auf die Fläche von einem Quadratzentimeter in Zeit einer Minute.

Violle schließt aus seinen Messungen, daß durch den atmosphärischen Wasserdampf eine 5mal größere Wärmemenge absorbiert werde, als durch die trockene Atmosphäre, und daß daher, mit Rücksicht darauf, daß die Masse des Wasserdampfes (im Sommer) etwa nur den 380. Teil der Luftmasse beträgt, der Absorptionskoeffizient des Wasserdampfes 1900mal größer sei als jener der Luft[1]).

Daß der Wasserdampfgehalt der Atmosphäre den erheblichsten Einfluß hat auf die Absorption namentlich der weniger brechbaren Strahlen der Sonne (vom Gelb über das Rot hinaus) ist schon auf S. 10 und S. 109 erörtert worden.

Da nun, wie wir später sehen werden, der Wasserdampfgehalt der Atmosphäre mit der Seehöhe sehr rasch abnimmt, viel rascher als der Luftdruck, so wird die rasche Zunahme der Intensität der Sonnenstrahlung mit der Höhe erklärlich. In noch größerem Maße nimmt aber auch der Betrag der Wärmeausstrahlung zu.

In einem vorläufigen Bericht über die Ergebnisse seiner Expedition auf den Mt. Whitney (August 1881) zum Zweck von Studien über die Absorption der Sonnenstrahlung durch die Erdatmosphäre erwähnt Langley der außerordentlichen Lufttrockenheit in einer Höhe zwischen 4000 und 4500 m (im Sommerklima von Kalifornien). Alle Luftperspektive fehlte, so daß man den größten Täuschungen über die Entfernungen unterlag. Die Intensität der Sonnenstrahlung auf dem Gipfel des Berges war so groß, daß die Temperatur in einem mit zwei Glasplatten bedeckten Kupfergefäß weit über den Siedepunkt stieg. Gesicht und Hände wurden von der intensiven Strahlung verbrannt, obgleich der Weg nur über Felsen ging. Der Himmel war vollkommen rein und von einem tieferen Violett, als Langley je beobachtet, auch nicht auf dem Gipfel des Ätna. Auch A. Schuster war erstaunt über die Durchsichtigkeit der Luft auf den Hochebenen von Tibet. Jede Schätzung der Entfernung war unmöglich, man sieht „wie durch ein Vakuum". Der Luftton fehlte fast ganz. Die blaue Farbe des Himmels war von bemerkenswerter Klarheit. Schuster war besonders erstaunt, daß die Rötung der Wolken am Abende fast gänzlich fehlte, und wenn sie eintrat, war sie mehr gelb als rot. Doch erfuhr er, daß in Simla das Abendrot oft und schön gesehen wird am Ende der Regenzeit. Nature 1876, Vol. XIII, 293. Es ist also der Mangel an Wasserdampf und seiner Kondensationsprodukte, welcher diese Erscheinungen erzeugt.

Rizzo beobachtete in verschiedenen Seehöhen am Monte Rosa folgende Zunahme der Intensität der Sonnenstrahlung:

		Am Monte Rosa			Montbl. Violle
Höhe	501	1722	2824	3537	4810 m
Luftdruck	721	622	544	499	430 mm
Kalorien	1,61	1,98	2,09	2,13	2,39 g, cm², Min.

reduziert auf Zenithstand der Sonne.

Die direkt um Mittag beobachteten größten Intensitäten der Sonnenstrahlung betragen an der Erdoberfläche in unseren Breiten 1,6 bis 1,7 Kal. Stankewitch fand auf dem Pamirplateau Juni 1900

---

[1]) S. auch die Messungen von Hill in Indien. Met. Z. 1907, S. 363.

(2 Beob., 17. und 21. Juni), im Mittel unter 39° N, 71° E, 4440 m, Luftdruck 445 mm, Dampfdruck 0,8 mm, Lufttemp. 0,8°, Sonnenstrahlung um Mittag 2,02 Kal.

Von besonderer Wichtigkeit sind die von K. Angström im Juli 1896 am Pik von Teneriffa (mit seinem absoluten neuen Aktinometer) angestellten Messungen, von welchen wir nur folgende für die gleiche Sonnenhöhe von 60° geltenden Resultate anführen[1]:

Seehöhe	360 m	2125 m	3252 m	3683 m	3104 m Sonnblick[2]
Luftdruck	734	597	518	492	520 mm
Kalorien	1,36	1,53	1,58	1,61	1,58 Kal.

Als Gesamtstrahlung während eines ganzen Tages ergab sich (Grammkalorien pro Quadratzentimeter):

Ort	Guimar	La Cañada	Pik
Höhe	360	2125	3683 m
Strahlung auf den Boden	671	755	799 Kal.

Die Strahlungsintensitäten gelten für den horizontalen Boden. Diese Strahlung nimmt für 3,3 km Höhe um 20 %, also um $\frac{1}{5}$ zu.

2. Zunahme der ultravioletten Strahlung. Eine starke Zunahme der Intensität des ultravioletten Teiles der Sonnenstrahlung in großen Höhen wurde von Langley, Abney, O. Simony (auf dem Pik von Teneriffa), sowie von Elster und Geitel konstatiert. Namentlich in den unteren Schichten bis zu 1500 bis 2000 m hinauf wird die ultraviolette Strahlung stark geschwächt, in größeren Höhen schon viel geringer. Elster und Geitel fanden folgende Verhältniszahlen für die Zunahme der ultravioletten Strahlung mit der Seehöhe.

Ort	Wolfenbüttel	Kolm Saigurn	Sonnblick	Obere Grenze der Atmosphäre
Höhe, Meter	80	1600	3100	—
Ultraviolette Str.	38	72	94	236

Von der oberen Grenze der Atmosphäre bis zum Sonnblickgipfel in 3100 m gehen wohl schon 60 % der ultravioletten Strahlung verloren, von da bis Kolm Saigurn in 1600 m wieder 23 %, und in den untersten 1600 m 47 % (Met. Z. 1893, S. 41 etc.).

Die große Intensität der Sonnenstrahlung und besonders des ultravioletten Teiles derselben hat einen bedeutenden Einfluß auf die Vegetation in großen Höhen[3]. Sie ist wohl auch Ursache der starken

---

[1] Met. Z. 1901, S. 185 u. s. w.
[2] F. Exner, Met. Z. 1903, S. 410.
[3] Th. v. Weinzierl konstatierte auf dem alpinen Versuchsgarten auf der Sandlingalpe in 1400 m durch 17jährige Beobachtungen und Versuche, daß unter den klimatischen Faktoren der alpinen Region speziell die chemische Lichtintensität eine sehr große Rolle spielt und den Gestaltungsprozeß gewisser Pflanzenorgane wenigstens in der frühesten Entwicklung beherrscht. Es gelang ihm dort neue konstante Formen insbesondere von Gramineen zu züchten und daraus neue Kulturpflanzen bezw. Akklimatisationsrassen zu gewinnen. Wiesner, Lichtgenuß S. 291 u. s. w.

Wirkung der Sonnenstrahlung daselbst auf die menschliche Haut, die stark gebräunt und verbrannt wird. Dabei wirkt allerdings auch der Reflex der Strahlung von der Schneedecke, sowie die Lufttrockenheit erheblich mit. In Davos und in S. Moritz bräunen sich die Gesichter im Winter stark. Tyndall bemerkt, er sei niemals stärker verbrannt gewesen, als damals, da er auf einem Leuchtturm mit elektrischem Licht arbeitete[1]) (dies ist sehr reich an blauen und ultravioletten Strahlen).

Charcot hat schon 1859 den Sonnenbrand, das Erythema solare, der chemischen Strahlung zugeschrieben. Widmark konnte mit Bogenlicht von 1200 Normalkerzen bei Ausschluß der Wärmewirkung durch das ultraviolette Licht Erythem hervorbringen. Finsen (1892) malte auf seinen Unterarm mit Tusch breite Streifen und setzte dann den Arm 8 Stunden lang dem Sonnenlicht aus. Wo die Streifen waren, blieb die Haut weiß, außerhalb zeigte sich eine Rötung, aus welcher sich nach einigen Stunden ein ausgesprochenes Erythem entwickelte. Nach einigen Tagen erschien an diesen Stellen Pigment. Diese pigmentierten Teile blieben dann frei von Erythem. — Schwärzung der Haut mit Kohle, angebranntem Kork schützt gut gegen Erythem (Entzündung der Gewebe unter der Epidermis). Dr. Ogrest hat in einer großen Fabrik, in welcher Eisen mittels des elektrischen Stromes geschmolzen wird, die Reizung des Auges und der Haut durch „kalte Verbrennung" studiert, sie gleicht jener auf den Alpenhöhen. Gehen die Strahlen durch Glas oder eine leichte Alaunlösung, so bleibt die Entzündung der Haut aus.

Der ultraviolette Teil der Sonnenstrahlung ist ein sehr wirksames bakterientötendes Mittel. Es reinigt auch fließendes und stehendes Wasser von Infektionskeimen.

Über die Zunahme der chemischen Intensität der Sonnenstrahlung mit der Höhe haben schon vor längerer Zeit (s. S. 11) Bunsen und Roscoe eingehende Untersuchungen und Rechnungen angestellt, deren Hauptresultate in der folgenden kleinen Tabelle enthalten sind.

Chemische Intensität der Sonnenstrahlung[2]).

Bei einem Luftdruck von mm	Beiläufige Seehöhe m	Bei einer Sonnenhöhe von				
		90°	70°	50°	30°	10°
		in Prozenten des Maximums				
750	130	44	42	34	19	1
650	1270	49	47	39	24	2
550	2600	55	53	46	30	6
450	4200	61	59	53	37	3
350	6200	68	67	61	46	10

[1]) Dr. Rob. L. Bowles, Sunburn on the Alps, London 1890. — Mitt. d. Deutsch. u. Österr. Alpenvereins, 1890, S. 78.

[2]) Berechnet nach der Formel

$$W = \cos z \times 318{,}3 \times 10^{0{,}48 \frac{p}{\cos z}}$$

z Zenithdistanz der Sonne, p der Barometerstand.

Die chemische Intensität der Strahlung ist in Prozenten der Intensität derselben an der Grenze der Atmosphäre ausgedrückt. Bunsen und Roscoe berechneten diese letztere zu 35,3 Lichtmeter, d. h. die Strahlung der Sonne wäre hier im stande, in einer Minute bei senkrechtem Einfallen durch eine unbegrenzte Säule eines Gemenges von Chlorgas und Wasserstoff eine Schichte Salzsäure von dieser Dicke zu bilden.

In einer Seehöhe von 2600 m ist hiernach die chemische Intensität der Sonnenstrahlung (des brechbareren Teiles des Spektrums) schon um 11 % größer als im Meeresniveau. „Wenn die Sonne nahe senkrecht über Indien steht, ist der Betrag des direkten Sonnenlichtes, das auf die Hochtäler von Tibet fällt, wo noch Getreide kultiviert wird, nahe 1 ½ mal größer als die Lichtmenge, die auf die Ebenen Hindostans fällt, ja wenn die Sonne 45 ° hoch steht, ist die chemische Wirkung derselben auf dem Hochland mehr als 2mal größer als auf den Ebenen.“

3. Abnahme des diffusen Lichtes. Das allgemeine Himmelslicht nimmt an Intensität mit der Höhe ab infolge der geringeren Lichtzerstreuung in der reineren dünneren Atmosphäre. Der Himmel wird in großen Höhen dunkler. Q. Majorana fand auf dem Ätna in 2942 m das Verhältnis zwischen der Lichtintensität der Sonne und dem Himmelslicht 5mal größer als unten in Catania. G. Sella machte gleichzeitig Beobachtungen auf dem Monte Rosa und fand das Verhältnis Sonne : Himmelslicht ähnlich wie Majorana auf dem Ätna. Die Verteilung der Intensität war in allen Richtungen und Entfernungen von der Sonne auf dem Ätna sehr gleichförmig (Phil. Mag. May 1901, VI. Ser., Vol. I, 555). — Wiesner hat auf dem Plateau der Rocky Mountains und Samec bei einer Ballonfahrt die Abnahme der chemischen Intensität des diffusen Lichtes konstatiert. Die Intensität des Sonnenlichtes nimmt natürlich mit der Höhe zu [1]).

4. Insolation und Bodentemperatur im Gebirge. Mit der großen Intensität der Sonnenstrahlung auf den Höhen der Gebirge hängt zusammen eine relativ hohe Bodenwärme, ein mit der Höhe zunehmender Wärmeüberschuß des Bodens gegenüber der Luftwärme. Man beurteilt daher das Gebirgsklima in Bezug auf die Vegetationsverhältnisse und teilweise auch auf das Tierleben unrichtig, wenn man bloß die Wärmeverhältnisse der Luft in Betracht zieht. Die folgende Auswahl von Beobachtungsergebnissen liefert hierfür einen kleinen Nachweis.

---

[1]) Wiesner fand im Westen der Union für die Intensität des Gesamtlichtes folgende Zahlen: S. Paul 230 m 1,00; 735 m 1,07; 1660 m 1,35 und 2270 m 1,72. Die Intensität des diffusen Lichtes nahm ab. Wiener Denkschr. LXXX, 1906. — Samec fand bei einer Ballonfahrt (Mai 1907) nach Wiesners Methoden folgende Zahlen für die chemischen Lichtintensitäten:

Höhe	450	1200	1500	2000	2500	3000	3500	4200 m
Gesamtlicht	1,73	1,77	1,82	1,90	2,01	2,09	2,12	2,30
Sonne allein	1,28	1,34	1,42	1,51	1,63	1,71	1,77	1,96
Diffuses Himmelslicht allein	0,45	0,43	0,40	0,39	0,38	0,38	0,35	0,34

Das Verhältnis, Sonnenlicht : diffuses Licht nimmt nach oben von 2,83 auf 5,72 zu wie man sieht. Die Sonnenstrahlung hat von der Erdoberfläche bis 4200 m um 17 % zugenommen. (Wien. Sitzungsb. CXVI, Juni 1907).

Nach A. v. Kerners Beobachtungen in den Zentralalpen von Tirol[1]) ist die mittlere Differenz zwischen Lufttemperatur und Bodentemperatur in 1000 m 1,5 °, in 1300 m 1,7 °, in 1600 m 2,4 °. Boller findet im Elsaß diese Differenz in Hagenau 145 m 1,0 °, Melkerei 930 m 1,3 °. Im Sommer steigen die Differenzen auf 2 bis 3 °.

Ch. Martins gibt folgenden Vergleich seiner Beobachtungen der Temperatur der Luft und des Bodens auf dem Faulhorn mit jenen zu Brüssel.

Temperatur um 9ʰ Morgens, 10. bis 18. August 1842

Ort	Höhe	Luft	Bodenoberfläche
Faulhorn	2680 m	8,2	16,2
Brüssel	50 „	21,4	20,1

Die Temperatur des Bodens auf dem Faulhorngipfel war also nur um. 4 ° niedriger als die von Brüssel, während die Luftwärme einen Unterschied von mehr als 13 ° zeigt. Die mittlere Schattentemperatur der Luft auf dem Faulhorn war 6,7, die der Bodenoberfläche 9,5 und in 1 Dezimeter Tiefe 10,0 °. Das mittlere Maximum der Luftwärme war 9,0 °, das der Bodenoberfläche 19,5 °. Nach Beobachtungen vom 21. September bis 4. Oktober 1844 war die mittlere Temperatur der Luft 5,4, die des Bodens aber 11,8 ° C. Der Faulhorngipfel liegt gerade etwas unterhalb der Schneegrenze, wie die Magdalenenbai auf Spitzbergen (80 ° 34′ N), während aber auf ersteren die Bodenwärme viel höher ist als die Lufttemperatur, liegt sie auf Spitzbergen 1 ° unter der Luftwärme. Der Grund davon ist in der intensiven Insolation auf den Berggipfeln zu suchen.

Im Jahre 1864 hat Martins korrespondierende Beobachtungen der Luft- und Bodenwärme auf dem Gipfel des Pic du Midi 2877 m und zu Bagnères in 551 m (horizontale Entfernung bloß 14 ¹/₂ km) während der drei ganz heiteren Tage des 8., 9. und 10. September ins Werk gesetzt. Die Beobachtung der Bodenwärme wurde in gleicher Weise oben wie unten ausgeführt und hierzu die gleiche Bodenart, nämlich schwarze Modererde aus alten Weidenstämmen, gewählt. Sie ergaben als

	Bagnères	Pic	Differenz
Mittlere Temperatur der Luft	22,3	10,1	12,2
Mittlere Temperatur des Bodens	36,1	33,8	2,3

Die Temperatur des Bodens in 5 cm Tiefe war zu Bagnères 25,5 °, also um 3.2 ° höher als die Lufttemperatur, auf dem Pic du Midi 17,1 °, somit um 7,0 ° höher als die Luftwärme. Die Erwärmung des Bodens auf dem Pic du Midi war demnach bis zu mehreren Zentimeter Tiefe zirka 2mal größer als in dem 2326 m tiefer liegenden Bagnères. Die absoluten Maxima der Temperatur waren:

Bagnères 9. Sept. 2ʰ p. m. Boden 50,3, Luft 27,1,
Pic du Midi 10. Sept. 11 ¹/₂ʰ a. m. Boden 52,3, Luft 13,2.

Da sich der Pic gegen Mittag stets in Wolken hüllte, wurde das Maximum der Bodenwärme schon vor Mittag erreicht und war 2 ° höher als das zu Bagnères.

Durch hohe Bodenwärme und große Intensität des Lichtes unterscheidet sich das Klima der Gebirge vorteilhaft von jenem der Polargegenden bei gleicher Luftwärme. So kommt es, daß die Kuppe des

---

[1]) Pflanzenleben I, p. 490.

Faulhorns auf einer Fläche von $4\,^{1}/_{2}$ ha 131 phanerogame Pflanzenarten aufweisen kann, während der ganze Archipel von Spitzbergen
deren bloß 93 zählen soll. Die lange Dauer des Tages kann die
geringe Intensität der Sonnenstrahlung nicht ersetzen, die Bodenwärme
hebt sich nicht über die Luftwärme und die Erde bleibt schon in der
Tiefe von einigen Dezimetern gefroren.

5. Insolation und Exposition. Das Gebirge bedingt eine große
Mannigfaltigkeit der Klimate in geringen Entfernungen.
Die verschiedenen Bodenformen (Talbecken, Abhänge, freie Höhen)
und deren verschiedene Bekleidung oder Nacktheit modifizieren örtlich
die klimatischen Faktoren in erheblicher Weise. Namentlich spielt dabei die „Auslage" eine große Rolle.

Die Exposition hat im Gebirge einen großen Einfluß auf den
Betrag der Insolation und der Bodenwärme. Die Umgebungen der Pole
selbst ausgenommen, wo die Sonne rings um den Horizont herumgeht,
gibt es auf jeder Hemisphäre eine besonders begünstigte und eine besonders zurückgesetzte Abdachung in Bezug auf den Betrag der Sonnenstrahlung, den dieselbe empfängt. Auf der nördlichen Hemisphäre sind
es die Südhänge, welche vermöge des steileren Einfallens der Strahlen
eine stärkere Insolation erhalten, auf der südlichen die Nordhänge.
Dazu kommt bei geringerer Sonnenhöhe die längere Dauer der Beschattung der von der Sonne abgewendeten Abhänge, welche den In-
solationsüberschuß der südlichen Gehänge (auf unserer Halbkugel) noch
vermehrt. In den Äquinoktialgegenden sind Nord- und Südhänge gleich
begünstigt, hiergegen haben die Ost- und Westabhänge eine etwas
längere Beschattung. Die von Ost nach West streichenden Täler sind
bei gleichen Erhebungswinkeln der Bergwände günstiger daran, als die
von Nord nach Süd streichenden, weil letztere einer längeren Beschattung unterliegen als erstere. Um Mittag erhebt sich die Sonne fast
überall über die Berge, dazu kommt aber bei den von Ost nach West
verlaufenden Tälern auch noch die Morgen- und Abendsonne[1]). Schattenseite und Sonnenseite schaffen im Gebirge große klimatische Gegensätze auf geringe Entfernungen hin. Wenn die Südgehänge im ersten
Frühlinge schon saftig grünen, können die Nordhänge noch im tiefen
Winter liegen. Im Spätsommer leuchten die sonnseitigen Abhänge im
warmen Gelb der reifenden Getreidefelder, während die Nordhänge in
dunkeln Nadelwald gekleidet sind[2]).

In welcher Weise die Mannigfaltigkeit der Gebirgsklimate höchst
charakteristische jahreszeitliche Wanderungen und Wohnungswechsel der
Bewohner bedingt, haben in sehr interessanter Weise J. Brunhes und
P. Girardin geschildert. Im Wallis, im Val d'Anniviers, haben die Be-

---

[1]) Siehe K. Peuker, Der Bergschatten. Die Einschränkung solarklimati-
scher Faktoren durch das Bergprofil und ihre graphische Ermittlung.
Deutscher Geographentag, Jena 1897. Interessante spezielle Nachweise. In Gastein
z. B. ist die direkte Sonnenstrahlung nur so groß, wie an einem bergschattenlosen
Punkt, der 8° nördlicher gelegen ist, in Hallstadt wie in der Breite von Petersburg.
[2]) Recht auffallend ist im oberen Vintschgau der Unterschied zwischen den
sonnverbrannten braunen Berghängen im Norden und den freundlich grünen mit
Wald und Bergwiesen bekleideten südlichen Bergwänden.

wohner nicht bloß zwei Wohnstätten (Winter im Tal, Sommer auf den Alpen), sondern deren sogar vier. Interessant ist ferner der Nachweis, welchen Einfluß die Sonnenscheindauer und die Bodenformen des Tales auf Lage und Bauart der Häuser und auf die Lebensführung der Bewohner haben. (Les groupes d'habitations du Val d'Anniviers. Annales de Géogr. XV, 1906. S. 329 bis 352 mit Abb. S. 346 Einfluß der Exposition und der Sonnenscheindauer.)

In dem Haupttal zwischen Martigny und dem Rhonegletscher leben 84 000 Menschen auf der rechten (Sonnen-) Seite und nur 20 000 auf der linken (Schatten-) Seite. Ein Teil dieser Differenz ist wohl darauf zurückzuführen, daß diese letztere steiler ist, doch sicherlich nicht ganz. In einem Tale, dessen beide Seiten gleich steil sind, beläuft sich die Bevölkerung auf der Sonnenseite auf 3000, auf der Schattenseite nur auf 700 bis 800. Mit wenigen Ausnahmen liegen die Dörfer alle auf der Sonnenseite. Die Bewohner der Sonnenseite sind wohlhabender und besser unterrichtet und schauen herab auf die Bewohner der Schattenseite. — Das Dorf Reckingen hat zwei wirkliche Rassen, die auf diesem Unterschied beruhen[1]).

Zu den Unterschieden der Insolation der verschiedenen Abdachungen eines Gebirges gesellt sich auch noch die Wirkung der verschieden temperierten Winde, welche im allgemeinen im gleichen Sinne tätig ist, die südlichen Abhänge zu erwärmen, die nördlichen zu erkalten (in unserer Hemisphäre). Es liegen über diesen wichtigen klimatischen Faktor, den Einfluß der Exposition, leider fast keine Messungen vor, welche gestatten würden, den Unterschied der Boden- und Luftwärme je nach der Richtung der Bergabhänge unter verschiedenen Breiten ziffermäßig nachzuweisen.

Freie Plateauanlagen haben im allgemeinen eine niedrigere Temperatur als Tallagen und namentlich Lagen an nach N geschützten Abhängen, also mit mehr minder südlicher Exposition.

Als Beispiele für den Einfluß der Lage der Station (der orographischen Verhältnisse) mögen die Temperaturen folgender Orte in der Nordschweiz dienen, in gleicher geographischer Breite und Seehöhe:

Einsiedeln 910 m ungeschützte freie Plateaulage (rauhes Klima)
Seewis 950 m Gehängestation, SE-Exposition, nach NW bis NE geschützt.
37jährige Mittel (nach J. Maurer)

	Jan.	April	Juli	Okt.	Jahr
Einsiedeln 910	−4,0	5,1	15,0	5,9	5,5
Seewis 950	−2,5	6,4	15,6	6,9	6,6
Differenz	1,5	1,3	0,6*	1,0	1,1

Bodentemperatur bei verschiedenen Expositionen. Eine wertvolle Reihe von Beobachtungen über die Bodentemperatur bei verschiedenen Expositionen gegen den Horizont verdanken wir A. v. Kerner. Dieselben sind 3 Jahre hindurch in 80 cm Tiefe an einem isolierten Hügel bei Innsbruck in rund 600 m Seehöhe und später auch zu Trins im Gschnitztale in 1340 m Seehöhe ebenfalls 3 Jahre hindurch ausgeführt und von F. v. Kerner bearbeitet

---

[1]) Science Vol. XV, S. 915, R. De C. Ward nach M. Lugeon, Prof. in Lausanne, „Quelques mots sur le Groupement de la Population du Valais".

worden [1]). Es stellte sich heraus, daß in beiden Höhenlagen ganz übereinstimmend der Boden die höchste Temperatur im Winter bei SW-Exposition hat, im Sommer dagegen mit SE- und S-Exposition.

Die mittleren Bodentemperaturen waren:

Bodentemperatur in 80 cm Tiefe.

Exposition	Inntal 600 m			Gschnitztal 1340 m		
	Winter	Sommer	Jahr	Winter	Sommer	Jahr
N . . .	4,2	15,3*	9,5*	0,6	11,2*	5,1*
NE . . .	4,4	17,0	10,6	0,9	11,6	5,5
E . . .	4,0*	18,6	11,3	0,4*	12,6	5,9
SE . . .	5,1	**19,7**	12,6	1,5	13,4	7,5
S . . .	5,3	19,3	**12,6**	2,4	**13,4**	7,8
SW . . .	**6,6**	18,3	12,7	**3,1**	12,9	7,8
W . . .	5,5	18,5	12,2	2,6	12,6	7,4
NW . . .	4,5	16,0	10,2	2,0	11,9	6,5
Mittel . .	5,0	17,8	11,5	1,7	12,5	6,7
Ampl. . .	2,6	4,4	8,2	2,7	2,2	2,7

Bei Innsbruck beträgt der Unterschied der Bodenwärme zwischen Süd- und Nordhang noch in 0,8 m Tiefe im Sommer über 4° und wird an der Oberfläche erheblich größer sein. Dadurch müssen die oberen Pflanzengrenzen, sowie die Schneelinie auf den Südseiten erheblich höher hinaufrücken, als auf den Nordgehängen. Die großen Verschiedenheiten der Exposition und des Neigungswinkels der Gehänge werden selbst in gleichem Niveau auf geringe Entfernungen hin in den Gebirgsländern große Mannigfaltigkeit des örtlichen Klimas bedingen, schon was Insolation und Luftwärme allein anbelangt. Die Südgehänge sind der Ebene gegenüber wesentlich begünstigt, selbst die niedrig stehende Sonne des Winters vermag dort eine kräftige Erwärmung zu bewirken; die Nordgehänge hingegen stehen weit zurück gegen das ebene Land.

---

[1]) A. v. Kerner, Wanderungen des Maximums der Bodentemperatur. Met. Z. 1871, S. 65. — F. v. Kerner, Die Änderung der Bodentemperatur mit der Exposition. Sitzungsb. d. Wiener Akad., Mai 1891. — Wollny, Untersuchungen über den Einfluß der Exposition auf die Erwärmung des Bodens. Forschungen über Agrikulturphysik I, 1878, S. 263. Derselbe, Untersuchungen über die Feuchtigkeit und Temperatur des Bodens bei verschiedener Neigung und Exposition desselben. X, 1887, S. 1 u. 345 behandelt auch den täglichen Gang der Wärme in verschiedenen Expositionen. Resultate mit jenen Kerners übereinstimmend: Süd wärmer als Nord, Ost wärmer als Westseite (Unterschied aber geringer) und um so mehr je steiler die Neigung. — C. Eser berechnete die Strahlungsintensitäten für die verschiedenen Expositionen. VII, 1884, S. 100—118. Eser fand die Verdunstung des Bodens am größten auf der Südseite, dann kommt die Ostseite, dann die West- und Nordseite. Dazu kommt aber in der Natur noch der tägliche Gang der Bewölkung. — A. Bühler, Einfluß der Exposition und des Neigungswinkels auf die Temperatur des Bodens Met. Z. 1896, Litb. [22—23]. Im Waldschatten sind die Unterschiede gering. Unter geschlossenem Kronendach ist die Bodentemperatur 5 bis 10°, an einzelnen Tagen bis zu 16° niedriger als im Freilande.

Im ganzen ist der durchschnittliche Betrag der Insolation, der auf die Flächeneinheit eines Gebirgslandes entfällt, etwas kleiner als jener, der derselben Fläche der Ebene zukommt, weil dasselbe Strahlenbündel im Gebirgslande sich über eine größere Fläche verteilt. Hierbei ist allerdings die intensivere Insolation in größeren Höhen nicht berücksichtigt, welche das Resultat wieder zu Gunsten der Gebirgsländer modifiziert.

Die Wanderung des Maximums der Bodentemperatur von SW im Winter nach SE im Sommer ist wohl zumeist im täglichen Gange der Bewölkung begründet. Im Winter zerstreut die Sonne die Wolken (namentlich Nebel) und die Nachmittage sind heiterer als die Vormittage, im Sommer dagegen sind im Gebirge die Vormittage heiterer als die Nachmittage, wo der aufsteigende Luftstrom Bewölkung und selbst Niederschläge mit Gewittern bringt. Die Sonnenscheinregistrierungen haben gezeigt, daß im Gebirge im Winter die Mittagsstunden und ersten Nachmittagsstunden am meisten Sonne haben; gegen den Sommer hin weicht das Maximum der Frequenz des Sonnenscheins auf die Vormittagsstunden zurück, und um 11^h, ja selbst um 10^h nimmt die Sonnenscheindauer wieder ab, um zuweilen am späteren Nachmittag wieder ein kleines sekundäres Maximum zu erreichen.

Die höchste Bodentemperatur wird erreicht im Inntal in der Exposition E 67° S am 4. September mit 20,8°, im Gschnitztal in E 76° S am 25. August mit 15,0°; die tiefste Temperatur im Inntal in der Exposition N 7° E am 5. März mit 3,3°, im Gschnitztal in N 13° E am 23. Februar mit — 0,8°, die Jahresschwankung ist 17,5° und 15,8°.

A. v. Kerner führt auf diese Verhältnisse des Ganges der Bodentemperatur das höchste Ansteigen der Rotbuche auf den SE-Gehängen zurück, wogegen die Fichte in den Nordalpen ihre oberste Grenze gerne an südwestlichen Gehängen findet. Die erste liebt warmen trockenen Boden, die letztere feuchten Boden mit gleichmäßigerer Wärme.

Auf den Bergen Javas ist nach Junghuhn die Westseite (unterhalb 2400 m rund, der durchschnittlichen oberen Wolkengrenze) viel feuchter und kühler als die Ostseite, weil die Sonne wegen der schon um Mittag regelmäßig eintretenden Wolkendecke dieselbe nicht bescheinen kann. Diese von Junghuhn hervorgehobene Erscheinung dürfte wohl nicht auf die Berge Javas beschränkt sein.

6. Zunahme der Wärmeausstrahlung mit der Höhe. Die Verdünnung der Luft und die Abnahme des Wasserdampfgehaltes derselben mit der Höhe bedingen einerseits die oben nachgewiesene intensivere Insolation bei Tag aber auch eine intensivere Wärmeausstrahlung Tag und Nacht hindurch. Vergleichende Messungen der Wärmeausstrahlung zu Brienz und auf dem 2110 m höheren Faulhorngipfel mit Pouillets Aktinometer ergaben eine 37 % größere Wärmestrahlung auf letzterem Punkte; ebensolche ausgeführt gleichzeitig zu Chamonix und auf dem Grand Plateau des Montblanc (3930 m) ergaben auf diesem 2880 m höher liegenden Punkt eine beinahe doppelt so starke Wärmeausstrahlung (genähert richtige Resultate). Die Temperatur des Schnees auf dem Grand Plateau sank in den Nächten vom 28. bis 31. August (1844) auf — 19,2°, während die Lufttemperatur nur — 6,5° betrug (Martins).

Auf dem Pic du Midi waren die Minima der Temperatur der Bodenoberfläche (am 8. und 9. September) um 13,1° niedriger als jene zu Bagnères, während die Maxima oben jenen unten gleichkamen oder sie überschritten. Da also auf Bergen sowohl die Insolation als die Wärmeausstrahlung zugleich erhöht sind, so resultiert daraus eine viel größere Schwankung der Bodenwärme vom Tag zur Nacht als in den Niederungen.

Die neueren genaueren Messungen der Wärmeausstrahlung in absolutem Maße ergaben folgendes: nach Maurer zu Zürich (Juni 1887), Pernter und Trabert (Februar 1880), auf dem Sonnblickgipfel, Exner ebenda (Juli 1902), endlich Krcmár und Schneider, Wien (1906, Spätsommer) [1].

Wien	Zürich	Rauris	Sonnblick 3104 m	
202 m	440	950	Febr.	Juli
0,15 [2]	0,13	0,15	0,20	0,19 g-Kal., cm², Minuten.

Die Ausstrahlung in der Zeiteinheit beträgt demnach etwa den zehnten Teil der maximalen Sonnenstrahlung um Mittag an völlig reinen Tagen. Sie nimmt nach obigen zwischen rund 300 und 3100 m um $0,195 : 0,14$, d. i. 1,39, also fast um 40 % zu, während die Intensität der Sonnenstrahlung, wie wir früher gesehen, beiläufig für das gleiche Höhenintervall nur um 20 % zunimmt. Die Ausstrahlung nimmt mit der Höhe stärker zu als die Sonnenstrahlung, und da die Ausstrahlung Tag und Nacht in beiläufig gleichem Maße vor sich geht, die Einstrahlung nur auf den Tag beschränkt bleibt, so darf es nicht wundernehmen, wenn die Temperatur mit der Höhe abnimmt [3].

III. Abnahme der Lufttemperatur mit der Höhe.

1. Mittleres Maß der Temperaturabnahme. Mit der Zunahme der Insolation mit der Höhe steht in scheinbarem Widerspruch die gleichzeitige Abnahme der Luftwärme. Die ersten genaueren Beobachtungen über das Maß derselben bei Erhebung auf Bergen verdankt man einem auf so manchem Gebiete der Physik der Erde bahnbrechenden Forscher, H. B. de Saussure. Im Juli 1788 verweilte er 14 Tage auf dem Col du Géant in 3405 m Seehöhe mit meteorologischen und physikalischen Messungen beschäftigt [4]. Die gleichzeitigen Beobachtungen zu Chamonix und Genf ergaben folgende Mitteltemperaturen und Temperaturänderungen mit der Höhe:

[1] Sitzungsber. der Wiener Akad. CXVI, März 1907.
[2] Mittel der drei klarsten Septembernächte.
[3] Ein roher Überschlag der Wärmebilanz für Wien und für den Sonnblick würde also beiläufig ergeben pro Tag:

Wien 1./3. Sept. 1906 Wärmeeinnahme 317, Ausstrahlung 216, Bilanz + 101
Sonnblick   „   380,   „   288,   „   + 92
Dazu kommt noch die diffuse Wärmestrahlung, die unten viel größer ist als oben, wodurch der Unterschied zu Ungunsten des Sonnblicks erheblich größer wird. Nimmt man mit Trabert unten + 40 %, oben wohl zu viel + 20 % für diffuse Strahlung, so wird die Bilanz 226 und 168 Kal.
[4] Die meteorol. Beobachtungen sind in extenso publiziert in: Observ. Mét. faites au Col du Géant du 5. an 18. Juillet 1788. Par H. B. de Saussure. Mémoire de la Soc. Physique et Nat. de Genève 1890. Met. Z. 1892, Litt.-Ber. 17.

Ort	Höhe	Temp.	Temp.-Abnahme pro 100 m	Höhendiff. für 1° Temp.-Änderung
Col du Géant . . .	3405	2,5°		
			0,66	150
Chamonix	1080	17,9°		
			0,54	180
Genf	400	21,6°		

Die durchschnittliche Wärmeabnahme mit der Höhe war 0,63° für je 100 m. Es zeigt sich ferner in diesen Beobachtungen auch schon der allgemein gültige Satz enthalten, daß bei allmählicher Erhebung in Tälern (oder auf Hochebenen) die Wärmeabnahme langsamer erfolgt (Genf - Chamonix) als bei Erhebung auf einem steiler ansteigenden Berghange (Chamonix-Col du Géant).

Die folgende Tabelle gibt einige Beispiele über die durchschnittliche Wärmeabnahme mit der Höhe in verschiedenen Gebirgsländern.

Temperaturabnahme pro 100 Meter Erhebung.

I. Tropische Gebirge:

1. Kolumbien 4—8° N von Küste zum Hochland . . . . 0,51°
2. Ecuador 0° von Küste zum Hochland 0,54
3. Ecuador vom Hochland an den Bergen 0,62
4. Peru 16° S vom Hochland an den Bergen 0,61
5. Ceylon um 7° N von Küste aus an den Bergen . . . 0,64
6. Südindien 11° N Inland und Gipfelstationen 0,64
7. Südindien 8½° N Westküste Agustia-Pik 0,61
8. Am Kamerun-Pik 4° N (Buëa 980 m) 0,59
9. Nordbengalen 27° N (Blanford) 0,52
10. Nordwestprovinzen 30° N (S. A. Hill) 0,59
11. Insel Hongkong 22° 0,57
12. Java (Batavia-Pangerango) 0,56

Zu 1. $t_h = 27,75 - 0,51\,h$, Met. Z. 1903, S. 62. — Zu 2. $t_h = 27,64 - 0,54\,h$, Klima v. Quito, Berl. Zeitschr. f. Erdk. 1893, Bd. XXVIII, S. 107. Schon Humboldt hatte 0,53 gefunden. Boussingault, Anden 11° N bei 3° S 0,57. — Zu 4. Met. Z. 1907, S. 273. — Zu 5. Neu berechnet 27,0 — 0,64 t. — Zu 6 u. 7. Met. Z. 1908, S. 28. — Zu 8. Met. Z. 1904, S. 545. — Zu 9. Met. Z. 1875, S. 302. — Zu 10. Met. Z. 1885, S. 296. — Zu 11. Met. Z. 1895, S. 190. — Zu 12. Bloß ein Monat, Mai.

Die mittlere Temperaturabnahme beträgt demnach in den Tropen bei langsamer Erhebung (wie in der Schweiz) 0,54 etwa, bei rascher Erhebung aus den Tälern zu den Berggipfeln 0,62. Die Verhältnisse sind aber sehr mannigfaltig und namentlich von den Regenzeiten abhängig.

II. Außertropische Gebirge:

Ätna (Catania)	0,64°		Ben Nevis	0,67°
Monte Cavo (Rom)	0,55		Siebengebirge (Bischof) . . .	0,56
Serra da Estrella (Coimbra) . .	0,57		Harz	0,58
Pic du Midi (Bagnères) . . .	0,51		Erzgebirge (Nordseite)	0,54
Puy de Dome (Clermont) . . .	0,60		Erzgebirge (Südseite)	0,58
Bjelasnica (Sarajewo, ½ Mostar)	0,63		Riesengebirge (Nordseite) . . .	0,58
Mittel- u. Süditalien (nach Lugli)	0,58		Riesengebirge (Südseite) . . .	0,61
Blaue Berge, Neusüdwales . .	0,51		Sudeten	0,57
Kaukasus und Armenien[1]) . .	0,45		Westalpen	0,53
Siebenbürgen[1])	0,48		Ostalpen (Nord- und Südseite) .	0,52
Mt. Washington (Newhampshire)	0,55		Kärnten (Täler)	0,46
Pikes-Pik (Colorado Springs) . .	0,64		Bei Christiania[2]) (60° N) . . .	0,55

[1]) Langsame Erhebung auf Pässen, keine Gipfel- und Gehängstationen.
[2]) Met. Z. 1874, S. 97.

Direktor J. Maurer findet durch Kombination aller Stationen der Schweiz nach der Methode der kleinsten Quadrate für das Juragebiet 0,46, für die gesamte Nordseite der Alpen bis zu den Paßstationen 0,510°, für die Ostschweiz allein auch 0,514, das Wallis für sich behandelt bis zum Rocher de Naye gibt 0,59, die Südschweiz allein liefert 0,555° pro 100 m. Der Mittelwert für die gesamten westlichen Zentralalpen ist 0,525.

Ich habe für die Nordseite der Ostalpen nach derselben Methode gerechnet 0,507 und für Nord- und Südseite 0,518 gefunden. Rechnet man mit Stationspaaren, so erhält man höhere Werte. Hirsch: Schweiz (16 Paare) 0,58°; Hann: Nordseite der Ostalpen (10) 0,55, Südtirol und Tessin (7) 0,57. Kärnten bleibt auch da zurück mit 0,42° pro 100 m. (Temp.-Verh. der österr. Alpenländer III, S. 37 [69]; Sitz. d. Wien. Akad. 92. B., Juni 1885.)

Wenn man nur Durchschnittszahlen und Jahresmittel berücksichtigt und von örtlichen Abweichungen absieht, so kann man sagen, daß die Temperaturabnahme mit der Höhe in Gebirgsländern vom Äquator bis gegen 60° N. Br. die gleiche ist und im Mittel 0,55° für je 100 m beträgt. Aber selbst wenn man die örtlichen Besonderheiten berücksichtigen wollte, so würde sich zwar zeigen, daß in dieser Zahl Schwankungen zwischen 0,5° bis 0,7° vorkommen, diese aber keine Beziehung zur geographischen Breite zeigen, so daß eine bestimmte Abhängigkeit der Wärmeabnahme mit der Höhe von der geographischen Breite nach unseren gegenwärtigen Kenntnissen geleugnet werden muß.

Der erhebliche Unterschied der Wärmeabnahme auf der N-Seite der Gebirge (N-Hemisphäre) ist zum Teil in der Temperaturänderung mit der geographischen Breite und dem Schutz, den das Gebirge gegen Abkühlungen gewährt, begründet, zum Teil (Erzgebirge etc.) eine Differenz der Luv- und Leeseiten, die später zu erörtern sein wird.

Temperaturabnahme auf Plateauerhebungen im Gegensatz zu Gipfelerhebungen. Der Temperaturunterschied zwischen einem Tal und einem aus demselben sich erhebenden Berggipfel ist größer als der zwischen zwei benachbarten Tälern, die einen gleichen Höhenunterschied haben. Frei aufsteigende Berge haben auf ihren Höhen eine um so niedrigere Mittelwärme, je isolierter sie sind und je weniger Masse sie besitzen. Am langsamsten ist die Wärmeabnahme auf plateauartigen Gebirgserhebungen und ganz besonders auf den allmählich anschwellenden Landrücken von geringer Höhe, welche die Hauptmasse der Kontinente bilden. Hier verschwindet die Wärmeabnahme mit der Höhe bis zu etlichen hundert Meter zuweilen gänzlich und ist überhaupt dem Maße nach gar nicht genauer zu konstatieren. Es wird dies schon sehr schwer bei langsam abdachenden Gebirgen mit Plateaucharakter. Für die Rauhe Alb fand ich eine Wärmeabnahme von 0,44° für 100 m, Maurer für den Jura 0,46°, Schoder für Württemberg überhaupt 0,50°; Schlagintweit für das Dekhan 0,43°. Auch die Stationen auf der Nord- und Südseite des Kaukasus, bezogen auf einige Paßstationen in diesem Gebirge, geben die sehr langsame Wärmeabnahme 0,45° für 100 m.

Für die allgemeinen kontinentalen Landerhebungen dürfte wohl die Wärmeänderung mit der Höhe näher an 0,4° als an 0,5° liegen. Mit der größeren Massenerhebung eines Gebirges steigt auch (relativ) die Temperatur, d. h. die Temperaturabnahme wird langsamer, wie

dies die großen Plateauländer von Peru und Bolivien, von Tibet etc.
besonders zeigen. Eingehender verfolgen können wir dies in den Alpen,
wo wir die Temperaturen, die Kultur- und Waldgrenzen, wie auch

Fig. 15.

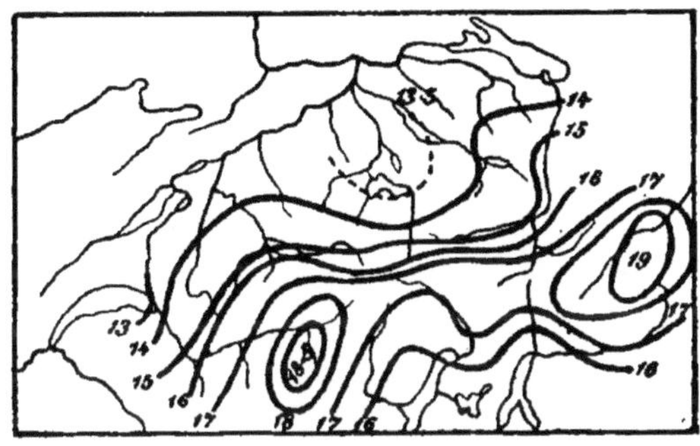

Schweiz. Isothermen in 1500 m für 1 h p. m. im Juli nach Quervain.

die Schneegrenze dort am höchsten ansteigen sehen, wo die durchschnittliche mittlere Seehöhe des Gebirges am größten ist. A. de Quervain hat diese Hebung der Isothermen in den Schweizer Alpen spezieller untersucht (Gerland, „Beiträge“, 1903, VI. Heft, und Pet.
Mitteil. 1905, Litt. S. 103). Von seinen interessanten bezüglichen graphischen Darstellungen geben wir eine einzige in Reduktion in Fig. 15,
während Fig. 16 die mittlere Massenerhebung des Landes ersichtlich
macht.

Fig. 16.

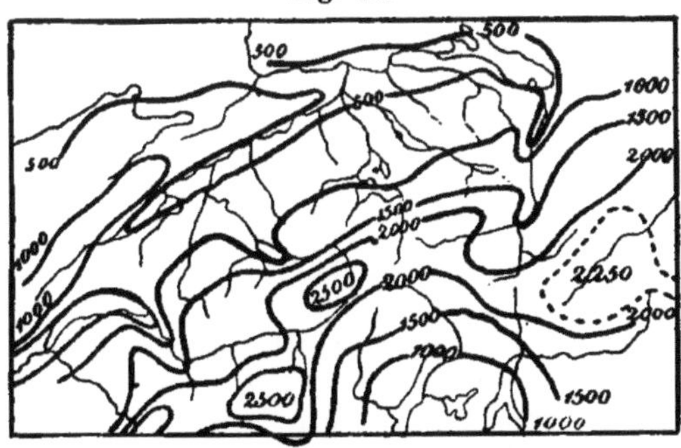

Schweiz. Mittlere Massenerhebung nach H. Liez.

Die Isothermflächen für 1ʰ Mittag zeigen eine Hebung von Norden
gegen das Innere der Massenerhebung um 800 m im Juli (Windschutz,
geringere Bewölkung und gesteigerte Insolation). Die Morgenstunden
sind aber im Innern des Gebirges kälter, die wärmsten Sommermonate
ausgenommen.

   2. Jährliche Periode der Temperaturabnahme. Der Grund der
Verschiedenheit in der Wärmeabnahme mit der Höhe zwischen

Tälern und Berggipfeln gegenüber jener zwischen Abhängen und Gipfeln beruht in den mittleren und höheren Breiten auf der lokalen Erkaltung der Täler im Winter, namentlich in Klimaten mit einer winterlichen Schneedecke. Dadurch wird die Wärmeabnahme nach oben im Winter sehr langsam, und es entsteht eine sehr ausgeprägte jährliche Periode der Wärmeänderung mit der Höhe. Die jährliche Periode der Wärmeänderung mit der Höhe in Mitteleuropa nach Jahreszeiten ersieht man aus der folgenden kleinen Tabelle:

Wärmeabnahme pro 100 m

	N.Br.	Winter	Frühling	Sommer	Herbst	Jahr
Harz . .	52°	0,43	0,67	0,69	0,51	0,58
Erzgebirge	50½	0,43	0,67	0,68	0,58	0,59
Schweiz .	47	0,45	0,67	0,73	0,52	0,58

Die Wärmeabnahme mit der Höhe ist im Winter viel langsamer als im Sommer, am langsamsten in Kärnten, das mit Rücksicht auf Luftdruck und Windverhältnisse die kontinentalste Lage hat[1]).

Man muß im Winter durchschnittlich um 220 m steigen, damit die Temperatur um 1° C. sinkt, im Frühling um 150 m, im Sommer um 140 m und im Herbst um 190 m; im Jahresmittel um 170 m.

Die langsamste Wärmeabnahme mit der Höhe im Gebirge tritt im Dezember ein, zur Zeit der längsten Nächte (der größten Dauer der Wärmeausstrahlung), die rascheste im Frühling und Frühsommer, namentlich im Mai und Juni.

---

[1]) Die nachstehende kleine Tabelle zeigt den jährlichen Gang der Temperaturänderung mit der Höhe nach Monatsmitteln. Da das Maximum meist zwischen Frühling und Sommer eintritt, so lassen die Mittel der Jahreszeiten nicht die volle jährliche Änderung ersehen.

Temperaturabnahme pro 100 m Erhebung:

Jan.	Febr.	März	April	Mai	Juni	Juli	Aug.	Sept.	Okt.	Nov.	Dez.	Jahr
			I. Hochgebirge. a) Westalpen 46° N									
.45	.53	.62	.64	.66	.67	.67	.64	.60	.56	.51	.44*	0,58
			b) Ostalpen, Südseite 46° N									
.49	.54	.63	.67	.68	.69	.67	.65	.61	.57	.53	.48*	0,60
			c) Ostalpen, Nordseite 47° N									
.38	.40	.54	.62	.64	.65	.62	.59	.54	.47	.40	.32	0,51
		Geschütztes Bergland, langsame Erhebungen, Kärnten 46½° N										
.20	.34	.50	.61	.61	.60	.57	.55	.50	.43	.34	.23	0,46
		II. Mittelgebirge. Erzgebirge, Nordseite, zugleich Luvseite										
.43	.52	.57	.58	.64	.62	.61	.58	.56	.52	.50	.44	0,54
			Südseite, zugleich Leeseite									
.35	.49	.60	.65	.73	.72	.70	.69	.59	.54	.48	.38	0,58
			Riesengebirge, Nord- und Südseite									
.39	.48	.59	.68	.74	.72	.70	.69	.63	.56	.50	.43	0.59
	Gipfelstationen. a) Hohe Tauern 47°, Sonnblick 3105. b) Felsengebirge 39°, Pikes-Pik 4300 m. c) Bjelasnica 43,7°, Bosnien 2067 m											
.55*	.60	.63	.69	.74	.75	.73	.72	.67	.60	.57	.55*	0,65
.54	.59	.67	.73	.74	.72	.68	.65	.62	.59	.55	.58*	0,64
.52	.61	.72	.77	.74	.70	.68	.66	.59	.56	.49	.47*	0,63

Woeikof und Brückner haben spezieller gezeigt, daß dies hauptsächlich mit dem Zurückweichen der Schneedecke in höhere Lagen im Frühlinge zusammenhängt. Wenn die Täler und die Höhen bis zu einem gewissen Niveau schneefrei sind, so wird an der temporären Schneegrenze ein Sprung in der Wärmeabnahme nach oben eintreten, denn daselbst wird die Sonnenwärme zur Schneeschmelze verbraucht und die Luftwärme kann sich wenig steigern, während unten in tieferen Lagen der Boden und die Luft sich rasch erwärmen. Im April z. B. liegt in Graubünden die untere Schneegrenze bei 1000 m, während Chur (600 m) schon schneefrei ist. Die Temperaturdifferenzen Chur-Churwalden (1210 m) sind im März 4,2° (Schneedecke unten und oben), im April 4,6° (Schneedecke oben), im Mai 4,3° (Schneedecke fehlt unten und oben). Im Juni ist die Schneegrenze bis gegen 2000 m hinaufgerückt, Sils (1810 m) ist schneefrei, der Julierpaß (2240 m) noch nicht, wohl aber schon im Juli. Die Temperaturdifferenzen sind: Mai 2,5° (Schneelage unten und oben), Juni 3,7° (Schneedecke nur oben), Juli 2,6° (Schneedecke fehlt unten und oben). Auf welchen Monat die rascheste Wärmeabnahme fällt, hängt also von der Höhe der oberen Station ab, sie rückt mit zunehmender Seehöhe mehr in den Sommer hinein.

Thermo-Isoplethen für die Grafschaft Glatz.

Fig. 17.

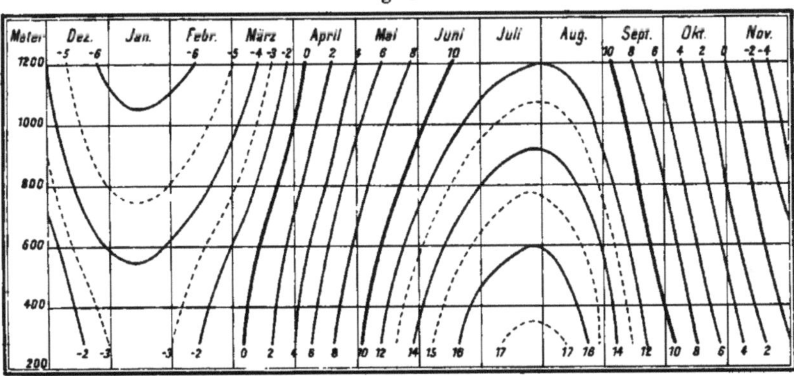

Temperaturänderungen in vertikaler Richtung im Laufe des Jahres.

Es hat aber der Frühling und Frühsommer auch aus allgemeineren Ursachen die rascheste Wärmeabnahme selbst in der freien Atmosphäre [1]). Der Temperaturunterschied zwischen Schafberggipfel (1780 m) und Sonnblickgipfel (3100 m) ist im Mai am größten (8,9°, Wärmeabnahme 0,67), obgleich beide Stationen zu dieser Zeit eine Schneedecke haben, und es zeigt sich hier kein Sprung zur Zeit, wo der Schafberggipfel schneefrei wird.

Ich habe den jährlichen Gang der Wärmeabnahme mit der Höhe in den Ostalpen etwas spezieller berechnet und gefunden [2]), daß die lang-

---

[1]) Die Temperaturabnahme zwischen 1 und 3 km Seehöhe zeigt auf der Nordseite der Tauern denselben jährlichen Gang wie in der freien Atmosphäre in diesem Höhenintervall, aber die Amplitude ist kleiner 9,4° nach den Ballonbeobachtungen, dagegen 11,5° in den Tauern. Das Maximum fällt überall auf Mai, Juni, das Minimum auf Dezember.

[2]) In meiner Abhandlung: Temperaturverhältnisse der österr. Alpenländer

samste Temperaturänderung nach oben auf den 28. Dezember fällt (0,83 °
pro 100 m), die rascheste auf den 14. Mai (0,66 °).

Eine sehr anschauliche Darstellung des jährlichen Wärmeganges
in verschiedenen Höhen hat A. Richter für das schlesische Gebirge
durch Konstruktion von Isoplethenkurven gegeben (Fig. 17, S. 217).
Man kann in diesen Kurven das Fortschreiten der Erwärmung nach
oben im Frühjahr, sowie das Herabsteigen der Kälte von oben in die
Täler im Herbst und Winter recht klar mit den Augen verfolgen.
Solchen Diagrammen läßt sich auch die Andauer gewisser Temperaturgrade in den verschiedenen Höhen bequem entnehmen [1]).

Die Temperaturen der Gipfelstationen verglichen untereinander
oder mit Temperaturen von Stationen an Bergabhängen, wo keine
stagnierende kalte Luftschichte im Winter die Temperaturen lokal
herabdrückt, ergeben eine geringe jährliche Variation der Wärmeänderung mit der Höhe, eine größere Temperaturabnahme und sehr
übereinstimmende Werte der letzteren; z. B.

> Ben Nevis 56,8 N, 1343 m, gegen Ft. William, 9 m. Januar 0,59.
> Mai 0,79. Jahr 0,67.
> Sonnblick 47,1 N, 3100 m, mit Kolm Saigurn, 1600 m, und Schmitten-
> höhe, 1950 m. Januar 0,53. Juni 0,75. Jahr 0,65 (aber nach Süden
> gegen Lienz (Tal) Januar 0,34, Juni 0,75).
> Pikes Peak 38,6 N, 4300 m, gegen Colorado Springs, 1840 m. Januar
> 0,52. Mai-Juni 0,74. Jahr 0,64.

Die Jahreszeitenmittel aus diesen lokal nicht beeinflußten Werten
sind: Winter 0,58 °, Frühling 0,71 °, Sommer 0,70 °, Herbst 0,61 °.
Mittel 0,65. In der freien Atmosphäre ist nach den Ballonfahrten
in Mitteleuropa die Temperaturabnahme kleiner, 0,52 ° von 1 bis 5 km.

In den Tropen und an deren Grenze sind die jahreszeitlichen
Änderungen gering und zumeist abhängig von dem Wechsel der Regenzeiten mit den trockenen Perioden. Viel größer als die jahreszeitlichen Schwankungen sind die Unterschiede zwischen der regenreichen
und der regenärmeren Seite der Gebirge, auf letzterer ist die Wärmeabnahme viel rascher als auf ersterer. Hierfür nur ein Beispiel aus
Indien.

Wärmeabnahme mit der Höhe

	Ceylon	Nilgiris
Regenseite des Gebirges (Luvseite) .	0,55	0,56
Trockene Seite (Leeseite)	0,80	0,71

Dodabetta-Pik (2630 m) und Kodaikánal-Observatorium (2343 m),
im Inland, zeigen die rascheste Wärmeabnahme im März und April,
der warmen und trockenen Zeit, 0,68 °, im November und Dezember
nur 0,60 °; Agustia-Pik: Dezember und Januar Maximum 0,68 ° (Leeseite),
Juni bis August 0,57 °, Luvseite des SW-Monsuns (Küstenlage dazu).

III, Sitzungsb. d. Wiener Akademie 1885 findet man die Temperaturabnahme mit
der Höhe eingehend berechnet und diskutiert. Für die böhmischen Grenzgebirge
hat Augustin ähnliches geleistet in der Arbeit: Die Temperaturverhältnisse der
Sudetenländer, II. Teil, Prag 1900, Abh. d. k. böhm. Ges. d. Wissenschaften.
    [1]) Met. Zeitschr. 1892, S. 87 u. s. w.

Buëa am Kamerun-Pik: Dezember bis Februar, Trockenzeit, 0,66°
pro 100 m, in den drei stärksten Regenmonaten Juni bis August 0,57°.

Auf der Leeseite (der dem Wind abgewendeten Seite) ist es
namentlich der Temperaturgegensatz zwischen der sonnigen, trockenen
Niederung und der bewölkten regenbenetzten Höhe der Gebirge, welche
die rasche Wärmeänderung verursacht [1]).

Ein umgekehrter Fall ist folgender. Hill findet für den nordwestlichen Himalaja im Januar eine Wärmeabnahme von 0,76°, dagegen im Juli von nur 0,41°. Diese Anomalie erklärt sich dadurch,
daß die im Juli regenreichen Stationen am Südfuß des nordwestlichen
Himalaja komparieren mit den trockenen und deshalb im Sommer
relativ warmen Stationen im südlichen Tibet, im Winter ist umgekehrt
die Niederung zu warm.

In geringerem Maße trifft man ähnliche Erscheinungen auch in
außertropischen Gebirgen. Ein zeitweilig eintretender, noch erheb-
licherer Wärmeunterschied zwischen dem Gebirgskamm und den leewärts liegenden Tälern bei „Föhnwinden" wird später eingehender
behandelt werden..

Die Abhängigkeit der Wärmeabnahme mit der Höhe in unseren Gebirgen von der Bewölkung hat Süring näher untersucht. Die Temperaturabnahme ist bei heiterem Wetter kleiner als bei trübem Wetter, namentlich im Winter; im Jahresmittel beträgt sie: heiter 0,32°, trüb 0,64° pro
100 m; bei klarem Wetter ist am Morgen stets die Tendenz zu einer
Temperaturzunahme (sogen. Temperaturumkehr) mit der Höhe vorhanden,
die sich im Sommer bis zu 500 m, im Winter viel höher hinauf erstreckt [2]).

3. Höhenisothermen. Isotherme Fläche von 0°. Denkt man sich
durch alle Punkte von gleicher Temperatur in einem Gebirgslande
Flächen gelegt, so erhält man Isothermflächen, und die Schnittlinien
derselben mit der Oberfläche des Gebirges liefern die Höhenisothermen,
wie sie die Schlagintweit für die Alpen und für den Himalaja gezeichnet haben. Diese isothermen Flächen haben im allgemeinen ihre
größte Höhenlage unter dem Äquator und senken sich gegen die Pole
hin. Da ferner am Äquator die jährliche Variation der Temperatur
sehr klein ist, sich aber gegen die Pole hin steigert, so wird das Gefälle dieser isothermen Flächen gegen die Pole hin im Winter viel
steiler sein als im Sommer. Die jährliche Hebung der isothermen
Fläche vom Winter zum Sommer wird mit zunehmender Breite größer
und ist zugleich im Kontinentalklima unter gleicher Breite wieder
größer als im Seeklima. Um eine präzisere Vorstellung von diesen
Verhältnissen zu gewinnen, wollen wir die jährliche Höhenänderung
einer bestimmten isothermen Fläche, und zwar jener von 0°, etwas

---

[1]) Die Temperaturabnahme in Mexiko von der Ostküste zum Plateau beträgt
0,43, sie ist am kleinsten in der Trockenzeit, am größten in der Regenzeit.
Auch die niederösterreichischen und obersteirischen Kalkalpen zeigen den
Unterschied der Temperaturabnahme auf der Luv(Nord)- und Lee(Süd)seite. Dez.-
Jan. Leeseite 0,23, Luvseite 0,48; Juni Leeseite 0,61, Luvseite 0,67; Jahr Lee
0,45, Luv 0,56. Der Schutz gegen die warmen Westwinde bewirkt auf der Südseite strengere Winter. Met. Z., Trabert 1898, S. 249.
[2]) Met. Z. 1890 [65].

näher ins Auge fassen. Wir halten uns dabei an Gebirge, von welchen bis zu großen Höhen Temperaturbeobachtungen vorliegen, so daß die Höhenlage der Temperatur des Gefrierpunktes mit einiger Genauigkeit angegeben werden kann:

Seehöhe der Isotherme von Null Grad.

	Gebirge							
	Anden von Peru	Anden von Quito	NW-Hima-laja	Ätna, Sizilien	Pikes Peak, Colo-rado	Pic du Midi, Pyre-näen	Tauern, Ost-alpen [1]	Ben Nevis, Schottl.
Breite	16° S	Äq.	32°	37,7°	38,6°	42,9°	47,0°	56,8°
Januar	—	—	2800	1760	1150	1040	0	640
Juli	—	—	5700	4030	4970	3920	3200	2000
Jahr	5000	4900	4700	2780	3200	2520	2050	1250

Die isotherme Fläche von 0° senkt sich im Winter vom Äquator bis 47° N. Br. um 5000 m, im Sommer bis 57° N. Br. um 3000 m, und erreicht dann auf der nördlichen Hemisphäre im Polarmeer unter 83° das Meeresniveau (Nansen). Auf der südlichen Halbkugel aber erreicht sie selbst im Sommer schon unter ca. 65° S. Br. das Meeresniveau. Der nordwestliche Himalaja hat eine sehr große jährliche Bewegung der Isothermen von fast 3000 m. Interessant ist ein Vergleich des Ätna mit Pikes Peak in nahe gleicher Breite; im Seeklima geringe Variation der Höhenlage, im Kontinentalklima eine sehr große.

In den Ostalpen, für welche ich die Höhenlage dieser Isotherme durch alle Monate genauer verfolgt habe, erreicht sie ihre tiefste Lage am 7. Januar bei 280 m, ihre höchste am 5. August bei 3550 m. Unterscheidet man N- und S-Seite, so findet man sie auf ersterer im Januar bei 80 m, auf letzterer bei 550 m. Im Sommer besteht fast kein Unterschied in der Höhenlage im N und S. Am raschesten erhebt sich die isotherme Fläche des Gefrierpunktes zu Anfang des Mai, und zwar um 22 m pro Tag, sie senkt sich am raschesten Anfang November, und zwar um 38 m pro Tag. Das Ansteigen im Frühling, das mit der Schneeschmelze zu kämpfen hat, erfolgt demnach viel langsamer als das Herabsinken im Herbst[2].

Aus den Beobachtungen auf dem Sonnblickgipfel kann man mit einiger Sicherheit auch auf die Temperatur des Glocknergipfels in 3800 m schließen. Man findet dessen Wintertemperatur zu −17°, die Sommertemperatur zu

---

[1] Für die niederösterreichischen Alpen erhält man fast genau die gleichen Höhenzahlen.

[2] Hann, Die Temperaturverhältnisse der österreichischen Alpenländer. Sitzungsber. d. Wien. Akad., Juni 1884. Später hat Augustin die Verschiedenheit im Aufstiege und im Herabsinken der Frosttemperatur auch für die Sudetenländer bestimmt. (Temperaturverhältnisse der Sudetenländer, Prag 1900). Zum Aufsteigen um 100 m bedarf die Frostgrenze im Frühjahr 4,3 Tage, zum Herabsinken im Herbst nur 3,1 Tage. — Die Zunahme der Frostdauer pro 100 m beträgt in den Alpen wie in den Sudeten rund 7 Tage. Siehe Dorscheid, Met. Z. 1907, S. 20/21.

—5°, das Jahresmittel zu —11°. Es ist von Interesse zu bemerken, daß die wahrscheinliche Sommertemperatur des Glocknergipfels gleich der beobachteten mittleren Wintertemperatur von Kolm Saigurn in 1600 m ist. Es erhebt sich demnach die Isotherme von ca. —5° von 1600 m im Winter zu 3800 m im Sommer. Die Julitemperatur des Montblancgipfels in 4810 m hat sich aus Beobachtungen zu —8° ergeben, das Jahresmittel dürfte —16,5° sein. Das ist die Temperatur des arktischen Nordamerika unter 75° Br.; eine Hochsommertemperatur von —8° dürfte selbst am Südpol an der Erdoberfläche nicht anzutreffen sein.

Die tiefsten auf Berggipfeln beobachteten Temperaturen sind: Sonnblick 3100 m innerhalb 20 Wintern —37,2°, Pic du Midi 2860 m innerhalb 15 Wintern —34,8°, Montblanc Winter 1894 bis 1895 —43°, Ararat 5100 m in 2 Wintern —50° und —40° (letztere drei. Temperaturen abgelesen an zurückgelassenen Minimumthermometern).

4. Anomalien der vertikalen Temperaturverteilung im Gebirge. Während heiterer Nächte überhaupt, dann im Winter der mittleren und höheren Breiten beobachtet man bei windstiller Witterung, daß die Täler kälter sind als die Abhänge und Kuppen der einschließenden Berge bis zu einer gewissen Höhe.

An verschiedenen Orten ausgeführte Beobachtungen haben konstatiert, daß auch in der freien Atmosphäre, also über einer Ebene, die Temperatur während heiterer, windstiller Nächte mit der Höhe zunimmt, und zwar das ganze Jahr hindurch, namentlich aber im Winter, wenn der Boden mit Schnee bedeckt ist. Diese Zunahme der Temperatur mit der Höhe erstreckt sich wenigstens bis zu Höhen von 300 m und ist in den unteren Schichten rasch, in den höheren langsamer. Ch. Martins fand zu Montpellier diese Wärmezunahme nach oben in heiteren Nächten durchschnittlich etwa 1° pro 10 m, sie betrug aber in den untersten Schichten durchschnittlich 0,7° pro 2 m, in einzelnen Fällen aber noch mehr, und es kann deshalb bei größeren Bäumen von 6 m Höhe und darüber die Temperaturdifferenz zwischen Krone und Boden leicht 2° überschreiten.

Daraus erklärt sich, wie in Frostnächten die Baumwipfel verschont bleiben können, während die unteren Zweige, sowie die Gesträuche erfrieren.

Bei bedecktem Himmel und lebhaftem Wind tritt diese Erscheinung nur ganz schwach oder gar nicht ein.

Die stündlichen Beobachtungen auf dem Eiffelturm (300 m) haben das ganze Jahr hindurch bei Nacht eine Temperaturzunahme mit der Höhe ergeben. Dasselbe Resultat lieferten schon die älteren Beobachtungen auf der großen Pagode im Kew-Garten', die in 39 m über dem Boden angestellt worden sind. Im Jahresmittel waren die mittleren Temperaturminima oben um 0,3° höher, die mittleren Temperaturmaxima um 0,6° (im Sommer um 1°) niedriger. An ganz klaren Tagen waren die Differenzen gegen die unterste Station:

	9ʰ Morg.	3ʰ Mitt.	9ʰ Abends	Mittel (9,9)
Winter	0,3	— 0,2	0,5	0,4
Sommer	— 0,1	— 0,7	0,3	0,1

Es war also bei klarem Himmel im Winter in 39 m 0,4° wärmer als unten; bei Nebel, Winter wie Sommer, sogar um mehr als 1° wärmer[1]).

Eiffelturm. In 160 m ist die Temperatur von 7ʰ p. bis 7ʰ a. höher als in 2 m, in 300 m von 9ʰ p. bis 7ʰ a. Zur Zeit der Nachtgleichen ist in 123 m Höhe die Temperatur von 6ʰ p. bis 8ʰ a., also 14 Stunden hindurch, höher als in 2 m. Die Temperaturdifferenzen zwischen 300 m und 2 m sind um 4 und 5ʰ Morgens (oben wärmer):

Winter 0,45, Frühling 1,1 (April 1,5), Sommer 0,8, Herbst 1,0 (September 2,1); bei Tag nimmt die Temperatur gesetzmäßig mit der Höhe ab.

Temperaturschichtung zur Zeit der Äquinoctien

Höhe	2	123	197	302 m	Diff.
5ʰ Morgens . . .	8,0	9,5	9,7	9,9	+ 1,9°
2ʰ Nachmittags .	17,6	15,9	15,8	14,3	− 3,3

Es liegt nahe, daß die Ursache dieser anomalen vertikalen Temperaturverteilung in der nächtlichen Wärmeausstrahlung des Erdbodens zu suchen ist. Die daraus hervorgehende Erkaltung des Bodens teilt sich auch den demselben auf- und überlagernden Luftschichten mit, und da zudem die kalte Luft schwerer ist als warme, so kommen die kältesten Luftschichten bei Windstille zunächst dem Erdboden zu liegen. Die höheren Schichten erkalten wenig, da die Wärmestrahlung der Luft viel geringer ist als jene des Erdbodens und der ihn etwa bedeckenden Vegetation[2]).

Die „Temperaturumkehr" in Bergländern. Die geschilderte Erkaltung der dem Boden auflagernden Luftschichten durch die Wärmeausstrahlung bei Nacht und im Winter ist auch die Ursache der so auffälligen Erscheinung der Temperaturzunahme von den Talsohlen zu den Berghängen und Gipfeln.

Betrachten wir zunächst die nächtliche Wärmezunahme bis zu einigen hundert Meter, wie sie sich in heiteren, windstillen Nächten das ganze Jahr hindurch in hügeligem oder gebirgigem Terrain einstellt.

Wells hat die Behauptung aufgestellt, daß die Wärmeausstrahlung in Tälern größer sei als in der freien Ebene; eine Behauptung, die öfter in Zweifel gezogen worden ist. Koosen (in Weesenstein bei Dresden) hat an seinem von Höhen von 30 bis 70 m Erhebung umschlossenen Wohnort deshalb spezielle Beobachtungen darüber angestellt und die Richtigkeit der Beobachtungen von Wells bestätigt (Pogg. Ann. 1862, CXVII, S. 611). Die Ausstrahlung in windstillen und klaren Nächten war in der Talebene bedeutend größer als auf der darüber gelegenen Hochebene; der Temperaturunterschied nahe am Boden befindlicher Gegenstände wie auch der Luft selbst bis zu einer gewissen Höhe betrug oft 4 bis 5° C., um welchen Betrag die Hochebene wärmer war. Am 23. September (1862) Morgens

---

[1]) Angot, Ann. du Bureau Centr. Mét. — Scott, Quarterly Weather Rep. 1881, App. III u. Met. Z. 1883, S. 395. An gleicher Stelle finden sich auch die Resultate einer wertvollen Beobachtungsreihe von Symons. S. a. Carlier, Met. Z. 1879, S. 30.

[2]) Man vergleiche die höchst interessanten Ergebnisse zweier nächtlichen Ballonfahrten im Sommer von München aus. Finsterwalder u. Sohncke in Met. Zeitschr. 1894, S. 361 und namentlich S. 374.

zeigte z. B. das Minimumthermometer in einer Höhe von 7 m über dem Erdboden — 2,5 ° C., und Hortensien, Fuchsien, Canna, Caladium, Araucaria excelsa waren in Blüte und Laub erfroren, selbst das Weinlaub und die jungen Triebe von Akazien und Rosen hatten sehr gelitten, während auf der Hochebene 30 bis 70 m über dem Tale keine Pflanze, selbst nicht die Georgine, gelitten hatte.

Bei Erklärung dieser Erscheinung, die im Frühling, namentlich aber im Herbst am auffallendsten hervortritt, muß man berücksichtigen, daß die Wärmeausstrahlung in den Tälern schon früher beginnt als auf der Hochebene und am Morgen um ebensoviel länger dauert. Wenn man an einem Sommerabend kurz nach Sonnenuntergang aus einem Tale die Hochebene hinansteigt, findet man dort schon alle Pflanzen mit Tau bedeckt, während sie auf der Höhe noch vollkommen trocken sind. Die relative Stärke der Ausstrahlung dagegen ist höchst wahrscheinlich im Tale nahe dieselbe wie auf der Hochebene, weil die Strahlung gegen das Zenit am kräftigsten ist, gegen den Horizont hin aber rasch abnimmt. Dazu kommt noch, daß in den Talbecken die Luftströmung viel häufiger ganz fehlt als in der Ebene oder auf der freien Hochebene, bewegte Luft gleicht aber in hohem Maße die durch die nächtliche Ausstrahlung hervorgebrachten Temperaturunterschiede aus und macht sie unschädlich.

Es ist auch zu berücksichtigen, daß von den Abhängen die durch die Wärmestrahlung des Bodens erkalteten Luftschichten gegen das Tal hin abfließen und sich dort ansammeln, während die Luft des Abhangs durch Zufluß wärmerer Luft beständig erneut wird.

In der kalten stagnierenden Luft der Talsohle kondensiert sich der atmosphärische Wasserdampf häufig zu dünnen Nebelschichten. Wenn man an einem warmen ruhigen Sommerabend in ein vegetationsreiches Tal hinabsteigt, so bezeugt schon das zunehmende Gefühl feuchter Kühle ohne thermometrische Beobachtungen die geschilderte Temperaturverteilung.

Den Bergabhängen und Hügelkuppen kommt demnach die klimatische Begünstigung geringerer Nachtkälte zu, was sich auch bei der Kultur empfindlicherer Nutzpflanzen sehr bemerklich macht. Gegen die Polargrenzen ihres Verbreitungsbezirkes hin genießen dieselben an Abhängen eine größere Immunität gegen Frostschäden als in den Talsohlen. In der Provinz San Paulo in Brasilien (20 bis 25 ° S. Br., 500 bis 800 m Seehöhe) werden die Kaffeepflanzungen nur auf den Hügeln, nie in den Talmulden angelegt, denn der Frost kommt nur in den Niederungen zwischen den Hügeln vor, auf den Hügeln selbst dagegen sehr selten.

Wohnsitze auf Abhängen oder auf Hügelkuppen haben nicht allein den Vorzug geringerer Feuchtigkeit, sondern auch jenen einer milderen Nachttemperatur.

Von Pisino (Istrien) sagte der met. Beob. C. Pammer: Die Stadt liegt in einem Kessel, in dem der Wildbach Foiba in einer Höhle verschwindet. Dieser Talkessel ist in windstillen Nächten fast immer mit Nebel gefüllt; daher rühren auch die hohen Feuchtigkeitsgrade. Die Temperaturverhältnisse des Stadtgebietes selbst gestatten das Gedeihen der Öl- und Feigenbäume nicht mehr. Wohl aber kommen diese Bäume überall auf den die Stadt umgrenzenden Höhen vor, welche sich etwa 100 bis 200 m über dieselbe erheben. Dort muß also die Temperatur eine merklich höhere sein.

Auch A. v. Kerner bemerkt, daß die Vegetation am Grunde der großen Dolinen des Karstes auf eine niedrigere Temperatur gegenüber der Umgebung schließen läßt.

Diese Erscheinung hat neuerdings v. Beck eingehender beschrieben. In vielen tiefen Dolinen des Karstes kommen isoliert Hochgebirgspflanzen der Alpenregion inmitten der Pflanzen der Voralpen vor. An einer Stelle z. B. in 1230 m Rotbuchenwald, abwärts Fichten, dann Baumgrenze in 1100 m und 50 m tiefer Legföhren mit Alpensträuchern, Alpenrosen, zuunterst Torfmoore. Umkehrung der Pflanzenregionen in den Karstdolinen (Sitzb. Wien. Akad. CXV, Januar 1906). Ursache stärkere Beschattung, längere Dauer der Schneedecke, Stagnieren der kalten Luft.

Eine höchst charakteristische Schilderung der von dem Relief des Landes abhängenden Frostzonen in den Alleghany Mts. gibt S. Mc. Dowell (Franklin, NC. ca. 35,2 ° N, 83,3 ° W). Wenn im März-April mildes Frühlingswetter mit einigen Regentagen endet, so folgt die Aufheiterung mit kalten NW-Winden, wobei der Himmel ein tiefes Indigoblau annimmt. Sowie der Wind sich bei Nacht legt, bildet sich am Morgen starker Reif, die Vegetation und alle Fruchtgewächse werden getötet, die vorhin grüne Landschaft erscheint geschwärzt und traurig.

Unter diesen Umständen zeigt sich das schöne Phänomen der grünen Zone oder des grünen Wärmegürtels (thermal belt) an unseren Bergabhängen. Es beginnt etwa 100 m über der Talsohle und folgt derselben in gleicher Höhe längs ihrer ganzen Erstreckung, gleich einem breiten grünen Bande auf einem schwarzen Grund. Die Breite dieses Bandes beträgt 120 m oder weniger, je nach der mehr oder minder steilen Erhebung der Bergseiten. Die Vegetation jeder Art bleibt innerhalb dieser Zone vom Frost unberührt, und so weit geht der schützende Einfluß, daß die zartesten Fruchtgattungen durch 26 sich folgende Jahrgänge dort nie eine Ernte versagten. Die Abgrenzungslinie dieses Gürtels ist oft so scharf gezogen, daß die eine Hälfte eines Busches getötet sein kann, während die andere nicht mehr gelitten hat.

Diese frostfreie Zone variiert in der Höhe nach den verschiedenen Tälern. In Macon Co. N.C. z. B., welches von dem schönen Tal des kleinen Tennessee R. durchzogen wird und 600 m über dem Meere liegt, reicht der Frost, wenn das Thermometer auf — 3 ¹/₂ ° herabgeht, bis zu ca. 100 m. Ein kleiner Fluß, der seinen Ursprung 580 m höher auf einem kleinen Plateau nimmt, fließt durch drei kurze Talflächen, bevor er unser Tal erreicht. Jede dieser Talstufen hat ihren eigenen „Wärmegürtel", welcher an den sie einschließenden Berghängen hinzieht, und in jedem dieser Täler wird mit zunehmender Höhe die Frostzone weniger mächtig, so daß in dem höchsten derselben die „grüne Zone" schon in 30 m über dem Niveau des kleinen Plateaus sich einstellt, das in ca. 1200 m Seehöhe einen schönen ebenen Talgrund bildet [1].

Ein ähnlicher warmer Gürtel findet sich an den östlichen Abhängen der Tryon Mountains in Polk Co. N.C. Die Temperaturunterschiede zwischen Kamm und Fuß dieser Berge und der mittleren warmen Zone sind so groß, daß sie schon ohne Beihilfe eines Thermometers auffallen. Sie betragen in den Sommernächten 3 bis 6 °, in den Winternächten 8 bis 11 ° C. (Thermal belts. Americ. Met. Journ. Vol. I, p. 213).

Man meinte früher, daß die östlichen Ufer des Michigansees die einzige

---

[1] Man vergleiche hiemit die interessanten analogen Beob. von A. v. Kerner in der Umgebung von Innsbruck in Met. Z. 1876, S. 3.

Gegend in Michigan seien, wo Pfirsiche gezogen werden können. Später fand man im Südosten des Staates gleichfalls eine solche Gegend, eine Wärmezone auf den Abhängen und Höhen zweier Hügelzüge, die Mulde zwischen ihnen bildet eine Kälteinsel. Es ist dies ein mäßig erhöhtes Terrain mit gutem Abfluß der schweren kalten Luft; die Obstzüchter kennen diese Eigenschaft unter dem Namen „Luftdrainage". In der Mulde zwischen den Höhenzügen erwacht die Vegetation später, die Früchte werden später reif, die Spätfröste sind strenger und ebenso die Kälteextreme des Winters (Americ. Met. Journ. Vol. I, p. 467).

Es wird öfter die Beobachtung gemacht, daß auf Abhängen und Höhen die Temperatur in den ersten Abendstunden zwar rasch sinkt, dann aber nicht mehr, ja sogar zuweilen um oder nach Mitternacht wieder steigt. Die Temperaturregistrierungen zu Kolm Saigurn haben dies öfter nachgewiesen. Ähnliches bemerkte Helm Clayton auf dem Blue Hill während einer sommerlichen Antizyklone bei heiterem Himmel und trockener Luft (15. bis 23. August 1886). Die Temperatur stieg während der Nacht vom 22. bis 23. kontinuierlich und war am Sonnenaufgang höher als Abends, unten sank sie kontinuierlich bis S.A. und war dann 6° niedriger als oben. Science VIII, 1886, S. 233 u. 281. (S. a. über Hügelklima: Observ. upon Climate of Crowborough Hill, Sussex 1885. Symons, Monthly Met. Mag. Jan. 1878, warme Nächte im Hochlande von Hampshire.)

Die Forstmänner im Thüringer Walde sprechen von „Frostlöchern". Ebenso kommen im Rheintale die Fröste gerne lokal in niedrigen Lagen vor.

5. Temperaturumkehr im Winter in Gebirgstälern. Besonders auffallend tritt aber die geringere Kälte der Abhänge und Kuppen gegenüber der Talsohle hervor während stärkerer Kälteperioden des Winters. Die mittleren Winterminima sogar sind in den Tälern tiefer als in benachbarten höheren Lagen, von denen die kalte Luft frei abfließen kann. In den Alpen sind jene Täler am kältesten, welche nach Westen hin gegen die häufigeren, stärkeren und wärmeren Luftströmungen gedeckt sind und so eine ungestörte Ansammlung der durch Wärmeausstrahlung erkalteten Luftmassen begünstigen. In solchen Tälern nimmt selbst durchschnittlich zu Anfang oder noch um die Mitte des Winters die Temperatur mit der Höhe zu. Man muß dabei im Auge behalten, daß die Winterkälte nicht zumeist durch kalte Winde aus N oder NE zu uns kommt, sondern durch die Wärmeausstrahlung während der langen Nächte bei heiterem Himmel, namentlich über schneebedecktem Boden an Ort und Stelle entsteht. Die Erkaltung der Luftmassen schreitet normal von unten nach oben fort, und die kalten Schichten sind anfangs ganz seicht.

Daher ist die Verteilung der Winterkälte in hohem Grade von allen Umständen abhängig, welche die Wärmeausstrahlung und die ungehinderte Ansammlung der kalten Luftschichten beeinflussen.

So hat Bevers im Hochtale des oberen Engadin eine Januartemperatur von — 9,9° in 1711 m, steigt man aber zum Julierpaß hinauf zu 2244 m, so findet man dort ein Januarmittel von — 7,3°, und auf dem Rigikulm 1784 m, fast in gleicher Höhe mit Bevers, hat der Januar nur — 4,5°. Grächen (1632 m), im oberen Wallis an einem Bergabhang gelegen, hat — 4,3° im Mittel des Januar, Davos, in einer Tallage, gleich hoch (1560) — 7,4°. In den Talbecken von Kärnten ist die Wärmezunahme mit der Höhe im Winter so populär, daß sie zu dem Sprichworte Veranlassung gab: „Steigt man im Winter um einen Stock, so wird es wärmer um einen Rock."

Die mittleren Lagen sind die wärmsten, aber selbst in 2000 m Seehöhe ist die mittlere Temperatur noch höher als über der Sohle der Täler. Das mittlere Jahresminimum von Klagenfurt 440 m ist — 21,7°, zu St. Paul (Lavanttal) 390 m gleichfalls — 21,7°, hingegen zu Hüttenberg 780 m — 14,8°, Lölling 1100 m — 14,7° (diese Orte liegen am Westabhange der Saualpe), zu Tröpolach 590 m — 24,1°, auf dem Obir 2040 m nur — 21,0°.

Die Jahresminima der Temperatur sind auf den Berggipfeln der höheren Breiten selbst in 3000 bis 5000 m Seehöhe nur wenig niedriger als in den Tälern unten, in mittleren Höhen oft milder als dort. Dafür einige Beispiele:

Jahresminima der Temperatur.

	Zell a. S. 760 m	Rathausberg 1940 m	Sonnblick 3105 m
Mittel	— 24,6	— 20,8	— 30,1
Absolut	— 31,6	— 24,4	— 33,8

aus den gleichen 10 Jahren 1887 bis 1896. Tamsweg in 1020 m (Pongau) hatte schon einmal — 35°.

Mittlere Minima: Klagenfurt (450 m) — 21,7°, Obir, Berghaus (2047 m) — 21,0°, absolute: Klagenfurt — 30,6, Obir — 27,5; ferner Genf (405 m) — 19,2, St. Bernhard (2475 m) — 20,4°, absolut: Genf — 23,3°, St. Bernhard — 27,2. Dagegen Gipfel mit Hochtal verglichen, mittlere Jahresextreme aus 30 Jahren: Rigikulm — 18,7°, Bevers — 26,9, absolute Extreme: Rigi — 23,0°, Bevers — 33,8° (im gleichen Jahre 1891).

Absolute Extreme: Pikes Peak (4308 m) — 39,4°, Mt. Washington (1914 m) — 45,6°. Man hat oft versucht, durch auf Berggipfeln zurückgelassene Minimumthermometer die niedrigste Temperatur während des Winters daselbst kennen zu lernen. Der Versuch unterliegt sehr großen Schwierigkeiten und gelingt selten (J. Ball, Therm. Observ. in the Alps. Report British Assoc. 1862, S. 369). Ein auf dem Montblancgipfel (4810 m) zurückgelassenes Minimumthermometer zeigte als tiefste Temperatur des Winters 1894 auf 1895 — 43,0° (Buet [3300 m] — 33°). Auf dem Großen Ararat (5146 m) zeigte ein dort hinterlegtes Minimumthermometer im Winter 1893 auf 1894 als Minimum — 39,7°, 1894 auf 1895 — 34,1°, auf dem Kleinen Ararat (3900 m) — 29,1°, auf dem Alagös (4271 m) — 32,0 (1893 bis 1895). In Kars unten (1742 m) waren die Minima der Winter 1893 auf 1894 und 1894 auf 1895 — 34,3° und — 35,3, im Februar 1893 hatte Kars sogar — 40,0° (vergl. Met. Z. 1897, S. 308).

Auf dem Mt. Lyell 37,7 N. Br. Sierra Nevada (4085 m) war das Minimum 1897 auf 1898 — 25,3, 1898 auf 1899 — 27,6, dagegen unten im Tal zu Bodie (2500 m) — 34,4° (Month. W. Rev. 1899, S. 421).

Es entwickeln sich im Winter während des heiteren, windstillen Wetters, welches die Barometermaxima begleitet, über der ganzen Oberfläche des Gebirgslandes Systeme langsam abfließender kalter Luftströmungen. Die Richtung und Stärke derselben folgt den Unebenheiten des Bodens, und gleich Wasserläufen haben sie das Bestreben, sich in den Schluchten und Tälern zu vereinigen und gegen die Haupttäler zu konvergieren, in welchen sie dann wie Flüsse in ihren Betten sich weiter abwärts bewegen. Weil die derart von allen Abhängen abfließende Luft durch andere ersetzt werden

muß, so erhalten die Berggipfel und Abhänge dafür Luft aus größeren
Höhen, welche an sich wärmer ist als die am Boden erkaltete Luft
und sich zudem beim Herabsinken erwärmt. Denn es ist ein allgemein
gültiges Gesetz, daß Luft, die von einem niedrigeren zu höherem Luftdruck ohne äußere Abkühlung herabsinkt, sich erwärmt (wie dies durch
künstliche Kompression im pneumatischen Feuerzeug in auffallender Weise
geschieht)[1]. So kommt es, daß zuweilen längere Zeit auf Berghöhen
mitten im Winter eine auffallende Wärme herrscht, während die Täler
starken Frost haben. Gleichzeitig damit bedeckt meistens eine mehrere
hundert Meter dicke Nebelschichte Täler wie Niederungen, ein Effekt der
starken Erkaltung der untersten Luftschichten. Dagegen ist die Luft auf
den Abhängen und Berggipfeln sehr trocken. Die Kälte ist dabei an kein
bestimmtes Niveau gebunden, sondern alle Talbecken sind kalt, die Abhänge und Gipfel warm[2].

Die Jahreszeit, welche zur Entwicklung dieser Erscheinung die
günstigste ist, ist die der längsten Nächte, also vornehmlich November,
Dezember und erste Hälfte des Januar.

Die Ostalpen bieten zahlreiche Beispiele für die Abnahme der
Winterkälte mit der Höhe, namentlich wenn die oberen Stationen auf
Bergabhängen liegen. Da gleichzeitig die Sommerwärme abnimmt,
wird das Klima gemäßigter mit der zunehmenden Höhe. Das bei
Bruneck in das Pustertal einmündende Ahrntal zeigt dies recht schön:

Ort	Höhe	Januar	Juli	Differenz
Bruneck . .	825	− 6,8	18,1	24,9
Steinhaus . .	1050	− 5,8	15,9	21,7
S. Peter . .	1360	− 4,6	14,7	19,3
Prettau . .	1440	− 5,6	13,1	18,7

Toblach, 1252 m, auf einem sehr flachen Schuttkegel mit guter
Drainage der kalten Luft, hat im Januar − 7,3 °, im Winter − 6,1 °,
das nur 80 m tiefer in einer Mulde gelegene Gratsch (1175 m) hat im
Januar − 9,4 °, im Winter − 7,8 °, ist also um 2 ° kälter. Am auffallendsten tritt die Wärmezunahme mit der Höhe in Kärnten auf.
Gehen wir z. B. von Klagenfurt aus an den westlichen Abhängen der
großen Saualpe im Görschitztal aufwärts, so finden wir folgende Verteilung der Wintertemperaturen:

Ort	Höhe	Januar	Winter
Klagenfurt	440	− 6,2	− 4,6
Eberstein	570	− 4,2	− 3,3
Hüttenberg	780	− 3,1	− 2,3
Lölling, Tal	840	− 2,5	− 1,6
Lölling, Berghaus . .	1100	− 1,9	− 1,3
Stelzing	1410	− 3,7	− 3,2

Das Berghaus Lölling auf der südlichen Abdachung des Hüttenberger
Erzberges hat eine außerordentlich milde Wintertemperatur, milder als die

---

[1] Wir werden auf dieses Gesetz noch zurückkommen.

[2] Man sehe die schon zitierten wichtigen Beobachtungen, welche A. v. Kerner
während einer solchen Umkehrung der Temperaturabnahme mit der Höhe in
Innsbruck und Umgebung veranstaltet hat. Met. Z. 1876, S. 1. Die Entstehung
relativ hoher Lufttemperatur in der Mittelhöhe der Talbecken der Alpen im Spät-
herbste und Winter.

von Graz, 750 m tiefer. Der Januar ist 1,5° wärmer als der von Graz und um 4,3° wärmer als der von Klagenfurt. Das auf dem westlichen Gehänge der Koralpe gelegene Kamp in 1180 m Seehöhe hat eine fast ebenso hohe Wintertemperatur: — 1,9, Januar — 2,2°; während St. Andrä unten im Lavanttal — 4,6 und — 6,1° hat. Reduziert man die Januartemperatur in rund 1000 m Seehöhe an den westlichen Abhängen der Kor- und Saualpe auf das Meeresniveau, so erhält man 2,5°, während die Talsohlen in 400 m — 4,4° geben, es sind also die Abhänge um 7° wärmer.

Die abnorme Kälte der Talsohlen entsteht durch nächtliche Wärmeausstrahlung, und die milde Temperatur der mittleren Gehänge der Gebirge ist ein Effekt der von oben herabsinkenden und sich dabei erwärmenden Luft. Daß diese Erscheinungen nicht etwa eine Folge der günstigeren Besonnungsverhältnisse derselben sind, wie man früher oft angenommen hat, geht daraus hervor, daß der Temperaturunterschied zwischen Bergabhang und Talsohle am größten ist zur Nachtzeit, wenn die Sonne unter dem Horizont. Der Temperaturunterschied zwischen Lölling Berghaus und Klagenfurt (600 m tiefer) war im Mittel von sechs Wintern Morgens um 6^h, wo die Sonne noch gar nicht aufgegangen, 3,9°, um 2^h Nachmittags aber bloß 2,3°, die Wärmezunahme nach oben war also am Ende der Nacht 0,59° pro 100 m, unter dem Einfluß der Mittagsonne dagegen bloß 0,35°. Dabei ist die Luft in Lölling Abends und Morgens trocken, Mittags feuchter, was gleichfalls für eine Erwärmung der an den Berghängen herabsinkenden Luft spricht zur Zeit, wo unten die Kälte am größten ist. Je stärker die Erkaltung unten und damit der Luftzufluß von oben, desto wärmer wird es auf den Abhängen.

Selbst in Südtirol, im Etschtal zwischen Bozen und Ala, beobachtet man in kalten Wintern eine Wärmezunahme mit der Höhe, einen See kalter Luft, der durch die Veroneser Klause keinen genügenden Abfluß findet [1]).

Temperaturumkehrung im Winter 1879/1880. In den letzteren Jahren hat sich besonders während der langandauernden Barometermaxima über Mitteleuropa im Dezember 1879 und Januar 1880, dann Januar und Februar 1881 die Wärmezunahme mit der Höhe im ganzen Alpengebiete und auch im deutschen Mittelgebirge und in Frankreich in auffallendster Weise eingestellt.

---

[1]) Die vertikale Temperaturschichtung während einer Periode hohen Luftdruckes und heiterer Witterung im Pinzgau habe ich eingehender dargestellt für den Januar 1867. Die mittlere Temperatur in 850 m war damals — 8,3, sie nahm von da (von den Talsohlen aus) zu, anfänglich um 0,9° pro 100 m bis 1700 m Seehöhe, erst in 2520 m war sie wieder — 8.3 und nahm dann weiter ab, eine Schichte von 1680 m Mächtigkeit war wärmer als die Talsohle. (Beob. auf dem Sonnblick. Sitz. d. Wiener Akad. Jan. 1888.) — S. auch Billwiller, Vertikale Temperaturverteilung innerhalb barometrischer Maximalgebiete in verschiedenen Jahreszeiten. Met. Z. 1881, S. 89. — Auch in Nordindien stellt sich zuweilen im Winter unter ähnlichen Verhältnissen eine Temperaturzunahme mit der Höhe ein. Met. Z. 1891, S. 74 und [20]. — Ferner Greim, Temperaturumkehrungen im Odenwalde. Z. 92, S. 417. — Hann, Temperatur der österr. Alpenländer. III. Sitz. d. Wiener Akad. Jan. 1885 und Zeitschr. d. deut. u. österr. Alpenvereins 1886, S. 51.

Einige Beispiele mögen dies erläutern.

Mittlere Temperatur des Dezember 1879 in Kärnten.

Seehöhe . . .	450	580	830	1200	2040 m
Temperatur C. .	− 13,3	− 10,4	− 8,8	− 6,9	− 9,4
Minimum . . .	− 25,6	− 21,1	− 19,3	− 18,5	− 24,4

Am größten war die Wärmezunahme nach oben, während das Zentrum des Barometermaximums über dem Alpengebiete selbst lag, d. i. während der 13 Tage vom 16. bis 28. Dezember [1]). Die mittlere Temperatur dieser Periode war:

	Seehöhe	7^h	2^h	9^h	Mittel	Mittlere Bewölkung
Klagenfurt .	440	− 19,1	− 13,0	− 16,4	− 16,2	3,2
Obirgipfel .	2040	− 5,9	− 1,2	− 5,5	− 4,5	1,7
Ischl . . .	467	− 13,7	− 7,3	− 13,0	− 11,8	1,6
Schafberg .	1776	− 0,1	0,6	− 1,3	− 0,5	0,7

Während in Klagenfurt eine wahrhaft sibirische Kälte herrschte, war die Temperatur auf dem Obir mild und auf dem Schafberggipfel selbst Nachts dem Nullpunkt nahe [2]). Es zeigt sich, wie schon vorhin bemerkt, daß der Temperaturunterschied um 7^h Morgens am größten ist, d. h. die Höhen sind dann relativ am wärmsten. Dies beweist direkt, daß die ganze Erscheinung ein Effekt der Wärmeausstrahlung und des Herabsinkens der kalten Luft in die Täler war. Auch im Potale zeigte sich nach Cantoni diese Wärmezunahme mit der Höhe damals in auffallender Weise. Die mittleren Temperaturen und die absoluten Minima für eine Periode von 60 Tagen (beginnend mit der zweiten Dekade des Dezember 1879 und endend mit der ersten Dekade des Februar) waren:

Ort	Alessandria	Pavia	Mailand	Varese
Höhe	98	98	147	862 m
Mitteltemperatur	− 8,5	− 7,6	− 5,7	− 1,0
Minimum . . .	− 17,0	− 14,0	− 10,5	− 9,4

Man sieht, die höheren und den Alpen am nächsten liegenden Orte waren die wärmsten, die tiefsten, die kältesten.

---

[1]) Die Abhängigkeit der Temperaturumkehr von dem ruhigen Wetter der Barometermaxima zeigen folgende Beobachtungen. 1.—10. Dez. unruhiges Wetter, niedriger Luftdruck, 16./18. ruhiges klares Wetter beim Barometermaximum.

Kärnten.

Höhenstufe	2/600	6/1000	10/1300	14/900	20/2500 m	Luftdruckabweichung
1.—10. Dez.	− 8,0	− 10,2	− 10,9	− 13,7	− 16,8°	− 3,2 mm
16.—28. Dez.	− 10,3	− 6,9	− 0,2	− 2,8	− 3,9	+ 13,8 mm

[2]) Die Erwärmung der höheren Schichten zeigt sich besonders drastisch in den folgenden Zahlen, welche die mittlere Temperatur um 7^h Morgens, also vor Sonnenaufgang, vom 20 —24. Dezember 1879 angeben.

Ort	Höhe	Temperatur
Altstätten	480	− 12,7
Trogen	890	− 3,9
Gäbris	1250	3,4
Rigi	1790	1,2

Altstätten liegt in der Sohle des Rheintales.

Alessandria liegt näher der Achse des Potales, längs welchem die kalte Luft langsam abfloß, als Pavia, und ist deshalb kälter.

Die niedrige Wintertemperatur der oberitalienischen Ebene erklärt sich auf dieselbe Art, wie jene des kärntnerischen Talbeckens, sie ist die eines Sammelbeckens für die durch Wärmestrahlung des Bodens erkalteten Luftmassen der umgebenden Höhen. Der Gebirgskranz von Nord über West bis Süd hält die vorherrschenden Winde ab und gestattet das Stagnieren der kalten Luftmassen.

Für die Trockenheit der warmen Luft in der Höhe mag folgender Beleg aus derselben Kälteperiode hier stehen:

20. bis 28. Dezember 1879, 6 h. a. m.

Ort	Höhe	Temp.	Rel. Feuchtigkeit	Bewölkung
Puy de Dôme .	1470	3,8	88 %	13 %
Clermont[1] . .	390	− 13,2	91 %	7 %

Ein besonders extremer Fall von Temperaturumkehr ist nachfolgender:

Baumgartnerhaus am Schneeberg 1390 m			Wien. Hohe Warte 202 m		
1. Januar 1877	7 h	2 h	9 h	7 h	2 h	9 h
Temperatur	9,9	16,8	10,0	− 1,0	0,6	1,0
Rel. Feuchtigkeit	25	11	26	98	92	100
Bewölkung	2	3	3	10	10	10
Wind WSW schwach				windstill		

Um 7 h, vor Sonnenaufgang, war es am Schneeberg schon um 11 ° wärmer als in Wien, um 2 h um 16 °.

Im Gebiete des großen dauernden Barometermaximums und des Winterkältepols von Ostsibirien ist die Wärmezunahme mit der Höhe wahrscheinlich eine normale Erscheinung, und die furchtbare Winterkälte der Täler mildert sich dort mit der Höhe[2].

Mit der geschilderten Wärmezunahme mit der Höhe an Abhängen und Kuppen hängt es zusammen, daß in den Alpen so viele Gehöfte und Dörfer nicht auf dem in vielen Beziehungen viel bequemeren ebenen Terrain der Talsohlen, sondern auf den Gehängen, oft ziemlich weit von den zugehörigen Wiesen und Feldern der ebenen Talsohle, erbaut worden sind. „Wer jemals im Spätherbst in einer windstillen und heiteren Periode bei solchen, an steilem Bergabhange ragenden Gehöften geweilt hat, und zu einer Zeit, wenn unten im Tale der gefrorene Boden schon von Reif und das entblätterte Zweigwerk der Bäume von Duftansatz starrt und alle Vegetationstätigkeit längst erloschen ist, dort oben die sommerlichen, milden Lüfte geatmet, die grünen Grasplätze noch mit herbstlichen Blüten geschmückt und die Schafe noch im Freien weiden gesehen hat, der wird es begreiflich finden, daß die ersten Erbauer der Gehöfte sich in jenen Höhen ansiedelten, die sich durch ihre günstigen Temperaturverhältnisse im Spätherbst und Winter erfahrungsgemäß auszeichnen“ (Kerner).

---

[1]) Am Fuß dieses Berges.
[2]) Woeikof, Met. Z. 1900, S. 29 u. s. w.

Mittel 1896 und 1897:

		Winter	Mittl. Min.
Irkutsk . . .	490	− 19,9	− 39,1
Werchnaja . .	1300	− 18,5	− 32,0

Löwl macht darauf aufmerksam, daß in den Alpen die Ansiedlungen die Talböden und alten Seeufer meiden, dagegen Schuttkegel, Terrassen etc. aufsuchen, offenbar um die Winter- und Nachtkälte der Talböden, sowie deren Nebel und Feuchtigkeit zu vermeiden [1]).

Um welche beträchtliche Temperaturunterschiede es sich da handelt, haben Beobachtungen zu Neukirchen im Pinzgau gezeigt. Die Temperatur im Orte selbst war im Januar 1888 —5,8°, 20 Schritte tiefer —6,5 und in der Talsohle, nur 40 bis 50 m tiefer, —9,8°.

Die heiteren und trüben Tage (die mittlere Bewölkung steht in Klammer) gesondert ergaben folgenden Vergleich:

Januar 1888	9[h]	2[h]	8½[h]	9[h]	2[h]	8½[h]
	heitere Tage (1,5)			trübe Tage (9,2)		
Station	—15,0	— 7,4	—11,8	—2,5	0,7	—1,6
Talsohle (45 m tiefer) .	—21,1	—10,7	—17,6	—3,2	0,2	—2,6

Das Temperaturminimum an der Station war —21,2°, in der Talsohle —29,5 (um 9[h] a. m.). In diesen Aufzeichnungen liegt wohl eine genügende Erklärung des Vermeidens der Talsohlen. Met. Z. 1887, S. 184; Z. 88, S. 148; Z. 89, S. 149. S. a. Kerner, Z. 1893, S. 190.

Col. M. F. Ward beobachtete zu Rossinières in der Schweiz, 910 m Seehöhe, vom 8. zum 9. Dezember 1879 folgende Temperaturminima. An seiner Station (A) —24,7°, 27 m tiefer in 640 m Entfernung (B) —88,4°.

Zeit	5[h] p.	9[h]	10[h]	11[h]	Mittn.
		24. Januar 1880:			
A.	—15,0	—18,4	—19,5	—20,0	—16,7
B.	—21,2	—26,7	—81,7	—82,6	—28,6
Diff.	6,2	8,8	12,2	12,6	11,9

Lausanne Bull. Soc. Vaud. XVII, Sept. 1880.

6. Zur Erklärung der Temperaturänderung mit der Höhe in Gebirgen. Die Erklärung liegt in den Tatsachen und Beobachtungsergebnissen, die zum Teil schon früher mitgeteilt worden sind.

Die Atmosphäre wird hauptsächlich von unten erwärmt. Die feste (und flüssige) Erdoberfläche absorbiert erst die Sonnenstrahlung wirksam und wird zu einer Wärmequelle für die auflagernden Luftschichten. Wo wenig Bodenoberfläche vorhanden ist, wie bei den mehr isolierten Berggipfeln, ist auch die Menge erwärmter Luft gering und selbe wird von den fast stetig herrschenden Winden wieder rasch entführt. Anders auf ausgedehnten Hochebenen. Noch günstiger sind (bei gleicher Höhe) eingeschlossene Täler in Bezug auf Erwärmungsfähigkeit bedacht. Trotz der mit der Höhe zunehmenden Intensität der Sonnenstrahlung müßte schon aus diesen Gründen die Lufttemperatur mit der Höhe abnehmen; dazu kommt aber noch, wie S. 211 gezeigt wurde, die mit der Höhe rasch zunehmende Wärmeausstrahlung in der dünneren Lufthülle und besonders bei sehr stark vermindertem Wasserdampfgehalt der Luft, der gegen die Wärmeausstrahlung besonders schützt.

---

[1]) Löwl, Siedlungsarten in den Hochalpen. Forschungen zur deutschen Landeskunde, Heft 6, Stuttgart, Engelhorn. S. Referat von E. Richter, Mitth. d. deutsch-österr. Alpenvereins, März 1888.

Die von unten aufsteigenden warmen Luftmassen kühlen, wenn trocken, sehr rasch ab, und zwar im Verhältnis von 1° pro 100 m, sie kommen deshalb fast in allen Fällen oben relativ kalt an[1]). Da die durchschnittliche Temperaturabnahme in der freien Atmosphäre unterhalb 5 km viel geringer ist als 1° pro 100 m (wenig über $0{,}5^\circ$), so wirken die an den Bergen zum Aufsteigen gezwungenen Luftströmungen erkaltend auf die Berghöhen ein; am wärmsten ist es oben bei Windstille und herabsinkender Luftbewegung, denn diese bringt stets wärmere Luft.

Feuchte aufsteigende Luft ist allerdings eine Wärmequelle für die höheren Luftschichten, weil bei der Kondensation des Wasserdampfes die latente Wärme desselben frei wird und die Abkühlung der aufsteigenden Luft wesentlich vermindert. Diese Verminderung der Abkühlung der aufsteigenden „Regen- oder Schneeluft" ist aber nicht so erheblich, daß sie den Höhen eine Temperaturerhöhung bringen könnte. Letztere tritt nur bei Windstille (und Sonnenschein) und namentlich bei herabsinkender Luft ein. Niederschläge bringen den Höhen fast immer eine Abkühlung.

Die folgende kleine Tabelle enthält die Wärmeabnahme bei den angeführten Temperaturen gesättigt feuchter Luft beim Emporsteigen um je 100 m. Die Wärmeabnahme ist um so langsamer, bei je höherer Temperatur die Luft mit Wasserdampf gesättigt ist, d. i. je mehr Wasserdampf überhaupt 1 kg feuchter Luft enthält[2]).

Anfängl. Druck[3])	Wärmeabnahme pro 100 m.					Seehöhe
	-10°	0°	10°	20°	30°	
760 mm	0,76	0,63	0,54	0,45	0,38	0
500 „	0,68	0,55	0,46	0,38	—	3360

[1]) Es dürfte auch gegenwärtig noch nicht überflüssig sein, zu konstatieren, daß die Ursache der Erkaltung aufsteigender Luftmassen in der Volumvergrößerung, Ausdehnung derselben unter dem verminderten Druck besteht, wobei eine äußere Arbeit geleistet werden muß gegen den Druck der umgebenden Luft. Das Wärmeäquivalent dieser Arbeit wird der Luft entzogen, die dementsprechend eine Temperaturerniedrigung erfährt. Sinkt die Luftmasse wieder bis zu dem früheren Außendruck herab, so gewinnt sie durch Volumverringerung wieder die früher entzogene Wärme und damit wieder ihre frühere Temperatur. Der „Wärmegehalt" der Luft ist oben und unten derselbe. Man nennt die Temperatur, welche eine Luftmasse, unter den Normaldruck gebracht, annimmt, die „potentielle Temperatur".

[2]) Eine feuchte Luftmasse hat einen viel größeren Wärmegehalt, als eine trockene von gleicher Temperatur.

Soll z. B. ein Kilogramm trockener Luft von 25° auf 0° abgekühlt werden, so muß demselben eine Wärmemenge von $0{,}238^\circ$ (spez. Wärme der Luft) $\times$ 25 $=$ 5,95 Kalorien entzogen werden, z. B. durch Emporsteigen um rund 2500 m (da die Abkühlung 1° pro 100 m). Nehmen wir dagegen ein Kilogramm mit Wasserdampf gesättigter Luft, so werden bei einer Abkühlung auf 0° zirka 16 g Wasserdampf kondensiert, dessen Kondensationswärme gleich $16 \times 0{,}6 = 9{,}6$ Wärmeeinheiten beträgt. Es müssen demnach dem Kilogramm gesättigt feuchter Luft $9{,}6 + 5{,}9 = 15{,}5$ Wärmeeinheiten, d. i. nahezu die dreifache Wärmemenge entzogen werden, um es bis zum Frostpunkt abzukühlen. Daraus ergibt sich, daß emporsteigende feuchte Luft viel langsamer sich abkühlt als trockene, von dem Moment ab, wo die Kondensation des Wasserdampfes beginnt.

[3]) Der Luftdruck spielt deshalb auch eine Rolle, weil die Quantität Wasserdampf in einem Kilogramm bei gleicher Temperatur gesättigt feuchter Luft mit der Höhe, d. i. mit abnehmendem Luftdruck, zunimmt.

In einer feuchten Atmosphäre, in welcher durch die stärkere Erwärmung der Luft in den untersten Schichten vertikale Strömungen entstehen, wird deshalb die Temperaturabnahme mit der Höhe viel langsamer sein als in einer trockenen. Da die Luft nicht stets und überall mit Wasserdampf gesättigt ist, so wird die Temperaturabnahme in den untersten Schichten rascher erfolgen, von jener Höhe an aber, in welcher die Kondensation des Wasserdampfes am häufigsten eintritt, langsamer werden.

Soweit die Wärmeabnahme nach oben von der Verdichtung des Wasserdampfes abhängt, muß dieselbe in den wärmeren, dampfreicheren Klimaten, wenigstens von einer gewissen Höhe an, langsamer erfolgen als in den kälteren, wasserdampfärmeren, und ceteris paribus in trockenen Klimaten rascher sein als in feuchten, also über den Ozeanen und im Küstenklima langsamer sein als über den Kontinenten. Die Beobachtungen entsprechen im allgemeinen dieser Voraussetzung.

Daß das Jahresmittel der Temperaturänderung mit der Höhe in den Tropen durchschnittlich dasselbe ist wie in höheren Breiten, rührt daher, daß die raschere Wärmeabnahme im Sommer der höheren Breiten, wie sie die Theorie für trockene aufsteigende Luft fordert, wieder ausgeglichen wird durch die langsame Wärmeabnahme im Winter, wo der Erdboden durch stärkere Wärmeausstrahlung erkaltend auf die unteren Luftschichten wirkt.

Bei windigem, stürmischem Wetter ist in Gebirgsländern die Temperaturabnahme mit der Höhe am raschesten, weil sie sich dann am meisten jener in aufsteigenden Luftströmungen nähert.

Bei windstillem Wetter ist sie dagegen am langsamsten, weil dann eine vertikale Bewegung der ganzen Luftmasse fehlt und die Erwärmung eine allgemeine, gleichmäßige ist. Zur Zeit ruhigen heiteren Sommerwetters haben die Hochtäler, Abhänge und Gipfel eine etwas höhere Temperatur, als der freien Atmosphäre in gleicher Höhe zukommt, weil der erwärmte Boden durch Leitung und Strahlung die Luft erwärmt, und auch unsere Thermometer eine etwas höhere Temperatur angeben, als sie der Luft eigentlich zukommt. Im allgemeinen ist aber die größere Kälte, die man auf Bergen bei starkem Wind fühlt, nicht allein physiologisch zu erklären, sondern in der Tat auch durch das Thermometer nachweisbar; sie ist eine Wirkung der längs der Bergabhänge aufsteigenden Luftbewegung. Die Berghöhen können dann kälter sein als die Luft in gleicher Höhe der freien Atmosphäre.

7. Jährlicher Gang der Temperatur im Gebirge. Im allgemeinen nimmt der Betrag der jährlichen Wärmeschwankung mit der Seehöhe ab.

Diese Abnahme ist in den tropischen Gegenden gering, sie spielt dagegen eine bedeutende Rolle in den mittleren und höheren Breiten. Von besonderem Einfluß ist dabei die Lage in Tälern oder an den Abhängen oder Gipfeln von Bergen. Die erstere bedingt eine viel größere jährliche Temperaturänderung.

Der Unterschied zwischen dem wärmsten und kältesten Monat beträgt z. B.:

Ceylon:

Meeresniveau		Im Innern	
Kolombo (nasse Westküste) . .	2,0°	Kandy 522 m	2,7°
Batticaloa (trockenere Ostküste) .	3,8	Newara Eliya 1875 m	2,1

Südindien:

Basisstationen		Gipfelstationen	
Trevandrum 60 m	2,4	Agustia Pik 1890 m	4,2
Peryakulam 290 m	5,4	Kodaikanal 2340 m	4,0
Koimbatur 450 m	4,7	Dodabetta 2630 m	4,1

Trevandrum liegt an der Küste, die anderen Orte im Innern von Südindien.

Hier ist die jährliche Wärmeschwankung auch im Meeresniveau sehr klein und nimmt kaum nach oben hin ab. Wo die untere Station ein kontinentales Klima hat, wird die Abnahme mit der Höhe merklicher, da ja auf Berghöhen die Erwärmung geringer, dagegen Trübung und Regen stärker sind als unten.

Einige Beispiele aus Nordindien sind: Rurki 270 m 18,8°, Chakrata 2150 m 15,5°, Simla 2119 m 15,8°, Rawalqindi 503 m 22,9°, Muree 2276 m 18,6°. Hingegen haben Kalkutta und Goalpara 118 m eine Wärmeschwankung von 10,3°, Darjeeling 2107 m 12,6°.

Weitere Beispiele: St. Helena, Jamestown 12 m 5,2°, Longwood 538 m 5,1°, Hongkong, Viktoria 13,8°, Viktoria Peak 532 m 12,2°, Aden 60 m 7,2°, Gondar 2270 m 5,8°.

Im allgemeinen nimmt demnach in tropischen Gebirgsländern die jährliche Wärmeschwankung nur in geringem Maße oder selbst gar nicht mit der Höhe ab.

In den mittleren und höheren Breiten, wo die Temperaturabnahme mit der Höhe eine so ausgeprägte jährliche Periode hat und die Temperatur im Winter viel langsamer nach oben abnimmt als im Sommer, haben die Orte in größeren Höhen der Gebirge einen kleineren jährlichen Spielraum der Temperaturschwankung als jene in den Niederungen. Das Klima der Höhen nähert sich demnach in dieser Beziehung dem Küstenklima. Als Beleg hierfür mögen die folgenden Beispiele dienen:

	Jahres-schwankung		Jahres-schwankung
aus den Vereinigten Staaten von Nordamerika:			
Burlington, Portland 70 m .	27,9°	Denver City 1610 m . . .	24,7°
Mt. Washington 1916 m . .	22,9	Pikes Peak 4300 m	20,9
aus dem Kaukasus und dem Hochlande von Armenien:			
Wladikawkas-Tiflis 570 m .	24,8°	Eriwan, Aralych 870 m . .	35,1°
Gudaur 2160 m	22,4	Alexandropol 1470 m . . .	29,7
aus Südeuropa:			
Rom 50 m	18,4	Catania 80 m	16,2
Monte Cavo 960 m	17,0	Ätna 1470 m	10,8°
Clermont 390 m	17,0	Toulouse 190 m	16,7
Puy de Dôme 1467 m . . .	18,3°	Bagnères de Bigorre 547 m .	15,1
		Pic du Midi 2860 m . . .	14,3

Die besten Beispiele liefern die Alpen, da nur in diesen meteorologische Stationen in allen Seehöhen in geringer Entfernung voneinander zu finden sind.

Ort	Höhe m	Jan.	Juli	Jahr	Jahresschwankung
Altstätten (Rheintal)	470	− 1,7	18,2	8,6	19,9
Trogen (Kammlage)	900	− 2,0	15,5	6,5	17,5
Gäbris (Gipfellage)	1250	− 1,9	13,4	5,1	15,3
Rigikulm (Gipfellage)	1787	− 4,5	9,9	2,0	14,4
Säntis (Gipfellage)	2500	− 8,8	5,0	− 2,6	13,8
Churwalden (freie Höhe) . . .	1212	− 2,3	14,2	5,5	16,5
Schuls (Tallage)	1243	− 6,0	15,5	5,3	21,5
Extreme Tallagen.					
Bevers, Oberengadin	1710	− 9,9	11,8	1,2	21,7
Sils Maria, Oberengadin . . .	1810	− 8,1	11,2	1,5	19,8
Nordseite der Tauern.					
Pinzgau und Pongau, Tallagen .	840	− 5,9	15,8	5,6	20,7
Gastein, Bucheben, Täler mit Luftdrainage	1110	− 4,7	14,0	5,0	18,7
Schafberg Schmittenhöhe, Gipfel	1860	− 6,3	9,3	1,1	15,6
Sonnblickgipfel	3105	− 13,6	1,1	− 6,5	14,7

Dürfte man annehmen, daß die Jahresschwankung der Temperatur in gleichem Maße, wie hier gezeigt worden ist, bis zu den größten Höhen hinauf abnimmt, so würde in einer Höhe von ca. 9500 m der Temperaturunterschied der Jahreszeiten aufhören[1]). Die Beobachtungen auf den neueren Ballonfahrten haben gezeigt, daß die Jahresschwankung der Temperatur in der freien Atmosphäre sich bis zu 8 km kaum ändert und rund 14° bleibt, in 9 km auf 12,3°, und in 10 km erst auf 10° herabsinkt.

Man würde, wie die Tabelle lehrt, fehlgehen, wenn man annehmen wollte, daß die Abnahme der jährlichen Wärmeschwankung mit der Höhe regelmäßig vor sich gehe.

Es ist dies nur der Fall, wenn man Stationen in Tälern mit solchen auf Bergabhängen oder diese untereinander vergleicht, denn das orographische Element spielt dabei eine große Rolle, wofür die Tabelle Beispiele liefert.

Sils und Bevers haben eine um 6° größere Temperaturschwankung als der Rigikulm in gleicher Höhe und eine größere als Chur (19,1°), das um 1160 m tiefer liegt. Desgleichen finden wir auf den großen Hochebenen im Westen des Mississippitales eine jährliche Temperaturschwankung nahe gleich jener im letzteren selbst. Leh in Tibet in 3506 m hat eine jährliche Temperaturschwankung von 23,8°, Peschawer in 390 m in gleicher Breite nur 22,0°. Hochebenen und Hochtäler zeigen überhaupt kaum eine Abnahme der jährlichen Temperaturschwankung mit der Höhe, in einzelnen Fällen sogar eine Zunahme.

---

[1]) Die Gleichung, welche die Abnahme der Jahresschwankung der Temperatur in den West- und in den Ostalpen ausdrückt, ist
$$D = 21,7° − 0,23\ h.$$
h in Hektometer.

Es ist dies eine natürliche Folge des Umstandes, daß die Täler im Winter durch Wärmeausstrahlung und Ansammlung kalter Luft abnorm erkalten, während sie umgekehrt im Sommer sich wieder stark erwärmen. (Vergl. S. 227 die Orte im Ahrntale.) Die relativ hohe Wärme der Talbecken im Sommer rührt her erstlich von den günstigen Insolationsverhältnissen (am Morgen werden die östlichen Gehänge, am Nachmittag die westlichen stärker erwärmt als die Ebene bei gleicher Sonnenhöhe), von dem Wärmereflex und der Wärmestrahlung der Talwände, sowie von dem Schutz gegen abkühlende Winde. Das Klima der Täler, namentlich das der Hochtäler, ist extrem infolge gesteigerter Wärmeausstrahlung und Ansammlung kalter Luft im Winter, dagegen kräftiger Insolation im Sommer bei dünnerer atmosphärischer Hülle und geringerem Wasserdampfgehalt der Luft. Ein Gebirgsland bietet derart große Verschiedenheiten der Wärmeschwankung, je nachdem der Ort in einem Tale liegt oder auf einem Abhange oder Gipfel, und dann wieder, je nachdem er auf einem Nord- oder Südabhange liegt, oder das Tal sich nach W oder E öffnet u. s. w.

Der jährliche Wärmegang auf großen Höhen der Gebirge, an Abhängen und Gipfeln, bietet nicht nur durch die Abnahme des Unterschiedes der Wärmeextreme eine Analogie mit dem Küstenklima, sondern auch durch die Verspätung des Eintrittes der Extreme und der mittleren Temperatur gegenüber den Orten gleicher Breite in der Niederung. Namentlich verzögert sich der Eintritt der niedrigsten Temperatur gegen den Februar, ja selbst bis gegen den März hin. In den ersten Frühlingsmonaten ist es, wo der Temperaturunterschied zwischen den Gebirgshöhen und der darunterliegenden Niederung am stärksten hervortritt. Während unten die Schneedecke schon gewichen und der Boden von der hochstehenden Sonne kräftig erwärmt wird, muß in größeren Höhen noch der ganze Betrag der Sonnenstrahlung zur Schneeschmelze aufgebracht werden.

Die folgende kleine Tabelle illustriert den jährlichen Gang der Temperatur in den untersten Alpentälern im Mittel der Nord- und Südseite der Alpen, in den alpinen Hochtälern, sowie jenen auf den hohen Berggipfeln. Der jährliche Wärmegang auf den dalmatinischen Inseln zeigt, wie nahe derselbe jenem auf den hohen Berggipfeln kommt, so daß man mit Recht sagen kann, der Gang der Temperatur auf hohen Berggipfeln nähert sich jenem im reinen Seeklima.

Jährlicher Gang der Temperatur in Abweichungen der Monatsmittel vom Jahresmittel.

		Jan.	April	Juli	Okt.	Jahresschwankung	Oktober — April
Untere Täler . . .	400	− 11,4	0,7	10,5	0,9	21,9	0,2 °
Hochtäler.	1900	− 9,0	− 0,6	9,2	1,4	18,2	2,0
Gipfel	2400	− 6,9	− 1,5	8,1	1,5	15,0	3,0
Sonnblick	3100	− 6,7	− 2,3	7,6	1,8	14,8	3,6
Dalmatinische Inseln .	—	− 7,6	− 2,0	8,5	1,7	16,1	3,7

Niederösterreichische Kalkalpen. Herbst—Frühling.

Höhe	200	400	600	800	1000	1200	1500	2000 m
Herbst, wärmer um .	0,2	0,4	0,7	1,0	1,2	1,6	2,0	3,3 °

Der April ist auf den großen Höhen wie im Seeklima noch kalt, auch der Mai erhebt sich noch wenig über das Jahresmittel, dagegen ist der Oktober noch warm und der November viel milder als der März.

8. Die täglichen Änderungen der Temperatur im Gebirge. Die tägliche Temperaturschwankung zeigt in Gebirgsländern l o k a l e und a l l - g e m e i n e Modifikationen. Für die ersteren ist die Exposition eines Ortes, je nachdem die ersten Morgen- oder die letzten Abendstunden an Sonnenschein verkürzt sind, zunächst maßgebend, ferner haben auch lokale Winde, namentlich die kalten Nachtwinde mancher Gebirgstäler, auf das rasche Sinken der Temperatur nach Sonnenuntergang und den verspäteten Eintritt des Minimums großen Einfluß. Der mittlere tägliche Temperaturgang eines Ortes im Gebirge ist daher nur auf Grund genauer Lokalkenntnisse und nicht nach der allgemeinen Regel des Wärmeganges in gleicher Breite zu beurteilen.

In Betreff der allgemeinen Modifikationen des täglichen Temperaturganges ist zu bemerken, daß die Täler zumeist eine größere tägliche Wärmeschwankung aufweisen als die Orte der benachbarten Ebenen. Bei Tag steigt die Lufttemperatur sehr rasch, denn die Talsohle wie die umschließenden Bergwände erwärmen sich stark und letztere geben auch Wärme an die eingeschlossene Luft ab; selbst der tagüber talaufwärts wehende Wind bringt schon etwas vorgewärmte Luft. Nach Sonnenuntergang sinkt aber die Temperatur rasch, und kühle Bergwinde von den Höhen herab und aus den schattigen kalten Schluchten stellen sich ein. Die durch nächtliche Wärmeausstrahlung an den Bergabhängen erkalteten Luftmassen lagern sich über den Talsohlen, stagnieren daselbst und ihre Temperatur sinkt noch weiter durch die Wärmestrahlung des Talbodens. Die Talsohlen haben deshalb auch im täglichen Wärmegange wie im jährlichen eine mehr weniger exzessive Temperaturschwankung.

Anders auf den Berghängen, sowie auch in jenen geneigten Tälern, die eine gute Luftdrainage haben. Auf Abhängen sind die Nächte viel milder und zudem weniger feucht als in den Tälern, die Tage weniger heiß, wenn nicht gerade die Exposition derart ist, daß sie die Insolation besonders steigert.

Mit der Erhebung auf Berggipfeln nimmt die tägliche Wärmeschwankung umso rascher ab, je isolierter die Berggipfel sind und je weniger Masse die Berge haben, je weniger also die Lufttemperatur durch die Erwärmung und Erkaltung des Bodens beeinflußt werden kann.

W o e i k o f hat für diese Verhältnisse den kurzen Ausdruck gefunden: eine k o n v e x e Oberfläche (Hügel, Berg) ist eine Ursache, welche die tägliche (und jährliche) Amplitude der Temperatur v e r k l e i n e r t, eine k o n k a v e Oberfläche (Tal, Mulde) v e r g r ö ß e r t dagegen die tägliche (sowie die jährliche) Amplitude der Temperatur.

Wie empfindlich die tägliche Temperaturschwankung auf geringe Unterschiede der Lage der Station ist, hat W o e i k o f durch einige Beispiele gezeigt:

Örtlichkeit	Tägliche Amplitude Mittel	Winter	Sommer
Station Tiflis 460 m Anhöhe frei SE von Tiflis .	7,8	5,9	9,9
Später 409 m am Ufer der Kura, Tallage	8,5	6,9	10,2
Station Nertschinsk 696 m, Hügel außerhalb der Stadt	8,3	6,2	9,9
Später 660 m in der Stadt, im Tale	9,5	7,0	11,2

Tritt man von der Niederung her ins Gebirge ein, so steigt zuerst die tägliche Temperaturschwankung in den Tälern, höher hinauf an Abhängen und Gipfeln nimmt sie wieder ab. Z. B.:

Mittel für August 1891:

Nagoya, Ebene	15 m	6,8°
Kurosawa, Bergtal	880 „	10,1
Ontake, Berggipfel	3053 „	5,7

Mittel für Juli/August:

Genf 407 m	Chamonix 1035 m	S. Bernhard Grands Mulets 2740 m
10,6	14,2	4,5

Die Stationen auf dem Plateau und in den Tälern der Rocky Mountains liefern ebenfalls Beispiele für die große Temperaturschwankung in den Tälern[1]). So hat z. B. Sherman Wy. in flacher Paßlage in 2530 m 9,9°, Georgetown Col., Tallage, 2620 m, 16,4°, etc.

Wie rasch bei freier Erhebung in der Atmosphäre die tägliche Wärmeschwankung abnimmt, haben die stündlichen Aufzeichnungen der Lufttemperatur zu Paris in verschiedenen Höhen des Eiffelturmes besonders überzeugend nachgewiesen. Die luftige Eisenkonstruktion dieses Turmes beeinflußt durch eigene Erwärmung und Wärmestrahlung die Lufttemperatur viel weniger als selbst die steilsten und luftigsten Berggipfel. Diese Beobachtungen und der aus dem täglichen Gange des Barometers auf Berggipfeln von mir berechnete tägliche Temperaturgang in den Luftschichten zwischen Gipfel und Niederung haben einen Beweis dafür geliefert, daß die meisten auf Berghöhen aufgezeichneten Temperaturen eine zu große tägliche Wärmeschwankung ergeben haben. Der tagüber stark erwärmte Boden erhöht die beobachtete Temperatur über die der freien Luft in gleicher Höhe, umgekehrt wirkt die Wärmeausstrahlung bei Nacht; dies gilt auch für ganz mit Schnee bedeckte und vergletscherte Gipfel. Nur solange die Luftbewegung lebhaft ist, wird die beobachtete Temperatur jener der freien Atmosphäre nahe kommen.

Tägliche periodische Temperaturschwankung.

Ort	Paris	Eiffelturm		
Höhe	2	123	197	302 m
Winter . .	4,2	2,9	2,3	1,6
Sommer . .	9,1	6,4	5,7	5,0

Man kann nach Angot aus diesen Daten schließen, daß im Winter schon in 750 m über dem Boden, im Sommer in 1150 m (im Jahres-

---

[1]) J. Hann, Der tägliche Gang des Luftdruckes, der Temperatur etc. auf den Plateaux der Rocky Mountains. Sitz. d. Wiener Akad., März 1881 u. Met. Z. 1882, S. 31.

mittel in 900 m) die tägliche Temperaturschwankung auf $^1/_{10}$ von der am Boden herabgesunken sein und somit nur mehr 0,4° und 0,9° betragen dürfte.

An den Berghängen und Berggipfeln aber nehmen wegen der größeren Erwärmung und Erkaltung des Bodens die täglichen Temperaturamplituden viel langsamer ab.

Abnahme der periodischen täglichen Temperaturamplitude aus Tälern gegen die Gehäng- und Gipfelstationen.

Ort . .	Klagenfurt	Bucheben	Kolm Saigurn	Obirgipfel	Sonnblick
Breite .	46,6	47,1	47,1	46,5	47,1
Höhe .	448	1230	1605	2141	3105 m

Mittlere tägliche periodische Temperaturänderung.

Sommer .	9,0	8,1	5,9	3,6	2,1
Jahr . .	7,0	6;3	4,8	2,1	1,6

In welch hohem Grade die Größe der normalen täglichen Temperaturänderung von der Lage der Station abhängig ist, ob im Tale, oder an einem Abhange, oder auf einem Gipfel, zeigen folgende Beispiele:

Mittlere tägliche Temperaturänderung (Mittel von 8 Jahren).

Ort	Höhe	Januar		Diff.	Juli		Diff.
		7ʰ	1ʰ		7ʰ	1ʰ	
Zürich, Luzern	460	− 2,8	− 0,2	2,6	16,6	23,2	6;6
Rigikulm	1787	− 4,7	− 3,1	1,6	10,2	12,6	2,4
Bevers und Sils (Tal) . .	1760	− 12,4	− 4,8	7,6	9,5	16,5	7,0
Gäbris u. Schwäbrig (freie Höhe)	1200	− 3,0	− 1,1	1,9	14,0	17,2	3,2
Schuls (Tal)	1240	− 9,1	− 2,9	6,2	13,8	21,3	7,5
Reckingen (Tal)	1350	− 9,4	− 2,5	6,9	11,7	19,7	8,0

Die Morgen sind in den Tallagen kühl (und feucht), die Nachmittage viel wärmer (und trockener) als an den Berghängen. An letzteren sind die Nächte und Morgen relativ warm (und trocken), umgekehrt die Nachmittage.

Orte in Hochtälern haben eine besonders große tägliche Wärmeänderung. Namentlich im Winter verursacht die größere tägliche Erwärmung unter dem wolkenfreieren Himmel der Hochtäler zugleich mit der ebenfalls stärkeren nächtlichen Wärmestrahlung und dem Stagnieren der kalten Luftmassen im Grunde der Täler relativ große tägliche Wärmeänderungen. Die größte tägliche Wärmeschwankung findet man wohl auf trockenen, kontinentalen Hochebenen, wie jenen von Tibet und Innerasien überhaupt, sowie auf den Hochebenen des westlichen Nordamerika. Prjewalskys thermometrische Aufzeichnungen ergaben im nördlichen Tibet selbst im Dezember einen mittleren Temperaturunterschied zwischen 8ʰ Morgens und 1ʰ Nachmittags von 17,3° C., und Sewerzows Beobachtungen im August und September auf dem Plateau von Pamir (3600 bis 4400 m) zeigen eine tägliche Schwankung von mehr als 25° C. (Woeikof).

Neuere umfassendere Belege dafür liefert das große Werk über die Ergebnisse der meteorologischen Beobachtungen von Sven Hedin in Zentralasien [1]). Der berühmte Reisende beobachtete regelmäßig 7^h, 1^h, 9^h sowie Max. und Min., an festen Stationen wurden auch Thermographen und Barographen in Tätigkeit gesetzt. Die eingehendere Bearbeitung dieser Beobachtungen steht noch aus.

Ich will hier nur einige Beobachtungsergebnisse an der Station Jangi-Köl 40° 52' N. Br. 86° 51, E. v. Gr., 880 m anführen.

	Dezember	Januar	Februar	März	April	Mai
7^h	− 10,4	− 13,7	− 10,3	1,4	10,3	17,7 [2])
1^h	− 0,9	− 9,2	− 1,4	12,0	20,6	29,7
9^h	− 7,8	− 13,5	− 10,8	2,2	10,4	17,4
Mittleres Min. .	− 14,3	− 18,6	− 17,2	− 5,6	3,4	8,7
„ Max. .	3,6	− 3,4	4,8	12,8	20,5	30,9
Differenz . . .	17,9	15,2	22,0	18,4	17,1	22,2

Nach dem Registrierthermometer, periodische Amplitude.

	Dezember	Januar	Februar	März	April	Mai
Minimum . . .	− 10,4	− 15,8	− 14,5	− 3,0	6,8	13,4 [3])
Maximum . . .	5,9	− 2,7	9,0	16,8	22,5	32,1
Differenz . . .	16,3	13,1	23,5	19,3	16,2	18,7
Unperiodisch [4]) .	20,3	16,5	26,4	22,2	17,9	20,9

Tägliche Temperaturänderungen von 30° kommen öfter vor. Z. B. im Februar vom 15. bis 24. (Mittel von 10 Tagen) geben die Extremthermometer − 15,2 und 9,8, der Registrierapparat − 13,1 und 17,9, Amplitude 31,0°, am 23. sogar 36,6°. Diese großen Unterschiede zwischen den Angaben der Extremthermometer und den Registrierungen bedürfen aber noch einer Aufklärung.

Während der Temperaturunterschied zwischen 7^h Morgens und dem nachmittägigen Maximum zu St. Louis am Mississippi kaum 6,5° beträgt, erreicht er auf den westlichen Plateaus in 2000 m Seehöhe unter gleicher Breite 11° C. und die wahre tägliche Wärmeänderung beträgt in diesen Hochtälern 16 bis 18° C. Temperaturschwankungen von 25 bis 30° innerhalb 24 Stunden sind nicht selten.

In Bezug auf den Eintritt des täglichen Maximums und Minimums ist wohl nur hervorzuheben, daß auf den Berggipfeln das Minimum schon ½ bis 1½ Stunden vor Sonnenaufgang eintritt; der Eintritt des Maximums aber ist lokal recht verschieden, im allgemeinen verfrüht er sich im Sommer schon wegen der gegen Mittag zunehmenden Bewölkung [5]).

---

[1]) Sven Hedin, Scientific Results of a Journey in Central Asia 1899/1902 Vol. V, Part I a, Meteorologie von Dr. Nils Ekholm. 1. Die Beobachtungen 1894/97 und 1899/1902, Stockholm 1905, über 400 Seiten Großquart.

[2]) 1. bis 18. Mai.

[3]) 1. bis 31. Mai.

[4]) Aus den Registrierungen.

[5]) Hann, Der tägliche Gang der Temperatur auf dem Obirgipfel. Sitz. d. Wiener Akad., Juli 1893. — Beiträge zum täglichen Gang der met. Elemente in den höheren Luftschichten. Ebenda, Januar 1894. — Der tägliche Gang des

IV. Einfluß des Gebirges auf die Hydrometeore.

1. Luftfeuchtigkeit im Gebirge. Die Abnahme des Wasserdampfgehaltes der Atmosphäre mit der Höhe erfolgt in einem sehr raschen
Verhältnis, viel rascher als die Abnahme des Luftdruckes. Die folgende
kleine Tabelle gibt den relativen Wassergehalt der Luft für einige
Höhenintervalle, jenen an der Erdoberfläche gleich 1 gesetzt [1]), und
ebenso den relativen Luftdruck, oder die relative Dichte der Atmosphäre zum Vergleiche damit.

Abnahme des Dampfdruckes und des Luftdruckes mit der Höhe.

Seehöhe m	Wasser-dampf	Luft	Seehöhe m	Wasser-dampf	Luft
0	1,00	1,00	5000	0,17	0,54
1000	0,78	0,88	6000	0,12	0,47
2000	0,49	0,78	7000	0,08	0,42
3000	0,35	0,69	8000	0,06	0,37
4000	0,24	0,61	9000	0,04	0,32

Diese Zahlen sind so zu verstehen. Wenn, wie z. B. im Sommer
im mittleren Europa, der Wasserdampfgehalt der Luft durch einen
Dampfdruck von 10 mm gegeben ist, so beträgt derselbe in gleicher
Gegend auf einer Gebirgshöhe von 4000 m nur mehr 2,4 mm, unter
dem Äquator aber, bei 20 mm Dampfdruck unten, noch 4,8 mm. Der
mittlere Luftdruck ist in beiden Fällen ca. 470 mm. In einer Seehöhe
von 2000 m hat man schon die halbe Wasserdampfmenge der Atmosphäre unter sich, in 4000 m ca. $^3/_4$ derselben und in 6500 m volle $^9/_{10}$,
während der Luftdruck erst zwischen 5000 und 6000 m den halben
Betrag des Druckes an der Erdoberfläche erreicht. Die Gebirge spielen
daher in Bezug auf die Wasserdampfhülle der Erde eine große Rolle,
sie können bei beträchtlicher Erhebung einflußreiche Wetterscheiden
werden, und auf geringe Entfernungen hin wohl befeuchtete und sehr
trockene Gebiete scharf voneinander trennen.

Die r e l a t i v e Feuchtigkeit, der Grad der Sättigung der Luft
mit Wasserdampf, zeigt keinerlei gesetzmäßige Änderung mit der
Höhe, ändert sich im allgemeinen überhaupt wenig mit der Höhe. In
tropischen regenreichen Gebirgen gibt es allerdings eine bestimmte
Seehöhe, wo die Luft während der Regenzeit, welche örtlich den
größeren Teil des Jahres umfaßt, fast konstant mit Wasserdampf gesättigt bleibt, einen nahezu permanenten Wolkengürtel bildet, der meist

---

Barometers an heiteren und trüben Tagen. Ebenda, Juni 1895. — W. T r a b e r t,
Der tägliche Gang der Temperatur auf dem Sonnblick. Denkschr. d. Wiener
Akad. LIX, Bd. 1892. In dieser letzteren Abhandlung wird auch der Versuch
gemacht, zu berechnen, eine wie große Wärmemenge der Luft auf dem Sonnblickgipfel direkt durch die Sonnenwärme und wie viel durch die Konvektionsströmungen
von unten zugeführt wird. Letztere Wärmemenge wird dreimal größer gefunden
als erstere.

   [1]) Berechnet nach der Formel $e_h = e_0 \, 10^{-\frac{h}{6500}}$ oder: log $e_h = $ lg e_0 minus
$\frac{h}{6500}$, wo e_h die Dampfspannung in der Höhe h, e_0 jene im unteren Niveau
bezeichnet und h in Metern ausgedrückt sein muß. S. Met. Z. 1874, S. 193, Z. 1884,
S. 228 u. Z. 1894, S. 194.

zwischen 1300 bis 1600 m Höhe liegt. In höheren Breiten liegt dieses dampfgesättigte Luftstratum im Winter in geringer Höhe, oft tage- und wochenlang auf dem Boden selbst aufruhend, im Sommer dagegen in viel größerer Höhe. Der jährliche Gang der relativen Feuchtigkeit ist deshalb auf größeren Höhen der umgekehrte von dem in der Niederung — im Winter größere Trockenheit, im Frühling und Sommer die größte Feuchtigkeit, während die Niederungen im allgemeinen die größte Sättigung der Luft mit Wasserdampf (die größte Feuchtigkeit nach dem Sprachgebrauch) im Winter haben, die kleinste im Sommer.

Leider haben wir von Gebirgsstationen nur wenige verläßliche und richtig berechnete Feuchtigkeitsbeobachtungen, namentlich fehlen sie vom Winter, da das Psychrometer unter dem Gefrierpunkt häufig den Dienst versagt.

Jahresmittel der absoluten und relativen Feuchtigkeit.
Walliser Alpen [1]).

Ort	Seehöhe	Dampfspannung	Rel. Feuchtigkeit
Theodulpaß . .	3330	2,6	82 %
Simplon	2010	4,1	78
Martigny . . .	500	6,8	72

Ceylon [2]).

Ort	Seehöhe	Dampfspannung	Rel. Feuchtigkeit
Newara Eliya .	1875	11,0	83 %
Kandy	520	16,9	77
Küste	—	21,7	79

Den jährlichen Gang der relativen Feuchtigkeit in größeren Höhen im Alpengebiete gegenüber jenem in der Niederung kann man der folgenden kleinen Tabelle entnehmen.

Relative Feuchtigkeit.

Ort Höhe	Theodulpaß 3330	Sonnblick 3100	Stelvio 2470	Säntis 2467	Wien 195	Genf 440
Winter . .	79*	71*	71*	78*	87	85
Frühling .	89	83	84	81	66	73
Sommer .	80	86	78	85	64*	70*
Herbst . .	83	82	78	83	75	82
Jahr . .	83	80	77	82	72	77

Auf hohen Bergen in Mitteleuropa ist der Winter die trockenste und heiterste Jahreszeit, Frühling und Sommer sind die feuchtesten und trübsten Zeiten. Unten in der Niederung verhält es sich umgekehrt. Auf dem Ben Nevis (1343 m) ist, seiner Lage wegen, das ganze Jahr hindurch die Luft nahezu mit Wasserdampf gesättigt (Jahresmittel 94 %, Dezember 97, Juni 90 %); auf Pikes Peak (4300 m) hat der Winter 79, der Frühling 81, Sommer 75 und Herbst 77 % relative Feuchtigkeit (Jahr 78 %). In den Tropen folgt der Gang der relativen Feuchtigkeit oben wie unten dem Gange der Regenzeiten.

Den täglichen Gang der relativen Feuchtigkeit kennen wir nur von wenigen Punkten in großer Höhe. Vom Sonnblickgipfel

---

[1]) Mittel 1865/66.
[2]) Mittel aus 3jährigen korrespondierenden Beobachtungen.

liegen die Registrierungen der Feuchtigkeit von einem vollen Jahrgang berechnet vor [1]). Nach denselben tritt das Minimum der relativen Feuchtigkeit das ganze Jahr hindurch in den Vormittagsstunden ein zwischen 8^h und 9^h, das Maximum im Winter nach Mittag, in den übrigen Jahreszeiten am Abend zwischen 8^h und 10^h etwa. Die Sommerbeobachtungen auf dem Faulhorn und bei den Grands Mulets (Montblanc) zeigen dasselbe: Minimum 10^h Vormittags, Maximum 6 bis 8^h Abends. Auch auf dem Gipfel des Ontake in Japan (3055 m) war um Mittag die Luft am trockensten, um 6^h Abends am feuchtesten (August).

Der tägliche Gang des Dampfdruckes auf Bergen wird namentlich dadurch charakterisiert, daß bald nach Mittag (auf dem Sonnblick zwischen 3 und 4^h) der Wasserdampfgehalt der Luft am größten ist, während er in den Frühstunden am kleinsten ist. Alle freien Höhenstationen in allen Klimaten stimmen darin überein, daß nach Mittag der Wasserdampfgehalt der Atmosphäre sich rasch steigert und zugleich damit die Bewölkung [2]).

Der tägliche Gang der Luftfeuchtigkeit in den Tälern stimmt dagegen mit jenem in den ebenen Niederungen überein, nur ist er etwas exzessiver, wie dies ja auch beim Gange der Temperatur der Fall ist.

Im allgemeinen haben Täler, weil sie stärker erwärmt sind, bei gleicher absoluter Feuchtigkeit eine etwas größere Lufttrockenheit, als freie Abhänge oder Gipfel in gleicher Seehöhe.

Das Charakteristische der Feuchtigkeitsverhältnisse größerer Gebirgshöhen ist der raschere Wechsel und die größeren Extreme derselben. Volle Sättigung der Luft mit Wasserdampf, auf dem Boden aufliegende Wolken, wechseln häufig mit großer Trockenheit. Besonders auf isolierten höheren Berggipfeln sind diese Schwankungen häufig und extrem und sind von analogen Wärmewechseln begleitet [3]). Aufsteigende Luftbewegung bringt von unten Wasserdampf, der sich rasch zu Wolken verdichtet, Windstille und absteigende Luftbewegung führt dagegen die extreme Trockenheit der höheren atmosphärischen Schichten herbei. Junghuhns Psychrometerbeobachtungen auf den Gipfeln der hohen javanischen Vulkane und seine klassischen Schilderungen der Witterungsvorgänge

---

[1]) Hann, Die Verhältnisse der Luftfeuchtigkeit auf dem Sonnblickgipfel, Sitzungsber. d. Wiener Akad., April 1895.

[2]) Der tägliche Gang der Luftfeuchtigkeit auf den Alpenhöhen von rund 2800 m wird charakterisiert durch folgende Zahlen, welche Abweichungen vom Tagesmittel sind:

	Mittn.	4^h	8^h	Mittag	4^h	8^h
Absolut .	− 0,30	− 0,50	− 0,37	0,40	0,67	0,09 mm
Relativ .	0,4	− 0,7	− 3,9	− 2,5	3,5	3,1 Proc.

Das Minimum der relativen Feuchtigkeit tritt um 10^h Vormittags ein (−0,4%), das Maximum 6^h Abends (+0,4).
Die Luft ist auf den Höhen Nachts bei absteigendem Bergwind trocken, auch in den Tropen (Java Tosari, Indien Agustia Pik).

[3]) Über die zuweilen auf dem Sonnblickgipfel (und Obirgipfel) im Winter eintretende große Trockenheit und gleichzeitige Temperaturzunahme siehe die vorhin zitierte Abhandlung.

auf denselben geben die trefflichsten Beispiele für die große Veränderlichkeit des Feuchtigkeitszustandes in diesen Höhen.

Auf dem G. Slamat (3374 m) war die mittlere relative Feuchtigkeit vom 20. bis 22. Juni 52 %, sie schwankte aber zwischen 13 % und 100 % innerhalb 24 Stunden; auf dem G. Semeru (3740 m) war die Feuchtigkeit am 26. September Nachmittags bloß 26 % mit einem Minimum von 5 %. Aus Pandanusblättern geflochtene Matten ließen sich zwischen den Fingern zu feinem Staub zerreiben. Gesicht, Lippen und Hände springen bei trockenem Wetter in diesen Höhen auf und man wird von heftigem Durst geplagt [1]).

Nicht anders ist es auf den Gipfeln unserer Alpen bei heiterer Witterung, nur ist der Kontrast gegen die Feuchtigkeit der Niederung nicht so groß, wie in den äquatornahen Gegenden. Martins' Beobachtungen auf dem großen Plateau des Montblanc (3930 m) geben für die Tage vom 28. August bis 1. September (1844) eine mittlere relative Feuchtigkeit von 38 %, während dieselbe in Chamonix gleichzeitig 82 % betrug; das Minimum war oben 13 %, unten 50 %. Diese große Trockenheit wechselt wieder mit tagelanger Sättigung der Luft mit Wasserdampf bei schlechtem Wetter, wo dann die Berge von einer gewissen Höhe an konstant in Wolken gehüllt sind. In den Tälern dagegen und in der Niederung überhaupt kommt in der wärmeren Jahreszeit eine Sättigung der Luft mit Wasserdampf nur zuweilen während der Nacht- und Morgenstunden vor (Nebelbildung).

Verdunstung. Neben den Verhältnissen der absoluten und relativen Feuchtigkeit im Gebirgsklima ist auch noch die Größe der Verdunstung sehr zu beachten. Bei derselben relativen Feuchtigkeit, Temperatur und Windstärke ist auf den Höhen der Gebirge die Verdunstung viel stärker als in der Niederung infolge des verminderten Luftdruckes. Es trocknet alles viel rascher in großen Höhen, getötete oder gefallene Tiere mumifizieren, ohne zu faulen (schon im unteren Engadin, 1400 bis 1600 m, ist luftgetrocknetes Fleisch landesübliche Speise), der Schweiß verdunstet rasch, die Haut ist trocken und spröde, das Durstgefühl wird gesteigert. Die „Evaporationskraft“ des Hochgebirgsklimas darf deshalb nicht nach der relativen Feuchtigkeit allein beurteilt werden, der verminderte Luftdruck ermöglicht eine viel raschere Verbreitung der gebildeten Wasserdämpfe, also eine Beschleunigung der Verdunstung. Dazu kommt dann auch noch die zeitweilig während schöner Witterung herrschende große Lufttrockenheit, von der schon die Rede war.

2. Bewölkung und Sonnenschein im Gebirge. Bewölkung. Die Bedeckung des Himmels mit Wolken nimmt örtlich mit der Höhe im Gebirge zu, anderswo wieder ab, so daß lokale Verhältnisse hierbei maßgebend sind. In den tropischen Gebirgen ist die Bewölkung während der Regenzeit auf der Höhe stets größer als in der Niederung, während der Trockenzeit verhält es sich oft umgekehrt. In höheren Breiten, namentlich in den Alpen, ist auf

---

[1]) Junghuhn, Java, I. Bd.

den Höhen der Winter die heiterste Jahreszeit, Frühling und Sommer
haben die größte Trübung, es ist also der jährliche Gang der Bewölkung der entgegengesetzte von dem der Niederung. Hierfür einige
Beispiele:

Ort	Höhe	Mittlere Bewölkung	Minimum	Maximum	
Colombo . .	12	5,8	4,1 Febr.	7,0 Juni, Aug.	} Ceylon
Newara E. .	1902	5,5	3,5 „	8,0 „	
Goalpara . .	122	4,6	2,3 Nov.	7,6 „	} Östl.
Darjeeling . .	2262	6,2	4,4 Dez.	8,7 „ Juli	Himalaja
Roorkee . .	270	3,0	0,8 Nov.	6,2 Juli, Aug.	} Westl.
Chakrata . .	2150	4,6	1,6 „	8,6 Aug.	Himalaja

Für die Bewölkungsverhältnisse der Alpen haben wir reichliches
Beobachtungsmaterial, aus welchem ich folgende Mittelwerte abgeleitet habe:

		Mittlere Bewölkung:				
	Höhe	Winter	Frühling	Sommer	Herbst	Jahr
Ebene Schweiz .	420 [1])	7,8	5,8	5,2*	6,2	6,1
Tirol (Täler) . .	1300 [2])	4,6*	5,8	5,4	5,2	5,2
„	1830 [3])	3,7*	4,6	5,0	4,2	4,4
E- und W-Alpen .	2600 [4])	4,6*	6,1	5,6	5,5	5,4
Säntis	2467	5,1*	6,1	6,5	6,2	6,0
Sonnblick . . .	3100	5,2*	7,1	7,3	6,2	6,5

Man ersieht aus diesen Zahlen, daß es die Nebel des Herbstes
und Winters sind, welche die mittlere Bewölkung der Niederung über
jene der höheren Gebirgstäler und Gipfel vergrößern. Die letzteren
haben einen heiteren Herbst, namentlich aber einen heiteren Winterhimmel. Die große Heiterkeit des Winterhimmels in den
Hochalpentälern gehört zu deren hervorragendsten klimatischen Vorzügen, sie bedingt neben der Lufttrockenheit und dem
verminderten Luftdruck eine ungemein intensive Insolation. Diese
klimatischen Eigenschaften im Verein mit ruhiger Luft [5]) sind es, welche
Orte in Hochalpentälern, wie z. B. Davos, Arosa, St. Moriz, zum Range
klimatischer Winterkurorte erhoben haben [6]).

---

[1]) Genf, Neuchatel, Zürich, Basel, Altstätten.
[2]) Prägraten, Marienberg.
[3]) Vent, Sulden, Sils-Maria.
[4]) St. Bernhard, Theodul, Stelvio, Fleiß, Obir.
[5]) Bedingt durch Windschutz der Berge und Fehlen von Lokalwinden bei
gleichförmiger, die Temperaturdifferenzen fast aufhebender Schneedecke.
[6]) Das Winterklima der geschützten Hochtäler der Alpen wird charakterisiert
durch: Windstille, anhaltende feste nicht tauende Schneedecke, daher absolute
Staubfreiheit, fehlende Nebel, geringe Bewölkung und entsprechend vielen (intensiven) Sonnenschein, geringe relative Feuchtigkeit.
In S. Moritz rund 1800 m, beträgt die mittlere Feuchtigkeit des Winters
67 % (Tag), um 2^h 53 %, die Bewölkung 4,4.
In Davos (Schatzalp und S. Wolfgang), 1600 und 1800 m, 63 %, 2^h 51 %,
die mittlere Bewölkung 4,5 (in den Niederungen gleichzeitig 7—8).

Gegen das Flachland vorgeschobene isolierte Berge haben dagegen meist eine stärkere Bewölkung als die Niederung, sie bedecken sich häufig mit Wolken und werden dadurch zu Wetterpropheten. So hat z. B. der Schafberg (1780 m) eine mittlere Bewölkung über 6, während die Alpentäler in gleicher Höhe kaum eine solche von 5 haben.

Pikes Peak, von den trockenen heiteren Hochebenen der Rocky Mountains bis zu 4300 m aufsteigend, hat im Herbst 2,7, Winter 3,4, Frühling 4,4, Sommer 4,0 (Jahr 3,6) als mittlere Bewölkung, im Gegensatz dazu hat der Ben Nevis, April und Mai ausgenommen, stets eine Bewölkung über 8 (April 7,7, Mai 7,8, Januar 8,8, Jahr 8,4).

Dauer des Sonnenscheins. Sehr lehrreich für die Meteorologie der Berghöhen ist der tägliche Verlauf der Bewölkung, welchen man mit Hilfe der Sonnenscheinautographen in neuerer Zeit hat konstatieren können. Die nachstehende kleine Tabelle enthält die mittlere Dauer des Sonnenscheins in Stunden für den Obir (2040 m) und Sonnblick (3100 m). Da der tägliche Gang der Bewölkung auf Bergen,

Mittlere Dauer des Sonnenscheins (in Stunden).

Tageszeit	Obir und Sonnblick				Jahr Obir Sonnblick	Jahr Wien Klagenfurt
	November Dezember Januar	Februar März April	Mai Juni Juli	August Septbr. Oktober		
6—7	0,1	7,0	34,4	17,0	58,5	72,9
7—8	12,8	27,7	42,7	38,9	122,0	104,0
8—9	38,8	37,7	43,7	44,2	160,3	136,9
9—10	41,3	41,2	42,4	45,5	170,4	161,0
10—11	45,0	41,6	38,8	44,1	169,5	176,5
11—Mittag	46,6	40,0	31,0	42,4	160,0	182,5
Mittag—1	46,0	38,0	29,8*	40,8	154,1	183,7
1—2	44,6	36,6	30,4	38,3	149,9	182,2
2—3	42,2	33,9	29,4	36,7	142,2	175,2
3—4	33,4	31,8	28,3	34,5	128,0	154,8
4—5	12,3	25,3	27,4	30,4	95,4	113,6
5—6	0,0	11,7	25,5	17,6	54,8	68,3
Vormittags	180,6	195,1	233,0	232,1	840,8	833,8
Nachmittags	178,5	177,3	170,3	198,3	724,4	877,8
Summe	359,1	372,4	403,3	430,4	1565,2	1711,6

Die Sonnenscheindauer beträgt im Mittel der Monate Nov. bis Febr. inkl.:

Sonnenschein	Stundensumme	Proz. der mögl. Dauer	Stunden pro Tag
Davos	396	53,5	3,4
Lugano	479	50,5	4,0
Zürich	230	24,0	1,95

Davos erreicht fast Lugano, im Süden der Alpen, übertrifft es sogar in Bezug auf das Verhältnis zur möglichen Dauer. Wie sehr steht dagegen die Niederung der Schweiz zurück! Selbst Lausanne hat nur 29 %. S. Dr. Nolda, S. Moritz und die große Monographie über das Klima von Davos von Dr. H. Bach (Zürich 1907).

wie wir noch aus anderen Erscheinungen werden schließen können, in allen Klimaten sehr übereinstimmend verläuft, so können diese Zahlen eine allgemeinere Bedeutung beanspruchen und sind in mehrfacher Hinsicht von Wichtigkeit.

Auf den Berghöhen der Alpen haben im Winter die Mittagsstunden die größte Häufigkeit des Sonnenscheins. Jeder Wintermonat hat durchschnittlich von 11^h bis Mittag und von Mittag bis 1^h je über 15 Stunden Sonnenschein, d. i. er hat jeden zweiten Tag im Winter um Mittag vollen Sonnenschein. Gegen das Frühjahr und den Sommer hin nimmt die Häufigkeit des Sonnenscheins um Mittag immer mehr ab, und zwar nicht bloß relativ, sondern auch absolut. Im Vorfrühling haben die Stunden 9 bis 11^h den meisten Sonnenschein, im Sommer fällt die größte Frequenz des Sonnenscheins schon auf 8 bis 9^h, nach 10^h nimmt der Sonnenschein rasch ab, d. i. die Bewölkung nimmt gegen Mittag hin rasch zu. Im Herbste endlich hat die Stunde von 9 bis 10 Vormittags den meisten Sonnenschein. Man bemerkt also eine sehr regelmäßige Verschiebung der sonnigsten Tageszeit von Mittag im Winter auf 9^h Vormittags im Sommer und über 10 bis 11^h Vormittags im Herbst wieder zurück auf Mittag im Winter. Im Sommer hat nicht einmal jeder dritte Tag um Mittag Sonnenschein[1]).

Wie regelmäßig gegen den Sommer hin der Sonnenschein um Mittag abnimmt, zeigt sich noch deutlicher, wenn man die Häufigkeit des Sonnenscheins in dem 3stündigen Intervall von 11^h Vormittags bis 1^h Nachmittags in den einzelnen Monaten aufsucht. Man erhält dann:

Sonnblick und Obir:

Dauer des Sonnenscheins 11^h a. m. bis 1^h p. m. (Stunden).

Dezember 47,0	März 39,8	Juni 27,0*	September 40,4
Januar 46,1	April 32,2	Juli 36,3	Oktober 38,1
Februar 44,0	Mai 30,6	August 43,7	November 43,4

Dezember und Juni sind die Gegensätze. Zur Zeit des kürzesten Tages, der geringsten Insolation und Erwärmung des Bodens sind die Mittagsstunden auf Bergeshöhen am sonnigsten, umgekehrt sind sie zur Zeit des längsten Tages und

---

[1]) Den jährlichen Gang der Sonnenscheindauer auf einem Berggipfel und in der Niederung mögen noch die folgenden Zahlen darlegen.

	Säntis 2500 m			Basel und Bern		
	Dauer Stunden	Prozent	Stunden pro Tag	Dauer Stunden	Prozent	Stunden pro Tag
Winter . .	352	43	3,9	204	27*	2,8
Frühling .	431	38*	4,7	484	43	5,2
Sommer .	516	40	5,6	696	55	7,5
Herbst . .	454	48	5,0	367	41	4,0
Jahr . .	1753	42,2	4,8	1751	41,5	4,8

Im Herbst und namentlich im Winter genießen die Berghöhen viel mehr Sonnenschein als die Niederungen.

der größten Erwärmung des Bodens am meisten bewölkt. Die Wirkung der durch diese Erwärmung hervorgerufenen aufsteigenden Bewegung der Luft tritt in diesen Zahlen sehr deutlich hervor. Andere meteorologische Erscheinungen, die damit im Zusammenhange stehen, teils als Ursache, teils als Wirkung, werden wir später noch in Betracht zu ziehen haben.

Der hier nachgewiesene eigentümliche tägliche Gang der Bewölkung auf Gebirgshöhen ist eine der am meisten charakteristischen Erscheinungen des Hochgebirgsklimas unter allen wärmeren Himmelsstrichen, wo die aufsteigende Luftbewegung, im Sommer wenigstens, kräftig ist. In höheren Breiten, auf dem Ben Nevis z. B., ist aber der tägliche Gang des Sonnenscheins ähnlich wie bei uns in den Niederungen, das Maximum fällt nahe auf Mittag, und der Nachmittag hat mehr Sonnenschein als der Vormittag[1]).

In den Niederungen der Alpen und im Alpenvorlande sind nicht wie auf Bergeshöhen die Mittagsstunden des Winters die sonnigsten, sondern jene des Sommers. Die mittlere Dauer des Sonnenscheins von 11^h Vormittags bis 1^h Nachmittags zu Wien und Klagenfurt ist z. B.:

Sonnenscheindauer 11^h bis 1^h. Wien, Klagenfurt.

Dezember 21,3*	März 49,7	Juni 52,0	September 57,0
Januar 32,4	April 49,0	Juli 64,2	Oktober 38,5
Februar 37,0	Mai 54,0	August 66,5	November 23,3

In Wien und Klagenfurt hat ein mittlerer Wintermonat bloß an 10 Mittagsstunden Sonnenschein, auf dem Obir und Sonnblick aber an 15 bis 16 Stunden; im Sommer dagegen verhält es sich umgekehrt, unten gibt es 20, oben nicht ganz 12 Stunden mittägigen Sonnenscheins pro Monat.

In den Niederungen der Tropen aber ist meist der Vormittag heiterer als der Nachmittag, also so wie bei uns auf den Bergen.

3. Einfluß der Gebirge auf die Niederschläge. Den größten Einfluß nehmen die Gebirge auf die Kondensation des atmosphärischen Wasserdampfes, auf die Häufigkeit und Quantität der Niederschläge. Dieser Einfluß hat seinen Grund in der Entstehung aufsteigender Luftbewegung, womit eine rasche Abkühlung der Luft und eine Kondensation des Wasserdampfgehaltes derselben verbunden ist. Teils werden die allgemeinen Luftströmungen gezwungen, an den Abhängen eines Gebirgszuges emporzusteigen, teils veranlaßt das Gebirge selbst lokale aufsteigende Luftbewegungen, von denen später noch die Rede sein wird.

In allen Erdstrichen bedingen dadurch die Gebirge inselartige Räume häufigeren und verstärkten Regenfalls. Am augenfälligsten tritt dies hervor in den Regionen seltenen oder gänzlich mangelnden Regenfalls. So haben die höheren Plateaus und Gebirge der mittleren Sahara, Asben, Tibesti regelmäßigen Sommerregenfall, an den Gebirgen der nubischen und arabischen Küste des Roten Meeres entladen sich

---

[1]) Met. Z. 1893, S. 350.

Gewitter mit schweren Regengüssen, während die Küste gar keinen oder seltenen Regenfall hat. Wo aus den Steppengebieten Mittelasiens sich Hochgebirge erheben, findet sich in gewisser Höhe Baumwuchs und Wald ein infolge reichlicherer Niederschläge. Die ganze Kultur der dürren Niederungen daselbst ist angewiesen auf die von der Schnee- und Gletscherschmelze des Hochgebirges gespeisten Gebirgswasser. Friedrichsen nennt den Tiënschan eine Feuchtigkeitsinsel in kontinentalem Trockengebiet. Kein Tropfen Wasser von ihm erreicht aber das Meer (die Baumgrenze liegt bei 2800 bis 3000 m, die untere Firngrenze bei 3500 bis 3900 m). — Ähnlich verhält es sich in den Wüsten des westlichen Nordamerika.

„Man könnte für das in den Rocky Mountains von Colorado und der Sierra Nevada in Kalifornien liegende, südlich bis zur mexikanischen Grenze reichende Gebiet approximativ als Regel gelten lassen, daß alles zu den echten Wüsten gehört, was unter 1000 m, und zu den Halbwüsten, was zwischen 1000 bis 1500 m Seehöhe gelegen ist. Sobald das Terrain wieder ansteigt, bedeckt es sich mehr und mehr mit Vegetation und bei 2000 und 2400 m treten großartige Urwälder mit fetten Gründen und zahlreichen Quellen auf.“ „Würde das erwähnte Gebiet die Seehöhe von 1000 m nicht übersteigen, so wäre es ein einziger großartiger Wüstenkomplex, der an Ausdehnung halb Europa übertreffen würde.“ — „Painted Desert und Gila Desert sind voneinander durch die bewaldeten Hochgebirge Zentralarizonas getrennt. Tritt man von den Wüsteneien auf dem langsam steigenden Terrain in jene Gebirge über, so zeigt uns die schrittweise zunehmende Vegetation die wachsende Seehöhe fast so genau an, wie das Barometer. — Über 3500 m entkleiden die Gebirge sich wieder der Wälder und die Flora wird ärmer infolge der Temperaturerniedrigung“ (O. Loew, „Die Wüsten Nordamerikas“ [1]).

Am Kilimandscharo reicht die Steppe bis 1300 m im S, bis 1800 m rund im N, dann beginnt das Kulturland, das im Süden von 1300 bis 1800 m reicht, darüber der feuchte Urwald nimmt die Höhenregion von 1800 bis 2800 m ein, dann folgt Grasflur mit einzelnen Stauden bis über 4000 m, von 4000 bis 5000 m eine alpine Wüste (H. Meyer, Der Kilimandjaro, Berlin 1900, Profile S. 295). Auch am Kenia ist unten Steppe, die Forstzone beginnt bei 2300 m und reicht bis 3100 m; darüber liegt die alpine Zone bis 4500 m. Höhenzonen am Ruwenzori s. Geogr. Journ. XXX, S. 616 und hier S. 276.

a) Regenseiten und Trockenseiten der Gebirge. Sehr viele Gebirge haben eine nasse Seite, Regenseite, und eine trockene Seite [2]). Es sind dies jene Gebirgszüge, welche einer vorherrschenden Luftströmung von reichlichem Wasserdampfgehalt mehr oder weniger querüber in den Weg treten. In den Passatgebieten ist im allgemeinen die östliche Seite der Gebirge die feuchte Seite, namentlich dort, wo der Passat direkt vom Meere herkommt, in den höheren Breiten ist es zumeist die Westseite, weil hier die Westwinde vorwiegen. In Südasien, wo der SW-Monsun der Hauptregenwind ist,

---

[1]) Mitt. d. Vereins für Erdk. in Leipzig 1876.
[2]) Die klimatischen Verschiedenheiten der Luv- und Leeseiten im deutschen Mittelgebirge hat R. Aßmann sehr schön dargelegt in: Der Einfluß der Gebirge auf das Klima von Mitteldeutschland. Stuttgart 1886.

haben gleichfalls die Westhänge die größten Regenquantitäten aufzuweisen. Die nasse Seite eines Gebirges ist immer diejenige, welche dem Hauptregenwind der betreffenden Gegend zugewendet ist, d. i. einem Wind, der von einem Meere oder aus niedrigeren Breiten herkommt [1]). Gebirge, deren Achse mehr parallel zu demselben verläuft, haben keine ausgesprochene Regen- und Trockenseite. Dies ist z. B. bei den Alpen der Fall, bei denen die Südhänge wie die Nordhänge reichlich bewässert sind.

Daß der nassen Seite eines Gebirges eine trockene gegenüberliegen muß, bedarf kaum einer Erläuterung. Die feuchte Luftströmung verliert auf der ihr entgegenstehenden Gebirgserhebung allen Wasserdampf, der über dem Sättigungspunkt der Luft bei der niedrigsten Temperatur der Kammhöhe, welche sie zu überschreiten hat, liegt. Beträgt die Kammhöhe etwa 2000 m, so kühlt sich die Luftströmung um zirka 10° oder mehr in ihrer ganzen Masse beim Überschreiten derselben ab. Hatten daher die untersten Schichten z. B. eine Temperatur von 15° und waren sie mit Wasserdampf gesättigt, so enthielt jeder Kubikmeter Luft 12,7 g Wasserdampf. Auf der Kammhöhe angelangt und auf 5° abgekühlt, kann dieses Luftvolum bloß noch 6,8 g enthalten, oder wenn man berücksichtigt, daß dasselbe sich im Verhältnis zum abnehmenden Luftdruck (unten 760 mm, oben 600), also von 76 : 60 = 1,27 ausgedehnt hat, 8,6 g. In jedem Kubikmeter Luft werden daher beim Übergang über einen 2000 m hohen Gebirgszug in unserem Falle 4,1 g kondensiert, das gibt bei einer 2000 m hohen Luftsäule einen Niederschlag von nahe 8 kg pro Quadratmeter oder 8 mm Regenhöhe während der Zeit, welche die Luft bedarf, um 2000 m emporzusteigen (bei 2 m per Sekunde, also sehr langsam, rund bloß ¹/₄ Stunde). Da dieser Vorgang tagelang anhalten kann, so begreift man die enormen Quantitäten Regen, die auf der Luvseite eines solchen Gebirgszuges fallen können. Wenn nun die Luft auf der anderen Seite des Gebirges wieder allmählich in das frühere Niveau herabsinkt, erwärmt sie sich wieder beim Niedersinken und ist nun sehr trocken, da sie ja bloß bei der niedrigen Temperatur der Höhe, aus der sie kommt, noch mit Wasserdampf gesättigt ist. Dieser Unterschied wird in wärmeren Klimaten noch dadurch verschärft, daß, während auf der einen Seite Trübung, Niederschläge und Abkühlung herrschen, auf der anderen abgewendeten Seite des Gebirges die unbehinderte Insolation bei heiterem Himmel eine starke Erwärmung der Niederungen hervorruft, welche die Trockenheit noch vergrößert und der Bildung von Niederschlägen entgegenwirkt [2]).

---

[1]) Da auf der regenreicheren Seite eines Gebirges die Erosion viel größer ist als auf der regenärmeren, so kommt es vor, daß Flüsse „rückwärts einschneiden", ihr Einzugsgebiet vergrößern und dabei Zuflüsse von der anderen Seite des Gebirgskammes in dasselbe einbeziehen und dem Nachbarflußgebiet entziehen. Ein Beispiel dafür ist die Maira in Bergell, die dem Inn die obersten Zuflüsse abgefangen hat. Über Beziehung zwischen Wind, Regenfall und Flußsystem siehe Geogr. Journal 1905 I, S. 66 und Diskussion.

[2]) Über die Wolkenbildungen in der freien Atmosphäre, zu denen die Berge Veranlassung geben, hat Cleveland Abbe eine hübsche Beobachtung gemacht. Er erinnert dabei an die stehenden Wellen, die sich an der Oberfläche von Flüssen bilden, die über felsigen Grund fließen. Auch in der Atmosphäre kommt ähnliches vor. Solche stehende Wellen im freien Luftmeer, gekrönt durch Wolken, sieht man ständig am Gipfel des Green Mountain (Insel Ascension) auf dessen Leeseite sich bilden und auf hundert englische Meilen fortziehen unter dem Ein-

Beispiele eines großen Unterschiedes zwischen dem Regenfall auf beiden Seiten eines Gebirgszuges sind: die Westküste Norwegens mit 100 bis 190 cm Regenfall (58 bis 63° N. Br.), während im Innern von Norwegen 50 bis 60 cm fallen (der äußere Rand der großen Fjorde in Bergen hat 190 cm, der mittlere Teil derselben 155 cm und der innere Teil bloß 86 cm), die Westseite von Schottland mit einem Regenfall zwischen 120 bis 300 cm, während die Ostseite nur 60 bis 80 cm erhält; die Südinsel von Neuseeland, die auf der Westseite der neuseeländischen Alpen einen Regenfall über 250 cm hat, während auf der Ostseite bloß 60 bis 80 cm fallen u. s. w. Aus subtropischen und tropischen Gegenden soll nur auf die Ostküste von Australien verwiesen werden, wo in Neusüdwales an der Küste von 28½ bis 33½° N. Br. (153½ bis 151½ E. L.) 188 bis 124 cm fallen, in der inneren Litoralzone unter gleicher Breite (152½ bis 150½° E. L.) ziemlich gleichmäßig zirka 92 cm, während nach dem Inlande die Regenmenge rasch bis unter 30 cm abnimmt[1]), oder auf die Insel Mauritius, wo auf der Ostseite zu Cluny[2]) 360 cm fielen (1862 bis 1866), während auf der Westküste (bloß 27 km nordwestlich von Cluny) zu Gros Cailoux[3]) während derselben Zeit der Regenfall bloß 71 cm betrug. Im Mittel ist der Regenfall der Ostküste das Zweifache von jenem der Westküste in gleicher Seehöhe. Auf Jamaika empfängt die Nordostküste im Luv des Passates 224 cm Niederschlag, die Südküste nur 133 cm.

Die schönsten Beispiele für den Gegensatz einer feuchten regenreichen Luvseite und trockenen örtlich fast wüsten Leeseite bieten die hohen Inseln der Hawaigruppe im Gebiete des NE-Passates. Auf Hawai selbst hat Hilo an der NE-Küste über 400 cm, an den Bergabhängen steigert sich der Regenfall noch bis gegen 450 cm, ja wohl noch viel höher (für die beständige Wolkenregion in 1200 bis 1500 m nimmt Dutton einen Regenfall von 600 bis 700 cm an, was nicht unwahrscheinlich ist, denn auf der Luvseite des SE-Passates auf der Insel Taviuni [Fidschiinseln, 17° S. Br.] sind in 170 m Seehöhe im Mittel von 2 Jahren 628 cm gemessen worden), auf der Westküste fallen bloß 130 bis 140 cm, an der Südküste noch weniger (Hilea hat 89 cm, hier liegt die Kauwüste).

Die merkwürdigste Steigerung des Regenfalls von der Küste land-

---

flusse des stetigen SE-Passates. Diese Wolken verschwinden bei Nacht, wenn die Luft kühler und trockener wird und erscheinen regelmäßig jeden Tag von neuem. — Über die sogen. „Wolkenfahnen" an den Berggipfeln und über das „Tafeltuch" am Tafelberg siehe „Allg. Erdkunde". 5. Aufl., S. 180 u. 183, über die interessante Wolkenbildung beim „Helm Wind" s. Quarterly Journal R. Met. Soc. X (1884), S. 267; XI, S. 226 u. XII, S. 1. Ferner Davis, Met. Z. 1899, S. 124. Die Wolkenringe um die hohen Inseln im Passatgebiet werden später noch Erwähnung finden. Selbst flache Küsten können zu Wolkenbildung Veranlassung geben. Siehe Davis, Meteorology, S. 168.

[1]) Unter 33 u. 34° Breite fallen im Mittel unter 151½° E. L. 120 cm, unter 150° E 77 cm, 148° E 57 cm, 146° E 46 cm, 144° E 35 cm und unter 142° E kaum noch 29 cm Regen.

[2]) 14 km von der SE-Küste in 305 m Seehöhe.

[3]) 8 km von der W-Küste in 40 m Seehöhe.

einwärts gegen die Berge zeigt sich auf Oahu bei Honolulu. Daselbst fallen an der Küste 60 bis 90 cm, das Nuuanutal aufwärts steigert sich aber die Regenmenge außerordentlich rasch, 2 km nördlich von der Stadt in 120 m Seehöhe fallen schon 230 cm, auf der Paßhöhe in 260 m Seehöhe 365 cm. Auf eine Entfernung von zirka 8 km und einen Höhenunterschied von 250 m nimmt die Regenmenge von 85 cm auf 365 cm, also auf das Vierfache, zu [1]).

Die Insel Java zeigt gleichfalls örtlich eine sehr bemerkenswerte Steigerung des Regenfalls landeinwärts von der Küste. Die folgenden Regenmengen sind korrespondierende 28jährige Mittelwerte. Die Orte liegen an der Bahnlinie: Batavia-Buitenzorg.

Ort	Batavia	Meester Cornelis	Pasar Mingo	Depok	Bodjong Gedeh	Buitenzorg
Entfernung v. d. Küste	7	11	17	33	48	58 km
Höhe	7	14	35	92	130	265 m
Regenmenge	183	195	233	312	357	437 cm

Buitenzorg liegt südlich von Batavia, kaum 260 m höher, hat aber in Südwesten den Berg Sálak (2190 m) und gegen Südosten den Gédeh, der 2990 m hoch ist. Das Terrain beginnt hier beträchtlich zu steigen [2]).

Ein recht charakteristisches Beispiel orographisch bedingten Regenreichtums und benachbarter Regenarmut bietet Hinterindien, und zwar Burma, dar. An der Westküste fallen 400 bis 500 cm, hinter den Arakan Hills, im Tal des Irawadi, sinkt die Regenmenge bis unter 100 cm herab und steigt nach Norden mit der Annäherung an die Berge wieder auf 150 bis 200 cm und darüber. Im Delta fallen zirka 250 cm.

Bemerkenswert ist auch die Regenverteilung im Alpengebiete. Die Nordseite wie die Südseite der Alpen haben reichliche Regen, da die NW- wie die S-Winde Regenwinde sind. Da aber die Alpenkette aus mehreren Parallelketten besteht, zwischen welchen große Längstäler verlaufen, so tritt der regenscheidende Einfluß der Gebirgszüge dadurch hervor, daß solche Längstäler relativ wenig Regen haben, während der Außenseite der Kette reicher Regenfall zukommt. So beträgt die Regenmenge auf der Nordseite der nördlichen Kalkalpen zu Isny 139, Tegernsee 118, Salzburg 116, während hinter denselben im Inntal zu Landeck 74 und in Innsbruck 87 cm fällen. Die Nordseite der Berner Alpen hat 120 cm Regenfall, auf der Südseite im mittleren Rhonetal fallen bloß 60 bis 70 cm, jenseits auf der Südseite der Penninischen Alpen in Piemont fallen wieder sehr große Regenmengen; Pallanza 236, Biella 102, Ivrea 139 cm [3]).

---

[1]) Hann, Regenfall auf den Hawii-Inseln. Met. Z. 1895, S. 1—14.

[2]) Auf die Regenarmut der Flachküsten hat Hellmann hingewiesen. Hier kann nur darauf aufmerksam gemacht werden: Hellmann, Über die relative Regenarmut der deutschen Flachküsten. Sitzungsber. d. Berl. Akad., Dez. 1904, S. 1422. Goutereau, Distribution des pluies sur les plaines maritimes (in Frankreich). Annuaire de la Soc. Mét. 1905, S. 206. Niermeyer, De Regenval aan de vlakke kusten van Java. Brill. Leiden 1906.

[3]) Billwiller, Regenkarte der Schweiz. Arch. des sciences, Jan. 1897.

In höchst lehrreicher Weise zeigt sich der Einfluß der orographischen Verhältnisse auf die Regenverteilung und auf das Klima überhaupt im Wallis und im unteren Engadin. Das mittlere Wallis von Martigny bis gegen Brieg hinauf, und das untere Engadin von Finstermünz bis Zernetz sind die trockensten Täler der Schweiz und wohl der Alpen überhaupt; ersteres mit 70 bis 60 cm Niederschlag (Sitten 63, Siders 57 cm), letzteres mit 70 cm und darunter. Die beiden Längstäler sind nicht nur durch sehr hohe seitliche Bergketten abgeschlossen, sondern auch durch die Knickung der Talachse und Talklausen gegen die talaufwärts steigenden Winde. In besonders hohem Maße gilt das vom mittleren Wallis, zwischen den vergletscherten Berner und Penninischen Alpen. Hier entsteht im Schutz der hohen Bergketten eine eigenartige klimatische Insel, ausgezeichnet durch Regenarmut, Lufttrockenheit, hohe Wärme, südliche Lichtfülle und durch Insolation. Schon Haller hat das Wallis das schweizerische Spanien genannt, eine mediterrane Klimainsel. Die Kultur- und Vegetationsgrenzen steigen außerordentlich an, lohnender Weinbau reicht bis zu 1200 m, Getreidebau bis zu 2000 m, Hanf und Lein zu 1600 bis 1800 m, Kartoffeln bis 1900 m, Arven und Lärchen findet man noch bei 2500 m.. Dagegen fehlt in den Talsohlen der Rasen, und die reiche Frühlingsflora besteht zum großen Teile aus tiefwurzelnden Zwiebel- und Knollengewächsen, ähnlich wie in den Steppen. Nur an den hohen Berghängen fällt reichlicherer Niederschlag (aber selbst Grächen [53 cm] und Zermatt [67] in 1600 m erhalten unter 70 cm). Über den warmen Tälern selbst verdunsten Wolken und Regen. (Siehe C. Bührer, Le climat du Valais, Sion 1898, und H. Christ, Das Pflanzenleben der Schweiz, Zürich 1879, S. 86 u. s. w., ferner Scottish Geogr. Mag. 1907, S. 173, Pflanzenregionen und Grenzen S. 184.)

Schließlich wollen wir noch auf die eigentümliche Regenverteilung im Inntale spezieller hinweisen, als besonders instruktiv für die austrocknende Wirkung hoher und massiger Gebirgsketten auf die Regenwinde.

Jährliche Regenmenge zu

Rosen-heim	Inns-bruck	Land-eck	Martins-bruck	Re-müs	Schuls	Zer-netz	Be-vers	S.Moritz	Sils Maria	Casta-segna
138	87	74	64	63	65	64	83	82	97	144
unteres Inntal			unteres Engadin				oberes Engadin			Bergell

Das mittlere Inntal zwischen Landeck und Zernetz gehört zu den trockensten Gebieten der Alpenländer. Um diese Erscheinung richtig zu würdigen, muß man sich vor Augen halten, daß das Inntal einen unteren und oberen Eingang hat, indem die Wasserscheide des Maloja keinen Talabschluß bildet, sondern das Inntal hier über einen kaum merklichen Sattel ins Mairatal (Bergell) abfällt. Der Regen kommt so im Inntal vom oberen und vom unteren Ende und die Menge desselben ist im mittleren Teile am geringsten, namentlich aber im unteren Engadin, welches durch eine Knickung der Talrichtung fast allseitig von hohen und mächtigen Gebirgszügen eingeschlossen ist.

b) Die Zunahme der jährlichen Niederschlagsmenge mit der Höhe im allgemeinen. Das Maß dieser Zunahme unterliegt keinen einfachen Regeln, es hängt ganz und gar von den örtlichen Verhältnissen ab, welche die

Vermehrung des Regenfalls begünstigen oder derselben entgegenwirken. Der Grund für die Zunahme der Niederschlagsmenge und -häufigkeit mit der Seehöhe ist darin zu suchen, daß, wie vorhin erörtert, die Erhebungen des Landes die Luftströmungen zu aufsteigenden Bewegungen und dadurch zur Abkühlung nötigen, und anderseits auch bei windstillem Wetter lokale aufsteigende Luftbewegungen über den Bergländern eintreten. Eine weitere Begünstigung der Niederschläge wird im Gebirge in zweiter Linie noch dadurch erzielt, daß eine reichere Vegetationsdecke und größere Befeuchtung des Bodens den lokalen Wasserdampfgehalt der Atmosphäre vermehrt, namentlich aber die geringere Erhitzung des Bodens und geringere Wärmestrahlung desselben der Kondensation des Wasserdampfes weniger entgegenwirkt als über ausgedehnten Niederungen. Die Quantität, namentlich aber die Häufigkeit der Niederschläge wird dadurch gesteigert.

Die Gebirge kondensieren den Wasserdampf der Regenwinde in reichlichster Menge und verhüten dann, daß ihnen bei trockenem heiterem Wetter dieser Wasserreichtum durch die Winde wieder alsbald entführt wird. In den Alpentälern ist nach warmen schönen Sommertagen am Morgen Wiese, Strauch und Baum von Tau tropfnaß wie nach einem Regen. Die lokalen aufsteigenden Luftströmungen führen am Nachmittage den Wasserdampf in die Höhe, wo er sich zu Wolken und Gewitterregen kondensiert und so der Erde wieder zurückgegeben wird. Die durch Wald- und Wasserreichtum lokal gesteigerte Luftfeuchtigkeit kann die Gebirgswände nicht passieren, ohne größtenteils vorher kondensiert zu werden. So konserviert sich das Gebirge seine wasserdampfreiche Atmosphäre. Die abnormen Frühlingsregen im Brahmaputratal in Assam, die schon im April beginnen, in der trockenen heißen Zeit Nordindiens, erklären sich in ähnlicher Weise als eine Folge des Wald- und Wasserreichtums und der Gebirgsumrahmung dieser Gegend, welche die Luftfeuchtigkeit konzentriert erhalten und aufsteigende Luftbewegungen begünstigen. Sie verdanken der Kondensation der lokalen Feuchtigkeit ihre Entstehung, welche durch die Winde nicht fortgeführt werden kann.

Schon bei der Annäherung an ein Gebirge nimmt der Regenfall zu, weil die Luft schon in einiger Entfernung von dem Hindernis, das ihr in den Weg tritt, zum Aufsteigen gezwungen wird. Fast alle Gebirgsländer bieten Beispiele dafür, daß nicht völlig sprungweise der Regenfall erst am Fuße derselben sich steigert. Wir haben dies oben auf der Linie Batavia-Buitenzorg sehr schön beobachten können, ebenso bei Honolulu. Am auffallendsten zeigt aber folgendes von Blanford gegebene Beispiel diese Art Fernwirkung einer größeren Bodenerhebung.

Ort	Dacca	Bogra	Mymensingh	Silhet
Entfernung vom Fuß des Khassiagebirges . . .	161	96	48	32 km
Regenfall	191	231	275	380 cm

Alle diese Orte liegen in der Ebene in einer Seehöhe von nur zirka 20 m.

In derselben Weise steigern selbst Hügel, welche weit unter der Höhenregion bleiben, wo die Wolken sich bilden, die Regenmenge, indem mit den unteren auch die oberen Schichten der Luftströmungen sich heben, sich abkühlen und wenn schon nahe mit Wasserdampf gesättigt, den Wasserdampf zu Wolken und Regen verdichten.

Sorre findet in Westfrankreich in der Vendée eine Zunahme des Regenfalls um 37 mm pro 40 m. Die Zunahme zeigt sich auch sehr abhängig von der Steilheit der Gehänge [1].

In Rumänien nimmt nach Hepites der Regenfall für je 100 m um 40 mm zu bis über 500 m Seehöhe (Congrès intern. des Met. Paris 1900, S. 89).

Einige fernere Beispiele für die Zunahme der jährlichen Niederschlagsmenge mit der Höhe im Hügellande und in Mittelgebirgen.

Mariott hat die Regenmengen von 310 Stationen in England nach der Seehöhe gruppiert und schließlich folgende Mittelzahlen erhalten [2]:

Höhe	0—100	1—300	3—500	5—700	7—1000 Fuß
Mittel	15	60	120	180	260 m
Westseite	84	91	110	101	147
Ostseite	63	68	74	90	120
Mittel (Verhältnis)	1,00	1,08	1,24	1,30	1,81

Supan gibt nach Lancaster folgende Zahlen für Belgien:

Höhe	unter 100	150	250	350	450	über 500 m
Niederschlag	70	79	88	91	96	101 cm
Verhältnis	1,00	1,12	1,26	1,31	1,37	1,44

Schreiber findet für Sachsen nachstehende Ergebnisse:

Höhe	100	300	500	700	900	1200 m
Niederschlag	57	68	78	89	99	115 cm
Verhältnis	1,00	1,19	1,37	1,56	1,74	2,02

Für die deutschen Mittelgebirge überhaupt habe ich folgende Mittelzahlen erhalten:

Höhe	1—200	2—300	3—400	4—500	5—700	7—1000 m
Niederschlag	58	65	70	78	85	100 cm
Verhältnis	1,00	1,12	1,21	1,34	1,47	1,73

Über 200 Regenmeßstationen in Böhmen lassen auf folgende Zunahme der Niederschlagsmenge mit der Höhe schließen:

Höhe	unter 250	250—400	400—550	550—700	700—850	850—1100 m
Menge	55	60	64	75	91	109 cm
Proz.	1,00	1,08	1,17	1,36	1,66	1,98

Von 300 bis 500 m steigt die Regenmenge pro 100 m um 34 mm, von 500 bis 600 um 76, von 600 bis 850 um 88 mm, also zunehmend mit der Höhe.

---

[1] Les pluies en Vendée. Rennes 1904.
[2] Quart. Journal R. Met. Soc. XXVI, 1900, S. 273 (1881/1900). Es wird betont: der wichtigste Faktor ist doch die Lage, die Exposition.

Im großen ganzen ist die Zunahme mit der Höhe im Mittelgebirge auf dem Kontinent eine ziemlich übereinstimmende.

Einer größeren Abhandlung von H. Gravelius entnehmen wir noch folgende Schlußergebnisse [1]).

Höhenstufen .	2—400	4—600	6—800	8—1000	10—1200	12—1400 m
			Gesamter Schwarzwald			
Regenmenge .	772	975	1160	1358	1657	1800 mm
Prozent . .	1,00	1,26	1,50	1,75	2,14	2,33
			Erzgebirge, Nordwestseite			
Regenmenge .	718	797	865	1017	1150	—
Prozent . .	1,00	1,11	1,21	1,42	1,60	—

Die Zunahme erfolgt im Erzgebirge viel langsamer als im Schwarzwald. Nach den Daten für je 100 m findet die rascheste Zunahme im Schwarzwald wie im Erzgebirge zwischen 900 und 1000 m Seehöhe statt, die Abnahme (der Zunahme) ist dann eine rasche.

Rawson hat die Zunahme des Regenfalls mit der Höhe aus den Ergebnissen der zahlreichen Stationen der Insel Barbados nachgewiesen [2]). Für jedes Höhenintervall von 100 Fuß ergibt sich dieselbe deutlich. Indem wir je 8 seiner Höhenstufen zusammenfassen und rund in Metern ausdrücken, erhalten wir:

				über:
Seehöhe	50	140	240	280 m
Zahl der Stationen . .	51	25	21	9
Regenmenge	111	121	142	150 cm

Regenfall auf der Luv- und auf der Leeseite. Die Zunahme des Regenfalls mit der Höhe auf der Regenseite eines Gebirgszuges und die rasche Abnahme nach Überschreitung der Kammhöhe zeigt sich in folgender Zusammenstellung mittlerer Regenmengen.

Schwarzwald (die Stationen folgen sich von W nach E):

Ort	Seehöhe	Relative Regenmenge
Auggen	290 m	1,00
Badenweiler	420	1,23
Höhenschwand	1010	1,76
Donaueschingen	690	1,01

Absolute Regenmengen: Auggen 107 cm, Höhenschwand 188 cm.

Arlberg (die Stationen folgen sich von W nach E):

Ort	Seehöhe	Relative Regenmenge
Bludenz	590	1,00
Klösterle	1060	1,15
Stuben	1410	1,44
St. Christoph	1800	1,52
St. Anton	1800	0,69
Landeck	800	0,48

Absolute Regenmengen: Bludenz 120, St. Christoph 182, Landeck 57 cm.

Redding von der C. P. Railroad hat einige Jahre hindurch in Kalifornien und in der Sierra Nevada Regenmessungen anstellen lassen.

---

[1]) Zur Abhängigkeit des Regenfalls von der Meereshöhe. Die Hyetographische Kurve. Zeitschr. f. Gewässerkunde. 7. Bd., S. 129—145. Mit hypsographischen und hyetographischen Kurven.

[2]) Report upon the Rainfall of Barbados. Barbados 1874.

Aus diesen ergibt sich, daß längs der Route von Sacramento zum Scheitelpunkt der Bahn (Sumit) die jährliche Regenmenge durchschnittlich für je 30 m Seehöhe um $2^{1}/_{2}$ cm zunimmt, und an der Station Sumit [1] selbst erreicht die mittlere Jahressumme des Regenfalls 230 cm. Dann nimmt die Niederschlagsmenge nach Osten hin außerordentlich rasch ab, denn in dem Tale des Humboldt River beträgt sie bloß noch 8 bis 10 cm. Hierauf nimmt die Regenmenge wieder zu mit der Annäherung an die Wasatch Mountains.

Wenn man eine Regenkarte zeichnet in der Weise, daß man Linien gleichen Regenfalls auf eine Karte einträgt, so wird dieselbe einer Höhenschichtenkarte des Landes ähnlich. Ein schönes Beispiel hierfür gibt der böhmische Bergkessel, in dem die Regenmengen allseitig gegen den Gebirgsrand zunehmen, namentlich aber in der Richtung von SW nach NE.

Höhe der Zone größter Niederschlagsmenge. Von großem Interesse ist die Frage nach der Seehöhe, in welcher die Niederschlagsmenge ein Maximum erreicht, um von da an höher hinauf wieder abzunehmen. Es liegen bisher nur wenige Bestimmungen derselben vor, vornehmlich aus den Tropen, wo die Verhältnisse wegen der größeren Beständigkeit der Temperatur am einfachsten sich gestalten [2]).

Hill hat für den nordwestlichen Himalaja die Seehöhe des größten Regenfalls während der Monsunregenperiode zu 960 m relativ über den Ebenen der Nordwestprovinzen oder 1270 m absolut ermittelt [3]). Setzt man den Regenfall in der Ebene = 1, so beträgt derselbe in der Maximalzone bei 1270 m Seehöhe 3,7.

Für die wenig reichlichen Regen im Winter und Frühling, der Periode größerer Lufttrockenheit, liegt die Maximalzone höher.

Sykes hat schon früher darauf aufmerksam gemacht, daß die

---

[1]) Die Seehöhe der Station Sumit in der Sierra Nevada in 39° 30′ N. Br. ist 2140 m, die Temperatur des Winters − 1,9, Frühjahrs 2,4, Sommers 14,6 und des Herbstes 7,1, Jahr 5,6°.

[2]) Von den Catskill Mountains wird bemerkt, daß die Zone größter Regenfälle u m aber nicht in den höchsten Lagen zu finden ist. Monthly Weather Review 1907, S. 111. Über die Adirondack Mountains siehe ebenda S. 8 u. s. w. Beides größere Untersuchungen ohne eigentliche Resumés.

R. Huber versuchte die Abhängigkeit der Jahressumme des Niederschlags von der Seehöhe und von dem mittleren Böschungswinkel des regenfangenden Talhintergrundes für den Kanton Basel festzustellen. Er gelangt zu folgender Formel, in welcher h die relative Seehöhe der Station über dem Niveau von 300 m und α den mittleren Böschungswinkel bedeutet.

Jährl. Regenmenge = 793 mm + 0,414 h + 381,6 tang α.

„Die Niederschläge im Kanton Basel in ihrer Beziehung zu den orographischen Verhältnissen.“ Baseler Dissert., Zürich 1894. Die Stationen um den Rigi und Säntis geben gleichfalls eine Zunahme des Regenfalls um 40—50 mm pro 100 m. Aus der „topographischen“ Formel geht aber hervor, daß der Einfluß der Böschung größer ist, als der der Erhebung (41 mm pro 100 m, dagegen 382 mm für 45° Böschung); da nun im allgemeinen in der Kammhöhe des Gebirges die Böschungen geringer sind als an der Lehne, so folgt daraus, daß an der Lehne eine Zone maximalen Niederschlages vorhanden sein muß. A. Riggenbach, Verhandl. der naturf. Gesellschaft zu Basel, Bd. X, Heft 2. Eine eingehende theoretische Untersuchung dieses Problems hat F. Pockels geliefert. Zur Theorie der Niederschlagsbildung an Gebirgen. Ann. d. Physik, IV. Ser., Bd. 4, 1901.

[3]) Met. Z. 1879, S. 161.

Hann, Klimatologie. 3. Aufl. 17

Regenmenge in den westlichen Ghats in zirka 1400 m ein Maximum erreicht. In den Jahren 1845, 1846 und 1860 waren die relativen Regenmengen in der Uttra Mullay Range folgende:

Trevandrum Küste	Uttra Mullay 1370	Agustia Pik 1900 m
157	625	492 cm
1,00	3,97	3,13 Verhältnis

Auch die vieljährigen Mittel geben für die Stationen in der Seehöhe von zirka 1400 m die größten Regenmengen, und die Orte, wo bisher die größten Regenmengen in Indien gemessen worden sind, Cherapunji in den Khassia Hills (1260 m) mit 1253 cm [1]) und Mahableswar (1380 m) mit 643 cm, sowie Baura mit 662 cm liegen in dieser Höhenregion.

Für Java gibt Junghuhn die Zone stärksten Regenfalls bei zirka 1000 m an [2]) (2200 bis 4000').

Von den Gebirgen mittlerer und höherer Breiten liegen fast keine Beobachtungen und Untersuchungen über die Höhenzone des maximalen Niederschlages vor. In den Alpen dürfte sie nicht viel oberhalb 2000 m liegen. Für den englischen Seendistrikt hat Philipps Daten [3]) gegeben, die nicht mehr ganz zutreffen. S. Symons, British Rainfall 1895 (Met. Z. 1898, S. 197).

Man bemerkt zunächst keine bestimmte Abhängigkeit der Regenmenge von der Seehöhe. Nur im Tale des Derwent River (Leeseite) finden wir in 330 m 431 cm, in 130 m 343 cm und in 100 m nur mehr 271 cm. Die Hoch- und Gipfelstationen (890 m, 254 cm) haben weniger Regenfall als die Paßstationen. Aber auch die Paßstationen (550 m, 315 cm) haben nicht die größte Regenmenge, diese findet sich erst 200 m unterhalb derselben, und zwar auf der Leeseite, hier wird das Maximum erreicht mit 430 cm jährlicher Regenmenge (Station the Stye in 328 m bisher als Maximum für England gehalten), und das westliche Tal (Luvseite) unterhalb des Passes hat eine geringere Regenmenge als das östlich davon liegende. Wahrscheinlich steigen die feuchten SW-Winde noch jenseit der Paßhöhe zwischen den Bergen noch weiter auf und lassen deshalb erst etwas östlich davon die größte Niederschlagsmenge fallen.

Auch am Snowdon (1085 m) scheint die größte Regenmenge erst etwas jenseit des Kammes auf der Ostseite (Leeseite) in 800 m (Glaslynsee) zu fallen. Sie beträgt beiläufig reduziert 635 cm! Am Ben Nevis (408 cm) fällt wahrscheinlich gleichfalls auf der Ostseite mehr Regen (Symons Met. Mag., August 1904). In den Downs in Südengland sind die „dew-ponds" auf der N- und NE-Seite angelegt, d. i. auf der Leeseite (Quart. Journ. XXIII, S. 96). Daß es viel mehr auf die relative Lage als auf die Höhe allein ankommt, zeigen in interessanter

---

[1]) 18—24jährige Beobachtungen.

[2]) Auf dem Gedeh befindet man sich in 2000 m über der Wolkenregion. Während es in Buitenzorg regnet, sind hier die Nächte klar und kalt. Semon, Im australischen Busch, s. S. 458.

[3]) Report British Association 1868, S. 472.

Weise die Regenmesser im Talla-Reservoir von Edinburgh. Dort nimmt die Regenmenge pro 100 Fuß (30 m) um rund 4%o zu (im ganzen um 25%o). Die größte Menge fällt nicht auf der Wasserscheide, sondern im Grunde der tiefeingeschnittenen Täler. (Met. Z. 1906, S. 513.)

Die Erscheinung des größten Regenfalls auf der Leeseite ist aber jedenfalls auf Mittelgebirge beschränkt.

Daß es an hohen Gebirgen eine obere Grenze der maximalen Niederschlagsmenge (nicht aber der Häufigkeit der Niederschläge) geben muß, ist leicht einzusehen. Die Abnahme der Temperatur mit zunehmender Höhe bedingt notwendig auch eine Abnahme des Wassergehalts der Luft, und die Intensität der Niederschläge muß dadurch in einer gewissen Seehöhe so weit verringert werden, daß sie auch durch eine größere Häufigkeit derselben nicht mehr kompensiert werden kann.

Die maximale Niederschlagsmenge ist im allgemeinen in jener Höhe zu erwarten, wo bei dem durchschnittlichen Feuchtigkeitsgehalt der Luft in der Niederung dieselbe im Emporsteigen so weit abgekühlt wird, daß die Kondensation des Wasserdampfes beginnt. Denn hier fallen noch die Niederschläge bei der höchsten Sättigungstemperatur, wo für jeden Grad Temperaturerniedrigung die ausgeschiedene Wassermenge ein Maximum ist [1]. Im Winter bei höherer relativer Feuchtigkeit liegt diese Höhengrenze viel niedriger als im Sommer und die Intensität der Niederschläge ist geringer als in letzterer Jahreszeit, die Quantität derselben kann aber durch größere Häufigkeit dennoch sehr bedeutend werden. Wir besitzen keine Untersuchungen über die jahreszeitliche Schwankung der Höhenzone der maximalen Niederschläge. Die große relative Zunahme der Niederschlagsmenge des Winters auf den größeren Erhebungen der deutschen Mittelgebirge scheint dafür zu sprechen, daß selbe im Winter die Höhenzone des Maximums der Niederschläge erreichen.

Am Pic du Midi scheint die größte Niederschlagsmenge im Sommerhalbjahr in 1900 m zu fallen, im Winterhalbjahr in 1300 m (Supan). Im Montblanc massiv soll die Zone größter Niederschlagsmengen bei 2500 m liegen, in der Maurienne und Tarentaise bei 2200 bis 2500 m (Ann. d. Geogr. 1907). Auf der Nordseite der Tauern kann man nach P. Deutsch die Höhenzone der maximalen Jahresniederschläge bei 2300 bis 2400 m annehmen (Geogr. Jahresbericht, Wien 1907).

Erk hat aus zweijährigen Aufzeichnungen in Bayern auf der Nordseite der Alpen folgende Resultate abgeleitet:

Es existiert eine jahreszeitliche vertikale Verschiebung der Zone maximalen Niederschlages, die in erster Linie von der Jahresperiode der Temperatur abhängig ist. Mit Bestimmtheit tritt eine einfache Maximalzone häufig im Winter in den Lagen von 600 bis 1000 m auf. Es darf aber nicht verkannt werden, daß dieselbe nicht regelmäßig und durch den

---

[1]

Temperatur . .	$-10°$	$-5°$	$0°$	$5°$	$10°$	$15°$	$20°$	$25°$	$30°$ C.
Wasserdampf pro Kubikmeter .	2,28	3,38	4,87	6,79	9,36	12,74	17,15	22,83	30,08 g
Kondensation für 1° Temperaturabnahme . .	0,17	0,25	0,33	0,43	0,57	0,75	0,98	1,25	1,59 mm

ganzen Winter anhaltend auftritt. (Die vertikale Verteilung und die Maximalzone des Niederschlags am Nordabhang der bayerischen Alpen. Met. Z. 1887, S. 55.)

c) Die jahreszeitlichen Änderungen der Niederschläge mit der Seehöhe. Das Maß der Zunahme der Niederschlagsmenge mit der Höhe unterliegt jahreszeitlichen Änderungen. In den Tropen dürfte die Zunahme allgemein in der Regenzeit am größten sein. Für Südindien habe ich folgende Verhältnisse gefunden.

Von Trevandrum an der Küste zum Agustia-Pik in 1900 m nimmt die Regenmenge zu im Mittel um 2,94, in der Regenzeit Juni bis September aber um **4,32**, im Rest des Jahres um 2,37. — Im Innern von Südindien: Kodaikánal-Observatorium 10,2° N 2342 m gegen die Basisstation Peryakulam 288 m gibt für 2054 m Höhendifferenz Zunahme im Jahr 1,97, Regenzeit Juni bis September **3,54**, Rest des Jahres 1,68. Die Zunahme der Regenmenge nach oben steigert sich in der Regenzeit demnach ungemein, wohl noch mehr als auf den Gipfeln in einer mittleren Höhe (um 1400 m).

Für die mittleren Breiten kann ich folgende (größtenteils neu berechnete) Beispiele geben:

Relative Zunahme der Niederschlagsmenge mit der Höhe nach den Jahreszeiten.
Verhältniszahlen (oben : unten)

Lokalität	Mittl. Breite	Höhenunterschied	Winter	Frühling	Sommer	Herbst	Jahr
Serra da Estrella / Coimbra	40,3	1300	3,40	3,21	2,51*	**3,60**	3,22
Pic du Midi / Arreau (Leeseite)	43,0	2160	**2,35**	2,04	0,98*	1,36	1,63 [1]
Pic du Midi / Bagnères (Luvseite)	43,0	2300	**1,62**	1,33	1,19	1,14*	1,34 [1]
Puy de Dôme / Clermont	45,8	1080	**3,66**	2,37	1,63*	2,43	2,33
Mt. Ventoux / Carpentras	44,2	1800	**3,13**	2,37	1,93	1,87*	2,25
Bjelašnica / Sarajewo .	43,8	1530	**3,42**	2,52	1,78*	2,13	2,41
Bjelašnica / Mostar [2]) .	43,6	2000	1,63	1,39	1,97	1,19*	1,46
Belchen / Weiler, Wesserling	47,9	990	1,88	1,67	1,52	1,52	1,64
Reichenau / Semmering .	47,7	410	**2,04**	1,73	1,40	1,27*	1,61
Reichenau / am Schneeberg	47,8	900	**2,48**	1,88	1,47	1,41*	2,00
Sonnblick / Bucheben (N)	47,1	1900	**2,12**	1,78	0,88*	1,12	1,29
Sonnblick/Döllach,Winklern (S)	46,9	2170	2,52	**3,08**	1,44	1,35*	1,86
Obir / Klagenfurt (N) .	46,5	1590	**1,75**	1,57	1,36	1,34*	1,46
Obir / Krainbg., Laibach (S)	46,1	1690	0,92	1,00	**1,11**	0,79*	0,96
Ben Nevis / F. William .	56,8	1340	2,09	**2,23**	2,16	2,01*	2,05

[1]) 5 korresp. Jahre, 15jährige korr. Jahresmittel geben 1,62 und 1,26.
[2]) Mostar liegt schon im Gebiet regenarmer Sommer.

		Winter	Frühling	Sommer	Herbst
Gastein . . ⎫ Radhausberg ⎭	980 m	1,49	**1,55**	1,49	1,89
Radhausberg ⎫ Sonnblick . ⎭	1155 „	**1,96**	1,80	0,72	1,01

Gastein 1020 m hat 110 cm Niederschlag; Radhausberg 1950 m: 153 cm; Sonnblick 3105 m: 180 cm (9 Jahre).

Bei 2000 m nimmt die Niederschlagsmenge im Sommer noch zu, dann wieder rasch ab.

Supan gibt für die Stationen am und auf dem Pic du Midi folgende Verhältniszahlen:

Ort	Tarbes	Bagnères	Plantade	Pic du Midi
Höhe	308	555	2366	2866
		Zunahme, Verhältniszahlen		
Winterhalbjahr . .	1,00	1,76	2,73	2,67
Sommerhalbjahr . .	1,00	1,39	2,45	1,88
Jahr	1,00	1,55	2,57	1,94

Die vorstehende Tabelle lehrt, daß in (unseren) mittleren Breiten eine entschiedene jährliche Periodizität in dem relativen Maße der Zunahme der Niederschläge mit der Höhe besteht. Die Zunahme ist vorherrschend im Winter und Frühling am größten, im Sommer und Herbst am geringsten. Mit Rücksicht auf die jährliche Regenverteilung in der Niederung auf unserem Gebiet kann man sagen, daß im allgemeinen zur Zeit der reichlichsten Niederschläge die Zunahme nach oben am kleinsten ist und umgekehrt. Das entgegengesetzte Verhältnis wie in Südindien.

Infolge dieser eigenartigen jahreszeitlichen Verschiedenheit der Niederschlagszunahme nach oben muß sich auch die relative Verteilung der Niederschlagsmenge über das Jahr mit der Höhe mehr oder weniger ändern. Es entsteht für die Höhe eine Tendenz zu einer gleichmäßigeren Verteilung der Niederschlagsmenge gegenüber der Niederung (im Gebiete vorherrschender Sommerregen). Ist der Unterschied zwischen Sommer- und Winterregen daselbst gering, so können die Winterniederschläge in der Höhe das Übergewicht bekommen, namentlich in jenen mittleren Höhen, in welchen die winterliche Maximalzone der Niederschläge anzunehmen ist.

Änderung der Jahresperiode der Niederschläge mit der Höhe. Supan hat aus den Regentabellen von Lancaster für die Ardennen in Belgien die folgende jährliche Regenverteilung in verschiedenen Höhen abgeleitet:

Höhe	unter 100	1—200	2—300	3—400	4—500	über 500 m
Winterhalbjahr . „	47	47	49	50	53	48 Proz.
Sommerhalbjahr . „	53	53	51	50	47	52 „

Unter 350 m rund überwiegen in den Ardennen die Sommerregen, von da bis 500 m die Winterregen, höher hinauf beginnen wieder die vorherrschenden Sommerregen.

In Sachsen, wo die Sommerregen unten schon viel stärker vorherrschen wie in Belgien, kommt es nicht mehr zu einer Umkehr der jährlichen Periode, sondern nur zu einer starken Zunahme der Winterregen. Schreiber (Klimatographie des Königreiches Sachsen, Stuttgart 1893) gibt dafür folgende Zahlen:

Höhe	100	300	500	700	900	1200 m
Verhältniszahlen für die Zunahme nach oben						
Winterhalbjahr .	1,00	1,31	1,58	1,80	2,06	2,44 „
Sommerhalbjahr .	1,00	1,13	1,26	1,89	1,53	1,78 „
Prozentische jährliche Verteilung						
Winterhalbjahr .	38	41	43	45	46	47 „
Sommerhalbjahr .	63	59	57	55	54	53 „

Ein Umkehrniveau wird hier (in 1200 m) nicht mehr erreicht wegen des starken Vorherrschens der Sommerregen, von welchen die Höhe des Umkehrniveaus abhängt, wie namentlich Hellmann gezeigt hat. Von SE nach NW hin gegen die Nordsee zu nimmt mit Zunahme der Winterregen die Höhe des Umkehrniveaus ab. In den Sudeten wird es noch bei 900 m nicht erreicht, im Rheinischen Schiefergebirge und in den Vogesen herrschen schon in 300 bis 400 m die Winterregen vor. Der Belchen 1390 m hatte 1881 bis 1905 folgende Regenverteilung auf die Jahreszeiten:

Winter	Frühling	Sommer	Herbst
27,5	23,3	23,6	25,6 %

Es mögen noch Beispiele für einige bestimmte Örtlichkeiten Platz finden:

	Südböhmen		Straßburg	Freudenstadt	Göttingen	Klaustal
Höhe m	470	970	145	730	100	590
Winterhalbjahr . .	33	51	38	54	41	52
Sommerhalbjahr .	67	49	62	46	59	48

Auf der Luvseite stellen sich die Winterregen in einem niedrigeren Niveau ein als auf der Leeseite. So finden wir z. B. im Riesengebirge zu Hohenelbe, 490 m (Südwestseite), Winterhalbjahr 52, Sommerhalbjahr 48 %, dagegen auf der Nordseite: Kirche Wang und Eichberg, 620 m, Winterhalbjahr 46, Sommerhalbjahr 54 %. (Näheres bei Supan, Die Verteilung des Niederschlags auf der festen Erdoberfläche. Geogr. Mitt. Erg.-Heft 124, S. 40 u. s. w. Gotha 1898. Hellmann, Die jährliche Periode der Niederschläge in den deutschen Mittelgebirgen. Met. Z. 1887, S. 84.)

In den Alpen scheint es in keiner Höhe zu vorherrschenden Winterniederschlägen zu kommen, auch nicht auf der Luvseite. Aber eine starke Abstumpfung der jährlichen Periode tritt in Höhe ein durch Abnahme der unten stark vorherrschenden Sommerregen, wie folgende 10jährige Mittel zeigen:

Regenmenge in Prozent der Jahresmenge

Bucheben 1200 m Nordseite (Luv)				Sonnblick 3104 [1]				Döllach und Winklern Südseite 930 m			
Winter	Frühling	Sommer	Herbst	Winter	Frühling	Sommer	Herbst	Winter	Frühling	Sommer	Herbst
19*	22	35	24	24	31	24	21*	19*	20	31	30

[1]) Im 17/18jährigen Mittel ist auf dem Sonnblickgipfel die Verteilung der

Die Niederschläge des Sommers und Herbstes haben in 3100 m gegen 1000 m Höhe in Nord und Süd abgenommen um 9 und 6 %, die des Winters und Frühlings zugenommen um 5 % und 10 %.

In dem trockenen winterkalten Innern der Kontinente verhält es sich etwas anders. Die Winter sind unten und oben trocken, sehr schneearm, die Sommerregen überwiegen.

Colorado-Springs und Denver 1720 m					Pikes-Pik 4300 m				
Winter	Frühling	Sommer	Herbst	Jahr	Winter	Frühling	Sommer	Herbst	Jahr
9	35	41	15 %	(88 cm)	15	33	35	17	(74 cm)

Nicht korrespondierende Jahrgänge. Die wenigen korrespondierenden Jahre ergeben eine mittlere Zunahme um rund 60 % oben.

Schneearmut von Hochtälern. Die Hochebene auf der Westseite der Rocky Mountains, die sogen. Parks, bieten wegen geringen Schneefalls natürliche Weideplätze für das Vieh, das ohne Stallfütterung den Winter überdauert. An den Sonnseiten verschwindet der Schnee ganz bei dem heiteren Himmel und der intensiven Insolation.

G. v. Almasy sagt über den zentralen Thianschan: Im Sommer bringen die vorherrschenden NW- und W-Winde den erhitzten Ebenen keinen Niederschlag, sie streichen über die Hochflächen, die reinen Steppencharakter haben, und kondensieren ihren Wasserdampfgehalt erst in 4500 bis 5000 m Seehöhe in Form von Schnee und Graupelschauern und nähren damit die Gletscherbedeckung der meist 5000 m übersteigenden Kämme und befeuchten noch die Wiesen der Hochalpentäler. Die Winterschneewolken kommen aus NE über Sibirien her. Sie ziehen in geringerer Höhe und liefern Schneeniederschläge bis zu 2000 bis 3000 m. Die Zone der Wälder im Thianschan ist auf die Zone der Winterschneewolken beschränkt. — Die Kirgisen benützen gerade die hochgelegenen Täler in 3000 bis 4000 m als schneefreie Winterweideplätze. Trotz strenger Kälte ist bei dem meist windstillen und sonnigen Wetter der Aufenthalt daselbst nicht beschwerlich.

Für Zentralasien haben wir ferner noch die interessanten Beobachtungen Sewerzows im Thianschan, aus denen die Hebung, welche die Wolken und Regenregion von Winter und Sommer erfährt, schön zum Ausdruck kommt.

Die Zone der Winterschneewolken befindet sich hier, sagt Sewerzow, in einer Höhe von 2500 bis 3000 m, es ist dies zugleich die Höhenzone der Tannenwälder, welche in geringeren Höhen der Trockenheit wegen fehlen. Die höheren Regionen empfangen wenig Winterschnee, dagegen reichlicheren Regen durch die höheren Sommerwolken, und dies begünstigt in diesen Höhenzonen den Graswuchs, das Vorhandensein guter Weiden. So kommt es, daß die Kirgisen ihre Winterlager in diesen großen Höhen haben, die fast ganz schneefrei sind, und dabei ausgezeichnetes Futter für ihre Herden darbieten. Die Boginzen treiben im Winter ihre Pferdeherden auf das Hochland zwischen Barskoun und Narin in 3400 bis 3700 m Seehöhe, wo es im Gebirge Sary-Tur

---

Niederschläge folgende: Winter 23, Frühling 31, Sommer 24, Herbst 22, also die gleiche wie oben.

fast ganz schneefreie Täler und Hügellandschaften mit gutem Futter gibt, die gegen den Wind geschützt sind und sonnige Abhänge darbieten. Wood fand am Ausflusse des Amu-Darja aus dem Sarykul (Viktoriasee) auf dem Pamir in 4880 m Höhe Winterlager der Kara-Kirgisen mit Pferden, Schafen und Yaks; das Hochland war im Januar schneefrei und das Weideland offen, während der Weg zum Hochland hinauf mit tiefem Schnee bedeckt war. Diese hochgelegenen Weiden, welche im Winter schneefrei sind, weil sie höher liegen als die Winterschneewolken reichen, und zugleich niedriger als die untere Schneegrenze, bilden eine bemerkenswerte Eigentümlichkeit der hohen Gebirgsgegenden Zentralasiens wie der Rocky Mountains.

V. Schneegrenzen und Gletschergrenzen, klimatische Höhenzonen.

a) Schneegrenze. Die Höhengrenze, bis zu welcher sich im Sommer die zusammenhängende Schneedecke hoher Gebirge zurückzieht, nennt man die klimatische Schneegrenze oder Schneelinie, die mit der Firngrenze im wesentlichen zusammenfällt[1]). Sie ist in erster Linie abhängig von der Sommerwärme und der Mächtigkeit der winterlichen Schneeniederschläge. Wo in normaler Lage (auf ziemlich ebener Fläche) die Schneedecke im Sommer gerade nicht mehr zum Abschmelzen gebracht werden kann, dort liegt die Grenze des „ewigen Schnees".

Die erste Periode in der Entwicklung des Begriffs der Schneegrenze von Bouguer bis Saussure wurde beherrscht von der Ansicht, daß Schneegrenze und Frostgrenze (d. i. der Jahrestemperatur des Gefrierpunktes) identisch seien. Die rein physikalische Betrachtung führte zu der Aufstellung einer allgemeinen Hypothese über ihren Verlauf, und zu einer Formel, welche die Höhe derselben bloß als Funktion der geographischen Breite darstellte.

In der zweiten Periode unter Saussure begann man beide Begriffe Schneegrenze und Frostgrenze voneinander zu trennen, nachdem man erkannt hatte, daß sie in Wirklichkeit keinesfalls zusammenfallen, und man begann der Beobachtung des Phänomens in der Natur mehr Wert beizulegen.

Durch Alex. v. Humboldt verdrängte die vergleichende geographische Betrachtung vollständig die deduktive Methode. Man erkannte den wahren komplizierten Charakter des Problems und es bildete sich der Begriff der klimatischen Schneegrenze als der unteren Grenze der dauernd zusammenhängenden Schneedecke im Gebirge.

Als letzte Erweiterung des Begriffs müssen wir unsere heutige Auffassung ansehen, welche außer der klimatischen auch eine orographische Schneegrenze anerkennt. (F. Klengel, „Die historische Entwicklung des Begriffs der Schneegrenze", Mitt. des Ver. f. Erdk. in Leipzig, 1889.)

Es ist das Verdienst von F. Ratzel, den Begriff der orographischen Schneegrenze neben dem der klimatischen Schneegrenze festgestellt und zur Geltung gebracht zu haben. Die orographische Schneegrenze ist die untere Grenze der vereinzelt oder in größerer Zahl auftretenden Schneefelder und Firnflecken, die ihre dauernde Erhaltung wesentlich orographischer Begünstigung zu danken haben. („Zur Kritik der sog. Schneegrenze". Leopoldina, 1886. Man vergl. auch: Ratzel, „Die Schneedecke besonders in deutschen Gebirgen". Stuttgart 1889.)

---

[1]) Über Bestimmung der Schneegrenze: s. Kurowski Met. Z. 1891, Lit.-Ber. 62.

Bouguer meinte, daß die (klimatische) Schneegrenze mit der isothermen Fläche von 0° zusammenfalle, Humboldt und Buch setzten
dafür die mittlere Sommerwärme von 0°, Renou suchte nachzuweisen,
daß die Schneegrenze in allen Klimaten in jener Seehöhe zu finden sei,
wo die mittlere Temperatur der wärmeren Jahreshälfte gleich dem Gefrierpunkt ist. Es spielt aber neben den Wärmeverhältnissen die Quantität der Niederschläge, namentlich die Quantität der Winterniederschläge
oder des Schneefalls bei dieser Erscheinung eine so große Rolle, daß ohne
gleichzeitige Berücksichtigung dieses Faktors viele Vorkommnisse unerklärlich bleiben würden, was von Humboldt schon anerkannt wurde.
Daneben kommen noch als lokale Einflüsse in Betracht die Exposition
der Berghänge gegen die Sonnenstrahlung und gegen warme und trockene
Landwinde, die mehr oder minder große Steilheit derselben und die Höhe,
zu der sich das Gebirge über die Schneeregion erhebt. Daß in unserer
Hemisphäre die Schneegrenze auf den Nordhängen tiefer herabreicht als
auf den Südhängen, wird durch die intensivere Wirkung der Insolation
auf die letztere erklärlich.

Unter und nahe dem Äquator ist die Schneelinie nach unten meist
besser begrenzt und verläuft mehr horizontal. Anders in höheren
Breiten, wo die Exposition, Steilheit der Gehänge und andere Lokaleinflüsse eine sehr große Rolle spielen, so daß der Verlauf der Schneelinie sehr unregelmäßig wird und deren mittlere Seehöhe ziemlich
schwer zu bestimmen ist. Man trifft sie hier in demselben Gebirgsstock durchaus nicht überall in gleicher Höhe, und in schattigen
Schluchten und Rissen finden sich zerstreute Schneefelder und Schneeflecken noch weit unterhalb der wahren Schneegrenze. (Ratzels
orographische Schneegrenze.)

Den Unterschied zwischen klimatischer und orographischer Schneegrenze zugleich in seiner Abhängigkeit von der Exposition zeigt folgende kleine Tabelle.

Schneegrenze am Ortler nach Fritzsch

Lage	N	E	S	W	Mittel
Klimatische Schneegrenze .	2870*	2940	3060	2990	2965
Orographische Schneegrenze	2540*	2640	2750	2630	2640
Differenz	330	300*	310	360	325

(Ratzel, Zur Kritik der natürlichen Schneegrenze, Leopoldina 1880. Hier
auf die vier Hauptrichtungen reduziert.)

Während unter dem Äquator die untere Schneegrenze das ganze
Jahr sich ziemlich in derselben Seehöhe hält, werden die Schwankungen
derselben mit zunehmender Breite und der damit zunehmenden jährlichen Wärmeänderung immer größer[1]. Als untere Grenze einzelner
Schneefälle während der Sommerregenzeit kann man für die Anden
von Quito die Seehöhe von 3600 m ansetzen[2], während die Schneegrenze selbst bei 4670 m liegt. Auf der Südseite des Himalaja

---

[1] In den Tropen rückt örtlich (z. B. in Mexiko) die untere Schneegrenze in
der Regenzeit, die doch unserem Sommer entspricht, herab und zieht sich in der
trockenen, sonnigen, wenngleich kühleren Trockenzeit des Winters wieder in
größere Höhen zurück.
[2] H. Meyer sagt 3700.

schneit es im Winter fast regelmäßig bis zu 1500 m herab, in höchst seltenen Fällen ist auch schon in 900 m Seehöhe Schnee gefallen [1]. H. Schlagintweit gibt folgende Zahlen für die Höhe der Schnee- linie in den vier Jahreszeiten im Himalaja:

Höhe der mittleren Schneelinie [2]) in Meter:

	Winter	Frühjahr	Sommer	Herbst
Südabhang . . .	2700	3800	4900	4270
Nordabhang . .	2600	4270	5200	4700

Auf Teneriffa (28° N. Br.) fällt der lezte Schnee in einer Seehöhe von zirka 1300 m, auf Madeira (32° N) oberhalb 800 m und unter 36 bis 37° Breite, in Algerien und Südspanien kommt schon im Meeres- niveau gelegentlich Schneefall vor. Die obere Schneegrenze liegt hier in der Sierra Nevada über 3000 m.

Nach Humboldt hat man selbst schon in der Stadt Mexiko Schnee fallen sehen unter 19° N und in 2270 m Seehöhe. Freilich war dies seit Jahrhunderten nicht vorgekommen. Zu Valladolid (Mechoacan), 19° 42′ N. Br. und 1950 m hoch, waren schon die Straßen mehrere Stunden lang mit Schnee bedeckt.

Während in Südeuropa die Grenze des Winterschneefalls im Meeresniveau unter 36° Breite angenommen werden darf, und über- haupt das ganze Mittelländische Meer innerhalb der Äquatorialgrenze des Schneefalls liegt, schneit es in Ostastien, gelegentlich selbst noch in Kanton unter 23° 12′ N. Br., also unter dem Wendekreis. Dies ist aber auch das äußerste Extrem. Zunächst kommen dann die süd- lichen Staaten von Nordamerika, wo bis zu 26° N. Br. Schnee in den Niederungen fällt. Über den Schneefall auf der südlichen Hemisphäre erwähnen wir nur, daß schon einmal zu Sydney (33,9° S. Br.) Schnee gefallen ist, in Südamerika hat es schon zu Buenos Aires und zu Montevideo geschneit. Am Kap der guten Hoffnung dagegen ist es eine Seltenheit, wenn man den Tafelberg beschneit sieht.

Eine umsichtig bearbeitete Monographie über „Die Äquatorial- grenze des Schneefalls" verdanken wir Hans Fischer. (Mitt. des Ver. für Erdk. zu Leipzig, 1887, mit Karte.) Die Hauptergebnisse sind:

---

[1] Die Ebene des Pandschab (zirka 300 m Seehöhe), sagt Drew, ist frei von Schnee und ebenso die äußeren Bergketten. In einer Höhe von 1200 m kann im Januar Schnee fallen und in 3000 m Seehöhe bleibt der Schnee zirka 3 Monate liegen, in den Tälern bleibt er aber länger liegen, ganz Ladakh liegt für mehr als 3 Monate unter Schnee. Doch selbst in einer Seehöhe von 4000 m verschwindet der dünne Schnee durch Verdunstung und durch den Wind. In dem flachen Alluvium des oberen Indus (in 4200 m Seehöhe) weiden im Winter die Champos ihre Herden. — Bei Leh liegt die Sommerschneelinie auf der Nordseite bei 5600 m, auf der Südseite bei 5800 m, im östlichen Teil von Rupschu und um Pangkong bei 6100 m.

Nach Hill ist in den Nordwestprovinzen die untere Schneegrenze im Winter 1700 m (in den äußeren Ketten von Kemaon) und etwas tiefer in Dehra Dun und im nördlichen Pandschab. Ungefähr jedes zehnte Jahr fällt der Schnee bis zu 1500 m herab, und das tiefste Niveau, welches der Schneefall in der ersten Hälfte des 19. Jahrhunderts erreicht hat, war 900 m. S. Met. Z. 1885, S. 285.

[2] Jene Höhe, welche wenigstens während der halben Dauer der Jahreszeit mit Schnee bedeckt bleibt.

Äquatorialgrenze der Schneefälle.

| | Regelmäßige | Gelegentliche |
		Schneefälle
Westküste von Europa	45 ° N.	33 ° N.
Mittelmeerküsten	37 „	29 „
Inneres von Asien	24 „	22 „
Ostküste von Asien	30 „	22 ½ „
Amerika, Westküste	47 „	34 „
„ im Innern bis . . .	25 „	19 „
„ Ostküste	35 „	27 „
Südafrika, Inneres	— „	24 S.
Australien, Ost- und Südküste .	— „	34 „
Südamerika, Westküste	45 S.	34 „
„ Ostküste	44 „	23(?) „

Schnee fällt gelegentlich in ganz Südeuropa, Tripolis, Algier, Unterägypten, in ganz Syrien und Mesopotamien. Im südlichen Kapland fällt im Inneren nur gelegentlich Schnee. In den Ebenen im Inneren Südamerikas kommen Schneefälle bis gegen den Wendekreis vor.

Temporäre Schneegrenze in den Alpen. Nach einer 30-jährigen Beobachtungsreihe über die Höhe der Schneelinie am Säntis (2500 m) und in der Nordostschweiz überhaupt an jedem Tag des Jahres, welche Denzler bearbeitet hat, hält sich die Schneedecke

bei 650 m während 77 Tagen,
„ 1400 „ „ 200 „
„ 1950 „ „ 245 „

so daß in einer Seehöhe von 1950 m bloß 120 Tage durchschnittlich schneefrei sind (unter 47 ° N. Br.). Das Zurückweichen der unteren Schneegrenze im Frühling und das Herabsinken derselben im Herbst wird aus folgenden Zahlen ersichtlich (1, 2, 3 bezeichnen die Dekaden des Monats):

Seehöhe der Schneegrenze am Säntis in Meter:

Dekade	März	April	Mai	Juni	Juli[1]	Okt.	Nov.	Dez.
1.	690	810	1220	1750	2340	1980	1190	820
2.	730	900	1250	1930	Sept.	1730	1000	740
3.	730	1020	1470	2060	2030	1510	870	—

Die Schneegrenze scheint in der Ostschweiz ihren tiefsten Stand Ende Januar zu erreichen, ihren höchsten zirka am 10. August. Sie weicht im Frühling langsam auf die Höhen zurück und steigt im Herbst rasch wieder herab. Um die Mitte März liegt sie in derselben Höhe wie um die Mitte Dezember, und befindet sich Ende Oktober noch in größerer Höhe als Ende Mai. Dies entspricht dem späten Frühlingsanfang der größeren Gebirgshöhen und dem langen in den Herbst hinein sich erstreckenden Nachsommer derselben.

---

[1] Es sind hier nur die erste Dekade des Juli und letzte des September noch aufgeführt, weil die Schneegrenze im Hochsommer oft über dem Gipfel des Säntis lag, so daß die Mittelzahlen für diese Periode zu niedrig werden; das höchste Mittel der zweiten Dekade des August ist 2400 m, während die Schneegrenze bei 2600 m liegt; aus einem ähnlichen Grund sind die Winterbeobachtungen weggelassen.

Eine zweite langjährige (1863 bis 1878) Beobachtungsreihe über die jahreszeitliche Höhenänderung der Schneegrenze in den Nordalpen bei Innsbruck verdanken wir Anton v. Kerner (bearbeitet von Fritz v. Kerner)[1]).

Mittlere Höhe der Schneegrenze in Nordtirol.

Dez.	Jan.	Febr.	März	April	Mai	Juni	Juli	Aug.	Sept.	Okt.	Nov.
				Südexposition (Nordgehänge des Inntales)							
740	650	740	960	1270	1700	2190	2680	3130	3210	2150	1300
				Nordexposition (Südgehänge des Inntales)							
680	590	600	720	1100	1540	2030	2470	2930	2760	1890	1010

Das Ansteigen ist vom Mai zum Juni am raschesten (490 m), das Zurückweichen vom September zum Oktober (ca. 900 m). Über die Dauer der Schneedecke bei Nordexposition und über die Zahl der Schneetage geben folgende Zahlen Auskunft:

Höhe . . .	600	800	1000	1200	1400	1600	1800	2000	2200	2400 m
Schneedecke	86	102	122	134	163	194	214	231	253	285 Tage
Schneetage .	—	—	142	170	191	209	227	246	267	285 „

Die Isotherme von 0° liegt von Dezember bis Februar unterhalb der Schneegrenze (im Januar um 700 m). Die übrige Zeit liegt sie höher, und zwar im Juni und Juli um 1160 m.

In den Tauern, Sonnblickgebiet, haben die Beobachtungen folgende Höhenzahlen für die temporäre Schneegrenze ergeben:

Temporäre Schneegrenze im Sonnblickgebiet.

März	April	Mai	Juni	Juli	Aug.	Sept.	Okt.	Nov.
(1200)	1500	1800	2150	2450	2700	2300	1950	1250

Die höhere Lage der Schneegrenze im Frühjahre in den Tauern schreibt Machaček der größeren Trockenheit, d. h. der geringeren Schneemenge der Tauerntäler zu (Rauris in 910 m hatte 1891/95 dieselbe Schneemenge wie Altstätten im Rheintale und Rotholz im Inntale in 530 m)[2]).

Den von Denzler und Kerner ermittelten Seehöhen der temporären Schneegrenze in den Nordalpen entsprechen folgende mittlere Monatstemperaturen an derselben unter 47° N. Br.:

März	April	Mai	Juni	Juli	Aug.	Sept.	Okt.	Nov.	Dez.
			Höhe der Schneegrenze in Hektometern.						
7,1	10,2	14,4	19,3	24,8	28,6	25,6	18,0	10,0	7,0
			Mittlere Temperatur daselbst.						
2,3	5,7	6,7	7,3	6,2	4,0	3,3	2,9	0,4	— 2,3

Im Mai und Juni herrscht demnach an der temporären Schneegrenze eine mittlere Temperatur von 7°. Je reichlicher der Schneefall, desto höher wird die Temperatur an der temporären Schneegrenze im Frühlinge sein müssen. Nach den Mitteilungen von Eller in

---

[1]) Denkschriften der Wiener Akad., Bd. LIV, 1887. Met. Z. 1888, S. [30].
[2]) Fr. Machaček, Zur Klimatologie der Gletscherregion der Sonnblickgruppe. Sonnblickverein, Jahresber. 1899.

St. Gertrud im Suldental am Ortler (46½ ⁰ Breite, 1840 m Höhe) wird die Gegend dort Mitte Mai schneefrei, was einer Mitteltemperatur von 5 ⁰ entspricht, nach schneereichen Wintern jedoch hielt sich die Schneedecke bis 1. Juni, wo die Temperatur schon auf 6½ ⁰ gestiegen war. Die Paßhöhe des Arlberges, 1790 m, wird um den 20. Mai schneefrei bei einer mittleren Temperatur von 7 ⁰. Dies stimmt sehr gut mit den Ergebnissen am Säntis und bei Innsbruck [1).

Harz. Sehr sorgfältige vieljährige Beobachtungen über die Höhe der temporären Schneegrenze im Harze verdanken wir Hertzer (Schriften des naturw. Vereins des Harzes, I, 1886). Die Schneedecke liegt im Mittel von 32 Jahren:

in	240	400	550	700	850	1000	1150 m
von	27. XII.	14. XII.	6. XII.	28. XI.	21. XI.	15. XI.	9. XI.
bis	24. II.	5. III.	11. III.	29. III.	5. IV.	25. IV.	13. V.
Tage	60	82	104	122	136	162	186

Die mittlere Temperatur an der temporären Schneegrenze ist um die Mitte März etwa 1,5 ⁰, um die Mitte April 3,2 ⁰, um die Mitte Mai 5,5 ⁰, also wie in St. Gertrud. Der Gipfel des Brocken ist etwa das halbe Jahr ohne dauernde Schneedecke. Ende November und Anfang April liegt die Schneegrenze am Harze und am Säntis nahe in gleicher Höhe (900 m).

Erzgebirge. Die von O. Birkner für die Dauer der Schneedecke im sächsischen Erzgebirge ermittelten Daten mögen sich hier anschließen (Met. Z. 1890, S. 201 mit Karte).

Sächsischer Abhang des Erzgebirges.

Höhe rund	150	250	350	450	550	650	750	880 m
Dauer der Schneelage .	55,4	67,6	80,2	86,2	96,0	117,7	145,4	150,5 Tage

Die Dauer der Schneedecke nimmt nicht regelmäßig mit der Höhe zu, im allgemeinen Mittel um 13 Tage pro 100 m. Einer anderen Abhandlung desselben Autors entnehmen wir noch folgende für den Einfluß der Höhe charakteristische Angaben (Met. Z. 1890, [23]):

Nordhang des Erzgebirges.

Seehöhe	100	300	500	700	900 m Kamm
Erster Schnee	9. Nov.	30. Okt.	27. Okt.	19. Okt.	10. Okt.
Letzter Schnee	18. April	1. Mai	10. Mai	17. Mai	1. Juni
Erster Nachtfrost	13. Okt.	3. Okt.	1. Okt.	19. Sept.	21. Sept. [2)
Letzter Nachtfrost	28. April	6. Mai	15. Mai	31. Mai	24. Mai [2)
Regenmenge	58	70	80	88	99 cm

Schneegrenzen in verschiedenen Gebirgen der Erde. Eine ausführlichere Tabelle derselben kann hier nicht gegeben werden. Wir ver-

---

[1) Hann, Wärmeverteilung in den Ostalpen. Zeitschr. d. deutschen und österr. Alpenvereins 1886, S. 48 etc.

Für die Tauern findet Machaček folgende Temperaturen an der Schneegrenze:

	April	Mai	Juni	Juli	Aug.	Sept.	Okt.
Schneegrenze	1500	1800	2150	2450	—	2300	1930
Temperatur	3,2	6,5	6,5	6,4	—	4,0	2,8

[2) Einfluß der Südseite, der auf den Kamm (900 m) übergreift.

weisen dieserhalb auf Heims Handbuch der Gletscherkunde S. 18
bis 21 und auf die von H. Berghaus zusammengestellte Tabelle in
Behms Geograph. Jahrbuch (Bd. I, S. 258 bis 267, Bd. V, S. 472,
wo auch Gletscherenden, Getreidegrenze, Baumgrenze, höchster Wohnort zu finden). Hier können nur jene Tatsachen einen Platz finden,
in welchen der kombinierte Einfluß der Temperatur und der Niederschläge auf die Höhenlage der Schneegrenze besonders deutlich zum
Ausdruck kommt.

Äquatoriales Gebiet. In der Nähe des Äquators liegt die
Schneegrenze in einer Höhe von 4000 bis 5000 m, und es macht sich
dabei der Einfluß der Niederschläge in erster Linie geltend. In den
Anden von Quito liegt die Schneegrenze auf der östlichen nieder-
schlagsreicheren Kordillere im Mittel bei 4620 m, auf der trockeneren
westlichen Kordillere bei 4720 m. Am Cotopaxi liegt sie auf der
feuchten E-Seite bei 4550 m, auf der W- und N-Seite bei 4900 m.
Am Kilimandscharo ($3\frac{1}{4}°$ S. Br.) findet sich die Schneegrenze
auf der feuchten S- und W-Seite bei 4800 m, auf der trockenen N- und
E-Seite bei 5200 m[1]). Am Kenia ($\frac{1}{4}°$ S. Br.) und am Ruwenzori
($\frac{1}{2}°$ N. Br.) scheint die Schneegrenze in ziemlich gleicher Seehöhe
bei 4400 m zu liegen.

Mit der Entfernung vom Äquator senkt sich die Schneegrenze
keineswegs regelmäßig, im Gegenteile treffen wir sie in den trockenen
subtropischen Zonen beider Hemisphären örtlich in den größten Höhen,
zu denen sie überhaupt hinansteigt, d. i. in Höhen über 5000 bis gegen
6000 m.

Südamerika. Im mittleren Peru hat die Ostkordillere die
Schneegrenze bei 4870 m, die trockenere Westkordillere[2]) erst bei
5230 m. Im südlichen Peru weicht sie mit zunehmender Trockenheit
bis gegen 6000 m zurück. In Nordargentinien wird in der Sierra Fa-
matina, 29° S. Br., bei 6400 m die Schneegrenze nicht erreicht, es gibt
nur eine orographische Schneegrenze (Schneeflecken an geschützten
Stellen[3]). In Chile liegt sie unter 30° S. Br. bei 4900 m (Pissis),
unter 32 bis 33° S. Br. bei 4200 m (Güßfeld), unter 34 bis 35° bei
3500 bis 3100 m. Sowie wir südlich von 37° in die feuchtere und
dann in die außerordentlich regenreiche Zone kommen, sinkt die Schneegrenze rasch herab auf 2100 bis 1800 m, am Villarica unter $39\frac{1}{2}°$
schon auf 1600 bis 1700 m. Am Osorno, 41° S. Br., liegt die Schneegrenze bei 1400 bis 1500 m, am Corcovado bei 1360 m und in der
Magellanstraße, in der Breite von Norddeutschland, schon bei 1000 m.
Die niedrige Sommertemperatur und die starken Niederschläge bedingen an der Westküste Südamerikas südlich von 40° die merkwürdige Erscheinung, daß die Schneegrenze fast mit der oberen Baum-

---

[1]) In normalen Regenzeiten schneit es oberhalb Moschi (Südseite) bis 3800 m
herab.

[2]) Hier, wie im Ecuador, hat die meeresferne Ostseite der Anden unter
der Herrschaft des E-Passats viel reichere Niederschläge, als die meeresnahen
westlichen Ketten der Anden.

[3]) Es herrscht da große Trockenheit, aber außerordentliche Fruchtbarkeit
bei Bewässerung, sonst Wüste.

grenze zusammenfällt, was schon Pöppig beobachtet und Philippi bestätigt hat.

Nordamerika. In Mexiko liegt unter 19° Breite die Schneegrenze bei 4400 bis 4500 m, am Popocatepetl bei 4350 m, Baumgrenze 300 m tiefer. In den höheren trockenen subtropischen Breiten fehlt die Schneegrenze ganz und wir treffen in Höhen von 4000 bis 4500 m nur einzelne Firnflecken (orographische Schneegrenze); sowie aber bei 40° N. Br. die Niederschläge reichlicher werden, rückt die Schneegrenze rasch herab; sie liegt am Mt. Shasta bei 2400 m, am Mt. Hood bei 2250 m, im Kaskadengebirge an der Grenze der Vereinigten Staaten bei 2000 m, auf Vancouverinsel bei 1800 bis 1600 m, am Mt. Elias unter 60° N. Br. auf der Seeseite bei 600 m, auf dem Abfall gegen das Innere aber erst bei 1800 m.

Asien. Besonders lehrreich ist das Verhalten der Schneegrenze am Himalaja. Sie liegt hier im Mittel unter 27 bis 34° Breite auf der indischen feuchten Seite (auf der Südseite) bei 4900 m, dagegen auf der Nordseite gegen Tibet bei 5600 m; im Karakorum und Künlün unter 35 bis 36° ist sie erst in 5500 bis 6000 m anzutreffen. Der Grund dieses Hinaufrückens der Schneegrenze an den nördlicheren Ketten liegt hauptsächlich in der zunehmenden Lufttrockenheit und der Geringfügigkeit der Niederschläge, weniger in der starken sommerlichen Erwärmung der Hochebenen.

Durch Hooker, Strachey, die Brüder Schlagintweit und andere wissen wir, daß die Schneegrenze auf der Südseite des Himalaja ungeachtet der höheren Temperatur infolge der reichlicheren Niederschläge tiefer liegt als auf dessen Nordseite, die an das kältere aber viel niederschlagsärmere Hochland von Tibet grenzt. Diese von allen Beobachtern konstatierte Tatsache fand C. Diener auch im Zentralhimalaja bestätigt. Keineswegs zutreffend ist aber die Vorstellung, als ob an der wasserscheidenden Kette selbst, oder überhaupt an einer einzelnen Kette des Gebirges ein derartiger Unterschied in der Höhe der Schneegrenze sich geltend machen würde. In jeder einzelnen Kette reicht vielmehr die Schneelinie auf den nach Nord gerichteten Gehängen tiefer herab als auf der Südseite. Dieser normale Unterschied zwischen Nord- und Südhang in jeder einzelnen Kette wird aber mehr als aufgewogen durch das anormale Hinaufrücken der Schneegrenze in der nach Norden hin zunächst folgenden Kette. Zwar verläuft auch an dieser die Schneelinie auf der Nordseite weniger hoch als auf der Südseite, aber sie liegt hier schon um ein Beträchtliches höher als auf der Südseite der vorigen Kette. Wenn man also das Gebirge als Ganzes betrachtet, verläuft in der Tat die Schneegrenze auf der tibetanischen Seite in erheblich bedeutenderer Höhe als auf der indischen Abdachung. (Carl Diener, Schneegrenze und Gletscher im Zentralhimalaja. Deutsche Rundschau für Geogr. Bd. XVI.)

Europa. In den Pyrenäen fehlt auf der Südseite, die trocken und gegen die heißen Plateauländer der Iberischen Halbinsel gekehrt ist, die Schneelinie im Hochsommer ganz, während sie auf der Nordseite bei 2800 bis 2900 m anzutreffen ist.

Im Kaukasus trifft man ähnliche Verschiedenheiten wie im Himalaja, die durch entsprechende Unterschiede in den Niederschlägen bedingt werden (nach M. v. Dechy):

		Nordabhang	Südabhang
Hauptkette		Mittlere Höhe	der Schneegrenze
Westlicher Teil 43,5—42,7 ° N.		2900	2700 m
Mittlerer „ 42,7—41,5 „		3200	3100 „
Östlicher „ 41,5—40,5 „		3480	3800 „

Im westlichen Teile des Kaukasus liegt die Schneegrenze auf der
wärmeren Südseite im pontischen Gebiet tiefer, weil dort die Niederschläge viel reichlicher sind, nach Osten hin wird der Unterschied
geringer und die allgemeine Zunahme der Trockenheit und Sommerwärme bedingt eine bedeutende Hebung der Schneelinie.

In der Alpenkette beobachten wir ein Hinaufrücken der Schneegrenze gegen die Mitte derselben, wo die Niederschläge geringer sind
und eine Hebung der Isothermenflächen die allgemeine Erhebung des
Terrains begleitet. In den Westalpen liegt die Schneegrenze bei 2700
bis 2800 m[1]), in der Bernina- und Ortlergruppe steigt sie bis über
2900 m, in den Hohen Tauern liegt sie auf der Nordseite bei 2700,
auf der Südseite bei 2800 m[2]). Die nördlichen Ketten der Ostalpen
haben ebenso wie die südöstlichen Alpen (Julischen Alpen) eine niedrige
Schneegrenze infolge der großen Regenmengen.

Über die Schneegrenze in den Schweizer Alpen siehe die Monographie von Jegerlehner (Gerland, Beiträge V u. Met. Z., 1903,
S. 467) und das später (S. 278) folgende Kärtchen.

Das Ansteigen der Schneegrenze in Norwegen von der Küste
gegen das Innere des Landes ist schon durch die klassischen Untersuchungen von Wahlenberg und Buch festgestellt worden. Unter
70/71 ° N. Br. liegt die Schneegrenze an der Küste bei 700 bis 800 m,
im Innern bei 1000 m; unter 62 ° Breite an der Küste (Aalfotbrae)
bei 1200 m, etwas weiter landeinwärts auf Folgefond (60 °) bei 1450 m,
auf Jostedalsbrae (61 °) bei 1600 m, in Jotunheim (61 °) bei 1800 bis
1900 m[3]). Unter gleicher Breite liegt sie an der noch regenreicheren
und viel kühleren Westküste Nordamerikas um etwa 400 m tiefer.

Auf Island findet sich unter 64 bis 65 ° N. Br. im Mittel von 12 Bestimmungen durch Thoroddsen die Schneelinie bei 870 m, sie liegt
auf der Südseite niedriger (600 m) als auf der Nordseite (1300 m) infolge der stärkeren Niederschläge an der Küste. Am Myrdalsjökul
liegt sie auf der Südseite bei 900, auf der Nordseite bei 1150 m, im
Mittel bei ca. 1000 m.

Für Nowaja Semlja Matotschkinschar gibt Höfer die Schneegrenze zu 600 m an.

Auf Spitzbergen im Hornsund unter 77 ° N liegt die Schneegrenze bei 460 m, auf Franz-Josephs-Land unter 82 ° N. Br. noch bei
100 bis 300 m. In der nördlichen Zirkumpolarregion hat man die
Schneegrenze noch nirgendwo bis zum Meeresniveau herabsteigen sehen.

In Australien erreicht kein Berg die Schneegrenze. Auf der Süd-

---

[1]) Einfluß der Exposition im Gebiet des Dammastockes: Nord 2740 m, Ost
2780 m, Süd 2870 m, West 2860 m nach R. Zeller.
[2]) Man vergleiche die lehrreiche Karte in Richter, Die Gletscher der Ostalpen, Tafel 4 und Machaček l. c.
[3]) Siehe Ed. Richter, Die Gletscher Norwegens in Hettners Zeitschr. 1896.

insel von Neuseeland liegt sie auf der Westseite bei 1700 m, auf der trockenen Ostseite bei 2000 m. Auf der Nordinsel erreicht der Taranaki (Mt. Egmont) mit 2500 m eben die Schneegrenze. Auf Kerguelen (49°) liegt die Schneegrenze auf der Ostseite bei 300 m (auf der Westseite gehen die Gletscher bis zum Meer herab).

In hohen antarktischen Breiten reicht die Schneegrenze bis zum Meeresniveau herab. Dort ist zwar der Winter relativ sehr milde, aber der Sommer kalt. Auf Südgeorgien unter 54½° S. Br. glaubt P. Vogel die Schneegrenze bei 550 m ansetzen zu dürfen.

Die mittlere Jahres- und Sommerwärme an der Grenze des permanenten Schnees ist unter verschiedenen klimatischen Bedingungen außerordentlich verschieden. Je reichlicher die Niederschläge und je geringer die jährliche Wärmeschwankung, desto höher ist die mittlere Temperatur an der Schneegrenze. In den Anden von Quito unter dem Äquator ist die Temperatur an der Schneegrenze in der östlichen Kordillere + 2°, in der westlichen (trockenen) + 1°. Auch im südlichen Chile ist die Jahrestemperatur an der Schneegrenze bei 3°.

Auf der Südseite des Himalaja, von Sikkim bis zu den NW-Provinzen, fällt die Schneegrenze mit der Isotherme von + 0,5° bis — 1° zusammen und mit einer Julitemperatur von 6,7°. Auf der tibetanischen Seite des Himalaja dagegen herrscht an der Schneegrenze eine mittlere Temperatur von — 4° bis — 5°.

In den Ostalpen finden wir an der Schneegrenze eine mittlere Jahrestemperatur von ca. — 3° bis — 4° und eine Sommertemperatur von 3 bis 4°. Auf Nowaja Semlja und Spitzbergen entspricht eine mittlere Jahrestemperatur von — 10 bis — 11° der Höhenregion des ewigen Schnees, und im Innern von Asien in Nordsibirien tragen die Berge auch bei — 17° keine permanente Schneedecke. Nordenskjöld fand an der Küste von Nordsibirien Berge von 600 m Höhe im Sommer schneefrei. Das extreme kontinentale Klima mit geringen Niederschlägen gestattet keine permanente Schneedecke.

b) **Untere Gletschergrenzen.** Die Seehöhe und die mittlere Jahreswärme, bis zu welcher die untersten Gletscherenden herabreichen, hängt in noch höherem Grade von den lokalen Verhältnissen ab, als dies bei der Schneegrenze der Fall ist. Es kommt hierbei auch auf die Größe des Eisfeldes des Gletschers, d. i. auf die Größe seines Zuflußgebietes, dann auf die Neigung des Gletscherbettes, d. i. auf die Masse des Nachschubes und die Geschwindigkeit der Abwärtsbewegung der Eismassen an. Je rascher und reichlicher die Schmelzverluste ersetzt werden, zu desto wärmeren Temperaturzonen kann der Gletscher herabsteigen. Wo die Niederschläge gering sind und der Sommer sehr heiß ist, werden die Gletscher schon bei niedrigen Mitteltemperaturen halt machen müssen. Hierfür einige Beispiele.

Westküste der Südinsel von Neuseeland: Der Franz-Joseph-Gletscher (43° 35′ Br.) endet in 290 m Seehöhe, der Foxgletscher in 200 m. Mittlere Jahrestemperatur 10° C. (höher als die von Wien). Auf der Ostseite des Gebirges reicht unter gleicher Breite der große Tasmangletscher nur bis 780 m herab.

Westküste von Patagonien: Gletscher unter $46\frac{1}{2}°$ im Meeresniveau. Mittlere Jahrestemperatur 8,4° C.

An der NW-Küste von Amerika reicht im Hintergrund eines Fjords (östlich von F. Simpson Britisch-Columbia) unter 54° ein Gletscher bis ans Meer herab. Die mittlere Jahrestemperatur ist hier 10° C. (nach Dall).

Karakorum-Himalaja: Biafogletscher (Balti) 35° 41′ N. Br. unteres Ende bei 3080 m. Temperatur zirka 9° C.

Himalaja: Chaiagletscher (Gharval) 31° N. Br., 3200 m, 7° C.

Alpen: Mittlere Höhe des unteren Endes von acht primären Gletschern am Montblanc 1450 m. Jahrestemperatur zirka 4,2° C. Der Bossongletscher steigt bis zur Isotherme von 6,5° C. herab.

In der Ötztaler Gebirgsgruppe (kontinentaleres Klima, geringere Niederschlagsmenge) liegt das untere Ende der zehn größten Gletscher erster Ordnung bei 2100 m (nach Sonklar)[1]) bei einer mittleren Jahrestemperatur von − 0,1° C. (Sommertemperatur 7,8°).

In Westsibirien im Altai (unter 50° N) geht der Katungletscher auf 1240 m herab, wo die wahrscheinliche Jahrestemperatur − 1,7° ist, und in Ostsibirien am Munko-Sardyk (52° N) reicht auf der Südseite ein Gletscher bis 3170 m, wo die mittlere Jahrestemperatur zirka − 10° C. ist.

Wir treffen also an den unteren Gletscherenden mittlere Jahrestemperaturen, die wenigstens um 20° voneinander differieren.

Der Einfluß des Klimas auf die Entwicklung der Gletscher zeigt sich besonders deutlich in Alaska. An der Küste, wo die Niederschläge sehr reichlich sind und die Sommerwärme sehr niedrig, sind die Gletscher sehr zahlreich und mächtig; in der Gegend des Mt. Elias (60°) gibt es Hunderte von mächtigen Eisströmen, die bis zum Meeresniveau herabsteigen, ja manche von ihnen reichen bis in den Ozean und brechen dort ab mit Eiswänden bis zu 100 m Höhe. Im Innern des Landes aber, wo die Niederschläge viel geringer sind und die Sommerwärme zugleich höher ist, fehlen die Gletscher selbst auf Bergen von 1200 bis 1500 m Seehöhe in gleicher Breite, ja sogar jenseits des Polarkreises.

c) **Klimatische Höhenzonen.** Als Beispiel, wie sich durch die Ergebnisse phänologischer Beobachtungen die klimatischen Regionen eines Hochgebirges anschaulich machen lassen, folgt hier eine Tabelle, welche dem Werke der Gebrüder Schlagintweit über die physikalischen Verhältnisse der Alpen entnommen ist.

Im Frühling bis zum Ende der Blütenbildung beträgt die Verzögerung der Vegetationsentwicklung 10 Tage für je 300 m rund.

Während der Fruchtreife bis zum Eintritt des Winters 12,5 Tage für dieselbe Erhebung.

Angot fand aus 10jährigen Aufzeichnungen in Frankreich eine Verspätung des Eintritts der Belaubung und Blüte der Pflanzen sowie der Ernten um 4 Tage für je 100 m Erhebung; die Ankunft der Schwalben und der Ruf des Kuckucks verspäten sich nur um 2 Tage.

---

[1]) Periode 1860 rund, 1885 etwa bei 2250 m.

Alpengebiet zwischen 46¹/₂ bis 48° N. Br.[1]

Erscheinungen	Seehöhe in Meter						
	500 650	650 1000	1000 1300	1300 1600	1600 2000	2000 2300	2300 2600
Schneeschmelze, Erwachen der Vegetation							
	17. März	30. März	10. April	21. April	12. Mai	2. Juni	28. Juni
Kirschenblüte . .	5. Mai	10. Mai	16. Mai	21. Mai	21. Juni Rhod. [2])	11. Juli Rhod.	29. Juli Rhod.
Heuernte	15./20. Juni	24. Juni	25. Juni	27. Juni	1. Juli	8. Aug.	—
Kirsche reift . .	25. Juni	18. Juli	8. Aug.	20. Aug.	—	—	—
Winterkorn reift .	18. Juli	31. Juli	8. Aug.	18. Aug.	3. Sept.	} 1690 m	—
Hafer reift . . .	14. Aug.	27. Aug.	5. Sept.	16. Sept.	29. Sept.		—
Allgemeine Schneedecke, Eintritt des Winters							
	10. Dez. (?)	30. Nov. (?)	20. Nov.	10. Nov.	28. Okt.	15. Okt.	1. Okt.

F. Schindler hat über die Kulturregionen in den Ostalpen lehrreiche Studien angestellt, von deren Ergebnissen wir einiges wenige hier anschließen wollen. Die obere Grenze des Getreidebaues fällt, in diesem Gebiete wenigstens, zusammen mit den ständig bewohnten Siedlungen der Menschen, mit den höchsten Bauernhöfen. Darüber hinaus in der Region der Bergmähder und Alpenweiden erscheint der Mensch nur während der 2 bis 3 Monate des Sommers als Gast und führt mit seinen Herden ein nomadisches Sennerleben. Es entspricht dies der Region der Alpenwirtschaft, mit zeitweilig bewohnten Alpenhütten. Noch höher hinauf erstreckt sich das Gebiet der „Urweide", wo kein Eingriff des Menschen mehr in die natürlichen Vegetationsverhältnisse statthat.

In der Kultur- oder Getreideregion ist eine untere und obere Zone zu unterscheiden. Die untere reicht bis zu der Höhe, wo das Ackerland noch dauernd kultiviert wird (mit Fruchtwechsel), darüber liegt eine schon feuchtere und kühlere Zone, in welcher der Boden zeitweilig mit Getreide bestellt, dann wieder als Wiese benützt wird (Egartenwirtschaft). In den Tauern liegt die Getreidegrenze auf der Nordseite bei 1200, auf der Südseite (weniger Regen, größere Wärme) bei 1500 bis 1700 m. Die bewohnten Alpenhütten reichen bis 1800 und 2000 m. Im Brennergebiet reicht die Kultur- und Getreidegrenze auf der Nordseite bis 1160 m, auf der Südseite bis 1350 m. Die Alpenwirtschaft auf der Nordseite bis 1890 m, auf der Südseite bis 1920 m.

---

[1]) Ohne die westlichen Alpen.
[2]) Beginn der Blüte der Alpenrose.

Im Ötztaler Gebirgsstock finden wir folgende Höhengrenzen:

	Getreidegrenze		Alpenwirtschaft	
	Mittel	Maximum	Mittel	Maximum
Nordseite, Ötztal . . .	1420	1750	2075	2330
Südseite, Schnalsertal . .	1675	1900	2110	2310

Auf der sonnigeren trockeneren Südseite reicht die Kulturzone somit um dritthalbhundert Meter höher hinauf als auf der Nordseite. In der Region der Alpenwirtschaft ist aber fast kein Höhenunterschied mehr vorhanden. Dies stimmt auch mit dem von mir nachgewiesenen relativ geringen Temperaturunterschied zwischen der Nord- und Südseite der Alpen im Niveau von 2000 m. In dieser Höhe ist derselbe ein weit geringerer als im Niveau der Talsohlen und der mittleren Höhen [1]).

Für das Gebiet der Ortler Alpen hat M. Fritzsch die Höhenzonen in verschiedenen Expositionen festgestellt. Er findet im Mittel:

Höhengrenze der	Mittel	Maximum		Minimum	
Dauernd bewohnte Siedlungen . . .	1380	1660	SW	1150	N
Getreidegrenze	1390	1640	SW	2110	NW
Mähwiesengrenze	1770	2110	SW	1470	N
Sennhütten	1950	2150	SW	1760	NE
Waldgrenze	2120	2160	SW	2100	N
Schäferhütten und Galtviehalmen .	2190	2340	SW	2100	N
Baumgrenze	2250	2320	SW	2170	NE
Orographische Firngrenze	2630	2750	S	2530	N u. NW
Klimatische　　　" 　	2960	3090	S	2850	NE u. N

Die Mittel sind aus den Ansätzen für alle 8 Expositionen gebildet, hier sind nur die Extreme angeführt [2]).

Gute Beispiele für die Aufeinanderfolge der Höhenzonen im äquatorialen Gebiete liefern der Kilimandscharo (s. S. 249) und der unter dem Äquator liegende Ruwenzori.

Pflanzenregionen am Ruwenzori. Der Gebirgsstock des Ruwenzori liegt zwischen 0° und 1° N. Von 9[h] Morgens an ist er über 2700 m beständig mit Wolken bedeckt, in W reichen sie tiefer herab. Der Regenfall beträgt etwa 250 cm. Die Südseite ist trockener. Alle Zonen gehen im Westen tiefer herab. Die Zonen sind [3]):

1. Die Graszone, Fortsetzung der Steppen nach oben bis 2000 m in E, bis 1200 rund in West. 2. Die Waldzone, 2000 bis 2600 m, im Westen reicht sie tiefer herab und vereinigt sich mit dem Kongo Forst. 3. Die Bambuszone, 2600 bis 3000 m in E, 2100 bis 2600 in West, undurchdringlich und fast ohne Leben. 4. Baumheidezone, Erica arborea, 3000 bis 3800 m dichter Forst mit ungeheuren Massen von Moos behangen, Charakterpflanze, Senecio adnivalis, S. Johnstoni ähnlich. 5. Lobeliazone, über 3800 m hört die Baumheide auf und nun herrschen bis zur Schneelinie die Lobelia und Senecio. 6. Schneezone bei 4400 m beginnend.

Nach Prof. Heinrich Meyer (München) liegt die Waldgrenzlinie

---

[1]) Temperaturverhältnisse der österr. Alpenländer III, S. 110 u. Zeitschr. d. deutschen u. österr. Alpenvereins 1886, S. 62.

[2]) Höhengrenzen in den Ortler Alpen. Wissenschaftl. Veröffentl. des Vereins f. Erdk. in Leipzig 1895, Bd. II, S. 105—292 mit Karte. S. a. Hupfer, Die Regionen am Ätna. Ebenda, S. 293—362 mit Karte.

[3]) Woosnam, Ruwenzori and its Life Zones. Geogr. Journ., XXX, 616 mit Karte und Diagrammen.

(Isohyle) auf der ganzen Erde dort, wo innerhalb 4 Monaten, welche die Hauptvegetationsmonate sind (oder innerhalb welcher sich die Vegetation abspielt, somit auch, wenn die vegetative Tätigkeit nur 2 von den 4 Monaten umfaßt), eine Durchschnittstemperatur von 10° geboten wird. Im mittleren Europa entspricht der Isohyle von 10° eine Jahresisotherme von — 3°, in den Tropen 10° N bei zirka 3550 m eine mittlere Temperatur von + 8°, die Temperatur der übrigen 8 Monate entscheidet nur über die Art der Waldgrenzvegetation, ob Winterkahl (Laubholz) oder Wintergrün (Nadelholz). Köppen hat in seinen „Wärmezonen der Erde", Zeitschr. d. deutsch. met. G. 1888, die Zone mit einer mittleren Temperatur von 10° während 4 Monaten speziell unterschieden und kartographisch dargestellt. — Nach Brückner und Dersch wird die polare Baumgrenze im allgemeinen durch eine Verkürzung der frostfreien Zeit auf weniger als 100 Tage bestimmt.

Über die oberen Waldgrenzen in den Alpen besitzen wir die größeren Arbeiten von E. Imhof (die Schweiz behandelnd, Gerland, Beiträge Bd. IV, 1900), und R. Marek (österreichische Alpen, Mitt. der k. k. Geogr. Ges. Wien 1905). Imhof untersucht eingehender auch die klimatischen Verhältnisse an der Waldgrenze und den Einfluß der Massenerhebung sowie der Exposition. Die Waldgrenze liegt unter der Schneegrenze in der Westschweiz um 885 m, in der Ostschweiz um 820; Nordalpen 870, Südalpen 830 m (s. a. Met. Z. 1903, S. 461 u. 467). In den österreichischen Alpen beträgt diese Differenz nach Marek in den nördlichen und südlichen Kalkalpen 720 m, in den Gneisalpen 770 m.

Die obere Grenze der menschlichen Siedlungen in der Schweiz, abgeleitet auf Grund der Verbreitung der Alphütten, behandelt Dr. O. Flückiger (Bern 1906). Sie erhebt sich wie die anderen Höhengrenzen mit der Massenerhebung des Gebirges, erreicht 2400 m im Monte Rosa-Gebiet und 2200 m im Gotthardstock, Bernina und Silvretta.

Die folgenden Figuren S. 278 zeigen, wie mit der Massenerhebung des Landes sowie die Temperatur (s. S. 215), auch die anderen Höhengrenzen hinaufrücken. Wir verweisen dabei noch einmal auf die schöne Arbeit von A. de Quervain, Die Hebung der atmosphärischen Isothermen in den Schweizer Alpen und ihre Beziehung in den Höhengrenzen (Gerland, Beiträge Bd. VI, 1903), sowie auf die sehr lehrreiche Abhandlung von Brückner, Höhengrenzen in der Schweiz. Naturw. Wochenschr. 1905, S. 817 u. s. w.

Es ist hier nicht der Ort, auf die „Höhengrenzen" unter verschiedenen Klimaten spezieller einzugehen. Vorstehendes ist nur als Beispiel für die klimatische Bedingtheit derselben angeführt worden. Der Gegenstand in seinem ganzen Umfang gehört in die Pflanzen- und Tiergeographie. Über den Begriff der „Höhengrenzen und Höhengürtel" kann man sich spezieller unterrichten aus der lehrreichen Abhandlung von Friedr. Ratzel in der Zeitschr. des Deut. u. Oesterr. Alpenvereins, 1889, S. 102.

Über den Einfluß, welchen das Höhenklima durch Temperaturabnahme bei gleichzeitiger verstärkter Intensität der Sonnenstrahlung und größerer

Evaporation auf die Vegetation ausübt, mögen einige Bemerkungen an-
geschlossen werden. Gaston Bonnier fand durch Kulturversuche auf

Das Kärtchen der mittleren Massenerhebung in der Schweiz nach Liez auf S. 215,
Fig. 16, ist mit den folgenden Kärtchen zu vergleichen.

Fig. 18.

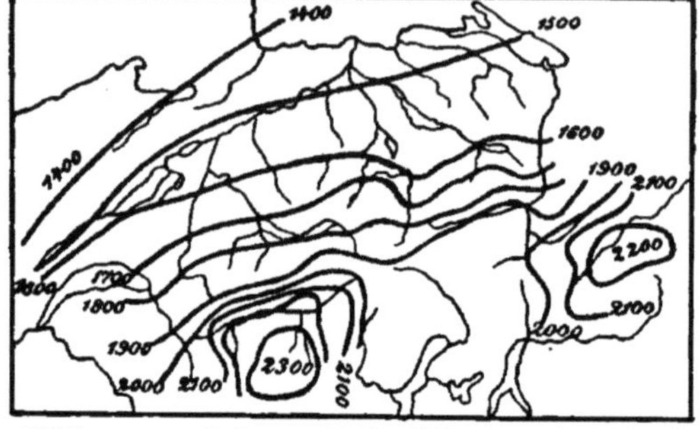

Waldgrenzen. Isohypsen in der Schweiz nach Imhof.

Fig. 19.

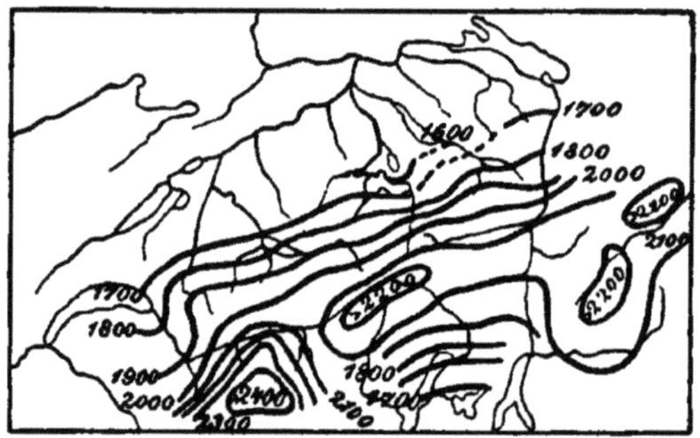

Siedlungsgrenzen. Isohypsen nach O. Flückiger.

Fig. 20.

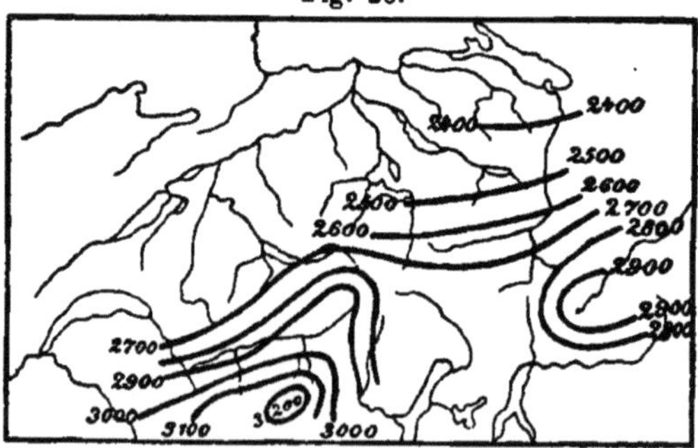

Schneegrenzen. Isohypsen nach J. Jegerlehner.

großen Höhen bis zu 2400 m, daß die gleichen Pflanzen unter gleichen
äußeren Verhältnissen in größeren Höhen angepflanzt ihre Funktionen

derart modifizieren, daß die Assimilation und Transpiration im Lichte vermehrt wird, so daß in der kurzen Vegetationszeit die notwendigen Nährstoffe mit verstärkter Intensität erzeugt werden. Der Gehalt an Zucker, ätherischem Öle, Farbstoffen, Alkaloiden nimmt in der Höhe zu, die Blüten sind lebhafter gefärbt, die Blätter dicker, haben ein dunkleres Grün, die Zweige sind kürzer und schmiegen sich mehr dem Boden an[1]). H. Hoffmann hat eine Pflanze (Solidago Virgaurea) vom Riffelhaus (2570 m) nach Gießen (160 m) verpflanzt. Sie blühte und reifte Früchte in diesem tieferen Niveau (1886/88) um 7 bis 8 Wochen früher als die einheimischen wilden Exemplare.

Der Salzgehalt der Luft und des Regenwassers ist in größeren Höhen geringer als in der Niederung. Müntz fand auf dem Pic du Midi (2880 m) im Liter Regenwasser bloß 0,84 mg Kochsalz, unten am Fuß desselben 2,5 bis 7,6 mg. Dementsprechend sind auch die Pflanzen größerer Höhen ärmer an Salz; im Mittel von 4 Arten im Verhältnis von 0,18 zu 0,47 (unten). Auch die Milch und das Blut der Tiere ist in der Höhe ärmer an Salz als unten [2]).

VI. Einfluß der Gebirge auf die Winde.

Das Gebirge ruft einerseits selbständig gewisse Luftströmungen hervor, anderseits modifiziert es die allgemeinen Luftströmungen in mannigfacher Weise.

A. Durch das Gebirge selbst hervorgerufene Winde.

Tag- und Nachtwinde. Berg- und Talwinde. Die wichtigste und interessanteste Erscheinung ist das Auftreten von regelmäßigen Tag- und Nachtwinden im Gebirge, vornehmlich in den Tälern. In allen Gebirgsländern macht sich, wenn nicht heftigere allgemeine Luftströmungen wehen, bei Tag ein talaufwärts wehender Wind bemerkbar, bei Nacht ein talabwärts streichender Luftzug. Die Regelmäßigkeit und Stärke dieser Winde ist von der Konfiguration des Terrains und von den Erwärmungsverhältnissen desselben abhängig.

„Diese Luftströmungen entwickeln sich am stärksten in den Tälern, ohne ihnen ausschließlich eigen zu sein, denn sie äußern sich längs allen Abhängen und der Strom der Täler ist nur das Resultat von partiellen aufsteigenden Bewegungen (Tag) oder lateralen Kaskaden (Nacht). Der Übergang von der absteigenden zur aufsteigenden Bewegung ist rascher in engen und kurzen, schluchtartigen Tälern, langsamer in weiteren Talbecken, wo die aufsteigende Bewegung meist erst gegen 10^h Morgens frei im Gange ist und der absteigende Nachtwind erst gegen 9^h Abends regelmäßig zu werden anfängt. Die Übergangszeiten schwanken mit den Jahreszeiten. Die Konfiguration des oberen Teiles der Täler übt einen großen Einfluß auf diese Winde aus, nach den Stunden und Jahreszeiten; so wird sie bald ausgeprägter bei Tag als bei Nacht, bald umgekehrt stärker bei Nacht als bei Tag.

---

[1]) Influence des hautes altitudes sur les fonctions des végétaux. Cultures expérimentales. Comptes rendus Tome CX, 363; Tome CXI, 377. Annales de Géographie IV, Nr. 17, S. 893.

[2]) Sur la répartition du sel marin suivant les altitudes. Comptes rendus CXII, 447.

Zuweilen ist der Winter mit seinen Schneefällen den Nachtwinden am
günstigsten, während dagegen im allgemeinen der Sommer die Tagwinde verstärkt."

In diese Sätze faßt Fournet, dem wir die ersten eingehenden
Studien über die Gebirgswinde der Westalpen verdanken, seine Erfahrungen zusammen [1]).

Häufig haben diese Tag- und Nachtwinde eigene Namen. So
heißt am Comersee der talaufwärts (d. h. gegen das obere Ende)
wehende Wind (Tagwind) „la breva" (breva di Lecco und breva di
Como nach den beiden Seearmen). Der nächtliche Gegenwind heißt
„Tivano". Am Gardasee weht die „Ora" als Südwind im Sommerhalbjahr von $10\frac{1}{2}^h$ Vormittags bis 3^h Nachmittags vom unteren zum
oberen Ende des Sees; auch im unteren Etschtal, z. B. bei Ala, weht
die Ora sehr kräftig und regelmäßig bei Tag talaufwärts, bei Neu-
markt (unterhalb Bozen) kommt sie erst gegen 3^h p. m. an. Der
Nachtwind heißt am Gardasee „Sover" (auch Sopero, in Torbole
„Paesano"); er weht weniger regelmäßig und kräftig als die Ora, doch
kann er zu Riva zuweilen selbst sturmähnlich heulen. In der Zwischenzeit zwischen diesen beiden entgegengesetzten Winden herrscht Windstille. Auf den Seen des österreichischen Salzkammergutes sind diese
Winde unter den ganz bezeichnenden Namen „Unterwind" (der Tagwind) und „Oberwind" (Nachtwind) bekannt. Die Segelboote fahren
mit dem Tagwind zum oberen Seeende und kehren mit dem Nachtwind zurück.

In den Alpentälern gilt es als populäre Wetterregel, daß das
Ausbleiben des täglichen Windwechsels einen Witterungsumschlag,
d. h. schlechtes Wetter bedeutet, und im allgemeinen mit einigem
Recht, weil es anzeigt, daß eine kräftigere allgemeine Luftströmung
die lokale unterdrückt und die erstere für das Gebirge fast immer
Wolken und selbst Regen bringt.

„Zu allen Jahreszeiten," sagt Rich. Strachey, „wehen die Winde
in den Tälern des Himalaja bei Tag aufwärts gegen die höchsten
Teile der Gebirgskette und abwärts bei Nacht; die Tagwinde erreichen
ihre größte Stärke auf den hohen Pässen nach Tibet und die Nachtwinde dort, wo die Täler der großen Flüsse in die Ebene ausmünden" [2]).

---

[1]) Pogg. Annalen. Ergänzungsbd. I.

[2]) Das tief eingeschnittene Durchbruchtal des Tista in die Niederung von
Oberbengalen wird von den eingeborenen Lepchas mit Recht das Windloch (the
Cleft of the Wind) genannt. Ein stetiger mit Nebel gemischter Luftstrom weht
stürmisch das Tal abwärts bei Tag und aufwärts bei Nacht. Mit
unstillbarem Durst saugt dieser Luftstrom bei Nacht die fieberbeladenen Nebel- und
Regenwolken von dem sumpfigen Terrai unten auf und macht so das untere
Sikkim zu einer der feuchtesten Gegenden. Am Morgen ist die Schlucht gewöhnlich bis zu einer Höhe von 1600 m mit einem Nebelstrom gefüllt, der das Tal
aufwärts zieht wie ein Strom von Rauch. Dies gibt diesem Platze den Ruf einer
der schlimmsten Malariaorte in dem todesschwangeren Terrai. In der Regenzeit
ist die Gegend sicherlich pestilenzialisch (Waddell, Lhasa III. Ed., S. 64).
Die Temperaturdifferenzen zwischen dem Terrai und dem oberen Laufe des
Tista müssen ganz eigenartig sein, um diese Umkehr der gewöhnlichen Luftzirkulation zu veranlassen. Der tägliche Windwechsel in Gebirgsgegenden ist
lokal oft schwer zu erklären.

Auch auf dem großen Plateau von Tibet finden die Reisenden einen regelmäßigen Wechsel von Tag- und Nachtwinden. In Gyantsé herrschen im Winter so heftige Winde, daß die Leute den größeren Teil des Tages zu Hause bleiben müssen. Henderson sagt von der Hochfläche des Karakasch zwischen Künlün und Karakorum (34 1/2 bis 36 ⁰ N, zirka 5000 bis 5500 m): „Hier erhob sich täglich aus W oder SW ein starker Wind, der Nachmittags zum Sturme anwuchs, Nachts aber aufhörte."

Ein überaus heftiger Tagwind aus Südwesten weht das große Serafschantal aufwärts; Abends herrscht Windstille oder es treten schon Ostwinde ein (der absteigende Talwind) [1]. Junghuhn berichtet von Java, daß von 6 bis 7^h Abends an von den Seiten aller hohen Berge ein beständiger Wind von den Gipfeln bergabwärts weht. Ebenso Kohlbrugge von der Höhenstation Tosari daselbst, 1780 m. Gegen 10^h a. kommt der aufsteigende Luftstrom, am Abend der absteigende, der die Berghänge hinabweht (nicht die Schluchten aufsucht), er ist trocken (Met. Z. 1899). Ebenso herrscht in Simla die größte Trockenheit Nachts und am frühen Morgen, die Temperatur sinkt bei schönem Wetter bis 6^h p. rasch, dann bleibt sie konstant (infolge absteigender Luftbewegung). Am Kilimandscharo wehen nach H. Meyer rings um das Gebirge bei Tag Steigwinde, bei Nacht Fallwinde. Der Tagwind bringt die Wolken, die nach 9^h die Kulturzone und den Urwaldgürtel einhüllen. Mit dem Fallwind nach 7^h verlieren sich die Wolken wieder und die Nächte sind klar.

Vielfach wird bloß der Nachtwind beachtet, da er wegen seiner niedrigen Temperatur sich fühlbarer macht als der Tagwind; in manchen Fällen ist ersterer aber auch heftiger als der letztere. Dies ist meist der Fall, wo enge, schluchtartige und deshalb kühle Täler sich gegen weitere, stärker erwärmte Täler oder Niederungen öffnen.

Der „Talwind" an der Mündung des großen Münstertales im Elsaß weht jeden Abend nach warmen, windstillen Tagen aus diesem Tal heraus, hält die ganze Nacht an und verbreitet in den Ebenen von Kolmar bis auf große Entfernungen hin Kühlung. Ein ähnlicher Nachtwind ist der von Nyons, im Departement der Drôme, unter dem Namen „Pontias" seit undenklicher Zeit bekannt. Er kommt aus einer engen, tiefen, gewundenen Schlucht von nahe 2 Meilen Erstreckung, die unten in die Ebenen der Rhone, nach oben in ein weites Tal ausmündet. Er weht im Sommer von 9 bis 10^h Abends, im Winter schon von 6^h an die ganze Nacht hindurch, bis zum Sonnenaufgang an Stärke zunehmend, dann nimmt er ab, um nach einigen Stunden ganz aufzuhören. Er ist im Winter kälter und heftiger als im Sommer, desgleichen verstärken ihn Schneefälle, während der heißen kurzen Sommernächte dagegen, oder wenn es die ganze Nacht über regnet oder bewölkt ist, bleibt er öfter ganz aus. Im Rheintal ist der „Wisperwind" bekannt, der als kalter Luftstrom aus dem Wispertal, das

---

Am Achensee z. B. weht Vormittags bis Mittag der normale aufsteigende Tagwind aus S von dem 400 m tiefer liegenden Inntal herauf. Nach Mittag wechselt der Wind und kommt von Nord aus Bayern. Stellt sich dieser Wechsel nicht ein, so gilt dies als Zeichen eines Witterungswechsels.

[1] Hellmann in Deutsche Met. Z. 1884, S. 284.

bei Lorch senkrecht auf das Rheintal einmündet, hervorkommt. Dieses lange Tal hat viele enge Neben- und Seitentäler und zahlreiche schluchtartige Talwurzeln, die Temperatur in denselben ist oft um mehr als 10° niedriger als im Rheintal. Der Wisperwind weht nur bei hellem Wetter, besonders in der wärmeren Jahreszeit. Er beginnt während der Nacht, sehr häufig schon des Abends und dauert bis gegen 9^h, zuweilen bis 10^h Morgens. Er schadet zuweilen im Frühjahr durch seine Kälte den blühenden Obstbäumen und den Reben des Rheingaues. In der wärmeren feuchten Luft über dem Rheine erzeugt er oft Nebel. Bei Tag weht auch im Wispertal der Wind aufwärts, dieser aufsteigende Wind ist aber unbenannt und den Bewohnern unbekannt, obgleich er nach Berger sehr deutlich auftritt[1]).

Zu Freiburg i. Br. macht sich der vom Abend bis zum Morgen aus dem Höllental (das nach SE hin verläuft) kräftig herauswehende kalte Bergwind oft recht unangenehm bemerkbar. Der Talwind (Tagwind) aus NW wird nicht beachtet. (Schultheiß, Klima von Freiburg. Das Wetter 1896.) Er erscheint aber deutlich in folgender Zusammenstellung der mittleren Häufigkeit der Winde:

Häufigkeit der Winde (%) zu Freiburg i. Br.

Tageszeit	N	NE	E	SE	S	SW	W	NW	Still
7^h a. m.	11	4	5	22	10	21	5	11	11
2^h a. m.	14	8	2	4	7	24	13	29	4
9^h a. m.	5	4	9	31	9	21	4	9	8

Diese kleine Tabelle belegt auch sehr gut den auf S. 74 hervorgehobenen Nutzen der Zusammenstellung der Windhäufigkeit nach Tageszeiten. — Als Abendwind (9^h) tritt der Höllentalwind am häufigsten auf im Frühling und Sommer, der Tagwind (NW) ist im Frühling und Herbst am häufigsten.

Auf die Wichtigkeit der Bergwinde für die Pflanzenverbreitung hat J. Rein aufmerksam gemacht. Bei den Vulkanen verbreiten sich die Pflanzen von den Talsohlen nach dem Gipfel zu hinauf und der Talwind ist es, der die Samen in dieser Richtung fortträgt. Met. Z. 1879, S. 99.

Die Jordandepression, el Ghôr, hat im Winter nur Nordwinde, im Sommer nur Südwinde (Talwind). Die auf der syrischen Platte vorherrschenden E- und W-Winde machen sich im Jordantal nicht fühlbar.

Theorie der Berg- und Talwinde. Die Theorie dieser vom Tag zur Nacht ihre Richtung umkehrenden Luftströmungen, welche mit den Land- und Seewinden der Küstengegenden die größte Ähnlichkeit haben, ist erst in neuerer Zeit vollständig entwickelt worden. Auf einfache Weise freilich erklärt sich der kühle Nachtwind, der, dem natürlichen Gefälle des Bodens folgend, die kalte Luft in der Sohle der Täler abwärts führt. Er muß dort am stärksten auftreten, wo enge, schluchtartige Täler, welche um viele Stunden in der Insolation verkürzt sind und noch durch Waldungen und größere Feuchtigkeit abgekühlt werden, gegen stark erwärmte weitere Talbecken oder Niederungen ausmünden. In besonderen Fällen kann er dann auch den ganzen Tag über anhalten. Nicht so einleuchtend ist, weshalb die bei Tag am Talboden erwärmte Luft nicht direkt emporsteigt, sondern

---

[1]) Pet. Mitt. 1894. Met. Z. 1870, S. 481.

der schwach geneigten Talsohle folgend fast als horizontaler Wind aufwärts weht.

Die folgende Figur erläutert, in welcher Weise das Gebirge auf die Luftmassen in weiterem Umkreis in jeder Höhenschichte gleichsam aspirierend wirkt, sobald die Luft erwärmt wird, so daß mit steigender Erwärmung bei Tag horizontale Luftströmungen gegen die Gebirge hin entstehen.

AB sei ein Bergabhang. Die Linie hh und die mit ihr parallelen tieferen sind Horizontale. Bei mittlerer Temperatur und gleichzeitigem Fehlen größerer atmosphärischer Störungen ist in allen Punkten längs jeder dieser Linien der Luftdruck der gleiche, und es existiert kein Grund zu einer Luftströmung. Nun kommt am Morgen die Sonne und erwärmt die ganze Luftmasse im Tal und über dem Bergabhang. Die Wirkung der steigenden Wärme ist eine steigende Ausdehnung der Luft; dadurch wird das Gleichgewicht gestört und die Luft muß dem Bergabhang zufließen. Denn die Luftsäule aa' dehnt sich durch die Wärme aus und der Luftdruck im Punkte a' steigt deshalb, weil ein Teil der Luftmasse, die früher unterhalb a' lag, darüber hinaus gehoben wird und den Druck vermehrt, er bleibt aber konstant in dem Punkte b des Bergabhanges, der in derselben Horizontalen liegt.

Fig. 21.

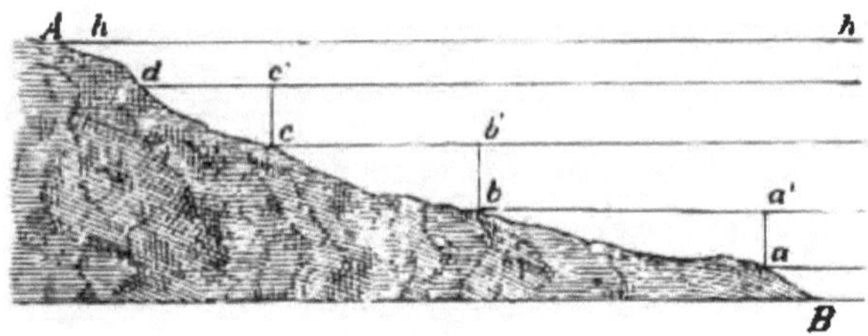

Dasselbe gilt vom Punkte c in Bezug auf b', von d in Bezug auf c' u. s. w., d. h. in jeder Horizontalen steigt der Luftdruck mit zunehmender Entfernung vom Bergabhang[1]), während er an letzterem selbst konstant bleibt.

Die Flächen gleichen Luftdruckes verlaufen nun nicht mehr horizontal, sondern sie neigen sich gegen das Gebirge hin, die Luft bekommt in jedem Niveau ein Gefälle gegen die Bergabhänge hin. Wird zugleich der Bergabhang selbst von der Sonne erwärmt, so ist die Luft längs desselben wärmer als die der freien Atmosphäre in gleicher Höhe (z. B. bei b wärmer als bei a') und hat deshalb ein Bestreben, emporzusteigen. So sind es zwei Kräfte, welche die Bewegung der Luft an den Bergabhängen bestimmen, eine horizontal wirkende und eine vertikale, beide zusammen bewirken, daß die Luft tagsüber längs den Bergabhängen emporsteigt, während die Luft über dem Tale oder von der Niederung her überhaupt dem Gebirge horizontal zufließt. Deshalb

---

[1]) Die Ausdehnung jeder Luftsäule durch die zunehmende Wärme ist proportional ihrer Höhe, also gegen den Berggipfel hin abnehmend.

kann man sagen, daß das Gebirge bei Tag saugend auf die umgebenden Luftmassen wirkt, gleichsam wie eine lokale, stationäre Barometerdepression [1]).

Die Betrachtung der Fig. 21 auf voriger Seite läßt auch erkennen, wie der Nachtwind entsteht. Wenn die Sonne untergegangen ist und die Luft, namentlich aber der Erdboden, durch Wärmeausstrahlung erkalten, geht die Ausdehnung der Luftmassen nun in eine Zusammenziehung über, die Luftsäulchen $a\,a'$, $b\,b'$ etc. verkürzen sich, d. h. der Luftdruck in a' sinkt gegenüber jenem in b, ebenso in b' gegen c etc. Die Flächen gleichen Luftdruckes gehen durch ihre normale horizontale Lage, welche Windstille bringt, allmählich in eine vom Gebirge gegen die Niederung hin geneigte Lage über, die Luft bekommt ein Gefälle vom Bergabhang hinaus ins Freie; da nun der Erdboden bei Nacht stärker sich abkühlt als die Luft draußen im Freien, so fließt die stärker erkaltete, schwerere Luft der Bergabhänge und Talsohlen längs der Bergabhänge ins Tal hinab und vom oberen Teile des Tales nach dem unteren. So entstehen die kühlen, talabwärts streichenden Nachtwinde.

Schneelagen in schattigen Talschluchten können durch ihre abkühlende Wirkung auf die Luft nach dem örtlichen Sonnenuntergang auf die wärmere Luft der schneefreien Abhänge einen Impuls zum Herabsinken ausüben; durch das Abfließen der erkalteten Luft unten wird die wärmere Luft oberhalb gleichsam angesaugt. Umgekehrt können die schneefreien Bergabhänge bei Tag durch ihre Erwärmung auch die kühlere Luft der schneebedeckten Talsohle zum Aufsteigen bringen. Interessante Beobachtungen darüber hat Pittier gemacht und mitgeteilt in: Note sur les vents de montagne (Bull. de la Soc. Vaudoise, XVI, 604).

Sind die Bergabhänge kälter als die umgebende Luft, so können auch bei Tag kalte Fallwinde auf die erwärmte Niederung herabstürzen. Solche Winde beobachtet man z. B. regelmäßig an warmen Tagen am Fuße der Gletscherströme.

Moritz Wagner beschreibt solche kalte Fallwinde auf dem mit Schneevulkanen gekrönten Plateau von Quito (Naturwissenschaftliche Reisen in Südamerika, S. 555). „Nähert man sich der Schneelinie," sagt Wagner, „so kommt eine andere Naturerscheinung, die in gewissen Monaten und an besonderen Lokalitäten, mitunter zu unbeschreiblicher Stärke sich steigernd, die Bergbesteigungen schwierig, oft ganz unmöglich macht. Es sind dies jene rauhen Stürme der Nevados, deren eiskalte Luft namentlich während der Monate August, September, Februar und März mit oft lebensgefährlicher Gewalt nach der erwärmten Talsohle hinunterbraust. Je mächtiger die angehäuften Schneemassen auf den einzelnen Vulkankolossen, und je

---

[1]) Über die Theorie der Berg- und Talwinde vergleiche man auch Chaix, Théorie des brises de montagne. Le Globe. Sept. 1894, Tome XXXIII, S. 105. Die von Sprung gemachten Einwendungen gegen meine Erklärung habe ich eingehender zu widerlegen versucht in meiner Abhandlung: Weitere Untersuchungen über die tägliche Oszillation des Barometers. Denkschr. d. Wiener Akad. 1892, Bd. LIX, S. 333 (37) etc., sowie Lehrb. d. Met., II. Aufl., S. 325, namentlich S. 328. Übrigens ist der Talwind des Oberengadin die beste Widerlegung dieser Einwürfe. S. Met. Z. 1896, S. 129.

ausgedehnter und kahler die Plateaus und Hochtäler sind, auf welche in den bezeichneten Monaten die Sonne von einem fast unbewölkten Himmel strahlt, desto regelmäßiger und häufiger stellen sich diese eisigen Stürme ein.

Während meines Aufenthaltes in Guaranda, September 1858, wagte eine volle Woche lang keine Reisekarawane den nach Chuquipoyo führenden Paß des Chimborazo zu überschreiten. Der Schneewind tobte von dem Gehänge desselben in südöstlicher Richtung bis 3^h Nachmittags in unbeschreiblicher Heftigkeit.

Diese Stürme beginnen gewöhnlich mit dem Aufhören der regelmäßigen Gewitter in den Jahreszeiten, wo die Sonne in der Nähe der Wendekreise steht, und nehmen an intensiver Stärke merkbar zu, wenn eine längere Reihe von sonnenheiteren Tagen ohne Unterbrechung aufeinander folgt.

Der Wind beginnt in der Regel um 7^h Morgens, wächst mit dem höheren Stand der Sonne, erreicht gegen 2^h seine größte Stärke und hört nach Sonnenuntergang wieder auf."

Eine ähnliche Beobachtung machte Scott Elliot am Ruwenzori im äquatorialen Afrika.

In den Tälern, welche direkt bis zur Basis der Schneepicks hinaufreichen, bläst ein außerordentlich heftiger Wind (fast ein Orkan) vom Berg herab um 6 oder 7^h Abends, dann hört er plötzlich auf. Es ist die kalte Luft, die auf die erhitzten Flanken des Berges herabstürzt. An Abenden, wo es regnet, gibt es diesen Wind nicht. Zuweilen sieht man in der Höhe gleichzeitig Wolken gegen die höheren Gipfel ziehen. (Geograph. Journal, Vol. VI, S. 808 etc.)

An dem unteren Ende großer Talgletscher beobachtet man häufig kühle Winde, vom Gletscher herabkommend. Die von dem großen Muirgletscher (Alaska) herabkommenden Winde beschreibt Reid (Nat. Geogr. Mag. IV, 1892, p. 19 etc.).

Der Talwind im oberen Engadin. Eine scheinbare Ausnahme von dem der Theorie nach talaufwärts wehenden Talwind beobachtet man im oberen Engadin. Dort weht bei Tag in der warmen Jahreszeit der Wind vom Malojapaß das Inntal abwärts, während dagegen die Seitentäler die normalen aufsteigenden Talwinde haben.

Billwiller hat diese scheinbare Anomalie erklärt, sie bestätigt in schlagender Weise unsere oben vorgetragene Theorie der Talwinde. Das obere Engadin hat nämlich keinen hinteren Talschluß, indem der Malojapaß kaum das Niveau der Talsohle überschreitet. Jenseit des Passes beginnt aber schon das tief eingeschnittene, stark erwärmte Mairatal, das obere Bergell. Die in diesem schon halb italienischen Tale stark erwärmten Luftmassen werden über das Niveau der Schwelle des Maloja gehoben und fließen das Inntal abwärts. Gleichzeitige Luftdruckregistrierungen zu Maloja im oberen und zu Bevers im unteren Teile des oberen Engadin haben in der Tat bei Tag ein Gefälle der Luft von Maloja gegen Bevers hin nachgewiesen, das sich dann bei Nacht umkehrt[1]). Die nachstehende Fig. 22 (S. 286) zeigt die Hebung der Flächen gleichen Druckes über dem Bergell und die Entstehung des talabwärts fließenden Tagwindes im oberen Engadin. Die Windpfeile

---

[1]) Billwiller, Der Talwind des Oberengadin. Annal. d. schweiz. met. C. A. 1893 u. im Auszuge, Met. Z. 1896, S. 129.

b, b, b zeigen die in die Seitentäler aufsteigenden Tagwinde an, welche normal entwickelt sind.

Luftdruckregistrierungen zu Maloja und in Bevers, 22 km unterhalb (Juli 1893), haben auch die Luftdruckdifferenzen festgestellt, welche diesen periodischen, scheinbar anomalen Winden zu Grunde liegen. Von 10^h Morgens bis 7^h Abends war das Gefälle abwärts gerichtet, von Maloja gegen Bevers (hinabwehender Talwind), die übrige Zeit (Nachts) talaufwärts. Die Druckdifferenz für den Tagwind ist stärker als für den Nachtwind, damit stimmt, daß der Nachtwind viel schwächer ist.

Fig. 22.

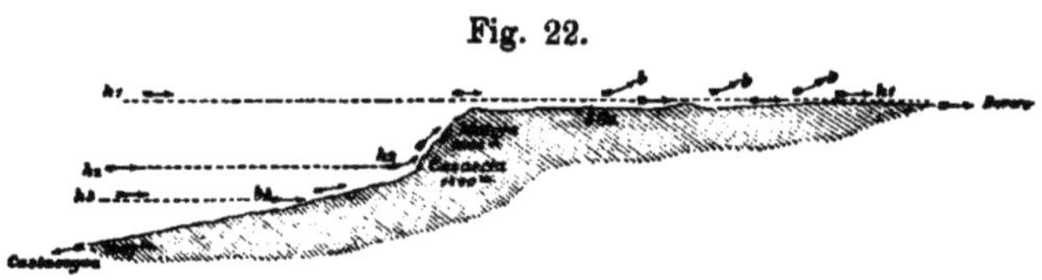

Der Walliser Talwind. Dieser ist normal und tritt sehr heftig auf. Die jährliche Periode seiner Stärke spricht dafür, daß nicht die Erwärmung der Talwände die Hauptursache desselben ist, denn er erreicht im Frühling und Frühsommer seine größte Stärke, wo die Temperaturdifferenz zwischen Tal und Berghang am größten ist, nicht im Spätsommer, wo die Berghänge am wärmsten sind und am stärksten „ziehen" müßten. Das nachmittägige Gefälle der Flächen gleichen Druckes ist aber dann geringer als im Frühsommer.

Die Luftdruckdifferenz in gleichem Niveau von Montreux gegen Siders (talaufwärts) betrug im Juli 1899 von 2 bis 4^h m. m. 1,4 mm (pro 111 km), was schon einen heftigen Wind gibt. Von 10^h Morgens an hat Montreux höheren Druck als das mittlere Wallis und der Talwind setzt ein. Um 9^h Abends kehrt sich die Druckdifferenz um [1]) (Billwiller).

Wenn zwei obere Talenden auf einem Paß zusammentreffen, so wird Nachmittags der Wind von jenem Tale herüberwehen, welches tiefer eingeschnitten ist, in welchem also eine mächtigere Luftmasse durch die Wärme gehoben wird (bei gleich großer Erwärmung). Dies zeigte sich in der Tat beim Arlbergtunnel. Nachts geht der Luftzug durch denselben von St. Anton gegen Langen als Ostwind, zwischen 9 bis 11 a. m. tritt Windstille ein, worauf mit großer Regelmäßigkeit

---

[1]) Die Druckdifferenzen im gleichen Niveau, reduziert auf die gleiche Distanz (111 km, also **Gradient**), sind folgende:

Druckdifferenzen (Gradienten) in Millimeter

Mitt.	2	4	6	8	10	Mittag	2	4	6	8	10
						Bevers-Maloja					
0,6	0,6	0,5	0,5	0,3	− 0,2	− 0,8	− 1,1*	− 1,0	− 0,3	0,2	0,6
						Siders-Montreux					
0,7	0,9	1,2	1,1	0,5	− 0,1	− 0,8	− 1,5*	− 1,4	− 0,7	− 0,2	2.3

Nachts Wind von Bevers gegen Maloja und von Siders gegen Montreux, bei Tag umgekehrt.

der Westwind (von dem viel tiefer liegenden Rheintal her, Landeck
800 m, Rheintal etwa 450) die Oberhand behält.

Der sehr charakteristische tägliche Gang des Luftdruckes in den
Gebirgstälern läßt sich nur mit der oben vertretenen Erklärung der
Berg- und Talwinde in Übereinstimmung bringen, steht dagegen in
Widerspruch mit der ursprünglichen Theorie von Fournet. (S. Lehr-
buch der Met., 2. Aufl., S. 328.)

**Die die Berg- und Talwinde begleitenden meteorologischen Erschei-
nungen.** Die periodisch wechselnden, auf- und absteigenden Winde
in den Gebirgen sind für die ganze Meteorologie derselben von größter
Wichtigkeit, namentlich aber für die tägliche Periode der Feuchtigkeit,
der Wolkenbildung und der Niederschläge.

Die bei Tag längs der Gebirgsabhänge aufsteigende Luftbewegung
führt den Wasserdampf der tieferen Schichten in die Höhe, so daß
die relative Feuchtigkeit oben Nachmittags steigt, während es unten
in den Tälern trockener wird. Über allen dominierenden Gebirgs-
stöcken, von denen zahlreichere Täler ausstrahlen, konzentriert sich
derart am Nachmittag die Wasserdampfmenge der umliegenden Niederung. Die mit der aufsteigenden Luftbewegung verbundene Abkühlung
kondensiert diese Feuchtigkeit zu Wolken, die bei trockenem Wetter
sich in einiger Höhe über den Gipfeln bilden, bei feuchterer Witterung
aber die Gebirgshöhen selbst einhüllen und nicht selten selbst zu Gewittern und Regengüssen sich verdichten.

Es besteht in den Gebirgen deshalb eine Tendenz zu Nachmittagsregen, im Sommer zu Nachmittagsgewittern, selbst wenn die allgemeine
Witterungsdisposition keine Niederschläge erwarten läßt und die umgebende Niederung sich des schönsten Wetters erfreut. Diese Gewitter
bleiben auch über dem Gebirge lokalisiert, lösen sich Abends wieder
auf und lassen eine heitere Nacht folgen.

Die absteigende Luftbewegung bei Nacht führt im Gegensatz zum
Tagwind die Feuchtigkeit in die Tiefe, die Wolken lösen sich auf,
auf den Höhen wird die Luft jetzt trocken, was schon Saussure am
Col du Géant beobachtet und in Erstaunen versetzt hat. Die Aussicht
von Berggipfeln ist daher am frühen Morgen am klarsten, weil die
Feuchtigkeit in der Tiefe lagert und die Luft ruhig ist. Am Nachmittag dagegen wird durch die aufsteigende warme Luft die Atmosphäre milchig trübe, in größeren Höhen auch wolkig, und es legt
sich ein blauer Duftschleier über die Ferne [1]).

---

[1]) Den täglichen Gang der Wolkenbildungen am Faulhorn hat A. Bravais
sehr gut geschildert, ihre aufsteigende Bewegung bei Tag, ihr Verschwinden am
Abend und Wiedererscheinen als Nebel in den Tälern bei Nacht. Sie lagern dann
in horizontalen Schichten über den Tälern und ruhen, wie er sich ausdrückt,
„comme privés de mouvement et de vie". Diese Unbeweglichkeit kontrastiert auffallend mit der aufsteigenden Bewegung der (parasitären) Wolken (an den Bergen)
bei Tag und der Lebhaftigkeit der inneren Bewegung, der Wirbelbildungen in
denselben, ihrer häufigen Bildung und Wiederauflösung. Wie die Sonne Bewegung
in die unteren Luftschichten bringt, ist hier sehr gut dargelegt. Mémoires sur les
courants ascendants de l'atmosphère. Lyon 1842.

Die tägliche Wanderung des atmosphärischen Wasserdampfes am Nachmittag längs der Bergabhänge in die Höhe, wo er kondensiert wird, und Nachts wieder zurück in die Tiefe[1]) schildert uns Junghuhn in anschaulicher Weise für Java; seine Darstellung ist typisch für alle Gebirgsländer der wärmeren Himmelsstriche, wenngleich nicht überall die Erscheinung so intensiv und gleichmäßig fast das ganze Jahr hindurch auftritt wie nahe dem Äquator.

„Wir befinden uns im Innern von Java am Südhange der nördlichen Bandongschen Kette in zirka 1200 m Seehöhe, wo man das ganze Plateau von Bandong (700 m) mit seinen Ringgebirgen (von 1600 bis 2600 m Höhe) übersehen kann. Es ist ein heiterer Abend, hell scheint der Mond auf das Plateau herab, kein Lüftchen regt sich, keine Wolke, keine Spur eines Nebels ist zu sehen. Still verstreicht die Nacht. Wir richten am folgenden Morgen abermals unsere Blicke abwärts und glauben die Oberfläche eines großen Sees vor uns in der Tiefe anzuschauen. Das ganze Plateau ist mit einer Nebeldecke überzogen, deren ebene Oberfläche anfangs weißlichgrau ist, aber, sobald die Strahlen der aufgehenden Sonne darauf fallen, eine blendend weiße Farbe annimmt[2]). Schon eine halbe Stunde später fängt die anfangs völlig ebene Oberfläche an, sich in kleinen Wellen zu erheben, zu wogen und endlich zu Cumuluswolken sich zu ballen. Die Nebelschichte zerreißt immer mehr in einzelne geballte Wolken, welche höher steigen und sich auflösen und zwischen $8^{1}/_{2}$ bis 9^{h} sind in der Regel Nebel und Wolken ganz verschwunden. Nun aber erscheinen Wolken an den Berghängen, die das Plateau umgeben, die bis jetzt, wie der ganze übrige Luftkreis, völlig frei von Wolken waren. Auf dem dunkeln Grunde, den die Urwälder dieser großen Gehänge bilden, erblickt man zuerst einzelne kleine Wölkchen, welche so plötzlich erscheinen, daß man sie anfangs für hervorbrechende vulkanische Dampfwolken hält; aber bald mehrt sich ihre Zahl so sehr, sie bilden sich alle in einer so bestimmten, völlig gleichen Höhe am Berggelände, in einer horizontalen Linie nebeneinander, daß man bald seinen Irrtum erkennt. Sie nehmen sichtbar an Umfang zu, wachsen, schmelzen zusammen und bilden endlich schon gegen 10 bis $10^{1}/_{2}{}^{h}$ eine Cumulostratuswolke, deren unterer Rand scharf begrenzt, am Berggehänge abgeschnitten erscheint, während ihr oberer Rand sich fortwährend bewegt, wellenförmig wogt, ja sich turmartig ballt[3]).

Über dem mittleren Teile des Plateaus selbst bleibt es heiter bis auf

---

[1]) Bei der Verminderung der Durchsichtigkeit der Luft am Nachmittag spielt auch noch ein anderer Umstand eine wichtige Rolle. Die am Nachmittag durch die Erwärmung des Bodens hervorgerufenen auf- und absteigenden Luftbewegungen, infolge deren die die Erdoberfläche umhüllende Luftmasse von unzähligen vertikalen wärmeren und kälteren Luftfäden durchzogen wird, machen dieselbe in jeder Schichte zu einem anisotropen, trüben Medium. Am frühen Morgen ist dies noch nicht der Fall, alle Schichten sind noch in horizontaler Richtung homogen. S. Lehrb. der Met. II. Aufl., S. 15.

[2]) Je heiterer die Nacht, desto allgemeiner und tiefer ist das Nebelmeer, es ragen dann nur die höchsten Bäume, die 16—23 m hoch sind, wie dunkle Klippen oder Inselchen daraus hervor. Die Nebeldecke entsteht erst um 2—3 Uhr in dem tiefsten Teile des Plateaus, ist aber um 4 Uhr schon über das ganze Plateau ausgestreckt.

[3]) Dieser Wolkengürtel nimmt auf Java durchschnittlich die Höhenzone von 1500—2400 m ein, in der trockenen Jahreszeit liegt seine untere Grenze höher (bei 1800—1900 m) und seine Mächtigkeit beträgt bloß ein paar hundert Meter.

vereinzelt schwimmende weiße Cumuli, aber die erhitzte Luft hat einen geringen Grad von Durchsichtigkeit, sie ist weißlich wolkicht getrübt. An den Bergen hingegen, welche dem feuchteren nördlichen Küstenstrich am nächsten liegen, bilden gegen 2^h die Cumulostratuswolken schon eine einzige zusammenhängende Decke, die in der Nähe der Gebirge immer düsterer und dunkler wird, bis um 3 oder 4^h, an den Berggehängen schon um 2^h der rollende Donner die elektrischen Entladungen verkündet [1]). Dann strömt dort, z. B. zu Buitenzorg, fast Tag für Tag der reichlichste Gewitterregen herab, während hier, auf der Zentralfläche von Bandong, kein Tropfen fällt, und auch an den umgebenden Bergen nur hie und da von einer waldreichen Kuppe ein Donnerschlag fällt.

Kaum ist die Sonne unter den Horizont gesunken, so sieht man mit Erstaunen, daß alle die schwimmenden Wolken im Luftmeer verschwunden sind; ja wirft man seine Blicke auf das dicke Gewölke, das die Gipfel und die obere Hälfte aller Berge seit 12^h ganz und gar verhüllte und verbarg, so sieht man mit wachsender Verwunderung, daß dieses Gewölk zusehends kleiner wird, immer mehr vor den Augen des Beschauers zusammenschrumpft und, noch ehe der letzte Tagesschein am Himmel verblichen ist, keine Spur mehr von seiner Existenz zurückgelassen hat [2]). Nicht der geringste Windzug ist zu spüren, kein Nebel ist auf dem Plateau zu sehen und es ist wie durch Zauberei, daß alle die ungeheuren Wolkenmassen aus der Luft, von den Berggehängen in so kurzer Zeit verschwunden sind. An den trockensten Tagen ist dies schon kurz nach Sonnenuntergang der Fall, an den übrigen vor Mitternacht. Die Nacht bleibt vollkommen heiter und still. Keine Spur eines Nebels ist zu sehen. Beleuchtet dann aber der Mondschein das Plateau, so kann man beobachten, daß sich gegen 3^h und in den niedrigsten Gegenden zuerst eine Nebeldecke auf seiner Oberfläche zu bilden anfängt, die, sobald nur erst ihre Bildung einen Anfang genommen hat, sich außerordentlich schnell ausbreitet und in Zeit von weniger als einer Stunde das ganze 7 Meilen weite Plateau bedeckt. Wenn dann die Sonne aufgeht, so scheint sie, wie gestern um diese Zeit, wieder auf einen Nebelsee, der später von neuem dampfförmig in die Luft emporsteigt, um die Metamorphosen des vorigen Tages wieder zu durchlaufen" [3]).

Die hohen Berge und namentlich die Schneeberge der äquatorialen und der tropischen Zone überhaupt sind infolge der tagüber längs ihrer Abhänge regelmäßig eintretenden aufsteigenden Luftbewegung zumeist unsichtbar, weil bei Tag fast stets in Wolken gehüllt. In ein-

---

[1]) Über die Höhenregion, in der diese Gewitter sich bilden, sagt J u n g - h u h n an einer anderen Stelle: „In Höhen von 3000 m und darüber gibt es selten und nur während des Regenmonsuns ein Gewitter. Steht man am Nachmittag am Rande dieser hohen Gipfel, so wird man gewöhnlich vom hellsten Sonnenschein beschienen, während 1000—1600 m tiefer am Gehänge des Berges die Blitze das Gewölk durchzucken und der Donner rollt." — In höheren Breiten, z. B. in den Alpen, bilden sich die Gewitter meist in größeren Höhen und sind ähnliche Beobachtungen nur selten zu machen.

[2]) Unsere lokalen Gebirgsgewitter in den Alpen lassen, nachdem sie sich ausgetobt und ausgeregnet haben, eine hohe Cirrostratusschichte zurück, die allmählich dünner wird und in der Nacht wieder die Sterne durchschimmern läßt. Der Morgenhimmel ist völlig klar. Ganz analog verlaufen nach B a t e s die Gewitter der Regenzeit zu Pará.

[3]) J u n g h u h n, Java I, S. 288—291. Auch später, S. 354, wird eine interessante Schilderung des analogen täglichen Ganges der Bewölkung und der Niederschläge am G. Sumbing mit Abbildung der Wolkenformen gegeben.

dringlicher Weise schildern dies **Moritz Wagner** und **Edw. Whymper** von den Schneebergen Ecuadors.

Nach ersterem gibt es kaum 60 bis 70 Tage im Jahre, an welchen man bei einer Besteigung der hohen Andengipfel Aussicht hat, von keinem der regelmäßigen Nachmittagsgewitter überfallen zu werden, die stets mit Hagel und Schneestürmen begleitet sind. Vom Illiniza sagt **Whymper**, daß er innerhalb 78 Tagen nie den ganzen Berg auf einmal habe sehen können; selbst im Mai und Juni (trockene Zeit) sah sein Führer L. Carrel innerhalb 5 Wochen den Berg nur zweimal[1]). Als Whymper von Ende Dezember bis Mitte Januar in einer Seehöhe von rund 5000 m lagerte, waren in den Morgenstunden bis 8^h die Schneegipfel des Chimborazo klar zu sehen; die Wolken lagerten unterhalb und reichten bis zirka 4000 m. Von 8^h an begannen die Wolken an der Ostseite des Berges sich aufwärts zu bewegen und umhüllten von 10^h an den Gipfel. Es gab tagtäglich Gewitterstürme und manche waren außerordentlich heftig. Sie begannen selten vor Mittag. Schnee und Hagel fielen dabei jeden Tag.

Ganz die gleichen Erfahrungen hat man an den äquatorialen Schneebergen Ostafrikas gemacht. Schon **Rebmann** ist die tägliche Bildung einer Wolkenhaube auf dem Kilimandscharo aufgefallen.

v. Höhnel bemerkt, daß der Kibo und Kimawensi sich stets um 8 bis 9^h bewölken, die Bewölkung beginnt stets am letzteren Gipfel, obgleich selber niedriger ist und ohne Schneedecke. Nach Sonnenuntergang wird zuerst der Kibo, dann der Kimawensi wieder für einige Minuten wolkenfrei, letzterer aber zuweilen gar nicht.

Als die „sonderbarste Erscheinung" am **Ruwenzori** bezeichnet **Scott Elliot** die weiße Wolke, die beständig seinen oberen Teil einhüllt. Am Morgen liegt sie in zirka 2000 m Höhe, in den Tälern reicht sie einige hundert Meter tiefer herab. Die Waldregion, der ewig feuchte Urwald, folgt dem mittleren Niveau dieser Wolke. Von 10^h Vormittags an beginnt sie langsam sich zu heben und verschwindet zuweilen um $5^1/_2{}^h$ Abends ganz. Es ist dies die einzige Gelegenheit die Schneegipfel während des Tages zu sehen.

Auch die Schneeketten des Himalaja sind auf der indischen Seite nur an Wintermorgen zu sehen, in der Sommerregenzeit sind sie ohnehin ständig in Wolken gehüllt. Nachmittags decken sie sich aber auch im Winter zumeist mit Wolken[2]).

---

[1]) **Whymper**, Travels amongst the Great Andes of Ecuador.
[2]) Sehr charakteristisch schildert Sir **Richard Temple** den täglichen Gang der Witterung auf dem Hochplateau der Seeregion in Sikkim an der Grenze von Tibet in zirka 3600—4800 m (Chola-Paß, Bhewa lake). Früh am Morgen um Sonnenaufgang ist das Wetter herrlich, der Himmel wolkenlos blau, die Berge von blendendem Weiß. Dies währt etwa 3 Stunden bis 10^h Vormittags. Um diese Zeit, und nur um diese, kann man Skizzen der Berge zeichnen. Die Luft ist dabei schneidend kalt. Nach 10^h kommen die Wolken, ohne daß man sagen kann, woher sie kommen. Ein kleines Flöckchen Dampf, nicht größer als eine Manneshand schwillt an, viele Männer Hände steigen auf, die Wolken sammeln sich, bis gegen Mittag der ganze Himmel bedeckt ist. Am Nachmittage verwandeln sich die Wolken in Schnee, der alles ringsum bedeckt. Gegen Mitternacht aber verziehen sie sich, die Sterne kommen heraus und die Nacht wird herrlich. Am anderen Morgen wiederholt sich dasselbe. Eine Ansicht der Berge um Sonnenuntergang ist sehr selten zu gewinnen. Nur einmal sah Temple den Kanchanjanga in Abendbeleuchtung. **Temple**, Oriental experience. London 1883.

Allen Gebirgsländern der wärmeren Himmelsstriche kommt dieser tägliche Gang der Wolkenbildung und der Niederschläge zu, in höheren Breiten allerdings nur im Sommer und in Perioden ruhigen, feucht-heißen Wetters. Die sich tagelang wiederholenden Nachmittagsgewitter in den Alpen [1]), in den Rocky Mountains [2]), auf dem Plateau von Costarica [3]), auf den blauen Bergen von Jamaika [4]): sie stimmen alle in der täglichen Periodizität als einer Folge des mit den Tagwinden in die Höhe geführten Wasserdampfes, in den heiteren Nächten und Morgen, die auf sie folgen, überein [5]).

B. Modifikationen allgemeiner Luftströmungen durch die Gebirge.

I. Föhnwinde.

Der Schweizer Föhn. Von den Veränderungen, welche das Gebirge in einer durch die allgemeine Luftdruckverteilung hervorgerufenen Luftströmung erzeugt, ist jedenfalls jene die wichtigste und lehrreichste, welche man zuerst in der Nordschweiz genauer kennen gelernt hat, wo die durch die Alpenkette modifizierten Südwinde unter dem Namen „Föhn" bekannt sind [6]).

---

[1]) Hann, Mitt. des österr. Alpenvereins. I. Bd., 1863. Zeitschr. f. Meteorol. 1873, S. 105.

[2]) Parry, Vegetation des Felsengebirges. Peterm. Mitt. 1863, S. 316.

[3]) Moritz Wagner, Ausland 1854 und Naturwissenschaftliche Reisen im tropischen Südamerika.

[4]) Aragos sämtliche Werke, IV. Bd., wo auch viele ältere ähnliche Beobachtungen zu finden sind.

[5]) Höchst bezeichnend ist die Schilderung des täglichen Witterungsganges zu Amecameca am Fuße des Popokatepetl, 200 m über dem Tale von Mexiko, von D. Charnay, „Le matin, tout est calme, paix, silence, beauté; le soir, tout est bruit, colère, tourmente, lutte des éléments entre eux."

[6]) Literatur über den Föhn im allgemeinen. H. W. Dove, Über Eiszeit, Föhn und Scirocco. Berlin 1867. — Der Schweizer Föhn. Nachtrag. Berlin 1868. Reimer.

Wild, Über Föhn und Eiszeit. Bern 1868. — Der Schweizer Föhn. Entgegnung auf Dove. Bern 1868. Wyß.

L. Dufour, Recherches sur le foehn du 25 septembre 1866 en Suisse. Bull. Soc. Vaudoise. Vol. IX, 1868. Lausanne.

A. Hirsch, Les recherches récentes sur le foehn. Soc. de Neuchâtel 1868.

J. Hann, Zur Frage über den Ursprung des Föhn. Zeitschr. f. Met. 1866, I, 257. — Der Föhn in den österr. Alpen. Ebenda 1867, II, 433. — Der Scirocco der Südalpen. Ebenda 1868, III, 561. (Übersetzt von L. Dufour mit eigenen Bemerkungen, in Archives des sciences. Mars 1869.) — Über den Föhn in Bludenz. Sitzungsber. der Wiener Akad. Märzheft 1882. — Bemerkungen zur Entwicklungsgeschichte der Ansichten über den Ursprung des Föhn. Meteorol. Zeitschr. Berlin 1885, S. 398.

H. Wettstein, Über den Föhn. Verhandl. d. schweizer. naturf. Gesellschaft. Schaffhausen 1873, S. 169.

C. Berndt, Der Alpenföhn in seinem Einfluß auf Natur- und Menschenleben. Pet. Geogr. Mitt. Ergänzungsheft 83. Gotha 1886. — Der Föhn. Göttingen 1886.

Herzog, Der Föhn, Auftreten, Erklärung. Einfluß auf Klima und Organismus. Jahresber. d. St. Gallener naturw. Gesellsch. 1889/90. — E. Boßhard, Über die Herkunft und Entstehung der Föhnstürme. Naturf. Gesellsch. Graubündens 1894.

Der **Föhn** ist ein warmer, trockener, vom Alpenkamm mit großer Heftigkeit herabstürzender Wind aus SE oder S, seltener aus SW; seine Richtung hängt offenbar zumeist von der Richtung der Täler ab. Auch dort, wo der Föhn stets als SE-Wind auftritt, beobachtet man, daß in der Höhe die Wolken meist gleichzeitig aus SW ziehen.

Jene nördlichen Haupttäler der Zentralalpenkette, welche von SE nach NW oder von S nach N streichen, sind dem Föhn am meisten ausgesetzt, die mehr in der Richtung von E nach W verlaufenden Täler haben selten oder gar nie Föhn, so z. B. das obere Wallis, das Aartal zwischen Brienz und Thun. Dagegen ist der Föhn weiter oben im Haslital (schon bei Meyringen) häufig, wo das Tal mehr S-N streicht. Das Hauptgebiet des Föhn liegt zwischen Genf und Salzburg, es lehnt sich nach Süden unmittelbar an die Hauptalpenkette selbst an, und die Heftigkeit des Föhn, wie der Grad der Erwärmung und Trockenheit, die er bringt, ist in den Tälern selbst am größten. Seine stärkste Entwicklung erreicht der Föhn im vorarlbergischen Illtal (z. B. in Bludenz), in den Tälern des Rheins bis zum Bodensee, der Linth bis gegen Zürich, der Reuß mit der Engelberger Aa bis gegen Muri, der unteren Rhone bis zum Genfer See. Im oberen Teile der Täler des Rheins, der Linth (Glarus), der Reuß (Altdorf), sowie im unteren Rhonetal steigert er sich zuweilen bis zum Orkan; mit der Entfernung von der Hauptalpenkette nimmt er an Stärke ab und wird im größeren Teil der schweizerischen Hochebene, im Jura und jenseits der Nordgrenze der Schweiz nur noch durch eine geringe Temperaturerhöhung und durch Abnahme der Feuchtigkeit wahrnehmbar.

Über die Erscheinungen, unter denen der Föhn in der Schweiz auftritt, sagt Tschudi: „Am südlichen Horizont zeigt sich leichtes Schleiergewölk über den Bergspitzen[1]), die Sonne geht am stark geröteten Himmel bleich und glanzlos unter. Noch lange glühen die Wolken in den leb-

---

Rob. Klein, Der Nordföhn zu Tragöß. Z. d. deutschen u. österr. Alpenvereins 1900. Denkschr. d. Wiener Akad. Bd. 73, 1901.

H. Wild, Über den Föhn und Vorschlag zur Beschränkung seines Begriffes. Zürich 1901. Größere Abh. Ref. v. Hellmann. Met. Z. 1901, S. 476.

Friedr. Treitschke, Der Föhn der Alpen und der deutschen Mittelgebirge. K. Akad. Erfurt N.F. XXIX, 1903. — Karl Joester, Die Föhnerscheinungen im Riesengebirge. Diss Berlin 1907. — H. v. Ficker, Innsbrucker Föhnstudien. Denkschr. d. Wiener Akad. Bd. 78, Met. Zeitschr. 1905, S. 324. — Met. Z. 1906, S. 193. — Ergebnisse systematischer Untersuchungen nach korresp. Beobachtungen an mehreren Stationen um Innsbruck, dadurch einer der wichtigsten neueren Beiträge zur Föhntheorie, 1907. — R. Billwiller jun., Der Bergeller Nordföhn. Schweiz. met. Ann. 1902 u. Met. Z. 1906, S. 93.

Pernter. Über Häufigkeit, Dauer und Eigenschaften des Föhn in Innsbruck. Sitzungsber. d. Wiener Akad. Mai 1895. — Luftdruckverteilung bei Föhn. Ebenda. Februarheft 1896. Hebert, Erk und Billwiller sind später zitiert. Mühry. Über den Föhnwind Z. 67, S. 385, Z. 68, S. 363. Weitere Literatur folgt noch im Text.

[1]) Das Gewölk über dem südlichen Hintergrund der Täler tritt häufig in Form einer dicken Wolkenwand auf, die unter dem Namen „Föhnmauer" bekannt ist. Die Föhnmauer über den Stubayer Ketten vom Gschnitztal aus gesehen hat F. v. Kerner geschildert, erläutert und abgebildet. Die Föhnmauer, eine meteorologische Erscheinung der Zentralalpen. Zeitschr. d. deutsch. u. österr. Alpenvereins 1892.

haftesten Purpurfarben. Die Nacht bleibt schwül, taulos, von einzelnen kälteren Luftströmen strichförmig durchzogen, der Mond hat einen rötlichen, trüben Hof. Die Luft erhält den höchsten Grad von Klarheit und Durchsichtigkeit, so daß die Gebirge viel näher erscheinen; der Hintergrund nimmt eine bläulich-violette Färbung an. (Die gesättigt tiefblaue, violette Färbung der Berge und die Reinheit der Konturen vor Eintritt des Föhn wird in Neuseeland [dort kommt der Föhn aus NW] ebenso hervorgehoben wie von den Beobachtern in den Alpen.) Von ferne her tönt das Rauschen der oberen Wälder, die Bergbäche tosen mit größerer Schmelzwasserfülle weithin durch die stille Nacht; ein unruhiges Leben scheint überall rege zu werden und dem Tale sich zu nähern. Mit einigen heftigen Stößen, die besonders im Winter, wo er ungeheure Schneefelder bestreicht, erst kalt und rauh sind, kündet sich der angelangte Föhn an, worauf plötzlich tiefe Stille der Lüfte folgt. Um so heftiger brechen die folgenden heißen Föhnfluten ins Tal und schwellen oft zu rasenden Orkanen an, die 2 bis 3 Tage mit abwechselnder Gewalt herrschen, die ganze Natur in unendlichen Aufruhr versetzen, Bäume brechen, Felsstücke losreißen, die Waldbäche auffüllen, Häuser und Ställe abdecken — ein Schrecken des Landes. In den Talteilen, die der südlichen Bergmauer zunächst liegen, wütet der Föhn gewöhnlich am heftigsten."

Eigenschaften des Föhn. Menschen und Tiere leiden unter dem Einflusse dieses heißen Windes. Er wirkt abspannend auf die Nerven und drückend auf das Gemüt. Sorgsam wird das Feuer des Herdes oder Ofens gelöscht. In vielen Tälern ziehen die „Feuerwachen" rasch von Haus zu Haus, um sich vom Auslöschen der Hausfeuer zu überzeugen, da bei der Ausdörrung des Holzes, die der Wind erzeugt, leicht großes Brandunglück entsteht.

Dennoch wird der Föhn besonders im Frühling mit Freuden begrüßt, denn er bewirkt rasch enorme Schnee- und Eisschmelzungen und verändert mit einem Schlage das Bild der Landschaft. Im Grindelwaldtale schmilzt der Föhn oft in 12 Stunden eine Schneedecke von mehr als 2 Fuß Dicke weg. Er ist der rechte Lenzbote und wirkt in 24 Stunden so viel, als die Sonne in 14 Tagen, indem auch die alte zähe Schneeschicht, welche die Sonne lange vergeblich beleckt hat, ihm nicht widersteht. Ja er ist in vielen schattigen Hochtälern geradezu die Bedingung des Frühlings, wie er an manchen Orten der Ebene im Herbste die Zeitigung der Traube bedingt. In Graubünden namentlich erwartet man zu Ende August und im September von seinem richtigen Eintreffen und längerer Andauer eine günstige Weinlese, er ist hier der eigentliche Traubenkocher. Desgleichen ist die Maiskultur in Vorarlberg und Nordtirol von dem häufigen Auftreten des Föhn (um Innsbruck Scirocco genannt, auch „Türkenwind", weil er das Reifen des Mais [Türken] wesentlich fördert) abhängig. Der von dem „warmen Wind", der über den Brenner herabkommt, bestrichene kleine Bezirk des Inntals, in dessen Zentrum Innsbruck liegt, stellt nach Kerner in pflanzengeographischer Beziehung förmlich eine südliche Insel vor, die Innsbrucker Flora beherbergt z. B. die Hopfenbuche, die sonst nirgends im Norden der Zentralalpenkette vorkommt.

Die Orte, wo der Föhn häufig und intensiv weht (wie z. B. in

Bludenz und Altdorf), haben eine relativ milde Herbst- und Wintertemperatur [1]).

Mit welch hoher Wärme und Trockenheit der Föhn auftritt, dafür
mögen einige Beispiele gegeben werden.

Bludenz[2]):

Datum	Temp. Celsius			Relative Feuchtigkeit			Wind Mittel
	6^h	2^h	10^h	6^h	2^h	10^h	
1867, 16. Febr.	12,5	17,0	14,0	26	21	26	SE 5
1869, 31. Jan.	13,8	16,0	13,3	6	11	24	SE 5
1. Febr.	14,0	19,3	—	20	14	—	SE 5
1856, 10. Dez.	13,5	18,0	14,0	27	13	30	S 7
1870, 24. Nov.	—	15,0	16,5	—	12	12	SE 5—5
25. Nov.	17,3	22,0	—	13	10	—	SE 5
1871, 6. März	10,7	17,2	12,5	20	9	14	SE 4—6

Föhn vom 1., 4., 7. bis 9. Januar 1877 in der Schweiz:

	Temperatur			Feuchtigkeit			Wind
	7^h	1^h	9^h	7^h	1^h	9^h	Mittel
Altdorf . . .	13,8	15,8	13,0	31	29	42	S
Altstätten . .	15,1	16,0	14,0	25	29	35	SSW

Die Temperatur wird also mitten im Winter sommerlich warm
und die relative Feuchtigkeit außerordentlich erniedrigt. Die Abweichung der Temperatur von der normalen betrug beim Föhn vom
31. Januar zum 1. Februar 1869 + 15,7°, und die Abweichung der
relativen Feuchtigkeit — 58 %.

Bei dem Föhn im Januar 1877 war die Abweichung des Tages-
mittels der Temperatur zu Altstätten im Rheintal am 1. Januar + 17,1°
und am 8. + 17,2°, und fast ebenso groß war sie auch in Altdorf.
Kurz, der Föhn ist ein außerordentlich warmer und trockener Wind,
sobald er mit einiger Intensität auftritt[3]).

Selbst im Mittel aller Fälle von 10 Wintern erhöhen zu Bludenz
die Winde zwischen E und S, die vom Kamm des Rhätikons und von
der Silvrettakette herabkommen (mittlere relative Höhe mindestens
2000 m), die Temperatur um 8,2° über die normale und erniedrigen
die Feuchtigkeit um 31 % unter das Mittel. Die mittleren höchsten
Temperaturen der Monate November-Februar von Bludenz sind infolge
des Föhn höher als die entsprechenden Extreme der Orte am Süd-
fuße der Alpen, wie Mailand, Riva, Bozen.

---

[1])

		Okt.	Nov.	Dez.	Jan.	Febr.	Jahr
Altdorf .	452 m	9,5	5,0	0,8	0,1	2,0	9,2
Luzern .	453 „	8,4	3,7	— 0,4	— 1,3	0,7	8,5
Differenz		+ 1,1	+ 1,3	+ 1,2	+ 1,4	+ 1,3	+ 0,7

[2]) Stündliche Temperaturaufzeichnungen bei Föhn in Bludenz s. Met. Z.
1897, S. 34.

[3]) Bei dem Föhn vom 27. Januar 1890 wurde die relative Feuchtigkeit zu
Partenkirchen von 2—6^h p. m. auf 6 % (Min. 4 %) erniedrigt, konstatiert durch
Psychrometer und Haarhygrometer, Temp. 12—13° C. Der Schnee verschwand mit
nie gesehener Raschheit. Die Haut und die Fingernägel splitterten, das Gefühl
der Trockenheit war sehr unangenehm. Col. Ward, Met. Z. 1890, S. 240.

Nach Direktor Dr. J. Maurer beträgt die mittlere Zahl der Föhntage (1864 bis 1900):

	Winter	Frühling	Sommer	Herbst	Jahr
Altdorf (Reußtal) .	11,2	17,6	8,2*	12,1	49,1
Glarus (Linthtal . .	5,4	9,4	8,5*	5,5	28,8
Altstätten (Rheintal)	9,7	11,9	6,4*	9,2	37,2

Das Linthtal hat weniger Föhntage, da es kurz und nach Norden durch die mächtige Wand der Kurfirsten abgeschlossen ist.

Guttanen, Aaretal (1877 bis 1906) hat Föhn bei Barometerminima in SW (wie das Rhonetal) und zudem bei jenen in W und NW wie die obigen Stationen, so daß die jährliche Zahl der Föhntage auf 81 steigt: Winter 22,7, Frühling 26,2, Sommer 12,5, Herbst 19,8 (Maurer).

Für Bludenz fand ich aus nur 10jährigen Aufzeichnungen (deshalb wohl das Maximum im Winter) und für Innsbruck Pernter aus den Jahren 1870 bis 1894:

Zahl der Föhntage

	Winter	Frühling	Sommer	Herbst	Jahr
Bludenz (Illtal) . .	10,6	8,2	3,1*	10,0	31,9
Innsbruck (Inntal) .	9,5	17,0	5,0*	11,1	42,6

Im Sommer ist der Föhn am seltensten (und am wenigsten intensiv), im Winter und Frühling am häufigsten. Durchschnittlich hat das Jahr 30 bis 40 Föhntage und es wird daraus klar, welchen großen Einfluß der Föhn auch auf die mittlere Temperatur jener Orte haben muß, wo er heimisch ist.

Pernter hat berechnet, welchen Einfluß der Föhn auf die mittlere Temperatur von Innsbruck hat. Er findet, daß derselbe im Winter und Frühling die Mitteltemperatur um 0,8 °, im Sommer kaum um 0,2 °, im Herbst um 0,7 ° erhöht, das Jahresmittel von Innsbruck wird um 0,6 ° gesteigert, was einer um 1 ° südlicheren Lage entspricht[1]).

Besonders auffallend ist die Erwärmung durch habituellen Föhn im Reußtale im Norden des Gotthard. Das Reußtal hat hoch hinauf eine Temperaturanomalie (im Jahresmittel) von 0,8 ° (Wassen) und 1,0 ° (Gurtnellen). Diese beiden Orte auf die Seehöhe des Vierwaldstätter Sees reduziert haben höhere Temperaturen als jene am Ostufer des Genfer Sees. Das erklärt die Üppigkeit und den Obstsegen von Flüelen bis nach Inschi hinauf, wo unvermittelt die Gotthardwildnis beginnt (Maurer).

Mittlere Temperaturen 1864—1900.

	Winter	Frühling	Sommer	Herbst	Jahr
Zürich / Luzern (460 m)	− 0,3	8,3	17,3	8,7	8,5
Gersau (442 m) . . .	1,1	8,8	17,5	9,7	9,3
Altdorf (452 m) . . .	1,0	9,0	17,2	9,7	9,2
Gurtnellen (742 m) . .	0,3	8,0	16,1	8,9	8,3
Wassen (850 m) . . .	0,0	6,7	15,0	8,2	7,5

Altdorf-Gersau gegen Zürich-Luzern.

	Winter	Frühling	Sommer	Herbst	Jahr
Temperaturdifferenz . .	1,3	0,6	0,0	1,0	0,7

---

[1]) Über die Häufigkeit, die Dauer und die meteorologischen Eigenschaften des Föhn in Innsbruck. Sitzungsber. der Wiener Akad. Mai 1895. Der Einfluß des Föhn auf alle meteorol. Elemente wird in dieser Abhandlung in gründlicher Weise dargelegt.

Im Herbst und Winter tritt die Wirkung des Föhn am stärksten auf.

Ursprung des Föhn. Es war natürlich, daß man bei der Frage nach der Ursache des Föhnwindes zuerst auf den Gedanken verfiel, derselbe komme aus Nordafrika in die Schweiz; er ist ja ein Südwind, heiß und trocken, und im Süden der Schweiz liegt die Sahara, der Inbegriff der Trockenheit und Hitze. Freilich hätte man bedenken können, daß die Sahara nur im Sommer sehr heiß ist, und daß umgekehrt der Föhn gerade im Winter die größte Temperatursteigerung bringt, im Sommer aber am schwächsten auftritt.

Gegen den Ursprung des Föhn aus der Sahara spricht zunächst entschieden der Verlauf der gleichzeitigen Witterungserscheinungen auf der Nord- und Südseite der Alpen während des Auftretens des Föhn. Wenn in der Nordschweiz die heißen, trockenen Südwinde wehen, ist die Luft auf der Südseite der Alpen ruhig, die Temperatur ist in den Tälern wenig oder gar nicht erhöht, die relative Feuchtigkeit ist groß und gewöhnlich fallen wenige Stunden, nachdem der Föhn in den nördlichen Alpentälern zu wehen begonnen hat, auf der Südseite des Alpenkammes und auf diesem selbst Niederschläge, Regen und Schnee, oft in ungewöhnlicher Menge. In den Tälern der Nordalpen kommen zuweilen heftige Föhnstürme vor, während gleichzeitig auf der Südseite der Alpen heftige Regen fallen. Auch die Ostalpen, wo der Föhn seltener auftritt, haben dann zuweilen Föhn. Am 15. Oktober 1885 heftiger interessanter Föhnsturm im Salzkammergut. Met. Z. 1885, S. 516, ebenso am 7. u. 8. Nov. 1906 (Met. Z. 1907, S. 30), dann Oktober 1907, hohe Temperaturen, große Trockenheit, im Süden aber Regengüsse. Während der furchtbaren Regengüsse und Überschwemmungen in Kärnten vom 1. bis 4. Dezember 1872 gab es auch in den Tälern der nördlichen Kalkalpen zwischen Wien und Salzburg heftige Föhnstürme mit großer Trockenheit [1]).

Man kann auch nicht annehmen, daß der warme, trockene Südwind in der Höhe über den südlichen Alpentälern hinwegzieht, denn auch auf den Alpenkämmen ist er nicht zu spüren, indem daselbst die Temperatursteigerung gering ist und die Luft feucht bleibt. Die außerordentlich hohe Wärme, sowie die Trockenheit ist auf die Föhntäler beschränkt und verliert sich immer mehr gegen das Alpenvorland hinaus. Folgende Daten geben die gleichzeitige Witterung auf der Süd- und Nordseite der Alpen im Mittel von 20 Föhntagen des Winters:

Ort	Temperatur Celsius			Relative Feuchtigkeit			Witterung
	Morg.	Nm.	Abd.	Morg.	Nm.	Abd.	
Mailand	3,2°	5,1°	3,9°	96	93	96	Regen [2]), Wind var.
Bludenz	11,1	14,0	11,5	29	22	28	SE 5—8 Föhn
Stuttgart	3,4	8,8	5,0	84	72	81	10mal Reg. Wind var.

[1]) Met. Z. 1873, S. 10. Nov. 1905 s. Met. Z. 1906, S. 193.
[2]) An 16 Tagen unter 20.

Daß die Föhnluft der nördlichen Alpentäler ihre hohe Temperatur nicht schon auf den Alpenhöhen selbst hat, sondern ihre Wärme erst beim Herabstürzen in die Täler erlangt, zeigen folgende Daten:

Witterung längs der Gotthardstraße während des Föhn vom 31. Januar und 1. Februar 1869:

Ort	Höhe	Temp.	Feuchtigkeit	Witterung
Bellinzona . . .	229 m	8,0°	80 %	N (Regen)
S. Vittore . . .	268	2,5	85	S u. SW
Airolo	1172	0,9	—	N u. S
St. Gotthard . .	2100	−4,5	—	S 2—3
Andermatt . . .	1448	2,5	—	SW 2
Altdorf	454	14,5	28	S (Föhn)

In Andermatt ist die Temperatur gleich der von S. Vittore auf der Südseite, 1200 m tiefer. Am St. Gotthard selbst ist die Luftwärme, obgleich starker Südwind herrscht, nur wenig erhöht, ungemein stark aber in Altdorf. Der Südwind hat also seine Wärme erst beim Herabsinken aus einer relativen Höhe von zirka 1700 m erlangt.

Während der langen Föhnperiode zu Anfang des Januar 1877 (1., 3. bis 10.) war die mittlere Temperaturabweichung im Süden zu Lugano und Castasegna nur $+4,3°$, am St. Bernhard in 2478 m nur $+3,7°$, in den Föhntälern dagegen zu Altdorf $+11,4°$, Altstätten $+13,3°$, im Flachland der Schweiz wieder geringer, aber beträchtlicher als auf der Südseite: Zürich $+6,9°$, Basel $+8,0°$.

Diese Beispiele mögen genügen, um zu zeigen, daß der Föhn seine hohe Wärme, wie auch seine Trockenheit erst beim Herabkommen von den Alpenkämmen auf der Nordseite der Alpen selbst erlangt, daß er sie dagegen nicht aus der Ferne, weiter von Süden her mitbringt.

Daß ein Luftstrom, der sich beim Herabsinken so rasch erwärmt, relativ sehr trocken sein muß, ist einleuchtend. Nehmen wir z. B. an, die Luft wäre am 31. Januar und 1. Februar auf der Höhe des St. Gotthard mit Wasserdampf gesättigt gewesen, so hätte sie bei $−4,5°$ in jedem Kubikmeter 3,5 g Wasserdampf enthalten. In Altdorf angekommen mit einer Temperatur von 14,5° hätte sie aber 12,4 g Wasserdampf enthalten können, die relative Feuchtigkeit dieses Südwindes wäre demnach 28 % [1]) geworden.

Die Wärme des Föhn erklärt sich aus dem früher erwähnten Gesetz, daß eine zu höherem Druck herabsinkende Luftmasse sich im Verhältnis von 1° für je 100 m erwärmt. Dies ist auch in der Tat das Gesetz der Temperaturzunahme nach oben bei Föhnwinden.

Aus den Beobachtungen an den schweizerischen Stationen zwischen 2700 und 300 m ergibt sich die Temperaturzunahme von den

---

[1]) Genauer mit Rücksicht auf die Volumenänderung infolge der Druck- und Temperaturänderung (19° in unserem Fall) stellt sich die Berechnung so: Ein Kubikmeter Luft aus der Höhe des St. Gotthard geht in Altdorf über in das Volum $\frac{58}{72}$ $(1 + 0,00367 \times 19°) = 0,86$, welches bei 14,5° im Maximum 10,6 g enthalten kann, daher die relative Feuchtigkeit 33 % wird.

Alpenkämmen in die Föhntäler hinab im Mittel zu 0,97 ° für je 100 m, während auf der anderen Seite des Gebirges (auf der Südseite bei Südföhn) die Temperaturabnahme nach oben nur 0,44 ° beträgt, d. i. das durchschnittliche Maß für den Winter.

Aus den auf den telegraphischen Witterungsberichten basierten täglichen Wetterkarten von Europa hat sich auch ergeben, warum die Luft zeitweilig stürmisch von den Alpenkämmen in die Täler herabstürzt [1]) und so den Föhn erzeugt. Es hängt dies zusammen mit dem Heranrücken der atlantischen Barometerminima oder Sturmzentren gegen Westeuropa. Wenn ein Barometerminimum im Westen oder Nordwesten der Alpen sich befindet, auf der Linie zwischen der Bai von Biscaya und Irland, so strömt die Luft über dem Alpenvorland als Südost- oder Südwind gegen den Ort kleinsten Luftdruckes hin, aber auch die Luft aus den Alpentälern wird gegen diese Stelle hingezogen, gleichsam aus den Tälern herausgesaugt. Da die Alpenmauer hier das direkte Zufließen aus Süden hemmt, so muß die Luft aus der Höhe, von den Alpenkämmen herab zum Ersatz herbeifließen. So entsteht der Föhn. Die orkanartige Heftigkeit der Föhnstöße in den Tälern, deren oft merkwürdig lokale Beschränkung und große Unregelmäßigkeit überhaupt wird aus dieser Art des Entstehens im Verein mit dem Einfluß der komplizierten Terrainbildung auf die Luftbewegung erklärlich [2]).

Auf dem Flachlande draußen, wo der Luftzufluß gegen das Barometerminimum unbehindert und in horizontaler Richtung erfolgen kann, fehlt sowohl die große Heftigkeit als auch die hohe Wärme und Trockenheit des Föhn, denn die warmen, trockenen Luftzuflüsse aus den Tälern mischen sich bald mit dem breiten allgemeinen Luftstrome. Da das Luftdruckminimum und der allgemeine SW-Sturm von Westen heranrückt, so tritt der S-Sturm zuweilen merklich früher im nördlichen Alpenvorland ein, als der Föhn in den Alpentälern.

Auf der Südseite der Alpen bleibt die Luft noch lange ruhig, während auf der Nordseite schon der Föhn tobt; die Alpenmauer hindert den Luftzufluß aus Süden in den unteren atmosphärischen Schichten. Der Luftdruck fällt im Süden viel langsamer als auf der Nordseite und die Temperatur ist noch niedrig, wie gewöhnlich in der kälteren Jahreszeit bei hohem Luftdruck; die Temperaturabnahme nach oben ist langsam. Erst später tritt auch im Süden Erwärmung ein, sie ist aber meist geringer als selbst im nördlichen Alpenvorland — geschweige denn in den Föhntälern; fast immer treten dann zugleich starke Niederschläge ein.

In welchem Maße die Alpenkette in den unteren Niveaus den Luftzufluß gegen das Barometerminimum in Nordwesten hin hemmt,

---

[1]) Die Neigung des von den Kämmen in die Täler herabfließenden Luftstromes ist übrigens bei weitem nicht so groß, als man meist annimmt. Die Neigung eines Luftstromes vom Tödikamm nach Auen (Glarnertal) ist 9 °, von dem Kamm der Titliskette nach Engelberg zirka 12 °, vom Creux du Champ nach Ormont 25 ° (Wettstein).

[2]) Vgl. Erk, Met. Z. 1898, S. 299 u. s. w.

zeigen die großen Luftdruckdifferenzen zwischen der Nord- und Südseite der Alpen. Im Mittel von 7 **Föhntagen** war die

Luftdruckdifferenz pro 111 km (pro Grad)
Basel—Altdorf = 2,3 mm
Altdorf—Lugano = 7,8

also 3mal größer auf letzterer Linie. Die Differenz steigt in einzelnen
Fällen auf 10 bis 12 mm.

Der S- oder SW-Sturm tritt also zuerst an den Westküsten
Europas auf und schreitet gegen Mitteleuropa und das Alpenvorland
vor. Die Luft, welche zu Anfang von den Alpenkämmen herabfließt,
kommt gar nicht weit her von Süden, ihre relativ hohe Temperatur
erklärt sich hinlänglich aus der normalen langsamen Wärmeabnahme
mit der Höhe, d. h. der relativ milden Temperatur der höheren
Schichten und der raschen Erwärmung derselben beim Herabsinken.
Im Winter finden wir eine durchschnittliche Wärmeabnahme nach
oben von $0,45^0$ (sie ist bei der dem Föhn vorausgehenden Witterung
meist noch kleiner), die Erwärmung der niedersinkenden Luftmassen
ist aber genau $0,99^0$ pro 100 m, die herabsteigenden Luftmassen gewinnen also für je 100 m einen Temperaturzuwachs von $0,54^0$, also
für 2500 m schon $13,5^0$, so daß also die Temperatur mitten im
Winter leicht auf 14 bis 17^0 steigen kann, ohne daß deshalb die
Luftströmung aus wärmeren, südlichen Breiten zu kommen braucht.
Später wird allerdings auch Luft von Süden herbeigezogen, und dies
bedingt dann ein Aufsteigen der Luft an den Südabhängen der Alpen
und damit reichliche Kondensation des Wasserdampfes daselbst. Infolge der letzteren kühlt sich aber die aufsteigende Luft nur langsam
ab und die zur hohen Erwärmung der Luft auf der Nordseite nötigen
Bedingungen bleiben dieselben oder steigern sich noch.

Da im Sommer die höheren Luftschichten r e l a t i v viel kälter sind
als im Winter, indem die Temperaturabnahme nach oben 0,6 bis
$0,8^0$ C. pro 100 m beträgt, so ergibt sich aus unserer Erklärung von
selbst, daß der Föhn im Sommer keine so große Erwärmung hervorbringen kann als im Winter, der Wärmezuwachs pro 100 m beträgt
jetzt nur etwa $0,3^0$ C. Dazu kommt, daß im Sommer die atlantischen Barometerminima seltener und viel weniger intensiv sind, daher
die Vorbedingung zum Herabsinken der Luft von den Alpenkämmen
in die Täler seltener und schwächer auftritt.

Jene Talrichtungen und Talformationen, welche den freien Abfluß der Luft gegen das nordwestliche Barometerminimum hindern oder
beeinträchtigen, scheinen auch dem Auftreten des Föhn ungünstig zu
sein, wie z. B. das obere Wallis, das Aartal zwischen Brienz und
Thun etc.; umgekehrt hat das nach N offene Rheintal und Reußtal
(bei Altdorf) sehr heftigen Föhn, auch das nach NW umbiegende
untere Rhonetal (bei Bex).

Wenn sich das Barometerminimum weiter nach NE oder E fort-
bewegt, schlägt der Wind von S und SW in W und NW um und
es folgt auf den Föhn rasche Abkühlung und starker Regen, während
es nun auf der Südseite der Alpen trocken wird.

Die neueren eingehenderen Untersuchungen von Erk, Billwiller, Pernter über die das Auftreten des Föhn auf der Nordseite der Alpen bedingenden Luftdruckverhältnisse haben ergeben, daß im Gefolge der größen Barometerdepressionen, die zumeist auf der W- und NW-Seite vorüberziehen, sich lokale Luftwirbel und Barometerminima am Nordrande der Alpen und in den Alpentälern selbst bilden, und daß diese die nächste Ursache des Föhn sind. So erklärt sich auch die außerordentliche lokale Heftigkeit der Föhnstürme, und die in den Ostalpen (speziell Innsbruck) oft hervortretende scheinbare Unabhängigkeit derselben von der allgemeinen Druckverteilung. Für den außerordentlich heftigen und auch sonst merkwürdigen Föhnsturm vom 15. und 16. Oktober 1885 im bayerischen Gebirge hat Erk das Auftreten und Fortschreiten eines sekundären lokalen Luftwirbels im nördlichen Alpenvorland nachgewiesen (Met. Zeitschr., 1886, S. 24, mit Karte). In gleicher Weise hat Billwiller für den Föhn vom 13. Januar 1895 die Bildung einer Teildepression über der mittleren und nordöstlichen Schweiz und lokaler Barometerminima in den Föhntälern (Aar, Reuß, Linthtal, oberes Rheintal, Illtal) nachweisen können, die unter dem Einfluß eines großen Barometerminimums an der Küste von Irland zur Ausbildung gelangt sind (Met. Zeitschr., 1895, S. 201, mit Karte und Luftdruckdiagrammen, ferner Met. Z. 1901, S. 1). Wahrscheinlich entstehen die meisten Föhnstürme unter dem Einflusse solcher lokaler Luftdruckminima, die auf den gewöhnlichen Wetterkarten nicht zur Darstellung gelangen können [1]).

Wild möchte die Bezeichnung Föhn dahin beschränkt wissen, daß der (typische) Föhn ein in den Tälern hinter einem Gebirgszuge (und zwar besonders in den mehr senkrecht zu ihm verlaufenden Tälern) aus der Höhe herabsteigender stürmischer, vom Talende nach dessen Öffnung hin wehender warmer und trockener Wind ist, der durch einen das Gebirge von jenseits quer überwehenden heftigen Luftstrom erzeugt wird. Wild beschreibt eingehend und in lehrreicher Weise eine Reihe solcher „typischen" Fälle von Föhnwind. Er zählt deren durchschnittlich im Jahre 9,3 (für die Schweiz), und zwar Winter 2,4, Frühjahr 3,2, Sommer 1,2, Herbst 2,5.

Es gibt aber zahlreiche Fälle echter Föhnwinde, ohne ein stürmisches Überwehen des Alpenkamms durch einen allgemeinen Wind [2]).

Nordföhn. Wenn die soeben gegebene Erklärung des Föhn die richtige ist und derselbe zu der Sahara in keiner Beziehung steht, so darf man zunächst erwarten, daß auch auf der Südseite der Alpen Föhnerscheinungen auftreten, wenn der Luftdruck im NW hoch, in SE dagegen niedrig ist, also die Luftdruckverteilung die entgegen-

---

[1]) Ein Teil der von Hébert aufgestellten Thesen erhält dadurch eine Bestätigung und Erklärung, wenngleich in etwas anderem Sinne, als in dem des Autors. Étude sur les grands mouvements de l'atmosphère et sur le foehn et le sirocco pendant l'hiver 1876/77. Atlas météorologique. Tome VIII, auch Met. Z. 1878, S. 317.

[2]) S. auch Billwiller, Met. Z. 1899, S. 204.

gesetzte von der oben geschilderten ist, die den Föhn in der Schweiz erzeugt. In der Tat fehlt der Föhn auf der Südseite der Alpen keineswegs. Es wehen bei der angegebenen Luftdruckverteilung trockene, warme N- und NE-Winde in den südlichen Alpentälern, ja der Nordföhn macht sich bisweilen selbst noch in Mailand fühlbar. Doch erreicht der Nordföhn durchschnittlich bei weitem nicht die Heftigkeit des Südföhn, wie ja auch die Barometerminima des Mittelmeers an Intensität wie an Häufigkeit weit zurückstehen gegen die des Atlantischen Ozeans. Orte, von denen bekannt ist, daß der Nordföhn öfter auftritt, sind Bellinzona, Lugano, Castasegna, am Comersee, Riva, Brixen etc.[1]). Besonders charakteristisch tritt der Nordföhn zu Castasegna im Bergell auf, und R. Billwiller hat ihn in einer Monographie in sehr lehrreicher Weise dargestellt[2]). Nordföhn tritt daselbst ein bei Depressionen über dem Mittelmeer, oder wenn auf der Nordseite der Alpen der Druck rasch steigt und dadurch ein Luftdruckgefälle nach S hin entsteht. Der Nordföhn bleibt aber in allen Eigenschaften hinter dem Südföhn im Norden zurück.

Auch auf der Südseite der Hohen Tauern gibt es einen Nordföhn. Z. B. Maltein (824 m) auf der Südseite des Ankogel und Hochalmspitze. 26. November 1886 7^h — 2,8, 2^h p. 6,9, 9^h p. 12,2 ^{0}, Wind Nachmittags N, Abends N-Sturm. Sonnblick N und NE 9^h p. — 10,0 ^{0}. Höhendifferenz 2380 m. Temperaturdifferenz 22,2 ^{0}. (Met. Zeitschr. 1887, S. 72.) Über einen echten Nordföhn in Taufers s. Met. Zeitschr. 1884, S. 192. 26. Dezember 1883 Tagesmittel 11,4^0 bei 42 % Feuchtigkeit.

Auftreten des Föhn in anderen Gebirgen. Eine weitere Konsequenz unserer Theorie ist, daß auch andere Gebirge ihren Föhn haben müssen. Folgende Angaben über die geographische Verbreitung der Föhnwinde beweisen, daß auch diese Folgerung vollständig durch die Beobachtungen bestätigt wird. Über Föhnwinde im deutschen Mittelgebirge s. Vogesen, Met. Zeitschr. 1894, S. 143; Riesengebirge 1895, S. 463 und die früher zitierte Abhandlung von Treitschke; Hohe Venn, Met. Zeitschr. 1900, S. 282.

Am interessantesten ist der Föhn an der Küste von Westgrönland, den Rink schon vor langer Zeit trefflich beschrieben hat[3]), natürlich ohne ihn als Föhn zu bezeichnen. Es ist dies ein sehr warmer, trockener E- und SE-Wind, der über das völlig vergletscherte Innere Grönlands herüberkommt und stürmisch auf die Fjorde einfällt. Er erhöht im Winter die Temperatur durchschnittlich um 12 bis 20 ^{0} C. über die Mitteltemperatur, im Herbst und Frühling etwa um 11 ^{0}. Noch zu Upernivik unter 72^3/$_4$ ^{0} N brachte der Föhn vom 24. November 1875 eine Temperatur von 10 ^{0}, das ist eine Temperaturerhöhung um 25 ^{0} über die Mitteltemperatur. Der Föhn von Ende

---

[1]) Met. Z. 1868, S. 561. Nordföhn in Bozen und Brixen Z. 88, S. 175; Z. 84, S. 89. Taufers Z. 84, S. 192. Meran Z. 90, S. 229 u. 230. Görz Z. 89, S. 192. Turin Föhn bei Westwind Z. 93, S. 152.

[2]) Der Bergeller Nordföhn. Zürich 1904. Schweiz. Annal. 1902, s. auch Met. Z. 1905, S. 98.

[3]) Physikal. Beschreibung von Nord- und Südgrönland. Zeitschr. f. Allg. Erdkunde II. Bd., 1854 u. N. F. III. Bd., 1857.

November und Anfang Dezember 1875 herrschte durch 18 bis 20 Tage in ganz Westgrönland und brachte im Süden eine durchschnittliche Temperaturerhöhung um 8°, im Norden um 15° über das Mittel.

Hoffmeyer hat diesen Föhn genauer untersucht und nachgewiesen, daß er ganz auf dieselbe Weise erklärt werden muß, wie der Föhn der Alpen. Es herrschte damals ein Barometerminimum im Süden der Davisstraße und hoher Luftdruck im Nordatlantischen Ozean in der Gegend von Island, wodurch SE- und E-Winde über Grönland erzeugt wurden, die von dem mindestens 2000 m hohen Innern Grönlands in die Fjorde hinabwehend jene hohe Temperatur annehmen mußten. Direkt vom Nordatlantischen Ozean kann der westgrönländische Föhn seine Wärme nicht nehmen, denn dieselbe ist im Süden (62° N. Br.) gelegentlich im Winter so hoch, daß man sie über dem Atlantischen Ozean erst in der Breite der Azoren wiederfindet [1]). Selbst noch K a n e im Rensselaer Hafen unter dem 78. Breitegrad und N a r e s in Floeberg Beach unter 82 $\frac{1}{2}$° N fühlten die Wärme des grönländischen Föhn.

Auch Island hat seinen Föhn, worauf H o f f m e y e r aufmerksam gemacht hat [2]). An der Ostküste von Grönland kommt der Föhn mit W- und NW-Winden. In Scoresbysund stieg z. B. die Temperatur am 10. Januar 1892 von — 21,2 um 4^h a. auf + 6,6 (8^h a. m.) bei WNW, der von dem eisbedeckten inneren Hochlande kommt (Z. 1893, S. 24).

Im Angmagsalik (65,6° N) in E-Grönland kommt der Föhn aus N und NW, s. die Beobachtungen von H o l m in Z. 1889, S. 378; dann W o e i k o f, Klima und Föhne der Dänemarkinsel, Met. Z. 1901, S. 5, ferner H a n n, Temperatur an der Ostküste Grönlands, Met. Z. 1904, S. 333. Beschreibung interessanter NW-Föhne zu Angmagsalik. Am 2. Februar 1901 Temperatur (Tagesmittel) 11,8°, d. i. 23° über dem Mittel, 20 % relative Feuchtigkeit. Föhne gleichzeitig an der West- und Ostküste.

Zu Hermannstadt nennt man den trockenen, warmen Südwind „Rotenturmwind". Kutais hat namentlich im Frühling trockene, warme Ostwinde, die vom Suramgebirge herabwehen und oft den Tabakpflanzungen schädlich werden. Am Südufer des Kaspischen Meeres zu Rescht weht zuweilen im Winter vom Elbursgebirge herab ein trockener, heißer Wind [3]). T h o l o z a n beschreibt denselben eingehender. Die stürmischen Südwinde in Gilan sind außerordentlich trocken und warm, am stärksten treten sie auf in Kodum, 24 km von Rescht. Sie sind am häufigsten im Herbst, treten aber auch im Winter und Frühling auf, wenn die Höhen mit Schnee bedeckt sind. Dieser trockene, warme Südwind zeigt sich in ganz Gilan und im Westen von Mazen-

---

[1]) H o f f m e y e r, Le foehn du Groenland. Referat darüber in der Zeitschr f. Meteorol. XIII. Bd., 1878, S. 65 u. 70. Neuere Abhandl. über den Föhn in Grönland siehe Met. Zeitschr. 1890, S. 103, 268 und P a u l s e n, Die milden Winde im grönländ. Winter. Z. 1889, S. 241 u. 378. Verhandl. der Berliner geograph. Gesellschaft 1893, Bd. XX, S. 356.

[2]) Zeitschr. f. Meteorol. 1878, S. 146.

[3]) Siehe auch R a d d e in Peterm. Geogr. Mitt., 1881, S. 51.

deran [1]). Auch Trapezunt hat einen Föhn [2]). Am Urmiasee in Persien weht zuweilen ein heftiger W-Wind, den J. Perkins mit dem Samum Arabiens in Beziehung bringt. Er weht oft 3 Tage und obgleich er über die hohen schneebedeckten Berge Kurdistans kommt, ist er so heiß und trocken, daß er die Vegetation versengt [3]).

Der „große Wind" aus der Schlucht an der SW-Seite des Alatau, der schon in einem Bericht vom Jahr 1259 bei der Beschreibung der Expedition von Hulagu erwähnt wird (Richthofen, China I, S. 590, Anm. 5), ist wahrscheinlich auch ein föhnartiger Wind. — Der Wind Ebe, ein SE-Wind der Alakulschen Steppe, weht vom Herbst bis zum Frühling aus dem Engtal, das den Alatau vom Barlyck scheidet. Er soll ein trockener, warmer Wind sein, der zuweilen mit sehr großer Heftigkeit weht. Er ist so charakteristisch für die Gegend, daß er bei Bestimmung des Weges mittelalterlichen Reisenden zuweilen dienlich ist (Richthofen, brieflich). S. auch Pet. Geogr. Mitt. 1868, S. 84.

Auf der Südinsel von Neuseeland wehen die NW-Stürme, nachdem sie ungeheure Regenmengen über die Westseite der neuseeländischen Alpen entladen haben, auf der Ostseite als trockene, heiße Winde auf die Canterbury Plains hinab. Murrough O'Brien sagt von dem „Nor-wester" dieser Ebenen:

Die Canterbury Plains sind zirka 160 km lang und 50 bis 65 km breit, sie sind auf der Ostseite von der See begrenzt, auf der Westseite von einer Bergkette von 2400 bis 3600 m Höhe. Heftige Winde sind heimisch auf diesen Ebenen, die von NW sind die strengsten und wütendsten. Am Fuß der Berge und auf den Ebenen ist der NW ein sehr trockener und oft ein heißer Wind, ohne Regen — der Himmel ist von einer besonders tiefblauen Farbe. An den Gipfeln der Bergkette jedoch ruhen schwere dunkle Wolken, welche trotz des wütenden Windes unbeweglich bleiben. In den oberen Tälern begleiten heftige Regengüsse den Nordwest, der Schnee schmilzt und die Flüsse, welche in die höheren Täler und Gletscher hinaufreichen, steigen um 3 bis 6 m in einer Nacht. Dieser Wind hört häufig Nachts auf und beginnt wieder vor Mittag. — Er erstreckt sich mit seiner größten Wut nicht über die ganze Ebene, und ist oft beschränkt auf die niedrigeren Vorberge auf einige Meilen gegen Osten [4]).

Im Tale des Lake Ohau sind die Nor-wester besonders heftig zu allen Jahreszeiten, zumeist wehen sie von Oktober bis März und namentlich im Februar. Sie beginnen meist um 10ʰ Vormittags und es folgt ihnen Regen bis zum Abend [5]).

---

[1]) Tholozan, Sur les vents du Nord de la Perse et sur le foehn du Gilan. Comptes rendus. Tome C, 607, Annuaire de la Soc. mét. de France. 1885, S. 95.

[2]) Meteorol. Zeitschr. 1880, S. 326.

[3]) Coffin, Winds of the Globe. Washington 1875, S. 444. (Smith, Contrib. 268.) Perkins beschreibt auch die Land- und Seewinde und andere lokale Winde am Urmiasee.

[4]) Haughton, Physical Geography. London 1880. Siehe auch Hochstetters Neuseeland und Julius Haast in Peterm. Geogr. Mitt.

[5]) On the Hot Winds of Canterbury by Alex. Mc Kay. — Observ. regarding the Hot Winds of Canterbury and Hawkebay by Cockburn-Hood. — Der letztere Autor hält sie für eine Fortsetzung der heißen Winde von Australien (!). Wenn die NW-Winde einige Tage wehen, so welkt die Vegetation, selbst

Die internationale deutsche Expedition auf Südgeorgien hatte Gelegenheit, auch dort Föhnwinde zu beobachten. Unter deren Einfluß erreichen die Temperaturmaxima des Winters fast die des dortigen Sommers. (D. Polarst. Bd. II, S. 339.)

Über den Föhn bei Kanazawa, Japan, berichtet Knipping (Met. Z. 1890, Litb.-B. S. 88).

Interessant ist auch der Föhn an der Ostküste von Korea, wo er bei Wönsan (Gensan) schon von la Perouse Mai 1787 beobachtet worden ist (s. Cl. Abbe, Monthl. W. R. 1891) und den kürzlich Okada im Journ. Met. Soc. of Japan April 1907 eingehender behandelt hat. Wönsan liegt $39°9'$ N an der Ostküste, die Ausläufer der Long White mountains streichen die Küste entlang in der ziemlich gleichmäßigen Höhe von 1500 m. Bei Winden von SW bis NW tritt große Trockenheit und hohe Temperatur ein, namentlich im Frühling und spät im Herbst, wenn sekundäre barometrische Minima der Küste sich nähern. Ein Fall mag hier Platz finden. Chemulpo liegt an der Westküste etwas südlicher als Wönsan, also im Luv der SW-Winde.

	Temperatur				Relative Feuchtigkeit			Windrichtung u. -stärke		
26. Juni 1904:	6ʰ	2ʰ	10ʰ	Max.	6ʰ	2ʰ	10ʰ	6ʰ	2ʰ	10ʰ
Wönsan . .	19,7	36,8	22,2	38,2	78	27	71	SW 2	WSW 5	W 5
Chemulpo .	18,7	24,2	20,8	26,5	91	58	80	W 4	SW 3½	SW 1

Der Chinookwind. Von besonderem Interesse ist der sogen. Chinookwind im Osten des Felsengebirges, der für eine lange und breite Zone von hoher klimatischer Bedeutung ist.

Chinook ist der Name eines Indianerstammes, der früher an der Mündung des Columbiaflusses lebte. Die warmen feuchten SW-Winde, welche von dem Lager der Chinook her nach Astoria, einem Posten der Hudsonsbay Company, kamen, wurden dort Chinookwinde genannt. Später wurde der Name auf die warmen feuchten SW-Winde an den Küsten von Oregon und Washington überhaupt übertragen, und später auch auf die warmen und trockenen Fallwinde im Osten des Felsengebirges in Montana und anderwärts.

Von Alberta (W-Kanada) sagt Mc Caul[1]): Die große Haupteigenschaft des Klimas, von welcher das Wetter abhängt, ist der Chinookwind. Er bläst von W bis SW in allen Stärkegraden bis zum heftigsten Sturme. Im Winter ist er bemerkenswert warm, im Sommer eher kühl. Seine Ankunft wird angezeigt durch eine Bank von dunklen Kumuluswolken über den Gebirgen. Seine Wirkungen sind im Winter nahezu wunderbar. Wenn ein wirklicher Chinook weht, steigt das Thermometer oft von $-10°$ bis über $+20°$, der Schnee, der am Morgen noch gut einen Fuß tief war, verschwindet bis zum Abend, alles tropft, aber in kurzer Zeit ist alles aufgetrocknet

---

das Laub von sukkulenten Pflanzen wird geröstet, daß es wie trockener Zunder verrieben werden kann. Sie haben einen höchst niederdrückenden Effekt auf Menschen und Tiere. Transactions and Proceed. New Zealand Institute. Vol. VII, 1874, S. 105—112. Siehe a. Month. Weath. Rev. 1895, S. 383.

[1]) American Met. Journal. 1888, Vol. V, S. 149. S. a. H. M. Ballou, The Chinook Wind, ebenda, April 1893, Vol. IX, S. 541.

von dem durstigen Wind, und die Prärie ist so trocken, daß der Huf
eines Pferdes kaum einen Eindruck hinterläßt. Öfteres Auftreten des
Chinookwinds verhindert deshalb auch Überschwemmungen, trotz der
raschen Schneeschmelze, da wenig fließendes Wasser dabei zu sehen.
Die Schneeschmelze im Frühling ist dann auch weniger gefährlich.
Anders wenn der warme Wind selten auftrat.

Auch E. Ingersoll sagt: Dieser Wind ist wunderbar in seinen
Wirkungen. Er befreit im Winter die Ebenen auf Hunderte von
Meilen vom Gebirge weg nahezu von allem Schnee mit einer erstaun-
lichen Schnelligkeit. Der Chinookwind bewirkt, daß auf den Hochebenen am Fuße des Felsengebirges in Kanada der Schnee selten
lange liegen bleibt. Auf den Kootenay Plains weidet das Vieh im
Winter im Freien; nach Osten hin gegen Winnipeg wird es kälter.
Edmonton, obgleich rund 500 km E vom Fuße der Rocky Mountains, wird noch von den Chinookwinden berührt. Ihr Einfluß wird
namentlich von 55 bis 60 ° N verspürt in Montana, Alberta, Saskatchewan am Oberlaufe des Peace River und Liard River. Das exzep-
tionell günstige Klima von Saskatchewan und Peace River gegenüber
dem Osten Nordamerikas unter gleicher Breite ist begründet in den
warmen westlichen Winden vom Pazifik, die aber erst auf der Ostseite
des Felsengebirges so trocken und warm werden. Man kann in Isle
à la Crosse unter 56 ° N. Breite Ende September die Kartoffel noch
grün finden, während sie in Manitoba schon nach Mitte August dem
Frost erlegen ist. Daß der Wind erst auf der Ostseite des Felsengebirges trocken und warm wird, darüber liegen interessante Beobachtungen vor.

Im Sommer 1875 stand Prof. Macoun auf dem Mt. Selwin 2100 m
am Peace River-Paß und konnte nach Osten und Westen die Landschaft
überblicken. Im Osten gewährte die ganze Gegend den Anblick einer
Sommerlandschaft, nach Westen hin machte sie den Eindruck der Kühle
und eines nassen Frühlings. Im Westen waren bei Ft. Mc Lod 55 ° N
die Erdbeeren am 6. Juli erst in Blüte, auf der Ostseite bei Hudsonsbay
Hope waren sie schon völlig reif. „Auf diesem selben Berg schrieb ich
nieder: Wenn die warmen Winde von W kommen, warum erwärmen sie
nicht zuerst die Westseite, bevor sie nach Osten kommen? Diese Frage
(meint Macoun) ist bisher unbeantwortet geblieben“ und Macoun sieht
daher in den Chinookwinden abgelenkte Südwinde vom mexikanischen Golf
herauf.

Ein anderer Berichterstatter wundert sich, daß auf dem Athabasca-
Paß oben, von wo der heiße Wind herüberweht, der Schnee noch 30 Fuß (?)
tief zu finden war, während er drüben auf der Ostseite schon fehlte [1]).

Die neuere Theorie der Föhnwinde findet keine Schwierigkeit, diese
verschiedene Temperatur und Feuchtigkeit desselben Windes auf den beiden
entgegengesetzten Seiten eines Gebirges zu erklären.

Ohne das Auftreten dieses warmen und trockenen Windes würden
die ausgedehnten Bergweiden für Vieh in Montana, Wyoming und
den Dakotas im Winter verlassen werden müssen, da die Rinder

---

[1]) Report on the great Mackenzie Basin. Ottawa 1886. Enthält viele Berichte über die Chinookwinde und ihre Wirkungen.

und andere Herden durch den Schnee verhindert würden, die nahrhaften Grasplätze auf den Hochebenen aufzusuchen, und es würde nicht möglich sein, sie daselbst zu überwintern. Nach dem Zeugnis der Viehbesitzer dieser Gegend ist die Ankunft des Chinook zu einer kritischen Periode oft die einzige Hoffnung, die Herden zu retten, nicht bloß vor dem Verhungern, sondern auch vor dem Erfrieren. Instinktiv scheint das Vieh seine Ankunft vorauszusetzen, und zu Zeiten der Kälte und des Hungers kann man die Tiere in knietiefem Schnee stehen sehen, mit ihren Köpfen gegen die Berge gewendet, ängstlich die Ankunft der Rettung erwartend. — Ohne den Chinookwind würde das nördliche Gehänge von Montana nicht bewohnbar sein, und zahme Tiere könnten den Winter nicht überleben [1]). (A. P. Burrows, The Chinook Winds.)

Auch noch in niedrigeren Breiten sind die Westwinde, die vom Felsengebirge herabwehen, trocken und warm. Doch sind hier die Verhältnisse nicht mehr günstig für die Entstehung starker Föhnwinde.

Chinookwinde treten im Osten des Felsengebirges in Montana sowie weiter nördlich in Alberta (Kanada) u. s. w. ein, wenn Barometermaxima im Süden (unter 45 bis 50°) über Nebraska, Utah, dem südlichen Idaho liegen, während im Norden davon Barometerminima vom Pazifik nach Osten ziehen. Dann strömen die SW-Winde vom Hochland herab in das Barometerminimum ein und liefern die Chinookwinde. In Wintern aber, in welchen die Minima südlich von 40° etwa vom Pazifik herkommend die Felsengebirge überschreiten, fehlen die Chinookwinde und strenge Kälte herrscht in den oben bezeichneten Territorien.

Über das Auftreten der Chinookwinde und die großen Temperaturwechsel, die damit verbunden sind, findet man zahlreiche Berichte in den Monthl. Weath. Review (Washington). Wir verweisen namentlich auf die Abhandlung von Garriott, ebenda 1892, mit Isobarenkarten, S. 23 — dann 1900, S. 115 und auf E. J. Glass, Helena Mont. in „Milwaukee Convention" 1901, S. 41, gute Darstellung mit Abbildungen der Chinook Clouds. — Zu Assinaboine stieg am 19. Januar 1892 die Temperatur um 24° in 15 Minuten und um 27° in 3 Stunden. In Havre Mont. 760 m war am 6. März 1900 Morgens die Temperatur — 26,1°, sie stieg am 7. um 8ʰ a. m. (75. Meridian!) von — 11,7 auf 5,6 in 3 Minuten, dann noch bis 6,7°, und fiel wieder auf — 7,8 in 20 Minuten u. s. w. (interessante Thermogramme s. Monthl. W. R. 1900, S. 161). Zu Bannack City Mont.,

---

[1]) Auf den warmen Nov. 1896 mit häufigen Chinookwinden folgte eine Periode großer Kälte. Die Wirkung auf die Viehherden in Montana war besonders kritisch. Tausende der hilflosen Tiere wanderten rastlos über die Berge in vergeblichem Suchen nach Futter und Schutz. Als die Tage vergingen und keine Änderung eintrat, war die Frage ihrer Rettung eine brennende. Kein Futter war erhältlich, denn die Grasweiden, auf welche sie angewiesen, lagen unter einer 76 cm tiefen Schneelage. Am Abend des 1. Dez. war die Temperatur zu Kipp, Montana, — 25°. Die Luft war ruhig, der Himmel klar. Plötzlich erschien über den Rücken der Berge in SW eine große schwarze vom Wind zerzauste Wolkenbank. In einigen Minuten erreichte ein Stoß warmer trockener Luft die Niederung und in den folgenden 7 Minuten stieg die Temperatur auf + 2°. In 12 Minuten war die Schneedecke verschwunden, die Berghänge, „offen", die Ebenen mit Wasser bedeckt.

1880 m, stieg die Temperatur von — 40° C. 27. Dezember 1894 Abends in 7 Stunden (zum 28. Dezember) auf + 4,4°, also um fast 45° in 7 Stunden. — S. auch Geogr. Zeitschrift IX, 1903, S. 575, Der Chinook.

Über Colorado Springs (39° N) sagt L o u d: Der Exzeß der westlichen Windkomponente wird hier hervorgebracht durch das zeitweilige Vorherrschen eines für diese Region sehr charakteristischen Windes, der (scherzhaft) unter dem Namen „Zephyr" bekannt ist. Im Winter und Frühling weht er häufig mit bemerkenswerter Stärke und Wut, gewöhnlich aus einem Punkt wenig N von W; er wird charakterisiert durch eine auffallende Wärme und Trockenheit, Eigenschaften, welche einen ähnlichen Ursprung wie den des Schweizer Föhn wahrscheinlich machen. (L o u d, American Met. Journ. I, S. 353.)

Verschiedene Entstehungsarten und Erscheinungsformen der Föhnwinde. Im vorstehenden war im allgemeinen immer von heftigeren Winden die Rede, die ein Gebirge überqueren und dabei auf der einen (der Luv-) Seite feucht sind und mehr oder weniger Niederschläge erzeugen, während sie auf der anderen (der Lee-) Seite trocken und warm herabkommen. Auf diese Winde hat W i l d den Namen Föhn beschränkt wissen wollen. Es gibt aber zahlreiche Fälle, wo Luftmassen l o k a l mit geringerer oder größerer Geschwindigkeit aus der Höhe an den Bergen herabkommen, dabei sich erwärmen und trocken werden, also alle Eigenschaften des Föhn haben, ohne einer allgemeinen stürmischen Luftbewegung anzugehören. Es ist kein Grund einzusehen, diese Winde nicht auch Föhnwinde zu nennen, um so mehr, da eine strenge Scheidung vielfach unmöglich und physikalisch ungerechtfertigt wäre. Die neueren Ballonfahrten haben ergeben, daß die sogen. „potentielle" Temperatur der Luftschichten, man darf sagen ausnahmlos, mit der Höhe mehr oder weniger zunimmt, daß demnach Luft, welche aus der Höhe ohne Wärmeverlust an die Erdoberfläche herabkommt, daselbst stets warm (und trocken) ankommen muß. Wir wissen übrigens längst, daß in den Gebirgen die Temperaturabnahme mit der Höhe stets kleiner ist als 1° pro 100 m, namentlich im Winter, wo die Abnahme selbst im Mittel auf 0,3 bis 0,4° pro 100 m herabsinkt. Wenn also Luft an einer Bergwand herabkommt, so muß sie im Tale warm und trocken ankommen, ohne daß sie früher auf der anderen Seite als feuchte Luft unter Niederschlägen aufgestiegen ist [1]).

Die Veranlassung zu einem lokalen Herabkommen der Luft aus der Höhe in Gebirgstälern kann eine mehrfache sein. Die gewöhnlichste ist, daß eine kleine, sogen. sekundäre Barometerdepression an einem Gebirge vorüberzieht, die Luft aus den Tälern ansaugt, und einen zum Ersatz herabsteigenden Luftstrom im Hintergrunde derselben hervorruft. Dann haben wir lokale Föhne in diesen Tälern, ohne allgemeine Winde. Das Gebirgsvorland kann dabei kalt bleiben [2]). Auf der anderen Seite des Gebirges gibt es keinen aufsteigenden Wind,

---

[1]) Nur mit W a s s e r g e m e n g t in Niederschlägen kann kalte Luft aus der Höhe zur Erde herabkommen.

[2]) Siehe Billwiller, Met. Z. 1895, Tafel V. Isothermen vom 12. Januar 1ʰ, Alpenvorland kalt, Täler warm.

nur die den Depressionen zugekehrten Täler füllen sich im Innern mit warmer trockener Luft.

Selbst wenn ein Barometermaximum über dem Gebirge selbst lagert, kann es zu Föhnwinden kommen, und zwar gelegentlich merkwürdigerweise (scheinbar) auf beiden Seiten zugleich. Sowie die im Zentrum eines Barometermaximums herabsinkenden Luftmassen durch lokal am Gebirgsvorlande auftretende etwas gesteigerte Druckdifferenzen in den Tälern mit größerer Beschleunigung niedersinken, kommt es leicht zu Föhnwinden in diesen Tälern, die allerdings nicht die Heftigkeit mancher „typischen" Föhnwinde annehmen [1]).

Die hohe Wärme und Lufttrockenheit auf den Berggipfeln im Gebiete der Barometermaxima beruht auch auf dem langsamen Herabsinken der Luft aus der Höhe, welches als Luftbewegung unmerklich ist.

Näheres über die verschiedenen Arten von Föhn findet man bei Billwiller, Met. Zeitschr. 1899, S. 204 bis 215.

Auch eine Eigentümlichkeit im nächtlichen Temperaturgang auf Berggipfeln und im Hintergrunde von Hochtälern beruht auf der föhnartigen Wirkung herabsinkender Luft [2]).

Scirocco als Föhn. In Südeuropa, in den Ländern romanischer Zunge, wird unter dem Namen Scirocco örtlich auch ein Föhnwind verstanden. Der eigentliche Scirocco ist im allgemeinen ein warmer und zumeist feuchter Südwind, der Gegensatz zum kalten und trockenen Nordwind. So ist der Scirocco Italiens, der dalmatinischen Küste, ein feuchter, schwüler Süd- oder Südostwind. Wo aber der Südwind aus dem Innern des Landes kommt, und dabei von einem Gebirgskamm oder Plateaurand herabweht, da ist er heiß und trocken, ein echter Föhn.

Schon Bridone bemerkt, daß der heiße Scirocco auf Sizilien wohl nicht aus der afrikanischen Wüste kommen könne, sonst müßte er am heftigsten sein an der Südküste, was nicht der Fall ist, er tritt im Gegenteile an der Nordküste speziell zu Palermo am stärksten auf.

---

[1]) An der West- und Ostküste von Grönland scheinen solche Föhnwinde nicht selten aufzutreten, fast gleichzeitig auf beiden Seiten, da häufig Barometermaxima über dem Innern Grönlands sich einstellen, zwischen den Niederdruckgebieten über dem Atlant. Ozean und der Davisstraße. Siehe Met. Z. 1904, S. 333/334.

[2]) Der nächtliche Temperaturgang in Hochgebirgstälern mit Steilwänden zeigt merkwürdige Eigentümlichkeiten. Die Thermogramme von Kolm Saigurn unter den Steilwänden des Sonnblick verlaufen vielfach in der Nacht sehr unruhig und zeigen viele Zacken. Angot sagt dasselbe von den Temperaturkurven vom „Zirkus" von Gavarnie in den Pyrenäen. Sie verlaufen bei Nacht sehr unruhig, häufig im Sommer, beinahe beständig im Winter. Die zeitweiligen Temperaturerhöhungen erreichen 3—4°, selbst 5—6°. Die Luft in dem eingeschlossenen Talbecken erkaltet dann wieder, hierauf stellt sich eine Brise ein, eine Masse warmer Luft sinkt von den Steilwänden herab, die Temperatur steigt. Dann tritt wieder Erkaltung ein, der erneuerter Zufluß (beim Herabsinken) erwärmter Luft folgt u. s. w.

Ganz dasselbe konstatierte E. de Martonne in einem Felsenzirkus der südlichen Karpaten. Es stellte sich dort öfters ein nächtliches Temperaturmaximum ein. S. Met. Z. 1903, S. 567.

Neuerlich hat Zona den intensiven Scirocco vom 29. August 1885 näher beschrieben. Die Temperatur stieg zu Palermo um 1^h auf 49,6°, die relative Feuchtigkeit sank unter 10 %. Die Temperatur und Feuchtigkeit war dabei im Osten und Süden der Insel nicht abnorm, erst in der Nähe von Palermo zwischen Termini und Alcamo steigt die Temperatur auf 42° und sinkt die Feuchtigkeit auf 16 %. Der Sciroccosturm, der zu Palermo herrschte, hatte somit keineswegs die Oberfläche von Sizilien passiert[1]), er konnte nicht von Algerien und Tunesien gekommen sein, weil dort die Temperatur an den Küsten kaum 30° war[2]).

An der Westküste Messeniens zwischen Pylos und Kyparissia gibt es einen Scirocco di Levante. Dieser Föhnwind setzt Morgens aus SE ein und dreht sich tagsüber nach E und selbst bis N. Er ist sehr heiß und trocken, die Blätter der Bäume fallen ab. (Philippson, in Verhandlungen d. Gesellsch. f. Erdk. Berlin 1880, XV, S. 315.)

Der Scirocco der algerischen Küste verdankt den gleichen Ursachen seinen Ursprung; ein an sich warmer Südwind steigert seine Temperatur noch um 10 bis 15° und mehr beim Herabstürzen vom Gebirgsrand auf die Küste und wird dabei noch trockener. Bei dem Scirocco zu Algier vom 20. Juni 1874, den Sainte Claire Deville beschrieben hat[3]), stieg das Thermometer beim Eintritt des SSE rasch auf 38,8°, die relative Feuchtigkeit sank unter 15 %.

Auch die Nordküste von Spanien hat einen heißen, trockenen Südwind, die täglichen Wettertelegramme von Bilbao geben öfter davon Kunde. Bei dem Scirocco vom 1. September 1874 stieg zu Biarritz an der Küste die Temperatur auf 38° und A. Piche[4]) beobachtete selbst auf der Düne von St. Jean-de-Luz mit dem Schleuderthermometer 38,5°; die relative Feuchtigkeit war noch um 4^h unter 37 %, bei starkem S und SE infolge eines Barometerminimums bei Irland. Auf der französischen Nordseite der Pyrenäen heißt der warme, trockene Wind Vent d'Espagne. Er tritt ein bei der Annäherung der großen Depressionen von SW her, es folgt ihm sicher Regen bei der Drehung des Windes nach SW, W und NW. Für die Gegend von Pau gilt deshalb nach Piche der scheinbar paradoxe Satz: „Plus il fait sec, plus la pluie est proche."

Auch noch in Innsbruck heißt der Föhn Scirocco. Zuweilen werden auch die trockenen, warmen Nordwinde (Nordföhn) auf der Südseite der Alpen, an den oberitalienischen Seen, Scirocco genannt, wegen ihrer Wärme hält man sie für von den Alpen abgelenkte, gleichsam reflektierte Südwinde[5]).

Interessant sind auch die heißen trockenen Ostwinde an der SW-Küste von Afrika von P. Nolloth bis Swakopmund. Danckelmann hält sie wohl mit Recht für Föhnwinde. (S. Met. Zeitschr. 1895, S. 21,

---

[1]) Es soll damit nicht geleugnet werden, daß die Erhitzung des Bodens die Lufttemperatur auch etwas gesteigert hat.

[2]) Archives des sciences 1888, Heft III. Met. Z. 1888, S. 409.

[3]) Comptes rendus Bd. 79, S. 278.

[4]) Le coup de Scirocco du 1 sept. 1874. Pau 1876.

[5]) Hann, Der Sirocco der Südalpen. Met. Z. 1868, S. 561.

1888, S. 312, ferner Mitt. aus den deutschen Schutzgebieten 1903 u.
1907, Klima von Swakopmund.) Sie treten namentlich im Winter auf,
April bis Oktober, mit Maximumtemperaturen über 30°; am 5. Juli
1891 war das Maximum 39°. Im Innern des Landes dagegen treten
die Temperaturmaxima ausschließlich im Sommer ein.

II. Die Bora und der Mistral.

Die Bora ist ein kalter, antizyklonaler Fallwind, der an Steilküsten
vorkommt, mit denen ein kaltes Hinterland gegen ein warmes Meer
abfällt. Am bekanntesten ist die Bora der istrischen und dalmatinischen Küsten, zu Triest, Fiume und Zengg, wo sie als NE und ENE
auftritt. Weniger bekannt, aber nicht minder heftig ist die Bora in
Noworossisk, einem russischen Hafen an der NE-Küste des Schwarzen
Meeres. Die topographischen Verhältnisse dieser Küste sind jenen der
Ostküste der Adria sehr ähnlich. Ein kahles Küstengebirge (hier mit
500 bis 600 m Kammhöhe) schließt ein im Winter sehr kaltes Hinterland vom warmen Meere ab.

Der Charakter der Bora ist überall derselbe und ist von Lorenz
und Wrangell vortrefflich beschrieben worden [1]).

Die Bora weht an der Küste selbst und im Litorale in den heftigsten Stößen (an der Adria refoli genannt), macht sich aber nicht
weit auf das Meer hinaus fühlbar, auch hinter dem Gebirgskamm ist
sie oft wenig zu spüren (wohl aber auf dem Karstplateau [2]). Ihrem
Auftreten geht Wolkenbildung über den Höhen voraus, von denen sie
später herabstürzt. Die Wolken haften an den Kämmen während des
Wütens der Bora, nur einzelne Wölkchen lösen sich zuweilen ab und
folgen dem Winde, lösen sich aber bald wieder auf. Die Bora ist
kalt und trocken, zuweilen bringt sie aber auch Regen, wenn sie schon
mit dem oberen Scirocco kämpft. An der Adria sinkt bei Bora die
Temperatur selten unter den Gefrierpunkt, zu Noworossisk aber, wo
das Hinterland viel kälter ist, bringt sie auch scharfe Frosttemperaturen,
und das von ihr aufgepeitschte Meerwasser überzieht alles mit dicken
Eiskrusten, welche die Schiffe im Hafen fast zum Sinken bringen
können. Mazelle hat in Triest die Stärke der einzelnen Borastöße
aus den Aufzeichnungen der Anemometer zu bestimmen gesucht, und
(nicht bei der stärksten Bora) 50 bis 60 m pro Sekunde gefunden. Die
Borastöße zerstäuben die von ihr erzeugten Wellenkämme, so daß
über dem Meere sich ein eigentümlicher Nebel bildet (Fumarea), eine
Wasserstaubwolke.

Die Bora hat eine ausgesprochene tägliche Periode. Auf Lesina tritt
das Maximum der Stärke derselben um 7 bis 8[h] Vormittags ein, jenes der

---

[1]) J. v. Lorenz, Physikalische Verhältnisse des Quarnero. Wien 1863.
S. 57 etc., und Lehrbuch der Klimatologie. Wien 1874, S. 413 etc. W. v. Keßlitz.
Die Bora des Adriatischen Meeres und ihre Abhängigkeit von der Wetterlage.
Naturforscherversammlung in Karlsbad u. Mitt. aus dem Gebiete des Seewesens.
Pola 1903. — Baron F. Wrangell, Die Ursachen der Bora in Noworossisk. Wild.
Rep. f. Met. Bd. V, Nr. 4. Petersburg 1876. — Korostelew darüber s. Met. Z.
1905, S. 43.

[2]) Siehe F. Seidel, Met. Z. 1891, S. 232.

Häufigkeit um 6 bis 7ʰ Vormittags, das Minimum um Mitternacht; am seltensten ist sie um 2ʰ Nachmittags. Zu Triest hat die Bora um 9 bis 10ʰ Vormittags ihr Maximum, um Mitternacht ihr Minimum. Die Bora ist demnach am häufigsten und stärksten zur Zeit, wo der Temperaturunterschied zwischen dem kalten Hinterlande und dem Meere am größten ist.

Die Bora tritt ein, wenn über dem Hinterland der Küste der Luftdruck rasch steigt, ein Barometermaximum sich einstellt und derart ein großes Druckgefälle gegen das warme Meer hin sich ausbildet, über welchem die Tendenz zu einem Barometerminimum bestehen bleibt. Zwischen der Adria und deren nördlichem und östlichem Hinterland besteht im Winter auch durchschnittlich ein großer Druckunterschied, der an deren Ostküste die vorwiegenden NE-Winde bedingt. Es bedarf nur einer geringen Steigerung dieses Druckgefälles, um heftige Fallwinde zu erzeugen. Eine solche stellt sich aber nicht selten in hohem Grade ein, wenn der Druck über dem Innenlande rasch zunimmt oder ein Barometerminimum von Westen oder Südwesten herannaht. Es tritt dann häufig der Fall ein, daß die südliche Ostküste der Adria stürmischen, warmen, feuchten Scirocco hat, während an der nördlichen Küste die trockene, kalte Bora herrscht. Unter solchen Umständen fällt dann auch Regen oder Schnee bei Bora, während dieselbe sonst als antizyklonaler Wind heiter und trocken ist.

Unstreitig ist es der große Temperaturgegensatz zwischen dem hohen kalten Innenlande und der Luft über dem warmen Meere, welcher die Heftigkeit der Borastöße bedingt.

Man hat Schwierigkeiten gefunden, die niedrige Temperatur der Bora mit der Natur eines Fallwindes zu vereinigen, da ja ein solcher als warmer Wind, als Föhn auftreten sollte. Die Bora erwärmt sich in der Tat auch beim Herabstürzen auf das Meer, ihre Temperatur ist aber auf dem Plateau oder Gebirgskamm so niedrig, daß sie unten trotzdem noch als kalter Wind ankommt. Wenn die normale Temperaturabnahme mit der Höhe zwischen der Küste und dem Plateau schon 1° pro 100 m erreicht, so muß der an sich kalte Nordwind auch unten kalt ankommen. So ist z. B. die mittlere Temperatur des Januar (1894 bis 1898) auf dem Plateaurand des Karstes bei Triest in 350 m (Opčina und Basovizza) 1,7°, die Temperatur im Meeresniveau aber (Barcola und Servola) 5,0, die mittlere Wärmeabnahme beträgt demnach nahezu 1° pro 100 m. Bei dem heftigen Borasturm am 10. und 11. Januar 1896 war die Temperatur oben (346 m) — 4,1°, unten (in 40 m) — 0,2, die Wärmezunahme der Bora beim Hinabstürzen auf das Meer betrug also 1,1° pro 100 m und dennoch brachte sie eine negative Temperaturabweichung von 5,2°. Die Bora bleibt also trotz ihrer normalen Erwärmung beim Hinabstürzen auf das Meer ein kalter Wind [1]).

---

[1]) Bei der furchtbaren Bora vom 24. und 25. November 1895 war die mittlere Temperatur am Plateaurand (346 m) — 0,4°, die mittlere relative Feuchtigkeit 82% bei NE 8—9. In Barcola bei Triest (15 m) war die Temperatur 3,8°, die relative Feuchtigkeit 55% bei NE 7—10. Nun ist die mittlere Temperatur von Barcola Ende November etwa 10°, die Bora brachte deshalb eine Temperaturabweichung von — 6,2°, war kalt, und doch ein echter, erwärmter trockener Fallwind. — Köppen, Met. Z. 1882, S. 467, 1892, S. 75. Trabert, 1892, S. 141. — S. auch H. Meyer, Über Fallwinde. „Das Wetter". 1887, S. 241 etc.

Von großem Interesse sind in dieser Beziehung die stürmischen N-Winde zu Tragöß in Obersteiermark am Südfuß des Hochschwab. Sie sind im Winter warm und treten als Föhn auf, im Sommer sind sie kalt und stellen eine Art Bora vor. Ihrer Entstehung nach stehen sie der Bora am nächsten, da sie unter gleichen Luftdruckverhältnissen auftreten, zumeist bei rascher Drucksteigerung im Norden, zuweilen auch bei Luftdruckabnahme im Süden. Der 800 m hoch gelegene Talzirkus ist im Winter sehr kalt, die dynamische Erwärmung der vom Hochschwabplateau herabkommenden ursprünglich kalten Luft genügt dann, daß letztere unten als Föhnwind verspürt wird. Im Sommer aber erwärmt sich das Tal stark und der Fallwind kommt dann unten kühler an als die dort herrschende Lufttemperatur. Namentlich die Mittagstemperatur des Sommers wird an den Föhntagen erniedrigt und die tägliche Amplitude fast unterdrückt [1]). Dazu kommt wohl noch, daß der NW im Winter im allgemeinen an sich ein warmer Wind, im Sommer dagegen ein kühler und selbst kalter Wind ist [2]).

An den Küstenstrecken, wo die Gebirge weniger als 400 bis 700 m hoch sind und mehr als 2 bis 5 km von der Küste abstehen, tritt die Bora nur schwach auf. Dies gilt für die istrische Küste von Capodistria bis Pola, dann für die dalmatinische Küste südlich von Zara. Das Auftreten der Bora auf dem Karst selbst hat Ferd. Seydl beschrieben und vortrefflich erläutert (Met. Zeitschr. 1891, S. 232).

Der Mistral. Ähnlich verhält es sich mit dem Mistral der Provence, der zuweilen als NW-Sturm von den Cevennen herab kommt. Der Temperaturunterschied der kalten Hochebenen von Zentralfrankreich gegen das warme südliche Rhonetal und namentlich gegen die Mittelmeerküste von Montpellier bis Toulon ist zu groß, als daß die Erwärmung beim Herabstürzen vom Gebirge den Luftstrom nicht trotzdem als einen kalten erscheinen ließe. Bora und Mistral treten ja dann ein, wenn das Hinterland Kälteinvasionen von Norden her erleidet, also stark abgekühlt und der schon gewöhnlich sehr große Temperaturunterschied noch weiter verschärft wird [1]).

Bora wie Mistral treten ein, wenn ein Barometerminimum über der südlichen Adria oder über dem Golf von Lyon sich einstellt und die Luft vom Hinterlande her ansaugt, oder wenn ein rasches Steigen des Barometers über dem letzteren das schon gewöhnlich bestehende Druckgefälle nach Süden hin stark erhöht.

Oft hat die südliche Adria Scirocco (SE-Stürme), wenn bei Triest und Fiume auf der Nordseite des Barometerminimums Bora herrscht. Dann kann die Bora auch von trübem Wetter und selbst von Regen und Schnee begleitet sein.

Liegt ein Barometerminimum über Mittel- oder Oberitalien, dann hat die dalmatinische Küste Scirocco und warmes Wetter, die Provence Mistral und Kälte.

---

[1]) Näheres darüber s. R. Klein, Der Nordföhn zu Tragöß. Zeitschr. d. deutschen und österreich. Alpenvereins. 1900, S. 61. Denkschriften d. Wiener Akad. Bd. 73, 1901.

[2]) Dersch, Der Mistral. Met. Z. 1881, S. 52. S. auch Sonrel, Annuaire de la Soc. Mét. 1867, XV, S. 45.

Am 2. Dezember 1886 z. B. lag ein Barometerminimum (750 m) bei Livorno. Toulon hatte 2,8°, Perpignan 5° bei Mistral. Dagegen hatte Lesina 13° bei Sciroccosturm (SSE) und Regen, Pola 9° bei heftigem Regen. Am 21. desselben Monates, wo ein Barometerminimum über Oberitalien sich einstellte (750 m), hatte Perpignan 3°, Toulon — 1° bei NW-Sturm (Mistral), Pola, Triest hatten 15°, Lesina 16°, Rom, Neapel 15° bei Scirocco. In N- und W-Deutschland herrschten Schneestürme.

Daß der Mistral in der Provence ein „endemischer" Wind ist, hat seinen Grund darin, daß die Temperatur- und Luftdruckdifferenzen, denen er seinen Ursprung verdankt, im Winterhalbjahr die herrschenden sind. Ein Barometerminimum über dem Golf von Lyon oder ein rasches Steigen des Barometers über dem Zentralplateau von Frankreich verstärkt ihn zum wütenden Sturm, der auf der Mittelmeerbahn von Montpellier nach Perpignan zuweilen die Wagen umstürzt. Der Mistral kann auch im Sommer auftreten nach Wetterstürzen über dem Plateau von Zentralfrankreich.

Auch die herabsinkenden erkalteten Luftmassen der Gebirgstäler, die kalten Nachtwinde, entspringen einem Temperaturunterschied, den die Erwärmung beim Herabsinken nicht zu kompensieren vermag. Zudem verlieren dieselben auch unterwegs immer noch Wärme und das Herabsinken erfolgt zu langsam, als daß eine föhngleiche Erwärmung fühlbar werden könnte.

III. Die Gebirge als Klimascheiden.

Der Einfluß einer Gebirgskette auf die Eigenschaften der Winde wird sehr schön illustriert durch die folgenden von de Seue berechneten Windrosen für das südliche Norwegen [1]).

Windrosen der Bewölkung:

Südnorwegische	N	NE	E	SE	S	SW	W	NW
Westküste	7,0	5,0	4,6*	6,0	7,2	8,3	8,5	7,9
Ostküste	4,2	5,7	7,3	7,8	7,6	5,7	3,8	2,5*

An der Westküste bringen die Westwinde die größte Bewölkung, an der Ostküste die Ostwinde, also überall die gegen das Gebirge wehenden Winde; die über das Gebirge herüberkommenden Winde sind die heitersten (und trockensten), besonders ist dies beim NW-Wind auf der Ostseite des Gebirges der Fall. Dasselbe gilt von der relativen Feuchtigkeit, wie folgende Zahlen dies erläutern:

Relative Feuchtigkeit:

Südnorwegische	N	NE	E	SE	S	SW	W	NW
Westküste	80	77	74	71*	72	79	83	88
Ostküste	75	79	82	85	86	80	72	66*

So wie hier die Gebirgsmasse des südlichen Norwegen, so wirken auch anderswo die Gebirge, welche quer auf die Richtung des vorherrschenden Windes streichen, als Wetterscheiden. Auch verdient noch bemerkt zu werden, daß auf der Ostseite des norwegischen Ge-

---

[1]) Met. Z. 1877, S. 189.

birges die Windstillen mehr als doppelt so häufig sind, wie auf der Westseite (19 gegen 8 %). Die Westwinde sind ja bekanntlich die heftigsten.

Diese letzterwähnte Tatsache führt uns auf eine wichtige klimatische Funktion der Gebirge, die des Windschutzes und der Hemmung des Luftaustausches zwischen den beiden Seiten eines Gebirgszuges.

· Im kleinen macht sich dies geltend in der relativ geringen durchschnittlichen Luftbewegung in den Talbecken[1]) gegenüber der offenen Ebene. Die üppigere Vegetation, namentlich der kräftigere Baumwuchs solcher Täler ist nicht allein ein Effekt der günstigeren Erwärmungsverhältnisse oder reichlicherer Niederschläge, sondern auch der größeren Luftruhe und geringeren Verdunstung gegenüber der Ebene. Die großen Ebenen sind beständigeren, heftigeren Winden ausgesetzt und diese sind bis zu einem gewissen Grade baumfeindlich. Die Wiederbewaldung großer Ebenen findet eine Hauptschwierigkeit in den schädlichen Wirkungen der heftigen Winde auf die Neuanpflanzungen. Einmal bestehende größere Waldkomplexe schützen sich selbst gegen die Stürme.

Gebirgsketten außertropischer Breiten, die von West nach Ost streichen oder sich dieser Richtung nähern, gewähren für ihre Südabhänge Schutz gegen die kalten Polarströmungen und bedingen dadurch wichtige klimatische Schranken.

In Europa haben wir dafür ein gutes Beispiel in den Alpen. Ein Übergang über den Brenner, Splügen, Gotthard oder Simplon von Nord nach Süd versetzt uns in wenigen Stunden aus dem mitteleuropäischen in das italienische Klima. Der klimatische Übergang ist hier viel schroffer als im Westen und im Osten der Alpenkette. Das Klima ändert sich wie mit einem Sprunge. Der Grund hierfür liegt in dem Schutz gegen die kalten nördlichen Winde, welche die mächtige Alpenmauer für ihre südlichen Täler gewährt. Wir haben auch schon oben erfahren, daß dieser Schutz nicht immer bloß negativ (möchte man sagen), sondern auch positiv in dem Sinne ist, daß der kalte Wind, auch wenn er über das Gebirge herabsteigt, sich dabei erwärmt. Diese wohltätige Wirkung der Alpenkette macht sich am auffallendsten in den südlichen Tälern selbst geltend, die oberitalienische Ebene ist dagegen wieder viel exponierter und kälter. Villa Carlotta am Comersee ist im Winter um 2,4 ° wärmer als Mailand, die Temperaturminima sind durchschnittlich um 5 ° höher; Riva ist im Winter um 1 ½ ° wärmer als Mailand. Das mittlere Jahresminimum ist zu Riva — 5,0 °, zu Mailand — 8,0 °. Selbst Bozen, das um einen Grad nördlicher und 110 m höher und noch am Fuß des Brenner liegt, hat genau dieselbe Wintertemperatur wie Mailand; das mittlere Jahresminimum von Bozen ist — 7,7 °, höher als das von Mailand. Man hat

---

[1]) Manche enge Täler, welche die Verbindung zwischen größeren Talbecken herstellen, sind umgekehrt sehr zugig, weil sich die Luftströmung in ihnen wie in Stromengen verstärkt.

diese südlichen Alpentäler darum nicht mit Unrecht „das Spalier des europäischen Gartens" genannt.

Wenn Dove gesagt hat, daß die Alpen im Winter erkaltend auf die oberitalienische Ebene wirken[1]), so könnte dies leicht mißverstanden werden. Die niedrige Wintertemperatur der oberitalienischen Ebene ist, wie wir schon früher angedeutet haben, darin begründet, daß dieselbe auch von Süden und Westen von einem hohen Gebirgskamm umgeben ist, der die im Winter warmen Winde aus dieser Richtung abhält, dagegen den kälteren NE- und E-Winden Zutritt läßt, und was vor allem wichtig ist, eine unbehinderte Ansammlung der durch Wärmestrahlung des Bodens erkalteten Luftmassen gestattet. Diese kalten Luftmassen stagnieren in den Niederungen und werden die Ursache einer strengeren Winterkälte (vergleiche das Engadin, Kärnten, den Lungau), die niedrigsten Wintertemperaturen sind stets in den tiefsten Teilen der Niederung, in der Achse des Potales anzutreffen. Selbst noch in den Mitteltemperaturen des Winters (1866 bis 1880) tritt dies deutlich hervor, wie folgende Zahlen nachweisen:

Ort	N. Br.	Seehöhe	Temp. Cels.	Ort	N. Br.	Seehöhe	Temp. Cels.
Mailand	45,5°	147 m	2,3°	Alessandria	44,9°	98 m	1,3°
Brescia	45,5	172 „	2,7	Pavia . .	45,2	98 „	2,2

Die ligurische Küste, die Riviera, ist ein weiteres Beispiel, wie Schutz gegen kalte, Aufgeschlossensein gegen warme Winde im Verein mit einer günstigen Exposition eine klimatische Begünstigung hervorrufen kann, welche man erst mehrere Breitegrade weiter südlich als normal antrifft.

Auch im Klima der ungarischen Ebenen findet man Anzeichen einer schützenden Wirkung des Bergkranzes der Karpaten gegen das direkte Eindringen der nordeuropäischen Kälte. Es geht dies namentlich hervor aus den sehr verringerten monatlichen Wärmeschwankungen, und selbst in den mittleren und absoluten Kälteextremen des Winters findet man Anzeichen dafür. So liegt z. B. Nyiregyhaza ziemlich Mitte Wegs zwischen Wien und Czernowitz, die mittleren Monatsminima des Winters aber sind:

	Czernowitz	Nyiregyhaza	Wien
Monatsminimum .	−16,5	−12,5	−10,5
Differenz	4,0	2,0	

Das auffallendste Beispiel für den Schutz, den eine hohe Gebirgskette gegen das Vordringen der kontinentalen Winterkälte in niedrigere Breiten gewährt, finden wir in der Wintertemperatur Nordindiens, wenn man dieselbe mit jener Ostasiens resp. Südchinas in gleicher Breite vergleicht.

---

[1]) Über den Einfluß der Alpen auf das Klima. Monatsb. d. Berliner Akad. 1868, S. 96 u. Zeitschr. für Allg. Erdk. XV, 1868, S. 241.

Temperatur des Winters in Celsiusgraden:

Kanton   23 ° 12′ . . 12,5 °   Schanghai 31 ° 12′ . .   8,9 °
Macao   22 11   . . 15,4   Multan [1] 81 10 . . 18,9
Kalkutta 22 33   . . 20,9   Lahore [1] 81 34 . . 14,0

Nordindien hat demnach unter 31 ° Breite einen um 10 °, unter 22½ ° Breite um 7 ° wärmeren Winter als die Küste des südlichen China unter gleicher Breite; noch größer würde der Unterschied sein, wenn man Stationen im Innern von China vergleichen könnte. Der Grund dieses Unterschiedes liegt darin, daß China den kalten NW-Winden aus dem Innern Asiens ausgesetzt ist, während der ungeheure Gebirgswall des Himalaja einen Luftaustausch zwischen Innerasien und Nordindien völlig ausschließt. Nordindien hat das seiner Breite zukommende Winterklima, eine erkältende Wirkung der von höheren Breiten kommenden Winde ist ausgeschlossen.

Hätten die Vereinigten Staaten von Nordamerika ein quer über die Meridiane streichendes Hochgebirge statt der meridional verlaufenden Gebirgskette der Rocky Mountains, so würden die im Süden der Gebirge gelegenen Staaten vor den kalten Polarwinden geschützt sein, statt daß diese jetzt frei bis zum Golf von Mexiko hinabwehen und selbst noch in den Südstaaten gelegentlich außerordentlich tiefe Temperaturminima mit sich bringen. Die Mitteltemperaturen sind zwar in den Südstaaten höher als in Ostasien unter gleicher Breite, aber viel niedriger als jene in Nordindien, wie folgende Zahlen nachweisen:

Wintertemperatur in den Vereinigten Staaten unter 31—32 ° N. Br.

Mt. Vernon 31 ° 5′   11,8 °   Natchez   81 ° 84′   10,5 °
Savannah   32 5   11,2   Ft. Jessup 81 35   10,7

Da Nordindien unter gleicher Breite eine Wintertemperatur von 14,0 ° hat, so sind die südlichen Vereinigten Staaten um 3 ° kälter. Noch auffallender tritt der Unterschied hervor, wenn man die Kälteextreme vergleicht.

Die im Winter außerordentlich niedrige Temperatur von NE-Sibirien, sowie der gleichzeitig herrschende hohe Barometerstand sind, worauf Woeikof zuerst aufmerksam gemacht hat, gewiß zum großen Teile auch dadurch bedingt, daß sowohl nach Süden, namentlich aber nach Osten gegen das nahe Ochozkische Meer hin hohe Gebirgsketten den Luftaustausch, das Abfließen der durch Wärmeausstrahlung erkalteten Luftmassen hindern. In höheren Breiten, wo der Boden im Winter mit Schnee bedeckt ist, bedeutet ein solches Stagnieren der kalten Luftschichten stets auch eine Konzentrierung der Winterkälte. Eine hohe, durch keine tiefen Schluchten und Täler zerschnittene Gebirgskette schützt das jenseitige Gebiet sehr wirksam gegen das Einbrechen der Kälte aus einem derartig erkalteten Hinterland. Denn da die niedrigste Temperatur unter solchen Verhältnissen am Grunde der Talbecken angetroffen wird oder doch keine Abnahme der Temperatur mit der Höhe stattfindet, so ist die Erwärmung der vom kalten Hinterland über das Gebirge jenseits in die Niederung oder auf die Küste ab-

---

[1] Auf das Meeresniveau reduziert.

fließenden Luft hinreichend, um einen großen Temperaturunterschied zwischen beiden Seiten des Gebirges aufrecht zu erhalten.

Nehmen wir an, ein derartiges Kältezentrum sei durch ein 1500 oder 2000 m hohes Gebirge von einem benachbarten wärmeren Küstenstrich getrennt. Dann wird die vom Gebirge herabkommende kalte Luft um 15 bis 20° erwärmt, also ihre Temperatur sehr wesentlich gemildert.

Es gibt viele Beispiele für diese günstige Wirkung einer Gebirgskette. Schon der Verlauf der Winterisothermen in Ostasien und in Nordwestamerika zeigt, wie eine hohe Gebirgskette ein dichtes Aneinanderdrängen der Isothermen zur Folge hat. Ein anderes naheliegendes Beispiel haben wir in Dalmatien, dessen schmaler Küstensaum durch einen fast unzerteilten Gebirgszug von einem sehr kalten Hinterland getrennt wird. Obgleich in letzterem außerordentlich niedrige Wintertemperaturen vorkommen und die Winde sehr häufig vom Gebirgskamm herab sich als Bora aufs Meer stürzen, wird die Kälte dieser Landwinde durch das Herabfallen doch so wesentlich gemildert, daß die dalmatinische Küste trotz der Bora sehr milde Kälteextreme und sehr hohe mittlere Wintertemperaturen hat. So trifft man z. B. zu Gospic (44 1/2 ° N. Br., 570 m) in Kroatien, nahe der dalmatinischen Küste, aber durch den Velebich davon getrennt, ein mittleres Jahresminimum der Temperatur von —20,4 ° [1]), fast gleich jenem von Krakau, offenbar infolge des Stagnierens der kalten Winterluft im Becken der Lika. Unzweifelhaft kommen gleichfalls sehr niedrige Wintertemperaturen im ganzen Hinterland von Dalmatien vor [2]). Trotzdem sind an der Küste selbst die Minima sehr milde; Fiume: —4,4° (absolut —9,0 Jan. 1869), Lesina —1,6° (absolut —7,2), Ragusa —0,9° (absolut —6,0). Die niedrige Temperatur des kalten Luftstromes wird durch sein Herabsinken wesentlich erhöht. So schützt eine Gebirgskette in wirksamster Weise gegen Kälteinvasionen aus einem kalten Nachbargebiete und läßt schroffe Extreme nebeneinander bestehen.

Hat ein solches Gebirge Querspalten, Täler, durch welche die kalte Luft abfließen kann, so wird die Gegend an der Mündung derselben lokal abnorm kalt sein. So schreibt Woeikof die außerordentlich niedrige Wintertemperatur von Wladiwostock (Januarmittel —15,2 unter 43° 9') dem Umstande zu, daß hier die Paßhöhe, welche die kalte Luft aus dem Innern des Landes zu übersteigen hat, nur 180 m hoch ist. Östlich davon wird das Gebirge höher und die Küste wieder wärmer. Dann folgt nördlich das breite Tor der Amurmündung und hier liegt Nikolajewsk mit einer Januartemperatur von —24,5°. Noch nördlicher trennt wieder das Gebirge das kalte Innenland von der Küste, und richtig hat Ajan, obgleich in 3° höherer Breite als Nikolajewsk, im Januar nur —20,1° [3]).

---

[1]) Im Januar 1893 sank die Temperatur sogar auf —30,1°.

[2]) Selbst noch zu Janina, 39,8° N., ist das mittlere Minimum —8,0° (Januar 1869 —17,8°).

[3]) Zeitschr. f. Meteorol. Bd. XIII, S. 210 fg.

Im Sommer schützen umgekehrt Gebirgsketten das Innenland vor dem Einbrechen kalter Seewinde und gestatten die Entwicklung sehr hoher Sommertemperaturen in großer Küstennähe. Solche Fälle bieten sich in auffallender Weise dar in Nordwestamerika, wo das sommerkühle, regenreiche Küstengebiet von Britisch-Kolumbia und Alaska durch das Gebirge von der nahen hohen Sommerwärme des Innern auf kurze Entfernung getrennt wird. Die Sommerisothermen drängen sich hier dicht aneinander und hohe Sommerwärme dringt im Schutz des Gebirges weit hinauf in nördliche Breiten vor. Desgleichen wird die kalte Luft des Ochozkischen Meeres durch den Gebirgssaum der Küste abgehalten, die hohe Sommerwärme von Ostsibirien zu erniedrigen, obgleich zu dieser Zeit die Winde landeinwärts wehen. Der Gegensatz der Witterung auf beiden Seiten des Aldangebirges im Sommer soll ein höchst auffallender sein (Erman, Middendorf). Auf der einen Seite kalte Nebel, die fast nie die Sonne durchblicken lassen, auf der anderen Seite ein heiteres, heißes Sommerwetter. Eine ähnliche Scheidewand in viel niedrigeren Breiten bildet die kalifornische Küstenkette zwischen dem feuchtkühlen Sommer der Küste und dem heißen Sommer im breiten Tale des Sacramento- und Joaquinflusses. Es findet sich hier einer der größten Temperaturkontraste auf geringe Entfernungen hin. Unter $36\frac{1}{2}$ ^{0} Breite (Monterey) z. B. verläuft da an der Küste die Juliisotherme von 16^0, und kaum $3\frac{1}{2}$ Längegrade östlich davon hinter dem Küstengebirge finden wir die Isotherme von 34^0, d. i. eine Temperaturzunahme von nahe $5\frac{1}{2}$ ^{0} pro 1 Längegrad oder 6^0 auf 100 km.

In Schottland verdanken die Küsten des Moray Firth, Nairnshire, der südliche Hauptkörper von Sutherland, ihre günstigen klimatischen Verhältnisse dem Umstande, daß sie auf der Leeseite von ausgedehnten und ziemlich hohen Gebirgszügen liegen. Diese trocknen und wärmen die vorherrschenden Westwinde, d. h. sie machen sie in geringem Maße zu Föhnwinden. Die Atmosphäre ist auf der Ostseite dieser Gebirge viel trockener und sonniger. Daher reifen die Ernten unter 58^0 N. Br. in Sutherlandshire in dem Tal des Shin, die in Argylshire, 2^0 südlicher, niemals zur Reife kommen (Scott). Auch im nördlichen Schweden sind die Westwinde warm, trocken und heiter, weil sie über die norwegischen Gebirge herüberkommen.

Die Alpenkette bildet nicht selten (namentlich die Ostalpen) in auffallender Weise eine Wetterscheide zwischen warmen und kalten sowie zwischen trockenen und nassen Gebieten. Herrschen unter dem Einflusse eines dauernden niedrigen Druckes im Westen und Nordwesten von Europa längere Zeit südliche Winde, so haben Oberitalien, Südtirol, das südliche Kärnten etc. eine Regenzeit, oft zu Überschwemmungen führend, die Nordseite der Alpen hat dann zugleich trockenes warmes Föhnwetter (namentlich im Winterhalbjahr tritt dies öfter ein); hält sich dagegen, was im Sommer nicht selten ist, ein hoher Druck über W- und NW-Europa, bei niedrigem Luftdruck über Ungarn (und der Adria), so hat die Nordseite der Alpen (namentlich der Ostalpen) kühles, ja kaltes, länger anhaltendes Regenwetter, während es im Süden trocken und heiter ist. Die großen Überschwemmungsperioden auf der Nordseite der Ostalpen (auch in Schlesien) (z. B. August 1880, August, September 1890, Juli 1897, Juli 1899 etc.) traten unter solchen Verhältnissen ein. Dabei ist es meistens in der Schweiz trockener, weil sie näher dem Zentrum des Luftdruckmaximums liegt. Ja, die Nordseite der Schweiz hat überhaupt deshalb durchschnittlich weniger verregnetes Sommerwetter als die Ostalpen.

Die Regen und Überschwemmungen im Süden bei Föhnwetter auf der Nordseite der Alpen sind bekannt genug[1]). Dagegen zeichnete sich der Sommer 1890 aus durch ein konstantes ozeanisches Barometermaximum im W und NW von Europa und durch kühles, nasses Wetter mit Überschwemmungen (Regen bei hohem Luftdruck in allen diesen Fällen) auf der Nordseite der Alpen.

Zugleich herrschte anhaltende Dürre in den südlichen österreichischen Alpenländern. Seit Anfang August lag der ganze Boden des Zirknitzer Sees trocken und blieb es länger als „seit Menschengedenken", der Ernteertrag war der doppelte als im Durchschnitt. Große Trockenheit und Wassermangel in Krain.

Auf der nördlichen Hemisphäre, wo die südlichen Winde die warmen Winde sind, werden die Nordseiten der Gebirgsketten einen extremeren Temperaturwechsel haben als die Südseiten. Die Südwinde sind ja auf der Nordseite wärmer, trockener und heiterer als auf der Südseite. Tritt dann ein Wetterumschlag ein, so setzen die kalten Nordwinde auf ersterer mit ungeschwächter Kraft ein, auf der Südseite kommen sie etwas erwärmt an, zudem sind sie hier trockener und heiterer. Der Temperaturumschlag ist deshalb auf der Nordseite größer als auf der Südseite.

Während der außergewöhnlich warmen Witterung im März 1896 und bei dem darauf folgenden Wettersturz waren z. B. die Temperaturverhältnisse in Wien und Graz die folgenden:

Temperatur.

	7^h a. m.	Mittl. Max.	Mittl. Min.	Mittel
21.—26. März heiteres Wetter bei Südwinden				
Wien (Nordseite)	6,0	19,9	5,3	12,6 °
Graz (Südseite)	8,5	17,6	2,4	10,0
27. März bis 2. April, Westwetter, trüb, kühl				
Wien (Nordseite)	3,1	10,0	2,7	6,3
Graz (Südseite)	4,1	12,2	2,4	7,3

In Graz war es unter der Herrschaft der Südwinde kühler, nach dem Wetterumschlag bei NW- und W-Winden wärmer als in Wien; der Unterschied der Tagesmittel, die Abkühlung, betrug in Wien 6,3 °,

---

[1]) Hann, Witterung und Niederschläge vom 11. September bis 18. Oktober 1868. Met. Z. 1868 (III), S. 513 und Wolf darüber S. 583. Die Trockenheit und Wärme auf der Nordseite der Ostalpen während der großen Überschwemmungen im Süden war außerordentlich. — Zweite Hälfte Oktober und erste Hälfte November 1886 war sehr warm und trocken auf der Nordseite der Alpen bei konstant hohem Luftdruck im Osten und Südosten und niedrigem im Westen und Nordwesten. Regen und Überschwemmungen in Oberitalien und Südfrankreich.

in Graz nur 2,7 °, die mittlere Abkühlung der Nachmittagstemperatur war in Wien 9,9 °, in Graz [1]) nur 5,4 °.

A ß m a n n hat schon folgende Sätze aufgestellt, die mit obigen Ausführungen im Einklang stehen: Die Nordseiten der Gebirge erhalten durch das föhnartige Herabsinken der auf der Südseite abgetrockneten Luftmassen einen Wärmeüberschuß, geringere Bewölkung und vermehrte Insolation. Die Gebirge vergrößern die Wärmeschwankung in den leewärts gelegenen Niederungen beträchtlich und geben diesen hierdurch einen kontinentaleren Charakter. Die Luvseiten der Gebirge nebst ihrer benachbarten Vorlande haben ein limitierteres, die Leeseiten bis auf weite Entfernungen hin ein exzessiveres Klima [2]).

---

[1]) Die Temperaturen von Graz sind auf die Seehöhe von Wien reduziert durch Addition von 0,7 °.

[2]) Der Einfluß der Gebirge auf das Klima von Mitteldeutschland. Engelhorn, Stuttgart 1886, S. 57 u. 72.

Fünftes Buch

Die großen Klimagürtel der Erde.

Die terrestrischen Temperatur-, Wind- und Regenzonen.

Die solaren Klimagürtel erleiden, wie wir gezeigt haben, wesentliche Modifikationen und Verschiebungen durch die ungleiche Verteilung von Wasser und Land sowie durch den Wärmetransport, den die Luft- und Meeresströmungen vermitteln, selbst abgesehen von der vertikalen Schichtung der Klimate durch die Erhebungen der Erdoberfläche. Im großen ganzen aber finden wir doch eine zonale Anordnung der Klimagürtel um die Erde herum, nach den Breitegraden, wenngleich dabei die Wendekreise und Polarkreise sich nicht zur Abgrenzung der physischen Klimate eignen, ja selbst der Äquator klimatisch nicht die nördliche von der südlichen Hemisphäre abgrenzt.

Wir wollen nun zunächst die zonale Verteilung der Temperatur auf der Erdoberfläche ins Auge fassen, ohne dabei die Wirkung der Land- und Wasserbedeckung auf dieselbe außer acht zu lassen.

I. Die Temperaturzonen der Erde.

Zur schematischen Abgrenzung derselben eignen sich in erster Linie die zuerst von Dove auf Grund seiner Isothermenkarten berechneten mittleren Temperaturen der Breitegrade. Dove hat in seinem epochemachenden Werke: „Die Verteilung der Wärme auf der Oberfläche der Erde, Berlin 1852" die mittlere Temperatur jedes 10. Parallelkreises für die 12 Monate und das Jahr in der Weise ermittelt, daß er seinen Karten der Monatsisothermen die Temperatur von 36 äquidistanten Punkten (also für jeden 10. Längegrad) auf dem betreffenden Parallel entnahm und das Mittel daraus bildete. Diese Mitteltemperatur wird auch, obwohl nicht zutreffend, als die „normale Temperatur" des Parallelkreises angesehen. Sie ist in Wirklichkeit nicht bloß abhängig von der geographischen Breite, sondern auch von dem Verhältnis von Land und Wasser unter dem betreffenden Parallel, und dieses Verhältnis ändert sich von einem Parallel zum anderen.

Später haben zunächst Spitaler [1]) auf Grundlage meiner Isothermen-

---

[1]) Die Wärmeverteilung auf der Erdoberfläche. Denkschriften der Wiener Akad. Bd. LI, 1885.

karten in Berghaus' Neuem physikalischen Atlas, dann Batchelder[1]) auf Grund der Isothermen von Buchan in den Challenger Reports (Physics and Chemistry, Vol. II) und neuerdings Hopfner auf der gleichen Grundlage[2]) die mittlere Temperatur der Parallelkreise für den Januar, Juli und das Jahr (Hopfner als erster nach Dove für alle 12 Monate) abgeleitet.

Außerdem hat Mohn in dem großen Werke seiner Bearbeitung der met. Beob. der Expedition von Nansen für die Breiten 90 bis 60° (in 5°-Intervallen) die mittleren Monatstemperaturen dieser Parallelkreise auf Grund neu konstruierter Isothermen berechnet[3]).

Wir haben für das Jahr und die extremen Monate die Mitteltemperaturen der Parallelkreise nach diesen Berechnungen zusammengestellt, außerdem auch noch Hopfners Zahlen allein mit Beigabe der Temperaturen für April und Oktober in unsere Tabelle aufgenommen.

Mittlere Temperatur der Breitegrade.

	Landbedeckung in Proz.		Mittlere Temperatur, Spitaler, Batchelder, Hopfner			Jahresschwankung	Nach Hopfner allein				
	a	b	Jahr	Jan.	Juli		Jan.	April	Juli	Okt.	Jahr
N-Pol	—	—	− 22,7	− 41	− 1	40	—	—	—	—	—
80	22	24	− 17,4	− 33,5	1,7	35,2	− 33,3	− 20,4	1,9	− 16,0	− 16,1
70	55	54	− 10,8	− 26,4	6,9	33,3	− 26,4	− 12,7	6,7	− 9,2	− 10,1
60	61	64	− 1,0	− 15,9	14,0	29,9	− 16,1	− 2,2	14,0	− 0,1	− 1,1
50	56	55	5,9	− 7,1	18,0	25,1	− 7,2	5,2	17,9	6,9	5,8
40	46	47	14,1	5,5	24,0	18,5	5,9	13,1	24,2	15,7	14,6
30	43	42	20,4	14,7	27,3	12,6	15,0	20,1	27,2	21,8	20,8
20	33	32	25,3	21,9	28,0	6,1	21,9	25,2	27,9	26,4	25,3
10	24	24	26,8	25,8	26,9	1,1	25,8	27,2	27,0	26,9	26,7
Äq.	22	23	26,8	26,5	25,6	0,9	26,5	26,6	25,7	26,5	26,4
10	20	23	25,4	26,4	23,9	2,5	26,7	25,9	23,8	25,7	25,6
20	24	23	23,0	25,3	19,8	5,5	25,2	24,0	19,4	22,8	23,0
30	20	18	18,4	21,6	14,5	7,1	21,2	18,7	14,3	18,0	18,0
40	4	5	11,9	15,4	8,8	6,6	15,1	12,5	8,4	11,7	11,9
50	2	2	5,4	8,4	3,0	5,4	8,6	5,4	3,1	5,4	5,7
60	0	1	− 1,6	2,7	− 7,6	10,3	1,7	− 0,2	—	− 0,9	—
70	—	—	− 11,5	− 0,8	− 22,2	(21,4)	—	—	—	—	—
80	—	—	(− 10,8)	(− 6,5)	− 31,5	(25,0)	—	—	—	—	—
S-Pol	—	—	(− 25)	—	—	—	—	—	—	—	—

Da die mittlere Temperatur der Breitekreise in hohem Grade von dem Verhältnis der Land- und Wasserbedeckung derselben abhängt, sind diese Verhältniszahlen nach Penck „Morphologie der Erdoberfläche" auch aufgenommen worden. Sie stehen unter a, die unter b stehenden Zahlen sind mit Zuziehung der benachbarten 5° abstehenden Parallelkreise berechnet, z. B. steht für 60 der Wert $\frac{1}{2}$ (60° + (65 + 55) : 2).

---

[1]) A new series of isanomalous temperature charts. American Meteor. Journal, March 1894.

[2]) Friedr. Hopfner, Die thermischen Anomalien auf der Erdoberfläche. Pet. Geogr. Mitt. 1906, Februarheft.

[3]) The Norwegian North Polar Expedition 1893 bis 1896. Scientific Results, Vol. VI, Meteorologie. S. Met. Z. 1906, S. 47 und 97 bis 114.

Die Tabelle zeigt den großen Einfluß der Landbedeckung auf die Temperaturzonen. Dazu kommt noch der Wärmetransport auf die nördliche Hemisphäre hinüber durch die Meeresströmungen.

Es zeigt sich ferner, daß die größte Wärme im Jahresmittel auf 10° Nordbreite fällt[1]). Dieser Parallelkreis ist demnach der thermische Äquator. Nur im Winter der nördlichen Hemisphäre ist der Äquator der wärmste Parallel, im Juli aber finden wir die höchste mittlere Temperatur erst unter 20° N.

Die Verlegung des Wärmeäquators (und damit auch der Scheide der großen Windsysteme) auf die nördliche Hemisphäre ist eine Wirkung der größeren Landbedeckung derselben; das Land ist ja in niedrigeren Breiten wärmer als das Meer. Es kommt aber noch ein Umstand hinzu, der Transport einer großen Menge warmen Wassers durch die Passatdrift von der südlichen auf die nördliche Hemisphäre, worauf schon oben S. 178 hingewiesen worden ist. Der landumschlossene nördliche Indische Ozean und das zum Teil seichte Inselmeer im Südosten von Asien und im Norden und Nordosten von Australien sind desgleichen Wärmeherde, wie sie die südliche Hemisphäre nicht aufzuweisen vermag. Die Ozeane der nördlichen Hemisphäre, gegen die Eismeere und deren Eismassen nahezu oder völlig abgeschlossen, sind im ganzen wärmer als die der südlichen Hemisphäre; an diesem Abschluß ist allerdings wieder die größere Landbedeckung der nördlichen Halbkugel beteiligt.

Die mittlere Landbedeckung der westlichen (Wasser-)Hemisphäre von 20° W bis 160° E ist von 5° bis 25° auf der nördlichen Halbkugel nur zirka halb so groß als auf der südlichen (unter dieser Breite), und trotzdem ist die mittlere Temperatur der westlichen Hemisphäre von 5 bis 25° Nordbreite 24,6°, von 5 bis 25° Südbreite nur 23,3°, die südlichen Breiten also um 1,3° kühler. Ja, obgleich unter 15° Nordbreite (im Westen) nur 6% Land, unter 15° Südbreite dagegen 20%, so ist doch im Norden die Temperatur auch um 1,3° höher als im Süden. Es ist also nicht bloß das Land, sondern auch das Meer auf der nördlichen Halbkugel unter diesen Breiten wärmer[2]). Also Land und Wasser sind auf der nördlichen Hemisphäre wärmer in den niedrigeren Breiten.

Dove hat schon auf die bemerkenswerte Tatsache hingewiesen, daß die mittlere Temperatur der ganzen Erde im Laufe des Jahres nicht konstant bleibt, wie dies theoretisch nach den Bestrahlungsverhältnissen der Fall sein sollte, sondern vom Januar zum Juli steigt, daß also die Wärmeverhältnisse der nördlichen Hemisphäre für die mittlere Temperatur der ganzen Erde den Ausschlag geben. Nach meiner Berechnung sind die mittleren Temperaturen der Hemisphären (mit möglichster Rücksicht auf die bis jetzt bekannt gewordenen Temperaturen in höheren antarktischen Breiten) die folgenden[3]):

---

[1]) Auch in den Mitteln für je 5°, nach Spitaler: 5° N 26,1°, 10° 26,4°, 15° 26,3.

[2]) Woeikof, Über den Einfluß von Land und Meer auf die Lufttemperatur, Met. Z. 1888, S. 18. Die obigen Mittel sind ohne Rücksicht auf den ungleichen Umfang der Parallelkreise gebildet, was dem Vergleich aber keinen Eintrag tut.

[3]) S. mein Lehrb. der Meteorol., II. Aufl., S. 114 u. s. w.

	Jan.	Juli	Jahr	Jahres-schwankung
Nördliche Halbkugel	8,0	22,5	15,2	14,5
Südliche „	17,3	10,3	13,6	7,0
Ganze Erde	12,6	16,4	14,4	3,8

Die Temperatur der ganzen Erde steigt demnach vom Januar zum Juli um nahe 4^0, einen derartigen Einfluß hat die hohe Julitemperatur der nördlichen Hemisphäre, die mit der milderen Wintertemperatur der südlichen Hemisphäre zusammenfällt, während die niedrige Sommertemperatur der letzteren mit der tiefen Januartemperatur der Nordhalbkugel korrespondiert. Die nördliche Landhalbkugel, wenn man so sagen darf, hat einen kalten Winter und einen heißen Sommer. Die Jahresschwankung ist $14 \frac{1}{2}^0$, die südliche Wasserhalbkugel hat einen kühlen Sommer und einen milden Winter, die Jahresschwankung der Temperatur ist 2mal kleiner als die der Nordhalbkugel. Die nördliche Hemisphäre hat aber trotzdem nur ein gemäßigtes kontinentales Klima, weil sie doch nur 40 % Landbedeckung hat, die südliche Hemisphäre mit nur 17 % Land hat dagegen ein ziemlich echt ozeanisches Klima.

Der wärmste Monat der südlichen Halbkugel (als Ganzes, Januar) ist um $5,2^0$ kälter als jener der nördlichen (Juli), dagegen der kälteste Monat (Juli) um $2,3^0$ wärmer als jener der Nordhalbkugel (Januar).

Für die nördliche Halbkugel: Pol bis zum Polarkreis, Polarkreis bis 30^0 und von 30^0 bis Äquator, habe ich als mittlere Temperatur erhalten:

Kugelzone	Pol -65^0	$65-30^0$	$30^0 - $ Äq.	Pol -30^0
Fläche relativ	.094	.406	.500	.500
Jahr	$-13,1^0$	$9,2^0$	$25,2^0$	$5,0^0$
Januar	$-28,8$	$-2,1$	22,8	$-7,2$
Juli	6,0	20,7	27,2	17,9

Die Hälfte der nördlichen Halbkugel hat eine mittlere Temperatur von mehr als 25^0. Die niedrigen Temperaturen der Polarkalotte haben einen relativ geringen Einfluß (Fläche kaum 1 %) auf die Temperatur der ganzen Hemisphäre.

Die Temperaturabnahme mit der Breite beträgt im Jahresmittel für je 10^0:

	80/90	70/80	60/70	50/60	40/50	30/40	20/30	10/20	Äq. -10
Nord	8,3	6,7	9,0	6,7	6,3	6,2	5,0	1,5	$-0,5$
Süd	—	(8,3)	9,5	7,6	5,4	6,4	4,6	2,3	0,9

Die Temperaturabnahme erfolgt am raschesten vom 60. zum 70. Breitegrad (wie es scheint) in beiden Hemisphären.

Der Temperaturunterschied der beiden Hemisphären unter verschiedenen Breiten beträgt:

Breite	10^0	20^0	30^0	40^0	50^0	60^0	70^0
Nord—Süd	1,4	2,3	2,0	2,2	0,5	0,6	(1,2)

um so viel ist die südliche Halbkugel kälter als die nördliche.

Der Temperaturunterschied zwischen Äquator und 70° beträgt im Januar: Nordhalbkugel 52,9°, Südhalbkugel 27,3°, im Juli: von 20° N (Max.) bis 70° N bloß 21°, 20° N bis 70° S 50,2°. Im Sommer ist das Temperaturgefälle auf beiden Hemisphären weniger als halb so groß als im Winter.

Die südliche Halbkugel erfährt vom Januar zum Juli, wenigstens bis 60° S, viel kleinere Temperaturänderungen als die nördliche, wie es ihrer weit größeren Wasserbedeckung entspricht.

Bildet man Mittelwerte aus den Temperaturen der entsprechenden Breitegrade in Nord und Süd, so erhält man eine neue Art von Mitteltemperaturen der Breitegrade, die Bezold holosphärische Temperaturen genannt hat. Bezold hat darauf aufmerksam gemacht, daß diese Temperaturen zu den Strahlenmengen, die jeder Breitegrad erhält, in einem bemerkenswert einfachen Verhältnis stehen. Bezeichnen wir die Strahlenmengen in Thermaltagen (nach Meech, s. S. 100) mit D und mit t die holosphärische Temperatur des Parallels, so besteht die Relation

$$t = \frac{D}{5,2} - 42,5$$

Vom 20. bis zum 50. Breitegrade (also für 0,6 der Erdoberfläche) gibt diese Formel mit großer Übereinstimmung die holosphärischen Temperaturen der Breitegrade. Nur am Äquator und in höheren Breiten werden die Differenzen größer, und zwar am Äquator positiv, in höheren Breiten negativ, was Bezold auf die Bewölkung zurückführt, die in niedrigeren Breiten die Temperatur vermindert, in höheren Breiten aber (durch Verhinderung der Ausstrahlung) erhöht. Man kann aber auch an den Wärmetransport dabei denken, der in gleichem Sinne tätig ist.

Die mittlere Strahlensumme für eine Halbkugel beträgt 299 Thermaltage. Diese mittlere Strahlensumme entfällt auf den 37. Breitegrad, die höheren Breitegrade erhalten weniger, die niedrigeren mehr Sonnenwärme. Der 37. Parallel schneidet 0,6 der Halbkugel ab, es empfangen daher $^3/_5$ der Erdoberfläche mehr und nur $^2/_5$ weniger als die mittlere Strahlensumme im Jahre [1]).

Eine Mitteltemperatur von 15° findet man im Jahresmittel unter 38° N und 35° S, auf einer Fläche gleich 60% der Erdoberfläche, die mittlere Januartemperatur 15° unter 29° N und 42° S, demnach auf 57$^1/_2$% der Erdoberfläche und im Juli unter 57° N und 31° S, welche 67$^1/_2$% der Erdoberfläche einschließen. Die „Mittellinie" von 15° dringt demnach im wärmsten Monat der Nordhalbkugel um volle 15 Breitegrade weiter polwärts vor, als jene auf der südlichen Halbkugel, trotzdem die Erde sich dann im Perihel befindet.

Temperaturunterschiede zwischen West und Ost auf der nördlichen Halbkugel.

Auch in der Richtung von Ost nach West, also nach Meridianstreifen, bewirken die ungleiche Verteilung von Wasser und Land sowie die beständigeren Luft- und Meeresströmungen Temperaturverschiedenheiten zwischen einer östlichen und einer westlichen Hemi-

---

[1]) W. v. Bezold, Über klimatologische Mittelwerte für ganze Breitegrade. Sitzb. d. Berliner Akad. 1901, Dez. — Referat in Met. Zeitschr. 1902, S. 260. — Hann darüber ebenda S. 263. — Ferner W. v. Bezold, Strahlungsnormalen und Mittellinien der Temperatur. Met. Z. Hann-Band S. 279.

sphäre, die wir, wie gewöhnlich, mit 20° W und 120° E abgrenzen
wollen.

Supan hat die mittleren Temperaturen der Breitegrade in der so
abgegrenzten westlichen und östlichen Hemisphäre berechnet (Pet.
Geogr. Mitteil., 1887, Litt. S. 90).

Die westliche Hemisphäre hat 17% Land, also 83% Wasserbedeckung, die östliche 37% Land und 63% Wasser (von 80° N bis
70° S). Mittels Supans Zahlen habe ich die mittleren Temperaturen
dieser Hemisphären berechnet [1]). Es genügt, die Resultate für die
nördliche Hemisphäre mitzuteilen.

Nordhalbkugel	Jahr Pol-Äq.	Januar Pol-Äq.	Juli Pol-Äq.
Östliche Hemisphäre .	15,6	6,6	24,1
Westliche Hemisphäre .	14,6	9,1	20,7

Die westliche Hemisphäre ist im Januar um 2,5° wärmer, im
Juli aber um 3,4° kälter als die östliche. Die Jahresschwankung der
Temperatur in der westlichen Halbkugel (Pol-Äq.) beträgt nur 11,6°,
auf der östlichen dagegen 17,5°.

Buys Ballot berechnete auch die mittleren Temperaturen der
Meridiane in 5°-Intervallen für Januar, Juli und das Jahr, und zwar
für die Erstreckung von 80° N bis 55° S. Es lassen sich in diesen
Zahlen bedeutende Wärmeunterschiede erkennen, und zwar machen sich,
in Übereinstimmung mit der vorwiegenden Verteilung des Landes und
der Ozeane nach Meridianstreifen, in allen Jahreszeiten 2 Maxima und
2 Minima bemerkbar [2]).

Im Januar sind die wärmsten Meridiane 160 bis 170° W mit 10,5°
und 10 bis 35° E mit 12,5°, die kältesten 95 bis 105° W mit 5,4° und
100 bis 115° E mit 2,8°, größter Unterschied 9,7°.

Im Juli sind die wärmsten Meridiane 100 bis 115° W mit 18,3 und
20 bis 115° E mit 19,2°, die kältesten 175 bis 180° W mit 16,0°, dann
125 bis 130° W und 15 bis 20° W mit 16,1°; größter Unterschied nur 3,2°.

Auf der nördlichen Hemisphäre ist der Meridian von 120° E v. Gr.
wohl der kontinentalste, sein größter Gegensatz dürfte unter 30° W zu
suchen sein. Ich habe für diese Meridiane die Mitteltemperaturen (nach
Batchelder) berechnet und erhalten:

Äq.—80° N	Januar	Juli	Jahr	
120° E, v. Gr.	−6,6°	21,1°	7,4°	Land
20° W, v. Gr.	10,7	17,3	12,8	Wasser

Südlich von 20° besteht kaum mehr ein Temperaturunterschied zwischen E und W. Nimmt man deshalb die außertropischen Breiten allein
von 20 bis 80° N, so erhält man:

20—80° N	Januar	Juli	Jahr	
120° E	−15,9°	19,4°	1,7°	Land
20° W	6,3	14,6	8,7	Wasser
Differenz	+22,2	−4,8	+7,0	

---

[1]) Met. Z. 1906, S. 49.
[2]) Verdeeling der Warmte over de Aarde. Amsterdam 1888.

Dies dürfen die größten Temperaturgegensätze zwischen Ost und West sein (die Temperaturen sind Mittel von 110, 120 und 130° E und 20, 30 und 40° W).

A. v. Tillo hat die mittlere Temperatur aller Meere und Kontinente zwischen 90° N- und 50° S-Breite berechnet und gefunden:

	Jan.	Juli	Jahr	Schwankung
Mittlere Temperatur der Meere . .	17,9	19,2	18,3	1,3
„ „ „ Kontinente .	7,3	22,9	15,0	15,6

Die Meere sind um 3,3° wärmer als die Kontinente. Bei den Temperaturen des Januar und des Juli gibt die nördliche Hemisphäre den Ausschlag, wie man sieht. Die Temperaturänderung der Kontinente vom Januar zum Juli ist 12mal größer als die der Meere.

Spekulationen über die Temperaturen auf einer reinen Land- oder Wasserhemisphäre. Die Beantwortung der Frage, welchen Einfluß Änderungen in der Verteilung von Land und Wasser auf der Erdoberfläche auf Temperatur- oder Klimaänderungen überhaupt haben dürften, ist für die Geologen von erheblichem Interesse. Teilweise ist eine solche Beantwortung mittelbar schon früher (S. 132) und jetzt in vorstehendem gegeben worden. Das Grenzproblem ist, welche mittleren Temperaturen dürften für eine volle Wasser- und für eine volle Landhemisphäre angenommen werden, oder noch weitergehend, welche Verteilung würde die höchste und die niedrigste Temperatur geben.

Den ersten Versuch, diese Frage zu beantworten, verdankt man dem bekannten englischen Physiker James Forbes[1]). Dieser hat, von theoretischen Überlegungen ausgehend, eine Formel aufgestellt, welche die Abhängigkeit der mittleren Jahrestemperatur der Breitekreise von der relativen Verteilung von Wasser und Land längs derselben darstellt. Der Versuch ist insofern gelungen, als seine Formel die beobachteten mittleren Temperaturen auf der Nordhalbkugel und jene bis 40° S recht befriedigend wiedergibt, obgleich die Konstanten derselben nur aus den Temperaturen auf der Nordhemisphäre abgeleitet worden sind[2]). Für die Temperaturen des Pols und Äquators einer Wasser- und Landhemisphäre gibt sie aber doch unwahrscheinliche Werte.

Die Temperatur der Landhemisphäre wird gleich jener auf der Wasserhemisphäre unter rund 45° Breite, nach einer graphischen Methode findet Forbes 42½°, jenseits dieser Breite gegen den Pol hin ist eine Wasserhemisphäre wärmer.

Spitaler hat auf Grund der von ihm berechneten Mitteltemperaturen der Parallelkreise und der von Dove gefundenen Zahlen für die Verteilung von Wasser und Land eine andere Formel aufgestellt, welche die

---

[1]) Inquiries about terrestrial temperature, Trans. R. Soc. Edinburgh, Vol. XXII, 1859.
[2]) Diese Formel lautet: φ die geographische Breite, n die relative Landbedeckung derselben; n = 0 Wasserhalbkugel, n = 1 Landhalbkugel.
$$t\varphi = -10,8 + 32,9° \cos{}^5/_4\,\varphi + 21,2°\, n \cos 2\,\varphi.$$

Temperatur jedes Parallelkreises als eine Funktion der geographischen Breite und des Verhältnisses von Wasser und Land darstellt. Sie gibt als

Temperatur	Wasserhalbkugel	Landhalbkugel	Differenz
des Äquators	22,2	41,5	+ 19,3
des Poles	— 9,5	— 28,8	— 19,3
der ganzen Hemisphäre .	13,8	20,2	+ 6,4

Die höchste Temperatur würde eine Hemisphäre haben, welche vom Äquator bis 45° mit Land, von da bis zum Pol mit Wasser bedeckt wäre, die umgekehrte Verteilung von Wasser und Land liefert die niedrigste Temperatur. Spitaler hat die Mitteltemperaturen der Erde unter diesen Verhältnissen berechnet und findet:

Mittlere Temperatur der Erde:
Äquator bis 45° Land, und 45° bis Pol Wasser 22,8
Äquator bis 45° Wasser, und 45° bis Pol Land 11,1.

Die Zone vom Äquator bis 45° hätte in einer Wasserhemisphäre eine Mitteltemperatur von 18,2°, in einer Landhemisphäre 81,1°; die Kalotte von 45° bis zum Pol in einer Wasserhemisphäre 2,7°, in einer Landhemisphäre — 6,2°.

Diese Rechnungsergebnisse sind, wenn sie sich auch ziemlich weit von den wirklichen Verhältnissen entfernen mögen, doch von einigem Interesse, weil sie uns eine klarere und bestimmtere Vorstellung von dem Einflusse von Wasser und Land auf die Temperatur der Erdoberfläche vermitteln, sowie von den Veränderungen, welche erstere erleiden würde, wenn die Verteilung von Wasser und Land auf der Erde sich ändern würde [1]).

Die Temperatur einer reinen Wasserhemisphäre können wir natürlich viel besser beurteilen als die einer Landhemisphäre, weil wir in der südlichen Halbkugel eine bedeutende Annäherung an erstere vor uns haben, wogegen für eine volle Landhemisphäre jeder Maßstab fehlt. Auf einer solchen wären ja auch die auf der nördlichen Halbkugel in sehr wirksamer Weise vor sich gehenden Wärmetransporte durch die Meeresströmungen ausgeschlossen.

Zenkers Temperaturen einer Land- und Wasserhalbkugel.
Auf einer ganz anderen Grundlage als Forbes, Spitaler und Precht [2]) hat W. Zenker die Normaltemperaturen für eine volle Wasser- und Landhemisphäre aufgestellt. Er berechnet zuerst auf rein theoretischem Wege, ähnlich wie Angot, die Wärmemengen, welche jedem Breitekreise an der Erdoberfläche zukommen, berücksichtigt aber dabei nicht bloß die Absorption der Strahlung in der Atmosphäre, sondern nimmt auch auf die Zerstreuung der Strahlen in derselben und auf die Reflexion der letzteren von Wasser, Land und

---

[1]) Die Formel von Spitaler ist, wenn wieder mit φ die Breite, mit n der Prozentsatz der Landbedeckung für diese Breite bezeichnet wird:

$$t\,\varphi = -\,2{,}43 + 17{,}6 \cos \varphi + 7{,}1 \cos 2\,\varphi + 19{,}3\, n \cos 2\,\varphi.$$

Setzt man in dieser Formel n = 0, so gilt sie für eine Wasserhemisphäre, für n = 1 für eine Landhemisphäre.

Gegen weitergehende Folgerungen aus solchen Formeln hat Woeikof mit Recht Einwendungen erhoben. Die Klimate der Erde I, S. 382 etc.

[2]) Precht hat in die Formeln von Forbes und Spitaler ein konstantes mittleres n eingesetzt, 24,4%, indem er Land und Wasser über alle Breitekreise gleichmäßig verteilt annimmt. Auf diese Art hat er neue „Normaltemperaturen" berechnet. S. Met. Z. 1894, S. 81 u. s. w.

Schnee Rücksicht. Es ist also auch die diffuse Strahlung in Rechnung gezogen. Zenker meint, daß seine, natürlich für heiteren Himmel berechneten Wärmemengen trotzdem auch in Wirklichkeit Geltung haben, weil die Bewölkung bei Nacht in gleicher Weise die Ausstrahlung hindert, wie sie bei Tag die Insolation vermindert. In seiner letzten großen Arbeit hat er aber auch den Einfluß der Bewölkung in Rechnung zu ziehen gesucht und Korrektionsfaktoren für die verschiedenen Grade der Bewölkung berechnet.

Zenker glaubt annehmen zu dürfen, daß gleichen Differenzen der Strahlung auch gleiche Temperaturdifferenzen entsprechen. Finden wir zwei Punkte unter verschiedenen Breitegraden, welchen wir die mittlere Temperatur eines reinen Seeklimas, desgleichen zwei andere, denen wir die Temperatur eines reinen Landklimas zuschreiben dürfen, so sind wir in der Lage, die normale Temperatur der Parallelkreise im reinen Seeklima und im reinen Kontinentalklima zu berechnen. Das ist der ursprüngliche Ausgangspunkt seiner Untersuchungen.

Das reine Seeklima sucht W. Zenker mit Recht auf dem Großen Ozean der südlichen Halbkugel. Dort findet er unter 20^0 die Isotherme von 23^0 und unter 50^0 die Isotherme von 8^0.

Die Differenz der Sonnenstrahlung zwischen 20^0 und 50^0 ist nach Zenkers Tabelle, die wir unter dem Text nach der letzten Publikation des Autors aufgenommen haben [1]), 801 Einheiten, und da dieser Strahlungsdifferenz eine Temperaturdifferenz von 15^0 entspricht, so ist die Einheit der Strahlungsdifferenz $= 0,0187^0$ C. Jetzt können wir leicht weiter rechnen. Da die berechnete Strahlendifferenz zwischen 20^0 und dem Äquator (s. die Tabelle unten) 166 ist, so ist die Temperaturdifferenz $3,1^0$, die Temperatur des Äquators im Seeklima daher 23,0 $+ 3,1 = 26,1$, was sehr gut stimmt. Auf gleiche Weise erhält man auch die normalen Temperaturen der anderen Parallelkreise [2]).

<hr>

[1]) Jährliche Strahlenmengen an der Erdoberfläche nach Zenker.

Breite	Land	Meer	Breite	Land	Meer
Äq.	2591	2528	50	1654	1561
10	2550	2485	60	1314	1218
20	2429	2362	70	1088	935
30	2233	2158	80	903	785
40	1969	1887	Pol	882	761

Diese Strahlenmengen sind Relativzahlen und als Einheiten der 4. Dezimale zu lesen. Es liegt ihnen die Einheit von Wiener zu Grunde, d. i. diejenige Strahlenmenge, welche der Breitegrad erhalten würde, wenn die Sonne während des ganzen Jahres in der mittleren Entfernung in seinem Zenith gestanden wäre.

[2]) Man kann auch von der gegebenen Temperatur und Strahlenmenge des Äquators, sowie der Strahlenmenge, die auf eine Temperaturdifferenz von 1^0 kommt, ausgehen (in unserem Beispiel 53,4, von Zenker jetzt genauer zu 50,7 angenommen) und kommt dann zu der Gleichung:

$$t = (\text{Strahlenmenge} : 50,7) - 23,7^0 \text{ in C.}$$

Diese Formel ist am bequemsten zur Rechnung.

Wie man sieht, hängt bei dieser Art der Ableitung der Normaltemperaturen das meiste davon ab, den richtigen Ausgangspunkt für die Reduktion der Strahlenmengen auf Temperaturgrade zu finden. Hierbei ist natürlich eine gewisse Willkür nicht zu vermeiden. Es kann aber keinem Zweifel unterliegen, daß diese Art der Berechnung der Normaltemperaturen im reinen See- und Landklima weniger empirisch ist als die Methode von Forbes, und eine theoretisch besser fundierte Grundlage zur Beurteilung des reinen See- und Landklimas liefert als die von uns vorhin mitgeteilten Formeln [1]).

Viel schwieriger ist es, die für die Reduktion der eingestrahlten Wärmemengen auf Temperaturgrade erforderlichen Verhältniszahlen für das Landklima zu finden, da wir auch auf der nördlichen Halbkugel kein reines Kontinentalklima von hierfür genügender Ausdehnung vorfinden. Zenker fand in seiner ersten Arbeit für die Einheit der Strahlungsdifferenz im Mittel eine Temperaturdifferenz von 0,0385 °C. Geht man dann von der Isotherme von 0,5 ° unter 50 ° Breite in Ostasien aus, so findet man für die Temperatur am Äquator im Landklima (die Strahlendifferenz ist 937 Einheiten) den Wert 36,6 °. In seiner letzten größeren Arbeit findet Zenker die Temperatur des Äquators nur zu 34,6 °. Auf diese neuere Berechnungsmethode, welche auch die Wärmeausstrahlung zu berücksichtigen sucht, kann aber hier nicht eingegangen werden [2]).

	Normaltemperatur nach Zenker [3]) im			Temperatur der südlichen Halbkugel	
	Landklima	Seeklima	Differenz	von mir berechnet	beobachtet
Äq.	34,6	26,1	− 8,5	26,0	26,2
10	33,5	25,3	− 8,2	25,5	25,4
20	30,0	22,7	− 7,3	22,8	23,0
30	24,1	18,8	− 5,3	18,1	18,4
40	15,7	13,4	− 2,3	12,0	12,0
50	5,0	7,1	2,1	5,5	5,6
60	− 7,7	0,8	8,0	− 0,7	− 1,0
70	− 19,0	− 5,2	13,8	− 5,8	—
80	− 24,9	− 8,2	16,7	− 9,1	—
Pol	− 26,1	− 8,7	17,4	− 11,3	—

---

[1]) Allerdings läßt Zenker in seiner ersten Arbeit den so wichtigen Faktor der Wärmeausstrahlung ganz außer acht, er sucht selben aber in seiner letzten großen Abhandlung zu berücksichtigen. Vergl. Met. Z. 1896 [25].

[2]) W. Zenker, Die Verteilung der Wärme auf der Erdoberfläche, Berlin 1888, S. 62 etc. — Der klimatische Wärmewert der Sonnenstrahlung, Met. Z. 1892, S. 336 u. Met. Z. 1893, S. 340. Die gesetzmäßige Verteilung der Lufttemperaturen über dem Meere. Mit einer Karte. Pet. Mitt. 1893, S. 39. Die Karte zeigt die Abweichungen der Lufttemperatur über dem Meere von den theoretischen Werten in reinem Seeklima. — Der thermische Aufbau der Klimate aus den Wärmewirkungen der Sonnenstrahlung und des Erdinnern, Halle 1895. Nova Acta Bd. LXVII. Diese große Arbeit umfaßt 252 Quartseiten und ist von 5 Karten begleitet.

[3]) Nach dem letztzitierten Werke.

Die beobachtete Temperatur der südlichen Halbkugel ist das Mittel aus den von Spitaler und Batchelder gefundenen Werten. Die berechneten Temperaturen sind mittels einer Interpolationsformel erhalten worden, die ich aufgestellt habe [1]).

Man wird mit Befriedigung bemerken, daß die von Zenker aus den Strahlenmengen allein berechneten Temperaturen einer Wasserhemisphäre recht gut übereinstimmen mit den beobachteten Temperaturen auf der südlichen Halbkugel, nur in den höheren Breiten ergibt seine einfache Formel zu hohe Temperaturen, selbst abgesehen von der Poltemperatur. In Wirklichkeit würde ja auch auf einer reinen Wasserhemisphäre der Pol doch mehr weniger eisbedeckt sein, also die Formeln ihre Gültigkeit verlieren.

Für die berechneten Temperaturen der Landhalbkugel haben wir keinen Maßstab zur Prüfung derselben. Die Temperatur des Äquators, wie sie Zenker jetzt annimmt, ist eher zu niedrig als zu hoch (Jahresmittel von 30° finden wir ja tatsächlich schon unter 15° Nordbreite), die Temperatur des Pols dürfte jedenfalls zu niedrig sein, da der Einfluß der atmosphärischen Konvektionsströmungen, welche im Zirkumpolargebiet nur erwärmend wirken können, in Zenkers Rechnung unberücksichtigt bleiben mußte, und dieser Einfluß im Landklima, wegen der raschen Wärmeabnahme mit der Breite, im Winter sehr erheblich sein müßte. Die Rechnung kann deshalb die Temperatur des Pols nur zu niedrig ergeben.

Man darf aber die von Zenker gefundenen Normaltemperaturen für eine Wasser- und Landhemisphäre gegenwärtig als eine beiläufige Basis für weitere Schlußfolgerungen betrachten [2]).

J. Liznar hat die Rechnungen von Zenker nach einer anderen Methode wieder aufgenommen: Berechnung der Mitteltemperatur der Breitegrade einer Land- und Wasserhemisphäre, sowie der Erde aus den an der Grenze der Atmosphäre zugestrahlten Wärme-

---

[1]) Ich habe die Temperatur am Äquator im reinen Seeklima zu 26° gefunden aus den Mitteltemperaturen äquatorialer Inseln. Da die mittlere Temperatur des Ozeans am Äquator bei 27° liegt, die Luft nach Schott in den tropischen Meeren um zirka 0,8° kühler ist, so dürfte der Ansatz richtig befunden werden. Für 65° Südbreite habe ich nach den Beobachtungen von Roß und Borchgrevink —3,5° eingesetzt. Sieben Bedingungsgleichungen gaben mir dann:

$$T_\varphi = 26,0 + 4,54 \sin \varphi - 40,81 \sin^2 \varphi.$$

Diese Gleichung gibt die beobachteten Mitteltemperaturen ganz genau wieder (für 65° gibt sie —3,4). Die mittlere Temperatur der südlichen Halbkugel berechnet sich aus derselben zu 14,7°. Die neueren Beobachtungen in höheren südlichen Breiten zeigen aber, daß die Formel nur bis gegen 60° S Gültigkeit hat, dann beginnt der Einfluß des Eises und der vergletscherten Antarktis, die Temperatur nimmt sehr rasch ab, da Winter und Sommer kalt sind.

[2]) Precht hat auf Grund der gleichen Voraussetzung wie Zenker aus den von Angot berechneten „Thermaltagen" für die Breitegrade „Solltemperaturen", wie er sie nennt, berechnet, und zwar für jeden 5. Breitegrad. Von der mittleren Temperatur der Erde, 15,1°, und der mittleren Temperatur des 45. Breitegrades 9,6° ausgehend findet Precht den Übergang von den Thermaltagen zu den mittleren Temperaturen. Die mittlere Temperatur des Äquators berechnet er für die Transmissionskoeffizienten 0,6, 0,67 und 0,7 resp. zu 26,4, 26,5 und 26,7; jene des Pols zu —9,0, —9,6 und —10,0°. Diese Temperaturen würden, wie man sieht, nur für eine Wasserhalbkugel passen. Z. 1894. S. 87.

mengen. Met. Z. 1900, S. 36 bis 39. Die von Liznar berechnete Temperaturen sind:

	0	10	20	30	40	50	60	70	80	Pol
Land	33,7	32,6	29,3	23,8	15,8	5,4	$-7,5$	$-19,7$	$-26,1$	$-28,3$
Wasser	25,7	24,9	22,7	19,0	13,7	7,1	$-0,7$	$-7,6$	$-11,1$	$-12,2$
Differenz	8,0	7,7	6,6	4,8	2,1	$-1,7$	$-6,8$	$-12,1$	$-15,0$	$-16,1$

Der abkühlende Einfluß der Landmassen in höheren Breiten ist bedeutend größer als der erwärmende in niederen Breiten, was wir ja auch an den Beobachtungen s. S. 133 gesehen haben.

Man kann nun versuchen, aus den Normaltemperaturen im Land- und Seeklima die Temperaturen der Breitekreise mit Rücksicht auf den Grad ihrer Kontinentalität zu berechnen. Die auf diesem Wege von Zenker gefundenen Temperaturen der Breitekreise ergaben im Vergleich mit den von Dove und Spitaler aus den Isothermenkarten ermittelten Werten das Resultat, daß die nördliche Hemisphäre von 20° Breite an wärmer ist, die südliche aber unter allen Breitekreisen etwas kühler, als sie nach Zenker sein sollte. Dies kann dahin gedeutet werden, daß ein Teil der im Süden empfangenen Wärme der nördlichen Halbkugel durch die Strömungen zugeführt wird.

Zenkers Maß der Kontinentalität. Um zu einem richtigen Wert für die Umwandlung der Strahlungsmengen in Temperaturgrade im reinen Landklima zu gelangen, war Zenker zunächst veranlaßt, den Begriff der Kontinentalität in Bezug auf die Temperaturverhältnisse festzustellen. Dazu dient die Größe der Jahresschwankung der Temperatur, welche in direkter Abhängigkeit steht von dem Unterschiede der Strahlung im Sommer und im Winter.

Die Jahresschwankung für sich allein kann aber kein Maß für den Grad der Kontinentalität geben, weil selbe auch bei gleichem Grade der Kontinentalität bekanntlich mit der Breite zunimmt, und zwar theoretisch mit dem Sinus der geographischen Breite. Man muß also die Jahresschwankungen der Temperatur mit dem Sinus der Breite dividieren, um sie vergleichbar zu machen. Zenker erörtert (l. c. S. 78 etc.) die Gründe, die es ihm rationeller erscheinen lassen, mit dem Bogen der Breite selbst zu dividieren. Dann wird z. B. der Relativwert der Temperaturschwankung (21,3°) für Wien gleich 21,3° : 48,2 = 0,44 oder 44 %. Jakutsk unter 62° (Januar $-42,8$, Juli 18,8) hat die relative Temperaturschwankung 61,6 : 62 = 90 %. Zenker hat solche reduzierte Temperaturschwankungen für alle Teile der Erde berechnet und die Orte gleicher Größe derselben durch Linien verbunden, wodurch ein sehr anschauliches Bild entsteht. Man findet die relative Temperaturschwankung 100: bei Werchojansk, nördlich von Peking, und in der Sahara nördlich vom Tschadsee; im Innern von Australien erreicht die Schwankung nur den Wert 80, im Innern von Nordamerika 70, in Argentinien 40 % (Südafrika hat im Innern 50 %), auf den Ozeanen findet man 20, 10 u. 0 %.

Aus den Linien gleicher relativer Schwankung ergibt sich durch Verbindung der auf dem Lande und der auf dem Meere gefundenen Werte der Maßstab der Kontinentalität. Die Ozeane zeigen in ihrer größten Ausdehnung auf der nördlichen Halbkugel die relative Schwankung von 16 %, d. i. zirka ⅙ von jener in der Mitte der Kontinente. Um aus der relativen Schwankung n den Grad der Kontinentalität x in Prozenten zu bestimmen, haben wir daher zu beachten, daß $^1/_6$ (100 — x) der Anteil des Seeklimas an der Jahresschwankung ist und 1 × x der Anteil des reinen Kontinentalklimas. Wir haben also

$$x + {}^1/_6 (100 - x) = n \text{ oder } x = {}^6/_5 n - 20.$$

Die Kontinentalität des Klimas von Wien ist also nach früheren 44 × $^6/_5$ — 20 = 33, also ein Drittel; die Luft in Wien ist gleichsam aus $^1/_3$ Landluft und $^2/_3$ Seeluft gemischt, die Kontinentalität von Jakutsk ist 119 — 20 = 99, die von Werchojansk gleich 100. Dieser von Zenker aufgestellte Begriff des Grades der Kontinentalität eines Klimas in thermischer Beziehung ist für die Klimatologie nützlich und von Interesse [1]).

II. Die Windgürtel der Erde.

Von der Zone höchster mittlerer Temperatur um den thermischen Äquator fließt in der Höhe die Luft nach N und S in höhere Breiten ab, und es sinkt deshalb der Luftdruck an der Erdoberfläche. Dem Gürtel größter Wärme entspricht ein Gürtel niedrigen Luftdruckes mit Windstillen und schwachen veränderlichen Winden, der äquatoriale Kalmengürtel oder das Doldrum.

Diesem Gürtel niedrigeren Luftdruckes fließt in den unteren Schichten die Luft von N und S aus den höheren Breiten mit großer Beständigkeit zu, und es entstehen dadurch die sogen. Passatgürtel. Die N-Winde auf der nördlichen Hemisphäre werden durch die Erdrotation nach rechts abgelenkt zu NE-Winden (NE-Passat). Die S-Winde im S des Äquators werden nach links abgelenkt zu SE-Winden (SE-Passat).

Die Passate nehmen ihren Ausgang von einem Gürtel höheren Luftdruckes in rund 35 ° N und S, der namentlich über den Ozeanen regelmäßig entwickelt ist und über selben Kerne noch höchsten Druckes, die subtropischen Barometermaxima enthält. Die Gürtel hohen Luftdruckes bezeichnen das polare Ende der tropischen Luftzirkulation, die am Äquator aufgestiegenen und in der Höhe nach N (als SW) und S (als NW) abfließenden Luftmassen (die Antipassate) senken sich wieder an die Erdoberfläche herab und treten unten wieder in den Kreislauf ein, die Passate bildend.

Polwärts von den subtropischen Hochdruckgürteln strömt an der Erdoberfläche die Luft in höhere Breiten ab und bildet, durch die Erdrotation abgelenkt, die Westwindzonen der außertropischen Breiten (SW auf der nördlichen, NW auf der südlichen Halbkugel). Da die Ablenkung mit der geographischen Breite stark zunimmt (und zwar im Verhältnis des Sinus der geographischen Breite), so werden die in höhere Breiten abfließenden Luftmassen stärker abgelenkt als jene, die niedrigeren Breiten zufließen.

Die subtropischen Hochdruckgebiete sind auch „dynamisch" bedingt. Die Luftströmungen auf der nördlichen Halbkugel drängen nach rechts

---

[1]) Luigi de Marchi behandelt in seiner Schrift: Le cause dell' era glaciale auf S. 100—124 gleichfalls die oben erörterten Gegenstände. Die Ableitung der Temperaturverteilung auf einer Wasser- und Landhemisphäre erfolgt auf rein theoretischem Wege und es kann deshalb hier nicht darauf eingegangen werden.

und wirken stauend auf ihrer rechten Seite, umgekehrt jene der südlichen auf ihrer linken Seite. Die Passate wie die Westwinde drängen demnach in der Richtung gegen den zwischen ihnen liegenden Hochdruckgürtel und stauen ihn an.

Wir finden derart zwei große Windzonen auf der Erde: die Passatzonen zwischen dem Äquator und rund 30° N und S und die Westwindgürtel polwärts davon. Da der dreißigste Parallel die Hemisphäre in zwei gleich große Teile scheidet, so nehmen im allgemeinen die Passatgürtel und W-Windgürtel gleich große Teile der Erdoberfläche ein.

In neuerer Zeit ist man darauf aufmerksam geworden, daß in der Umgebung der inneren zirkumpolaren Gebiete wieder vorherrschende Ostwinde auftreten, ein drittes Windgebiet, das aber klimatisch von keiner besonderen Bedeutung ist [1].

Das allgemeine Schema der großen Windgürtel der Erde in ihrer Beziehung zur Luftdruckverteilung an der Erdoberfläche läßt sich kurz so andeuten:

Breite N	60°	80°	10°	Äq.	10°	80°	60° S
Luftdruck	758	762,5	758	758	756	763,5	748
Wind	WSW	NE	ENE	ESE	SE	WNW	

Die Vertikalstriche entsprechen der Einschaltung windstiller Gürtel. Es sind dies die subtropischen sogen. „Roßbreiten“ und der tropische Kalmengürtel.

Dieses Schema gilt für den Jahresdurchschnitt. In den extremen Monaten rücken der Kalmengürtel, die tropischen Windgürtel und die subtropischen Barometermaxima etwas polwärts vor (im Sommer der betreffenden Hemisphäre) und wieder zurück (im Winter). In den folgenden Luftdruckmitteln für die extremen Monate kommen diese kleinen Verschiebungen zum Vorschein.

Mittlerer Barometerstand im Meeresniveau 700 mm.

N. Br.	80	70	60	50	40	30	20	10	Äq.
Jan.	57,5*	60,1	60,8	62,3	63,9	65,0	62,3	59,1	58,0
Juli	58,8	57,6*	57,7	58,9	60,0	59,3	58,0	57,7*	59,1
S. Br.	Äq.	10	20	30	35	40	45	80	—
Jan.	58,0	57,8*	58,5	61,0	62,0	61,9	58,2	52,7	—
Juli	59,1	60,9	63,5	65,1	63,9	60,6	57,1	52,8	—

Die kleine Tabelle zeigt die jahreszeitliche Wanderung der Hochdruckgebiete, von denen die Passate und W-Winde ausgehen, von 30° N (Januar) nach 40° N (Juli) auf der nördlichen Halbkugel und von 30° S (Juli) nach 35° S (Januar) auf der südlichen, desgleichen die Verschiebung des äquatorialen Niederdruckgürtels.

Auf der südlichen Halbkugel sind die Windzonen regelmäßiger entwickelt als auf der nördlichen, da die großen Kontinente mit ihrer Tendenz zu mächtigeren Land- und Seewinden (sekundäre Monsun-

---

[1] Die Theorie dieser Windsysteme findet man in den Lehrbüchern der Meteorologie, z. B. in meinem Lehrbuch II. Aufl., S. 336 u. s. w.

zirkulationen) nicht hemmend einwirken. Über den Ozeanen sind die Passatgürtel am regelmäßigsten ausgebildet und können beiläufig wie folgt begrenzt werden:

Mittlere Polar- und Äquatorialgrenzen der Passate in den extremen Monaten.

	März		September	
	Atlant. Ozean	Großer Ozean	Atlant. Ozean	Großer Ozean
NE-Passat	26— 8° N	25—5° N	35—11° N	80—10° N
Kalmenzone	3° N—Äq.	5—3° N	11— 3° N	10— 7° N
SE-Passat	Äq.—25° S	3° N—28° S	3° N—25° S	7° N—20° S

Man sieht, daß der Kalmengürtel in beiden Ozeanen nie auf die südliche Hemisphäre hinüberrückt. Es hängt dies damit zusammen, daß der Wärmeäquator stets auf der nördlichen Hemisphäre verweilt. Die mittlere Polargrenze des NE-Passates verschiebt sich vom Winter zum Sommer auf dem Atlantischen Ozean fast um 10 Breitegrade, auf dem viel breiteren Stillen Ozean nur um 5°. Die Kalmenzone ist im nördlichen Sommer breiter, am breitesten auf dem viel schmäleren Atlantischen Ozean. Der SE-Passat überschreitet im Großen Ozean das ganze Jahr hindurch den Äquator und weht auf die nördliche Hemisphäre hinüber, auf dem Atlantischen Ozean nur im nördlichen Sommer.

Die mittlere Breite des NE-Passatgürtels beträgt auf dem Atlantischen Ozean 23,5°, auf dem Großen Ozean 20°, die des SE-Passates auf dem Atlantischen Ozean 23°, auf dem Großen Ozean 24°, im großen Durchschnitt umfassen die Passatgürtel je 23 Breitegrade, der Kalmengürtel nur 4°. Auf dem Indischen Ozean haben wir im N die schon erwähnten NE- und SW-Monsune, nur zwischen 10° und 25° S. Br. weht der Passat (SE) konstant.

Über den Kontinenten lassen sich keine so bestimmten Grenzen für die Passate angeben, doch fehlen sie keineswegs, sowie auch die Gebiete veränderlicher Winde und Kalmen zwischen denselben, welche beim Zenithstande der Sonne eintreten und die äquatorialen Regenzeiten bedingen.

Der außertropische Gürtel der W-Winde ist auf der südlichen Halbkugel sehr regelmäßig ausgebildet. Die W-Winde wehen dort mit großer Beständigkeit und großer Heftigkeit rings um die Erde herum. Auf der nördlichen Halbkugel erzeugen die Kontinente vielfache Störungen und Abschwächungen derselben, wie schon früher erörtert worden ist.

III. Die Wolkengürtel und Regengürtel der Erde.

Den Zonen niedrigen Luftdruckes und der daselbst aufsteigender Luftbewegung entsprechen im allgemeinen Wolken- und Regengürtel, den Zonen herabsinkender Luft, den subtropischen Hochdruckzonen geringe Bewölkung und Neigung zu Regenlosigkeit.

Die tropischen Wolken- und Regengürtel wandern mit der Sonne vom Äquator nach N und S, da beim Zenithstande der Sonne die

Passate abflauen, niedriger Luftdruck mit veränderlichen Winden auch Westwinden und Windstillen sich einstellt. Die tropischen Regen folgen der Sonne. Dieser Satz gilt im allgemeinen, im speziellen aber spielen gerade in den Tropen lokale Verhältnisse eine große Rolle beim Eintritt der Regenzeiten, vor allem die Gebirge.

In den außertropischen Breiten, in den Gebieten der W-Winde sind es die zyklonischen Luftbewegungen, welche über den Meeren und Kontinenten, namentlich im Winter, Niederschläge bringen. In den großen, die Pole umkreisenden Westwinddriften entstehen fortwährend, vor allem im Winter, zur Zeit des größten Temperaturgefälles gegen den Pol hin, Wirbel, welche mit denselben weiter ziehen und, von aufsteigenden Luftbewegungen begleitet, Niederschläge hervorrufen.

Über den Landflächen, die im Winter bei niedriger Temperatur wasserdampfarm sind, herrschen Sommerregen vor, die zum Teil zyklonischen Ursprungs sind, zum Teil lokalen aufsteigenden Luftbewegungen ihre Entstehung verdanken. Über den Meeren herrschen hauptsächlich Winterniederschläge, über den Landflächen Sommerregen.

In den subtropischen Gebieten, welche im Sommer noch teilweise in den Passatgürtel aufgenommen werden oder passatartige, trockene Luftströmungen haben, ist der Sommer regenlos oder nur regenarm (mit zunehmender Breite), im Winter aber, nach dem Rückzug der Passatströmung, werden diese Gebiete in die Westwinddrift aufgenommen und erhalten zyklonische Regen. Deshalb treffen wir in einem Teile der Erde eine Winterregenzone, mehr oder weniger anschließend an die Polargrenze der tropischen Sommerregen.

Aber nur auf den W-Seiten der Kontinente! Auf den E-Seiten herrschen unter gleichen Breiten mehr oder minder monsunartige Sommerregen.

Die folgende Tabelle gibt Beispiele: erstens für den Übergang der äquatorialen Regen (doppelte Regenzeiten nach den beiden Zenithständen der Sonne) zu dem einfachen tropischen Regen, etwa von 10° Breite an, die darauf folgende Winterregenzeit der Subtropen, jenseits der Wendekreise, die mit zunehmender Breite durch Herbstregen endlich in Sommerregen übergehen. Diese Sommerregen treten am stärksten auf im kontinentalen Klima (N-Asien, Inland).

Regenverteilung auf die Jahresviertel in Prozenten der Jahressumme.

I. Änderung der Regenperioden mit zunehmender Breite im Westen der Alten Welt.

	Dez./Febr.	März/Mai	Juni/Aug.	Sept./Nov.
		Afrika am Äquator		
West- und Ostküste	26	36	2	36
Seenplateau, Nilbassin	22	36	15	27
		Franz. Sudan		
13° N Breite	0	10	63	27
		Nordküste von Afrika		
32° N „	65	10	0	25
		Süditalien		
36° N „	42	19	3*	36

	Dez./Febr.	März/Mai	Juni/Aug.	Sept./Nov.
		Mittelitalien		
41½° N Breite	30	23	10*	**37**
		Oberitalien		
45½° N „	18*	24	25	**33**
		Mitteleuropa		
51° N „	18*	24	**35**	23
		Nordasien (Inland)		
55° N „	7*	13	**58**	22

II. Außertropische Küstenregen, trockenes Frühjahr, nasser Herbst. Sehr gleichmäßige Verteilung an der amerikanischen Atlantischen Küste.

	Dez./Febr.	März/Mai	Juni/Aug.	Sept./Nov.
		Nordwesteuropa (Küste)		
60° N Breite	29	19*	21	**31**
		Nordamerika, Atl. Küste		
40° N „	24	23*	**27**	26

III. Monsunregen in Süd- und Ostasien, Sommermaximum.

	Dez./Febr.	März/Mai	Juni/Aug.	Sept./Nov.
		Indischer SW-Monsun		
Malabarküste 15° N	1*	6	**75**	18
		Ostasien		
China 31° N	6*	20	**57**	17

IV. Ein gutes Beispiel für den Unterschied der jährlichen Regenperioden an den West- und Ostküsten unter gleichen Breiten liefert Australien. Die Ostküste hat Sommer- und Herbstregen, die Westküste ausgesprochenen Winterregen (wie Südeuropa und Nordafrika). Die tropische Nordküste hat die Sommerregen des NW-Monsun, die subtropische Südküste Winterregen.

	Dez./Febr.	März/Mai	Juni/Aug.	Sept./Nov.
		Nordküste, SW-Monsun		
13½° S	**65**	26	0	9
		Ostküste		
32° S	28	**32**	22	18*
		Südaustralien		
35½° S	11*	26	**41**	22
		Westaustralien		
32½° S	5*	25	**52**	18

Das allgemeine Schema der Regenzeiten ist demnach:

I. Tropen: Regen bei höchstem Sonnenstande, daher zwei Regenzeiten in der Nähe des Äquators (aber nicht überall), entfernter vom Äquator verschmelzen sie in eine einzige Regenzeit (weitaus die vorherrschende). Die Monsunregen machen keine Ausnahme, da sie auch beim höchsten Sonnenstande fallen. Ausnahmen: Winterregen entstehen auch in den Tropen, wo die (im Winter am strengsten wehenden) Passate und Wintermonsune auf ein Gebirge treffen. Die Luvseite hat dann mehr oder minder konstante Regen (Passatregen).

II. Subtropen: An den W-Seiten der Kontinente, Winterregen nach Rückzug des Hochdruckgebietes in niedrigere Breiten. An den Ostseiten eine Art Monsunregen im Sommer.

III. Außerhalb der Tropen und Subtropen, im Gebiete

mehr oder minder **konstanter W-Winde**: vorherrschende **Winterniederschläge** über den Ozeanen, vorherrschende **Sommerregen** auf den Kontinenten.

In den Mittelwerten für die Breitekreise können die angeführten Wolken- und Regenzonen nicht zur Geltung kommen, da wir namentlich in den außertropischen Breiten Winter- und Sommerregen auf gleichen Breiten antreffen, und selbst im Jahresdurchschnitt auf den Landflächen unter gleichen Breiten regenarme und regenreiche Gebiete. — Die von Supan für die Ozeane berechneten Zahlen der Regenwahrscheinlichkeit unter verschiedenen Breiten führen aber doch einige charakteristische Erscheinungen vor Augen:

Mittlere Regenhäufigkeit, Regenwahrscheinlichkeit, auf den Ozeanen
nach Supan

über 40° N	40/30	30/20	20/10	10/Äq.	0—10 S	10/20	20/30	30/40	über 40°
				Atlantischer Ozean					
.58	.47	.34	.32*	.52	.48	.48	.41*	.45	.60
				West-Pazifischer Ozean					
.61	.46	.43*	.55	.56	(.32)	.50	.43*	.57	.82
				Indischer Ozean					
—	—	—	—	.58	.58	.50	.46*	.62	

Man findet hier die Regenmaxima in der Kalmenzone, die Minima in den subtropischen Breiten zu beiden Seiten des Äquators und die Wiederzunahme der Regenhäufigkeit nach den höheren Breiten, wo sie über den Ozeanen (namentlich im Winter) ein hohes Maximum erreicht.

Die mittlere Verteilung der Niederschlagsmengen über den Landflächen der Erde zeigt keine derartige Regelmäßigkeit.

Breitenzonen

70/60	60/50	50/40	40/30	30/20	20/10	10/Äq.	Äq./10	10/20	20/30	30/40	40/50	50/60
				Niederschlagshöhen in Zentimeter nach Fritzsche[1]								
35	50	51	52	79	95	172	181	110	64	57*	87	102

Man bemerkt hier nur die starke Zunahme der Regenmenge gegen das Äquatorialgebiet und die Niederschlagsarmut der Zirkumpolarregion. Fritzsche nimmt 26 cm für 70 bis 80° N und 24 cm von 80° N bis zum Pol an. Daß in den Zirkumpolarregionen nur geringe Niederschlagsmengen fallen, darüber kann kein Zweifel bestehen; man darf wohl 30 cm und weniger mit guten Gründen annehmen.

F. v. Kerner hat eine detaillierte Berechnung der zonalen Niederschlagsmengen über den einzelnen Kontinenten von 5 zu 5 Breitegraden und auch für die Jahresviertel angestellt[2]. Die Methode der Ableitung dieser Mittel war eine andere als die von Fritzsche; beiden Arbeiten liegt aber die Regenkarte der Erde von Supan zu Grunde. Dadurch, daß Kerner die mittleren Regenmengen für Amerika, Europa-Afrika (mit Vorderasien und Arabien) und Asien-Australien gesondert

[1] Siehe Met. Z. 1908, S. 32.
[2] Revision der zonalen Niederschlagsverteilung von Fritz v. Kerner. Mitt. der k. k. geogr. Gesellsch. Wien 1907.

berechnet hat, haben die Ergebnisse eine reellere Bedeutung erhalten, während im Gesamtmittel die Eigentümlichkeiten der zonalen Niederschlagsverteilung sich schon stark abgestumpft haben. Die folgende kleine Tabelle ist ein kurzer Auszug aus Kerners Tabellen[1]).

Mittlere jährliche zonale Niederschlagsmengen nach F. v. Kerner in Zentimeter.

N 60	50	40	30	20	10	Äq.	10	20	30	40	50 S
				Östliche	alte Welt						
36	37	37	77	130	182	**250**	184	55	39*	104	—
				Westliche	alte Welt						
55	61	53	18*	30	119	**142**	126	74	48	—	—
				Amerika							
50	65	73	74	101	155	**201**	154	118	89	51*	77
				Gesamte	Landflächen						
43	50	50	56	67	131	**182**	148	81	70*	78	84

Auf allen Landflächen fällt auf den Äquator das Maximum der Niederschlagsmenge. Das subtropische Minimum der nördlichen Halbkugel finden wir nur in Europa-Afrika um 30 ° N herum, auf der südlichen Hemisphäre dagegen auch in Australien und Amerika.

Aus den Tabellen der Verteilung der Niederschläge auf die Jahresviertel nach 5 °-Intervallen in Millimetern und in Prozenten der Jahresmengen wollen wir nur folgenden ganz kurzen Auszug wiedergeben:

Zonale Verteilung der Niederschlüge nach Jahreszeiten in Prozenten der Jahressummen

	Dez.-Febr.	März-Mai	Juni-August	Sept.-Nov.
70—55 ° N	15*	18	**42**	25
50—30 ° „	20*	24	**33**	28
25— 5 ° „	8*	18	**42**	32
Äq—20 ° S	**34**	33	10*	23
25—40 ° „	**29**	27	21*	23

Überall auf den Landflächen herrschen Sommerregen vor, überall ist daselbst im großen Durchschnitt der Winter die niederschlagsärmste Jahreszeit. Bemerkenswert erscheint, daß in den Monaten September bis November (auf der nördlichen Halbkugel den Herbst, auf der südlichen das Frühjahr bildend) unter allen Breiten von N nach S die (relative) Niederschlagsmenge am konstantesten ist.

Zonale Verteilung der Bewölkung und der Luftfeuchtigkeit nach Arrhenius

N 70/60	60/50	50/40	40/30	30/20	20/10	10/Äq.	0/10	10/20	20/30	30/40	40/50	50/60 S
				Mittlere	Bewölkung	in Prozenten						
„ 60	62	55	46	41*	42	55	**58**	53	45*	49	62	**72** „
				Absolute	Feuchtigkeit	(Gramm im Kubikmeter)						
„ 3,1	4,9	7,0	9,7	13,8	17,2	**18,9**	18,7	16,4	13,2	9,8	7,0	(5,0) „
				Relative	Feuchtigkeit	(Prozente)						
„ 82	78	74	70*	71	75	80	**81**	78	77*	79	81	(81) „

---

[1]) Die 5 °-Intervallen sind von mir zu 10 °-Intervallen zusammengezogen worden, indem die 5 °-Mittel den angrenzenden 10 °-Mitteln zugeteilt worden sind nach dem Schema ($\frac{1}{2}$ 5 + 10 + $\frac{1}{2}$ 5) : 2.

Die zonale Verteilung der Bewölkung verläuft sehr regelmäßig und zeigt die charakteristischen Wolkenbänder um die Erde: Maximum am Äquator (der „äquatoriale Wolkenring", besonders im Doldrum über den Ozeanen), Minimum in den subtropischen Breiten (die wolken- und regenarme mittlere Passatregion über den Ozeanen), dann rasche Zunahme gegen die höheren Breiten hinauf, wo im Mittel die größte Bedeckung des Himmels herrscht.

Ganz analog verläuft die zonale Verteilung der relativen Feuchtigkeit, während die absolute Feuchtigkeit, der Wassergehalt der Luft in Dampfform, von der Temperatur in erster Linie abhängig, nur ein Maximum am Äquator hat und nach den höheren Breiten zu (mit der Temperatur) rasch abnimmt.

Anhang.
Die verschiedenen Einteilungen der Erdoberfläche in Klimazonen.

Lichtzonen. Die gewöhnliche Abgrenzung der großen klimatischen Zonen schließt sich an die solaren Klimagürtel an. Man unterscheidet dabei drei Hauptzonen: die heiße Zone oder Tropenzone zwischen den Wendekreisen, die gemäßigte Zone zwischen dem Wendekreis und Polarkreis, und die kalte oder Polarzone innerhalb des Polarkreises[1]. Letztere zwei Zonen sind zweimal vorhanden, denn wir haben eine südhemisphärische und eine nordhemisphärische gemäßigte Zone, sowie eine arktische und eine antarktische Zone. Da innerhalb der gemäßigten Zonen große klimatische Verschiedenheiten sich finden, weil die Wärmeänderung in mittleren Breiten am raschesten vor sich geht, und diese Zone auch der Ausdehnung nach die größte ist, so hat man sie noch in drei Unterabteilungen gebracht: die subtropische Zone, die eigentliche gemäßigte Zone und die subarktische Zone. Über die Abgrenzung dieser Teilzonen existiert aber keine Vereinbarung.

Die relativen Flächeninhalte dieser Zonen sind, wenn die Oberfläche der ganzen Hemisphäre $= 1$ gesetzt wird:

$$\text{Tropenzone (bis } 23\tfrac{1}{2}\,^{\circ}) \ldots = 0{,}40$$
$$\text{Gemäßigte Zone (bis } 66\tfrac{1}{2}\,^{\circ}) \ldots = 0{,}52$$
$$\text{Polarzone} \ldots = 0{,}08$$

Da aber die Tropenzonen beider Hemisphären ein ungetrenntes Ganzes bilden, so steht die Tropenzone überhaupt mit einer relativen Oberfläche von 0,79 den beiden anderen Zonen gegenüber, was bei der Untersuchung des Einflusses derselben auf die gemäßigte und kalte

---

[1] Strabo hatte Schattenzonen nach Posidonius. Die Bewohner zwischen den Wendekreisen wurden die „zweischattigen" genannt, dann darüber hinaus einschattige bis 66° in N und S. „Umschattige" nannte Posidonius die Bewohner der Breiten zwischen Pol- und Polarkreis. — Parmenides unterschied 5 Wärmezonen, eine mittlere verbrannte Zone, zwei äußere erfrorene Zonen, beide unbewohnbar, dazwischen liegen die bewohnten Zonen. Hugo Berger, Die ältere Zonenlehre der Griechen. Geogr. Zeitschr XII, 1906.

Zone wohl zu beachten ist. Die relativen Oberflächen der drei Zonen stehen demnach in dem Verhältnis von 10 zu 6⅓ zu 1.

Bei der Abgrenzung dieser Zonen ist nur Rücksicht genommen auf das mögliche Maß der Sonnenstrahlung, das ihnen vermöge ihrer Erstreckung nach den Breitegraden zukommen kann. Die Tropenzone hat die geringste jährliche Variation der Sonnenstrahlung bei durchschnittlich größtem Ausmaß derselben. Die Sonne tritt an allen Orten wenigstens einmal in den Zenith. Der Polarzone kommt die geringste Jahressumme der Sonnenstrahlung zu und zugleich die größte Variation derselben vom Winter zum Sommer. Die Sonne bleibt überall im Winter wenigstens einmal durch volle 24 Stunden unter dem Horizont. Dafür gibt es im Sommer auch einen 24stündigen Tag. Die gemäßigte Zone endlich nimmt eine Mittelstellung zwischen diesen beiden Zonen ein, die Sonne tritt nirgends mehr in den Zenith, bleibt aber auch nirgends durch volle 24 Stunden unter dem Horizont. Nach der durchschnittlichen Strahlungssumme und Jahresvariation derselben steht sie zwischen der Tropen- und Polarzone.

Dadurch, daß diese Einteilung hauptsächlich auf die Tageslängen unter verschiedenen Breiten basiert ist, erhalten die Zonen eine sehr ungleiche Ausdehnung, die gemäßigte Zone namentlich wird zu groß und die Polarzone zu klein, die erstere muß deshalb zu große klimatische Verschiedenheiten in sich aufnehmen. Dies ist der eine Einwurf gegen die übliche Abgrenzung der drei Klimazonen.

Legt man den Nachdruck auf die Bezeichnung derselben als heiße, gemäßigte und kalte Zone, so kommt man zu einem weiteren Widerspruch zwischen der tatsächlichen Verteilung der Wärme innerhalb dieser Zonen und der ihrer Benennung entsprechenden Wärmeverteilung.

Ein Blick auf die Isothermenkarte zeigt, daß der Verlauf der Linien gleicher Wärme durchaus nicht den Parallelkreisen folgt, daß namentlich in höheren Breiten dieselben streckenweise fast mehr den Meridianen folgen als den Breitekreisen. Eine Einteilung der Klimazonen nach den Wendekreisen und Polarkreisen muß daher, in höheren Breiten namentlich, sehr stark abweichen von den Zonen gleicher mittlerer Wärme.

Supans Temperaturzonen. A. Supan hat deshalb den Vorschlag gemacht, die Isothermen zur Abgrenzung der großen klimatischen Zonen zu verwenden [1]), und nicht die Parallelkreise. Er schlägt gegenwärtig folgende Einteilung vor:

I. Die warme Zone zwischen den Jahresisothermen von 20°. Sie fällt ziemlich zusammen mit den Polargrenzen der Palmen und mit den Passatgürteln.

II. Die gemäßigte Zone zwischen den Jahresisothermen von 20° und der Isotherme von 10° des wärmsten Monates.

III. Die kalte Zone jenseits der 10°-Isotherme des wärmsten Monates, welche nahezu mit der polaren Waldgrenze zusammenfällt.

---

[1]) Die Temperaturzonen der Erde. Pet. geogr. Mitt. 1879. — Grundzüge der physischen Erdkunde. IV. Aufl., 1908, S. 94, Temperaturzonen.

Supan hat für die Flächenausdehnung dieser Temperaturzonen auf der Erdoberfläche folgende Zahlen gefunden: Millionen Quadratkilometer

	nach den Polar- und Wendekreisen	Temperaturzonen	Differenz
Nördliche kalte Zone . .	21,24	18,55	− 3
„ gemäßigte Zone	132,61	107,88	− 25
„ warme Zone .	101,12	129,04	+ 28
Südliche warme Zone . .	101,12	115,21	+ 14
„ gemäßigte Zone	132,61	78,79	− 59
„ kalte Zone . .	21,24	65,97	+ 45

Gegenüber der mathematischen Begrenzung durch die Wendekreise und Polarkreise fallen die gemäßigten Zonen viel kleiner aus, namentlich die südliche gemäßigte Zone; die warmen Zonen, durch die Isotherme von 20° abgegrenzt, erhalten eine bedeutend größere Ausdehnung, am auffallendsten aber tritt die große Ausdehnung der südlichen kalten Zone hervor.

Rechnet man mit der **mittleren geographischen Breite** der Isotherme von 20°, so findet man erstere bei 30° auf der nördlichen und bei 26½° auf der südlichen Halbkugel. Auf der nördlichen Hemisphäre entspricht dies der Hälfte derselben, auf der südlichen noch 45%, so daß die mittleren Jahresisothermen von 20° mehr als 47% der ganzen Erdoberfläche umspannen.

Köppens Wärmezonen. Köppen hat eine Einteilung der Erde in Klimazonen auf Grund der mittleren Wärmeverteilung entworfen, dabei aber **die Dauer der Zeit** zum Ausgangspunkte genommen, während welcher sich die Temperatur zwischen gewissen Grenzwerten hält[1].

Als solche Grenzwerte (Schwellenwerte) hat Köppen die Temperatur von 10° und 20° im Tagesmittel genommen und als charakterisierende Zeitabschnitte einen, vier und zwölf Monate gewählt. Wo die normale Andauer einer Temperatur von 10° weniger als einen Monat beträgt, kommen Bäume nicht mehr vor (Baumgrenze, Grenze des Feldbaus); die Andauer einer Mitteltemperatur von 10° durch vier Monate dagegen charakterisiert das „Eichenklima“, das mit der Kultur des Weizens nahe zusammenfällt. Diese Schwellenwerte und deren Dauer ergeben nach Köppen folgende Wärmegürtel:

1. Tropischer Gürtel, alle Monate heiß, über 20° C.
2. Subtropische Gürtel, 4 bis 11 Monate heiß, über 20°; 1 bis 8 Monate gemäßigt (unter 20°).
3. Gemäßigter Gürtel, 4 bis 12 Monate gemäßigt, 10 bis 20°.
4. Kalte Gürtel, 1 bis 4 Monate gemäßigt, die übrigen kalt.
5. Polare Gürtel, alle Monate kalt, unter 10° C.

Die gemäßigten Gürtel beider Hemisphären zerfallen in drei Abschnitte, welche das miteinander gemeinsam haben, daß die gemäßigten Temperaturen (10 bis 20°) mindestens vier und die heißen ($>$ 20) nicht mehr als vier Monate andauern, sie unterscheiden sich dadurch, daß in dem **ersten** kein Monat über 20 oder unter 10° vorkommt (konstant gemäßigtes Klima), in dem **zweiten** die Temperatur für einen

---

[1] Die Wärmezonen der Erde nach der Dauer der heißen, gemäßigten und kalten Zeit und nach der Wirkung der Wärme auf die organische Welt betrachtet. Deutsche Met. Z. 1884, S. 215 mit Karte.

oder einige Monate unter 10° fällt, der Sommer aber heiß ist, in dem dritten die Zahl der gemäßigten Monate unter vier, aber nicht unter einen Monat herabsinkt (Sommer gemäßigt, Winter kalt).

A. E. Herbertson unterscheidet in treffender Weise nach Temperatur und Regenfall folgende klimatische Regionen[1]):

1. Die Polarzone. Die Temperatur ist niemals hoch, und die stets geringe Niederschlagsmenge fällt zumeist im Sommer.

2. Die kühle gemäßigte Zone, a) mit einer regnerischen W-Küste und b) einer weniger regnerischen E-Küste; in beiden fallen (litoral) die Regen zu allen Jahreszeiten, das Maximum im Herbst oder im Winter. c) Eine innere Area (kontinental) mit großen Extremen der Temperatur und einem geringen Regenfall im Frühsommer.

3. Die warme gemäßigte Zone. a) Winterregen im Westen, b) Sommerregen im Osten. c) Die innere (kontinentale) Zwischenregion, hat, wo sie vorkommt, große Extreme der Temperatur und einen geringen Regenfall, namentlich wo sie (am Rande ist wohl gemeint) gebirgig ist.

4. Die westlichen tropischen Wüsten mit großen Temperaturunterschieden, wenig oder gar keinem Regenfall.

5. Die intertropischen Regionen mit einer Regenzeit im Sommer.

6. Die äquatorialen Regengebiete mit zwei relativen Trockenperioden.

Auf die speziellere Einteilung der Klimate, wie sie Hult, Supan, Ravenstein und namentlich Köppen vorgeschlagen haben, kann hier in der allgemeinen Klimatologie nicht näher eingegangen werden[2]). Eine gedrängte, vortreffliche Übersicht über die verschiedenen Vorschläge betreffs Einteilung der Klimate gibt Rob. de C. Ward, The Climatic Zones and their Subdivisions (Bull. American Geogr. Soc., July 1905) und The Classifications of Climates (ebenda Aug. 1906) mit Diagrammen und Karten.

„Die Unterbrechung der heißen Zeit durch eine kühlere Jahreszeit ist für die Europäer und deren Abkömmlinge eine Bedingung zur vollen Betätigung der körperlichen und geistigen Kräfte, sie setzt daher wenigstens gegenwärtig auch der Verbreitung einer höheren Kultur gewisse Grenzen. Ein heißer, oder sogar sehr heißer Sommer verhindert das atemlose „Going ahead" in Nordamerika nicht; wo sich aber die Hitze, wenngleich gemildert, über das ganze Jahr erstreckt, wohin der stimulierende Winter nicht mehr reicht, da kann wohl gelegentlich der Nord-

---

[1]) The major natural regions: an Essay in systematic Geography. The Geogr. Journal 1905, I (Vol. 25), p. 300 u. s. w.

[2]) Köppen, Versuch einer Klassifikation der Klimate. Geogr. Zeitschr. VI. Jahrgang 1901. Der Verfasser geht bei der Unterscheidung seiner Klimaprovinzen hauptsächlich von der Geographie und Biologie der Pflanzen aus und benennt sie auch dementsprechend. Supan (Physische Erdkunde, IV. Aufl., S. 217) geht vom geographischen Gesichtspunkt aus und unterscheidet 35 Klimaprovinzen, das ist Erdräume, welche mehr oder weniger gleichartiges Klima besitzen. E. G. Ravenstein, The Geographic Distribution of Relative Humidity. Rep. Brit. Assoc. 1900, S. 817. Ravenstein unterscheidet 16 „hygrothermale" Klimagruppen nach Temperatur und relativer Feuchtigkeit.

länder die mitgebrachten idealen Ziele oder groß angelegten Spekulationen
Jahre hindurch mit Energie verfolgen, aber Schlaffheit und Sorglosigkeit
ist sicherlich der allgemeine Charakterzug des Menschengeschlechtes in
diesen Gegenden, der auch die eingewanderten Europäer je länger umso
sicherer ergreift. Dazu kommt für die Europäer die notorische Unmög-
lichkeit, in dieser Zone auf dem Festlande ohne Lebensgefahr harte körperliche Arbeit zu leisten und sich der Sonne ungeschützt auszusetzen — eine
Schranke, deren Ursachen noch ungenügend aufgeklärt sind, und welche
auf dem Ozean, an Bord, wie auf ozeanischen Inseln nicht entfernt in dem
Maße besteht." Köppen.

Sir Hermann Weber bemerkt zur physiologischen Würdigung
der Klimate: Höhere Wärme begünstigt eine höhere Entwicklung auch in
sexueller Beziehung. — Kälte ist ein kräftiger Stimulus für die Vitalität, sie
spornt die Lebenskräfte an, macht eine größere Wärmeproduktion nötig,
regt dieselbe notwendig an und strebt dadurch den Stoffwechsel zu steigern.
Den gegenteiligen Einfluß hat konstante höhere Temperatur.

Eine erhebliche Variation bei der Temperatur und desgleichen bei
den anderen klimatischen Faktoren fördert die Abhärtung des Körpers,
und begünstigt die Vervollkommnung der kompensatorischen Reaktionen
des Organismus gegen dieselben.

Sie erhöht die Aktivität und führt zu einer höheren Stufe der Entwicklung sowohl der körperlichen wie der geistigen.

Ein Klima, welches gut genannt werden kann in dem Sinne, daß es
kräftigend auf die körperliche und geistige Entwicklung des Menschen
einwirkt, ist ein Klima mit häufigen aber mäßigen Variationen im Wetter.
Ein derartiges Klima übt die Kräfte der Anpassung und des Widerstandes
der verschiedenen Organe, ohne sie einer zu starken Belastung auszusetzen
und hält so den Körper in einem für Tätigkeit geeigneten Zustand [1]).

Eine sehr interessante Studie über den Einfluß des Klimas auf
die Verteilung der Bevölkerung auf der Erde hat kürzlich Woeikof
veröffentlicht (Pet. geogr. Mitt. 1906, S. 241 u. s. w.). Die Wirkung des
Klimas auf Kleidung, Nahrung, Wohnung, Tätigkeit u. s. w. der Menschen
wird in eingehender und lehrreicher Weise erörtert und durch die geographischen Tatsachen erläutert. Man sehe auch: R. De C. Ward, The
Hygiene of the Zones. Bull. Geogr. Soc. Philadelphia IV, Januar 1906.

---

[1]) Health Resorts of Europa and Northern Africa by Sir Hermann Weber
and F. Parkers Weber. III. Ed. London 1907.

Sechstes Buch

Klimaänderungen.

Es sind zwei Arten von Klimaänderungen zu unterscheiden, erstlich stets (soweit Berichte reichen) in gleichem Sinne fortschreitende Änderungen (progressive Änderungen) und zweitens mehr oder weniger langjährige Schwankungen der klimatischen Elemente um einen (mehr, weniger) konstanten mittleren Zustand (zyklische Änderungen).

Die Literatur, welche sich mit der Frage der Änderungen der Klimate beschäftigt, ist schon eine außerordentlich umfangreiche geworden. Sie kann deshalb in diesem Buche nicht einmal in ihren wichtigsten Vertretern eine auch nur einigermaßen vollständige Berücksichtigung finden. Einen Teil derselben müssen wir fast ganz ausscheiden, d. i. jenen, der die geologischen Klimaänderungen zum Gegenstande hat und seine Zeugnisse der Erdgeschichte entnimmt. Nur soweit die geologischen Klimaspekulationen auf physikalischen und astronomischen Grundlagen beruhen, können sie hier eine kurze Erwähnung finden. Bloß die Klimaänderungen in historischer Zeit können im nachfolgenden in möglichst gedrängter Form behandelt werden.

A. Klimaänderungen in historischer Zeit.

Für diese Änderungen gibt es zweierlei Arten von Zeugnissen. Erstlich direkte Aufzeichnungen oder Beobachtungen der klimatischen Elemente mit oder ohne Instrumente, zweitens Zeugnisse aus der Geschichte, dann Reiseberichte aus alter und neuer Zeit über Änderungen in den Naturverhältnissen gewisser Landstriche.

Die Frage fortschreitender Änderungen des Klimas.

Am weitesten zurück reichen die nicht instrumentellen meteorologischen Aufzeichnungen. Man kann da wieder systematische und bloß gelegentliche unterscheiden. Von letzteren sind die Berichte über strenge Winter und Dauer der Eisdecke der Flüsse von Wichtigkeit. Zusammenstellungen strenger Winter in Europa sind schon oft gemacht worden. Wir zitieren hier nur die Abhandlung von Köppen: Die strengen Winter Europas in diesem Jahrtausend auf ihre Periodizität untersucht (Met. Z. 1881, S. 183 bis 194), wo man auch ältere Literatur darüber findet. Der

Autor gelangt trotz sorgfältiger kritischer Kombination der Jahresintervalle zwischen den strengen Wintern zu keiner sicher ausgesprochenen Periodizität. Am deutlichsten findet er noch eine 130jährige Periode der strengen Winter angedeutet. Einen weiteren Beitrag zur Liste strenger Winter gibt Hildebrandsson (ebenda S. 345) nach Ehrenheims großer Abhandlung über die Veränderlichkeit der Klimate[1]. Hellmann: Die milden Winter Berlins seit 1720 (Zeitschr. d. K. Preuß. Statistischen Bureaus 1884 — Das Wetter 1898, S. 25). Harding: Über bemerkenswerte Winter (Nature Vol. 67, S. 466). A. Watson: Übersicht der strengen Winter in England (Quart. Journ. R. Met. Soc. XXXIII, 141). Wolfers: Über strenge Winter (Pogg. Ann. XCIII, 130) — A. Mac Dowall, Notes on Winter (Quart. Journ. XIX, 251). Rykatchews große Arbeit über den Zugang und Aufgang der russischen Gewässer[2] liefert ein außerordentlich wertvolles Material für Untersuchungen über Klimaänderungen und wird deshalb später noch Erwähnung finden.

Von den nichtinstrumentellen aber systematischen Aufzeichnungen meteorologischer Elemente sind die für unseren Gegenstand wichtigsten jene von Tycho de Brahe auf der Insel Hven (Uranienborg 55,9° N 12,7° E v. Gr.) zwischen 1582 und 1597 14 Jahre und 4 Monate umfassend, welche Paul la Cour berechnet hat[3]. Die Aufzeichnungen umfassen Bewölkung, Niederschläge, Schneetage, Gewitter, Hagel und Graupel. Indem P. la Cour die mittleren Ergebnisse dieser Aufzeichnungen mit jenen von 11 Stationen in Dänemark aus der Gegenwart vergleicht, gelangt er zu dem Schlusse, daß der allgemeine Zustand der Atmosphäre in Dänemark vor 300 Jahren derselbe war wie gegenwärtig.

Die Windbeobachtungen zeigen jedoch ein stärkeres Vorherrschen der SE-Winde, so daß damals die Barometerminima häufiger im Süden von Dänemark vorübergezogen sein müssen als jetzt, was auf strengere Winter hindeutet.

Ekholm vergleicht die Beobachtungsergebnisse Tycho de Brahes mit neueren 1881 bis 1898 gleichfalls auf der Insel Hven. Er berechnet zunächst das mittlere Datum des ersten und letzten Frostes und findet:

	letzter Frost	erster Frost
1582—1597	18. April	27. Oktober
1881—1898	19. „	28. „

Es zeigt sich demnach keine Änderung der Temperatur im Frühjahr und Herbst. Dann werden die Zahlen der Niederschlagstage, der Regen- und Schneetage separat, der Tage mit Hagel und mit Gewitter vor 300 Jahren und jetzt verglichen. Die Zahlen sind interessant genug, um sie zum Teil wenigstens in Form von Jahreszeitenmittel hier mitzuteilen.

---

[1] Om Climaternes Rörlighet. Abhandlungen der Stockholmer Akademie 1898.
[2] Wild, Repertorium der Met. Suppl.-Band II, St. Petersburg 1887.
[3] Tyge Brahes Met. Dagbog. Kjobenhavn 1876; s. auch Met. Z. 1878, S. 239.

	Niederschlagswahrscheinlichkeit				Wahrscheinlichkeit eines Schneetages			
	Winter	Früh-ling	Som-mer	Herbst	Winter	Früh-ling	Som-mer	Herbst
1587/94	.29	.26*	.87	.34	.149	.085	.000	.019
1881/98	.33	.31*	.40	.39	.151	.073	.000	.023

Der jährliche Gang der Niederschlagstage und der Schneetage separat ist der gleiche; daß die Niederschlagswahrscheinlichkeit scheinbar jetzt etwas größer ist, begreift man leicht (solche Differenzen könnten auch jetzt zwischen zwei Beobachtern am selben Orte zu konstatieren sein). Die mittlere Zahl der Schneetage stimmt fast vollkommen (0,253 und 0,247).

Ekholm hebt hervor, daß in der alten Reihe der Monat Juni eine größere Zahl von Niederschlags-, Hagel- und Regentagen hatte als gegenwärtig, umgekehrt die Monate Juli bis September, und schließt daraus, daß damals das Klima kontinentaler war als jetzt. Doch läßt sich ein solcher Unterschied, sowie auch die größere Zahl der Schneetage im Februar und März auch auf die Kürze der Beobachtungsreihe zurückführen. In 14jährigen Mitteln ist z. B. auch in Wien bald der Mai, bald der Juni, bald der Juli der niederschlagsreichste Monat. Im ganzen muß man doch sagen, daß die Übereinstimmung der alten und der neuen Beobachtungsreihe eine sehr große ist.

Moßmann verdankt man eine sehr wertvolle Zusammenstellung der nicht instrumentalen Beobachtungen zu London von 1713 bis 1896, ferner Tabellen der Temperatur- und Luftdruckdifferenzen zwischen London und Edinburgh 1764 bis 1898, welch letztere besonders interessant sind, da sie auch auf die Schwankungen in der atmosphärischen Zirkulation Licht werfen. Die Temperaturdifferenzen haben abgenommen, die Luftdruckdifferenzen gleichfalls, aber die Homogenität der letzteren ist wohl nicht gesichert. In den ersten 40 Jahren (1771/1810) war der Temperaturunterschied der Jahresmittel London-Edinburgh 4,2 ° F, in den nächsten 40 Jahren (1811 bis 1850) 2,8 °, und in den letzten 1851/1890) 2,9 ° [1]).

Beobachtungen mit Instrumenten (Temperatur- und Regenmessungen). Die vergleichbaren Temperatur- und Regenmessungen reichen nicht sehr weit zurück und lassen innerhalb dieses Zeitraumes keine merklichen Änderungen in dem Ausmaße von Wärme und Niederschlagsmenge erkennen.

Die Temperaturaufzeichnungen der Mitglieder der Accademia del Cimento in Florenz, Dezember 1654 bis März 1670, berechnet von Meucci, sind schon wegen der Unsicherheit der Thermometerskalen nicht direkt mit den Ergebnissen der neueren Beobachtungen vergleichbar. Sie geben eine höhere Mitteltemperatur für Florenz (16,7 gegen 14,5), aber der jährliche Gang der Temperatur ist der gleiche

---

[1]) Moßmann, The Non-Instrumental Meteorology of London 1713—1896. Quart. Journ. XXIII. — Daily Values of non Instr. Met. Phenomena in London 1763—1896. Ebenda Vol. XXIV. — On the frequency of Met. Phenomena in London 1763 bis 1897. Ebenda Vol. XXIV. — Barometric and Thermometric Gradients between, London and Edinburgh 1764—1894. Journ. Scott. Met. Soc. Vol. XI, 284 u. s. w.

wie jetzt[1]), nur die Amplitude ist etwas größer, gerade so wie dies bei den älteren Temperaturbeobachtungen zu Paris der Fall ist. Die Thermometer waren nicht so gut, wie gegenwärtig üblich, gegen direkte Strahlung geschützt. Paris gibt 1761 bis 1780 10,8, 1861 bis 1880 auch 10,8, desgleichen zeigen die ältesten Temperaturaufzeichnungen zu Turin, Edinburgh, Stockholm, Petersburg etc. keine Änderung der Jahrestemperatur. Wo in den älteren Beobachtungsreihen solche Änderungen auftreten, sind sie auf geänderte Lokalverhältnisse zurückzuführen. In keiner der kritisch bearbeiteten langjährigen Reihe von Temperaturaufzeichnungen hat sich eine fortschreitende (nicht zyklische) Änderung der Jahrestemperatur konstatieren lassen.

In einer Anmerkung geben wir Hinweise auf einige der längsten publizierten Beobachtungsergebnisse[2]).

---

[1]) M e u c c i, Le prime Osservazioni Met.-R. Istituto di Studi superiori di Firenze.

[2]) **Paris**, Temperatur 1757—1886, bearbeitet von Renou, Annales du Bureau Central Mét. 1887, I. — 1851—1900. A n g o t, ebenda 1897, I. — Regen, bearbeitet von R e n o u, Regenmenge 1806—1885, Regentage 1752—1882, die nicht vergleichbaren Aufzeichnungen beginnen 1688. Annales 1885. I.

L u f t d r u c k 1763—1878, Renou, Annales 1887, I.

Lahire begann in Paris seine gelegentlichen Temperaturnotierungen 1664 im Inneren der Säle des Observatoriums.

London 1763—1882: B u c h a n, Journal Scottish Met. Soc. III. Ser. Vol. IX, S. 213.

Edinburgh 1764—1896: M o ß m a n n, The Met. of Edinburgh. Transactions of the R. Soc. E. Vol. XXXVIII u. XXXIX. 1851—1900 ebenda Vol. XL (1902) und B u c h a n, Journal Scottish Met. Soc. Vol. IX, p. 224 (1764—1894).

Petersburg 1743—1878: W a h l e n, Der jährliche Gang der Temperatur in St. Petersburg nach 118jährigen Tagesmitteln. Rep. f. Met. Bd. VII, Nr. 7 (1881). Wahre Monats- und Jahresmittel. W i l d, Temperaturverhältnisse des Russischen Reiches, S. 276.

Stockholm: H a m b e r g, Moyennes mensuelles et annuelles de la Temp. 1756—1905 (150 Jahre) à Stockholm. Abh. d. Schwed. Akad. Bd. 40, 1906.

Kopenhagen: V. W i l l a u m e - J a n t z e n, Met. Obs. i. Kjobenhavn. Kopenhagen 1896. Monats- und Jahresmittel 1768—1893.

Berlin 1719—1866, mit einigen Unterbrechungen 138 Jahre, jetzt also schon über 170 Jahre, bei D o v e. O. B e h r e, Klima von Berlin, 1908.

Basel 1755—1794: Schweiz. Met. Beob. 1869, S. 563; 1827—1866: ebenda 1868, S. 93, ohne Jahresmittel.

Wien 1775—1874: J e l i n e k, Über die mittlere Temperatur von Wien. Sitzungsberichte d. Wiener Akad. Dez. 1866, LIV. Bd. H a n n, Die Temperatur von Wien nach 100jährigen Beobachtungen. Sitzungsberichte d. Wiener Akad. LXXVI, Nov. 1877.

Turin 1753—1890: J. B. R i z z o, Il Clima di Torino. Memorie della R. Acc. di Torino Ser. II, Tom. XLIII. (Torino 1893.) Monats- und Jahresmittel 1753—1890.

Lund: T i d b l o m, Resultate meteorologischer Beobachtungen an der Sternwarte zu Lund. Lund 1876. Temperaturmittel 1753—1870 mit Lücken; keine Monatsmittel, nur 5tägige Mittel und Jahresmittel, gesondert für die Morgen-, Mittag- und Abendbeobachtung.

Mailand: C e l o r i a, Variazioni periodiche e non periodiche della Temperatura nel clima di Milano. Publ. d. R. Oss. di Brera. Mailand 1873. Jahresmittel und 5tägige Mittel 1763—1872, keine Monatsmittel.

Die Temperaturbeobachtungen 1779—1865 zu N e w h a v e n hat Loomis bearbeitet und diskutiert, C h a r l e s   S c h o t t alle älteren Temperaturbeobachtungen in Amerika bis 1870 in: Tables of atmospheric temperature. Washington 1876 (Smith Contrib).

Alle unten zitierten Beobachtungsergebnisse lassen keine progressive Änderung der Jahrestemperaturen erkennen, die also überall, wie es scheint, seit der Mitte des 18. Jahrhunderts wenigstens konstant geblieben ist.

Für die Vereinigten Staaten mögen noch folgende Mittelwerte nach Loomis hier Platz finden.

Newhaven 41° 18′ N.

	Winter	Frühling	Sommer	Herbst	Jahr	letzter Frost	erster Frost	letzter Schnee	erster Schnee	Apfelbäume blühen
1779/1819	−2,1	8,2	21,1	10,8	9,5	19. Mai	22. Sept.	30. März	24. Nov.	13. Mai
1820/1865	−2,0	8,2	20,7	10,7	9,4	19. „	20. „	28. „	26. „	12. „

Recht bemerkenswert ist, daß auch der Eintritt und das Ende des Winters ersichtlich keine Änderung erfahren hat. Der Hudson fror bei Albany (42° 39′ nördl. Br.) im Dezennium 1791 bis 1800 am 17. Dezember zu, 1881 bis 1890 am 14. Dezember, im Mittel von 102 Jahren am 16. Dezember (und bleibt drei Monate gefroren in der Breite von Nordspanien und Mittelitalien).

Ch. Schott kommt bei einer eingehenden sorgfältigen Diskussion der Ergebnisse aller älteren Temperaturbeobachtungen in den Vereinigten Staaten und Kanada gleichfalls zu dem Schlusse, daß in den letzten 100 Jahren (vor 1870) die mittleren Temperaturen weder ein Sinken noch ein Steigen anzeigen, dagegen eine Aufeinanderfolge wärmerer und kälterer Perioden ohne bestimmte Dauer.

Auch Wild gelangt zu dem Resultat, daß die Mitteltemperatur von Petersburg in den letzten 128 Jahren (1752 bis 1879) sich nicht bleibend einseitig verändert hat, daß aber längere Reihen durchschnittlich kälterer Jahre mit wärmeren abwechseln und daß außerdem die mittlere Temperatur von je fünf Jahren in Perioden von etwa 23 Jahren zu- und abnimmt, wobei aber die Amplitude dieser Schwankungen um 1 bis 2° variiert (Temperaturverhältnisse des Russischen Reiches, S. 276 bis 279).

Mittlere Jahrestemperaturen für den Norden Europas.

	1756—1800	1801—1850	1851—1900
Petersburg	3,68	3,53	3,76
Stockholm	5,74	5,60	5,63
Edinburgh	8,17	8,22	8,28

Die Konstanz der Jahrestemperatur verträgt sich aber mit nicht unerheblichen Unterschieden in der Temperatur der einzelnen Monate in älterer Zeit und jetzt. Diese Unterschiede müssen sich aber im

Die Ergebnisse vieler langjähriger Temperaturaufzeichnungen findet man zusammengestellt bei Dove: Die nichtperiodischen Veränderungen der Temperatur. I.—V. Abh. der Berliner Akademie.

Anschließend hieran mag auch passend verwiesen werden auf die Schriften: G. Hellmann, Die Anfänge der meteorologischen Beobachtungen und Instrumente. Himmel und Erde, II, Berlin 1890, und Fr. Traumüller, Die Mannheimer Meteorologische Gesellschaft 1780—1795, Leipzig 1885. C. Lang, Die Bestrebungen Bayerns auf meteorologischem Gebiet im 18. Jahrhundert. Sitzungsbericht d. Münchener Akad. 1890, Bd. XX.

Jahreslaufe wieder kompensieren. Es scheint, daß im Norden Europas und wohl auch in Mitteleuropa die Winter früher (sagen wir in der zweiten Hälfte des 18. Jahrhunderts) strenger gewesen als jetzt (in der letzten Hälfte des 19. Jahrhunderts), die Sommer aber kühler geworden sind. Ekholm zeigt dies für Stockholm und Lund (bei konstant gebliebener Jahrestemperatur), jüngst eingehender Hamberg.

Ich habe folgende Mittelwerte abgeleitet (nach Hamberg und Moßmann):

	Petersburg		Stockholm		Edinburgh	
	Winter	Sommer	Winter	Sommer	Jan.	Juli
Periode 1756—1800	− 8,55	16,57	− 3,55	16,37	2.4	15,1
„ 1801—1850	− 8,13	15,86	− 3,46	15,92	2,3	14,7
„ 1851—1900	− 7,52	16,02	− 2,87	15,63	3,2	14,6
Differenz	+ 1,0	− 0,6	+ 0,7	− 0,7	+ 0,8	− 0,5

Die Winter sind demnach milder geworden, die Sommer kühler. Etwas ähnliches habe ich für Westösterreich gefunden. Nimmt man die 50jährigen Perioden 1801 bis 1850 und 1851 bis 1900, so ist die Differenz für den Januar: Prag +1,5, Kremsmünster +0,9, Wien +0,9, dagegen Mai: Prag −0,7, Kremsmünster −0,9, Wien −1,1°. Hamberg und Ekholm sind daher gewiß im Recht, wenn sie schließen, daß die Winter jetzt milder sind, die Sommer kühler als vor 100 Jahren, das Klima ist also jetzt etwas maritimer. Leider gestatten die älteren Niederschlagsmessungen keine ähnlichen Untersuchungen; soweit sie homogen sind, umfassen sie zu kurze Zeiträume, um sie auf fortschreitende Änderungen oder Änderung der jährlichen Periode mit Erfolg prüfen zu können. Eine Änderung der jährlichen Niederschlagsmenge (etwa eine Abnahme derselben) konnte bisher an keinem Orte sicher konstatiert werden. Die ältesten Regenmessungen, von denen wir Nachricht haben, sind in den beiden ersten Jahrhunderten unserer Zeitrechnung in Palästina angestellt worden. Sie geben für die „Frühregen" 54 cm Niederschlag, was mit den neueren Messungen fast völlig übereinstimmt.

Allgemeine Berichte oder Schlüsse über Klimaänderungen. Nach Ekholm war in Tycho de Brahes Periode 1582 bis 1597 der Sund in 10 Wintern von 15 (also fast 70%) mit solidem Eis bedeckt, während dies zwischen 1870 bis 1899 nur in 15 Wintern der Fall war (50%), die Winter scheinen demnach vor 300 Jahren strenger gewesen zu sein, was mit der geringeren Häufigkeit der Westwinde erklärt werden kann.

Die von Ehrenheim gesammelten Berichte über das öftere völlige Zufrieren des Skageraks und Kattegats, sowie der südlichen Ostsee zwischen dem 11. und 15. Jahrhundert, so daß freier Verkehr von Dänemark und Norddeutschland nach Schweden hinüber über die Eisdecke eintreten konnte, desgleichen die Berichte über die Eisbedeckung des Schwarzen Meeres, der Dardanellen und des Bosporus deuten darauf hin, daß die Winter damals strenger waren als jetzt, denn seit dem 15. und 16. Jahrhundert waren Skagerak und Ostsee

----

¹) Nach H. Vogelstein s. Met. Z. 1895, S. 136.

nicht mehr mit Eis völlig geschlossen [1]) und ebenso war seit 1621 der Bosporus nicht mehr mit Eis bedeckt.

Anderseits deutet man vielfach ältere Berichte über Island und Grönland dahin, daß es dort früher ein milderes Klima und eine geringere Eisanhäufung gegeben habe als gegenwärtig [2]).

Namentlich die frühere Besiedlung von Ostgrönland ist von Interesse, dessen Küste jetzt so schwer zugänglich ist, während sie vor ca. 700 bis 800 Jahren 190 Ansiedlungen, 12 Kirchen und 2 Klöster gezählt haben soll und Sitz eines Bischofs war (Ehrenheim und A. E. Nordenskiöld). Wie vorsichtig man aber bei der Deutung von Berichten über frühere günstigere Bodenerträgnisse sein muß, zeigt der Schluß von der weit größeren Ausdehnung des Weinbaus in Mittel- und Nordwesteuropa vor 800 bis 900 Jahren auf damals entsprechend wärmere Sommer. Nicht das Klima braucht sich deshalb geändert zu haben, der Geschmack hat sich verfeinert, seitdem bessere Weinsorten leichter zugänglich geworden sind [3]). Kulturen wärmerer Zonen kommen ab, wenn sie nicht mehr rentabel sich erweisen.

Auf eine Würdigung der oft und von vielen Autoren als Tatsache hingestellten in historischer Zeit erfolgten Austrocknung der alten Kulturländer um das Mittelmeerbecken bis nach Vorderasien hinein, kann hier unmöglich eingegangen werden. Manche dieser Schlüsse dürften sicherlich einer strengeren Kritik nicht standhalten. So hat z. B. J. Partsch gegen den oft behaupteten und ganz plausibel scheinenden einstigen größeren Wasserreichtum Nordafrikas nachweisen können, daß wenigstens in historischen Zeiten dies kaum der Fall gewesen sein kann, denn die Lage der antiken Ansiedlungen an den abflußlosen Seen, die ja als wahre Regenmesser betrachtet werden können, zeige deutlich, daß dieselben damals nicht mehr gefüllt gewesen sein können als jetzt [4]).

Eginites zeigt in einer größeren Arbeit über das Klima von Athen, daß sich seit der klassischen Zeit in Attika weder die Temperatur noch die Regenverhältnisse merklich geändert haben dürften [5]).

---

[1]) O. Pettersson macht aber darauf aufmerksam, daß auch ein stärkerer Zufluß des salzreicheren Nordseewassers in die Ostsee ein leichteres Zufrieren der letzteren ermöglichen konnte. Je dünner die obere weniger salzhaltige (homohaline) Schichte, in welcher allein eine vertikale Zirkulation des Wassers (und Wärmeaufspeicherung) stattfinden kann, desto geringerer Kälte bedarf es zu einer Eisbedeckung.

[2]) Man sehe darüber die wertvolle Studie von Ekholm, On the variations of the climate of the geological and historical past and their causes (Quarterly Journ. R. Met. Soc., Vol. XXVII., Jan. 1901, S. 49—51).

[3]) K. Reichelt, Beiträge zur Geschichte des ältesten Weinbaues in Deutschland. J. Reinelt, Die ehemalige Weinkultur in Südbayern. Das Klima von Bayern scheint sich nicht merklich geändert zu haben. Jahresber. d. Münch. Geogr. Gesellschaft 1901/02. — Weinbau in England nach dem Domes day book 1080/86. Quart. Journ. Rev. Geogr. Soc., XXX, S. 173. Winter jetzt nicht mehr so kalt wie früher.

[4]) Fischer, Über Klimaänderungen in Nordafrika, in Marokko, Syrien u. s. w. Verschiebungen der Grenzgebiete. Pet. Geogr. Mitt. 1904, S. 176.

[5]) Le climat d'Athènes par Demetrius Eginites. Annales de l'Observ. Tome I, 1897. Referat Met. Z. 1898, S. 345—351. Eginites vergleicht durch Zitate von vielen Stellen aus der klassischen Literatur die Meteorologie von Attika in der Gegenwart mit jener im Altertum.

Besonders reich ist die neuere Literatur über die fortschreitende Austrocknung von Mittelasien und Hochasien. Der allgemeine Eindruck, den man aus diesen Berichten und deren mehr weniger kritischer Verarbeitung empfängt, ist jedenfalls der, daß man an einer allgemeinen noch andauernden Wasserabnahme in diesen Gebieten wohl kaum zweifeln kann [1]).

Ebenso zahlreich sind die Berichte und Schlüsse über die Austrocknung von Afrika. Der Stefaniesee ist ausgetrocknet, der Ngamisee als solcher verschwunden, der Schirwasee ist allmählich ausgetrocknet, der Tschadsee ist im Austrocknen begriffen und nach Chevallier nur mehr ein Ästuarium des Schari, kein See mehr [2]).

Auch aus anderen Erdteilen, Südamerika, Australien, liegen Berichte über Wasserabnahme vor. Wie weit es sich aber bei allen diesen Berichten um fortschreitende Wasserabnahme oder bloß um „Klimaschwankungen" handelt, bleibt fraglich [3]).

Die Wasserabnahme bei steigender Bevölkerung und Industrie eines Landes hat leichterklärliche Ursachen [4]).

Eine ganze Reihe von scheinbaren Anzeichen einer fortschreitenden Klimaänderung, sei es in Bezug auf Temperatur, sei es in Bezug auf die Regenmenge (Austrocknung), sind sicherlich auf zeitliche Schwankungen in den klimatischen Mittelwerten zurückzuführen, die zu sehr verallgemeinert und einseitig gedeutet worden sind. L. Dufour schließt aus einer eingehenden Betrachtung und Untersuchung der in Bezug auf eine Änderung des Klimas vorliegenden Nachweise, daß die Unsicherheiten, die den letzteren anhaften, nicht gestatten, eine Änderung des Klimas als erwiesen anzusehen. Es bleibt aber die Frage

---

[1]) Kropotkin, Austrocknung von Eur-Asien. The Geograph. Journal, Vol. XXIII. Größere Abhandlung mit Diskussion, Juni 1904, S. 722. — Von L. Berg aber geleugnet, s. Referat. Pet. Geogr. Mitt. 1906, Lit.-Ber. S. 115, Nr. 491. Volle Übersetzung in Geogr. Zeitschrift, XIII, 1907, S. 568 u. s. w. mit viel Literaturangaben. Der Spiegel des Issyk Kul sank 1859/1897, seit 1900 steigt er. Regenfall in Vernöe hat zugenommen. Auch der Aralsee steigt seit 1874 bis 1900 um 1,2 m. Geogr. Journ. XVIII, 619. — Stein, Über die Austrocknung Zentralasiens, verlassene Städte. Geogr. Journ. XXVII (1906), S. 177 u. s. w., aber auch XXIX, S. 33. — E. Huntington, The Depression of Turfan. Ebenda XXX, namentlich S. 268 und früher. — Huntington, ebenda XXVIII. Austrocknung von Innerasien, S. 352 u. s. w., namentlich S. 366, die Ausführungen scheinen überzeugend. — S. a. Pet. Geogr. Mitt. 1906, S. 96 u. s. w.

[2]) Ein näheres Eingehen auf die Literatur hier unmöglich. S. a. Fenyi, Zur Austrocknung Südafrikas. Met. Z. 1905, S. 332. — Wasserabnahme in Kanem, in der Kalahari s. Pet. Geogr. Mitt. 1904, S. 216, Geogr. Journ. XXIV, S. 204 u. 209 Ende. — Über Nyassasee ebenda XXVIII, S. 641. — Tschadsee im Verschwinden. Berl. Zeitschr. f. Erdk. 1905, S. 38 u. 318. Pet. Geogr. Mitt. 1906, Lit.-B. Nr. 519 u. 522. — Lugard, Geogr. Journal, Jan. 1904, S. 14.

[3]) Frühere Ausdehnung des Titikakasees und anderer benachbarter Seen. Geogr. Journ. XVIII, S. 581 u. 586. — Gregory, Über den Eyresee. Berliner Zeitschr. f. Erdk. 1903, S. 817, auch 1902, S. 647.

[4]) Die Chadwellquelle im Themsebecken ist ausgetrocknet, nachdem sie länger als 300 Jahre Wasser gegeben. Ursache wohl größere Wasserentziehung des Bodens für den größeren Wasserbedarf der angewachsenen Bevölkerung. Quart. Journ. R. Met. Soc. XXIX, S. 179. Große Sorgen wegen des steigenden Wasserbedarfes von London. — W. Götz, Fortschreitende Änderung in der Bodendurchfeuchtung. Met. Z. 1906, S. 14.

eine offene und die gewöhnliche Behauptung, daß das Klima sich nicht ändere, ist unter allen Umständen keine berechtigtere Konsequenz bekannter Tatsachen, als die entgegengesetzte Meinung [1]).

Auch A. Angot bemerkt am Ende seiner sorgfältigen Zusammenstellungen und Diskussion der Zeiten der Weinlese in Frankreich: daß man aus den bis ins 14. Jahrhundert zurückreichenden Daten auf keine fortschreitende Verschlechterung des Klimas (welche öfter behauptet werde) schließen könne. Die Daten über die Weinlese scheinen vielmehr auf Oszillationen in den klimatischen Elementen hinzuweisen. In der Periode 1775 bis 1875 war das mittlere Datum der Weinlese zu Aubonne um 10 Tage voraus gegen das mittlere Datum im vorhergehenden Jahrhundert und nur um 3 Tage zurück gegen jenes, das man vor 2 Jahrhunderten aufgezeichnet hat. Gegenwärtig ist die Zeit der Weinlese in Aubonne genau wieder dieselbe wie am Schlusse des 16. Jahrhunderts [2]). Das mittlere Datum der Weinlese in Dijon zeigt folgende zeitliche Variationen: im 14. Jahrhundert (bloß Mittel aus 13 Jahren) 25. Oktober; 15. Jahrhundert (6 Dezennien) 25. Oktober; 16. Jahrhundert 28. Oktober; 17. Jahrhundert 24,5. Oktober; 18. Jahrhundert 28,8. Oktober; 19. Jahrhundert (8 Dezennien) 30,0. Oktober.

Charles Schott hat alle älteren Temperatur- und Regenfallregister in den Vereinigten Staaten gesammelt, reduziert und sorgfältig diskutiert. In dem Kapitel „Säkulare Variation der Lufttemperatur" kommt er auf Grund der längsten Beobachtungsreihen von Maine bis Kalifornien zu dem Schlusse, daß sich Temperaturvariationen zu erkennen geben, welche über weiten Territorien parallel in gleichem Sinne und ziemlich gleichmäßig vor sich gegangen sind. Diese Variationen haben den Charakter unregelmäßiger Wellen, die eine Aufeinanderfolge wärmerer und kälterer Perioden repräsentieren, während welcher aber die Temperatur bloß um 1 oder 2 ° (Fahrenheit) in dem einen oder anderen Sinne vom Gesamtmittel abweicht. Es zeigt sich aber nichts in diesen Variationen, was auf die Idee einer in gleichem Sinne fortschreitenden Änderung führen könnte. An der atlantischen Küste folgen sich die Maxima und Minima der Temperatur etwa in Intervallen von 22 Jahren, die Temperaturwellen der inneren Staaten scheinen kürzer zu sein, die Intervalle zwischen den Maximis und Minimis sind etwa nur 7 Jahre. Diese Undulationen sind aber viel zu wenig regelmäßig und bestimmt, um als Basis zu einer Voraussage dienen zu können [3]).

Eine Übersicht über „den gegenwärtigen Stand der Frage nach den Klimaänderungen" gibt E. Brückner im ersten Kapitel seines bedeutsamen Werkes: Klimaschwankungen (Wien 1890). Die Literatur

---

[1]) Notes sur le problème de la variation du climat. Bull. de la Soc. Vaudoise, Tome X. Lausanne 1870.

[2]) A. Angot, Etude sur les vendanges en France. Annales du Bureau Central Mét. 1883, Tome I. Paris 1885.

[3]) Ch. Schott, Tables of the atmospheric temperature in the U. S. Washington 1876, S. 302—320. Ferner: Tables and results of precipitation in the U. S. Washington, II. Ed. Washington 1883.

über Klimaschwankungen hat derselbe Autor zusammengestellt im Geographischen Jahrbuch XV, S. 439, und XVII, S. 348.

Die Vereinigten Staaten scheinen die günstigsten Bedingungen darzubieten zur Entscheidung der Frage, inwieweit die fortschreitende Kultur großer Länderräume das Klima zu ändern vermag. Im Osten hat eine außerordentliche Verminderung der früheren Bestände an Wäldern Platz gegriffen, in den Prärien und Steppen des fernen Westens dagegen haben umgekehrt ausgedehntere Anpflanzungen stattgefunden. Es hat sich aber weder eine entsprechende Änderung in der Temperatur noch in der Menge der Niederschläge mit Bestimmtheit nachweisen lassen [1]).

J. D. Whitney glaubt nicht, daß eine Verbesserung des Klimas des trockenen Westens durch menschliches Eingreifen zu erwarten sei [2]).

Zyklische Klimaschwankungen.

Die Wahrnehmung, daß die klimatischen Elemente Schwankungen unterliegen, sich eine längere Zeit hindurch ü b e r dem aus einer langen Jahresreihe abgeleiteten Mittelwert halten, dann wieder längere Zeit unter demselben bleiben, hat schon zu vielen Untersuchungen darüber geführt, ob diese Schwankungen nicht mit einer gewissen Gesetzmäßigkeit vor sich gehen, also nach bestimmten Zyklen wiederkehren. Das Problem besteht dann darin, die Periodenlänge und die Größe der Amplitude dieser Schwankungen festzustellen. Man kann bei solchen Untersuchungen von zwei verschiedenen Gesichtspunkten ausgehen. Man setzt entweder eine bestimmte Periodenlänge voraus, für deren Annahme gewisse physikalische Gründe im vorhinein vorliegen, und untersucht dann, ob der zeitliche Ablauf der Erscheinungen in der Tat die Existenz einer solchen Periode ergibt, oder man versucht, ohne eine bestimmte Periode vorauszusetzen, aus der zeitlichen Aufeinanderfolge der Werte eines meteorologischen Elementes selbst durch verschiedene Kombinationen die unbekannte Länge der Periode zu ermitteln.

Der erstere Fall ist der gewöhnlichere, weil er sich von selbst dem forschenden Geiste aufdrängt. So war man von jeher bemüht festzustellen, ob nicht den Mondphasen, namentlich aber den verschiedenen Stellungen des Mondes zur Erde auch bestimmte Änderungen in den meteorologischen Elementen entsprechen; wie man weiß, bis in die jüngste Zeit ohne einen nennenswerten Erfolg.

I. Sonnenflecken und Klimaänderungen.

Nachdem man die Periodizität in der Frequenz der Sonnenflecken erkannt hatte, mußte es als ein besonders dankbares Problem er-

---

[1]) Über das Vordringen der Ackerbauregion nach Westen in den Vereinigten Staaten, das auf eine entsprechende Zunahme des Regenfalls hinweisen soll, siehe z. B. den Artikel von Heyer: Über die Veränderungen des Klimas in den großen Ebenen der Vereinigten Staaten von Nordamerika. Das Wetter 1888, S. 223.

[2]) Brief discussion of the question whether changes of climate can be brought about by the agency of man etc. The United States. Suppl. I., Boston 1894. Appendix B, S. 290—317.

scheinen, auch entsprechende Perioden in dem Verlauf der meteorologischen Erscheinungen nachzuweisen. Der scheinbare Lauf der Sonne beherrscht ja alle meteorologischen Zyklen, es liegt daher so nahe, auch den sichtbaren Veränderungen an der Oberfläche der Sonne einen merklichen Einfluß auf unsere Atmosphäre zuzuschreiben.

Die Sonnenfleckenperioden. Die vollständige Tafel der Relativzahlen der Sonnenflecken von R. Wolf und die daraus abgeleitete Periodenlänge und Epochen der Maxima und Minima von A. Wolfer findet man in Met. Z. 1902 (S. 193 bis 200). Die mittlere Länge der Periode ist 11,1 Jahr. Die Frequenzzahl fällt langsam vom Maximum zum Minimum in 6,5 Jahren, und steigt dann rasch vom Minimum zum Maximum in 4,6 Jahren (Newcomb). Wolfers Tabelle geht zurück bis zum Anfang des 17. Jahrhunderts. Die letzten Eintrittszeiten der Minima und Maxima waren:

Eintritt der Minima

1775,5 1785 1798 1811 1823 1834 1843,5 1856 1867 1879 1890 1902

Eintritt der Maxima

1778 1788 1805 1816 1830 1837 1848 1860 1871 1884 1894 (1907?)

Man sieht, daß die Perioden von wechselnder Länge sind (1816|1830 14 Jahre, dann 1830|1837 7 Jahre u. s. w.).

Neben den im Mittel 11jährigen Perioden bestehen noch eine ganze Reihe von Perioden, die derselben aufgesetzt sind und die Unregelmäßigkeiten veranlassen: Schuster hat die Periodizitäten genauer untersucht durch 150 Jahre. 1750|1825 fehlt die 11jährige Periode fast ganz, es treten zwei Perioden von nahe 14 und 7 Jahren auf. Von 1826|1900 ist die 11jährige Periode gut ausgeprägt, die Intensitäten sind aber variabel. Die Maxima gehören einer Periode von 13,5 Jahren an. Es gibt wahrscheinlich folgende Perioden, die sämtlich aliquote Teile von 33,37 Jahren sind, und zwar

$$\tfrac{1}{3} = 11,1 \qquad \tfrac{1}{4} = 8,34 \qquad \tfrac{1}{7} = 4,77 \qquad \tfrac{2}{5} = 13,34, \text{ d. i. fast } 13,5$$

Hansky findet eine große Periode von etwa 72 Jahren in den Abständen der absoluten Maxima und Minima der Sonnenflecken.

Die Intervalle zwischen den Maxima und Minima werden kürzer zur Zeit der maximalen Aktivität der Sonne und umgekehrt.

Wm. Lockyer berechnet, nach den magnetischen Epochen sowie aus den Unregelmäßigkeiten der Sonnenfleckenperioden selbst, eine Periode der Fleckenhäufigkeit von 35,4 Jahren. „Die Sonne ist ein variabler Stern mit einer Periode von 11,1 Jahren. Die Epoche des Maximums tritt nicht nach einer konstanten Zahl von Jahren nach dem Minimum ein, sondern variiert und zwar regelmäßig in einem Zyklus von rund 35 Jahren.“

Literatur: Wolfer s. o. — Newcomb, Astro-phys. Journal 1901. — Schuster, Proc. R. Soc. Vol. 77 (Dezember 1905) und Met. Z. 1906, S. 310. — Hansky, Bull. de l'Acad. Imp. S. Petersbourg, XX, April 1994. — Wm. Lockyer, Solar Activity 1833 bis 1900. Proc. R. Soc. Vol. 68. Juni 1901.

Die Ergebnisse der äußerst zahlreichen und vielseitigen Untersuchungen über den Zusammenhang der Sonnenfleckenperioden mit Variationen der meteorologischen Elemente haben den Erwartungen nicht ganz entsprochen. Der Einfluß der Sonnenflecken auf die meteorologischen Elemente hat sich als ziemlich unbedeutend herausgestellt.

Man ist in den günstigsten Fällen nur in der Lage, die Spuren eines parallelen Verlaufes im Gange einiger meteorologischer Elemente mit jenem der Sonnenfleckenfrequenz als erwiesen anzusehen. Von einer Vorausbestimmung des Ganges der Witterung auf Grundlage des Sonnenfleckenzyklus kann keine Rede sein [1]).

Es ist hier nicht möglich, auf die Ergebnisse der Untersuchungen über eine 10- bis 11jährige, der Sonnenfleckenfrequenz folgende Periode der klimatischen Elemente näher einzugehen. Man findet dieselben übersichtlich zusammengestellt in der großen Abhandlung von H. Fritz: Die Beziehungen der Sonnenflecken zu den magnetischen und meteorologischen Erscheinungen der Erde (Haarlem 1878, 275 Quartseiten mit Tafeln). Nur einige Hinweise können hier gegeben werden.

Sonnenflecken und Temperatur. Den gründlichsten Nachweis einer Sonnenfleckenperiode in den mittleren Jahrestemperaturen der verschiedenen Klimagebiete der Erde verdanken wir Köppen [2]). In den Tropen ist der Parallelismus der Änderungen der mittleren Jahrestemperatur mit jenen der Fleckenfrequenz auf der Sonne ziemlich gut ausgesprochen, in den mittleren und höheren Breiten weniger. Die mittlere Größe der Schwankung in den Jahrestemperaturen von einem Fleckenminimum zu einem Fleckenmaximum beträgt in den Tropen $0{,}73^{\,0}$, in den außertropischen Zonen $0{,}54^{\,0}$. Den Verlauf der Erscheinung in den Tropen ersieht man aus folgenden Zahlen, welche Abweichungen der Jahresmittel der Temperatur von vieljährigen Mitteln bedeuten.

Sonnenfleckenperiode in den Jahresmitteln der Temperatur. Tropen.

Flecken-minimum	1.	2.	3.	4.	Flecken-maximum	1.	2.	3.	4.	5. Jahr
$+ 0{,}33^{\,0}$	$+ 0{,}15^{\,0}$	$- 0{,}04$	$- 0{,}21$	$- 0{,}28$	$- 0{,}32$	$- 0{,}27$	$- 0{,}14$	$+ 0{,}08$	$+ 0{,}30$	$+ 0{,}41$

Das Maximum der Temperatur tritt ca. 0,9 Jahre vor dem Fleckenminimum ein, das Minimum der Temperatur fällt fast genau mit dem Fleckenmaximum zusammen.

---

[1]) Den großen Unterschied zwischen dem Einfluß der Sonnenflecken auf die magnetischen Erscheinungen gegenüber jenem auf die meteorologischen Elemente ersieht man aus folgender Nebeneinanderstellung:

Fünf Sonnenfleckenzyklen 1837—1893 geben folgende korrespondierende Mittel für Mailand:

Sonnenfleckenperiode. Werte

Max.	1	2	3	4	5	6	Min.	1	2	3
				Flecken, Relativzahl.						
107	94	77	55	39	27	16	11*	18	40	52
			Tägliche Amplitude der magnetischen Deklination							
10,7'	9,9'	8,7'	7,8'	7,4'	6,3'	6,2'	5,7*	6,0	6,9	8,2
		Beobachtete Jahressummen des Regenfalls. Zentimeter								
100	113	103	101	103	111	94	109	112	96	92
		Dieselben ausgeglichen $(a + 2b + c):4$								
101	107	105	102	104	105	102	106	107	99	95

Die magnetischen Deklinationsschwankungen folgen mit mathematischer Regelmäßigkeit den Zahlen der Sonnenflecken, bei den Regenmengen ist kaum eine Periodizität zu erkennen.

[2]) Met. Z. 1873, S. 241 u. 257. W. Köppen, Über mehrjährige Perioden der Witterung insbesondere über die 11jährige Periode der Temperatur.

Die Mittelwerte von Köppen beziehen sich auf die Periode 1820 bis 1870. Nordmann hat neuerlich die Untersuchung auf die folgenden 30 Jahre 1870 bis 1900 ausgedehnt, die ungefähr drei Sonnenfleckenperioden umfassen, welch letztere aber gerade recht unregelmäßig verlaufen, so daß man keine Mittelwerte bilden kann. Nordmann legt die Jahresmittel der Temperatur von nur 13 tropischen Stationen seiner Untersuchung zu Grunde.

Nimmt man einmal bloß die Maxima und Minima der Temperaturabweichungen (in Hundertstelgraden), das andere Mal die Maxima und Minima der Flecken, so erhält man (r Relativzahl der Flecken)

	Min.				Max.	
	t	r			t	r
1870	− 0,22	139		1881	+ 0,20	54
1885	− 0,21	52		1889	+ 0,15	6
1893	− 0,12	84		1897 u. 1900	+ 0,25	17
Mittel	− 0,18	92		Mittel	+ 0,20	26

	Max.				Min.	
Jahr	r	t		Jahr		
1870	139	− .22		1878	3	+ .13
1883	64	− .10		1889	6	+ .15
1893	84	− .12		1900	9	+ .25
Mittel	96	− .15		Mittel	6	+ .18

Nimmt man je 9 Jahre zusammen (die in Bezug auf Sonnenflecken unregelmäßigen weglassend), so erhält man

Sonnenflecken . . .	85	34	16 Differenz
Temp.-Abweichung . .	− .13	+ .01	+ .12 0,25 °

Nordmann schließt: Die mittlere Temperatur der Erde unterliegt einer periodischen Änderung, welche jener der Sonnenflecken parallel, aber entgegengesetzt verläuft. Der Effekt besteht darin, daß die Sonnenflecken die mittlere Temperatur auf der Erde vermindern (Compt. rend., T. 186, S. 1047, s. a. Met. Z. 1903, S. 320).

Rizzo hat die Sommertemperatur von Turin seit 1752 in Bezug auf ihre Änderung mit den Sonnenflecken untersucht und folgende (hier gekürzte) Relation gefunden:

Jahr der Periode .	1	2	3	4	5	6	7	8	9	10	11
Sonnenflecken . .	− 7	− 17	− 21*	− 18	− 10	1	12	19	**20**	15	4
Temp.-Abweichung	.21	.13	.01	−.11	−.19*	−.22	−.17	−.07	.05	.16	**.22**

Dem Minimum der Sonnenflecken folgt hier (mit einer Verzögerung von $^1/_4$ der Periodenlänge) ein Minimum der Temperatur, dem Maximum ein Maximum der Temperatur, also umgekehrt wie in den Tropen [1]).

Aus den 100jährigen Temperaturbeobachtungen zu Wien finde ich folgende Beziehungen zu den Sonnenflecken:

	Temperaturabweichung		
	Winter	Sommer	Jahr
Sonnenfleckenminimum mit den 3 Vorjahren . .	+ 0,38	+ 0,24	+ 0,19
Sonnenfleckenmaximum „ „ „ „ . .	− 0,23	− 0,24	− 0,06

---

[1]) G. B. Rizzo, Sulla relazione per le macchie solare e la temperatura dell' aria. Torino 1897.

Hamberg hat die Temperaturen von Stockholm für 15 Sonnenfleckenperioden nach letzteren geordnet und auf Mittel gebracht und kommt dabei nur zu einer sehr unregelmäßigen Zahlenfolge, so daß er schließt, daß der Einfluß der Sonnenflecken in Stockholm sehr gering ist, wenn er überhaupt existiert.

In einer sehr beachtenswerten Abhandlung: Zur Periodizität der solaren und klimatischen Schwankungen (Pet. geogr. Mitt. 1905) sucht Easton nachzuweisen, daß in den gemäßigten Regionen hauptsächlich in dem Auftreten der sehr kalten Winter sich die Sonnenfleckenfrequenz wiederspiegelt. Die Kurve der kalten Winter gibt wenigstens für die letzten 3 Jahrhunderte das beste Bild des Einflusses, den die großen Schwankungen der Sonnenwirksamkeit auf das Klima der ganzen Erde ausüben.

Liznar weist nacht, daß die (unperiodische) jährliche Temperaturschwankung (Differenz der absoluten Jahresextreme) in einer guten Übereinstimmung mit der Sonnenfleckenperiode steht. In den Jahren der Fleckenmaxima treten die höchsten Maxima und tiefsten Minima ein, in jenen der Fleckenminima die niedrigsten Maxima und höchsten Minima (Beziehung der täglichen und jährlichen Temperaturschwankung zur 11jährigen Sonnenfleckenperiode. (Sitzungsberichte der Wien. Akad. LXXXII. Bd. November 1880.)

Die derartigen Versuche sind so zahlreich, daß nicht weiter darauf eingegangen werden kann. Ihre Resultate sind sehr gering oder ganz unentschieden. In jüngster Zeit hat sich S. Newcomb gegen einen erheblichen Einfluß der Sonnenflecken auf die Temperatur ausgesprochen. Transactions Am. Phil. Soc. N. S. Vol. 21, V, 1908.

Bemerkenswert ist noch, daß Kremser gefunden hat, daß die Temperaturdifferenz zwischen West- und Ostdeutschland von der Mitte des 19. Jahrhunderts bis 1862/71 zugenommen, dann 1887/96 abgenommen hat und jetzt wieder wächst [1].

Wie die Zunahme der Sonnenflecken, welche mit einer höheren Temperatur der Sonne verbunden sein soll (s. Lockyer, Met. Z. 1901, S. 356), auf der Erde eine Temperaturerniedrigung erzeugen soll, ist bis jetzt nicht befriedigend erklärt worden [2].

Eine kurze Übersicht der bisherigen Bestrebungen, die gleichzeitigen Änderungen auf der Sonne und auf der Erde aufzufinden, gab Sir Norman Lockyer, British Ass. Southport 1903. Nature, Vol. 69, 1904, S. 351.

Über die höchst merkwürdigen mit der kürzeren Sonnenfleckenperiode zusammenhängenden Luftdruckschwankungen auf der Erdoberfläche (indische Region hat +, wenn Südamerika — hat), s. die beiden Lockyer in Proc. R. Soc. Vol. 93, 1904.

Meinardus, Eisdrift bei Island und Sonnenflecken. Annalen der Hydrographie 1906. Die schwersten Eisjahre treten in der Mehrzahl kurz vor dem Maximum der Sonnenflecken ein, seltener während des Minimums.

---

[1] Met. Zeitschr., Hannband S. 300, Zusammenhang mit Sonnenflecken S. 306, Temperaturveränderlichkeit und Sonnenflecken S. 305.

[2] S. Blanford darüber Met. Z. 1880, S. 393. — Johanson, Zusammenhang der Met. Erscheinungen mit Sonnenfleckenperioden. Met. Z. 1905, S. 145 und Hann S. 158.

Sonnenflecken und Niederschläge, Zyklonen, Gewitter, Hagel. Den Einfluß der Sonnenflecken auf die jährlichen Niederschlagsmengen haben besonders Meldrum und Lockyer sich bemüht, zu konstatieren. Das Ergebnis war, daß mehr Regen zur Zeit der Maxima der Sonnenflecken zu fallen scheint als zur Zeit der Minima. In den Tropen tritt eine gesetzmäßige Änderung deutlicher hervor als in den höheren Breiten. Im allgemeinen zeigt sich aber nur in den großen Zahlen, in den Mittelwerten und bei der Mehrzahl der Stationen, dieser Mehrbetrag des Regenfalls zur Zeit des Maximums der Sonnenflecken, durchaus nicht in jeder Periode und bei jeder einzelnen Station. Manche langjährige Reihen von Regenaufzeichnungen geben auch widersprechende Resultate. Eine praktische Verwendung dieses Ergebnisses ist darum ausgeschlossen. In Indien hat man sich anfangs der Hoffnung hingegeben, aus dem erkannten Sonnenfleckenzyklus der Niederschläge einen Nutzen ziehen zu können, ja man hat die Hungerjahre, die mit dem Ausbleiben oder einem Fehlbetrag der Monsunregen zusammenhängen, in den Sonnenfleckenzyklus einreihen zu können vermeint [1]).

Archibald glaubte in den Winterregen von Nordindien eine dem Sonnenfleckenzyklus entgegengesetzte Periode gefunden zu haben (also mehr Regen zur Zeit der Sonnenfleckenminima) und Hill hat unabhängig davon nachzuweisen gesucht, daß in den Jahren des Maximums der Sonnenflecken der Sommer(Monsun)regen über dem Mittel bleibt, der Winterregenfall in Nordindien aber dann gleichzeitig mangelhaft ist. Umgekehrt soll es sich zur Zeit der Sonnenfleckenminima verhalten [2]). Aber selbst H. Blanford, der sich so eifrig mit den meteorologischen Sonnenfleckenzyklen beschäftigt hat und für sie eingetreten ist, kam zu dem Schlusse: „So viel ist gewiß, daß in Betreff des Regenfalls über Indien als Ganzes ein 10- bis 11jähriger Sonnenfleckenzyklus in den letzten 22 Jahren sich nicht zu erkennen gegeben hat. Nur in Karnatik, wo der Regenfall später eintritt als in den übrigen Teilen Indiens, zeigt sich eine bemerkenswerte Fluktuation der Regenmenge in den 11 Jahren 1864 bis 1874, und abermals, aber weniger regelmäßig in den nächsten 11 Jahren 1875 bis 1885. Ob diese Periodizität doch nur ein Zufall war, kann erst durch spätere Erfahrungen entschieden werden" [3]).

Douglas Archibald, Dürren und Hungersnot in Indien. Symons Monthl. Met. Mag. 1900. — Lockyer, On Solar Changes of Temp. and variations in Rainfall in the Region surrounding the Indian Ocean. Proc. R. Soc. November 1900. Nature, Vol. 63, S. 107 u. s. w. — Met. Z. 1901, S. 352.

A. Buchan, Regenfall in Schottland und Sonnenflecken. Met. Z. 1904, S. 418. Rothesay stimmt gut, 9 Zyklen 1800 bis 1898. Maximum der Regen nach Maximum der Fleckenzahl. 144 Stationen 1855/1898 gaben

---

[1]) Lockyer and Hunter, Sunspots and famines. Nineteenth century 1877. — Eine bequeme Zusammenstellung der Ergebnisse von Meldrum, Lockyer und Symons gibt Jelinek in Met. Z. 1873, S. 81—90.
[2]) Hill, Met. Z. 1880, S. 336.
[3]) H. Blanford, The climates and weather of India. London 1889, S. 80.

dasselbe. Regenfall in England befolgt eine andere Periode. — P. Schreiber, Klima von Sachsen VII. Niederschläge und Sonnenflecken 1864/1900. — Kaßner, Sonnenflecken und Niederschläge der Depressionen auf der Zugstraße V b. Ann. d. Hydrographie 1903, S. 101.

Auf der britischen Naturforscherversammlung zu Brighton (1872) hat Meldrum (Direktor des Observatoriums auf Mauritius) zuerst darauf aufmerksam gemacht, daß die Zyklonen des Indischen Ozeans zwischen dem Äquator und 25° S. Br. in den Jahren der Sonnenfleckenminima seltener zu sein scheinen als in den Jahren der Fleckenmaxima. Auch die Intensität der Zyklonen ist größer zur Zeit der Sonnenfleckenmaxima. Später hat Poey die Zyklonen der Antillen in gleicher Weise auf ihre Periodizität untersucht [1]. Er kommt zu demselben Ergebnis wie Meldrum. Im Indischen wie im Atlantischen Ozean treten mit zunehmender Menge der Sonnenflecken die Zyklonen häufiger auf, um zu den Zeiten der Sonnenfleckenminima wieder seltener zu werden.

Zyklonen im Indischen Ozean und Sonnenflecken nach Meldrum:

Fleckenmaximum 1847/49	Minimum 1855/57	Maximum 1850/61	Minimum 1866/68	Maximum 1870/72
Zyklonen 15	8	21	9	14

Wolf ordnet die Jahre nach der Häufigkeit der Zyklonen und findet:

Zahl der Zyklonen	1—2	3	4	5	6 u. 7	8
Relativzahl der Sonnenflecken	17	59	62	70	80	88

Poey hat die Zyklonen der Antillen zwischen 1750 und 1873 in ihrer Beziehung zu den Sonnenflecken untersucht und findet, daß das Maximum der Zyklonen etwa nur ein Jahr später eintritt, als das Maximum der Sonnenflecken, daß dagegen das Minimum dem Minimum der Sonnenflecken um ein Jahr vorauseilt. Siehe Meldrum, Met. Z. 1872, S. 340, 1873, S. 166, 1877, S. 248. Poey, ebenda 1874, S. 84.

Die Beziehungen zwischen Gewitter und Hagelfällen und Sonnenflecken hat namentlich Bezold untersucht, s. Met. Z. 1874, S. 323 und ges. Abhandg. Berlin 1906, S. 35—82. Fritz, Met. Z. 1875, S. 352, dann 1879, S. 363 Pegelstände des Nil und Sonnenflecken. — Aksel S. Steen, Sonnenfleckenperiode d. Gewitter 1874/1903. Stimmt im allgemeinen, aber Doppelperioden M. Z. Hannband S. 179. — Vulkanische Eruptionen und Sonnenflecken s. Nature, Vol. 66, 1902, S. 360.

Größerer resumierender Artikel von Abbot über Sonnenflecken und met. Erscheinungen in Monthly Weather Rev. 1902, S. 178, s. ebenda auch S. 438, 483 und 1901, S. 248 und 263.

Man hat die Häufigkeit der Gewitter und Hagelfälle, die Perioden des Vorrückens und Zurückweichens der Gletscher, die Wasserstände der Flüsse, kurz alle meteorologischen Elemente und die von selben abhängenden Erscheinungen auf der Erdoberfläche in ihrer Beziehung zu den Sonnenflecken untersucht und Andeutungen eines Zusammenhanges gefunden, die aber noch zu unbestimmt bleiben, um einen wahren Kausalzusammenhang zu konstatieren [2].

---

[1] Comptes rendus. Tome LXXVII. S. 1223.
[2] Man sehe auch F. G. Hahn, Über die Beziehungen der Sonnenfleckenperiode zu den meteorologischen Erscheinungen. Leipzig 1877 u. Met. Z. 1878, S. 33.

II. Brückners Klimaschwankungen [1]).

Auf dem zweiten der oben erwähnten Wege. ist E. Brückner zur Aufstellung einer 35jährigen Periode der Klimaschwankungen gekommen. Die Untersuchung der bemerkenswerten langjährigen Schwankungen im Wasserspiegel des Kaspisees führte Brückner zu dem Ergebnis, daß selbe eine Periode von 34 bis 36 Jahren befolgen. Die sich natürlich anschließende Untersuchung über etwaige entsprechende Perioden in der Temperatur, in den Niederschlägen und Wasserständen der Flüsse, die dem Kaspisee tributär sind, sowie der Daten über den Auf- und Zugang der Gewässer des russischen Reiches [2]) in der großen Arbeit von Rykatschew ließen die Ursache der periodischen Schwankungen im Wasserstande des Kaspisees in übereinstimmenden Perioden der Temperatur- und Niederschlagsverhältnisse erkennen und führten zu dem Schlusse, daß das gesamte europäische Rußland seit Anfang des 18. Jahrhunderts großartige Schwankungen des Klimas erlebte: nasse Kälteperioden um die Jahre 1745, 1775, 1810, 1845 und 1880 und trockene Wärmeperioden um die Jahre 1715, 1760, 1795, 1825 und 1860. Die Klimaschwankungen wirkten ein auf die Flüsse, indem sie die Dauer ihrer Eisbedeckung und die Höhe ihres Wasserstandes bestimmten, sie wirkten ein auf den gewaltigen Kaspisee, indem sie bald seinen Spiegel hoben, bald ihn senkten.

Die sich weiter anschließende Untersuchung über die Schwankungen der abflußlosen Seen [3]) überhaupt, sowie der Flüsse und Flußseen, dann des Regenfalls auf der ganzen Erde führte zu dem Schlusse, daß die beim Kaspisee aufgefundene Periode eine allgemeine Gültigkeit beanspruchen darf. Die Epochen der extremen Wasserstände der Seen waren: Minima 1720, 1760, 1798, 1835, 1865; Maxima 1740, 1777, 1820, 1850, 1880. Die Regenperioden seit 1830 waren: Trockene Perioden allen Erdteilen gemeinsam 1831 bis 1840 und 1861 bis 1865, nasse Perioden 1846 bis 1855 und 1876 bis 1880. Allerdings gibt es auch Gebiete, in welchen der Sinn der Periode und die Epoche gerade umgekehrt sind, „Gebiete dauernder Ausnahmen" wie sie Brückner nennt. Dieselben gehören fast ausschließlich den ozeanischen Klimagebieten an.

Die Untersuchung der Schwankungen in den Jahresmitteln des Luftdruckes führte zu dem wichtigen Ergebnis, daß die Perioden derselben über den Kontinenten andere sind als über den Ozeanen, daß ein Kompensationsverhältnis zwischen beiden besteht. Dies wirft ein Licht auf die Entstehung der „Ausnahmegebiete" in Bezug auf die Regenverhältnisse. Der Verlauf des Luftdruckes über dem Meere wie über dem Lande ist ein Spiegelbild der Schwankungen des Regenfalls. Hoher Luftdruck über dem Meere bedingt für dasselbe eine Trockenperiode, während gleichzeitig der niedrige Luftdruck über dem Fest-

---

[1]) Eduard Brückner, Klimaschwankungen seit 1700 nebst Bemerkungen über die Klimaschwankungen der Diluvialzeit. Wien 1890, Ed. Hölzel.
[2]) Rep. für Meteorologie. II. Suppl.-Bd., Petersburg 1887.
[3]) Sieger, Schwankungen der Wasserstände der Seen. Mitt. d. k. k. Geogr. Ges. Wien 1888, S. 95, 139, 390, 418 und Berliner Zeitschr. f. Erdkunde 1893, S. 478.

lande eine Regenperiode für dasselbe bedingt, und umgekehrt. Wichtig ist auch das Ergebnis Brückners: Daß jede regenreiche Periode von einer Abschwächung aller Luftdruckdifferenzen, jede der Trockenperioden von einer Steigerung derselben begleitet ist, und zwar gilt dies sowohl räumlich (also für die Gradienten) als auch zeitlich in Bezug auf die jährliche Schwankung. Die Trockenperioden auf dem europäisch-asiatischen Kontinent werden charakterisiert durch eine Vertiefung des Barometerminimums über den Nordatlantischen Ozean, eine Erhöhung des Rückens hohen Luftdruckes, der von den Azoren nach NE hin sich über Mitteleuropa nach Rußland hineinzieht, durch eine Vertiefung der Mulde niedrigen Druckes über dem nördlichen Teil des Indischen Ozeans und der chinesischen Südsee, eine Verminderung des Barometermaximums über Sibirien im Jahresmittel und durch eine allgemein auftretende Vergrößerung der Amplituden der Jahresschwankung.

Im Inneren der Kontinente treten die Schwankungen des Regenfalls mit viel größeren Amplituden auf als an den Küsten. In Westsibirien kann in den nassen Perioden mehr als doppelt so viel Regen fallen als in den trockenen. Im allgemeinen Mittel beträgt die Amplitude der Schwankung nur 12 %, mit Ausschluß der Ausnahmegebiete aber 24 %.

Regenabweichungen in Prozent (ganze Erde).

1736/40 + 9	1771/75 + 7	1806/10 + 3	1846/50 + 3	1876/80 + 7
1741/45 − 6	1801/5 − 4	1831/35 − 8	1861/65 − 5	1891/95 − 6

Wasserspiegel der Seen.

Max.	Min.	Max.	Min.	Max.	Min.	Max.	Min.	Max.
1740	1760	1780	1800	1820	1835	1850	1865	1880

Auch die mittleren Temperaturen unterliegen der gleichen Periodizität. Im Mittel von 280 über die ganze Erde verteilten Stationen ergeben sich als Perioden hoher Temperatur die Jahre 1791 bis 1805, 1821 bis 1835, 1851 bis 1870, als solche niedriger Temperatur 1806 bis 1820, 1836 bis 1850 und 1871 bis 1880; die Amplitude der Temperaturschwankungen ergibt sich für die ganze Erde zu rund 1°, sie ist also größer als die der Sonnenfleckenperiode entsprechende. Die mittleren Temperaturabweichungen für die ganze Erde sind:

1736/40 − 0,48	1766/70 − 0,42	1811/15 − 0,46	1836/40 − 0,39	1881/85 − 0,08
1746/50 + 0,45	1791/95 − 0,46	1821/25 + 0,56	1851/55 + 0,11	1866/70 + 0,11

Diese Abweichungen repräsentieren natürlich in der Tat noch nicht die Temperaturverhältnisse der ganzen Erde, namentlich nicht in den ersten Perioden, sie beziehen sich auf die damals vorhandenen Stationen. Als durchschnittliche Dauer der Perioden ergibt sich ein Zeitraum von 36 Jahren. Mit der Sonnenfleckenhäufigkeit hat diese Periode keinen Zusammenhang.

In gleicher Weise untersucht liefern die viel weiter zurückreichenden Aufzeichnungen über die Eisverhältnisse der Flüsse (seit 1736), über das Datum der Weinernten (seit 1400) und die Aufzeichnungen strenger Winter (seit 800), ebenfalls eine Periodizität von rund 35 Jahren, welchen Wert Brückner als den jetzt wahrscheinlichsten ansieht.

Eine weitere Unterstützung hat die Brücknersche Klimaperiode durch die Untersuchung von E. Richter über die Schwankungen der Alpengletscher gefunden [1]).

Das Ergebnis derselben war: „Die Gletschervorstöße wiederholen sich in Perioden, deren Länge zwischen 20 und 45 Jahren schwankt und im Mittel der drei letzten Jahrhunderte genau 35 Jahre betrug. Sie stimmen im allgemeinen mit den von Brückner ermittelten Jahreszahlen der Klimaschwankungen der letzten 3 Jahrhunderte überein. Der Gletschervorstoß macht sich noch während der feuchtkühlen Zeit bemerkbar."

Die Jahre des Beginnes der Gletschervorstöße waren: 1592, 1630, 1675, 1712, 1735, 1767, 1814, 1835, 1875; kalte Perioden nach Brückner waren: 1591 bis 1600, 1611 bis 1635, 1646 bis 1665, 1691 bis 1715, 1730 bis 1750, 1766 bis 1775, 1806 bis 1820, 1836 bis 1855.

Über die wahrscheinlichen Ursachen, welche der 35jährigen Periode der Klimaschwankungen zu Grunde liegen, hat sich Brückner nicht ausgesprochen, er begnügte sich mit Recht, diese Periode bis zu einem hohen Grade von Wahrscheinlichkeit nachgewiesen zu haben. Durch die neuerdings aufgestellte 33- bis 35jährige Sonnenfleckenperiode (große Periode rund 70 Jahre, s. S. 355) scheint nun auch eine Ursache für die 35jährige Brücknersche Periode gefunden zu sein.

Die Regenmessungen zu Padua, Mailand, Klagenfurt 1726 bis 1900, nach 35jährigen Perioden gruppiert, haben mir nachfolgende Zahlenreihe geliefert, unter welche ich auch die Abweichungen der Jahresmittel der Temperatur zu Wien 1775/1900, in gleicher Weise angeordnet, anführen will.

Jahr der Brücknerschen Periode.

3	8	13	18	23	28	33	8/18	23/3

Regenfallabweichungen in Zentimeter.

− 10	5	21	11	− 3	− 16*	− 8	+ 12	− 9

Temperaturabweichung zu Wien.

−.14	− .16	− .06	− .09	.18	.34	− .06	− .10	+ .12

Eine 35jährige Periode scheint demnach im Regenfall von Padua, Mailand und Klagenfurt gut ausgesprochen zu sein. Regen und Temperatur haben den umgekehrten Gang so wie bei Brückner.

Ordnet man die Temperaturabweichungen zu Wien nach einer 36jährigen Periode (3½ Perioden rund), so verlaufen die Zahlen noch besser:

Jahr der Periode . .	3	9	15	21	27	33
Temperaturabweichung	− .18	− .15	.17	.28	.04	− .12

Die mittleren Jahre der nassen und der trockenen Perioden sind nach meiner Zusammenstellung (Padua, Mailand, Klagenfurt):

naß . .	1738	1773	1808	1843	1878	(1913)
trocken .	1753	1788	1823	1859	1893	(1928)

(Hann, Schwankungen der Niederschlagsmengen in größeren Zeiträumen. Sitzungsber. d. Wien. Akad. CXI, Februar 1902. — Meteorologie von Wien. Denkschriften Bd. LXXIII.)

---

[1]) Geschichte der Schwankungen der Alpengletscher. Zeitschr. d. deutsch. u. österr. Alpenvereins. Wien 1891.

Man sehe ferner: Die Brücknersche Periode in Deutschland 1851/1900, Met. Z. 1906, S. 566. — Archibald über Brückners Periode. Nature, Vol. 69, S. 65, 88. Günstig für selbe. — A. B. Mac Dowall in Nature, Vol. 58, S. 31. Regen in England 1830/1895 ebenso. — Woeikof, Pet. geogr. Mitt. 1901, S. 199. — Lockyer, Met. Z. 1903, S. 423.

Die Klimaschwankungen Brückners liefern eine Erklärung für die sich oft widersprechenden Ansichten über eine Verschlechterung oder Verbesserung des Klimas gewisser Örtlichkeiten, über ein Trockener- oder Feuchterwerden des Klimas. Solche Ansichten sind unter dem Eindruck verschiedener Phasen dieser Schwankungen entstanden. Die Verbesserung des Klimas im trockenen Westen der Vereinigten Staaten, und das Vorrücken der Ackerbauzone daselbst hängt nach Brückner mit einer nassen Periode der Klimaschwankungen zusammen, welcher eine bald beginnende trockene Phase ein Ende bereiten dürfte, wie sich ja in Ägypten und Sibirien gezeigt hat, daß entsprechend den Klimaschwankungen nicht nur die Erträge der Landwirtschaft, sondern sogar direkt das Areal des anbaufähigen Landes in seiner Größe Schwankungen erleidet. Gerade die kontinentalen Flächen werden davon am intensivsten betroffen.

„Den Einfluß der Klimaschwankungen auf die Ernteerträge und Getreidepreise in Europa“ hat kürzlich Brückner in einer besonderen Abhandlung eingehender nachgewiesen [1]). Er kommt zu dem Ergebnis, daß die Getreidepreise durchschnittlich im feuchtesten Lustrum um 13 % höher waren als im trockensten.

Auch bei der Ableitung der klimatologischen Mittelwerte wird es gut sein, darauf zu achten, daß dieselben aus Jahresreihen gebildet werden, welche eine volle Periode der Klimaschwankungen oder ein Vielfaches derselben umfassen.

B. Klimaänderungen in vorhistorischer Zeit. Erdgeschichtliche (geologische) Klimate.

Es ist in der Einleitung zu dem Kapitel Klimaänderungen schon bemerkt worden, daß die erdgeschichtlich ermittelten Klimaänderungen hier nur mit größter Beschränkung zur Erörterung gelangen können. Die Erdgeschichte liefert uns Beweise von großen Änderungen der Klimate auf der Erdoberfläche, deren Erklärung zum größten Teile noch aussteht oder doch als höchst hypothetisch bezeichnet werden muß.

Von den geologischen Zeugnissen einer Klimaänderung ist wohl das am eindringlichsten sprechende die fossile Flora der Tertiärzeit im höchsten Norden von Grönland, von Spitzbergen und Alaska, welche bezeugt, daß damals unter Breiten von 70 bis 80 ° N eine Vegetation heimisch war, die auf ein Klima hinweist, wie es sich gegenwärtig in Norditalien findet. Speziell die Lignitschichten von Discoveryhafen (Grinellland) 81° 44' erzählen uns, daß die Waldvegetation dieser hohen Breite in der Tertiärzeit bestand aus: Toxodium (distichum), Pappeln, Ulmen, Linden, Fichte, Schneeball, Haselnuß, Weide und Birke. Daneben gab es Nymphäen und Schwertlilien etc. Aus der gegenwärtigen geographischen Verbreitung dieser

---

[1]) Geographische Zeitschrift. I. Jahrg., S. 39 etc., Leipzig 1895.

Pflanzen darf man schließen, daß die mittlere Julitemperatur im nördlichsten Grönland damals 17 bis 18° C. war (gegenwärtig 2 bis 3°), die Januar-temperatur wohl nicht unter — 6° herabging (jetzt — 35 bis — 40°) und die Jahrestemperatur mindestens 5 bis 6° betrug (jetzt — 18 bis — 20°). Die miozäne Flora von Spitzbergen (78° N) weist auf eine Jahrestemperatur von zirka 11° hin, jene der Discobucht (Grönland 70° N) auf etwa 13°. Kurz man muß um 20 bis 30° nach Süden gehen, um die wahrschein-lichen mittleren Temperaturverhältnisse von Grönland und Spitzbergen während der Tertiärzeit anzutreffen. Auch im antarktischen Gebiet, wo selbst die Sommertemperatur unter dem Gefrierpunkt liegt, ist jetzt eine fossile Fauna und Flora aufgefunden worden.

Ein Gegenstück dazu aus einer erdgeschichtlich viel späteren Zeit bildet die sogen. Eiszeit, während welcher Nordeuropa bis gegen 51° Breite herab unter einer Eisdecke begraben lag, Nordamerika sogar bis zu 40° Breite und die untere Schneegrenze in den Alpen um rund 1300 m tiefer herabreichte als gegenwärtig. Das Erzgebirge und das Riesengebirge, sowie der Schwarzwald und die Vogesen trugen Gletscher. Die klimatische Firnlinie lag in diesen Gebirgen damals etwa bei 1200 m.

P e n c k hat die Aufeinanderfolge dieser extremen Klimaschwankungen und deren Maß in Spanien spezieller dargelegt [1]). Zur Miozänzeit hatte Spanien klimatische Verhältnisse, wie wir sie jetzt in Marokko antreffen, nicht bloß die Isothermen lagen damals um zirka 12° nördlicher, sondern auch das gesamte Windsystem, die Nordgrenze des Passatgürtels muß gleicherweise nach Norden verschoben gewesen sein und eine Trocken-periode in Spanien erzeugt haben. Die Flora der Miozänzeit in Mittel-europa (Önningen) weist gleicherweise nach O. H e e r auf eine mittlere Jahrestemperatur von etwa 18° hin. Hingegen lag zur Eiszeit die Schnee-grenze im mittleren Spanien um mindestens 1000 m tiefer als jetzt, wie im deutschen Mittelgebirge, was auf eine Temperaturerniedrigung um 4¹/₂ bis 5° schließen läßt. Die Verschiebung der Klimazonen um mehr als 20 Breitegrade in Spanien geht also mit jener in Mitteleuropa ganz parallel.

Von hohem Interesse für die Konstatierung w i e d e r h o l t e r Klima-änderungen in jüngerer vorhistorischer Zeit ist das Ergebnis der Unter-suchungen über die Geschichte der „fossilen" oder „erloschenen" großen Seen im Westen der Rocky Mountains, des Lake Bonneville, von dem der Salzsee von Utah ein letzter Überrest ist, und des Lake Lahontan im nordwestlichen Nevada, die der Quarternärzeit angehören.

Die sorgfältigen Untersuchungen von G i l b e r t [2]) führten zu dem Ergebnis, daß sich 5 Perioden konstatieren lassen. 1. Eine lange Periode trockenen Klimas und sehr geringen Wasserstandes, während welcher die Gehänge des Beckens in Schutt gehüllt wurden. 2. Eine Periode feuchten Klimas und hohen Wasserstandes, in welcher gelber Ton abgesetzt wurde und das Wasser bis zu 30 m unterhalb des tiefsten Passes der Umrandung stieg. 3. Eine Periode extremer Trockenheit, in welcher der See vollkommen verdunstete und eine Salzkruste sich bildete, so daß das Land damals

---

[1]) A. P e n c k, Studien über das Klima Spaniens während der jüngeren Tertiärperiode und der Diluvialperiode. Zeitschr. d. Gesellsch. für Erdk. zu Berlin. Bd. XXIX, 1894, S. 109. Die Glazialgeologen sind gegenwärtig der Ansicht, daß die große Eiszeit nicht bloß aus einer einzigen Periode der Vergletscherung be-stand, sondern aus einer Folge glazialer und interglazialer Zeiten, also einen oszillatorischen Charakter hatte.

[2]) G. K. G i l b e r t, Contributions to the history of Lake Bonneville. Second Annual Report U. S. Geol. Survey. P o w e l l 1882.

noch öder war als die jetzige Wüste um den großen Salzsee. 4. Eine
relativ kurze Periode, in welcher das Wasser noch höher stieg als in der
2. Periode und zwar bis zu einer Höhe von zirka 300 m über den jetzigen
Spiegel des Utahsees, so daß es im Norden einen Abfluß in den Columbia
fand; endlich 5. die jetzige Periode verhältnismäßiger Trockenheit, in
welcher der See von seiner früheren großen Ausdehnung von etwa 550 km
Länge und 200 km Breite auf den Salzsee von Utah zusammenschrumpfte.
Gilbert meint, daß die Perioden hohen Wasserstandes mit denen der
Vergletscherung von Nordamerika zusammenfallen.

Zu gleichen Ergebnissen hat die Untersuchung des früheren großen
Sees im Staate Nevada geführt [1]).

Nicht Hebungen oder Senkungen scheinen die Ursachen der Schwankungen in dem Wasserspiegel dieser Seen gewesen zu sein, sondern Änderungen des Klimas. Das Verschwinden der Seen trat ein, wenn die Verdunstung die Wasserzufuhr überschritt, war also ein Effekt abnormer
Wärme, eine lange Andauer „sommerlicher Witterung“. Die Seen füllten
sich, wenn der Wassereinzug größer war als die Verdunstung, was mit
einem Mangel an Wärme korrespondiert, mit Andauer winterlicher Witterungsverhältnisse. Es ist gerade nicht notwendig einen besonderen Exzeß
an Regenmenge anzunehmen, es genügt eine mäßige Feuchtigkeit bei
niedriger Temperatur und dadurch verminderte Verdunstung um die See-
becken zu füllen.

Der See von Utah zeigt noch jetzt längere Perioden von hohem und
niedrigem Wasserstand. Er stieg von 1847 bis 1854 um mehr als einen
Meter, sank dann wieder um $1\frac{1}{2}$ m bis 1859 und 1860, 1861 begann er
wieder zu steigen und erreichte 1868 einen $3\frac{1}{2}$ m höheren Wasserstand und
stieg dann noch einige Zentimeter bis 1873, wo er wieder zu fallen begann.
Ein Obelisk aus Granit, den Prof. J. Henry 1874 am südlichen Ufer als
Pegel hatte aufstellen lassen, war 1877 schon wieder so weit in den See
hineingerückt, daß ein neuer Pegel weiter landeinwärts aufgestellt werden
mußte [2]). Das Anschwellen dauerte bis 1886, seither fällt der Wasserspiegel wieder und stand Dezember 1902 um $3\frac{1}{2}$ m tiefer als 1886 [3])
(Regendefizit 1887/1902).

Man beachte auch Wm. M. Davis Bemerkungen darüber in Topo-
graphical records of changing climates. American Met. Journ. Vol. XII,
S. 378. In interessanter und scharfsinniger Weise erläutert Davis, wie die
Formen des Landes Produkte des Klimas sind und frühere klimatische
Verhältnisse sich aus selben deduzieren lassen (S. 372 u. s. w.).

Die Klimaänderungen können, wie schon früher bemerkt, entweder
in gleichem Sinne fortschreitende oder periodisch wiederkehrende, innerhalb gewisser Grenzen oszillierende sein. Von ersterer Art würden
jene sein, welche aus der fortschreitenden Abkühlung der Erde sich
ergeben würden, aus dem allmählichen Schwinden eines früheren Einflusses der Eigenwärme der Erde auf die Verteilung der Klimate auf
deren Oberfläche, oder auch jene, welche aus der Abkühlung der Sonne
selbst, aus einer fortschreitenden Verminderung der Intensität der Strahlung derselben hervorgehen müßten. In Bezug auf die Ursache der

---

[1]) C. Russell, Sketch of the history of Lake Lahontan. Third Ann. Report
of the U. S. Geolog. Survey.

[2]) J. W. Powell, Report on the lands of arid region of the U. S. II. Ed.
Washington 1879, Chapter IV.

[3]) Nat. Geogr. Mag. 1903, Monthl. Weath. Rev. 1901, S. 22, 57, 1902, S. 482.

periodisch wiederkehrenden Klimaänderungen aber werden wir zunächst die periodischen Änderungen der Elemente der Erdbahn daraufhin zu untersuchen haben, ob dieselben im stande sind, die Erscheinungen, um die es sich handelt, zu erklären.

Es kann hier nicht unsere Aufgabe sein, darauf einzugehen, welchen Einfluß eine höhere Eigenwärme der Erde auf die Temperatur der Polargegenden oder auf eine gleichmäßigere Verteilung der terrestrischen Klimate gehabt haben mag. Man ist meist geneigt, diesen Einfluß zu überschätzen, wie schon Sartorius v. Waltershausen nachgewiesen hat [1]).

Der Einfluß der Eigenwärme der Erde muß nach dem Erstarren der Erdrinde rasch sich verringert haben, wegen der schlechten Wärmeleitungsfähigkeit der festen Erdkruste, welche die Oberflächentemperatur bald von der hohen Wärme des Erdinneren unabhängig gemacht haben muß. Die klimatische Rolle aber, welche in dieser Übergangsperiode die höhere Temperatur der Ozeane und deren Strömungen gespielt haben mögen, ist nicht so leicht ganz auszudenken. Ein hoher Wasserdampfgehalt und vielleicht auch ein großer Kohlensäuregehalt der Erdatmosphäre kann damals die Aufspeicherung der Sonnenwärme an deren Grunde bedeutend gefördert und gleichzeitig die Abkühlung der hohen Breiten im Winter in hohem Maße vermindert haben. Das darf immerhin noch für eine längere Zeitperiode angenommen werden, in welcher die höhere Innentemperatur der festen Erdkruste direkt die Bodentemperatur nicht mehr erheblich beeinflußt hat [2]).

Auch die Beziehungen zwischen einer Abnahme oder einer Veränderlichkeit der Intensität der Sonnenstrahlung mit den Variationen der irdischen Klimate können hier nicht in Erörterung gezogen werden. Dieses Problem hat kürzlich Eug. Dubois in eingehender Weise behandelt [3]), und A. Woeikof hat zu dessen Schrift einen lehrreichen Kommentar geliefert [4]). Auf diesen letzteren mag hier namentlich verwiesen werden. Soweit die Schlüsse über Klimaänderungen auf rein geologischen Tatsachen und deren Erörterung beruhen, und diese letzteren zur Erklärung der früheren Klimate herbeigezogen werden müßten, müssen wir hier auf ihre Besprechung verzichten.

Kosmische Ursachen terrestrischer Klimaperioden. Wir wenden uns deshalb gleich den periodisch wirkenden kosmischen Ursachen terrestrischer Klimaschwankungen zu, soweit sich selbe in ihren Wirkungen auch dem Maße nach abschätzen lassen.

---

[1]) Untersuchungen über die Klimate der Gegenwart und Vorwelt. Haarlem 1865.

[2]) Marsden Manson hat neuerlich in „The Evolution of Climates" ähnliche Gedankengänge weiter verfolgt (American Geologist 1899) und Hilgard hat selbe einer größeren Beachtung empfohlen. Science 1907. March. S. 350 Cause of a glacial Epoch. Siehe auch Geogr. Journ. 1904, Vol. 24, S. 574.

[3]) Eugen Dubois, Die Klimate der geologischen Vergangenheit und ihre Beziehungen zur Entwicklungsgeschichte der Sonne. Spohr, Leipzig 1893. — The climates of the geological Past etc. London 1895.

[4]) A. Woeikof, Geologische Klimate. Peterm. Geogr. Mitt. 1895, S. 252.

Dieses letztere ist nicht der Fall mit der Annahme Dubois', daß die Sonne als Stern bereits gewisse Stadien durchlaufen hat, während welcher die Wärmemengen, welche sie der Erde zugesendet hat, verschieden waren. In dem ersten Stadium eines weißen Sterns war die Strahlung intensiver, die Erwärmung der Erde größer: mit dem Übergang zum gelben Stadium fällt eine rasche Abnahme der Strahlung zusammen, eine Abkühlung der Erde, welche Dubois vom Anfange der Tertiärzeit bis zum Pleistocän reichen läßt. Während des gelben Stadiums nun treten Schwankungen in der Strahlung ein, der Stern erhält vorübergehend eine rötliche Farbe, die Strahlung nimmt ab. Diese Zeiten teilweiser Verdunklung der Sonne sollen nach Dubois die Glazialzeiten sein, die Rückkehr der Sonne zu ihrem gelben Lichte entspricht den längeren Interglazialzeiten, in deren einer wir leben. Diese Annahmen widersprechen nicht unseren gegenwärtigen astro-physikalischen Kenntnissen, es ist aber unmöglich, zu bestimmteren Vorstellungen von dem Einflusse dieser hypothetischen Variationen in der Strahlung der Sonne auf die irdischen Klimate zu gelangen. Soviel dürfte wohl sicher sein, daß in Bezug auf die Erklärung der „geologischen Klimate" mit der Sonne nicht als mit einer konstanten Wärmequelle unbedingt gerechnet werden kann. Deshalb haben auch Betrachtungen, wie die von E. Dubois, ihre volle Berechtigung.

Wir wollen nun mit der Sonne als mit einer konstanten Wärmequelle rechnen und zusehen, welche Variationen in der Wärmemenge, welche die Erde von der Sonne erhält, durch die periodischen Veränderungen in den Bahnelementen der Erde hervorgebracht werden. Die aus dieser Ursache sich ergebenden Klimaänderungen lassen sich genauer abschätzen. Die Variationen der Strahlung lassen sich sogar genau berechnen, wogegen die Wirkung dieser Variationen auf die Änderung der Klimate ein viel komplizierteres Problem ist, als man sich zumeist vorstellt.

Von den periodischen Veränderungen der Bahnelemente der Erde kommen in Betracht: 1. die Änderung in der Schiefe der Ekliptik. 2. die Oszillationen in der Größe der Exzentrizität der Erdbahn und 3. die aus der Präzession der Nachtgleichen resultierende ungleiche Länge der Jahreszeiten, welche bald für die eine, bald für die andere Hemisphäre ein kürzeres Sommerhalbjahr und längeres Winterhalbjahr zur Folge hat.

A. Die Änderungen in der Schiefe der Ekliptik können nach Laplace im Maximum 1° 22,5' zu beiden Seiten des Wertes von 23° 28' betragen, die Schiefe der Ekliptik kann deshalb die extremen Werte von 22° 6' und 24° 50' erreichen. Einer Zunahme der Schiefe der Ekliptik entspricht eine Abnahme der Wärmesumme, die der Äquator erhält und eine Zunahme der Wärme an den Polen; also eine größere Ausgleichung in der Wärmeverteilung auf der Erde. Das Umgekehrte gilt für eine Abnahme der Schiefe der Ekliptik. Die Länge dieser Perioden umfaßt rund 40 000 Jahre vom Maximum zum Minimum. Die letzten Berechnungen der Epochen derselben verdankt man Stockwell [1]).

---

[1]) Memoir on the Secular Variations of the Elements etc. Smithsonian Contributions, Vol. XVIII. Washington 1873.

Meech hat für das Jahr 10000 vor 1800, wo die Schiefe der Ekliptik nahe einem Maximum war, und 24° 43′ betrug, die Wärmemengen für jeden 10. Breitegrad berechnet, und zwar mit der damaligen etwas größeren Exzentrizität (0,0187, jetzt nur 0,0168), was aber hier nicht in Betracht kommt. Er findet die Änderung in der Erwärmung der verschiedenen Breitegrade gegen 1850 in Thermaltagen [1].

Änderung in der Erwärmung der Erde bei einem Maximum der Schiefe der Ekliptik. Thermaltage

Äq.	10	20	30	40	50	60	70	80	Pol
−1,65	−1,58	−1,32	−0,96	−0,22	0,68	2,11	5,52	7,18	7,64

Der Pol gewinnt 7,6 Wärmetage, d. i. 5 % seiner jetzigen Bestrahlung, der Äquator verliert kaum 0,5 %, die mittleren Breiten bleiben ungeändert. Der Unterschied der extremen Jahreszeiten wird etwas verschärft. Die mittlere Temperatur der Erde bleibt fast ungeändert.

Neuerlich haben Ekholm und Spitaler den Einfluß der Änderung der Schiefe der Ekliptik auf die Änderungen des Klimas unter verschiedenen Breiten eingehender untersucht [2]. Ekholm berechnet die Abweichungen der Insolation pro Tag in Grammkalorien pro cm² von der jetzigen (1883) auf der nördlichen Halbkugel von 5 zu 5° Breite in jedem der 12 Monate für die Jahre 9100 und 28300 vor 1850, d. i. für die extremen Werte 24,24° (Max.) und 22,1° (Min.). Aus diesen Abweichungen der Sonnenwärme erhält man dann auch die Abweichungen der Temperatur. Wir wollen diese letzteren für 10°-Intervalle und für die Halbjahre hier anführen, da sie von großem Interesse sind:

Abweichungen der Temperatur von der jetzigen

Halbjahr	N.Pol	80	70	60	50	40	30	20	10	Äq.
vor 28300 Jahren. Schiefe der Ekliptik 22,13°										
Sommer	−5,1°	−4,9	−3,8	−2,3	−1,6	−1,1	−0,6	−0,3	0,1	0,4
Winter	0,0	0,2	0,7	1,6	1,7	1,5	1,3	1,0	0,7	0,4
vor 9100 Jahren. Schiefe der Ekliptik 24,24°										
Sommer	3,2	3,0	2,4	1,4	1,1	0,7	0,5	0,2	0,0	−0,2
Winter	0,0	−0,1	−0,4	−0,9	−1,0	−0,9	−0,7	−0,6	−0,4	−0,2

Beim Minimum der Schiefe der Ekliptik ist das Winterhalbjahr in höheren Breiten natürlich etwas wärmer, das Sommerhalbjahr kälter, umgekehrt verhält es sich beim Maximum der Schiefe der Ekliptik. In niedrigeren Breiten heben sich die Unterschiede ziemlich auf, so daß das Jahresmittel fast ungeändert bleibt, von 60° Breite an aber sinkt letzteres bei geringeren Werten der Ekliptik und steigt bei höheren [3].

---

[1] Vergl. S. 100. Einheit ein mittlerer Tag am Äquator, der 365¼ solcher Einheiten im Jahr erhält, der Pol erhält jetzt deren 151,6.

[2] N. Ekholm, Variations on the climate. Quart. Journ. R. Met. Soc. XXVII, 1901, S. 36—46. — R. Spitaler, Die jährlichen und periodischen Änderungen der Wärmeverteilung auf der Erdoberfläche und die Eiszeiten. Gerlands Beiträge VIII, 1907, S. 565—602.

[3] Ekholm berechnet für die nördlichste schwedische Station Karesuando 68° 26′ N, 22½° E folgende Dauer des längsten Tages:

Für die Erklärung eines periodischen Auftretens von „Eiszeiten" sind diese Temperaturänderungen kaum zu verwerten, kältere Sommer sind noch an sich kein Index für Eiszeiten. Das Problem ist ein sehr kompliziertes, da die Niederschläge dabei eine Hauptrolle spielen.

Anders liegt die Sache für die Erklärung eines Vordringens gewisser Pflanzengrenzen in höhere Breiten. Bei diesem kommt es hauptsächlich auf die Sommerwärme an, die Wintertemperatur spielt dabei eine viel geringere Rolle (Ostsibirien hat Wälder und Getreidebau in der Nähe des Winterkältepols).

Von hohem Interesse sind nun da im Zusammenhalt mit den obigen Rechnungsergebnissen die Resultate von Untersuchungen über frühere Pflanzengrenzen in Schweden und Norwegen. Die Kiefer und die Birke ging früher in Schweden wenigstens um 150 bis 200 m höher an den Bergen hinauf als jetzt. Nach Rekstad hat sich die Kiefer- und die Schneegrenze (Abstand jetzt 780 m) im zentralen Teile von Südnorwegen 350 bis 400 m gesenkt, was über 2° Temperaturabnahme entspricht. Besonders wichtig ist aber die einstige Verbreitung der Haselnuß. Diese ging früher bis über den 63. Breitegrad hinauf, während sie jetzt ihre Nordgrenze schon viel südlicher findet. Die genauere Verfolgung der Grenzen zeigt, daß an ihrer früheren Grenze jetzt eine mittlere Sommertemperatur von $9{,}5^\circ$ (Aug./Sept.) herrscht, während an ihrer heutigen wahren Nordgrenze eine solche von 12° C. zu finden ist. Die Stationen an der ehemaligen Haselgrenze ergeben gegen die jetzige einen Temperaturunterschied des Sommerhalbjahres von $2{,}4^\circ$, um diesen Betrag war damals die Vegetationsperiode wärmer. Das gleiche ergeben ungefähr auch die früheren Wald- und Baumgrenzen (Verbreitung der Eiche). Man kann ferner nach den prähistorischen Funden ziemlich gut abschätzen, daß seit dieser letzten warmen Zeit 7000 bis 10 000 Jahre verflossen sind, diese Periode demnach in die letzte Maximumperiode der Schiefe der Ekliptik hineinfiel, für welche Ekholm die Temperaturabweichungen berechnet hat.

Mai bis August waren damals wärmer als jetzt: unter 70° um $3{,}1^\circ$, unter 65° um $2{,}4^\circ$, und unter 60° um $1{,}9^\circ$, was mit der früheren Pflanzenverbreitung recht gut stimmt [1]).

Spitaler hat nach einer ganz anderen Methode die Temperaturverteilung auf der Erde bei extremen Werten der Schiefe der Ekliptik (auch für die südliche Halbkugel) zu berechnen versucht, für Januar, Juli und für das Jahr. Das Ergebnis ist im wesentlichen dasselbe wie oben. Beim Maximum der Schiefe ist der Januar sowie das Jahr auf

die Dauer des längsten Tages im Sommer:

vor Jahren	Sonne blieb stets über dem Horizont
28 300	Juni 3. bis Juli 10., also während 38 Tagen,
9 100	Mai 22. bis Juli 22., „ „ 62 „

Unterschied 24 Tage, mehr als 3 Wochen!

Dies gibt eine gute Vorstellung von dem Einfluß der Änderungen der Schiefe der Ekliptik in hohen Breiten.

[1]) Ekholm l. c., dann Gunnar Andersson (Stockholm), Das nacheiszeitliche Klima von Schweden. Zürich 1903. — Die Entwicklungsgeschichte der skandinavischen Flora. Intern. bot. Kongreß Wien 1905. Fischer, Jena. — S. auch Pet. Geogr. Mitt. 1904. Lit.-B. S. 105.

der ganzen Erde (bis 40° S) kälter als jetzt, der Juli ist von 40° N bis zum Pol wärmer, die ganze Erde aber kälter. Beim Minimum herrscht im Sommer der höheren Breiten (von 40° an) eine niedrigere Temperatur, es folgt aber darauf ein milder Winter (Januar von 30° bis 60° um 1,3° wärmer als jetzt), auch das Jahresmittel ist etwas höher.

Spitaler knüpft daran noch einen anderen Schluß. Da beim Maximum der Schiefe der Ekliptik der Äquator kühler wird, so werden die warmen Meeresströmungen dann schwächer, umgekehrt verhält es sich beim Minimum der Schiefe. Er verlegt deshalb auch die Eiszeiten auf die Zeiten des Maximums der Schiefe der Ekliptik, und den Rückzug der Vergletscherung auf das Eintreten des Minimums der Schiefe der Ekliptik, bei dem die Temperatur der ganzen Erde etwas zunimmt.

B. Die Exzentrizität der Erdbahn kann zwischen den Grenzen 0,0777 und nahe Null schwanken. Die Wärmemenge, welche die ganze Erde von der Sonne erhält, nimmt etwas zu, wenn die Exzentrizität größer wird, und zwar im verkehrten Verhältnis zu $\sqrt{1-\varepsilon^2}$, wenn mit ε die Exzentrizität bezeichnet wird[1]). Setzen wir die jetzige Wärmemenge (bei der Exzentrizität 0,0168) gleich 1, so wird die Erde beim Maximum der Exzentrizität eine Wärmemenge gleich 1,0030 von der Sonne erhalten, d. i. 0,3 % mehr. Der Unterschied ist also unbedeutend. Bedeutend ist dagegen der Einfluß, welchen eine große Exzentrizität auf die Unterschiede in der Intensität der Sonnenstrahlung im Perihel und im Aphel ausübt, wie schon S. 97 (Anmerkung) gezeigt wurde. Während jetzt die Intensität im Perihel bloß um $^1/_{15}$ größer ist als im Aphel, steigt dieser Unterschied beim Maximum der Exzentrizität auf nahe $^1/_3$. Für jene Hemisphäre, deren Winter dann in die Perihelstellung der Erde fällt, wird der Unterschied der Jahreszeiten erheblich verringert, weil durch die große Sonnennähe die geringe Höhe der Sonne über den Horizont zum Teil kompensiert wird. Im Sommer dagegen ist trotz der großen Sonnenhöhe die Strahlung vermindert, weil die Sonne viel weiter entfernt ist.

Für die andere Hemisphäre, deren Winter in das Aphelium fällt, wird der Unterschied der Jahreszeiten in gleicher Weise verstärkt. Man muß sich aber doch vor einer Überschätzung dieses Einflusses hüten, die nahe liegt. Bei der extremsten Exzentrizität würde die (Langleysche) Solarkonstante im Perihel 3,53 und im Aphel 2,47, im Mittel während der extremen Jahreszeiten etwa 3,26 und 2,73 sein. Der 50. Breitegrad (N) erhält gegenwärtig nach Angot (Transmissionskoeffizient 0,7) im Winterhalbjahr 22,9 und im Sommerhalbjahr 95,6 Wärmetage[2]) (Unterschied 72,7). Bei extremster Exzentrizität, wenn zugleich die nördliche Hemisphäre wie jetzt ihren Winter im Perihel haben würde, wären diese Wärmemengen 24,9 und 87,0 (Unterschied 62,1), das Winterhalbjahr gewinnt 2 Wärmetage, das Sommer-

---

[1]) Die Wärmemenge, welche die Erde im Laufe des Jahres von der Sonne erhält, ist, wenn T die Umlaufzeit, a die halbe große Achse und C eine Konstante bezeichnen, $CT : a^2 \sqrt{1-\varepsilon^2}$. Die Umlaufzeit, sowie die halbe große Achse bleiben konstant, die Wärmemenge kann also nur mit ε variieren.

[2]) S. S. 105.

halbjahr verliert dann 8,6. Für den 50. Breitegrad der südlichen Halbkugel würde sich das Verhältnis gleichzeitig so stellen: Sommerhalbjahr 103,9 Wärmetage, Winterhalbjahr 20,8, Unterschied 83,1 Wärmetage; dieser Unterschied wäre also um $^1/_8$ größer als jener auf der nördlichen Halbkugel. Der Winter der südlichen Halbkugel bekäme um 4 Wärmetage (also zirka 2 %) w e n i g e r als gleichzeitig jener der nördlichen Halbkugel; der Sommer dagegen um 16,9 Tage m e h r, d. i. auch nahe 2 % der jetzigen Wärmemenge.

Jene Hemisphäre, deren Winter in das Perihelium der Erdbahn fällt, hat also ein gemäßigtes s o l a r e s Klima, eine kleinere Jahresschwankung der Wärme, die andere hat gleichzeitig ein exzessives s o l a r e s Klima mit einer großen Jahresschwankung. Bei der gegenwärtigen Exzentrizität der Erdbahn (rund $^1/_{60}$) ist, wie wir früher S. 324 gesehen haben, die ungleiche Verteilung von Wasser und Land auf den beiden Halbkugeln von so großem Einfluß auf die Klimate, daß diese theoretischen Verhältnisse nicht nur nicht zur Erscheinung kommen, sondern daß das reale Klima geradezu im Gegensatz zum solaren Klima steht. Die nördliche (Land-)Hemisphäre, deren Winter mit dem Perihelium zusammenfällt, hat ein sehr exzessives, die südliche (Wasser-) Hemisphäre hat ein sehr gemäßigtes Klima. Daraus darf man wohl mit vollem Rechte schließen, daß selbst eine extreme Exzentrizität der Erdbahn die jetzt bestehenden klimatischen Unterschiede der beiden Hemisphären nicht ganz aufzuheben im stande sein dürfte, sondern daß sie in dem einen Falle (Winter der nördlichen Halbkugel wie jetzt im Perihelium) sich bloß abschwächen, in dem anderen verschärfen würden. Die ungleiche Verteilung von Wasser und Land auf den beiden Hemisphären ist der mächtigste klimatische Faktor.

C. Unterschied in der Dauer der Jahreszeiten. Eine große Exzentrizität der Erdbahn hat aber noch eine andere bedeutsame Konsequenz, sie kann große Unterschiede zwischen der Dauer des Winterhalbjahres und des Sommerhalbjahres bewirken. Unter Winterhalbjahr oder kurz Winter verstehen wir jene Zeit, während welcher für die in Rede stehende Hemisphäre die Sonne unter dem Himmelsäquator bleibt (die Deklination der Sonne negativ ist); unter Sommer die Zeit, während welcher die Sonne über dem Himmelsäquator steht, das sind also die Zeiten zwischen den Äquinoktien.

Nur wenn der Frühlingspunkt mit dem Perihel oder Aphel zusammenfällt, ist bei einer exzentrischen Bahn die Länge der extremen Jahreszeiten die gleiche, Sommer und Winter währen genau je ein halbes Jahr. Wenn dies nicht der Fall ist, sind die Jahreszeiten ungleich, die Ungleichheit ist am größten, wenn die Exzentrizität im Maximum ist und gleichzeitig die Linie, welche den Frühlings- und Herbstpunkt in der exzentrischen Erdbahn verbindet, auf der Apsidenlinie (welche Perihel und Aphel verbindet) senkrecht steht. Erstere Linie teilt dann die Erdbahn in zwei ungleich lange Strecken, eine kürzere Strecke, welche das Perihel enthält, in welcher zudem wegen der Sonnennähe die tägliche Bewegung der Erde größer ist, und eine längere Strecke, welche das Aphel enthält und welche von der Erde mit verzögerter Geschwindigkeit durchlaufen wird. Daraus ergibt sich, daß die Strecke vom Frühlingspunkt zum Herbstpunkt (Sommer) nicht in der gleichen Zeit zurückgelegt werden kann als jene vom Herbst- zum Frühlingspunkt (Winter). Hat eine Hemisphäre (wie jetzt die nördliche) ihren Winter im Perihelium, so ist der Winter kürzer als der Sommer, auf der anderen Hemisphäre ist gleichzeitig das Umgekehrte der Fall. Der Unterschied der Dauer der Jahreszeiten in Tagen ist bei einer gegebenen Exzentrizität ε gleich $465 \times \varepsilon$. Gegenwärtig, wo $\varepsilon = 0{,}0168$, ist der Unterschied 7,8 Tage, um so viel Tage verweilt die Sonne länger nördlich vom Äquator als südlich davon. Bei der größten Exzentrizität nach Laplace kann der Unterschied gleich 36,1 Tage werden, also auf mehr als einen Monat anwachsen, nimmt man nach Lagrange, Leverrier und Stockwell als Maximum bloß 0,0745, so wird der extreme Unterschied der Jahreszeiten auch noch 34,6 Tage.

Die fortschreitende Änderung in der Lage der Nachtgleichepunkte beträgt 50,26 Sekunden jährlich, in einer Zeit von zirka 25800 Jahren würde daher der Frühlingspunkt einen vollen Umkreis zurückgelegt haben. Da aber zugleich die große Achse der Erdbahn auch eine fortschreitende Bewegung hat, und zwar in entgegengesetzter Richtung, so gelangt der Frühlingspunkt schon früher, und zwar in rund 21000 Jahren, in seine frühere Lage zurück. Dies ist also die ganze Dauer der Periode, um welche es sich hier handelt. Fällt der Frühlingspunkt in einer bestimmten Epoche mit dem Perihel oder Aphel zusammen, so ist der Unterschied der Jahreszeiten Null, er wächst dann rund durch 5000 Jahre, bis er ein Maximum erreicht, um dann wieder in den nächsten 5000 Jahren abzunehmen.

Während zirka 10000 Jahren hat also die eine Hemisphäre den langen Winter und den kurzen Sommer, während der nächsten 10000 Jahre tritt dies für die andere Hemisphäre ein.

Da die Zeiten, während welcher die Exzentrizität der Erdbahn bei einem maximalen Wert sich hält, sehr viel länger sind, als diese Periode, so treten immer während einer Periode großer Exzentrizität diese Ungleichheiten in der Dauer der Jahreszeiten mehrmals ein und treffen die beiden Hemisphären im entgegengesetzten Sinne [1]).

Auf diese periodisch wiederkehrenden, zeitweilig bis zu einem hohen Betrage anwachsenden Unterschiede in der Dauer des Sommer- und Winterhalbjahrs sind verschiedene Theorien über große Klimawechsel, welche die beiden Hemisphären stets im entgegengesetzten Sinne treffen, gegründet worden.

Theorie von Adhémar. Die erste derselben ist die des französischen Mathematikers Adhémar [2]). Nach seiner Theorie häufen sich auf jener Hemisphäre, welche den langen Winter hat, die Eismassen um deren Pol derart an, daß der Erdschwerpunkt etwas gegen diese

---

[1]) In Bezug auf eine eingehendere Erörterung dieser Verhältnisse muß auf die Lehrbücher der Astronomie verwiesen werden; auch meine „Allg. Erdkunde" V. Aufl., S. 9, 32 und 148 kann nachgesehen werden.

[2]) Adhémar: Les révolutions de la mer, déluges périodiques. Paris 1842.

Hemisphäre hin verschoben wird. Dies bewirkt eine teilweise Versetzung der Wassermassen der Ozeane und eine Überflutung dieser Halbkugel, welche dann die Abkühlung noch weiter steigert. Die südliche Hemisphäre, welche gegenwärtig den längeren Winter hat, demonstriert uns (scheinbar) diese Konsequenzen. Sie zeigt uns die Überflutung des Landes in der eigentümlichen Gestalt der südlichen Teile der Kontinente und in der ungeheuren Ausdehnung des Ozeans in den mittleren und höheren Breiten, sowie auch das weite Vordringen der unteren Schnee- und Gletschergrenzen.

Die Adhémarsche Theorie hat durch ihre bestechende Form viele Anhänger gefunden und ist unter anderer Einkleidung auch später noch mehrmals wieder aufgefrischt worden. Der Nachweis aber dafür, daß in jener Hemisphäre, welche den längeren Winter hat, in der Tat solche Eismassen sich anhäufen können, daß sie den Erdschwerpunkt so weit verlagern, daß eine teilweise Umsetzung der Wasserhülle der Erdoberfläche auf jene Hemisphäre hinüber eintreten muß, ist bisher nicht erbracht worden; im Gegenteil hat man die Möglichkeit einer für die Adhémarsche Theorie genügenden Verlagerung des Erdschwerpunktes durch polare Eisanhäufungen zurückgewiesen.

J. N. Schmick hat die periodischen Wasserversetzungen, die er gleichwie Adhémar annimmt, auf eine andere Ursache zurückzuführen gesucht, die scheinbar einer mathematisch-physikalischen Demonstration sich zugänglicher erweist. Gegenwärtig hat die südliche Hemisphäre ihren Sommer im Perihel und der der Sonne nächste Punkt der Erdoberfläche liegt deshalb auf der südlichen Hemisphäre. Dadurch wird die Sonnenflut auf derselben verstärkt und zwar, wie Schmick berechnet, um 4 cm. Es werden infolgedessen täglich große Wassermengen auf die südliche Halbkugel hinübergeführt. Dieselben können nicht mehr abfließen, weil dann, wenn diese Wirkung im Aphel aufhört, die Anziehungskraft der Sonne kleiner ist (!). Dazu kommt, daß sich durch den Übertritt größerer Wassermengen auf die südliche Halbkugel der Schwerpunkt der Erde gegen diese hin etwas verschiebt, was eine teilweise Überflutung derselben zur Folge hat. Damit geht dann parallel eine größere Abkühlung dieser Halbkugel, es wird mehr Wasser in Eis verwandelt, das nun auf derselben festgehalten wird etc. Jene Hemisphäre, welche den Sommer im Perihelium hat, erleidet diese Überflutungen und Abkühlungen. Die Lehre von Schmick hat wegen ihrer auf einer scheinbar richtigen physikalischen Fluttheorie beruhenden Basis eine Zeitlang bei angesehenen Gelehrten und Naturforschern Anerkennung und Zustimmung gefunden. Die gründlichste Widerlegung der Schmickschen Ansichten über die Möglichkeit einer derartigen Wasserversetzung durch die Sonnenflut hat Zöppritz geliefert [1]).

Theorie von James Croll. Von weit größerer Bedeutung, von anhaltenderer und viel tiefer gehender Wirkung ist die von James Croll

---

[1]) Schmick, Die Umsetzungen der Meere und die Eiszeiten der Halbkugeln der Erde, ihre Ursachen und Perioden. Köln 1869. Die neue Theorie periodischer säkulärer Schwankungen des Seespiegels und gleichzeitiger Verschiebung der Wärmezonen auf der Nord- und Südhalbkugel. Münster 1872. Das Flutphänomen etc. Leipzig 1874 u. 1876. Die Aralo-Kaspi-Niederung und ihre Befunde im Lichte der Lehre von den säkulären Schwankungen des Seespiegels und der Wärmezonen. Leipzig 1874. Zöppritz, Kritik dieser Schriften in den Göttinger Gelehrten Anzeigen 1878, S. 808.

aufgestellte Theorie der großen periodischen Klimaschwankungen geworden. Auch Crolls Theorie knüpft an die ungleiche Dauer der Jahreszeiten bei großer Exzentrizität der Erdbahn an, er baut dieselbe aber in sehr geschickter und scharfsinniger Weise auf rein klimatologischer Grundlage auf, wobei er namentlich den großen Einfluß der warmen Meeresströmungen auf die Milderung des Klimas der höheren Breiten zu Gunsten seiner Lehre in wirksamer Weise zu verwerten verstanden hat. Dabei kam er in die Lage, die „Windtheorie" der Meeresströmungen lebhaft verteidigen zu müssen, die damals vielfach bestritten wurde. Crolls Theorie wird deshalb auch dann noch einen ehrenvollen Platz in der Geschichte unserer Wissenschaft einnehmen, wenn sie der Hauptsache nach ihren letzten Anhänger verloren haben wird. Man wird nicht vergessen dürfen, welche vortrefflichen Dienste sie der Klimalehre geleistet hat, durch Aufstellung neuer Gesichtspunkte, scharfe Hervorhebung früher mehr übersehener klimatischer Faktoren, sowie namentlich durch die lehrreichen Diskussionen, zu welchen der Streit um diese Theorie Veranlassung gegeben hat. Noch jetzt zählt die Theorie von James Croll hervorragende Naturforscher zu ihren Anhängern, natürlich vornehmlich in England [1]). Aus allen diesen Gründen müssen wir uns mit derselben etwas eingehender beschäftigen [2]).

Die Lehre von J. Croll ist, zumeist mit seinen eigenen Worten dargelegt, kurz gefaßt folgende [3]):

Wenn der Winter im Aphelium eintritt während einer Periode sehr großer Exzentrizität der Edbahn, dann ist er sehr viel länger und kälter als jetzt. Schnee fällt dann in den gemäßigten Zonen auch in jenen Breiten, wo jetzt nur Regen fällt, und wenn auch der Schneefall nicht besonders groß ist, so wird die Schneedecke doch bleiben und nicht schmelzen, weil die Temperatur tief unter dem Gefrierpunkt bleibt. Wenn dann der Frühling und der Sommer herannahen, so wird die steigende Temperatur durch die größere Verdunstung auf den Meeren zuerst den Schneefall auf dem Lande noch steigern. Wenn aber auch später der Schnee zu schmelzen beginnt, so wird es doch lange dauern, bis das niedrige Land schneefrei wird, und auf nicht sehr hohen Bergen wird der Schnee liegen bleiben, und bald im Herbste beginnt der Schneefall von neuem. Das nächste Jahr bringt eine Wiederholung dieses Vorganges mit dem Unterschiede, daß nun die Schneelinie schon zu einem niedrigeren Niveau herabsteigt, wie im

---

[1]) Alfred R. Wallace, Island Life. London 1880. Der Autor ist ein eifriger Verteidiger einer etwas modifizierten Crollschen Theorie. James Geikie, The great Ice Age. III. Ed., 1894. Der Autor ist noch jetzt der Ansicht, daß in der Crollschen Theorie die wahrscheinlichste Erklärung der Eiszeiten enthalten ist.

[2]) James Croll hat seine Theorie zuerst in zahlreichen Abhandlungen im Philosophical und im Geological Magazine veröffentlicht, die erste unter dem Titel: On the physical cause of the change of climate during geological epochs. Philosoph. Mag. XXVIII. 1864 Diese Abhandlungen sind später in Buchform gesammelt erschienen unter dem Titel: Climate and time in their geological relations, a theory of secular changes of the earth's climate. London 1875. Ferner in: Discussions on climate and cosmology. London 1889.

[3]) Man bekommt durch diese Zitate zugleich eine Vorstellung der Crollschen Schlußweise, die oft recht unbestimmt und deshalb nicht so leicht zu widerlegen ist.

Vorjahr. Jahr auf Jahr wird so die Schneegrenze herabsteigen, bis endlich alles höhere Land dauernd mit Schnee bedeckt bleibt. Die Täler füllen sich dann mit Gletschern und etwa die Hälfte von Schottland, ein großer Teil von England und Wales, nahezu ganz Norwegen wird mit Eis und Schnee bedeckt sein. Damit kommt nun ein neuer und mächtiger Faktor zur Geltung, der die Vergletscherung stark beschleunigt: die Wirkung einer Schneedecke auf das Klima. Die ausgedehnten Schnee- und Eisflächen werden den von den Winden herbeigeführten Wasserdampf in Schnee verwandeln. Sie werden auch während des Sommers die Luft abkühlen, dichte anhaltende Nebel erzeugen, welche die Sonnenstrahlen abhalten und zu klimatischen Verhältnissen führen, wie sie jetzt z. B. in Südgeorgien vorwalten. Das Schmelzen des Schnees wird dadurch stark verzögert.

Es ist ein Irrtum, wenn man annimmt, daß die Sommer im Perihelium der Glazialperiode heiß sein müssen. Kein mit Schnee und Eis bedeckter Kontinent kann einen heißen Sommer haben, wie die gegenwärtigen Verhältnisse von Grönland zeigen. „Selbst Indien würde, wenn mit einer Eisschichte bedeckt, einen Sommer haben, kälter als jetzt der von England". Dazu kommt noch ein Umstand von äußerster Wichtigkeit, d. i. die gegenseitige Reaktion der physikalischen Verhältnisse. Die große Exzentrizität bedingt lange und kalte Winter in der einen Hemisphäre. Die Kälte bedingt ausgebreiteteren Schneefall, die Schneedecke steigert wieder die Kälte, sie kühlt die Luft ab und führt zu weiteren Schneefällen. Damit kommt ein dritter Faktor ins Spiel: die Wolken- und Nebelbildung, welche die Sonnenstrahlen abhält, die Kraft der Sonne schwächt und die Anhäufung von Schnee vermehrt. So steigert die Kälte den Schneefall und dieser wieder die Kälte, die Wirkung verstärkt wieder die Ursache.

Während sich derart Schnee und Eis auf der einen Hemisphäre anhäufen, vermindern sie sich auf der anderen. Dies verstärkt die Passatwinde auf der kalten Hemisphäre und schwächt sie auf der wärmeren. Die Wirkung wird sein, daß das warme Wasser der Tropenmeere mehr und mehr in die mittleren Breiten der warmen Hemisphäre hinübergetrieben wird. Wäre z. B. die nördliche Hemisphäre die kalte Hemisphäre mit dem langen Winter im Aphelium, so würde der Golfstrom auf diese Weise mehr und mehr an Volumen abnehmen, während die warmen Meeresströmungen der südlichen Hemisphäre gleichzeitig an Stärke gewinnen würden. Diese Abkehrung der Wärmequellen für die höheren Breiten der nördlichen Hemisphäre wird wieder die Anhäufung von Schnee und Eis auf derselben begünstigen, und damit werden die warmen Meeresströmungen noch weiter abgeschwächt [1]). So verstärken sich diese beiden Wirkungen gegenseitig.

---

[1]) Dies ist ein Hauptargument der Crollschen Theorie. Der Autor hat in mehreren Abhandlungen die außerordentliche Wichtigkeit des Golfstroms und der warmen Meeresströmungen überhaupt für die Milderung der Temperatur der höheren Breiten nachzuweisen gesucht. Die große Mächtigkeit der nordhemisphärischen Warmwasserströme ist aber bedingt durch das Übergreifen des SE-Passates auf die nördliche Hemisphäre, wodurch das warme Oberflächenwasser der ganzen Äquatorialzone auf die nördliche Hemisphäre hinübergetrieben wird und zur Speisung dieser Ströme dient. Dieses Übergreifen des SE-Passates ist aber eine Folge der niedrigen Temperatur der südlichen Halbkugel und diese wieder des längeren Winters derselben. Kehrt sich dieses letztere Verhältnis zu Ungunsten der nördlichen Hemisphäre um, so wird der NE-Passat die Rolle spielen, die jetzt dem SE-Passat zukommt, er wird in die südliche Hemisphäre

Der gleiche Prozeß einer gegenseitigen Aktion und Reaktion tritt auch in Wirkung auf der warmen Hemisphäre, nur in gerade entgegengesetzter Richtung. In dieser wirkt alles zusammen die mittlere Temperatur zu erhöhen und die Quantität von Schnee und Eis in der gemäßigten und kalten Zone zu verringern. Alle diese Kräfte werden aber in Aktion gesetzt durch eine große Exzentrizität der Erdbahn bei gleichzeitiger extremer Perihelstellung.

Dies ist im wesentlichen die Crollsche Theorie der Eiszeiten. Die Interglazialzeiten entsprechen den Perioden, während welcher eine Hemisphäre den Winter im Perihel und damit den langen Sommer hat. Die Perioden gleicher Dauer von Sommer und Winter auf beiden Halbkugeln sind Übergangszeiten.

Gegen die Theorie von Croll läßt sich zunächst einwenden, daß die bekannten gegenwärtigen klimatischen Verhältnisse der beiden Halbkugeln entschieden dagegen sprechen, eine so enorme Verschlechterung des Klimas auf jener Hemisphäre anzunehmen, welche den (langen) Winter im Aphelium hat. Jetzt beträgt der Unterschied in der Dauer der extremen Jahreszeiten 8 Tage, und wir bemerken nicht nur keinen Effekt derselben, sondern sehen·umgekehrt, daß der längere Winter der südlichen Halbkugel milder ist als jener der nördlichen, und daß die Äquatorialgrenze des Winterschneefalls dort durchschnittlich in höheren Breiten sich hält als auf der nördlichen Halbkugel. Es ist im höchsten Grade unwahrscheinlich, daß sich die Verhältnisse so gewaltig ändern sollten, auch wenn der Unterschied in der Dauer der Jahreszeiten 4mal größer geworden ist, und daß ein ganz entgegengesetzter und so extremer Zustand eintreten könnte, wie die Crollsche Theorie ihn verlangt[1]).

Das größte Gewicht legt Croll auf die Ablenkung der warmen Meeresströmungen, welche bei großer Exzentrizität der Erdbahn in jener Hemisphäre eintreten soll, welche den langen, strengen Winter hat. Dieses Postulat steht auf sehr schwachen Füßen. J. Ball bemerkt dazu, daß wir im Beispiele der südlichen Hemisphäre mit ihrem milden Winter und geringen Temperaturunterschied zwischen der Zirkumpolarregion und dem Äquator ganz deutlich sehen, daß die Strenge der Passatwinde und ihr Übergreifen in die andere Hemisphäre durchaus nicht von einer niedrigen Temperatur und von einem strengen Winter abhängig sein kann, daß demnach Croll kein Recht hat, auf einer kalten Hemisphäre mit strengen Wintern eine besonders kräftige Passatdrift anzunehmen, welche das wärmere Wasser auf die andere Halbkugel hinübertreibt[2]). Mit Recht sagt ferner Woeikof: Nicht der Umstand ist es, daß die südliche Halbkugel

---

hinüberwehen und das warme Wasser der nördlichen Halbkugel auf die südliche hinüberschaffen, wodurch die im Text erwähnte Abkehrung der jetzigen warmen Strömungen hervorgerufen und eine bedeutende Verschlechterung des Klimas der höheren Breiten bedingt werden wird.

[1]) Auch die Wirkung des kurzen aber heißen Sommers auf die supponierten Schneeanhäufungen darf man nicht so geringschätzig behandeln, wie dies Croll tut. Eine indische Sonne, welche im Jahre eine Eisschichte von 50 bis 60 m oder täglich 17 cm Dicke zu schmelzen vermag, würde mit einer Schneedecke rasch aufräumen, die ja nicht über Nacht zu solcher Mächtigkeit anwachsen könnte.

[2]) John Ball, Notes of a Naturalist in South America. Appendix B. Remarks on Mr. Croll's Theorie etc. S. 393—406. London 1887.

jetzt ihren (längeren) Winter im Aphelium hat, welcher bewirkt, daß der
SE-Passat derselben auf die nördliche Halbkugel übergreift, die Ursache
davon liegt in der weit größeren Ausdehnung der südlichen Ozeane. Dies
verleiht den Passaten dort eine größere Kraft und Stetigkeit. Landflächen,
selbst Inselgruppen stören die Entwicklung des Passates, sie erzeugen
Monsune, Land- und Seewinde und schwächen die Stetigkeit der Passatdrift. Wenn einmal die nördliche Hemisphäre den längeren Winter hat,
so ist damit keineswegs die Konsequenz gegeben, daß dann der NE-Passat
so viel kräftiger und auf die südliche Halbkugel hinübergreifen würde.
Daß gegenwärtig so viel warmes Wasser auf die nördliche Hemisphäre
hinübergetrieben wird, daran ist zum großen Teil auch die Formation des
Landes in den Tropen schuld, namentlich die Küstengestaltung von Südamerika, nördlich vom Kap St. Roque. Die Lage des Kalmengürtels
zwischen den beiden Passaten hängt nicht von der Strenge des Winters
der höheren Breiten ab, sie wird durch die allgemeine Wärmeverteilung
in den niedrigeren Breiten bedingt, also von der Lage des Wärmeäquators.
Wir sehen, daß trotz des strengen Winters der nördlichen Hemisphäre
der Wärmeäquator und der Kalmengürtel nicht auf die südliche Hemisphäre hinüberwandern. Die Lage derselben dürfte, so lange keine Änderung in der Verteilung von Wasser und Land eintritt, ziemlich dieselbe
bleiben. Die größere Wärme der Ozeane auf der nördlichen Halbkugel
ist nicht allein in dem Übergreifen des südlichen Passates und seiner
warmen Drift begründet. Die seichteren und mehr eingeschlossenen Meere
der nördlichen Hemisphäre erwärmen sich stärker; zugleich ist ein Zutritt kalten polaren Wassers und mächtiger Eisdriften, wie im Süden,
durch die Landverteilung um den Nordpol fast ausgeschlossen. Die Abkühlung der Meere durch das Schmelzwasser des Polareises etc. ist deshalb in den nördlichen Ozeanen eine geringe, sehr groß aber auf der südlichen Halbkugel. Daran würde ein langer Aphelwinter auf der nördlichen Halbkugel wenig ändern. Die Ablenkung des Golfstromes und der
warmen Meeresströmungen überhaupt infolge strengerer Winter muß nach
allen diesen als eine höchst unwahrscheinliche Hypothese erscheinen.

Mit Recht macht H o w o r t h auch darauf aufmerksam, daß die Drift
des warmen Wassers in die höheren Breiten hinauf von den sogen. Anti-
passaten besorgt wird. Diese sind aber um so kräftiger, je größer der
Temperaturgegensatz zwischen Pol und Äquator ist, sie würden also kräftiger wirken in jener Hemisphäre, die den kalten Winter hat.

D a v i s betont noch eine andere Konsequenz eines strengeren Winters und damit eines größeren Temperaturgradienten. Die stärkere außertropische Luftzirkulation dürfte bewirken, daß die Winterregen der Sub-
tropenzone weiter zurück in die Passatregion eingreifen, und daß wahrscheinlich auch die Winterniederschläge auf den Kontinenten reichlicher
würden.

G l e t s c h e r   u n d   K l i m a. Was nun schließlich das Gletscher-
phänomen selbst anbelangt, so wird es jetzt als eine ausgemachte Tatsache angesehen, daß dasselbe nicht von einem strengen, langen Winter
abhängt, sondern daß im Gegenteil ein solcher der Bildung großer
Gletscher ungünstig ist, wie wir dies in den Gebieten strenger Winterkälte im Innern der nördlichen Kontinente, namentlich in Sibirien, beobachten können [1]. Sehr lehrreich ist das Beispiel, das die Küste und

---

[1] Die Bildung der Gletscher ist ein wahrer Destillationsprozeß, der, um zu
stande zu kommen, s o w o h l W ä r m e a l s K ä l t e erfordert. Das Produkt der

das Innere von Alaska dafür liefern, auf das wir S. 274 hingewiesen
haben. Nicht ein strenger Winter, sondern ein kühler Sommer begünstigt das tiefe Herabgehen der Gletscherströme. Nicht die extreme
Hemisphäre mit dem kalten Aphelwinter und dem heißen Perihel-
sommer bietet die günstigsten klimatischen Bedingungen für eine große
Ausdehnung der Gletscher, sondern die gemäßigte Hemisphäre mit
einem geringen Unterschied zwischen Winter und Sommer, wie wir
dies ja ganz deutlich auf der südlichen Hemisphäre wahrnehmen und
ebenso an den Gletschern der Westküsten von Nordamerika und Nordeuropa. Die Gletscher gehen um so tiefer herab, greifen in die Gebiete um so höherer Jahresisothermen ein, je kleiner die Jahresschwankung der Temperatur ist. Diese Erfahrungen sprechen also
ganz gegen Croll, welcher auf der Hemisphäre mit strengem Winter
und heißem Sommer den Gletschern die größte Ausbreitung zugestehen will.

Die Gletscher sind ein Phänomen, das auf gebirgige Küsten und
Inseln angewiesen ist; im Innern größerer Ländermassen finden sie
nicht die geeigneten klimatischen Bedingungen. Der Winter ist dort
(in den höheren Breiten) zu kalt und niederschlagsarm, der Sommer
zu heiß. Sie bedürfen eines limitierten ozeanischen Klimas mit reichlichen Niederschlägen, wie dies vereint an den Westküsten der Kontinente angetroffen wird, während die Ostküsten mit ihrem kälteren
Winter und extremeren Klima der Gletscherbildung ungünstig sind.
Das Inlandeis von Grönland verdankt seine Existenz, wenn es nicht
ein Gebilde aus einer früheren Phase der Erdgeschichte ist, wahrscheinlich dem Umstande, daß eine mit Hochgebirge bedeckte Insel
oder Halbinsel zwischen zwei relativ warmen, auch im Winter offenen
Meeren liegt, welche als solche und infolge des südlich angrenzenden
warmen Nordatlantischen Ozeans Hauptzugstraßen von Sturmwirbeln
sind, welche das Hochland häufig und reichlich mit Schnee über-
schütten [1]). Die Wintertemperatur an beiden Küsten von Grönland ist

---

Destillation würde durch eine Temperaturerniedrigung verringert, nicht vermehrt
werden. Nur durch größeren Temperaturunterschied zwischen Land und Meer ist
eine Zunahme der Eisbildung möglich (Frankland, Phys. Ursache der Eiszeit.
Pogg. Ann. 1864, Bd. 123). Sehr interessant sind die Ausführungen von G. Becker,
Relations of Temperature to Glaciation (American Journ. of Science, Sept. 1883).
Denken wir uns einen Berg von unbegrenzter Höhe am Äquator. Unten keine
Gletscher; Schnee und Gletscher nehmen von einer gewissen Höhe nach oben zu,
dann wieder ab, bis es endlich oben so kalt wird, daß eine obere Schneegrenze eintreten würde (auch infolge der Verdunstung). Wenn die Erde abkühlt,
muß die Maximalzone sinken, auch jedes Gletscherindividuum muß in diesem Falle
ein Maximum haben. — Wenn die Sonne allmählich abkühlt und damit die Erde,
so erscheint es nahe sicher, daß das absolute Maximum der Gletscherentwicklung
schon vorüber ist und die Glazialperiode nicht eine niedrigere, sondern eine höhere
Temperatur im Meeresniveau hatte als die jetzige. — Die maximale Entwicklung
der Gletscher ist dort zu finden, wo die warmen Strömungen in relativ kalte
Räume vordringen, welche die größte positive Anomalie haben. — Die maximale
Entwicklung der Gletscher in einer Gebirgsgruppe hängt ab von dem Maximum-
wert einer Funktion von zwei Variablen, die im verkehrten Verhältnis zueinander
stehen. — Becker, The influence of Convection to glaciation. Am. Journ. of
Science III. S, Vol. XXVII, 473.

[1]) Nach Drygalski empfängt das Inlandeis hauptsächlich von der Ostseite
(vom Atlantischen Ozean her) seinen Zuwachs. Pet. Geogr. Mitt. 1897, S. 55.

viel milder und auch die Sommertemperatur höher als unter gleicher
Breite in Ostasien an der Tschuktschenhalbinsel, die trotz ihres ber-
gigen Charakters gar keine Gletscher hat.

Wir kommen also zu dem Schlusse, daß die von Croll aufgestellte
Theorie der großen Klimawechsel zwischen den beiden Hemisphären
und der daraus resultierenden periodischen Eiszeiten unseren gegenwärtigen klimatischen Erfahrungen widerspricht und sich als unhaltbar
erweist [1]).

Zu einer Erklärung gleichzeitiger Eiszeiten auf beiden Hemisphären ist sie gar nicht zu brauchen.

Nach den neueren Untersuchungen lag die klimatische Schneegrenze
in Ecuador und Nordperu während der letzten Eiszeit um 500 bis 600 m,
die Gletschergrenze um 800 bis 900 m tiefer als jetzt, was einer Temperaturabnahme von 2 bis 3° etwa entspricht. In höheren Breiten war
die Senkung größer und betrug z. B. in den Alpen 1200 bis 1300 m, in
den Pyrenäen 1100 m. Höchst bemerkenswert ist, daß die gegenwärtigen Unterschiede in der Höhe der Schneegrenze zwischen mehr
maritimer und kontinentaler Lage, sowie die Hebung derselben im
Zentralmassiv der Alpen auch damals bestanden. Brückner schließt,
daß das Klima der Eiszeit nur wenig kühler zu sein brauchte als das
gegenwärtige, und diese Abkühlung hauptsächlich den Sommer betraf.

Als bequeme Einführung in die Verhältnisse der Eiszeit in Mittel-
europa und in den Tropen empfehlen sich die folgenden Vorträge: Partsch,
Die Eiszeit in den Mittelgebirgen Zentraleuropas. Geogr. Zeitschr. Bd. 10,
S. 657. Brückner, Die Eiszeiten in den Alpen. Ebenda S. 570. — Hans
Meyer, Eiszeit in den Tropen. Ebenda S. 593 — ferner Naturwissensch.
Wochenschrift XX, 1905. Penck, Klima Europas während der Eiszeit
S. 593 und Brückner, Höhengrenzen in der Schweiz. Ebenda S. 817. —
Partsch, Vergletscherung des Riesengebirges zur Eiszeit. Stuttgart,
Engelhorn 1894. — Derselbe, Gletscher der Vorzeit in den Karpathen
und den Mittelgebirgen Deutschlands 1882. — Wer sich eingehend über
die Eiszeit in den Alpen unterrichten will, ist zu verweisen auf Penck
und Brückner, Die Alpen im Eiszeitalter. Leipzig, Tauchnitz.

Weitere Literatur. J. C. Chamberlin, A group of Hypotheses
bearing on Climatic Changes. Journal of Geology 1897. Referat von
A. Schmidt (Stuttgart). Pet. geogr. Mitt. 1898, S. 142. — L. Pilgrim,
Versuch einer rechnerischen Behandlung des Eiszeitproblems. Jahreshefte
d. Vereins für Naturk. in Württemberg 1904, Bd. 60, S. 26 bis 117 mit

---

[1]) Von den lehrreichen Diskussionen und Widerlegungen der Crollschen Lehre
glauben wir hier folgende zitieren zu sollen. S. Newcomb, Review of Croll's climate
and time. American Journal of Science. III. Ser., Vol. 11. S. 268. Woeikof,
Examination of Dr. Croll's Hypotheses on geological climate. Philosoph. Mag.
V. Ser., Vol. 21 (1886), S. 223. Henry H. Howorth, A criticism of Dr. Crolls
Theory of alternate glacial and warm periods in each hemisphere. Mem. and
Proc. of Manchester Soc. IV. Ser., Vol. 3, 1890. Wm. North Rice, The excen-
tricity theory of the glacial period. Science, Vol. VIII, S. 188 und 347. Über
die Beziehungen zwischen Gletscher und Mitteltemperaturen ist namentlich zu
beachten: Frankland, Physik. Ursache der Eiszeit. Pogg. Annalen 1864, Bd. 123,
S. 419. G. Becker, Relations of temp. to glaciation. Am. Journal of Science.
Ser. III, Vol. XXI. S. 167 und The influence of convection to glaciation. Ebenda,
Ser. III, Vol. XXVII, S. 473.

Tafel. — Eingehendes Referat von Heß in Pet. geogr. Mitt. 1905, Lite-
raturb. S. 140. — H. N. Dickson, Causes of glacial periodes. Geogr. Journ.
Nov. 1901. — R. Spitaler, schon oben zitiert. — F. E. Geinitz, Die
Eiszeit. Braunschweig, Vieweg 1906. Über Harmers Klimaänderungen
durch Verlagerung der ständigen Antizyklonen und der Zugstraßen, siehe
daselbst S. 10 mit Karte.
Die Literatur über die Eiszeit ist schon fast unübersehbar.

Astronomische Theorie der Eiszeit von Robert Ball. In letzterer
Zeit ist die „Exzentrizitätstheorie" der Eiszeiten wieder aufgenommen
worden von dem englischen Astronomen Robert Ball[1]). Da man
leicht verleitet werden könnte, anzunehmen, daß in dem Buche
desselben das alte Problem von neuen Gesichtspunkten aus behandelt
werde, so müssen wir kurz bemerken, daß dies keineswegs der Fall
ist. Der Satz, auf dem die ganze „neue" Theorie beruht und der in
mannigfachen Variationen immer wiederholt wird, lautet: Das Verhältnis der Wärmemenge, welche eine (ganze) Halbkugel im Winter von
der Sonne erhält, zu jener, die sie im Sommer empfängt, wird ausgedrückt durch 37 : 63 und ist von den Änderungen der Exzentrizität
so gut wie unabhängig[2]). Ball hielt diesen Satz für neu, er ist aber
schon von Wiener in dessen wichtiger Abhandlung über die Verteilung der Intensität der Sonnenwärme auf der Erdoberfläche mitgeteilt
worden[3]).
Von diesem konstanten Verhältnis ausgehend, beurteilt nun Ball
die Wärmeverhältnisse der beiden Hemisphären bei großer Exzentrizität
auf Grund folgender Rechnung. Ist der Unterschied der Jahreszeiten
auf 35 Tage angewachsen, so dauert der Winter auf jener Hemisphäre,
die den Winter im Aphelium hat, 200 Tage, der Sommer 165 Tage.
Setzen wir die Wärmemenge des Jahres gleich 365 Wärmetage, so
entfallen nach dem obigen Verhältnis (37 : 63) davon auf den Winter 136
Wärmetage, auf den Sommer 229. Die Wärmemenge dieser 136 Wärmetage verteilt sich aber nun auf 200 Tage, der Wintertag erhält deshalb durchschnittlich nur 0,68 Wärmeeinheiten, der Sommertag dagegen 229 : 165, d. i. 1,39. Differenz zwischen Sommer- und Wintertag somit 0,71 Wärmeeinheiten. Dies entspricht der Glazialzeit der
Hemisphäre. Erhält aber dann diese Hemisphäre den langen Sommer,
so kommen auf einen Sommertag 229 : 200, d. i. 1,14 Wärmeeinheiten,
auf einen Wintertag 136 : 165, d. i. 0,82 Wärmeeinheiten; der Unterschied zwischen dem Sommer- und Wintertag ist dann nur 0,32 Wärmeeinheiten. Dies entspricht der Interglazialzeit. Diese Rechnung sagt

---

[1]) Astronomical theory of the glacial period. The cause of an Ice Age.
London 1891.
[2]) Setzen wir die Bestrahlung der Hemisphäre im Jahre gleich 1, und bezeichnen wir mit 1 — a die Bestrahlung im Winter, und mit 1 + a die Bestrahlung
im Sommer, so ist diese halbe Jahresamplitude a gleich 2 sin δ : π, wenn wir mit
δ die Schiefe der Ekliptik bezeichnen. Für δ = 23° 27½′ findet man daher
a = 0,253, somit 1 — a = 0,747 und 1 + a = 1,253, daher Winter : Sommer = 0,37 : 0,63
oder besser = 3 : 5. Dieses Verhältnis gilt aber nur für die ganze Hemisphäre,
und wie leicht einzusehen, nicht für die verschiedenen Breiten. Es hat deshalb
keine besondere Bedeutung für Glazialtheorien.
[3]) S. Met. Z. 14, 1879, S. 129.

nur dasselbe, was wir früher schon spezieller für den 50. Breitegrad angegeben haben. Die Halbkugel, welche bei großer Exzentrizität den langen Winter hat, hat einen exzessiven Unterschied zwischen Winter und Sommer, die andere einen sehr gemäßigten. Für die Erklärung der Eiszeiten ist damit nichts Neues gewonnen, um so weniger, da diese Rechnung nur für eine Hemisphäre als Ganzes gilt, aber keine Anwendung auf bestimmte Breitegrade gestattet.

G. H. Darwin, welcher dem Buche von Ball einen Artikel in der Zeitschrift Nature gewidmet hat[1]), kommt eigentlich zu dem gleichen Schlusse. Darwin möchte auf den Satz von R. Ball kein besonderes Gewicht legen und meint, die Hauptsache sei in folgender Betrachtung zu suchen.

Wenn die Exzentrizität am größten ist und der Winter im Aphelium eintritt, so verhält sich die Dauer des Winters zu der des Sommers wie 6:5; umgekehrt, wenn der Sommer auf das Aphelium fällt. Wir haben daher: die tägliche Erwärmung im kurzen Sommer verhält sich zu jener im langen Winter wie $\frac{1}{5}\,(1 + a) : \frac{1}{6}\,(1 - a)$; umgekehrt ist in der „Interglazialzeit" das Verhältnis $\frac{1}{6}\,(1 + a) : \frac{1}{5}\,(1 - a)$. Vergleichen wir diese extremen Werte der täglichen Erwärmung miteinander, so sehen wir, daß sie sich zueinander verhalten wie

$$\frac{6\,(1 + a)}{5\,(1 - a)} : \frac{5\,(1 + a)}{6\,(1 - a)} = \frac{36}{25}.$$

Das Verhältnis der täglichen Erwärmung im Sommer zu jener im Winter in der Zeit des Aphelwinters verhält sich zu dem gleichen Verhältnis in der Periode des Aphelsommers wie 36 zu 25. Das ist der schärfere Ausdruck für die relative Exzessivität des Klimas zur Zeit der größten Exzentrizität, wenn der längste Winter mit dem Aphelium zusammenfällt. Daß aber mit dieser exzessiven Jahresschwankung des solaren Klimas noch durchaus nicht die Bedingungen einer Eiszeit gegeben sind, haben wir vorhin schon des näheren erörtert. Die Ableitung des Verhältnisses der Exzessivität ist aber für die theoretische Klimatologie von einigem Interesse. Die Größe a hat für jeden Breitegrad einen anderen Wert, wie wir schon bemerkt haben[2]).

E. Culverwell hat die „Astronomische Theorie" der Eiszeiten von Ball einer gründlichen Diskussion unterzogen und sich die Mühe genommen, auf Grund der Arbeit von Meech die tatsächlichen Wärmemengen zu ermitteln, welche die Breiten von 40 bis 80° im Winter beim Höhepunkt der „Eiszeit", wenn der Winter 200 Tage währt, erhalten. Stellt man jene Breitegrade untereinander, welche im Winter die gleiche Sonnenwärme erhalten, im Höhepunkt der Eiszeit und jetzt, so erhält man folgenden Vergleich.

Gleiche „solare" Winterisothermen finden sich unter folgenden Breiten:

Zur Eiszeit unter 40°	50°	60°	70°	80° N
Gegenwärtig „ 44,2	54	63,5	74	84,5

Der klimatische Effekt des längsten Winters besteht also im Vergleich zum gegenwärtigen darin, daß z. B. der 54. Breitegrad gegen-

---

[1]) Vol. 45, S. 289, 28. Januar 1892 u. Vol. 58, S. 196 (1896).
[2]) M. s. auch: Climate and Time and Mars. Nature, Vol. 64, S. 106. May 1901.

wärtig dasselbe solare Klima hat, wie in der supponierten Eiszeit der
50. Breitegrad; die Änderung ist geringer, als wenn London in die
Breite von Edinburgh hinaufgerückt würde. Culverwell hat gewiß
recht, wenn er sagt, daß man aus einer solchen klimatischen Verschiebung noch keine Eiszeit ableiten könne. „Ja man könnte weiter-
gehen und für Nordeuropa sogar eine Zunahme der Wintertemperatur
annehmen, wenn man darauf Rücksicht nimmt, daß für diese Gegenden die Meeresströmungen die Hauptwärmequelle sind. Da die
niedrigeren Breiten zur Zeit des Aphelwinters und Perihelsommers im
letzteren eine größere Wärmemenge erhalten als jetzt, das Golfstrom-
wasser also viel stärker vorgewärmt würde, und letzteres zirka 6 Monate
braucht, um an den englischen Küsten einzutreffen, so würde gerade das
Winterklima von England von der höheren Sommerwärme in niedrigen
Breiten Vorteil ziehen [1].“

Die „astronomische Theorie der Eiszeit“ erweist sich demnach als
leistungsunfähig. Wir erfahren zudem aus allen obigen Erörterungen,
daß die bekannten periodischen Änderungen in den Elementen der
Erdbahn auf keine sehr großen Schwankungen in den terrestrischen
Klimaten zu schließen gestatten, daß also vom astronomischen Standpunkte aus eher auf eine gewisse Beständigkeit der irdischen Klimate
geschlossen werden müßte.

L. de Marchi und Arrhenius über die Eiszeit. L. de Marchi
kommt nach sehr gründlichen theoretischen Untersuchungen über die
klimatischen Bedingungen der Eiszeit und über die Abhängigkeit der
Lufttemperatur von den Einstrahlungs- und Ausstrahlungsverhältnissen
sowie von der Verteilung von Wasser und Land zu dem Schlusse,
daß weder die astronomischen noch die geologischen [2] Theorien zu
einer plausiblen Erklärung der Eiszeit führen.

Er meint dagegen, die Ursache der Eiszeit auf Änderungen in
den Eigenschaften der Atmosphäre zurückführen zu können. Eine geringe Verminderung des Transmissionskoeffizienten der Atmosphäre für
die Sonnenstrahlung (von 0,6 auf 0,54) begleitet von einer entsprechenden Änderung des Transmissionskoeffizienten für die Wärmeausstrahlung
der Land- und Wasserflächen dürfte genügen, um die klimatischen Bedingungen einer Eiszeit für die mittleren und höheren Breiten zu erzeugen. Die Jahrestemperatur würde in mittleren und höheren Breiten
abnehmen, und zwar stärker im ozeanischen als im kontinentalen
Klima [3]. Dadurch würde sich der Temperaturunterschied und damit

---

[1] Edward P. Culverwell: A mode of calculating a limit to the direct
effect of great excentricity of the earth's orbit on terrestrial temperatures, showing
the Inadequacy of the astronomical theorie of Ice Age and genial Ages. Philosoph.
Mag. Dez. 1894, Vol. 38, S. 541: Geolog. Mag. Jan.-Febr. 1895. S. auch in Nature, Nov. 1894, Vol. 51, S. 33 vom selben Autor eine Kritik der astronomischen
Theorie der Eiszeit von Croll und von Ball.

[2] Hebungen des Landes.

[3] L. de Marchi findet folgende Änderungen der Mitteltemperaturen für q = 0,54, gegen q = 0,60.

Breite	10°	20°	30°	40°	50°	60°	70°	80°	90°
Ozeanisches Klima	−0,1	−0,4	−0,9	−1,6	−2,5	−3,8	−5,0	−4,9	−4,8
Kontinentales Klima	−0,1	−0,5	−1,0	−1,7	−2,4	−3,0	−3,1	−2,5	−1,9

der Luftdruckunterschied zwischen Kontinent und Ozean in höheren
Breiten vermindern, was nach Brückner eine Hauptbedingung für
eine Regenperiode auf den Kontinenten ist und damit indirekt auch
für ein Vorrücken der Gletscher. Der Temperaturunterschied zwischen
Pol und Äquator wird gleichzeitig verschärft, die atmosphärischen
Zirkulationsströmungen werden also lebhafter. Auch die verminderte
Jahresschwankung der Temperatur in den höheren Breiten würde dem
Wachstum der Gletscher günstig sein.

L. de Marchi beruft sich ferner darauf, daß nach Sonklar die
Gletscher der Hohen Tauern zur Zeit der jüngsten Maximumperiode
derselben 422 Quadratkilometer bedeckten, nach 20jährigem Rückgang
derselben nach Brückner aber auf 363 Quadratkilometer reduziert
worden sind, also um ein Siebentel; vielleicht kann man sogar ein
Fünftel annehmen. Diesem Gletscherrückgang entspricht eine Brücknersche Klimaschwankung von kaum 1°. Marchi meint deshalb, daß eine
Temperaturabnahme von 4 bis 5°, wie er sie berechnet, begleitet von
den erwähnten anderen günstigen klimatischen Verhältnissen, wohl das
Eintreten einer Eiszeit erklären könnte.

Wenn dann umgekehrt der Transmissionskoeffizient wieder zunimmt, so bedingt dies eine Wärmezunahme in den höheren Breiten
und eine gleichmäßigere Verteilung der Temperatur vom Äquator
gegen den Pol hin.

Welche Ursachen einer Abnahme oder Zunahme des Transmissionskoeffizienten der Erdatmosphäre zu Grunde liegen mögen, ob etwa einer
Vermehrung oder Verminderung des Gehaltes derselben an Wasserdampf und Kohlensäure, darüber möchte sich de Marchi nicht
bestimmt aussprechen [1]). Hier tritt Arrhenius ein, indem er Änderungen des Kohlensäuregehaltes der Atmosphäre annehmen zu dürfen
vermeint.

Svante Arrhenius findet es am wahrscheinlichsten, daß eine Änderung des Kohlensäuregehaltes der Atmosphäre die Ursache der großen
Temperaturänderung von der Miozänzeit zur Eiszeit gewesen sei. Er untersucht in gründlicher Weise, welchen Einfluß Schwankungen im Kohlensäuregehalt der Erdatmosphäre auf die Wärmeausstrahlung von der Erdoberfläche und damit auf die Mitteltemperatur derselben haben konnten.
Arrhenius sucht nachzuweisen, daß eine Zunahme des Kohlensäuregehaltes
auf einen zwei- bis dreimal größeren Betrag als der jetzige, die mittlere
Temperatur der Zirkumpolarregionen um 8 bis 9° erhöhen würde, dagegen eine
Abnahme desselben auf 62 bis 55 % des jetzigen Betrages eine Temperaturerniedrigung um 4 bis 5° in mittleren Breiten (40 bis 50°) hervorbringen
könnte, was also genügend wäre, die Temperatur der Eiszeit zu erklären [2]).

Diese berechneten Temperaturdifferenzen dürften sicherlich eine größere
Wahrscheinlichkeit für sich haben als die von Marchi berechneten Temperaturen
der Breitegrade selbst, denen wir keine Realität zugestehen möchten. Erstere
geben wohl wenigstens den Sinn und die Verteilung der Temperaturänderung
richtig an.

[1]) Luigi de Marchi, Le cause dell' era glaciale. Pavia 1895. S. auch
Nature, Vol. 53, S. 376.

[2]) Wenn man den jetzigen Kohlensäuregehalt gleich 1 setzt, so entsprechen

Er meint endlich, gestützt auf interessante Darlegungen von Prof. Högbom, daß Änderungen des CO_2-Gehaltes der Atmosphäre infolge gesteigerter vulkanischer Tätigkeit in verschiedenen Erdperioden durchaus nicht unwahrscheinlich sind. Die Änderungen der Diathermansie der Atmosphäre auf entsprechende Änderungen des Wasserdampfgehaltes derselben zurückzuführen begegnet größeren Schwierigkeiten, namentlich wegen der leichten Kondensation desselben [1]).

Änderung der Lage des Pols. Die einfachste und naheliegendste Erklärung für große säkulare Klimaschwankungen und eine einstige höhere Temperatur der nördlichen Zirkumpolarregion würde in der Annahme bestehen, daß die Rotationsachse der Erde nicht immer dieselbe geblieben ist, sondern sich z. B. durch geologische Vorgänge, Massenverschiebungen, verlagert haben könne. Diese Hypothese ist oft aufgestellt, öfter aber, auch zum Teil aus geologischen Gründen, als unstatthaft angesehen worden. Hier kann es sich bloß darum handeln, ob die mathematische Physik eine erhebliche Lageänderung der Drehungspole der Erde als zulässig erscheinen läßt.

G. H. Darwin hat dieses mathematische Problem untersucht und ist zu dem Ergebnis gekommen, daß, wenn die Erde absolut starr angenommen wird, der Pol sich bis zu etwa 3° von seiner ursprünglichen Lage entfernt haben kann. Nimmt man aber die Erde als plastisch an (was sie bis zu einem gewissen Grade sicherlich ist), so daß sie sich dem neuen Gleichgewichtszustande hat anpassen können, dann ist ein kumulativer Effekt möglich und der Pol kann um 10 bis 15° von seiner ursprünglichen Position sich entfernt haben. In Bezug auf eine Änderung der Schiefe der Ekliptik ist aber eine derartige kumulative Wirkung nicht möglich [2]).

In letzterer Zeit hat Schiaparelli sich mit der Frage beschäftigt, ob und in welcher Weise Gestaltänderungen des Erdkörpers die Lage der Drehungspole beeinflussen können [3]). Das Resultat, zu der er gekommen, stimmt im wesentlichen mit jenem von Darwin überein.

Das Verharren der geographischen Pole in derselben Gegend der Erdoberfläche kann noch nicht unbestreitbar durch astronomische und mechanische Gründe als erwiesen angesehen werden. Die Permanenz der

---

die folgenden mittleren Temperaturänderungen vom Äquator bis 70° Breite einer Abnahme und Zunahme desselben auf:

CO_2-Gehalt	0,67	1,5	2,0	2,5	3,0°
Mittl. Temp.-Änderung . .	− 3,1	+ 3,4	+ 5,5	+ 7,2	+ 8,5
Äquator	—	—	4,9	6,4	7,3
70°	—	--	6,1	8,0	9,4

Bei den Werten 0,67 und 1,5 ist die Änderung in den mittleren Breiten ein wenig größer als unter 70° und am Äquator.

[1]) Prof. Svante Arrhenius, On the influence of carbonic acid in the air upon the temperature of the ground. Philosoph. Mag. V. Ser., Vol. 41, S. 237. Auszug siehe Met. Z. 1896, S. 258.

[2]) G. H. Darwin, On the influence of geological changes on the earth's axis of rotation. Proc. Royal Soc. London, Nov. 1876. S. a. Nature, Vol. 41, S. 360. — Haughton, Formulae relating to the internal change of position of the earth's axis, arising from elevations and depressions caused by geological changes. Royal Soc. March 1877. S. a. Nature, Vol. 15, S. 542, s. o. Geogr. Journal, Aug. 1898, S. 71.

[3]) De la rotation de la terre sous l'influence des actions géologiques. St. Petersburg 1889. H. Hergesell darüber Pet. Geogr. Mitt. 1892, S. 42.

Pole kann heutzutage eine Tatsache sein und müßte dennoch für die Vergangenheit der Erde erst bewiesen werden. Die Permanenz der Lage der Erdpole ist nur bei einem Erdkörper von bestimmter Starrheit möglich. Geologische Prozesse, selbst von geringfügiger Natur, wenn sie nur genügend lange wirken, können die Bedingungen der Permanenz der Pole, wenn sie auch einmal erfüllt ist, immer zerstören und zu Polbewegungen in bedeutendem Ausmaße Veranlassung geben, sofern die Erde nicht absolute Starrheit besitzt.

Wm. M. Davis (American Met. Journ., April 1896, Vol. XII, S. 872) hat in instruktiver Weise die klimatischen Konsequenzen erörtert, welche aus einer Verlagerung des Nordpols auf 70° N und 20° W sich ergeben würden (Vergletscherung Europas und Nordamerikas, Verschiebung der tropischen Regengürtel Afrikas und der angrenzenden Trockengebiete nach Süden etc.), und angedeutet, daß man vielleicht in den Oberflächenformen und Seespiegeländerungen des tropischen Afrika und Amerika Anzeichen dafür finden könnte.

P. Damian Kreichgauer (Die Äquatorfrage in der Geologie) läßt die Lage der Drehungspole ungeändert, dagegen die feste Erdkruste über den Kern sich verschieben, so daß z. B. die Zirkumpolarländer einst in niedrigeren Breiten gewesen sein können, was allerdings die Erklärung der fossilen Flora (jetzt) im hohen Norden leicht machen würde. (Pollichia, Dürkheim a. H., Mai 1904.) Eine ähnliche Ansicht ist neuerlich unabhängig von Kreichgauer auch von Sir John Evans auf der britischen Naturforscherversammlung 1903 erörtert worden. Nature Vol. 70, S. 519.

Nachtrag zu S. 356.

Sonnenflecken und Temperatur.

Die 11jährigen Temperaturperioden.

In der im Text S. 358 zitierten eben erschienenen großen Arbeit kommt S. Newcomb nach einer gründlichen, mit besonderer Umsicht und Kritik durchgeführten Untersuchung zu den folgenden Resultaten.

Die Abweichungen der Jahrestemperaturen 1871—1904 in voneinander weit entlegenen und deshalb auch thermal voneinander unabhängigen, in tropischen und mittleren Breiten gelegenen Teilen der Erdoberfläche führen bloß unter der Annahme einer Periode von 11,1 Jahren, also zunächst ohne Beziehung zu dem Fleckenstande der Sonne, zu dem Resultat, daß eine 11jährige Temperaturperiode in der Tat besteht, und zwar mit einer (halben) Amplitude von 0,13° Cels. Der nun folgende Vergleich der Epochen der Temperaturextreme mit jenen der Fleckenfrequenz ergibt, daß das Maximum der Temperatur um 0,33 Jahre dem Minimum der Sonnenflecken vorausgeht, wogegen das Minimum der Temperatur um 0,65 Jahre dem Maximum der Sonnenflecken nachfolgt. Newcomb gelangt also zu gleichen Resultaten wie Köppen, nur kommt der Einfluß der Sonnenflecken kleiner heraus, die ganze Amplitude beträgt bloß 0,26° Cels. „Da diese Fluktuation genügende Zeit hat, ihren ganzen Effekt auf die Erde auszuüben, so schließen wir, daß die korrespondierende Fluktuation in der Strahlung der Sonne 0,2 von 1 Prozent zu beiden Seiten des Mittelwertes derselben beträgt." (A search for fluctuations in the Sun's Thermal Radiation through their influence on Terrestrial Temperature. By Simon Newcomb, Philadelphia 1908.)

Ganz kürzlich hat Prof. Frank H. Bigelow die Hauptergebnisse einer ebenfalls sehr eingehenden Untersuchung veröffentlicht über „Die Beziehungen zwischen den meteorologischen Elementen der Vereinigten Staaten und der Sonnenstrahlung". Es werden darin die Jahresmittel 1873 bis 1905 der Temperatur, des Dampfdruckes und des Luftdruckes von 50 homogenen Beobachtungsreihen mit den Variationen der Sonnenprotuberanzen zusammengestellt, und zwar in zwei Gruppen, nach einer 11jährigen und einer 3jährigen Periode. In der 11jährigen Periode ist eine Zunahme der Protuberanzen und der Intensität des magnetischen Feldes stets begleitet von einer Abnahme der Temperatur und des Dampfdruckes, dagegen von einer Zunahme des Luftdruckes. In der 3jährigen Periode verhält sich das Pazifische Ufer der Union im entgegengesetzten Sinne, wie die Staaten im Osten des Felsengebirges, wo die 3jährige Periode ebenso abläuft wie die 11jährige.

Bigelow findet die Erklärung dieser Verhältnisse in der Zirkulation der Atmosphäre und der Differenz der bezüglichen Verhältnisse im Osten und Westen des Felsengebirges. Die beobachteten Jahrestemperaturen in den gemäßigten Zonen sind der Hauptsache nach ein Ergebnis des Wärme-

transportes, weniger der direkten Wirkung der Sonnenstrahlung daselbst.
Eine Zunahme der Sonnenstrahlung erhöht die Temperatur in den Tropen,
und damit die atmosphärische Zirkulation zwischen diesen und den höheren
Breiten. Das hat aber auch einen stärkeren Transport kalter Luft von
den letzteren gegen die niedrigen Breiten zur Folge, da die Verstärkung
der oberen warmen Strömungen eine Verstärkung der unteren rückkehrenden Strömungen zur Folge haben muß. Eine Zunahme der Temperatur in den Tropen hat deshalb eine Abnahme der Temperatur in
den mittleren Breiten zur Folge. (American Journal of Science IV. Ser.,
Vol. XXV, May 1908.) Wenn man die Temperaturen der mittleren und
niedrigen Breiten zusammennimmt, wie Newcomb, so muß man nach obigem
eine kleinere Amplitude für 11jährige Periode finden, als für die Tropen
allein, für welche Köppen und Nordman den Einfluß der Sonnenflecken
berechnet haben.

Register.

Vom Einmaleins zum Integral

Colerus nimmt die dankenswerte, aber auch schwierige Aufgabe auf sich, Freunde und Feinde der Mathematik zu versöhnen. Es gibt eine große Anzahl Menschen, die sich konstitutionell für unfähig halten, sich für Mathematik zu begeistern. Für solche wurde dieses Buch geschrieben, nicht von einem Mathematiker, sondern von einem Künstler der Worte. Aus einer souveränen Beherrschung der Materie heraus hat Colerus diese Aufgabe unternommen und jeder Leser wird ihm für die schönen Gleichnisse und Bilder, den geradezu persönlichen Verkehr zwischen Leser und Verfasser, dankbar sein. So wird die Durcharbeitung des Buches zu einem Genuss. (Die Rote Edition Bd. 32: Nachdruck der Ausgabe von 1937)

Vom Einmaleins zum Integral

Untertitel: Mathematik für Jedermann
Autor: Colerus, Egmont
Medium: Buch
Buch-ISBN: 9783754338117

Dieses Buch dokumentiert zum Thema Klimawandel und CO2 teils unbequeme wissenschaftliche Fakten bzw. Meldungen und die dazugehörigen Quellen. Sie sind eingeladen, selbst nachzudenken und sich zu fragen, was an den Theorien dran ist.

Es ist extrem wichtig, dass Sie sich informieren und die Fakten selbst durchdenken, bevor Sie sich der "Großen Transformation" ihres Lebens anschließen. Es geht um Billionen von Euro, die weltweit für den Klimaschutz ausgegeben werden sollen, und die dann für wichtige Dinge fehlen. Es geht nicht nur um die Frage, ob wir Menschen auch künftig noch reisen, Auto fahren, Fleisch essen und komfortabel wohnen können, wenn CO2-Emissionen künftig sehr teuer bezahlt werden müssen.

Es geht auch darum, ob die Menschheit einen Klimawandel überhaupt aufhalten kann. Ob tatsächlich CO2 das Klima überwiegend beeinflusst und steuert. Ob das Klima überhaupt gerettet werden müsste. Ob die Daten, auf denen die Klimawandel-Theorie aufsetzt, für eine wissenschaftliche Theorie überhaupt ausreichen. Ob tatsächlich 97% "der Wissenschaftler" die CO2-Theorie vertreten oder nur ein Bruchteil, der dafür aber die Apokalypse prophezeit und den Menschen Angst macht. Es geht auch um die Motive der Wissenschaftler, Medien, Politiker und derjenigen, die von einem Milliardengeschäft profitieren würden.

Eines kann der Herausgeber dieses Buchs auf jeden Fall versprechen: Es wird eine interessante Lektüre für Sie.

Treibhauseffekt und Klimawandel

Energiewende, ja bitte, aber nicht wegen CO2

Herausgeber: Sedlacek, Klaus-Dieter (Hrsg.)

ISBN

- Buch: 9783750413207
- E-Book: 9783750444218

Medium

Buch, E-Book